疯狂

工作流讲义
基于Activiti 6.x的应用开发

杨恩雄　编著

电子工业出版社
Publishing House of Electronics Industry
北京·BEIJING

内 容 简 介

工作流引擎 Activiti 经过多年的发展，已经变成一个成熟的工作流框架，在 2017 年，Activiti 推出了全新的 6.0 版本，除了完善对 BPMN 规范的支持外，还加入了对 DMN 规范的支持。为了能让广大的程序开发者一探新版本 Activiti 的功能，笔者在《疯狂 Workflow 讲义》的基础上，编写了此书。

书中对 Activiti 的知识进行全面讲解，并从源码角度对 Activiti 进行深度剖析。本书以 Activiti 为基础，讲述该框架的 API 使用、BPMN 规范，除了这些工作流的基本知识外，还讲解了最新的 DMN 规范引擎、Activiti 整合 Spring Boot 等内容。在本书的第 18 章，深入 Activiti 的源代码，展示舍弃流程虚拟机（PVM）之后的 Activiti 如何对流程进行控制，让读者一窥 Activiti 的庐山真面目。最后一章，以一个案例结束本书的内容，案例中整合 Spring、Struts 2 等主流框架，目的是让读者在学习的过程中更贴近实际应用。

未经许可，不得以任何方式复制或抄袭本书之部分或全部内容。
版权所有，侵权必究。

图书在版编目（CIP）数据

疯狂工作流讲义：基于 Activiti 6.x 的应用开发 / 杨恩雄编著. —北京：电子工业出版社，2018.1
ISBN 978-7-121-33018-6

Ⅰ.①疯… Ⅱ.①杨… Ⅲ.①JAVA 语言—程序设计 Ⅳ.①TP312.8

中国版本图书馆 CIP 数据核字（2017）第 277084 号

策划编辑：张月萍
责任编辑：牛　勇
印　　刷：三河市华成印务有限公司
装　　订：三河市华成印务有限公司
出版发行：电子工业出版社
　　　　　北京市海淀区万寿路 173 信箱　　邮编：100036
开　　本：787×1092　1/16　　印张：29.75　　字数：800 千字
版　　次：2018 年 1 月第 1 版
印　　次：2021 年 1 月第 7 次印刷
定　　价：79.00 元

凡所购买电子工业出版社图书有缺损问题，请向购买书店调换。若书店售缺，请与本社发行部联系，联系及邮购电话：(010) 88254888，88258888。
质量投诉请发邮件至 zlts@phei.com.cn，盗版侵权举报请发邮件至 dbqq@phei.com.cn。
本书咨询联系方式：010-51260888-819，faq@phei.com.cn。

推荐序

我与杨恩雄相识于 2006 年，他是一位极有天赋的开源软件精英。十多年来，我们义无反顾地拥抱开源，投身开源，用自己的聪明才智，积极促进开源软件在国内的普及、推广和运用。我们也经历了无数次与巨型商业软件的正面交锋，所幸，凭借着开源社区的强大力量和团队出色的技术实力，为雇主和客户创造了巨大的价值。继而在航空、制造、政企、电信、交通领域成就了一个个 "去 IOE" 的经典案例，为在企业核心领域运用开源软件树立了成功典范！

人生如白驹过隙，不知不觉已过十余年，当年团队的同事早已各奔东西。相信很多从事技术的人想总结和归纳的时候，或多或少都有心无力。很高兴杨恩雄仍然保持着一颗年轻的心，不停地钻研技术，积极归纳和分享。

五年前，jBPM4 的延续 Activiti 推出面世，杨恩雄将多年学习工作流的经验整理成书，出版了《疯狂 Workflow 讲义》，涵盖了 Activiti 的大部分知识。最近，Activiti 6 面世，本书也随之孕育而出，除了详尽论述 Activiti 6.0 的新特性以外，更浓缩了杨恩雄多年企业应用开发的经验。相信他的这本著作，能帮助广大读者轻松地掌握 Activiti 6 这个 "全新" 的框架，并在实际的学习和工作中运用。

前恒拓开源 CTO，现恒拓高科 CEO

陈操

前　言

当今技术发展一日千里，各种技术框架如雨后春笋般涌现，技术正在改变世界、改变生活。作者从业十余年，面对如此变幻莫测的世界，亦难岿然不动，面对日新月异的知识，时常怀着一颗谦卑的心。只有学习，才能带来快乐，才不会被淘汰。程序是枯燥的，但程序又是美丽的，看似冷冰冰的代码，实则丰富多彩。

Java 是目前世界上应用最广泛的语言，在 Java 领域出现了众多优秀的框架和组件，这些组件正在慢慢提高编程的效率，使得编程这项原本枯燥的工作变得更为优雅与简单。在工作流领域，涌现出多个使用 Java 语言编写的框架，如 OpenWFE、jBPM、Shark，甚至在国内市面上出现了不少国产的工作流引擎。近年来，出现了一款"全新"的工作流框架 Activiti，经过几年的发展，Activiti 已经成为一款成熟的工作流产品。笔者在 2014 年，基于 Activiti 5.0 版本，编写了《疯狂 Workflow 讲义》。Activiti 6.0 在 2017 年发布，为了帮助广大的 Java 研发者学习新框架，笔者对《疯狂 Workflow 讲义》进行升级，并将多年的实践经验融入本书中。

本书经过约半年的编写，至今能得以付梓，得益于多方襄助，对他们的感激之情，难以言表。感谢传道并解惑的恩师，感谢聪颖而好学的读者，感谢善良和亲爱的家人，笔者会谢意永存、铭感不忘。

本书内容概括

本书是一本介绍 Java 工作流领域的书，以 Activiti 为核心，内容囊括了多个流行的企业级 Java EE 框架。全书可分为以下几个部分。

第一部分：对 Activiti 的基础知识进行讲解，包括框架起源、基本的设计模式、数据库设置以及框架配置等。该部分知识可以帮助读者对 Activiti 有一个较为深入的认识，对 Activiti 的设计有一个初步的印象，该部分内容也可以作为整合 Activiti 到项目中的参考。

第二部分：从源代码的实现上讲解 Activiti 各个模块的 API，除了讲述这些 API 的作用外，还会引领读者深入到这些 API 的内部。此部分内容可以作为一个详细的 Activiti API 的帮助文档。

第三部分：详细讲述了 BPMN 2.0 规范的内容，包括目前 Activiti 对该规范的实现情况。在讲解 BPMN 2.0 规范时，将规范与 Activiti 的实现进行结合，让读者在通俗易懂的例子示范下，对 Activiti 的实现及 BPMN 2.0 规范有较为深入的了解。

第四部分：Activiti 6 支持的 DMN 规范，本书将在第 15 章中讲述 Activiti 基于 DMN 规范的规则引擎。Activiti 的规则引擎目前尚未正式面世，笔者研读了当前版本的源代码，并带领读者优先体会了 Activiti 的规则引擎。

第五部分：讲述如何在实际企业应用中使用 Activiti，并与其他流行的开源框架进行整合，包括企业应用开发所必须使用的 Web Service、企业服务总线、规则引擎、IoC 框架和 ORM 框架等。除了主要的Activiti知识外，企业中常用框架的知识，也在该部分内容中得到了体现。通过学习这部分内容，可以极大丰富你的实战知识，让你成为一个更全面的技术人员。

第六部分：在第18章中讲述了Activiti的核心架构及Activiti的表单知识。本书最后一章，通过讲解一个办公系统的开发过程，让读者更了解Activiti在实际生产中的应用，从而从理论层面走上实践的道路。

本书特点

笔者长期工作于企业的IT部门，有着丰富的企业应用开发经验，因此本书具有以下特点。

1. 内容深入

从笔者接触编程开始，就养成了查看源代码的习惯，书中的示例不仅仅能帮助理解Activiti的功能，更借鉴了Activiti的思路去模拟功能的实现，所以读者能够深入了解其中的原理。

2. 开发环境与示例更贴近实际

本书中示例的开发环境、使用的框架及工具均来自企业的实际应用，示例的选取与研发过程更贴近实际。

3. 注释详细

本书的代码几乎每行都有注释，读者可以很容易地了解代码的意思，轻松掌握相应的知识。

本书写给谁看

如果你有一定的Java语言基础，进行过Web项目的开发，对工作流有一定的认识，那么本书可以帮助你提升关于工作流的知识水平。如果你是一个从事过企业应用开发的程序员，本书同样适合你，本书的知识可以帮助你深入理解工作流引擎，使你可以将这些工作流框架应用到实际的企业生产中。

衷心感谢

首先非常感谢李刚老师，一直以来，他既是我的老师，也是我的技术后盾，非常幸运人生能有这样一位良师益友。

其次感谢出版社的编辑，为本书的出版做了很多细致的工作，并为本书提出了许多宝贵的意见。

最后感谢我的家人，你们是我前进的动力。

杨恩雄

2017年8月29日于广州

目 录 CONTENTS

第 1 章　Activiti 介绍 1
　1.1　工作流介绍 2
　1.2　BPMN 2.0 规范简述 2
　　　1.2.1　BPMN 2.0 概述 3
　　　1.2.2　BPMN 2.0 元素 3
　　　1.2.3　BPMN 2.0 的 XML 结构 5
　1.3　Activiti 介绍 5
　　　1.3.1　Activiti 的出现 5
　　　1.3.2　Activiti 的发展 5
　　　1.3.3　选择 Activiti 还是 jBPM 5
　1.4　本章小结 6

第 2 章　安装与运行 Activiti 7
　2.1　下载与运行 Activiti 8
　　　2.1.1　下载和安装 JDK 8
　　　2.1.2　下载和安装 MySQL 9
　　　2.1.3　下载和安装 Activiti 10
　2.2　运行官方的 Activiti 示例 11
　　　2.2.1　请假流程概述 11
　　　2.2.2　新建用户 11
　　　2.2.3　定义流程 12
　　　2.2.4　发布流程 14
　　　2.2.5　启动与完成流程 15
　　　2.2.6　流程引擎管理 16
　2.3　安装开发环境 17
　　　2.3.1　下载 Eclipse 17
　　　2.3.2　安装 Activiti 插件 18
　2.4　编写第一个 Activiti 程序 19
　　　2.4.1　如何运行本书示例 19
　　　2.4.2　建立工程环境 19
　　　2.4.3　创建配置文件 20
　　　2.4.4　创建流程文件 20
　　　2.4.5　加载流程文件与启动流程 21
　2.5　本章小结 22

第 3 章　Activiti 数据库设计 23
　3.1　通用数据表 24
　　　3.1.1　资源表 24
　　　3.1.2　属性表 24
　3.2　流程存储表 25
　　　3.2.1　部署数据表 25
　　　3.2.2　流程定义表 25
　3.3　身份数据表 25
　　　3.3.1　用户表 25
　　　3.3.2　用户账号（信息）表 26
　　　3.3.3　用户组表 26
　　　3.3.4　关系表 26
　3.4　运行时数据表 26
　　　3.4.1　流程实例（执行流）表 26
　　　3.4.2　流程任务表 27
　　　3.4.3　流程参数表 27
　　　3.4.4　流程与身份关系表 27
　　　3.4.5　工作数据表 28
　　　3.4.6　事件描述表 28
　3.5　历史数据表 28
　　　3.5.1　流程实例表 28
　　　3.5.2　流程明细表 29
　　　3.5.3　历史任务表和历史行为表 29
　　　3.5.4　附件表和评论表 29
　3.6　DMN 规则引擎表 30
　　　3.6.1　决策部署表 30
　　　3.6.2　决策表 30
　　　3.6.3　部署资源表 30
　3.7　本章小结 30

第 4 章　Activiti 流程引擎配置 31
　4.1　流程引擎配置对象 32
　　　4.1.1　读取默认的配置文件 32
　　　4.1.2　读取自定义的配置文件 33
　　　4.1.3　读取输入流的配置 33
　　　4.1.4　使用 createStandaloneInMemProcess-
　　　　　　EngineConfiguration 方法 34
　　　4.1.5　使用 createStandaloneProcessEngine-
　　　　　　Configuration 方法 34
　4.2　数据源配置 35
　　　4.2.1　Activiti 支持的数据库 35
　　　4.2.2　Activiti 与 Spring 35
　　　4.2.3　JDBC 配置 35
　　　4.2.4　DBCP 数据源配置 36

	4.2.5	C3P0 数据源配置	37
	4.2.6	Activiti 其他数据源配置	38
	4.2.7	数据库策略配置	38
	4.2.8	databaseType 配置	39
4.3	其他属性配置		40
	4.3.1	history 配置	40
	4.3.2	asyncExecutorActivate 配置	41
	4.3.3	邮件服务器配置	41
4.4	ProcessEngineConfiguration bean		41
	4.4.1	ProcessEngineConfiguration 及其子类	41
	4.4.2	自定义 ProcessEngineConfiguration	42
4.5	Activiti 的命令拦截器		43
	4.5.1	命令模式	44
	4.5.2	责任链模式	45
	4.5.3	编写自定义拦截器	47
4.6	本章小结		49

第 5 章 流程引擎的创建 ... 50

5.1	ProcessEngineConfiguration 的 buildProcessEngine 方法		51
5.2	ProcessEngines 对象		51
	5.2.1	init 方法与 getDefaultProcessEngine 方法	51
	5.2.2	registerProcessEngine 方法和 unregister 方法	52
	5.2.3	retry 方法	53
	5.2.4	destroy 方法	53
5.3	ProcessEngine 对象		54
	5.3.1	服务组件	54
	5.3.2	关闭流程引擎	55
	5.3.3	流程引擎名称	56
5.4	本章小结		56

第 6 章 用户组与用户 ... 57

6.1	用户组管理		58
	6.1.1	Group 对象	58
	6.1.2	创建用户组	58
	6.1.3	修改用户组	59
	6.1.4	删除用户组	60
6.2	Activiti 数据查询		61
	6.2.1	查询对象	61
	6.2.2	list 方法	61
	6.2.3	listPage 方法	62

	6.2.4	count 方法	63
	6.2.5	排序方法	63
	6.2.6	ID 排序问题	64
	6.2.7	多字段排序	66
	6.2.8	singleResult 方法	67
	6.2.9	用户组数据查询	68
	6.2.10	原生 SQL 查询	69
6.3	用户管理		71
	6.3.1	User 对象	71
	6.3.2	添加用户	71
	6.3.3	修改用户	72
	6.3.4	删除用户	72
	6.3.5	验证用户密码	73
	6.3.6	用户数据查询	74
	6.3.7	设置认证用户	75
6.4	用户信息管理		77
	6.4.1	添加和删除用户信息	77
	6.4.2	查询用户信息	78
	6.4.3	设置用户图片	78
6.5	用户组与用户的关系		80
	6.5.1	绑定关系	80
	6.5.2	解除绑定	81
	6.5.3	查询用户组下的用户	81
	6.5.4	查询用户所属的用户组	82
6.6	本章小结		83

第 7 章 流程存储 ... 84

7.1	流程文件部署		85
	7.1.1	Deployment 对象	85
	7.1.2	DeploymentBuilder 对象	85
	7.1.3	添加输入流资源	86
	7.1.4	添加 classpath 资源	87
	7.1.5	添加字符串资源	88
	7.1.6	添加压缩包资源	88
	7.1.7	添加 BPMN 模型资源	89
	7.1.8	修改部署信息	90
	7.1.9	过滤重复部署	90
	7.1.10	取消部署时的验证	92
7.2	流程定义的管理		93
	7.2.1	ProcessDefinition 对象	93
	7.2.2	流程部署	93
	7.2.3	流程图部署	95
	7.2.4	流程图自动生成	95
	7.2.5	中止与激活流程定义	96

7.2.6 流程定义缓存配置 97
7.2.7 自定义缓存 98
7.3 流程定义权限 100
7.3.1 设置流程定义的用户权限 100
7.3.2 设置流程定义的用户组权限 101
7.3.3 IdentityLink 对象 102
7.3.4 查询权限数据 102
7.4 RepositoryService 数据查询与删除 104
7.4.1 查询部署资源 104
7.4.2 查询流程文件 105
7.4.3 查询流程图 106
7.4.4 查询部署资源名称 107
7.4.5 删除部署资源 107
7.4.6 DeploymentQuery 对象 108
7.4.7 ProcessDefinitionQuery 对象 109
7.5 本章小结 109

第 8 章 流程任务管理 110
8.1 任务的创建与删除 111
8.1.1 Task 接口 111
8.1.2 创建与保存 Task 实例 112
8.1.3 删除任务 112
8.2 任务权限 113
8.2.1 设置候选用户组 114
8.2.2 设置候选用户 115
8.2.3 权限数据查询 116
8.2.4 设置任务持有人 118
8.2.5 设置任务代理人 119
8.2.6 添加任务权限数据 119
8.2.7 删除用户组权限 121
8.2.8 删除用户权限 122
8.3 任务参数 123
8.3.1 基本类型参数设置 124
8.3.2 序列化参数 125
8.3.3 获取参数 126
8.3.4 参数作用域 127
8.3.5 设置多个参数 128
8.3.6 数据对象 129
8.4 任务附件管理 130
8.4.1 Attachment 对象 130
8.4.2 创建任务附件 130
8.4.3 附件查询 132
8.4.4 删除附件 133
8.5 任务评论与事件记录 133
8.5.1 Comment 对象 133
8.5.2 新增任务评论 134
8.5.3 事件的记录 135
8.5.4 数据查询 136
8.6 任务声明与完成 137
8.6.1 任务声明 137
8.6.2 任务完成 138
8.7 本章小结 139

第 9 章 流程控制 140
9.1 流程实例与执行流 141
9.1.1 流程实例与执行流概念 141
9.1.2 流程实例和执行流对象
（ProcessInstance 与 Execution） 141
9.2 启动流程 142
9.2.1 startProcessInstanceById 方法 142
9.2.2 startProcessInstanceByKey 方法 144
9.2.3 startProcessInstanceByMessage
方法 145
9.3 流程参数 146
9.3.1 设置与查询流程参数 147
9.3.2 流程参数的作用域 147
9.3.3 其他设置参数的方法 149
9.4 流程操作 149
9.4.1 流程触发 149
9.4.2 触发信号事件 150
9.4.3 触发消息事件 152
9.4.4 中断与激活流程 153
9.4.5 删除流程 154
9.5 流程数据查询 155
9.5.1 执行流查询 155
9.5.2 流程实例查询 157
9.6 本章小结 158

第 10 章 历史数据管理和流程引擎管理 159
10.1 历史数据管理 160
10.1.1 历史流程实例查询 160
10.1.2 历史任务查询 161
10.1.3 历史行为查询 163
10.1.4 历史流程明细查询 165
10.1.5 删除历史流程实例和历史任务 166
10.2 工作的产生 167
10.2.1 异步任务产生的工作 168
10.2.2 定时中间事件产生的工作 169

10.2.3	定时边界事件产生的工作	170
10.2.4	定时开始事件产生的工作	171
10.2.5	流程抛出事件产生的工作	172
10.2.6	暂停工作的产生	174
10.2.7	无法执行的工作	175
10.3	工作管理	176
10.3.1	工作查询对象	176
10.3.2	获取工作异常信息	176
10.3.3	转移与删除工作	177
10.4	数据库管理	178
10.4.1	查询引擎属性	178
10.4.2	数据表信息查询	179
10.4.3	数据库操作	180
10.4.4	数据表查询	180
10.5	本章小结	181

第 11 章 流程事件ㆍㆍㆍ182

11.1	事件分类	183
11.1.1	按照事件的位置分类	183
11.1.2	按照事件的特性分类	183
11.2	事件定义	183
11.2.1	定时器事件定义	184
11.2.2	cron 表达式	184
11.2.3	错误事件定义	186
11.2.4	信号事件定义	186
11.2.5	消息事件定义	187
11.2.6	取消事件定义	187
11.2.7	补偿事件定义	188
11.2.8	其他事件定义	188
11.3	开始事件	188
11.3.1	无指定开始事件	188
11.3.2	定时器开始事件	189
11.3.3	消息开始事件	190
11.3.4	错误开始事件	191
11.4	结束事件	193
11.4.1	无指定结束事件	193
11.4.2	错误结束事件	194
11.4.3	取消结束事件和取消边界事件	196
11.4.4	终止结束事件	199
11.5	边界事件	200
11.5.1	定时器边界事件	201
11.5.2	错误边界事件	203
11.5.3	信号边界事件	204
11.5.4	补偿边界事件	206
11.6	中间事件	209
11.6.1	中间事件分类	209
11.6.2	定时器中间事件	210
11.6.3	信号中间 Catching 事件	211
11.6.4	信号中间 Throwing 事件	213
11.6.5	消息中间事件	215
11.6.6	无指定中间事件	215
11.7	补偿中间事件	215
11.7.1	补偿执行次数	215
11.7.2	补偿的执行顺序	217
11.7.3	补偿的参数设置	220
11.8	本章小结	221

第 12 章 流程任务ㆍㆍㆍ222

12.1	BPMN 2.0 任务	223
12.1.1	任务的继承	223
12.1.2	XML 约束	223
12.1.3	任务的类型	225
12.2	用户任务	226
12.2.1	分配任务候选人	226
12.2.2	分配任务代理人	228
12.2.3	权限分配扩展	228
12.2.4	使用任务监听器进行权限分配	229
12.2.5	使用 JUEL 分配权限	230
12.3	脚本任务	232
12.3.1	脚本任务	232
12.3.2	JavaScript 脚本	233
12.3.3	Groovy 脚本	234
12.3.4	设置返回值	235
12.3.5	JUEL 脚本	236
12.4	服务任务	237
12.4.1	Java 服务任务	238
12.4.2	实现 JavaDelegate	238
12.4.3	使用普通 Java Bean	240
12.4.4	在 Activiti 中调用 Web Service	241
12.4.5	import 元素	242
12.4.6	itemDefinition 和 message 元素	242
12.4.7	interface 与 operation 元素	243
12.4.8	设置 Web Service 参数与返回值	243
12.4.9	发布 Web Service	243
12.4.10	使用 Web Service Task	245
12.4.11	JavaDelegate 属性注入	248
12.4.12	在 JavaDelegate 中调用 Web Service	251

12.4.13 Shell 任务 253
12.5 其他任务 255
 12.5.1 手动任务和接收任务 255
 12.5.2 邮件任务 257
 12.5.3 Mule 任务和业务规则任务 258
12.6 任务监听器 259
 12.6.1 使用 class 指定监听器 259
 12.6.2 使用 expression 指定监听器 260
 12.6.3 使用 delegateExpression 指定监听器 261
 12.6.4 监听器的触发 262
 12.6.5 属性注入 263
12.7 流程监听器 263
 12.7.1 配置流程监听器 263
 12.7.2 触发流程监听器的事件 264
12.8 本章小结 267

第 13 章 其他流程元素 268
13.1 子流程 269
 13.1.1 嵌入式子流程 269
 13.1.2 调用式子流程 271
 13.1.3 调用式子流程的参数传递 273
 13.1.4 事件子流程 275
 13.1.5 事务子流程 277
 13.1.6 特别子流程 280
13.2 顺序流 282
 13.2.1 条件顺序流 282
 13.2.2 默认顺序流 284
13.3 流程网关 286
 13.3.1 单向网关 286
 13.3.2 并行网关 288
 13.3.3 兼容网关 291
 13.3.4 事件网关 293
13.4 流程活动特性 295
 13.4.1 多实例活动 295
 13.4.2 设置循环数据 297
 13.4.3 获取循环元素 298
 13.4.4 循环的内置参数 300
 13.4.5 循环结束条件 302
 13.4.6 补偿处理者 304
13.5 本章小结 304

第 14 章 Activiti 与规则引擎 305
14.1 概述 306
 14.1.1 规则引擎 Drools 306
 14.1.2 Drools 下载与安装 306
14.2 开发第一个 Drools 应用 307
 14.2.1 建立 Drools 环境 307
 14.2.2 编写规则 308
 14.2.3 加载与运行 308
14.3 Drools 规则语法概述 309
 14.3.1 规则文件结构 309
 14.3.2 关键字 310
 14.3.3 规则编译 310
14.4 类型声明 311
 14.4.1 声明新类型 312
 14.4.2 使用 ASM 操作字节码 313
 14.4.3 类型声明的使用 314
 14.4.4 类型的继承 316
 14.4.5 声明元数据 317
14.5 函数和查询 317
 14.5.1 函数定义和使用 318
 14.5.2 查询的定义和使用 320
14.6 规则语法 321
 14.6.1 全局变量 322
 14.6.2 规则属性 323
 14.6.3 条件语法 327
 14.6.4 行为语法 330
14.7 Activiti 调用规则 331
 14.7.1 业务规则任务 332
 14.7.2 制定销售单优惠规则 333
 14.7.3 实现销售流程 336
14.8 本章小结 339

第 15 章 基于 DMN 的 Activiti 规则引擎 340
15.1 DMN 规范概述 341
 15.1.1 DMN 的出现背景 341
 15.1.2 Activiti 与 Drools 341
 15.1.3 DMN 的 XML 样例 341
15.2 DMN 的 XML 规范 342
 15.2.1 决策 342
 15.2.2 决策表 343
 15.2.3 输入参数 343
 15.2.4 输出结果 344
 15.2.5 规则 344
15.3 运行第一个应用 345
 15.3.1 建立项目 345
 15.3.2 规则引擎配置文件 346

15.3.3 编写 DMN 文件.................................. 346
15.3.4 加载与运行 DMN 文件......................... 347
15.4 规则引擎 API 简述.. 348
15.4.1 创建规则引擎.................................. 348
15.4.2 配置规则引擎.................................. 349
15.4.3 数据查询.. 350
15.4.4 执行 DMN 文件................................ 350
15.5 规则匹配... 351
15.5.1 MVEL 表达式简介............................ 351
15.5.2 执行第一个表达式............................ 351
15.5.3 使用对象执行表达式......................... 352
15.5.4 规则引擎规则匹配逻辑..................... 353
15.5.5 自定义表达式函数............................ 354
15.5.6 Activiti 中的自定义表达式函数...... 355
15.5.7 销售打折案例.................................. 357
15.6 本章小结... 360

第 16 章 整合第三方框架.............................361
16.1 Spring Framework.. 362
16.1.1 Spring 的 IoC................................... 362
16.1.2 Spring 的 AOP.................................. 362
16.1.3 使用 IoC... 363
16.1.4 使用 AOP.. 364
16.2 Activiti 整合 Spring...................................... 365
16.2.1 SpringProcessEngineConfiguration... 365
16.2.2 资源的部署模式............................... 367
16.2.3 ProcessEngineFactoryBean............... 367
16.2.4 在 bean 中注入 Activiti 服务......... 368
16.2.5 在 Activiti 中使用 Spring 的 bean.... 369
16.3 Activiti 整合 Web 项目................................ 371
16.3.1 安装 Tomcat 插件............................ 371
16.3.2 加入 Spring.................................... 373
16.3.3 整合 Hibernate................................ 375
16.3.4 配置声明式事务............................... 377
16.3.5 添加 Struts 配置.............................. 378
16.3.6 实现一个最简单的逻辑..................... 378
16.3.7 测试事务.. 380
16.3.8 添加 Activiti.................................... 380
16.4 Activiti 与 Spring Boot................................. 381
16.4.1 Spring Boot 项目简介...................... 381
16.4.2 下载与安装 Maven........................... 382
16.4.3 开发第一个 Web 应用....................... 383
16.4.4 Activiti 与 Spring Boot 的整合...... 386
16.5 Activiti 与 JPA.. 388

16.5.1 建立与运行 JPA 项目...................... 388
16.5.2 在 Activiti 中使用 JPA.................... 390
16.5.3 Activiti、Spring 与 JPA 的整合..... 391
16.5.4 基于 JPA 的例子.............................. 393
16.6 本章小结... 395

第 17 章 Activiti 开放的 Web Service............ 396
17.1 Web Service 简介.. 397
17.1.1 Web Service..................................... 397
17.1.2 SOAP 协议...................................... 397
17.1.3 REST 架构....................................... 397
17.1.4 REST 的设计准则............................. 398
17.1.5 REST 的主要特性............................. 398
17.1.6 SOAP RPC 与 REST 的区别............ 399
17.2 使用 Sping MVC 发布 REST........................ 399
17.2.1 在 Web 项目中加入 Spring MVC.... 400
17.2.2 发布 REST 的 Web Service............. 401
17.2.3 使用 Restlet 编写客户端................. 402
17.2.4 使用 CXF 编写客户端..................... 402
17.2.5 使用 HttpClient 编写客户端........... 403
17.2.6 准备测试数据.................................. 403
17.2.7 部署 Activiti 的 Web Service.......... 403
17.2.8 接口访问权限.................................. 404
17.2.9 访问 Activiti 接口........................... 404
17.3 流程存储服务... 405
17.3.1 上传部署文件.................................. 405
17.3.2 部署数据查询.................................. 406
17.3.3 部署资源查询.................................. 406
17.3.4 查询单个部署资源........................... 407
17.3.5 删除部署.. 408
17.4 本章小结... 409

第 18 章 Activiti 功能进阶............................ 410
18.1 流程控制逻辑... 411
18.1.1 概述.. 411
18.1.2 设计流程对象.................................. 411
18.1.3 创建流程节点行为类....................... 413
18.1.4 编写业务处理类.............................. 414
18.1.5 将流程 XML 转换为 Java 对象...... 414
18.1.6 编写客户端代码.............................. 416
18.2 Activiti 的表单.. 416
18.2.1 概述.. 416
18.2.2 表单属性.. 417
18.2.3 外部表单.. 418

XI

18.2.4　关于动态工作流和动态表单 419
　18.3　流程图 XML 419
　　　18.3.1　节点元素 419
　　　18.3.2　衔接元素 420
　　　18.3.3　流程图与流程文件的转换 420
　18.4　流程操作 421
　　　18.4.1　流程回退 421
　　　18.4.2　会签 422
　18.5　本章小结 424

第 19 章　办公自动化系统 425
　19.1　使用技术 426
　　　19.1.1　表现层技术 426
　　　19.1.2　MVC 框架 426
　　　19.1.3　Spring 和 Hibernate 426
　19.2　功能简述 427
　　　19.2.1　系统的角色管理 427
　　　19.2.2　薪资计算流程 427
　　　19.2.3　请假流程 427
　　　19.2.4　薪资调整流程 427
　　　19.2.5　报销流程 428
　19.3　框架整合 428
　　　19.3.1　创建 Web 项目 428
　　　19.3.2　整合 Spring 429
　　　19.3.3　整合 Hibernate 430
　　　19.3.4　整合 Struts2 432
　　　19.3.5　整合 Activiti 433
　19.4　数据库设计 434
　　　19.4.1　薪资表 434
　　　19.4.2　请假记录表 434
　　　19.4.3　薪资调整记录表 435
　　　19.4.4　报销记录表 436
　19.5　初始化数据 437
　　　19.5.1　初始化角色数据 437
　　　19.5.2　薪资计算流程 438
　　　19.5.3　请假流程 439
　　　19.5.4　报销流程 439
　　　19.5.5　薪资调整流程 440
　19.6　角色管理 441
　　　19.6.1　用户组管理 442
　　　19.6.2　用户列表 443
　　　19.6.3　新建用户 445
　　　19.6.4　用户登录 446
　19.7　流程启动 447
　　　19.7.1　启动请假流程 447
　　　19.7.2　启动报销流程 450
　　　19.7.3　启动薪资调整流程 452
　19.8　申请列表 453
　　　19.8.1　申请列表的实现 453
　　　19.8.2　请假申请列表 454
　　　19.8.3　报销申请列表 455
　　　19.8.4　薪资调整列表 455
　　　19.8.5　查看流程图 456
　19.9　流程任务 457
　　　19.9.1　待办任务列表 457
　　　19.9.2　领取任务与受理任务列表 459
　　　19.9.3　查询任务信息 460
　　　19.9.4　任务审批 462
　　　19.9.5　运行 OA 的流程 463
　19.10　本章小结 463

第 1 章
Activiti 介绍

本章要点

- 工作流
- BPMN 2.0 规范

在计算机尚未普及时，许多工作流程采用手工传递纸张表单的方式，一级一级审批签字，工作效率非常低下。对于数据统计以及生成报表的功能，需要经过大量的手工操作才能实现。随着计算机的普及，这些工作的参与者只需要在计算机的系统中填入工作内容，系统就会按照定义好的流程自动执行，各级审批者可以得到工作的信息并做出相应的审批和管理操作。数据统计和报表的生成均由系统代为完成，这样大大提高了工作效率，在这种背景下，各种的工作流应用以及中间件应运而生。

工作流应用在日常工作中的使用越来越广泛，Java EE 领域出现了许多优秀的工作流引擎，例如 JBoss 社区的 jBPM、OpenSymphony 的 OSWorkflow 等。在 2010 年 5 月 17 日，以 Tom Baeyens 为首的工作流小组发布了一个全新的工作流引擎——Activiti，该工作流引擎的第一个版本为 5.0alpha1，由于 Tom Baeyens 是 jBPM 的创始人（由于意见分歧离开 JBoss），因此 Activiti 的团队希望该流程引擎是 jBPM 4 的延伸，希望在 jBPM 中积累的经验和知识的基础上，继续进行新一代工作流解决方案的建设，因此将第一个 Activiti 版本定义为 5.0alpha1。

Activiti 经过多年的发展，已经发布了多个版本，随着 DMN（决策模型与图形）规范的推出，Activiti 开始实现自己的规则引擎。本书将以 Activiti 6.0 为基础，详细介绍 Activiti 工作流引擎以及规则引擎的特性。

1.1 工作流介绍

工作流（Workflow），是对工作流程及其各操作步骤之间业务规则的抽象、概括、描述。工作流建模，即将工作流程中的工作如何前后组织在一起的逻辑和规则在计算机中以恰当的模型进行表示并对其实施计算。工作流要解决的主要问题是：为实现某个业务目标，在多个参与者之间，利用计算机，按某种预定规则自动传递文档、信息或者任务。工作流管理系统（Workflow Management System, WfMS）的主要功能是通过计算机技术的支持去定义、执行和管理工作流，协调工作流执行过程中工作之间以及群体成员之间的信息交互。工作流需要依靠工作流管理系统来实现。工作流属于计算机支持的协同工作（Computer Supported Cooperative Work，CSCW）的一部分。工作流管理系统是普遍地研究一个群体如何在计算机的帮助下实现协同工作的。（注：本段内容来自维基百科。）

早在 20 世纪 70 年代，办公自动化概念出现的时候，工作流思想就已经出现，人们希望新的技术可以改善办公效率，但是由于当时计算机并没有普及，网络技术还不普遍等原因，20 世纪 70 年代工作流技术仅仅停留在研究领域。到了 20 世纪 90 年代以后，各种技术条件逐渐成熟，工作流技术被应用于电信、软件、制造、金融和办公自动化领域。随着工作流技术的兴起，为了给全部业务的参与者提供易于理解的标准标记法，由业务流程管理倡议组织（BPMI）开发出了"业务流程建模标记法"（Business Process Modeling Notation，BPMN）。BPMI 组织于 2005 年并入 OMG 组织，当前 BPMN 规范由 OMG 组织进行维护。

1.2 BPMN 2.0 规范简述

BPMN 规范 1.0 版本由 BPMI 组织于 2004 年发布，全称是 Business Process Modeling Notation，BPMN 规范的发布是为了让业务流程的全部参与人员对流程可以进行可视化管理，提供一套让所有参与人员都易于理解的语言和标记，为业务流程的设计人员（非技术人员）和流程的实现人员（技术人员）建立起一座桥梁。BPMI 组织于 2005 合并到 OMG（Object Management Group）组织中，2008 年 1 月发布 BPMN 1.1 规范。BPMN 2.0 规范于 2011 年 1

月正式发布，并且全称改为 Business Process Model And Notation（业务流程模型和符号）。

在 1.0 版本的 BPMN 规范中，只注重流程元素的图形，这使其在流程分析人员中非常受欢迎，而 BPMN 2.0 版本则继承了 1.0 版本的内容，并且注重流程执行语法和标准交换格式。

1.2.1　BPMN 2.0 概述

BPMN 2.0 规范定义了业务流程的符号以及模型，并且为流程定义设定了转换格式，目的是为了让流程的定义实现可移植性，那么用户可以在不同的供应商环境中定义流程，并且这些流程可以移植到其他遵守 BPMN 2.0 规范的供应商环境中。BPMN 2.0 在以下方面扩展了 BPMN 1.2：

- 规范了流程元素的执行语法。
- 定义了流程模型和流程图的扩展机制。
- 细化了事件的组成。
- 扩展了参与者的交互定义。
- 定义了编排模型。

1.2.2　BPMN 2.0 元素

使用 BPMN 2.0 的目的是建立简单并且易懂的业务流程模型，但是同时又需要处理高度复杂的业务流程，因此要解决这两个矛盾的要求，需要在规范中定义标准的图形和符号。BPMN 中定义了 5 个基础的元素类别。

- **流对象（Flow Objects）**：在一个业务流程中，流对象是用于定义行为的图形元素，主要有事件（Events）、活动（Activities）和网关（Gateways）三种流对象。
- **数据（Data）**：主要有数据对象（Data Objects）、数据输入（Data Inputs）、数据输出（Data Inputs）和数据存储（Data Stores）4 种元素。
- **连接对象（Connecting Objects）**：用于连接流对象，主要有 4 种连接流对象的方式，包括顺序流（Sequence Flows）、消息流（Message Flows）、关联（Associations）和数据关联（Data Associations）。
- **泳道（Swimlanes）**：泳道提供了两种途径用于组织基础的模型元素，分别是池（Pools）和道（Lanes）。
- **制品（Artifacts）**：制品主要用于为流程提供附加信息，当前制品包括组（Group）和注释（Text Annotation）。

以上的元素分类以及表 1-1 中所列的元素，均是 BPMN 规范中元素的组成部分，每个对象均有自己对应的图形。表 1-1 给出了各个元素的图形及其描述。

表 1-1　BPMN 规范中的元素

元素	图形	描述
事件（Events）	○	用于描述流程中发生的事件，事件会对流程产生影响，事件会被触发或者会产生结果
活动（Activities）	▭	活动是工作流中一个通用的术语，活动包括任务（Task）和子流程（Sub-Process）

续表

元素	图形	描述
网关（Gateways）	◇	网关主要用于控制流程中的顺序流的走向，使用网关可以控制流程进行分支与合并
顺序流（Sequence Flow）	→	顺序流显示流程将会执行哪个活动
消息流（Message Flows）	o----▷	消息流主要用于显示消息在流程参与者之间的传递情况
关联（Association）	....▷	主要用于连接流程元素及其制品（流程信息）
池（Pool）	Name	存放道的容器
道（Lane）	Name / Name Name	用于区分流程参与人的职能范围
数据对象（Data Object）	📄	数据对象主要表示活动需要的或者产生的信息
消息（Message）	✉	消息主要用于描述流程参与者之间的沟通内容
组（Group）	┌ ─ ─ ┐	主要用于存放一些流程信息，包括流程文档、流程分析信息等
注释（Text Annotation）	流程注释	主要为阅读流程图的人提供附加的文字信息

以上为 BPMN 规范中定义的基本元素，在这些元素的基础上，还会产生多种子元素，例如网关（Gateways）元素，还可以细分为单向网关、并行网关等，这些细分的元素将会在本书的 BPMN 2.0 规范章节详细讲解。

1.2.3 BPMN 2.0 的 XML 结构

BPMN 2.0 规范除了定义流程元素的图形外，还对流程描述文件做了语法上的定义。例如在定义一个 userTask 的时候，BPMN 2.0 规范规定需要有 id 和 name 属性；定义一个顺序流，需要提供 id、name、sourceRef 和 targetRef 属性。BPMN 2.0 定义了 XML 规范，这样的话，一份流程描述文件可以在不同的流程引擎中使用（流程引擎需要遵守 BPMN 2.0 规范）。

除了 BPMN 2.0 规定的元素及属性外，工作流引擎的供应商还可以在这些规范的基础上添加额外的属性，但是这些扩展的属性不允许与任何的 BPMN 2.0 元素产生冲突，除此之外，在对属性进行扩展时，所产生的流程模型与流程图，必须要让流程的参与者能够轻松看懂，而且规范中最基础的流程元素不能发生改变，因为这是 BPMN 2.0 规范的基础。

BPMN 定义的 XML 元素以及各个元素的作用和使用方法，将会在本书后面章节中讲述。

1.3 Activiti 介绍

当 BPMN 2.0 规范在 2011 年被发布时，各个工作流引擎的供应商均向其靠拢，包括 jBPM5 和本书介绍的 Activiti。Activiti 的第一个版本为 5.0alpha1，一直到 2010 年 12 月发布了 Activiti5.0 的正式版，此过程经历了 4 个 alpha 版本、2 个 beta 版本和 1 个 rc 版本，直到 5.0 正式版本才出现对 BPMN 2.0 规范的支持。Activiti 6.0 于 2017 年 5 月发布，其已经开始实现 DMN 规范。

1.3.1 Activiti 的出现

Activiti 的创始人 Tom Baeyens 是 jBPM 的创始人，由于在 jBPM 的未来架构上产生意见分歧，Tom Baeyens 在 2010 年离开了 JBoss 并加入 Alfresco 公司，Tom Baeyens 的离开使得 jBPM5 完全放弃了 jBPM4 的架构，基于 Drools Flow 重新开发。而在 2010 年的 5 月，Tom Baeyens 发布了第一个 Activiti 版本（5.0alpha1），由此看来，Activiti 更像是 jBPM4 的延续，也许为了让其看起来更像 jBPM4 的延续，Activiti 团队直接将 Activiti 的第一个版本定义为 5.0。

1.3.2 Activiti 的发展

从 2010 年 5 月发布第一个 Activiti 版本至今（2017 年），Activiti 经历了近几十个小版本的演化，本书成书时版本已经发布到 6.0.0.RC1。Activiti 采用了宽松的 Apache Licence 2.0 开源协议，因此 Activiti 一经推出，就得到了开源社区的大力支持，在开源社区的支持下，Activiti 吸引了很多的工作流专家参与到该项目中，并且也促使了 Activiti 在工作流领域的创新。

1.3.3 选择 Activiti 还是 jBPM

根据前面的内容可以得知，jBPM5 和 Activiti 同样支持 BPMN 2.0 规范，但是实际上 jBPM5 已经推翻了 jBPM3 和 jBPM4 的架构，使用了 Drools Flow 作为工作流架构，这对于原来使用 jBPM3 和 jBPM4 的用户来说是非常郁闷的一件事（从零开始重新学习 jBPM5），而 Activiti 更像是原来 jBPM4 的延续，因此对于原来使用 jBPM3 和 jBPM4 的用户来说，更推荐使用 Activiti，但是由于 JBoss 中有一些优秀的项目（例如规则引擎 Drools、Seam 等），jBPM5 与这些项目进行整合具有先天的优势，因此如何进行选择还需要进行权衡。

除了原来的架构有所改变之外，还需要考虑的是，jBPM5 采用的是 LGPL 开源协议，如果要在其基础上使用以修改和衍生的方式做二次开发的商业软件，涉及的修改部分需要使用 LGPL 协议，因此对于这些商用的软件来说，如果对 jBPM5 的源代码进行修改并做二次开发，显然不是明智的选择。相对于 jBPM5 来说，Activiti 采用了更为宽松的 Apache License 2.0 协议，该协议鼓励代码共享和尊重原作者的著作权，允许对代码进行修改、再发布而不管其用途。

1.4 本章小结

本章对工作流的起源以及发展做了简单的介绍，其中主要介绍了工作流领域的 BPMN 2.0 规范。BPMN 2.0 规范为工作流应用提供了语言及图形的标准。介绍了 BPMN 2.0 规范目标及该规范的部分内容、Activiti 的产生背景、Activiti 目前所拥有的优势，以及与"成熟"的 jBPM 的比较。简单了解了 Activiti 工作流之后，下一章将带领读者开始 Activiti 之旅。

第 2 章
安装与运行 Activiti

本章要点

- 安装 JDK 与 MySQL
- 安装 Eclipse 以及 Activiti 插件
- 运行官方的 Activiti 例子
- 编写第一个 Activiti 程序

Activiti 的第一个正式版本发布于 2010 年 12 月 1 日，经过多年的发展，Activiti 已经成为一个较为成熟的工作流引擎。作为一个开源的工作流引擎，它在工作流领域吸引了众多开发者的目光，在当前的工作流框架角逐中，其已逐渐成为众多企业的首选。在 2017 年 5 月 26 日，Activiti 迎来了新篇章：6.0 版本正式发布。本书将以 6.0 版本为基础，讲解基于 Activiti 的工作流应用开发。

本章将介绍 Activiti 的安装与运行、Activiti 开发环境的搭建等内容。本书除了最后一章的项目案例外，其他所有的案例均以本章的开发环境为基础。搭建 Activiti 的开发环境，需要安装 JDK、Eclipse、MySQL 等软件，除此之外，还会编写第一个 Activiti 应用，让大家对 Activiti 有一个初步的了解。

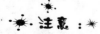

本书全部的案例均在 Windows 7 下开发和运行。

2.1 下载与运行 Activiti

如果仅仅只是运行 Activiti，可以只下载 JDK、Tomcat 和 Activiti。在 Activiti 的开发包中，已经包含有 Activiti 的 Web 应用例子。本书使用的 Tomcat 版本为 7.0.42，可以到以下地址下载该版本的 Tomcat：

http://archive.apache.org/dist/tomcat/tomcat-7/v7.0.42/bin/apache-tomcat-7.0.42.zip

本书所使用的 Tomcat 是非安装版本，下载后解压即可使用，在运行 Tomcat 时需要先安装 JDK。本书需要使用浏览器时，均使用 Google Chrome 浏览器，笔者也建议读者使用该浏览器。

2.1.1 下载和安装 JDK

Activiti 6.0 要求在 JDK7 以上版本运行，本书使用的是 JDK 8（32 位），大家可以到以下网址下载 JDK：

http://www.oracle.com/technetwork/java/javase/downloads/index.html

选择合适的版本进行下载后即可进行安装，在 Windows 7 下，默认的安装目录是 C:\Program Files (x86)\Java\jdk1.8.0_131。安装完成后，需要配置环境变量，新建 JAVA_HOME 变量和值为 JDK 的安装目录，如图 2-1 所示。

添加了 JAVA_HOME 环境变量后，修改系统的 Path 变量，加入"%JAVA_HOME%\bin"，如图 2-2 所示。

图 2-1 JAVA_HOME 环境变量

图 2-2 Path 环境变量

为了验证 JDK 是否成功安装，打开系统命令行，输入"java -version"回车后可看到 JDK 的版本信息，笔者安装的 JDK 信息如图 2-3 所示。

图 2-3　JDK 版本信息

看到图 2-3 所示信息，即表示 JDK 成功安装。如果大家的机器需要不同版本的 JDK，可以为 JAVA_HOME 设置不同值来实现切换。

▶▶ 2.1.2　下载和安装 MySQL

MySQL 作为市面上关系型数据库的佼佼者，一直受到各大企业及开发人员的青睐，笔者之前就职的公司一直使用 MySQL，因此本书选用 MySQL 作为 Activit 的数据库。目前 MySQL 的版本发展到 5.7，由于数据库并不是本书的重点，因此笔者选用了较为成熟的 5.6 版本（64 位），大家可到以下网址下载 5.6 版本的 MySQL 数据库：

https://dev.mysql.com/downloads/installer/5.6.html

下载并安装了 MySQL 数据库后，将 MySQL 的 bin 目录添加到环境变量中，以便可以在命令行中使用 MySQL 命令，如图 2-4 所示。

修改系统变量的 Path 属性，添加"%MYSQL_HOME%\bin"，如图 2-5 所示。

图 2-4　添加系统变量　　　　　　　　图 2-5　修改 Path 变量

完成以上步骤后，打开命令行，输入"mysql -V"回车后，可以看到输出如图 2-6 所示。

图 2-6　查看 MySQL 安装

关于 MySQL 数据库的客户端工具，本书使用的是 Navicat，读者也可以使用其他工具，使用这些工具的目的是为了操作 MySQL 数据库更加方便，大家可根据个人习惯来选用。本书的开发环境为 Windows 7，安装完 MySQL 5.6 后，笔者建议将 MySQL 配置成区分大小写（默认不区分）的，修改 MySQL 的配置文件 my.ini（如果在 Windows 7 下安装 MySQL，则修改

C:\ProgramData\MySQL\MySQL Server 5.6\my.ini），加入"lower_case_table_names = 0"配置，重启 MySQL 服务即可。

▶▶ 2.1.3 下载和安装 Activiti

安装了 JDK 和 MySQL 后，现在可以下载 Activiti，下载 Activiti 的主页为：http://www.activiti.org/，本书使用的 Activiti 版本为 6.0，以下为 Activiti 6.0 的下载地址：

https://github.com/Activiti/Activiti/releases/download/activiti-6.0.0/activiti-6.0.0.zip

由于某些非技术原因，以上链接可能在国内无法打开，需要借助其他方法进行下载。

下载解压后得到 activiti-6.0.0 目录，该目录下有三个子目录：database、libs 和 wars。以下为各个目录的作用描述。

- **database**：用于存放 Activiti 数据表的初始化脚本（create 子目录）、删除脚本（drop 子目录）和升级脚本（upgrade 子目录）。从各个目录中的脚本可得知，目前 Activiti 支持各大主流的关系型数据库，包括 DB2、MySQL、Oracle 等。
- **libs**：存放本版本 Activiti 所发布的 jar 包，也包含对应的源码包。
- **wars**：存放 Activiti 官方提供的 war 包，当前版本有 activiti-app.war、activiti-admin.war、activiti-rest.war 三个 war 包。

需要注意的是，这三个 war 包默认情况下使用的是 H2 数据库，该数据库是一个内存数据库，因此部署前不需要进行任何的数据库配置，但如果重启了应用服务器，那么之前的数据将会丢失，大家在使用时请注意这个小细节。将三个 war 包复制到 Tomcat/webapps 目录并启动 Tomcat，在浏览器中打开以下链接，即可以看到如图 2-7 所示的 Activiti 的演示界面：

http://localhost:8080/activiti-app/

图 2-7 Activiti 的演示界面

看到图 2-7 所示的界面，表示已经启动成功，如果需要登录及使用其他功能，请参考 2.2 节的内容。

2.2 运行官方的 Activiti 示例

Activiti 官方发布的 activiti-app，可以说是一个较为完善的样例，用户可通过该例子来了解 Activiti 的大部分功能。随 Activiti 6.0 版本发布的官方示例，包括流程图定义、流程发布、动态表单等一系列示例，在笔者看来，这个示例的功能已经相当强大，但该示例偏向技术，如果需要开发更贴近某个特定业务的产品，我们还是需要掌握 Activiti 的核心。

本节将以一个简单的请假流程为示范，向大家展示该 Activiti 示例的功能，以便大家对工作流引擎有一个初步的了解。

> **注意：** activiti-app 的登录用户名为 admin，默认密码为 test，该应用的功能将在稍后讲述。

2.2.1 请假流程概述

我们先定义一个简单的请假流程，主要由员工发起请假，然后再由他的经理审批，最后流程结束，流程图如图 2-8 所示。

图 2-8 员工请假流程

这里主要是为了让大家初步了解 activiti-app 的功能，对 Activiti 有一个初步的认识，因此设计的流程较为简单。

2.2.2 新建用户

根据前面定义的请假流程，需要有一个员工用户，然后需要有一个经理用户，在实际业务中，普通员工、经理可能就是用户，在此为了简单起见，只定义一个员工与一个经理，不涉及用户组数据。使用 admin 账号登录 activiti-app（默认密码是 test），主界面如图 2-9 所示。

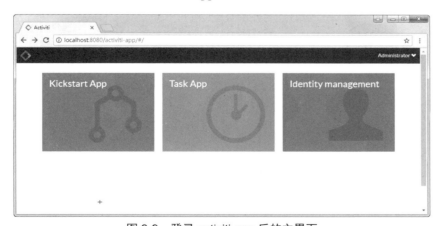

图 2-9 登录 activiti-app 后的主界面

主界面的三个菜单主要完成以下功能。
- **Kickstart App**：主要用于流程模型管理、表单管理及应用（App）管理，一个应用可以包含多个流程模型，应用可发布给其他用户使用。
- **Task App**：用于管理整个 activiti-app 的任务，在该功能里面也可以启动流程。
- **Identity management**：身份信息管理，可以管理用户、用户组等数据。

单击"Identity management"菜单，再单击 Users 菜单，界面如图 2-10 所示。

图 2-10　进入用户管理

单击"Create user"按钮，弹出要求输入新用户信息的界面，根据我们定义的请假流程，需要新建一个员工用户。新建用户名为"employee"的用户，如图 2-11 所示。

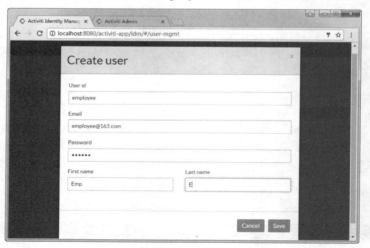

图 2-11　新建用户

需要注意的是，Email 等信息虽然不是必填的，但如果不填，则在登录时会出现异常，笔者建议将全部信息都填上，以免遇到问题。以同样的方法，再创建一个名为"manager"的用户作为经理，用于审核请假任务。

▶▶ 2.2.3　定义流程

单击"Kickstart App"菜单，进入流程模型管理的主界面，单击"Create Process"按钮，弹出新建流程模型界面，如图 2-12 所示。

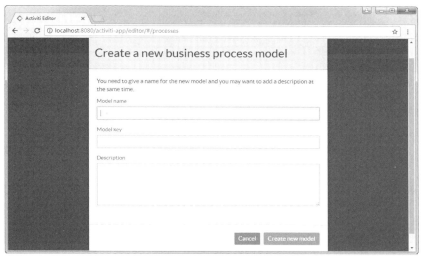

图 2-12 新建流程模型界面

新建模型后,会进入流程模型设计界面,在流程模型设计界面中,只需要普通的鼠标拖曳操作,即可完成流程模型的定义,该编辑器也可以开放给业务人员使用。根据前面定义的请假流程,在编辑器中"拖曳"一下,定义请假流程模型,如图 2-13 所示。

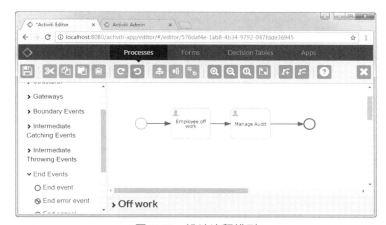

图 2-13 设计流程模型

在图 2-13 中,定义了一个开始事件、两个用户任务、一个结束事件。我们定义的请假业务,需要将该用户任务分配给 employee 用户。单击第一个用户任务,并修改"Assignment"属性,如图 2-14 所示。

由图 2-14 可知,将"Employee off work"任务分配给"Emp E"用户。需要注意的是,

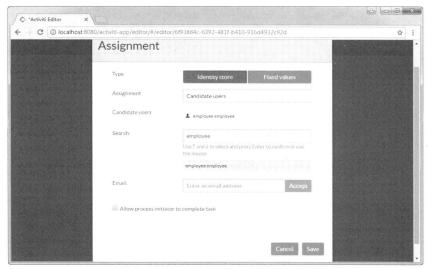

图 2-14 为任务分配给用户

"Emp"是用户的真实名称，登录系统的用户名是 employee。保存成功后，再使用同样的方法将"Manage Audit"任务分配给 manager 用户。保存流程模型后，就可以将流程发布。

▶▶ 2.2.4 发布流程

在 activiti-app 中，一个 App 可包含多个流程模型，因此在发布流程前，先新建一个 App 并为其设置流程模型。单击 Apps 菜单，再单击"Create App"按钮，新建一个 App，如图 2-15 所示。

图 2-15　新建 App

由于我们设计的请假流程，属于人事管理方面的，因此新建一个给 HR 使用的 App（应用），该 App 就包含我们前面所设计的请假流程模型。创建 App 成功后，再为其设置流程模型并发布 App。单击可查看 App，界面如图 2-16 所示。

图 2-16　查看 App

图 2-16 所示为查看 App 的界面，使用右上角的"Publish"按钮可以发布 App。单击"App Editor"按钮可以进行 App 的模块修改，本例中已经将前面定义的流程绑定到"HR App"中。

2.2.5 启动与完成流程

发布了 App 后，再使用之前新建的 employee 用户进行登录，登录后可以看到 HR App 的菜单，如图 2-17 所示。

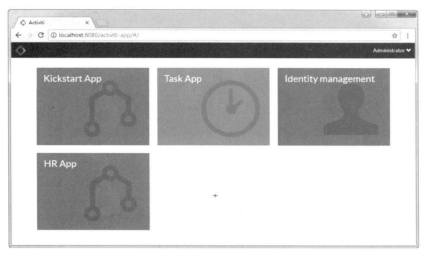

图 2-17　员工登录后主界面

进入 HR App 并且单击"Processes"菜单，在界面左上角，可以看到"Start a process"按钮，单击启动请假流程后，可以看到如图 2-18 所示界面。

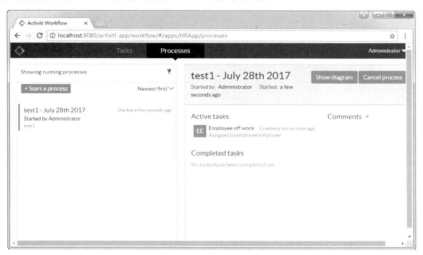

图 2-18　启动流程

根据流程模型的定义可知，启动流程后，就由 employee 来完成第一个用户任务。单击图 2-18 所示界面右边的任务列表，进行任务操作，如图 2-19 所示。

单击图 2-19 所示界面右上角的"Complete"按钮，即可完成当前的用户任务。按照流程设计，employee 完成任务后，manager 用户要审核请假。使用 manager 用户登录系统，同样进入"HR App"的 Processes 菜单，同样可以看到分配到 manager 用户下面的任务，以同样的方式完成任务后，流程结束，如图 2-20 所示。

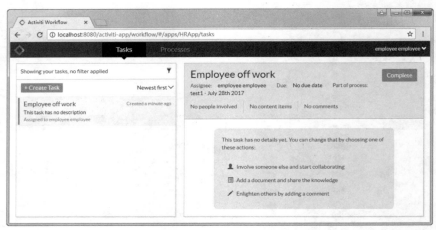

图 2-19　查看用户任务

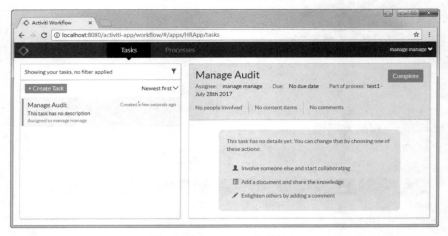

图 2-20　manager 完成任务

至此，这个简单的请假流程，已经在 activiti-app 上面运行成功。

2.2.6　流程引擎管理

除了 activiti-app 这个 war 包外，还有一个 activiti-admin 的 war 包，在部署时也放到 Tomcat 的应用目录下。activiti-admin 用于查看流程引擎的主要数据，包括流程引擎的部署信息、流程定义、任务等。启动了 Tomcat 后，在浏览器中打开以下链接：

http://localhost:8080/activiti-admin

打开链接后，可以看到 activiti-admin 的登录界面，内置的用户名为 admin，密码为 admin。登录成功后，单击"Configuration"菜单，先配置管理的对象信息，由于 activiti-app 也是部署在 Tomcat 中，因此只需要修改一下端口即可，将默认的 9999 端口改为我们的 Tomcat 端口（8080），修改界面如图 2-21 所示。

完成配置后，可以单击"Check Activiti REST endpoint"按钮来测试是否可以连接到 activiti-app 的接口，连接成功后会有提示。

单击"Instances"菜单，可以看到我们之前完成的请假流程实例，再单击流程实例，可以看到流程的全部信息，如图 2-22 所示。

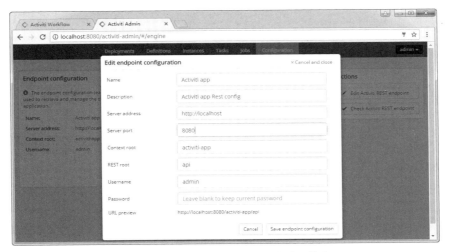

图 2-21　修改 activiti-admin 的配置信息

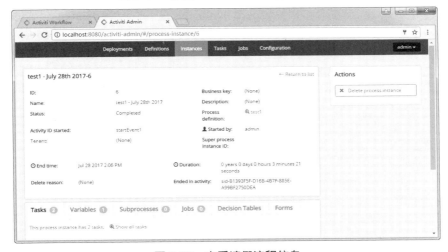

图 2-22　查看请假流程信息

activiti-admin 应用中的数据，可以通过 Activiti 发布的接口获取，接口的使用将在本书后面的章节中讲述。

根据上述内容可知，Activiti 官方提供的 activiti-app、activiti-admin 两个应用，包含了流程设计、流程发布、流程引擎管理等功能，本书后面的章节，将会深入讲解 Activiti 的功能，学习了后面章节内容后再回头看官方的两个应用，即可明白它们的实现原理。

2.3　安装开发环境

我们所说的 Activiti 开发环境包括以下内容：
- Eclipse IDE
- Eclipse 的 Activiti 插件

2.3.1　下载 Eclipse

本书使用 Eclipse 作为开发工具，如果想使用 Activiti 的 Eclipse 设计器，官方建议使用

Kepler（4.3）或者 Luna（4.4）版本，本书使用的版本为 Luna 32 位，大家可以从以下地址下载该版本的 Eclipse：

http://www.eclipse.org/downloads/packages/eclipse-ide-java-developers/lunasr2

目前 Eclipse 已经发展到 4.7 版本，本书使用的 Eclipse 功能不多，主要使用 Activiti 的设计器插件，本书的全部代码，理论上可以在高版本的 Eclipse 中运行。

安装 Eclipse 插件的过程较为漫长，如果想直接使用已经安装好插件的 Eclipse，则可以到以下链接下载：https://pan.baidu.com/s/1bpEh1Gr，如该链接失效，可以与笔者联系，笔者邮箱地址：yangenxiong@163.com。如果下载到了安装好插件的 Eclipse，则可以跳过 2.3.2 小节。

▶▶ 2.3.2 安装 Activiti 插件

使用 Eclipse 的 Luna 版本，在安装 Activiti 插件前，要安装 EMF 插件（2.6.0 版本）。打开 Eclipse，在"Help"菜单中选择"Install New Software"菜单项，单击"Add"按钮，弹出如图 2-23 所示窗口。

输入的名称为 EMF，位置 URL 为：http://download.eclipse.org/modeling/emf/updates/releases/，注意在选择版本时，要选择 2.6.0 版本，安装完成后重启 Eclipse，再进行 Activiti 插件安装。

使用 Activiti 的 Eclipse 插件，开发者可以对流程模型进行可视化操作，对于流程元素可以进行拖曳，插件会自动生成相应的 XML 代码。安装方法与 EMF 插件安装方法一样，输入的插件信息如图 2-24 所示，输入的位置 URL 为：http://activiti.org/designer/update/。

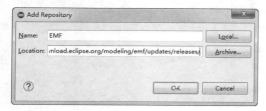

图 2-23 安装 EMF 插件

图 2-24 在 Eclipse 中添加软件仓库

插件安装完成后重启 Eclipse，在新建文件的对话框中，如果看到图 2-25 所示选项，则表示已经安装成功。

图 2-25 成功安装 Activiti 插件

再次强调，在安装过程中，由于网络等原因，会导致安装中断或者安装时间过长，如果不是为了体验插件安装，建议直接下载安装好插件的 Eclipse，笔者提供的下载地址为：https://pan.baidu.com/s/1bpEh1Gr。

2.4 编写第一个 Activiti 程序

完成了 Activiti 的开发环境搭建后，可以进行第一个 Activiti 程序的开发，开发 Activiti 应用，基本上只需要使用 Eclipse 即可，但是为了能更加方便地设计流程，还要求使用 Eclipse 的 Activiti 插件，所以在编写 Activiti 程序前，请先确认 Eclipse 和 Activiti 插件已经成功安装。

> **注意：**
> 安装 Activiti 的可视化插件，是为了进行流程模型设计时更加方便，笔者建议还是要认真学习 BPMN 规范，明白插件的工作原理。

2.4.1 如何运行本书示例

使用 Eclipse 导入 codes\common-lib 项目，该项目用于存放本书全部例子所使用的第三方 jar 包。导入该项目后，可以选择某一章的案例进行导入，例如要查看第 4 章的案例，就可以在 Eclipse 中选择 codes\04 目录，将第 4 章全部的案例项目导入。每一个项目中都有相应的运行类，绝大部分的运行类都有 main 方法，直接运行相应案例的 main 方法即可看到效果。

为了能在每个案例运行后看到数据库的变化，大部分的案例均会将 Activiti 的 databaseSchemaUpdate 属性配置为 drop-create（详细请见第 4 章），该属性会在相应案例运行前将原有的数据表删除，再创建 Activiti 的数据表，请读者注意该细节。

> **注意：**
> 本书除 OA 系统、第 15 章的 Web 项目和第 16 章的 Web 项目外，全部的案例所使用的第三方包均存放在 codes\common-lib\lib 目录下，因此成功编译和运行全部案例的前提，是先导入 codes\common-lib 项目。

2.4.2 建立工程环境

打开 Eclipse，将 common-lib 项目导入 Eclipse 中，然后新建一个普通的 Java 项目，在项目的根目录下建立一个 resource 源文件目录。修改项目的"Java Build Path"，在"Libraries"中单击"Add JARs"，选中 common-lib/lib 目录下的全部 jar 包。项目结构如图 2-26 所示。

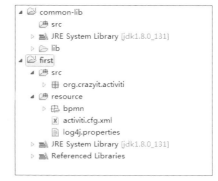

图 2-26 项目结构

> **注意：**
> 项目 common-lib/lib 目录下面的 jar 包，是从 activiti-6.0.0/libs 目录下复制过来的，并且也包含有其他框架的 jar 包。本书后面章节中的代码，如没有特别说明，也使用该方法引入 jar 包。

2.4.3 创建配置文件

如果没有指定 Activiti 的配置文件，那么默认情况下将会到 CLASSPATH 下读取 activiti.cfg.xml 文件作为 Activit 的配置文件，该文件主要用于配置 Activiti 的数据库连接等属性（详细内容参见第 4 章）。将 activiti-5.10\setup\files\cfg.activiti\standalone 目录下的 activiti.cfg.xml 文件复制到项目的 resource 目录下，修改该文件，内容如代码清单 2-1 所示。

代码清单 2-1：codes\02\first\resource\activiti.cfg.xml

```xml
<?xml version="1.0" encoding="UTF-8"?>
<beans xmlns="http://www.springframework.org/schema/beans"
    xmlns:xsi="http://www.w3.org/2001/XMLSchema-instance"
    xsi:schemaLocation="http://www.springframework.org/schema/beans
http://www.springframework.org/schema/beans/spring-beans.xsd">
    <!-- 流程引擎配置的 bean -->
    <bean id="processEngineConfiguration"
        class="org.activiti.engine.impl.cfg.StandaloneProcessEngineConfiguration">
        <property name="jdbcUrl" value="jdbc:mysql://localhost:3306/act" />
        <property name="jdbcDriver" value="com.mysql.jdbc.Driver" />
        <property name="jdbcUsername" value="root" />
        <property name="jdbcPassword" value="123456" />
        <property name="databaseSchemaUpdate" value="true" />
    </bean>
</beans>
```

代码清单 2-1 中的 activiti.cfg.xml 是一份标准的 XML 文档，在该 XML 中只配置了一个名称为 processEngineConfiguration 的 bean 元素，代码清单 2-1 中的粗体字部分，配置了连接的数据库 act，因此需要在 MySQL 中建立一个名称为"act"的数据库，数据库的属性如图 2-27 所示。

本书的数据库字符集均使用"utf8"，项目中的源文件也使用"UTF-8"编码，如出现乱码问题，请检查数据库及源文件编码。配置文件中的 processEngineConfiguration 的各个属性及其作用，请见第 4 章。

图 2-27 数据库属性

2.4.4 创建流程文件

流程文件是用 XML 语言描述业务流程的文件，Activiti 的流程文件需要遵守 BPMN 2.0 规范。使用 Activiti 的 Eclipse 插件新建一个流程文件，该流程与 Activiti 的 demo 中的费用申请单一致，图 2-28 为流程图，代码清单 2-2 为该流程的 XML 配置。

图 2-28 第一个 Activiti 流程

代码清单 2-2：codes\02\first\resource\bpmn\First.bpmn

```xml
<?xml version="1.0" encoding="UTF-8"?>
<definitions xmlns="http://www.omg.org/spec/BPMN/20100524/MODEL"
    xmlns:xsi="http://www.w3.org/2001/XMLSchema-instance"    xmlns:xsd="http://www.w3.org/2001/XMLSchema"
    xmlns:activiti="http://activiti.org/bpmn"  xmlns:bpmndi="http://www.omg.org/spec/BPMN/20100524/DI"
    xmlns:omgdc="http://www.omg.org/spec/DD/20100524/DC"
```

```xml
    xmlns:omgdi="http://www.omg.org/spec/DD/20100524/DI"
        typeLanguage="http://www.w3.org/2001/XMLSchema"
expressionLanguage="http://www.w3.org/1999/XPath"
        targetNamespace="http://www.activiti.org/test">
        <process id="process1" name="process1">
            <startEvent id="startevent1" name="Start"></startEvent>
            <userTask id="usertask1" name="Expense Request"></userTask>
            <userTask id="usertask3" name="Handle Request"></userTask>
            <endEvent id="endevent1" name="End"></endEvent>
            <sequenceFlow id="flow1" name="" sourceRef="startevent1"
                targetRef="usertask1"></sequenceFlow>
            <sequenceFlow id="flow2" name="" sourceRef="usertask1"
                targetRef="usertask3"></sequenceFlow>
            <sequenceFlow id="flow3" name="" sourceRef="usertask3"
                targetRef="endevent1"></sequenceFlow>
        </process>
        <bpmndi:BPMNDiagram id="BPMNDiagram_process1">
            <bpmndi:BPMNPlane bpmnElement="process1" id="BPMNPlane_process1">
                <bpmndi:BPMNShape bpmnElement="startevent1"
                    id="BPMNShape_startevent1">
                    <omgdc:Bounds height="35" width="35" x="150" y="190"></omgdc:Bounds>
                </bpmndi:BPMNShape>
                <bpmndi:BPMNShape bpmnElement="usertask1" id="BPMNShape_usertask1">
                    <omgdc:Bounds height="55" width="105" x="230" y="180"></omgdc:Bounds>
                </bpmndi:BPMNShape>
                <bpmndi:BPMNShape bpmnElement="usertask3" id="BPMNShape_usertask3">
                    <omgdc:Bounds height="55" width="105" x="380" y="180"></omgdc:Bounds>
                </bpmndi:BPMNShape>
                <bpmndi:BPMNShape bpmnElement="endevent1" id="BPMNShape_endevent1">
                    <omgdc:Bounds height="35" width="35" x="530" y="190"></omgdc:Bounds>
                </bpmndi:BPMNShape>
                <bpmndi:BPMNEdge bpmnElement="flow1" id="BPMNEdge_flow1">
                    <omgdi:waypoint x="185" y="207"></omgdi:waypoint>
                    <omgdi:waypoint x="230" y="207"></omgdi:waypoint>
                </bpmndi:BPMNEdge>
                <bpmndi:BPMNEdge bpmnElement="flow2" id="BPMNEdge_flow2">
                    <omgdi:waypoint x="335" y="207"></omgdi:waypoint>
                    <omgdi:waypoint x="380" y="207"></omgdi:waypoint>
                </bpmndi:BPMNEdge>
                <bpmndi:BPMNEdge bpmnElement="flow3" id="BPMNEdge_flow3">
                    <omgdi:waypoint x="485" y="207"></omgdi:waypoint>
                    <omgdi:waypoint x="530" y="207"></omgdi:waypoint>
                </bpmndi:BPMNEdge>
            </bpmndi:BPMNPlane>
        </bpmndi:BPMNDiagram>
</definitions>
```

代码清单 2-2 为一个流程文件，该文件中的 process 元素用于描述流程信息，而 bpmndi:BPMNDiagram 元素则用于描述这些流程节点的位置信息。在代码清单 2-2 中，定义了两个 userTask 元素，分别表示图 2-28 中的两个用户任务。

> **注意：**
> 在本书的代码清单中，为了减少篇幅，一般情况下不会将流程节点的位置配置信息贴出。

▶▶ 2.4.5 加载流程文件与启动流程

有了流程引擎的配置文件和流程文件后，就可以编写代码启动流程引擎并加载该流程文件，运行类如代码清单 2-3 所示。

代码清单 2-3：codes\02\first\src\org\crazyit\activiti\First.java

```java
public class First {
    public static void main(String[] args) {
        // 创建流程引擎
        ProcessEngine engine = ProcessEngines.getDefaultProcessEngine();
        // 得到流程存储服务组件
        RepositoryService repositoryService = engine.getRepositoryService();
        // 得到运行时服务组件
        RuntimeService runtimeService = engine.getRuntimeService();
        // 获取流程任务组件
        TaskService taskService = engine.getTaskService();
        // 部署流程文件
        repositoryService.createDeployment()
                .addClasspathResource("bpmn/First.bpmn").deploy();
        // 启动流程
        runtimeService.startProcessInstanceByKey("process1");
        // 查询第一个任务
        Task task = taskService.createTaskQuery().singleResult();
        System.out.println("第一个任务完成前，当前任务名称：" + task.getName());
        // 完成第一个任务
        taskService.complete(task.getId());
        // 查询第二个任务
        task = taskService.createTaskQuery().singleResult();
        System.out.println("第二个任务完成前，当前任务名称：" + task.getName());
        // 完成第二个任务（流程结束）
        taskService.complete(task.getId());
        task = taskService.createTaskQuery().singleResult();
        System.out.println("流程结束后，查找任务：" + task);
        // 退出
        System.exit(0);
    }
}
```

在代码清单 2-3 中，使用 ProcessEngines 类加载默认的流程引擎配置文件（activiti.cfg.xml），再获取 Activiti 的各个服务组件的实例，RepositoryService 主要用于管理流程的资源（请见第 7 章），RuntimeService 主要用于进行流程运行时的流程管理（请见第 9 章），TaskService 主要用于管理流程任务（请见第 8 章）。代码清单 2-3 使用 RepositoryService 部署流程文件，使用 RuntimeService 启动流程，然后使用 TaskService 进行流程任务查找，并完成查找到的任务。关于这些服务对象的使用以及流程文件的定义，将会在本书后面章节中详细讲解。运行代码清单 2-3，输出结果如下：

```
第一个任务完成前，当前任务名称：Expense Request
第二个任务完成前，当前任务名称：Handle Request
流程结束后，查找任务：null
```

2.5 本章小结

工欲善其事，必先利其器。本章主要讲解进行 Activiti 开发的准备工作，包括 Activiti 的下载和安装，Activiti 开发环境的搭建，带领读者试用了 Activiti 的官方应用，并且开发了第一个 Activiti 程序。本章作为 Activiti 开发实践的第一课，将有助于提升大家的学习信心。从下一章开始，我们将一起遨游 Activiti 与 BPMN 2.0 的世界。

第 3 章
Activiti 数据库设计

本章要点

- 通用数据表
- 流程存储数据表
- 身份数据表
- 运行时数据表
- 历史数据表
- DMN 规则引擎数据表

在流程的产生、执行及结束等周期，都会产生各种与流程相关的数据，Activiti 提供了一整套数据表来保存这些数据。Activiti 流程引擎的数据表分 5 大类，每一类的数据表均有不同的职责。例如运行时数据表，专门用来记录流程运行时所产生的数据；身份数据表专门保存身份数据，包括用户、用户组等。Activiti 为这些数据表的命名制定了规范，不同职责的数据表，均可以通过命名来体现。例如运行时数据表，会以 ACT_RU 作为开头；历史数据表以 ACT_HI 作为开头。

Activiti 6.0 版本中加入了基于 DMN 规范的规则引擎，本章也会讲述关于规则引擎的几个数据表，以及 Activiti 中常用数据表的主要字段含义。

本章仅以 Activiti 的数据结构作为基础进行讲述，读者可以跳过此章直接学习 Activiti。

3.1 通用数据表

通用数据表用于存放一些通用的数据，这些表本身不关心特定的流程或者业务，只用于存放这些业务或者流程所使用的通用资源。它们可以独立存在于流程引擎或者应用系统中，其他的数据表有可能会使用这些表中的数据。通用数据表有两个，它们都以"ACT_GE"开头，GE 是单词 general 的缩写。

▶▶ 3.1.1 资源表

表 ACT_GE_BYTEARRAY 用于保存与流程引擎相关的资源，只要调用了 Activiti 存储服务的 API，涉及的资源均会被转换为 byte 数组保存到这个表中。在资源表中设计了一个 BYTES 字段，用来保存资源的内容，因此理论上其可以用于保存任何类型的资源（文件或者其他来源的输入流）。一般情况下，Activiti 使用这个表来保存字符串、流程文件的内容、流程图片内容。ACT_GE_BYTEARRAY 表主要包含如下字段。

- ➢ REV_：数据版本，Activiti 为一些有可能会被频繁修改的数据表，加入该字段，用来表示该数据被操作的次数。
- ➢ NAME_：资源名称，类型为 varchar，长度为 255 字节。
- ➢ DEPLOYMENT_ID_：一次部署可以添加多个资源，该字段与部署表 ACT_RE_DEPLOYMENT 的主键相关联。
- ➢ BYTES_：资源内容，数据类型为 longblob，最大可存 4GB 数据。
- ➢ GENERATED_：是否由 Activiti 自动产生的资源，0 表示 false，1 为 true。

▶▶ 3.1.2 属性表

Activiti 将全部的属性抽象为 key-value 对，每个属性都有名称和值，使用 ACT_GE_PROPERTY 来保存这些属性，该表有以下三个字段。

- ➢ NAME_：属性名称，varchar 类型。
- ➢ VALUE：属性值，varchar 类型。
- ➢ REV_：数据的版本号。

3.2 流程存储表

流程引擎使用仓储表来保存流程定义和部署信息这类数据，存储表名称以"ACT_RE"开头，"RE"是 repository 单词的缩写。

3.2.1 部署数据表

在 Activiti 中，一次部署可以添加多个资源，资源会被保存到资源表中（ACT_GE_BTYEARRAY），而对于部署，则部署信息会被保存到部署表中，部署表名称为 ACT_RE_DEPLOYMENT，该表主要包含以下字段。
- NAME_：部署的名称，可以调用 Activiti 的流程存储 API 来设置，类型为 varchar，长度为 255 字节。
- DEPLOYMENT_TIME_：部署时间，类型为 timestamp。

以上字段，除了 NAME_可以不设置值外，其他字段在数据写入时必须设置值。

3.2.2 流程定义表

Activiti 在部署添加资源时，如果发布部署的文件是流程文件（.bpmn 或者.BPMN 20.xml），则除了会解析这些流程文件，将内容保存到资源表外，还会解析流程文件的内容，形成特定的流程定义数据，写入流程定义表（ACT_RE_PROCDEF）中。ACT_RE_PROCDEF 表主要包含以下字段。
- CATEGORY_：流程定义的分类，读取流程 XML 文件中的 targetNamespace 值。
- NAME_：流程定义名称，读取流程文件中 process 元素的 name 属性。
- KEY_：流程定义的 key，读取流程文件中 process 元素的 id 属性。
- DEPLOYMENT_ID_：流程定义对应的部署数据 ID。
- RESOURCE_NAME_：流程定义对应的资源名称，一般为流程文件的相对路径。
- DGRM_RERSOURCE_NAME_：流程定义对应的流程图资源名称。
- SUSPENSION_STATE_：表示流程定义的状态是激活还是中止，激活状态时该字段值为 1，中止时字段值为 2，如果流程定义被设置为中止状态，那么将不能启动流程。

3.3 身份数据表

Activiti 的整个身份数据模块，可以独立于流程引擎而存在，有关身份数据的几张表，并没有保存与流程相关的数据及关联。身份表名称以 ACT_ID 开头，表名中的"ID"是单词 identity 的缩写。

3.3.1 用户表

流程引擎用户的信息被保存在 ACT_ID_USER 表中，该表有以下几个字段。
- FIRST_：人名。
- LAST_：姓氏。
- EMAIL_：用户邮箱。
- PWD_：用户密码。
- PICTURE_ID_：用户图片，对应资源中的数据 ID。

3.3.2 用户账号（信息）表

Activiti 将用户、用户账号和用户信息分为三种数据，其中用户表保存用户的数据，而用户账号和用户信息，则被保存到 ACT_ID_INFO 表中，该表有以下字段。
- USER_ID_：对应用户表的数据 ID，但没有强制做外键关联。
- TYPE_：信息类型，当前可以设置用户账号（account）、用户信息（userinfo）和 NULL 三种值。
- KEY_：数据的键，可以根据该键来查找用户信息的值。
- VALUE_：数据的值，类型为 varchar，长度为 255 字节。
- PASSWORD_：用户账号的密码字段，不过当前版本的 Activiti 并没有使用该字段。
- PARENT_ID_：该信息的父信息 ID，如果一条数据设置了父信息 ID，则表示该数据是用户账号（信息）的明细数据，例如一个账号有激活日期，那么激活日期就是该账号的明细数据，此处使用了自关联来实现。

关于用户信息更详细的讲解，可参看本书的 6.4 节。

3.3.3 用户组表

使用 ACT_ID_GROUP 表来保存用户组的数据，该表有以下几个字段。
- NAME_：用户组名称。
- TYPE_：用户组类型，类型不由 Activiti 提供，但是在某些业务中，Activiti 会根据该字段的值进行查询，字段值由 Activiti 定义（如 Activiti 的 WebService）。

3.3.4 关系表

一个用户组下有多个用户，一个用户可以属于不同的用户组，那么这种多对多的关系，就使用关系表来进行描述，关系表为 ACT_ID_MEMBERSHIP，只有两个字段。
- USER_ID_：用户 ID，不能为 NULL。
- GROUP_ID_：用户组 ID，不能为 NULL。

需要注意的是，ACT_ID_MEMBERSHIP 的两个字段均做了外键约束，写入该表的数据，必须要有用户和用户组数据与之关联。

3.4 运行时数据表

运行时数据表用来保存流程在运行过程中所产生的数据，例如流程实例、执行流、任务等。运行时数据表的名称以 ACT_RU 开头，"RU" 是单词 runtime 的缩写。

3.4.1 流程实例（执行流）表

流程启动后，会产生一个流程实例，同时会产生相应的执行流，流程实例和执行流数据均被保存在 ACT_RU_EXECUTION 表中，如果一个流程实例只有一条执行流，那么该表中只产生一条数据，该数据既表示执行流，也表示流程实例。ACT_RU_EXECUTION 表有以下字段。
- PROC_INST_ID_：流程实例 ID，一个流程实例有可能会产生多个执行流，该字段表示执行流所属的流程实例。
- BUSINESS_KEY_：启动流程时指定的业务主键。
- PARENT_ID_：父执行流的 ID，一个流程实例有可能会产生执行流，该字段保存父执行流 ID。
- PROC_DEF_ID_：流程定义数据的 ID。
- ACT_ID_：当前执行流行为的 ID，ID 在流程文件中定义。
- IS_ACTIVE_：该执行流是否活跃的标识。
- IS_CONCURRENT_：执行流是否正在并行。
- SUSPENSION_STATE_：标识流程的中断状态。

3.4.2 流程任务表

流程在运行过程中所产生的任务数据保存在 ACT_RU_TASK 表中，该表主要有如下字段。
- EXECUTION_ID_：任务所在的执行流 ID。
- PROC_INST_ID_：对应的流程实例 ID。
- PROC_DEF_ID_：对应流程定义数据的 ID。
- NAME_：任务名称，在流程文件中定义。
- DESCRIPTION_：任务描述，在流程文件中配置。
- TASK_DEF_KEY_：任务定义的 ID 值，在流程文件中定义。
- OWNER_：任务拥有人，没有做外键关联。
- ASSIGNEE_：被指派执行该任务的人，没有做外键关联。
- PRIORITY_：任务优先级数值。
- DUE_DATE_：任务预订日期，类型为 datetime。

3.4.3 流程参数表

Activiti 提供了 ACT_RU_VARIABLE 表来存放流程中的参数，这类参数包括流程实例参数、执行流参数和任务参数，参数有可能会有多种类型，因此该表使用多个字段来存放参数值。ACT_RU_VARIABLE 表主要有以下字段。
- TYPE_：参数类型，该字段值可以为"boolean"、"bytes"、"serializable"、"date"、"double"、"integer"、"jpa-entity"、"long"、"null"、"short"、"string"，这些字段值均为 Activiti 提供，还可以通过扩展来自定义参数类型。
- NAME_：参数名称。
- EXECUTION_ID_：该参数对应的执行 ID，可以为 null。
- PROC_INST_ID_：该参数对应的流程实例 ID，可以为 null。
- TASK_ID_：如果该参数是任务参数，就需要设置任务 ID。
- BYTEARRAY_ID_：如果参数值是序列化对象，那么可以将该对象作为资源保存到资源表中，该字段保存资源表中数据的 ID。
- DOUBLE_：参数类型为 double 的话，则值会保存到该字段中。
- LONG_：参数类型为 long 的话，则值会保存到该字段中。
- TEXT_：用于保存文本类型的参数值，该字段为 varchar 类型，长度为 4000 字节。
- TEXT2_：与 TEXT_字段一样，用于保存文本类型的参数值。

3.4.4 流程与身份关系表

用户组和用户之间的关系，使用 ACT_ID_MEMBERSHIP 表保存，用户或者用户组与流程数据之间的关系，则使用 ACT_RU_IDENTITYLINK 表进行保存，相比于 ACT_ID_MEMBERSHIP 表，ACT_RU_IDENTITYLINK 表的字段更多一些。

- GROUP_ID_：该关系数据中的用户组 ID。
- TYPE_：该关系数据的类型，当前提供了 3 个值：assignee、candidate 和 owner，表示流程数据的指派人（组）、候选人（组）和拥有人。
- USER_ID_：关系数据中的用户 ID。
- TASK_ID_：关系数据中的任务 ID。
- PROC_DEF_ID_：关系数据中的流程定义 ID。

3.4.5 工作数据表

在流程执行的过程中，会有一些工作需要定时或者重复执行，这类工作数据被保存到工作表中，Activiti 提供了四个工作表用于保存不同的工作数据。

- ACT_RU_JOB：一般工作表。
- ACT_RU_DEADLETTER_JOB：无法执行工作表，用于存放无法执行的工作。
- ACT_RU_SUSPENDED_JOB：中断工作表，中断工作产生后，会将工作保存到该表中。
- ACT_RU_TIMER_JOB：定时器工作表，用于存放定时器工作。

3.4.6 事件描述表

如果流程到达某类事件节点，Activiti 会往 ACT_RU_EVENT_SUBSCR 表中加入事件描述数据，这些事件描述数据将会决定流程事件的触发。ACT_RU_EVENT_SUBSCR 表有如下字段。

- EVENT_TYPE_：事件类型，不同的事件会产生不同类型的事件描述，并不是所有的事件都会产生事件描述。
- EVENT_NAME_：事件名称，在流程文件中定义。
- EXECUTION_ID_：事件所在的执行流 ID。
- PROC_INST_ID_：事件所在的流程实例 ID。
- ACTIVITY_ID_：具体事件的 ID，在流程文件中定义。
- CONFIGURATION_：事件的配置属性，该字段中有可能存放流程定义 ID、执行流 ID 或者其他数据。

3.5 历史数据表

历史数据表就好像流程引擎的日志表，操作过的流程元素将会被记录到历史表中。历史数据表名称以 ACT_HI 开头，"HI" 是单词 history 的缩写。

3.5.1 流程实例表

流程实例的历史数据会被保存到 ACT_HI_PROCINST 表中，只要流程被启动，就会将流程实例的数据写入 ACT_HI_PROCINST 表中。除了基本的流程字段外，与运行时数据表不同的是，历史流程实例表还会记录流程的开始活动 ID、结束活动 ID 等信息。ACT_HI_PROCINST 表有以下三个主要的字段。

- START_ACT_ID_：开始活动的 ID，一般是流程开始事件的 ID，在流程文件中定义。
- END_ACT_ID_：流程最后一个活动的 ID，一般是流程结束事件的 ID，在流程文件中定义。
- DELETE_REASON_：该流程实例被删除的原因。

该表的其他字段含义与运行时的流程实例表字段类似，在此不再赘述。

3.5.2 流程明细表

流程明细表（ACT_HI_DETAIL）会记录流程执行过程中的参数或者表单数据，由于在流程执行过程中，会产生大量这类数据，因此默认情况下，Activiti 不会保存流程明细数据，除非将流程引擎的历史数据（history）配置为 full。

3.5.3 历史任务表和历史行为表

当流程到达某个任务节点时，就会向历史任务表（ACT_HI_TASKINST）中写入历史任务数据，该表与运行时的任务表类似。历史行为表（ACT_HI_ACTINST）会记录每一个流程活动的实例，一个流程活动将会被记录为一条数据，根据该表可以追踪最完整的流程信息。

3.5.4 附件表和评论表

使用任务服务（TaskService）的 API，可以添加附件和评论，这些附件和评论的数据将会被保存到 ACT_HI_ATTACHMENT 和 ACT_HI_COMMENT 表中。ACT_HI_ATTACHMENT 有如下字段。

- USER_ID_：附件对应的用户 ID，可以为 NULL。
- NAME_：附件名称。
- DESCRIPTION_：附件描述。
- TYPE_：附件类型。
- TASK_ID_：该附件对应的任务 ID。
- PROC_INST_ID_：对应的流程实例 ID。
- URL_：连接到该附件的 URL。
- CONTENT_ID_：附件内容 ID，附件的内容将会被保存到资源表中，该字段记录资源数据 ID。

ACT_HI_COMMENT 表实际不只保存评论数据，它还会保存某些事件数据，但它的表名为 COMMENT，因此更倾向把它叫作评论表，该表有如下字段。

- TYPE_：评论的类型，可以设值为"event"或者"comment"，表示事件记录数据或者评论数据。
- TIME_：数据产生的时间。
- USER_ID_：产生评论数据的用户 ID。
- TASK_ID_：该评论数据的任务 ID。
- PROC_INST_ID_：数据对应的流程实例 ID。
- ACTION_：该评论数据的操作标识。
- MESSAGE_：该评论数据的信息。
- FULL_MSG_：该字段同样记录评论数据的信息。

虽然附件表和评论表的命名遵守历史数据表的命名规范（以 ACT_HI 开头），但是可以调用其他服务组件的 API 来往这两个表中写入数据，以笔者的理解，历史数据表实际上保存的是那种一经写入，就很少会发生变化（结构性变化）的数据。

3.6 DMN 规则引擎表

Activiti 6.0 中加入了基于 DMN 规范的规则引擎模块，当前版本主要有三个数据表，保存规则引擎相关的数据。

3.6.1 决策部署表

保存决策数据，类似于流程定义部署，每一次部署，可以添加多份决策文件，向部署表中写入一条部署数据，对应数据表为 ACT_DMN_DEPLOYMENT_，该表主要有以下字段。
- NAME_：部署名称。
- CATEGORY_：部署的目录名称。
- PARENT_DEPLOYMENT_ID_：父部署 ID。

只启动流程引擎，并不会创建规则引擎表。

3.6.2 决策表

可以先将决策看作流程定义，决策文件中保存着决策表，部署时会解析决策文件中的决策模型并将其保存到 ACT_DMN_DECISION_TABLE 表中，该表主要有以下字段。
- KEY_：决策业务主键。
- DEPLOYMENT_ID_：所属的部署数据 ID。

3.6.3 部署资源表

规则引擎相关的资源，例如决策文件、图片等，被保存在 ACT_DMN_DEPLOYMENT_RESOURCE 表中，该表类似于流程引擎的资源表，主要有以下字段。
- NAME_：资源名称。
- DEPLOYMENT_ID_：所属的部署数据 ID。
- RESOURCE_BYTES_：资源内容，longblob 类型。

3.7 本章小结

本章对 Activiti 的数据表做了一个简单的介绍，包括 Activiti 数据表的几大分类及这些数据表的作用，概述了各表主要字段的作用。本章对这些字段只是做了简单的讲解，让读者对流程引擎的数据库有一个大概的了解，读者可以跳过本章，直接进行 Activiti 的学习。在后面的章节中，在讲述每一个具体知识点的时候，都会或多或少涉及数据库的操作。

第4章
Activiti 流程引擎配置

本章要点

- 使用 Activiti 的 API 设置流程引擎
- 掌握 Activiti 的数据源配置
- 了解 Activiti 的常用配置
- 命令模式和责任链模式,以及 Activiti 如何使用这两种模式启动 Activiti 流程引擎时，需要配置一系列的参数，告诉 Activiti 以何种方式进行工作。这些可以配置的参数包括数据库配置、事务配置和 Activiti 内置的服务配置等。在实际应用的过程中，有可能存在需要加入更个性化配置的情况，如果发现 Activiti 提供的配置项不能满足要求，则可以对 Activiti 的配置进行扩展，加入自定义的个性化配置。本章将对 Activiti 流程引擎配置做详细的介绍，让大家对各个配置项有更加深入的认识。

4.1 流程引擎配置对象

ProcessEngineConfiguration 对象代表一个 Activiti 流程引擎的全部配置，该类提供一系列创建 ProcessEngineConfiguration 实例的静态方法，这些方法用于读取和解析相应的配置文件，并返回 ProcessEngineConfiguration 的实例。除了这些静态方法外，该类还为其他可配置的引擎属性提供相应的 setter 和 getter 方法。本节主要讲解如何使用这些静态方法创建 ProcessEngineConfiguration 实例。

4.1.1 读取默认的配置文件

ProcessEngineConfiguration 对象的 createProcessEngineConfigurationFromResourceDefault 方法，使用 Activiti 默认的方式创建 ProcessEngineConfiguration 的实例。这里所说的默认方式，是指由 Activiti 指定读取配置文件的位置、文件的名称和配置 bean 的名称这些信息。Activiti 默认到 ClassPath 下读取名为"activiti.cfg.xml"的 Activiti 配置文件，启动并获取名称为"processEngineConfiguration"的 bean 的实例。解析 XML 与创建该 bean 实例的过程，由 Spring 代为完成。

使用过 Spring 的朋友知道，只需要指定 Spring 的 XML 配置文件，创建相应的 BeanFactory 实例，再通过 getBean（bean 名称）方法即可获取相应对象的实例，ProcessEngineConfiguration 对象使用 Spring 框架的 DefaultListableBeanFactory 作为 BeanFactory。

代码清单 4-1 使用 createProcessEngineConfigurationFromResourceDefault 方法来创建 ProcessEngineConfiguration 实例。

代码清单 4-1：codes\04\4.1\create-default\src\org\crazyit\activiti\CreateDefault.java

```
//使用 Activiti 默认的方式创建 ProcessEngineConfiguration
ProcessEngineConfiguration config = ProcessEngineConfiguration.createProcess-
EngineConfigurationFromResourceDefault();
```

在代码清单 4-1 中，Activiti 默认到 ClassPath 下读取 activiti.cfg.xml 文件。如果找不到该配置文件则抛出 FileNotFoundException；如果找不到名称为 processEngineConfiguration 的 bean，则抛出 org.springframework.beans.factory.NoSuchBeanDefinitionException。本例中的 activiti.cfg.xml 的内容如代码清单 4-2 所示。

代码清单 4-2：codes\04\4.1\create-default\resource\activiti.cfg.xml

```xml
<!-- 只配置相应的数据库属性 -->
<bean id="processEngineConfiguration"
    class="org.activiti.engine.impl.cfg.StandaloneProcessEngineConfiguration">
    <property name="jdbcUrl" value="jdbc:mysql://localhost:3306/act" />
    <property name="jdbcDriver" value="com.mysql.jdbc.Driver" />
    <property name="jdbcUsername" value="root" />
    <property name="jdbcPassword" value="123456" />
</bean>
```

此处需要注意的是，代码清单 4-2 中所使用的 ProcessEngineConfiguration 为 Standalone-

ProcessEngineConfiguration 类，ProcessEngineConfiguration 为抽象类，不能直接作为 bean 的 class 进行配置。ProcessEngineConfiguration 的子类将在下面章节讲述。

4.1.2 读取自定义的配置文件

上一节讲过，默认情况下 Activiti 将到 ClassPath 下读取 activiti.cfg.xml 文件，如果希望 Activiti 读取另外名称的配置文件，则可以使用 createProcessEngineConfigurationFromResource 方法创建 ProcessEngineConfiguration，该方法的参数为一个字符串对象，当调用该方法时，需要告诉 Activiti 配置文件的位置。代码清单 4-3 调用了 createProcessEngineConfigurationFromResource(String resource)方法。

代码清单 4-3：codes\04\4.1\create-resource\src\org\crazyit\activiti\CreateFromResource_1.java
```
// 指定配置文件创建 ProcessEngineConfiguration
ProcessEngineConfiguration config = ProcessEngineConfiguration
    .createProcessEngineConfigurationFromResource("my-activiti1.xml");
```

在代码清单 4-3 中，Activiti 会到 ClassPath 下查找 my-activiti1.xml 配置文件，并创建名称为"processEngineConfiguration"的 bean，此处创建 bean 的过程与前面描述的一致，my-activiti1.xml 文件的配置内容与代码清单 4-2 一致。

ProcessEngineConfiguration 对象中还有一个 createProcessEngineConfigurationFromResource 的重载方法，该方法需要提供两个参数来创建 ProcessEngineConfiguration：第一个参数为 Activiti 配置文件的位置；第二个参数为创建 bean 的名称。代码清单 4-4 调用了 createProcessEngineConfigurationFromResource(String resource, String beanName)方法。

代码清单 4-4：codes\04\4.1\create-resource\src\org\crazyit\activiti\CreateFromResource_2.java
```
        // 指定配置文件创建 ProcessEngineConfiguration
ProcessEngineConfiguration config = ProcessEngineConfiguration
        .createProcessEngineConfigurationFromResource(
            "my-activiti2.xml", "test");
System.out.println(config.getProcessEngineName());
```

在代码清单 4-4 中，告诉 Activiti 需要到 ClassPath 下查找 my-activiti2.xml 文件，并且创建名称为"test"的 bean。如果找不到名称为"test"的 bean，则抛出 NoSuchBeanDefinitionException。以下代码会抛出该异常，因为找不到名称为"test2"的 bean。

```
ProcessEngineConfiguration config = ProcessEngineConfiguration
        .createProcessEngineConfigurationFromResource(
            "my-activiti2.xml", "test2");
```

4.1.3 读取输入流的配置

ProcessEngineConfiguration 对象中提供了一个 createProcessEngineConfigurationFromInputStream 方法，该方法使得 Activiti 配置文件的加载不再局限于项目的 ClassPath，只要得到配置文件的输入流，即可创建 ProcessEngineConfiguration。

同样，createProcessEngineConfigurationFromInputStream 方法也有两个重载的方法，可以指定在解析 XML 时 bean 的名称。代码清单 4-5 使用了 createProcessEngineConfigurationFromInputStream 方法（没有指定 bean 名称）。

代码清单 4-5：codes\04\4.1\create-stream\src\org\crazyit\activiti\CreateInputStream.java
```
File file = new File("resource/input-stream.xml");
// 得到文件输入流
InputStream fis = new FileInputStream(file);
```

```
// 使用createProcessEngineConfigurationFromInputStream方法创建ProcessEngineConfiguration
ProcessEngineConfiguration config = ProcessEngineConfiguration
    .createProcessEngineConfigurationFromInputStream(fis);
```

▶▶ 4.1.4 使用 createStandaloneInMemProcessEngineConfiguration 方法

使用该方法创建 ProcessEngineConfiguration，并不需要指定任何参数，该方法直接返回一个 StandaloneInMemProcessEngineConfiguration 实例，该类为 ProcessEngineConfiguration 的子类。使用该方法创建 ProcessEngineConfiguration，并不会读取任何 Activiti 配置文件，这意味着流程引擎配置的全部属性都会使用默认值。与其他子类不一样的是，创建的 StandaloneInMemProcessEngineConfiguration 实例，只特别指定了 databaseSchemaUpdate 属性和 jdbcUrl 属性，详细见代码清单 4-6。

代码清单 4-6：codes\04\4.1\create-standalone-inmem\src\org\crazyit\activiti\CreateStandaloneInMem.java

```
ProcessEngineConfiguration config = ProcessEngineConfiguration
    .createStandaloneInMemProcessEngineConfiguration();
// 值为 create-drop
System.out.println(config.getDatabaseSchemaUpdate());
// 值为 jdbc:h2:mem:activiti
System.out.println(config.getJdbcUrl());
```

该方法不需要读取任何配置文件，ClassPath 下也没有任何 Activiti 配置文件，如果需要改变相关的配置，则可以调用 ProcessEngineConfiguration 中相应的 setter 方法进行修改。

createStandaloneInMemProcessEngineConfiguration 方法返回的是一个 org.activiti.engine.impl.cfg.StandaloneInMemProcessEngineConfiguration 实例。如果使用配置文件的方式创建 ProcessEngineConfiguration，则可以将该类配置为 bean 的 class，但使用时需要注意该类中属性的默认值。

ProcessEngineConfiguration 的各个属性及作用，将在下面章节中逐一描述。

▶▶ 4.1.5 使用 createStandaloneProcessEngineConfiguration 方法

与上一节的方法类似，createStandaloneProcessEngineConfiguration 方法返回一个 StandaloneProcessEngineConfiguration 实例，并且需要注意的是，StandaloneInMemProcessEngineConfiguration 类是 StandaloneProcessEngineConfiguration 类的子类。代码清单 4-7 中输出了 StandaloneProcessEngineConfiguration 类的 databaseSchemaUpdate 和 jdbcUrl 属性的值。

代码清单 4-7：codes\04\4.1\create-standalone\src\org\crazyit\activiti\CreateStandalone.java

```
ProcessEngineConfiguration config = ProcessEngineConfiguration
    .createStandaloneProcessEngineConfiguration();
// 默认值为 false
System.out.println(config.getDatabaseSchemaUpdate());
// 默认值为 jdbc:h2:tcp://localhost/~/activiti
System.out.println(config.getJdbcUrl());
```

从代码清单 4-7 可以明显看出，父类 StandaloneProcessEngineConfiguration 的 databaseSchemaUpdate 和 jdbcUrl 属性的值分别为 "false" 和 "jdbc:h2:tcp://localhost/~/activiti"，而其子类 StandaloneInMemProcessEngineConfiguration（见 4.1.4 节）的这两个属性的值分别为 "create-drop" 和 "jdbc:h2:mem:activiti"。

4.2 数据源配置

Activiti 在启动时，会读取数据源配置，以便对数据库进行相应的操作。由前面的讲述我们知道，Activiti 会先读取配置文件，然后取得配置的 bean，并对其进行初始化。本节将介绍配置 bean 的一系列参数。

4.2.1 Activiti 支持的数据库

Activiti 默认支持 H2 数据库，H2 是一个开源的嵌入式数据库，使用 Java 语言编写而成。使用 H2 数据库并不需要另外安装服务器或者客户端，只需要提供一个 jar 包即可。在实际的企业应用中，很少会使用这种轻量级的嵌入式数据库，因此 H2 数据库更适合用于单元测试。除了 H2 数据库外，Activiti 还为以下的数据库提供支持。

- MySQL：主流数据库之一，它是一个开源的小型关系型数据库，由于它体积小、速度快，受到相当多开发者的青睐，并且最重要的是，它是免费的。
- Oracle：目前世界上最流行的商业数据库，价格昂贵，但是它高效的性能、可靠的数据管理，仍令不少企业心甘情愿为其掏钱。
- PostgreSQL：PostgreSQL 是另外一款开源的数据库。
- DB2：由 IBM 公司研发的一款关系型数据库，其良好的伸缩性和数据库的高效性，让它成为继 Oracle 之后，又一款应用广泛的商业数据库。
- MSSQL：微软研发的一款数据库产品，目前也支持在 Linux 下使用。

4.2.2 Activiti 与 Spring

Spring 是目前非常流行的一个轻量级 J2EE 框架，它提供了一套轻量级的企业应用解决方案，包括 IoC 容器、AOP 面向切面技术及 Web MVC 框架等。

使用 Activiti 的项目，并不意味着一定要使用 Spring，Activiti 可以在没有 Spring 的环境中使用。虽然 Activiti 并不需要使用 Spring 环境，但是 Activiti 在创建流程引擎时，却使用了 Spring 的 XML 解析与依赖注入功能，ProcessEngineConfiguration 对应的配置，即为 Spring 中的一个 bean。

使用过 Spring 的读者，看到 ProcessEngineConfiguration 的配置会感到非常熟悉，没有使用过的读者也不必气馁，因为 Activiti 也可以在一个完全没有 Spring 的环境中运行。

4.2.3 JDBC 配置

使用 JDBC 连接数据库，需要使用 jdbc url、jdbc 驱动、数据库用户名和密码。以下代码为连接 MySQL 的配置：

```xml
<bean id="processEngineConfiguration" class="org.activiti.engine.impl.cfg.StandaloneProcessEngineConfiguration">
    <!-- JDBC url -->
    <property name="jdbcUrl" value="jdbc:mysql://localhost:3306/act" />
    <!-- JDBC 驱动 -->
    <property name="jdbcDriver" value="com.mysql.jdbc.Driver" />
    <!-- 数据库用户名 -->
    <property name="jdbcUsername" value="root" />
    <!-- 数据库密码 -->
    <property name="jdbcPassword" value="123456" />
</bean>
```

以上代码配置了一个 bean，表示一个 ProcessEngineConfiguration，并且使用"设值注入"的方式将四个数据库属性设置到该 bean 中，换言之，在该 ProcessEngineConfiguration 类中，肯定有相应属性的 setter 方法。该 bean 的实现类及其属性将在下面章节中介绍。

▶▶ 4.2.4 DBCP 数据源配置

DBCP 是 Apache 提供的一个数据库连接池。ProcessEngineConfiguration 中提供了一个 dataSource 属性，如果用户不希望将 JDBC 的相关连接属性交给 Activiti，则可以自己创建数据库连接，然后通过这个 dataSource 属性设置到 ProcessEngineConfiguration 中。为 Activiti 的 ProcessEngineConfiguration 设置 dataSource，可以采用配置或者编写代码的方式。代码清单 4-8 以配置方式来使用 DBCP 数据源。

代码清单 4-8：codes\04\4.2\ds-dbcp\resource\dbcp-config.xml

```xml
<!-- 使用 DBCP 数据源 -->
<bean id="dataSource" class="org.apache.commons.dbcp.BasicDataSource">
    <property name="driverClassName" value="com.mysql.jdbc.Driver" />
    <property name="url" value="jdbc:mysql://localhost:3306/act" />
    <property name="username" value="root" />
    <property name="password" value="123456" />
</bean>
<bean id="processEngineConfiguration"
    class="org.activiti.engine.impl.cfg.StandaloneProcessEngineConfiguration">
    <property name="dataSource" ref="dataSource" />
</bean>
```

代码清单 4-8 中的粗体字部分，配置了一个 DBCP 的 dataSource bean，然后在 processEngineConfiguration 的 bean 中注入该 dataSource。在初始化流程引擎配置时，只需根据情况调用 ProcessEngineConfiguration 的 createXXX 方法即可，如以下代码所示：

```java
// 读取 dbcp-config.xml 配置
ProcessEngineConfiguration config = ProcessEngineConfiguration
    .createProcessEngineConfigurationFromResource("dbcp-config.xml");
// 能正常输出，即完成配置
DataSource ds = config.getDataSource();
// 查询数据库元信息，如果能查询则表示连接成功
ds.getConnection().getMetaData();
// 结果为 org.apache.commons.dbcp.BasicDataSource
System.out.println(ds.getClass().getName());
```

本例使用了 createProcessEngineConfigurationFromResource 方法读取 Activiti 的配置文件。除使用配置方式外，也可以通过编码方式设置相应的 dataSource，只需要先创建一个 DataSource 对象，然后将其设置到 ProcessEngineConfiguration 中即可。代码清单 4-9 通过编码方式设置 DBCP 数据源。

代码清单 4-9：codes\04\4.2\ds-dbcp\src\org\crazyit\activiti\DBCPConfig.java

```java
// 创建 DBCP 数据源
BasicDataSource ds = new BasicDataSource();
// 设置 JDBC 连接的各个属性
ds.setUsername("root");
ds.setPassword("123456");
ds.setUrl("jdbc:mysql://localhost:3306/act");
ds.setDriverClassName("com.mysql.jdbc.Driver");
// 验证是否连接成功
ds.getConnection().getMetaData();
// 读取 Activiti 配置文件
ProcessEngineConfiguration config = ProcessEngineConfiguration
```

```
            .createProcessEngineConfigurationFromResource("dbcp-coding.xml");
// 为 ProcessEngineConfiguration 设置 dataSource 属性
config.setDataSource(ds);
System.out.println(config.getDataSource());
```

在代码清单4-9中,先创建了 DataSource 对象,随后为该对象设置相应的数据库连接属性,然后读取 Activiti 配置文件,得到 ProcessEngineConfiguration 对象,并将 DataSource 设置到该对象中。ProcessEngineConfiguration 的 bean 配置不需要设置任何属性:

```xml
<!-- 不初始化任何属性 -->
<bean id="processEngineConfiguration"
    class="org.activiti.engine.impl.cfg.StandaloneProcessEngineConfiguration">
</bean>
```

在本书成书时,DBCP 项目已经发展到 2.1 版本,本节的示例就是基于该版本。

▶▶ 4.2.5 C3P0 数据源配置

与 DBCP 类似,C3P0 也是一个开源的数据库连接池,它们都被广泛地应用到开源项目以及企业中。与 DBCP 类似,可以在 Activiti 中使用 C3P0 数据源,配置方式大致相同,代码清单 4-10 为 C3P0 bean 的配置。

代码清单 4-10:codes\04\4.2\ds-c3p0\resource\config\c3p0-config.xml

```xml
<!-- 使用 C3P0 数据源 -->
<bean id="dataSource" class="com.mchange.v2.c3p0.ComboPooledDataSource">
    <property name="driverClass" value="com.mysql.jdbc.Driver" />
    <property name="jdbcUrl" value="jdbc:mysql://localhost:3306/act" />
    <property name="user" value="root" />
    <property name="password" value="123456" />
</bean>

<bean id="processEngineConfiguration"
    class="org.activiti.engine.impl.cfg.StandaloneProcessEngineConfiguration">
    <property name="dataSource" ref="dataSource" />
</bean>
```

> **注意**:此处需要注意的是,DBCP 与 C3P0 的属性名称不一样,可以到两个数据源的官方文档查看更详细的信息。

除了使用配置方式外,也可以使用编码方式创建 C3P0 数据源,设置方式基本与 DBCP 相同,只是创建 DataSource 实例的方式不一样而已。代码清单 4-11 展示了如何创建 C3P0 数据源。

代码清单 4-11:codes\04\4.2\ds-c3p0\src\org\crazyit\activiti\C3P0Coding.java:

```java
// 创建 C3P0 数据源
ComboPooledDataSource ds = new ComboPooledDataSource();
// 设置 JDBC 连接的各个属性
ds.setUser("root");
ds.setPassword("123456");
ds.setJdbcUrl("jdbc:mysql://localhost:3306/act");
ds.setDriverClass("com.mysql.jdbc.Driver");
// 验证是否连接成功
ds.getConnection().getMetaData();
// 读取 Activiti 配置文件
ProcessEngineConfiguration config = ProcessEngineConfiguration
    .createProcessEngineConfigurationFromResource("config/c3p0-coding.xml");
```

```
// 为 ProcessEngineConfiguration 设置 dataSource 属性
config.setDataSource(ds);
System.out.println(config.getDataSource());
```

4.2.6 Activiti 其他数据源配置

如果不使用第三方数据源，可以直接使用 Activiti 提供的数据源，并且还可以指定其他一些数据库属性。Activiti 默认使用的是 MyBatis 的数据连接池，因此 ProcessEngineConfiguration 中也提供了一些 MyBatis 的配置。

- jdbcMaxActiveConnections：在数据库连接池内最大的活跃连接数，默认值为 10。
- jdbcMaxIdleConnections：连接池最大的空闲连接数。
- jdbcMaxCheckoutTime：当连接池内的连接耗尽，外界向连接池请求连接时，创建连接的等待时间，单位为 ms，默认值为 20 000，即 20s。
- jdbcMaxWaitTime：当整个连接池需要重新获取连接时，设置的等待时间，单位为 ms，默认值为 20000，即 20s。

4.2.7 数据库策略配置

ProcessEngineConfiguration 提供了 databaseSchemaUpdate 属性，使用该属性可以设置流程引擎启动和关闭时数据库执行的策略。在 Activiti 的官方文档中，databaseSchemaUpdate 有以下三个值。

- false：false 为默认值，设置为该值后，Activiti 在启动时，会对比数据库表中保存的版本，如果没有表或者版本不匹配，将在启动时抛出异常。
- true：设置为该值后，Activiti 会对数据库中所有的表进行更新，如果表不存在，则 Activiti 会自动创建。
- create-drop：Activiti 启动时，会执行数据库表的创建操作；在 Activiti 关闭时，执行数据库表的删除操作。

代码清单 4-12 将 databaseSchemaUpdate 配置为 false。

代码清单 4-12：codes\04\4.2\schema-update\resource\schemaUpdate-false.xml

```xml
<!-- 将 databaseSchemaUpdate 设置为 false -->
<bean id="processEngineConfiguration"
    class="org.activiti.engine.impl.cfg.StandaloneProcessEngineConfiguration">
    <property name="jdbcUrl" value="jdbc:mysql://localhost:3306/act" />
    <property name="jdbcDriver" value="com.mysql.jdbc.Driver" />
    <property name="jdbcUsername" value="root" />
    <property name="jdbcPassword" value="123456" />
    <property name="databaseSchemaUpdate" value="false"/>
</bean>
```

使用以下代码启动 Activiti 流程引擎：

```
//读取 Activiti 配置
ProcessEngineConfiguration config = ProcessEngineConfiguration
    .createProcessEngineConfigurationFromResource("schemaUpdate-false.xml");
//启动 Activiti
config.buildProcessEngine();
```

以上代码的粗体字部分，如果没有数据表，则会抛出异常。这里需要注意的是，如果想看到抛出异常的效果，则需要将相应数据库里面的表全部删除。如果想执行数据库表结构更新，可以将该配置设置为 true，将全部数据库表删除后，再启动 Activiti，即可看到 Activiti 已经建好全部的表，值为 true 的配置代码在此不再赘述，读者可以参考以下配置文件与 Java 类。

➢ 配置文件：codes\04\4.2\schema-update\resource\schemaUpdate-true.xml。
➢ Java 类：codes\04\4.2\schema-update\src\org\crazyit\activiti\DatabaseSchemaUpdateTrue.java。

将 databaseSchemaUpdate 设置为 create-drop 后，Activiti 会先检查数据表是否存在，如果表已经存在，则抛出异常并停止创建流程引擎。代码清单 4-13 使用 create-drop 属性启动 Activiti。

代码清单 4-13：codes\04\4.2\schema-update\src\org\crazyit\activiti\DatabaseSchemaUpdateCreateDrop.java

```
// 读取 Activiti 配置
ProcessEngineConfiguration config = ProcessEngineConfiguration
    .createProcessEngineConfigurationFromResource("schemaUpdate-create-drop.xml");
// 启动 Activiti
ProcessEngine engine = config.buildProcessEngine();
// 关闭流程引擎
engine.close();
```

注意代码清单 4-13 中的粗体字部分，如果想要 Activiti 执行"drop"操作，必须调用 ProcessEngine 的 close 方法，否则将不会删除表。一般情况下，将 databaseSchemaUpdate 配置为 create-drop，更适合在单元测试中使用。

除了 false、true 和 create-drop 三个值外，databaseSchemaUpdate 还有一个 drop-create 值。与 create-drop 类似，drop-create 会在流程引擎启动时，先将原来全部的数据表删除，再进行创建。与 create-drop 不同的是，不管是否调用 ProcessEngine 的 close 方法，都会执行 create 操作。同样，该值在单元测试中使用比较合适，在流程引擎初始化时将原有的数据删除，在实际应用中，此举会带来较大的风险，Activiti 的官方文档并没有提供该项配置，读者知道即可。

注意：

使用各种方法读取 Activiti 配置，均不会创建数据库表，Activiti 的数据库表只会在流程引擎创建时，按照配置的策略进行创建（如代码清单 4-12 的粗体字部分所示）。

4.2.8 databaseType 配置

根据上一节的讲述可知，如果将 databaseSchemaUpdate 设置为 create-drop 或者 drop-create，Activiti 在启动和初始化时，会执行相应的创建表和删除表操作，而 Activiti 支持多种数据库，每种数据库的创建表与删除表的语法有可能不一样，因此，需要指定 databaseType 属性，来告诉 Activiti，目前使用了何种数据库（当然，如果设置为 true 而数据库中没有表的话，也需要知道使用哪种数据库）。databaseType 属性支持这些值：h2、mysql、oracle、postgres、mssql、db2，当没有指定值时，databaseType 为 null。指定 databaseType 属性，目的是为了确定执行创建（或删除）表的 SQL 脚本。

代码清单 4-14 将该属性设置为 oracle。

代码清单 4-14：codes\04\4.2\db-type\resource\database-type.xml

```xml
<!-- 将 databaseType 设置为 oracle -->
<bean id="processEngineConfiguration"
    class="org.activiti.engine.impl.cfg.StandaloneProcessEngineConfiguration">
    <property name="jdbcUrl" value="jdbc:mysql://localhost:3306/act" />
    <property name="jdbcDriver" value="com.mysql.jdbc.Driver" />
    <property name="jdbcUsername" value="root" />
    <property name="jdbcPassword" value="123456" />
    <property name="databaseSchemaUpdate" value="create-drop"/>
    <property name="databaseType" value="oracle"/>
</bean>
```

使用以上配置，然后启动和关闭 Activiti，会抛出 MySQL 异常，因为 Activiti 会根据该值去使用 Oracle 创建表和删除表的脚本，Oracle 的 SQL 脚本在 MySQL 上面执行，肯定会出错。

实际上，根本不需要指定该属性，Activiti 就可以知道使用的是哪种数据库，因为配置数据源时就提供了 JDBC 连接属性给 Activiti，根据这些属性创建 JDBC 连接，得到 Connection 对象后，可以调用 getMetaData 方法获取当前数据库的元数据，就可以判断出当前所使用的数据库。的确，Activiti 也是这样做的，但是为什么另外提供一个 databaseType 属性，多此一举呢？笔者认为，Activiti 为防止适配数据库类型出现异常，就多提供一个这样的值来供使用者选择，确保能适配到准确的数据库类型。

> **注意：**
> 如果没有配置 databaseType 属性，Activiti 会使用 Connection 的 getMetaData 方法获取数据库元数据，但是一旦配置了 databaseType 属性，将会以该值为准。

4.3 其他属性配置

除前面介绍的属性外，Activiti 还提供了其他的属性配置，这些属性包括邮件服务、历史数据配置、任务调度器等。对于某些属性，使用者可以不进行指定，使用 Activiti 提供的默认值即可，但是如果需要定制更个性化的流程引擎，还是需要知道这些属性的作用。

4.3.1 history 配置

在流程执行的过程中，会产生一些流程相关的数据，例如流程实例、流程任务和流程参数等，随着流程的进行与结束，这些数据将会被从流程数据表中删除，为了能保存这些数据，Activiti 提供了历史数据表，可以将这些数据保存到历史数据表中。

对于这些历史数据，保存到何种粒度，Activiti 提供了 history 属性对其进行配置。history 属性有点像 log4j 的日志输出级别，该属性有以下四个值。

- none：不保存任何的历史数据，因此，在流程执行过程中，这是最高效的。
- activity：级别高于 none，保存流程实例与流程行为，其他数据不保存。
- audit：除 activity 级别会保存的数据外，还会保存全部的流程任务及其属性数据。audit 为 history 的默认值。
- full：保存历史数据的最高级别，除了会保存 audit 级别的数据外，还会保存其他全部流程相关的细节数据，包括一些流程参数等。

流程历史数据的配置及效果，将在历史数据管理相关章节进行详细讲解，如果读者想查看各个属性的效果，可以运行以下几个例子。

- codes\04\4.3\history-config\src\org\crazyit\activiti\Activity.java。
- codes\04\4.3\history-config\src\org\crazyit\activiti\Audit.java。
- codes\04\4.3\history-config\src\org\crazyit\activiti\Full.java。
- codes\04\4.3\history-config\src\org\crazyit\activiti\None.java。

> **注意：**
> 在运行这几个例子前，先将 act 数据库的全部表删除。

4.3.2 asyncExecutorActivate 配置

asyncExecutorActivate 属性主要用于配置异步执行器是否启动，true 则表示 Activiti 在创建流程引擎时，需要启动异步执行器，该属性默认值为 false。异步执行器启动后，会启动定时器扫描并执行各种工作，如果查找到符合执行条件的工作，则会启动一条线程并交由线程池去执行。关于工作的内容，将在本书的第 10 章讲述。

4.3.3 邮件服务器配置

Activiti 支持邮件服务，当流程执行到某一个节点时，Activiti 会根据流程文件配置（Email Task），发送邮件到相应的邮箱。以下为 ProcessEngineConfiguration 中提供的邮件服务器配置项。

- mailServerHost：邮件服务器地址，非必填，默认值为 localhost。
- mailServerPort：SMTP 发送邮件服务器端口，默认值为 25。
- mailServerDefaultFrom：非必填，发送人的邮箱地址，默认值为 activiti@activiti.org。
- mailServerUsername：邮箱登录用户名。
- mailServerPassword：邮箱登录密码。
- mailServerUseSSL：是否使用 SSL 协议通信，默认为 false。
- mailServerUseTLS：是否使用 TLS 协议通信，默认为 false。

使用 SMTP 协议发送邮件，需要知道邮件服务器地址、SMTP 端口、邮箱登录用户名和密码，代码清单 4-15 以网易邮箱为例，演示如何设置这几个邮件配置项。

代码清单 4-15：codes\04\4.3\mail\resource\mail.xml

```xml
<bean id="processEngineConfiguration"
    class="org.activiti.engine.impl.cfg.StandaloneProcessEngineConfiguration">
    <property name="jdbcUrl" value="jdbc:mysql://localhost:3306/act" />
    <property name="jdbcDriver" value="com.mysql.jdbc.Driver" />
    <property name="jdbcUsername" value="root" />
    <property name="jdbcPassword" value="123456" />
    <property name="mailServerHost" value="smtp.163.com"></property>
    <property name="mailServerPort" value="25"></property>
    <property name="mailServerDefaultFrom" value="yangenxiong@163.com"></property>
    <property name="mailServerUsername" value="yangenxiong@163.com"></property>
    <property name="mailServerPassword" value="123456"></property>
</bean>
```

关于邮件发送任务（Email Task）的使用，请参看流程任务相关章节。

4.4 ProcessEngineConfiguration bean

在本章前面几节中，讲解了 ProcessEngineConfiguration 的属性配置及作用，在了解了大部分的属性后，可以定制出个性化的流程引擎，如果想进一步对流程引擎做更个性化的定制，则可以为 ProcessEngineConfiguration 配置不同的实现。

4.4.1 ProcessEngineConfiguration 及其子类

ProcessEngineConfiguration 代表 Activiti 的一个配置实例，ProcessEngineConfiguration 本身是一个抽象类，因此要配置 bean 的话，需要知道其子类。Activiti 提供了多个 ProcessEngine-Configuration 的子类，其中官方文档谈及了四个子类的作用。

- org.activiti.engine.impl.cfg.StandaloneProcessEngineConfiguration：使用该类作为配置对

象，Activiti 将会对事务进行管理，默认情况下，流程引擎启动时将会检查数据库结构以及版本是否正确。
- org.activiti.engine.impl.cfg.StandaloneInMemProcessEngineConfiguration：该类是 Standalone-ProcessEngineConfiguration 的子类，同样由 Activiti 进行事务管理，但是该类设置了 databaseSchemaUpdate（create-drop）和 jdbcUrl（jdbc:h2:mem:activiti）属性，以便可以在单元测试中使用。
- org.activiti.spring.SpringProcessEngineConfiguration：当 Activiti 与 Spring 进行整合时，可以使用该类。
- org.activiti.engine.impl.cfg.JtaProcessEngineConfiguration：不使用 Activiti 的事务，使用 JTA 进行事务管理。

图 4-1 所示为 ProcessEngineConfiguration 及其子类的类图。

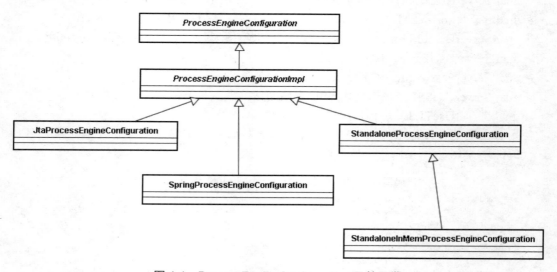

图 4-1　ProcessEngineConfiguration 及其子类

图 4-1 中的 ProcessEngineConfiguration 和 ProcessEngineConfigurationImpl 均为抽象类。

▶▶ 4.4.2　自定义 ProcessEngineConfiguration

了解了 ProcessEngineConfiguration 及其子类以后，我们知道如果想定制自己的 ProcessEngineConfiguration，可以选择继承 ProcessEngineConfiguration 或者它的直接子类 ProcessEngineConfigurationImpl。

继承 ProcessEngineConfigurationImpl，需要实现 createTransactionInterceptor 方法。可以为自己的 ProcessEngineConfiguration 类添加属性，并且添加相应的 setter 方法。在代码清单 4-16 中编写了一个自定义的 ProcessEngineConfiguration 类。

代码清单 4-16：codes\04\4.4\custom-config\src\org\crazyit\activiti\MyConfiguration.java

```java
/**
 * 自定义配置类
 * @author yangenxiong
 *
 */
public class MyConfiguration extends ProcessEngineConfigurationImpl {
    public MyConfiguration() {
```

```
        // 自定义设置
    }
    //测试属性,需要在 processEngineConfiguration 注入
    private String userName;

    public void setUserName(String userName) {
        this.userName = userName;
    }
    public String getUserName() {
        return this.userName;
    }
    public CommandInterceptor createTransactionInterceptor() {
        return null;
    }
}
```

在代码清单 4-16 中,MyConfiguration 类继承于 ProcessEngineConfigurationImpl,并实现了 createTransactionInterceptor 方法,在此不需要实现,返回 null 即可。在 MyConfiguration 类中定义了一个 userName 属性,可以在配置 processEngineConfiguration 的 XML 文件中为其设置相应的值,使用方式如代码清单 4-17 所示。

代码清单 4-17:codes\04\4.4\custom-config\resource\my-config.xml

```xml
<!-- 配置自定义属性 -->
<bean id="processEngineConfiguration" class="org.crazyit.activiti.MyConfiguration">
    <property name="jdbcUrl" value="jdbc:mysql://localhost:3306/act" />
    <property name="jdbcDriver" value="com.mysql.jdbc.Driver" />
    <property name="jdbcUsername" value="root" />
    <property name="jdbcPassword" value="123456" />
    <property name="databaseSchemaUpdate" value="drop-create"></property>
    <property name="userName" value="crazyit"></property>
</bean>
```

代码清单 4-17 中的粗体字部分,指定了 processEngineConfiguration 的 class 为自定义的 MyConfiguration 类,并且为该 bean 设置了 userName 属性,其值为"crazyit"。下面编写测试代码,如代码清单 4-18 所示。

代码清单 4-18:codes\04\4.4\custom-config\src\org\crazyit\activiti\ConfigTest.java

```java
//创建 ProcessEngineConfiguration,并强制转换为 MyConfiguration
MyConfiguration config = (MyConfiguration)ProcessEngineConfiguration.
    createProcessEngineConfigurationFromResource("my-config.xml");
config.buildProcessEngine();
//打印结果为 crazyit
System.out.println(config.getUserName());
```

最终打印出来的结果为"crazyit",即在 MyConfiguration 类中,可以获取定义的 userName 属性值。除了自己定义属性外,还可以在自己的 ProcessEngineConfiguration 中重新设置父类的属性值,例如期望默认使用的数据库策略(databaseSchemaUpdate)为"create-drop",那么可以在 MyConfiguration 类的构造器中设置该值。

4.5 Activiti 的命令拦截器

Activiti 提供了命令拦截器功能,外界对 Activiti 流程中各个实例进行的操作,实际可以看作对数据进行的相应操作,在此过程中,Activiti 使用了设计模式中的命令模式,每一个操作数据库的过程,均可被看作一个命令,然后交由命令执行者去完成。除此之外,为了能让使用

者可以对这些命令进行相应的拦截（进行个性化处理），Activiti 还使用了设计模式中的责任链模式，从而使用者可以添加相应的拦截器（责任链模式中的处理者）。为了让读者对这些知识有更深入的了解，下面将先讲解命令模式与责任链模式。

> **注意：** 对于初学者，可跳过本节内容，掌握前面的流程引擎配置即可。

▶▶ 4.5.1 命令模式

在 GoF 的设计模式中，命令模式属于行为型模式，它把一个请求或者操作封装到命令对象中，这些请求或者操作的内容包括接收者信息，然后将该命令对象交由执行者执行，执行者不需要关心命令的接收人或者命令的具体内容，因为这些信息均被封装到命令对象中。命令模式中涉及的角色及其作用如下。

- 命令接口（Command）：声明执行操作的接口。
- 接口实现（ConcreteCommand）：命令接口实现，需要保存接收者的相应操作，并执行相应的操作。
- 命令执行者（Invoker）：要求命令执行此次请求。
- 命令接收人（Receiver）：由命令接口的实现类来维护 Receiver 实例，并在命令执行时处理相应的任务。

接下来，编写一个最简单的命令模式。代码清单 4-19 所示为命令接口。

代码清单 4-19：codes\04\4.5\gof-command\src\org\crazyit\activiti\Command.java

```java
public interface Command {

    /**
     * 执行命令，参数为命令接收人
     * @param receiver
     */
    void execute(CommandReceiver receiver);
}
```

然后创建命令接收者，请看代码清单 4-20。

代码清单 4-20：codes\04\4.5\gof-command\src\org\crazyit\activiti\CommandReceiver.java

```java
public interface CommandReceiver {

    //命令执行者方法 A
    void doSomethingA();

    //命令执行者方法 B
    void doSomethingB();
}
```

本例中命令接收者只有一个实现，方法 A（doSomethingA）打印"命令接收人执行命令 A"，方法 B（doSomethingB）打印"命令接收人执行命令 B"，接下来创建命令执行者，如代码清单 4-21 所示。

代码清单 4-21：codes\04\4.5\gof-command\src\org\crazyit\activiti\CommandExecutor.java

```java
public class CommandExecutor {

    public void execute(Command command) {
```

```
        //创建命令执行者可以使用其他设计模式
        command.execute(new CommandReceiverImpl());
    }
}
```

注意，在命令执行者的实现中，调用命令的 execute 方法，并将相应的命令接收人设置到命令的 execute 方法参数中。此处创建命令接收者的操作，可以使用其他的设计模式完成，例如工厂模式、单态模式等，此处为了简单，直接 new 一个 CommandReceiver 的实现类。接下来，为命令接口提供两个实现：CommandA 和 CommandB，代码清单 4-22 为 CommandA 的实现。

代码清单 4-22：codes\04\4.5\gof-command\src\org\crazyit\activiti\impl\CommandA.java

```
public class CommandA implements Command {
    public void execute(CommandReceiver receiver) {
        receiver.doSomethingA();
    }
}
```

在代码清单 4-22 中，直接让命令接收者执行方法 A（doSomethingA），CommandB 的实现与 CommandA 类似，只是执行命令接收者的方法 B（doSomethingB）。到此，命令模式的各个角色已经创建完毕，接下来编写客户端代码，让命令执行者执行相应的命令。代码清单 4-23 为客户端代码。

代码清单 4-23：codes\04\4.5\gof-command\src\org\crazyit\activiti\Client.java

```
public class Client {
    public static void main(String[] args) {
        //创建命令执行者
        CommandExecutor executor = new CommandExecutor();
        //创建命令 A，交由命令执行者执行
        Command commandA = new CommandA();
        executor.execute(commandA);
        //创建命令 B，交由命令执行者执行
        Command commandB = new CommandB();
        executor.execute(commandB);
    }
}
```

在代码清单 4-23 中，先创建一个命令执行者，然后创建两个命令，并交由命令执行者执行，最终执行结果将输出"命令接收人执行命令 A"和"命令接收人执行命令 B"。

现在我们了解了 GoF 的命令模式，即在 Activiti 中，每一个数据库的 CRUD 操作，均为一个命令的实现，然后交给 Activiti 的命令执行者执行。Activiti 使用了一个 CommandContext 类作为命令接收者，该对象维护一系列的 Manager 对象，这些 Manager 对象就像 J2EE 中的 DAO 对象。除了命令接收者外，Activiti 还使用一系列的 CommandInterceptor（命令拦截器），这些命令拦截器扮演命令模式中的命令执行者角色。那么这些命令拦截器是如何工作的呢？接下来需要了解责任链模式。

▶▶ 4.5.2 责任链模式

与命令模式一样，责任链模式也是 GoF 的设计模式之一，同样也是行为型模式。该设计模式让多个对象都有机会处理请求，从而避免了请求发送者和请求接收者之间的耦合。这些请求接收者将组成一条链，并沿着这条链传递请求，直到有一个对象处理这个请求为止，这就形成了一条责任链。责任链模式有以下参与者。

- **请求处理者接口（Handler）**：定义一个处理请求的接口，可以实现后继链。
- **请求处理者实现（ConcreteHandler）**：请求处理接口的实现，如果它可以处理请求就处理，否则就将该请求转发给它的后继者。

代码清单 4-24 所示为一个请求处理者的抽象类。

代码清单 4-24：codes\04\4.5\gof-chain\src\org\crazyit\activiti\Handler.java

```java
public abstract class Handler {

    //下一任处理者
    protected Handler next;

    public void setNext(Handler next) {
        this.next = next;
    }

    //处理请求的方法，交由子类实现
    public abstract void execute(Request request);
}
```

代码清单 4-24 定义了一个请求处理者的抽象类，并且定义了请求的处理方法，需要由子类实现。需要注意的是，处理请求方法（execute）的参数为一个 Request 对象，本例中的 Request 对象只是一个普通的类，若将责任链模式和命令模式结合在一起使用，那么 execute 方法的参数可以是命令模式中的命令接口。除此之外，在 Handler 中还定义了一个 next 属性，表示下一任处理者的对象，这里提供 setter 方法，由客户端决定下一任请求处理者是谁。Request 对象如代码清单 4-25 所示。

代码清单 4-25：codes\04\4.5\gof-chain\src\org\crazyit\activiti\Request.java

```java
public class Request {
    public void doSomething() {
        System.out.println("执行请求");
    }
}
```

Request 对象只有一个 doSomething 方法，如果将 Request 设置为一个接口，那么它也可以像命令模式的命令接口一样（见命令模式的 Command）有多个实现。接下来，为请求处理接口添加若干个实现，代码清单 4-26 为其中一个实现。

代码清单 4-26：codes\04\4.5\gof-chain\src\org\crazyit\activiti\impl\HandlerA.java

```java
public class HandlerA extends Handler {

    public void execute(Request request) {
        //处理自己的事，然后交由下一任处理者继续执行请求
        System.out.println("请求处理者 A 处理请求");
        next.execute(request);
    }
}
```

在代码清单 4-26 中，HandlerA 继承了 Handler 并且实现了 execute 方法，当该处理器处理完自己的事情后，再将请求交由下一任处理者继续执行请求。在责任链中，可以新建多个这样的请求处理者，本例中有两个这样的请求处理者，实现均与代码清单 4-26 中的 HandlerA 类似，在此不再赘述。

除了若干个请求处理者的实现外，还需要新建一个真实的请求处理者，通过代码清单 4-26 可以知道，实际上就算有再多这样的请求处理者实现，依然没有对请求做任何处理，只是交由下一任处理者执行，因此需要一个真实的请求处理者来终结这条责任链。代码清单 4-27 所示

为一个真实任务处理者。

代码清单 4-27：codes\04\4.5\gof-chain\src\org\crazyit\activiti\impl\ActualHandler.java

```java
/**
 * 最终请求执行者，需要将其设置到责任链的最后一环
 */
public class ActualHandler extends Handler {

    public void execute(Request request) {
        //直接执行请求
        request.doSomething();
    }
}
```

如代码清单 4-27 所示，最终的请求处理者执行了请求，并且不再往下执行（不使用 next 属性）。下面编写客户端代码来使用这个责任链。客户端代码如代码清单 4-28 所示。

代码清单 4-28：codes\04\4.5\gof-chain\src\org\crazyit\activiti\Client.java

```java
public static void main(String[] args) {
    //创建第一个请求处理者集合
    List<Handler> handlers = new ArrayList<Handler>();
    //添加请求处理者到集合中
    handlers.add(new HandlerA());
    handlers.add(new HandlerB());
    //将最终的处理者添加到集合中
    handlers.add(new ActualHandler());
    //处理集合中的请求处理者，按集合的顺序为它们设置下一任请求处理者，并返回第一任处理人
    Handler first = setNext(handlers);
    // 第一任处理者开始处理请求
    first.execute(new Request());
}
//按照集合的顺序，设置下一任处理者，并返回第一任处理者
static Handler setNext(List<Handler> handlers) {
    for (int i = 0; i < handlers.size() - 1; i++) {
        Handler handler = handlers.get(i);
        Handler next = handlers.get(i + 1);
        handler.setNext(next);
    }
    return handlers.get(0);
}
```

在代码清单 4-28 中，定义了一个请求处理者的集合，然后按照集合顺序通过 setNext 方法为每一个请求处理者设置下一任的请求处理者，setNext 方法最后返回第一任处理者（HandlerA）。需要注意的是，由于定义了最终的请求处理者为 ActualHandler，因此需要将其放到集合的最后，作为终止整个责任链的角色。最终运行顺序为："请求处理者 A 处理请求"→"请求处理者 B 处理请求"→"执行请求"。

▶▶ 4.5.3 编写自定义拦截器

现在我们了解了命令模式与责任链模式，那么 Activiti 的拦截器就是结合这两种设计模式来达到拦截器效果的。每次 Activiti 进行业务操作，都会将其封装为一个 Command 放到责任链中执行。知道其原理后，我们可以在实现自定义配置类时，编写自己的拦截器。首先编写第一个拦截器实现，请看代码清单 4-29。

代码清单 4-29：codes\04\4.5\custom-interceptor\src\org\crazyit\activiti\InterceptorA.java

```java
/**
 * 拦截器实现 A
```

```java
 *
 */
public class InterceptorA implements CommandInterceptor {

    private CommandInterceptor next;

    @Override
    public <T> T execute(CommandConfig config, Command<T> command) {
        // 输出字符串和命令
        System.out.println("this is interceptor A: "
            + command.getClass().getName());
        // 然后让责任链中的下一请求处理者处理命令
        return getNext().execute(config, command);
    }

    public CommandInterceptor getNext() {
        return this.next;
    }

    public void setNext(CommandInterceptor next) {
        this.next = next;
    }
}
```

在代码清单 4-29 中，InterceptorA 类实现 CommandInterceptor 接口，当实现责任链模式时，在拦截器的 execute 方法中，执行完拦截器自己的程序后（输出业务命令），会执行责任链的下一个拦截器的 execute 方法。了解了责任链模式的原理后，不难发现，此处的 next 就是拦截器中的下一任请求处理者，而此处的请求，则是命令模式中的 Command 接口，编写的 InterceptorA 就是责任链模式中请求处理者的其中一个实现。

使用同样的方式，创建拦截器 B，与拦截器 A 类似，其输出字符串与业务命令，再将请求（此处为 Command）交由下一执行者执行。完成了两个拦截器后，再去实现父类的初始化拦截器方法，将我们的拦截器"侵入"到 Activiti 的责任链中，细节请见代码清单 4-30。

代码清单 4-30：codes\04\4.5\custom-interceptor\src\org\crazyit\activiti\TestConfiguration.java

```java
/**
 * 自定义配置类
 */
public class TestConfiguration extends ProcessEngineConfigurationImpl {

    public CommandInterceptor createTransactionInterceptor() {
        // 不实现事务拦截器
        return null;
    }

    /**
     * 重写初始化命令拦截器方法
     */
    public void initCommandInterceptors() {
        // 为父类的命令集合添加拦截器
        customPreCommandInterceptors = new ArrayList<CommandInterceptor>();
        // 依次将 A 和 B 两个拦截器加入集合（责任链）
        customPreCommandInterceptors.add(new InterceptorA());
        customPreCommandInterceptors.add(new InterceptorB());
        // 再调用父类的实始化方法
        super.initCommandInterceptors();
    }
}
```

代码清单 4-30 中的 initCommandInterceptors 方法，用于初始化命令拦截器集合。自定义集合加上 Activiti 的默认集合形成有多个拦截器的集合，也就是一条责任链。Activiti 的默认集合中会加入日志拦截器、createTransactionInterceptor 方法返回的拦截器、包含业务操作的命令、事务拦截器。代码清单 4-31 所示为运行代码。

代码清单 4-31：codes\04\4.5\custom-interceptor\src\org\crazyit\activiti\MyConfig.java

```java
ProcessEngines.getDefaultProcessEngine();
// 创建 Activiti 配置对象
ProcessEngineConfiguration config = ProcessEngineConfiguration
        .createProcessEngineConfigurationFromResource("my-config.xml");
// 初始化流程引擎
ProcessEngine engine = config.buildProcessEngine();
// 部署一个最简单的流程
engine.getRepositoryService().createDeployment()
        .addClasspathResource("bpmn/config.BPMN 20.xml").deploy();
// 构建流程参数
Map<String, Object> vars = new HashMap<String, Object>();
vars.put("day", 10);
// 开始流程
engine.getRuntimeService().startProcessInstanceByKey("vacationProcess",
        vars);
```

在代码清单 4-31 中，部署了一个简单的流程，此时运行该测试程序，可以看到如图 4-2 所示的拦截器效果。

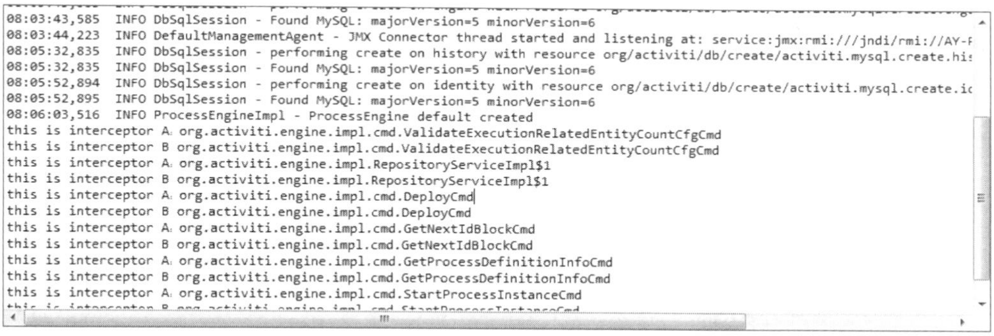

图 4-2　运行效果

由图 4-2 可以看到，每执行一个命令，都会经过我们定义的拦截器 A 和 B。从命令名称不难看出，输出的命令与代码清单 4-31 基本吻合：部署流程模型、查询流程定义、启动流程。

4.6　本章小结

本章讲述了 Activiti 流程引擎的配置，并且分析了这些配置在流程引擎中的具体作用，同时也讲解了 ProcessEngineConfiguration 的 bean 配置。掌握了这些配置，可以打造与具体业务更加贴近的个性化流程引擎。在本章的最后，讲解了 Activiti 涉及的两种 GoF 设计模式：命令模式和责任链模式，并且编写了自定义拦截器。

本章是 Activiti 流程引擎的基础，读者掌握流程引擎的配置即可。如果想对 Activiti 的机制有进一步的了解，推荐掌握 4.5 节介绍的两个设计模式，由此可以更加深入地了解 Activiti 的工作机制及原理。

CHAPTER 5

第 5 章
流程引擎的创建

本章要点

- 流程引擎的创建方法
- 流程引擎的初始化、销毁及关闭
- Activiti 的服务组件简述

在第 4 章中，讲述了 Activiti 的配置，根据这些配置，可以创建相应的流程引擎。Activiti 提供了多种创建流程引擎的方式供研发人员选择，可以通过 ProcessEngineConfiguration 的 buildProcessEngine 方法，也可以使用 ProcessEngines 的 init 方法来创建 ProcessEngine 实例，可以根据项目的不同需要来选择不同的创建方式。

5.1　ProcessEngineConfiguration 的 buildProcessEngine 方法

使用 ProcessEngineConfiguration 的 create 方法可以创建 ProcessEngineConfiguration 的实例。ProcessEngineConfiguration 中还提供了一个 buildProcessEngine 方法，该方法返回一个 ProcessEngine 实例。代码清单 5-1 为使用 buildProcessEngine 方法的示例。

代码清单 5-1：codes\05\5.1\build-engine\src\org\crazyit\activiti\BuildProcessEngine.java

```
// 读取配置
ProcessEngineConfiguration config = ProcessEngineConfiguration
    .createProcessEngineConfigurationFromResource("build_engine.xml");
// 创建 ProcessEngine
ProcessEngine engine = config.buildProcessEngine();
```

得到流程引擎的相关配置后，buildProcessEngine 方法会根据这些配置，初始化流程引擎的相关服务和对象，包括数据源、事务、拦截器、服务组件等。这个流程引擎的初始化过程，实际上可以被看作一个配置检查的过程。

5.2　ProcessEngines 对象

除了 ProcessEngineConfiguration 的 buildProcessEngine 方法外，ProcessEngines 类提供了创建 ProcessEngineConfiguration 实例的方法。ProcessEngines 是一个创建流程引擎与关闭流程引擎的工具类，所有创建（包括其他方式创建）的 ProcessEngine 实例均被注册到 ProcessEngines 中。这里所说的注册，实际上是在 ProcessEngines 类中维护一个 Map 对象，该对象的 key 为 ProcessEngine 实例的名称，value 为 ProcessEngine 的实例，当向 ProcessEngines 注册 ProcessEngine 实例时，实际上是调用 Map 的 put 方法，将该实例缓存到 Map 中。

5.2.1　init 方法与 getDefaultProcessEngine 方法

ProcessEngines 的 init 方法，会读取 Activiti 的默认配置文件，然后将创建的 ProcessEngine 实例缓存到 Map 中。这里所说的默认配置文件，一般情况下是指 ClassPath 下的 activiti.cfg.xml，如果与 Spring 进行了整合，则读取 ClassPath 下的 activiti-context.xml 文件。代码清单 5-2 所示为调用 ProcessEngines 的 init 方法的示例。

代码清单 5-2：codes\05\5.2\init-engine\src\org\crazyit\activiti\Init.java

```
// 初始化 ProcessEngines 的 Map，
// 再加载 Activiti 默认的配置文件 (classpath 下的 activiti.cfg.xml 文件)
// 如果与 Spring 整合，则读取 classPath 下的 activiti-context.xml 文件
ProcessEngines.init();
// 得到 ProcessEngines 的 Map
Map<String, ProcessEngine> engines = ProcessEngines.getProcessEngines();
System.out.println(engines.size());
System.out.println(engines.get("default"));
```

调用了 init 方法后，Activiti 会根据默认配置创建 ProcessEngine 实例，此时 Map 的 key 值

为"default",代码清单输出结果如下:

```
1
org.activiti.engine.impl.ProcessEngineImpl@a23610
```

此处的 init 方法并不会返回任何的 ProcessEngine 实例,该方法只会加载 ClassPath 下全部的 Activiti 配置文件并且将创建的 ProcessEngine 实例保存到 ProcessEngines 中。如果需要得到相应的 ProcessEngine 实例,可以使用 getProcessEngines 方法获取 ProcessEngines 中全部的 ProcessEngine 实例。getProcessEngines 返回一个 Map,只需要根据 ProcessEngine 的名称,即可得到相应的 ProcessEngine 实例。

另外,ProcessEngines 提供了一个 getDefaultProcessEngine 方法,用于返回 key 为"default"的 ProcessEngine 实例,该方法会判断 ProcessEngines 是否进行了初始化,如果没有,则会调用 init 方法进行初始化。

▶▶ 5.2.2 registerProcessEngine 方法和 unregister 方法

registerProcessEngine 方法向 ProcessEngines 中注册一个 ProcessEngine 实例,unregister 方法则注销 ProcessEngines 中一个 ProcessEngine 实例。注册与注销 ProcessEngine 实例,均会根据 ProcessEngine 实例的名称进行操作,因为 Map 的 key 使用的是 ProcessEngine 的名称。可以使用代码清单 5-3 的示例代码读取自定义配置,然后创建 ProcessEngine 实例,并注册到 ProcessEngines 中,最后调用 unregister 方法注销该实例。

代码清单 5-3:codes\05\5.2\register-engine\src\org\crazyit\activiti\Register.java

```java
//读取自定义配置
ProcessEngineConfiguration config = ProcessEngineConfiguration.
    createProcessEngineConfigurationFromResource("register.xml");
//创建 ProcessEngine 实例
ProcessEngine engine = config.buildProcessEngine();
//获取 ProcessEngine 的 Map
Map<String, ProcessEngine> engines = ProcessEngines.getProcessEngines();
System.out.println("注册后引擎数: " + engines.size());
//注销 ProcessEngine 实例
ProcessEngines.unregister( engine);
System.out.println("调用 unregister 后引擎数: " + engines.size());
```

在代码清单 5-3 中,使用 ProcessEngineConfiguration 的 buildProcessEngine 方法,即会将创建的 ProcessEngine 实例注册到 ProcessEngines 中,并不需要再次调用 registerProcessEngine 方法。调用了 ProcessEngineConfiguration 的 buildProcessEngine 方法后,可以获取 ProcessEngines 的 Map,输出 ProcessEngine 的实例数,最后调用注销方法,再输出实例数。运行代码清单 5-3 的输出结果如下:

```
注册后引擎数: 1
调用 unregister 后引擎数: 0
```

默认情况下,创建的 ProcessEngine 名称为"default",如果需要设置名称,则可调用引擎配置类的 setProcessEngineName 方法。ProcessEngines 中维护的 Map 对象,其 key 值就是引擎的名称。

 注意:

unregister 方法只是单纯地将 ProcessEngine 实例从 Map 中移除,并不会调用 ProcessEngine 的 close 方法。

5.2.3　retry 方法

如果 Activiti 在加载配置文件时出现异常，则可以调用 ProcessEngines 的 retry 方法重新加载配置文件，重新创建 ProcessEngine 实例并加入到 Map 中。代码清单 5-4 为一个使用 retry 方法加载配置文件的示例。

代码清单 5-4：codes\05\5.2\retry-engine\src\org\crazyit\activiti\Retry.java

```java
//得到资源文件的 URL 实例
ClassLoader cl = Retry.class.getClassLoader();
URL url = cl.getResource("retry.xml");
//调用 retry 方法创建 ProcessEngine 实例
ProcessEngineInfo info = ProcessEngines.retry(url.toString());
//得到流程实例保存对象
Map<String, ProcessEngine> engines = ProcessEngines.getProcessEngines();
System.out.println("调用 retry 方法后引擎数：" + engines.size());
```

最后输出结果为 1，使用 retry 方法成功加载了资源，创建了 ProcessEngine 实例。在此需要注意的是，retry 方法返回的是一个 ProcessEngineInfo 实例。

5.2.4　destroy 方法

ProcessEngines 的 destroy 方法，顾名思义，是对其维护的所有 ProcessEngine 实例进行销毁，并且在销毁时，会调用所有 ProcessEngine 实例的 close 方法。代码清单 5-5 为一个使用 destory 方法的示例。

代码清单 5-5：codes\05\5.2\destroy-engine\src\org\crazyit\activiti\Destroy.java

```java
// 进行初始化并且返回默认的 ProcessEngine 实例
ProcessEngine engine = ProcessEngines.getDefaultProcessEngine();
System.out.println("调用 getDefaultProcessEngine 方法后引擎数量："
        + ProcessEngines.getProcessEngines().size());
// 调用销毁方法
ProcessEngines.destroy();
// 最终结果为 0
System.out.println("调用 destroy 方法后引擎数量："
        + ProcessEngines.getProcessEngines().size());

// 得到资源文件的 URL 实例
ClassLoader cl = Destroy.class.getClassLoader();
URL url = cl.getResource("activiti.cfg.xml");
// 调用 retry 方法创建 ProcessEngine 实例
ProcessEngines.retry(url.toString());
System.out.println("只调用 retry 方法后引擎数量："
        + ProcessEngines.getProcessEngines().size());
// 调用销毁方法，没有效果
ProcessEngines.destroy();
System.out.println("调用 destory 无效果，引擎数量："
        + ProcessEngines.getProcessEngines().size());
```

ProcessEngine 实例被销毁的前提是 ProcessEngines 的初始化状态为 true，如果为 false，则调用 destory 方法不会有效果。例如调用 retry 方法，再调用 destory 方法，则不会有销毁效果，因为 retry 方法并没有设置初始化状态。代码清单 5-5 为输出结果。

```
调用 getDefaultProcessEngine 方法后引擎数量：1
调用 destroy 方法后引擎数量：0
只调用 retry 方法后引擎数量：1
调用 destory 无效果，引擎数量：1
```

Destory 方法在执行时，会调用所有 ProcessEngine 实例的 close 方法，该方法会将异步执行器（AsyncExecutor）关闭，如果为流程引擎配置的数据库策略为 create-drop，则会执行数据表的删除操作。（关于数据库策略的内容请见 4.2.7 节）。

5.3 ProcessEngine 对象

在 Activiti 中，一个 ProcessEngine 实例代表一个流程引擎，ProcessEngine 中保存着各个服务组件的实例，根据这些服务组件，可以操作流程实例、任务、系统角色等数据。本节将简述 ProcessEngine 以及其维护的各个服务组件实例。

▶▶ 5.3.1 服务组件

当创建了流程引擎实例后，在 ProcessEngine 中会初始化一系列服务组件，这些组件提供了大部分操作流程引擎数据的业务方法，它们就好像 J2EE 中的 Service 层，可以使用 ProcessEngine 中的 getXXXService 方法得到这些组件的实例。一个 ProcessEngine 主要有以下实例。

- RepositoryService：提供一系列管理流程定义和流程部署的 API。
- RuntimeService：在流程运行时对流程实例进行管理与控制。
- TaskService：对流程任务进行管理，例如任务提醒、任务完成和创建任务等。
- IdentityService：提供对流程角色数据进行管理的 API，这些角色数据包括用户组、用户及它们之间的关系。
- ManagementService：提供对流程引擎进行管理和维护的服务。
- HistoryService：对流程的历史数据进行操作，包括查询、删除这些历史数据。
- DynamicBpmnService：使用该服务，可以不需要重新部署流程模型，就可以实现对流程模型的部分修改。

在代码清单 5-6 中，展示了如何获取这些服务组件实例及它们的实现类。

代码清单 5-6：codes\05\5.3\engine-service\src\org\crazyit\activiti\GetService.java

```java
//读取流程引擎配置
ProcessEngineConfiguration config = ProcessEngineConfiguration.
    createProcessEngineConfigurationFromResource("service.xml");
//创建流程引擎
ProcessEngine engine = config.buildProcessEngine();
//得到各个业务组件实例
RepositoryService repositoryService = engine.getRepositoryService();
RuntimeService runtimeService = engine.getRuntimeService();
TaskService taskService = engine.getTaskService();
IdentityService identityService = engine.getIdentityService();
ManagementService managementService = engine.getManagementService();
HistoryService historyService = engine.getHistoryService();
DynamicBpmnService dynamicBpmnService = engine.getDynamicBpmnService();
// 输出类名
System.out.println(repositoryService.getClass().getName());
System.out.println(runtimeService.getClass().getName());
System.out.println(taskService.getClass().getName());
System.out.println(identityService.getClass().getName());
System.out.println(managementService.getClass().getName());
System.out.println(historyService.getClass().getName());
System.out.println(dynamicBpmnService.getClass().getName());
```

代码清单 5-6 中的粗体字部分，使用 ProcessEngine 得到各个服务组件实例，这些服务组件的详细使用方法,将会在第 6 章的开始做详细的讲解。运行代码清单 5-6,将可以看到每一个业务组件的实现类,实现类的命名规则为接口名称加"Impl":

```
org.activiti.engine.impl.RepositoryServiceImpl
org.activiti.engine.impl.RuntimeServiceImpl
org.activiti.engine.impl.TaskServiceImpl
org.activiti.engine.impl.IdentityServiceImpl
org.activiti.engine.impl.ManagementServiceImpl
org.activiti.engine.impl.HistoryServiceImpl
org.activiti.engine.impl.DynamicBpmnServiceImpl
```

> **注意:**
> 在 ProcessEngine 中还维护着表单相关的服务组件,这些组件将在表单引擎一章中讲述。

5.3.2 关闭流程引擎

根据前面的内容可知,ProcessEngines 实例在进行销毁操作时,会调用所有 ProcessEngine 实例的 close 方法,还会对流程引擎进行关闭操作,这些操作包括关闭异步执行器(AsyncExecutor)和执行数据库表删除(drop),而删除数据库表,前提是要将为流程引擎配置的 databaseSchemaUpdate 属性设置为 create-drop(详见 4.2.7 节)。代码清单 5-7 为执行 close 方法的示例,运行前将全部数据库表删除。

代码清单 5-7:codes\05\5.3\close-engine\src\org\crazyit\activiti\Close.java

```java
//读取配置
ProcessEngineConfiguration config = ProcessEngineConfiguration.
    createProcessEngineConfigurationFromResource("close.xml");
//创建流程引擎
ProcessEngine engine = config.buildProcessEngine();
System.out.println("完成流程引擎创建");
Thread.sleep(10000);
//执行 close 方法
engine.close();
```

注意,在代码清单 5-7 中使用了 Thread.sleep 方法,可以利用暂停的这 10s 时间去查看数据库的表是否已经创建成功,10s 后执行 close 方法。以下为代码清单 5-7 输出的日志信息:

```
  22:21:43,348  INFO DbSqlSession - performing create on engine with resource
org/activiti/db/create/activiti.mysql.create.engine.sql
  22:21:43,348  INFO DbSqlSession - Found MySQL: majorVersion=5 minorVersion=6
  22:21:43,355  INFO DefaultManagementAgent - JMX Connector thread started and
listening at: service:jmx:rmi:///jndi/rmi://AY-PC:1099/jmxrmi/activiti
  22:22:48,881  INFO DbSqlSession - performing create on history with resource
org/activiti/db/create/activiti.mysql.create.history.sql
  22:22:48,882  INFO DbSqlSession - Found MySQL: majorVersion=5 minorVersion=6
  22:23:04,069  INFO DbSqlSession - performing create on identity with resource
org/activiti/db/create/activiti.mysql.create.identity.sql
  22:23:04,070  INFO DbSqlSession - Found MySQL: majorVersion=5 minorVersion=6
  22:23:08,724  INFO ProcessEngineImpl - ProcessEngine default created
完成流程引擎创建
  22:23:18,948  INFO DbSqlSession - performing drop on engine with resource
org/activiti/db/drop/activiti.mysql.drop.engine.sql
  22:23:18,965  INFO DbSqlSession - Found MySQL: majorVersion=5 minorVersion=6
  22:23:33,613  INFO DbSqlSession - performing drop on history with resource
org/activiti/db/drop/activiti.mysql.drop.history.sql
  22:23:33,613  INFO DbSqlSession - Found MySQL: majorVersion=5 minorVersion=6
  22:23:42,030  INFO DbSqlSession - performing drop on identity with resource
```

```
org/activiti/db/drop/activiti.mysql.drop.identity.sql
    22:23:42,030 INFO DbSqlSession - Found MySQL: majorVersion=5 minorVersion=6
```

注意以上输出信息的粗体字部分，完成了流程引擎创建后，由于调用了 close 方法，并且 databaseSchemaUpdate 属性被设置为 create-drop，因此 Activiti 会执行相应数据库的 drop 脚本。

> 运行代码清单 5-7 前，需要先将数据库中的全部数据表删除。

5.3.3 流程引擎名称

根据前面的介绍我们知道，每个 ProcessEngine 实例均有自己的名称，在 ProcessEngines 的 Map 中，会使用该名称作为 Map 的 key 值，如果不为 ProcessEngine 设置名称，Activiti 会默认将其设置为 "default"。ProcessEngine 本身没有提供设置名称的方法，该方法由 ProcessEngine- Configuration 提供。代码清单 5-8 示范了如何为 ProcessEngine 实例设置名称。

代码清单 5-8：codes\05\5.3\engine-name\src\org\crazyit\activiti\Name.java

```java
ProcessEngineConfiguration config = ProcessEngineConfiguration.
        createProcessEngineConfigurationFromResource("name.xml");
//设置流程引擎名称
config.setProcessEngineName("test");
ProcessEngine engine = config.buildProcessEngine();
//根据名称查询流程引擎
ProcessEngine engineTest = ProcessEngines.getProcessEngine("test");
System.out.println("创建的引擎实例： " + engine);
System.out.println("查询的引擎实例： " + engineTest);
```

代码清单 5-8 中的粗体字代码，调用了 ProcessEngineConfiguration 的 setProcessEngineName 方法将流程引擎名称设置为 test，然后根据该名称到 ProcessEngines 中查询相应的流程引擎，代码输出结果显示两个引擎为同一对象。由此可知，buildProcessEngine 方法实际上完成了 ProcessEngines 的 register 操作，运行代码清单 5-8，输出结果如下：

```
创建的引擎实例： org.activiti.engine.impl.ProcessEngineImpl@16fe72b
查询的引擎实例： org.activiti.engine.impl.ProcessEngineImpl@16fe72b
```

 ## 5.4 本章小结

本章主要讲述了如何利用 Activiti 的配置创建流程引擎对象（ProcessEngine）。介绍了创建流程引擎对象的两种方法：ProcessEngineConfiguration 的 buildProcessEngine 方法和 ProcessEngines 的 init 方法。除此之外，如果项目中使用了 Spring，还可以将 ProcessEngine 作为一个 bean 配置到 XML 文件中，然后使用 Spring 的 API 获取。

本章内容较为简单，掌握 ProcessEngines 对象的使用与 ProcessEngine 对象的使用就可以了，本章中一些关于实现原理的描述，如果不感兴趣可不必掌握。

CHAPTER 6

第 6 章
用户组与用户

本章要点

- 使用 Activiti 的 API 进行用户组数据管理
- Activiti 的数据查询、排序机制
- 使用 Activiti 的 API 进行用户数据管理
- 用户组与用户的关系数据维护

在任何的业务场景中,人都是重要的业务参与者,因此各个工作流技术,都会涉及用户组与用户的管理(可能某些技术不会称为用户组和用户,但也会存在相同的概念),Activiti 也不例外。

作为流程中的基础数据,Activiti 提供了一套控制用户组与用户的 API,通过这些 API,可以对流程的基础数据进行管理。本章将详细讲解 Activiti 中用户组和用户的设计,并且使用这些 API 来完成工作。只要讲到流程就有可能会使用用户组及用户数据,因此,笔者将它们放到服务组件的前面讲解,在 Activiti 中,管理这些数据的服务组件为 IdentityService。

6.1 用户组管理

某些企业会将相同职能的人作为一类人进行管理,也会有某些企业,将相同的角色(职能不同)作为一类人进行管理,这些类别就是本章所说的用户组。Activiti 中用户组对应的表为 ACT_ID_GROUP,该表只有 4 个字段。本节讲述用户组的增加、修改和删除操作。用户组数据的查询将结合 Activiti 的数据查询在 6.2 节中讲解。

6.1.1 Group 对象

Group 是一个接口,一个 Group 实例表示一条用户组数据,对应的表为 ACT_ID_GROUP。该接口只提供了相应字段的 getter 和 setter 方法,这种数据与对象的映射关系,在各个 ORM 框架中使用很普遍,例如 Hibernate、MyBatis 等。

在 Activiti 中,每个实体会有自己的接口与实现类,以 Group 接口为例,有一个 GroupEntity 的子接口,还有一个 GroupEntityImpl 的实现类。在 Activiti 的 API 文档中,并没有开放 GroupEntity 与 GroupEntityImpl 的 API,创建 Group 实例,要调用业务组件方法。Activiti 不希望使用者去关心这些实体的创建,这样做的好处是,即使 Activiti 在以后版本中发生设计的变化,也可以减少对使用者的影响。GroupEntity 中包含以下映射属性。

- id:主键,对应 ACT_ID_GROUP 表的 ID_ 列。
- name:用户组名称,对应 ACT_ID_GROUP 表的 NAME_ 列。
- type:用户组类型,对应 ACT_ID_GROUP 表的 TYPE_ 列。
- revision:该用户组数据的版本,对应 ACT_ID_GROUP 表的 REV_ 列。

6.1.2 创建用户组

IdentityService 提供了 newGroup 方法来创建 Group 实例,得到由 IdentityService 创建的实例后,可以调用相应的 setter 方法设置相应字段,最后调用 saveGroup 方法,将 Group 保存到数据库中。代码清单 6-1 为一个使用 newGroup 和 saveGroup 方法的示例。

代码清单 6-1:codes\06\6.1\add-group\src\org\crazyit\activiti\AddGroup.java

```
// 创建默认的流程引擎
ProcessEngine engine = ProcessEngines.getDefaultProcessEngine();
// 得到身份服务组件实例
IdentityService identityService = engine.getIdentityService();
// 生成 UUID
String genId = UUID.randomUUID().toString();
//调用 newGroup 方法创建 Group 实例
Group group = identityService.newGroup(genId);
group.setName("经理组");
group.setType("manager");
//保存 Group 到数据库
```

```
identityService.saveGroup(group);
// 查询用户组
Group data = identityService.createGroupQuery().groupId(genId).singleResult();
// 保存后查询 Group
System.out.println("Group ID：" + data.getId() + "，Name：" + data.getName());
```

需要注意的是，调用 newGroup 方法需要提供 Group 的 ID 值（代码清单 6-1 使用 UUID），如果将 ID 值设置为 null，则调用 newGroup 方法时会抛出 ActivitiException，异常信息为：groupId is null。

IdentityService 的 saveGroup 方法会判断 Group 的 revision 属性（对应 ACT_ID_GROUP 表的 REV_ 字段）是否为 0，版本号为 0 则做新增处理，反之则做修改处理。Group 接口并不提供设置与获取 revision 的方法，因此该属性的变化，我们不需要关心。

调用 newGroup 时，需要指定 ID 值，由于 ID_字段是 ACT_ID_GROUP 表的主键，因此如果让使用者来设定 ID 值，可能会出现 ID 重复的问题，代码清单 6-1 中使用 UUID 则避免了该问题。向数据库新建一条主键重复的数据，MySQL 将会产生以下错误信息：Duplicate entry '1' for key 'PRIMARY'。解决主键重复的问题，可以让 Activiti 生成主键，但不提供主键，newGroup 方法又会抛出异常，以下代码可以解决该问题：

```
//调用 newGroup 方法创建 Group 实例
Group group = identityService.newGroup(genId);
group.setName("经理组");
group.setType("manager");
group.setId(null);
//保存 Group 到数据库
identityService.saveGroup(group);
```

以上代码在调用 newGroup 方法后，又将 id 设为 null，这样做就可以让 Activiti 来生成主键。运行代码清单 6-1，查看 ACT_ID_GROUP 数据表，可以看到数据如图 6-1 所示。

图 6-1　ACT_ID_GROUP 表数据

运行代码清单 6-1，控制台输出如下：

```
Group ID：7bfacb36-bfa3-4900-9878-de26b2b69906，Name：经理组
```

6.1.3　修改用户组

修改用户组，同样调用 saveGroup 方法，只需要在调用该方法前，将相应的用户组对象查询出来，然后设置相应字段的值即可。第二次调用 saveGroup 方法时，会判断 Group 的 REV_ 值，如果该值不为 0，会被视作修改操作。代码清单 6-2 为一个修改 Group 名称的示例。

代码清单 6-2：codes\06\6.1\add-group\src\org\crazyit\activiti\AddGroup.java

```
Group data = identityService.createGroupQuery().groupId("1").singleResult();
data.setName("经理 2 组");
identityService.saveGroup(data);
```

修改了 Group 对象再执行保存后，查看数据库，可以看到 REV_字段值变为 2，换言之，在执行 update 时,Activiti 同样会将该值加 1。

> **注意:** 查询出 Group 对象后,如果调用 setId 方法修改数据的主键值,那么 saveGroup 方法在执行时将查询不到相应的数据,抛出空指针异常。

▶▶ 6.1.4 删除用户组

IdentityService 提供了一个 deleteGroup 方法用于删除用户组数据,用户与用户组数据属于 Activiti 中的基础数据,这些数据会被流程中的各类数据引用(一般使用 ID 列作为外键关联),此时要删除这些基础数据,可以使用以下两种设计方案。

> **第一种方案:** 做外键关联,所有使用到用户或者用户组的地方,使用相应的字段做外键关联,该外键指向用户组或者用户表的 ID 列。
> **第二种方案:** 不做外键关联,除了身份等模块外,其他使用到用户组或者用户数据的模块,同样提供一个字段来保存用户组或用户数据的外键,但该字段不关联任何表。

采用第一种方案,在删除基础数据时,会导致无法删除或者级联删除,这种方式会加强模块间的耦合。采用第二种方案,其他使用基础数据的模块中,都要考虑这些引用的数据 ID 是否已经被删除。Activiti 各模块间的数据引用,采用的是第二种方案,与用户组关联的数据表(例如 ACT_RU_IDENTITYLINK 表),仅仅提供一个字段来记录用户组 id,没有做外键关联。

Activiti 的用户组与用户的关系表,就做了外键关联。这里所说的关系表,是用于保存用户组和用户关系的表(ACT_ID_MEMBERSHIP)。由于一个用户有可能属于多个用户组,一个用户组下会有多个用户,对于这种多对多的关系,很多系统都采用中间表的方式来记录它们之间的关系。

由于用户组与用户的关系表做了用户组的外键关联,因此删除用户组的 deleteGroup 方法在执行时,会先将这些关联数据删除,然后再删除用户组数据。代码清单 6-3 为一个调用 deleteGroup 方法的示例。

代码清单 6-3:codes\06\6.1\delete-group\src\org\crazyit\activiti\DeleteGroup.java

```java
// 创建默认的流程引擎
ProcessEngine engine = ProcessEngines.getDefaultProcessEngine();
// 得到身份服务组件实例
IdentityService identityService = engine.getIdentityService();
String genId = UUID.randomUUID().toString();
// 调用 newGroup 方法创建 Group 实例
Group group = identityService.newGroup(genId);
group.setName("经理组");
group.setType("manager");
// 保存 Group 到数据库
identityService.saveGroup(group);
// 查询用户组
System.out.println("保存后用户组数量: "
    + identityService.createGroupQuery().count());
// 根据 ID 删除用户组
identityService.deleteGroup(genId);
System.out.println("删除后用户组数量: "
    + identityService.createGroupQuery().count());
```

运行代码清单 6-3，输出结果如下：

保存后用户组数量：1
删除后用户组数量：0

6.2 Activiti 数据查询

Activiti 提供了一套数据查询 API 供开发者使用，可以使用各个服务组件的 createXXXQuery 方法来获取这些查询对象。本节将结合用户组数据来讲解 Activiti 的数据查询设计，这些设计可应用于整个 Activiti 的数据查询体系。

▶▶ 6.2.1 查询对象

Activiti 的各个服务组件（XXXService）均提供了 createXXXQuery 方法，例如 IdentityService 中的 createGroupQuery 方法和 createUserQuery 方法，TaskService 中的 craeteTaskQuery 方法等。这些方法返回一个 Query 实例，例如 createGroupQuery 返回 GroupQuery，GroupQuery 是 Query 的子接口。

Query 是所有查询对象的父接口，该接口中定义了若干个基础方法，各个查询对象均可以使用这些公共方法，包括设置排序方式、数据量统计（count）、列表、分页和唯一记录查询。这些方法描述如下。

- asc：设置查询结果的排序方式为升序。
- count：计算查询结果的数据量。
- desc：设置查询结果的排序方式为降序。
- list：封装查询结果，返回相应类型的集合。
- listPage：分页返回查询结果。
- singleResult：查询单条符合条件的数据，如果查询不到，则返回 null；如果查询到多条记录，则抛出异常。

下面将以用户组数据为例，讲解这些方法的使用以及注意事项。

▶▶ 6.2.2 list 方法

Query 接口的 list 方法，将查询对象对应的实体数据以集合形式返回，对于返回的集合需要指定元素类型。如果没有查询条件，则会将表中全部的数据查出，默认按照主键（ID_列）升序排序。代码清单 6-4 为一个使用 list 方法查询的示例。

代码清单 6-4：codes\06\6.2\list-data\src\org\crazyit\activiti\ListData.java

```java
public static void main(String[] args) {
    // 创建流程引擎
    ProcessEngine engine = ProcessEngines.getDefaultProcessEngine();
    // 得到身份服务组件实例
    IdentityService identityService = engine.getIdentityService();
    // 写入 5 条用户组数据
    createGroup(identityService, "1", "GroupA", "typeA");
    createGroup(identityService, "2", "GroupB", "typeB");
    createGroup(identityService, "3", "GroupC", "typeC");
    createGroup(identityService, "4", "GroupD", "typeD");
    createGroup(identityService, "5", "GroupE", "typeE");
    // 使用 list 方法查询全部的部署数据
    List<Group> datas = identityService.createGroupQuery().list();
    for (Group data : datas) {
```

```
            System.out.println(data.getId() + "---" + data.getName() + " ");
        }
    }
    // 将用户组数据保存到数据库中
    static void createGroup(IdentityService identityService, String id,
            String name, String type) {
        // 调用 newGroup 方法创建 Group 实例
        Group group = identityService.newGroup(id);
        group.setName(name);
        group.setType(type);
        identityService.saveGroup(group);
    }
```

在代码清单 6-4 中，先往数据库中写入 5 条用户组数据，然后调用 Query 的 list 方法将全部数据查出（代码清单 6-4 中的粗体字代码）。需要注意的是，在不设置任何排序条件以及排序方式的情况下，将会以主键升序的方式返回结果。代码清单 6-4 的运行结果如下：

```
1---GroupA
2---GroupB
3---GroupC
4---GroupD
5---GroupE
```

▶▶ 6.2.3 listPage 方法

listPage 方法与 list 方法类似，最终也是以主键升序排序返回结果集，与 list 方法不一样的是，listPage 方法需要提供两个 int 参数，第一个参数为数据的开始索引，从 0 开始，第二个参数为结果数量，不难看出，该方法适用于分页查询。代码清单 6-5 为一个使用 listPage 方法进行查询的示例。

代码清单 6-5：codes\06\6.2\list-page\src\org\crazyit\activiti\ListPage.java

```java
public static void main(String[] args) {
    //创建流程引擎
    ProcessEngine engine = ProcessEngines.getDefaultProcessEngine();
    // 得到身份服务组件实例
    IdentityService identityService = engine.getIdentityService();
    // 写入 5 条用户组数据
    createGroup(identityService, "1", "GroupA", "typeA");
    createGroup(identityService, "2", "GroupB", "typeB");
    createGroup(identityService, "3", "GroupC", "typeC");
    createGroup(identityService, "4", "GroupD", "typeD");
    createGroup(identityService, "5", "GroupE", "typeE");
    //调用 listPage 方法，从索引为 2 的记录开始，查询 3 条记录
    List<Group> datas = identityService.createGroupQuery().listPage(2, 3);
    for (Group data : datas) {
        System.out.println(data.getId() + "---" + data.getName() + " ");
    }
}

// 将用户组数据保存到数据库中
static void createGroup(IdentityService identityService, String id,
        String name, String type) {
    // 调用 newGroup 方法创建 Group 实例
    Group group = identityService.newGroup(id);
    group.setName(name);
    group.setType(type);
    identityService.saveGroup(group);
}
```

在代码清单 6-5 中，使用 listPage 方法查询用户组的数据，设置从第 2 条记录开始，查询 3 条记录，该方法的作用与 MySQL 的 LIMIT 关键字类似。代码清单 6-5 的运行结果如下：

```
3---GroupC
4---GroupD
5---GroupE
```

6.2.4　count 方法

该方法用于计算查询结果的数据量，类似于 SQL 中的 SELECT COUNT 语句，如果不加任何条件，将会统计整个表的数据量。代码清单 6-6 为一个使用 count 方法统计查询结果数据量的示例。

代码清单 6-6：codes\06\6.2\count-data\src\org\crazyit\activiti\Count.java

```java
public static void main(String[] args) {
    // 创建流程引擎
    ProcessEngine engine = ProcessEngines.getDefaultProcessEngine();
    // 得到身份服务组件实例
    IdentityService identityService = engine.getIdentityService();
    // 写入 5 条用户组数据
    createGroup(identityService, UUID.randomUUID().toString(), "GroupA", "typeA");
    createGroup(identityService, UUID.randomUUID().toString(), "GroupB", "typeB");
    createGroup(identityService, UUID.randomUUID().toString(), "GroupC", "typeC");
    createGroup(identityService, UUID.randomUUID().toString(), "GroupD", "typeD");
    createGroup(identityService, UUID.randomUUID().toString(), "GroupE", "typeE");
    // 使用 list 方法查询全部的部署数据
    long size = identityService.createGroupQuery().count();
    System.out.println("Group 数量：" + size);
}

// 将用户组数据保存到数据库中
static void createGroup(IdentityService identityService, String id,
        String name, String type) {
    // 调用 newGroup 方法创建 Group 实例
    Group group = identityService.newGroup(id);
    group.setName(name);
    group.setType(type);
    identityService.saveGroup(group);
}
```

6.2.5　排序方法

Query 中提供了 asc 和 desc 方法，使用这两个方法可以设置查询结果的排序方式，但是调用这两个方法的前提是，必须告诉 Query 对象，按何种条件进行排序，例如要按照 ID 排序，就要调用相应查询对象的 orderByXXX 方法，或者 GroupQuery 的 orderByGroupId、orderByGroupName 等方法，如果不调用这些方法而直接使用 asc 或者 desc 方法，则会抛出 ActivitiException，异常信息为：You should call any of the orderBy methods first before specifying a direction。要求 Activiti 进行排序，却不告诉它以哪个字段进行排序，因此会抛出异常。代码清单 6-7 为一个调用 asc 和 desc 方法进行排序的示例。

代码清单 6-7：codes\06\6.2\sort-data\src\org\crazyit\activiti\Sort.java

```java
public static void main(String[] args) {
    // 创建流程引擎
    ProcessEngine engine = ProcessEngines.getDefaultProcessEngine();
    // 得到身份服务组件实例
    IdentityService identityService = engine.getIdentityService();
```

```java
        // 写入5条用户组数据
        createGroup(identityService, UUID.randomUUID().toString(), "1", "typeA");
        createGroup(identityService, UUID.randomUUID().toString(), "2", "typeB");
        createGroup(identityService, UUID.randomUUID().toString(), "3", "typeC");
        createGroup(identityService, UUID.randomUUID().toString(), "4", "typeD");
        createGroup(identityService, UUID.randomUUID().toString(), "5", "typeE");
        // 调用orderByGroupId和asc方法，结果为按照ID升序排序
        System.out.println("asc排序结果：");
        List<Group> datas = identityService.createGroupQuery().orderByGroupName().asc().list();
        for (Group data : datas) {
            System.out.println("    " + data.getId() + "---" + data.getName());
        }
        System.out.println("desc排序结果");
        // 调用orderByGroupName和desc方法，结果为按照名称降序排序
        datas = identityService.createGroupQuery().orderByGroupName().desc().list();
        for (Group data : datas) {
            System.out.println("    " + data.getId() + "---" + data.getName());
        }
    }

    // 将用户组数据保存到数据库中
    static void createGroup(IdentityService identityService, String id,
            String name, String type) {
        // 调用newGroup方法创建Group实例
        Group group = identityService.newGroup(id);
        group.setName(name);
        group.setType(type);
        identityService.saveGroup(group);
    }
```

在代码清单6-7中，调用了asc和desc方法（代码清单6-7中的粗体字部分），输出的结果如下：

```
asc排序结果：
    35987ec6-de7f-4d36-920f-71d27b586817---1
    3273d754-a77f-4a7b-ac88-b529cc5e3d35---2
    590f5597-d662-4c35-a35c-c2828468878d---3
    f8decda9-ceb9-4172-ad61-ae3d2a8a4e8e---4
    0f50f928-a7ff-4b77-b4fd-578773c0fb2f---5
desc排序结果
    0f50f928-a7ff-4b77-b4fd-578773c0fb2f---5
    f8decda9-ceb9-4172-ad61-ae3d2a8a4e8e---4
    590f5597-d662-4c35-a35c-c2828468878d---3
    3273d754-a77f-4a7b-ac88-b529cc5e3d35---2
    35987ec6-de7f-4d36-920f-71d27b586817---1
```

> **注意：**
> 调用asc或者desc方法，只是让Query设置排序方式，orderByXXX方法、asc方法和desc方法均返回Query本身，如果需要得到最终结果集，还需要调用list或者listPage方法。

▶▶ 6.2.6 ID排序问题

在Activiti的设计中，每个数据表的主键均被设置为字符型，这样的设计使得Activiti各个数据表的主键可以被灵活设置，但是如果使用数字字符串作为其主键，那么按照ID排序，就会带来排序问题，请看代码清单6-8。

代码清单 6-8：codes\06\6.2\sort-data\src\org\crazyit\activiti\SortProblem.java

```java
public static void main(String[] args) {
    // 创建流程引擎
    ProcessEngine engine = ProcessEngines.getDefaultProcessEngine();
    // 得到身份服务组件实例
    IdentityService identityService = engine.getIdentityService();
    // 写入 5 条用户组数据
    createGroup(identityService, "1", "GroupA", "typeA");
    createGroup(identityService, "12", "GroupB", "typeB");
    createGroup(identityService, "13", "GroupC", "typeC");
    createGroup(identityService, "2", "GroupD", "typeD");
    createGroup(identityService, "3", "GroupE", "typeE");
    // 根据 ID 升序排序
    System.out.println("asc 排序结果");
    List<Group> datas = identityService.createGroupQuery().orderByGroupId().asc().list();
    for (Group data : datas) {
        System.out.print(data.getId() + " ");
    }
}

// 将用户组数据保存到数据库中
static void createGroup(IdentityService identityService, String id,
        String name, String type) {
    // 调用 newGroup 方法创建 Group 实例
    Group group = identityService.newGroup(id);
    group.setName(name);
    group.setType(type);
    identityService.saveGroup(group);
}
```

在代码清单 6-8 中，添加了 5 条用户组数据，需要注意的是，这 5 条用户组数据的 ID 分别为 1，12，13，2，3，然后调用 orderByGroupId 方法，并且设置为升序排序，我们期望的结果应该是 1，2，3，12，13，而此处输出结果却是 1，12，13，2，3，产生这种现象的原因是因为 ID_列字段数据类型为字符型。以 MySQL 为例，如果字段类型为字符型，而实际存储的是数字，那么进行排序时，会将其看作字符型，因此会产生以上的 ID 顺序错乱问题，如图 6-2 所示。

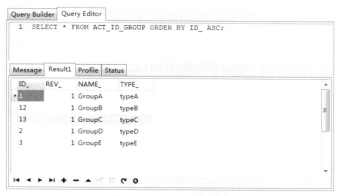

图 6-2　MySQL 的排序

如图 6-2 所示，在 MySQL 中执行普通的 ORDER BY 语句，可以看到数据库排序结果与程序结果一致，前面已经讲过，这样的顺序错乱是由于 ID_列数据类型为字符型所导致。如果想得到正确的排序结果，则可以使用以下的 MySQL 语句进行排序：SELECT * FROM ACT_ID_GROUP ORDER BY ID_ ASC，此处在 ORDER BY ID_后加了"+0"语句，再次进行查询，可以看到结果如图 6-3 所示。

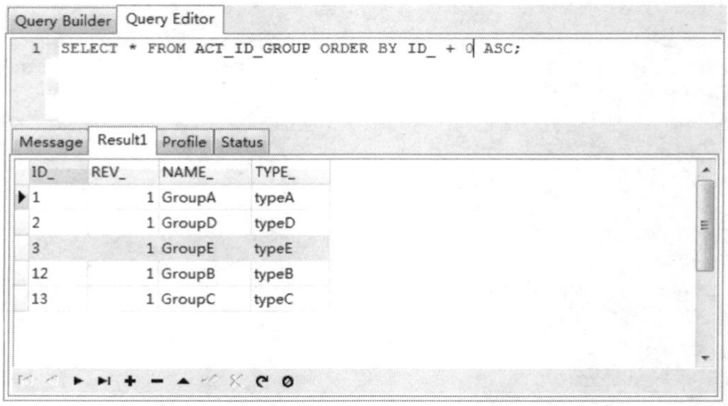

图 6-3 处理后的 MySQL 排序结果

如图 6-3 所示，现在已经展示了"正确"的排序结果。如果想在代码中解决该排序问题，则可以将 Query 转换为 AbstractQuery，再调用 orderBy 方法，如以下代码片断：

```
AbstractQuery aq = (AbstractQuery)identityService.createGroupQuery();
List<Group> datas = aq.orderBy(new GroupQueryProperty("RES.ID_ + 0")).asc().list();
```

将 GroupQuery 转换为 AbstractQuery，再调用 orderBy 方法，构造一个 GroupQueryProperty，构造参数的字符串为"RES.ID + 0"。执行代码并输出结果，可以发现结果完全正确。但笔者不建议使用该方式，因为官方 API 中并没有提供 AbstractQuery 与 GroupQueryProperty，一旦后面的 Activiti 版本中修改了这两个类，那我们的代码也需要修改。除了该方法，也可以使用 Activiti 提供的原生 SQL 查询语句，详情见 6.2.10 节。

▶▶ 6.2.7 多字段排序

在进行数据查询时，如果想对多个字段进行排序，例如按名称降序、ID 升序排序，那么在调用 asc 和 desc 方法时就需要注意，asc 和 desc 方法会根据 Query 实例（AbstractQuery）中的 orderProperty 属性来决定排序的字段，由于 orderProperty 是 AbstractQuery 的类属性，因此在第二次调用 orderByXXX 方法后，会覆盖第一次调用时所设置的值。测试示例如代码清单 6-9 所示。

代码清单 6-9：codes\06\6.2\sort-data\src\org\crazyit\activiti\SortMix.java

```java
public static void main(String[] args) {
    // 创建流程引擎
    ProcessEngine engine = ProcessEngines.getDefaultProcessEngine();
    // 得到身份服务组件实例
    IdentityService identityService = engine.getIdentityService();
    // 写入 5 条用户组数据
    createGroup(identityService, "1", "GroupE", "typeB");
    createGroup(identityService, "2", "GroupD", "typeC");
    createGroup(identityService, "3", "GroupC", "typeD");
    createGroup(identityService, "4", "GroupB", "typeE");
    createGroup(identityService, "5", "GroupA", "typeA");
    // 优先按照 ID 降序、名称升序排序
    System.out.println("ID 降序排序: ");
    List<Group> datas = identityService.createGroupQuery()
        .orderByGroupId().desc()
        .orderByGroupName().asc().list();
    for (Group data : datas) {
        System.out.println("    " + data.getId() + "---" + data.getName() + " ");
```

```
            }
            System.out.println("名称降序排序: ");
            // 下面结果将按名称排序
            datas = identityService.createGroupQuery().orderByGroupId()
                    .orderByGroupName().desc().list();
            for (Group data : datas) {
                System.out.println("    " + data.getId() + "---" + data.getName() + " ");
            }
        }

        // 将用户组数据保存到数据库中
        static void createGroup(IdentityService identityService, String id,
                String name, String type) {
            // 调用 newGroup 方法创建 Group 实例
            Group group = identityService.newGroup(id);
            group.setName(name);
            group.setType(type);
            identityService.saveGroup(group);
        }
```

代码清单 6-9 中的粗体字代码对两个字段进行排序，在第一个查询中，告诉 Query 实例，按照 groupId 进行降序排序，再按名称进行升序排序，输出结果如下：

```
ID 降序排序:
    5---GroupA
    4---GroupB
    3---GroupC
    2---GroupD
    1---GroupE
```

输出结果为按照 ID 进行降序排序，符合预期。在第二个查询中，虽然也调用了 orderByGroupId 方法，但是由于没有马上调用 desc 方法，而是调用了其他的 orderBy 方法，因此原来的 orderByGroupId 方法所设置的排序属性（Query 的 orderProperty 属性）将会被 orderByGroupName 替换，最终输出结果如下：

```
名称降序排序:
    1---GroupE
    2---GroupD
    3---GroupC
    4---GroupB
    5---GroupA
```

根据输出结果可以看出，最终按照名称降序排序。根据上面的测试可知，asc 与 desc 方法会生成（根据查询条件）相应的查询语句，如果调用了 orderByXXX 方法却没有调用一次 asc 或者 desc 方法，则该排序条件会被下一个方法设置的查询条件所覆盖。

▶▶ 6.2.8 singleResult 方法

该方法根据查询条件，到数据库中查询唯一的数据记录，如果没有找到符合条件的数据，则返回 null，如果找到多于一条的记录，则抛出异常，异常信息为：Query return 2 results instead of max 1。代码清单 6-10 为一个使用 singleResult 方法的示例，并且体现三种查询结果。

代码清单 6-10：codes\06\6.2\single-result\src\org\crazyit\activiti\SingleResult.java

```
public static void main(String[] args) {
    // 创建流程引擎
    ProcessEngine engine = ProcessEngines.getDefaultProcessEngine();
    // 得到身份服务组件实例
    IdentityService identityService = engine.getIdentityService();
    // 写入 5 条用户组数据
```

```
            createGroup(identityService, UUID.randomUUID().toString(), "GroupA", "typeA");
            createGroup(identityService, UUID.randomUUID().toString(), "GroupB", "typeB");
            createGroup(identityService, UUID.randomUUID().toString(), "GroupC", "typeC");
            createGroup(identityService, UUID.randomUUID().toString(), "GroupD", "typeD");
            createGroup(identityService, UUID.randomUUID().toString(), "GroupE", "typeE");
            //再写入一条名称为 GroupA 的数据
            createGroup(identityService, UUID.randomUUID().toString(), "GroupA", "typeF");
            //查询名称为 GroupB 的记录
            Group groupB = identityService.createGroupQuery()
                    .groupName("GroupB").singleResult();
            System.out.println("查询到一条 GroupB 数据:" + groupB.getId() + "---" +
    groupB.getName());
            //查询名称为 GroupF 的记录
            Group groupF = identityService.createGroupQuery()
                    .groupName("GroupF").singleResult();
            System.out.println("没有 groupF 的数据: " + groupF);
            //查询名称为 GroupA 的记录,这里将抛出异常
            Group groupA = identityService.createGroupQuery()
                    .groupName("GroupA").singleResult();
    }

    // 将用户组数据保存到数据库中
    static void createGroup(IdentityService identityService, String id,
            String name, String type) {
        // 调用 newGroup 方法创建 Group 实例
        Group group = identityService.newGroup(id);
        group.setName(name);
        group.setType(type);
        identityService.saveGroup(group);
    }
```

在代码清单 6-10 中,写入 6 条用户组数据,其中需要注意的是最后一条数据,其名称与第一条数据名称一致,目的是为了测试使用 singleResult 方法查询到多条记录时抛出异常。代码清单 6-10 中的粗体字代码分为三种情况:正常使用 singleResult 方法返回第一条数据,查询不到任何数据,查询出多于一条数据抛出异常。程序运行结果如下:

```
查询到一条 GroupB 数据: deed85ac-d76c-4e7a-b5f6-4d48eb8340ee---GroupB
没有 GroupF 的数据: null
16:52:12,936 ERROR CommandContext - Error while closing command context
org.activiti.engine.ActivitiException: Query return 2 results instead of max 1
```

▶▶ 6.2.9 用户组数据查询

在前面几节中,以用户组数据为基础,讲解了 Activiti 的数据查询机制以及一些公用的查询方法。Activiti 的每种数据均有对应的查询对象,例如用户组的查询对象为 GroupQuery,它继承了 AbstractQuery,除了拥有基类的方法(asc、count、desc、list、ListPage 及 singleResult 方法)外,它还拥有自己的查询及排序方法。

- ➢ groupId(String groupId):根据 ID 查询与参数值一致的记录。
- ➢ groupMember(String groupMemberUserId):根据用户 ID 查询用户所在的用户组,用户组与用户为多对多关系,因此一个用户有可能属于多个用户组。
- ➢ groupName(String groupName):根据用户组名称查询用户组。
- ➢ groupNameLike(String groupName):根据用户组名称模糊查询用户组数据。
- ➢ groupType(String groupType):根据用户组类型查询用户组数据。
- ➢ orderByGroupId():设置排序条件为根据 ID 排序。
- ➢ orderByGroupName():设置排序条件为根据名称排序。

- orderByGroupType()：设置排序条件为根据类型排序。
- potentialStarter(String procDefId)：根据流程定义的 ID 查询有权限启动该流程定义的用户组。

代码清单 6-11 演示了如何使用 GroupQuery 的部分查询方法。

代码清单 6-11：codes\06\6.2\group-query\src\org\crazyit\activiti\GroupQuery.java

```java
public static void main(String[] args) {
    // 创建流程引擎
    ProcessEngine engine = ProcessEngines.getDefaultProcessEngine();
    // 得到身份服务组件实例
    IdentityService identityService = engine.getIdentityService();
    // 写入 5 条用户组数据
    String aId = UUID.randomUUID().toString();
    createGroup(identityService, aId, "GroupA", "typeA");
    createGroup(identityService, UUID.randomUUID().toString(), "GroupB", "typeB");
    createGroup(identityService, UUID.randomUUID().toString(), "GroupC", "typeC");
    createGroup(identityService, UUID.randomUUID().toString(), "GroupD", "typeD");
    createGroup(identityService, UUID.randomUUID().toString(), "GroupE", "typeE");
    // groupId 方法
    Group groupA = identityService.createGroupQuery().groupId(aId).singleResult();
    System.out.println("groupId method: " + groupA.getId());
    // groupName 方法
    Group groupB = identityService.createGroupQuery().groupName("GroupB").singleResult();
    System.out.println("groupName method: " + groupB.getName());
    // groupType 方法
    Group groupC = identityService.createGroupQuery().groupType("typeC").singleResult();
    System.out.println("groupType method: " + groupC.getName());
    // groupNameLike 方法
    List<Group> groups = identityService.createGroupQuery().groupNameLike("%group%").list();
    System.out.println("groupNameLike method: " + groups.size());
}

// 将用户组数据保存到数据库中
static void createGroup(IdentityService identityService, String id,
        String name, String type) {
    // 调用 newGroup 方法创建 Group 实例
    Group group = identityService.newGroup(id);
    group.setName(name);
    group.setType(type);
    identityService.saveGroup(group);
}
```

代码清单 6-11 调用了 GroupQuery 的 4 个查询方法，输出结果如下：

```
1
userB
userC
5
```

> **注意：** 关于 GroupQuery 的设置排序条件的方法，已在 6.2.5～6.2.7 节中讲解过，这里不再赘述。另外 groupMember 和 potentialStarter 方法，将在用户组与用户关系、流程定义相关章节中描述。

▶▶ 6.2.10 原生 SQL 查询

在各个服务组件中，都提供了 createNativeXXXQuery 方法，该方法返回 NativeXXXQuery

的实例，这些对象均是 NativeQuery 的子接口。使用 NativeQuery 的方法，可以传入原生的 SQL 进行数据查询，主要使用 sql 方法传入 SQL 语句，使用 parameter 方法设置查询参数。代码清单 6-12 为一个使用原生 SQL 查询用户组数据的示例。

代码清单 6-12：codes\06\6.2\native-query\src\org\crazyit\activiti\NativeQueryTest.java

```java
public static void main(String[] args) {
    // 创建流程引擎
    ProcessEngine engine = ProcessEngines.getDefaultProcessEngine();
    // 得到身份服务组件实例
    IdentityService identityService = engine.getIdentityService();
    // 写入 5 条用户组数据
    createGroup(identityService, UUID.randomUUID().toString(), "GroupA",
            "typeA");
    createGroup(identityService, UUID.randomUUID().toString(), "GroupB",
            "typeB");
    createGroup(identityService, UUID.randomUUID().toString(), "GroupC",
            "typeC");
    createGroup(identityService, UUID.randomUUID().toString(), "GroupD",
            "typeD");
    createGroup(identityService, UUID.randomUUID().toString(), "GroupE",
            "typeE");
    // 使用原生 SQL 查询全部数据
    List<Group> groups = identityService.createNativeGroupQuery()
            .sql("select * from ACT_ID_GROUP").list();
    System.out.println("查询全部数据：" + groups.size());
    // 使用原生 SQL 按条件查询，并设置参数，只查到一条数据
    groups = identityService.createNativeGroupQuery()
            .sql("select * from ACT_ID_GROUP where NAME_ = 'GroupC'")
            .list();
    System.out.println("按条件查询：" + groups.get(0).getName());
    // 使用 parameter 方法设置查询参数
    groups = identityService.createNativeGroupQuery()
            .sql("select * from ACT_ID_GROUP where NAME_ = #{name}")
            .parameter("name", "GroupD").list();
    System.out.println("使用 parameter 方法按条件查询：" + groups.get(0).getName());
}

// 将用户组数据保存到数据库中
static void createGroup(IdentityService identityService, String id,
        String name, String type) {
    // 调用 newGroup 方法创建 Group 实例
    Group group = identityService.newGroup(id);
    group.setName(name);
    group.setType(type);
    identityService.saveGroup(group);
}
```

代码清单 6-12 中的粗体字代码，进行了三次原生 SQL 查询，第二次与第三次查询设置了参数，第三次查询使用 parameter 设置参数。由于最终调用查询的是 MyBatis 的 SqlSession，因此在写 SQL 时，需要使用#{}。除了用户组数据外，其他的数据都可以使用原生 SQL 查询。运行代码清单 6-12，输出结果如下：

```
查询全部数据：5
按条件查询：GroupC
使用 parameter 方法按条件查询：GroupD
```

原生 SQL 查询使用起来较为灵活，可以满足大部分的业务需求，但笔者还是建议尽量少使用原生 SQL 查询，这样做会增强代码与数据库结构的耦合性。

6.3 用户管理

作为流程基本元素之一，Activiti 同样为用户数据提供了一套管理的 API，用户数据保存在 ACT_ID_USER 表中，除了该表外，Activiti 还提供了 ACT_ID_INFO 表用于保存用户信息数据。本节将讲解用户数据的最基本操作，用户信息管理将在 6.4 节中描述。

6.3.1 User 对象

与 Group 对象一样，User 对象同样为一个接口，其有一个子接口 UserEntity，实现类为 UserEntityImpl。UserEntityImpl 包含以下映射属性。

- id：用户 ID，对应 ACT_ID_USER 表的 ID_列。
- firstName：用户的姓，对应 ACT_ID_USER 表的 FIRST_列。
- lastName：用户的名，对应 ACT_ID_USER 表的 LAST_列。
- email：用户邮箱，对应 ACT_ID_USER 表的 EMAIL_列。
- password：用户密码，对应 ACT_ID_USER 表的 PWD_列。
- pictureByteArrayId：用户图片的数据记录 ID，对应 ACT_ID_USER 表的 PICTURE_ID_列，该列保存 ACT_GE_BYTEARRAY 表数据的 ID。
- revision：该用户数据的版本，对应 ACT_ID_USER 表的 REV_列。

在 API 文档中，只能看到 User 接口的方法，revision 字段并不让外部操作与获取。

6.3.2 添加用户

添加用户与创建用户组类似，Activiti 也提供了一个创建 User 实例的方法（newUser），还提供了一个保存用户数据的方法（saveUser），类似于用户组的 newGroup 与 saveGroup 方法。代码清单 6-13 为一个使用 newUser 和 saveUser 方法添加用户的示例。

代码清单 6-13：codes\06\6.3\add-user\src\org\crazyit\activiti\AddUser.java

```java
// 创建流程引擎
ProcessEngine engine = ProcessEngines.getDefaultProcessEngine();
// 得到身份服务组件实例
IdentityService identityService = engine.getIdentityService();
String id = UUID.randomUUID().toString();
// 使用 newUser 方法创建 User 实例
User user = identityService.newUser(id);
// 设置用户的各个属性
user.setFirstName("Angus");
user.setLastName("Young");
user.setEmail("yangenxiong@163.com");
user.setPassword("abc");
// 使用 saveUser 方法保存用户
identityService.saveUser(user);
// 根据 id 查询
user = identityService.createUserQuery().userId(id).singleResult();
System.out.println(user.getEmail());
```

代码清单 6-13 演示了如何使用 newUser 和 saveUser 方法添加用户。用户的保存机制与用户组相同，在此不再赘述。图 6-4 所示为添加用户后 ACT_ID_USER 表的数据。

图 6-4 用户表数据

▶▶ 6.3.3 修改用户

修改用户同样需要调用 saveUser 方法，调用该方法前需要查询相应的用户数据，为其设置需要修改的属性值，最后执行保存操作即可。使用该方法的注意事项，可参考修改用户组的讲述（见 6.1.3 节）。代码清单 6-14 演示了如何对用户进行修改操作。

代码清单 6-14：codes\06\6.3\update-user\src\org\crazyit\activiti\UpdateUser.java

```java
public static void main(String[] args) {
    // 创建流程引擎
    ProcessEngine engine = ProcessEngines.getDefaultProcessEngine();
    // 得到身份服务组件实例
    IdentityService identityService = engine.getIdentityService();
    String id = UUID.randomUUID().toString();
    // 创建用户
    creatUser(identityService, id, "angus", "young", "yangenxiong@163.com", "abc");
    // 查询用户
    User user = identityService.createUserQuery().userId(id).singleResult();
    user.setEmail("abc@163.com");
    // 执行保存
    identityService.saveUser(user);
}

// 创建用户方法
static void creatUser(IdentityService identityService, String id, String first,
        String last, String email, String passwd) {
    // 使用 newUser 方法创建 User 实例
    User user = identityService.newUser(id);
    // 设置用户的各个属性
    user.setFirstName(first);
    user.setLastName(last);
    user.setEmail(email);
    user.setPassword(passwd);
    // 使用 saveUser 方法保存用户
    identityService.saveUser(user);
}
```

代码清单 6-14 只对用户的 email 字段进行修改，具体效果请查看 ACT_ID_USER 表的数据变化，在此不再赘述。

▶▶ 6.3.4 删除用户

用户是流程基本的元素，与用户组同属于 Activiti 的基础数据，一旦流程或者其他数据引用了用户的外键，同样会带来无法删除用户的问题，该问题已经在 6.1.4 节中描述过。

删除用户，会先删除本模块中与用户关联的数据，例如图片、用户信息、用户（用户组）中间表。删除用户时，Activiti 选择了删除这些它"知道"的数据。代码清单 6-15 为一个调用 deleteUser 方法删除用户的示例。

代码清单 6-15：codes\06\6.3\delete-user\src\org\crazyit\activiti\DeleteUser.javaa

```java
public static void main(String[] args) {
    // 创建流程引擎
    ProcessEngine engine = ProcessEngines.getDefaultProcessEngine();
    // 得到身份服务组件实例
    IdentityService identityService = engine.getIdentityService();
    String id = UUID.randomUUID().toString();
    // 创建用户
    creatUser(identityService, id, "angus", "young", "yangenxiong@163.com", "abc");
    System.out.println("删除前数量: " + identityService.createUserQuery().
userId(id).count());
    // 删除用户
    identityService.deleteUser(id);
    System.out.println("删除后数量: " + identityService.createUserQuery().
userId(id).count());
}

// 创建用户方法
static void creatUser(IdentityService identityService, String id, String first,
String last, String email, String passwd) {
    // 使用 newUser 方法创建 User 实例
    User user = identityService.newUser(id);
    // 设置用户的各个属性
    user.setFirstName(first);
    user.setLastName(last);
    user.setEmail(email);
    user.setPassword(passwd);
    // 使用 saveUser 方法保存用户
    identityService.saveUser(user);
}
```

运行代码清单 6-15，结果如下：

```
删除前数量: 1
删除后数量: 0
```

▶▶ 6.3.5 验证用户密码

IdentityService 中提供了一个 checkPassword 方法来验证用户的密码。在用户模块，需要分清用户与账号的概念。对于 Activiti 来说，用户是一类数据，而账号则是从属于某个用户的数据。此处所说的验证密码，是指验证用户的密码（ACT_ID_USER 表的 PWD_字段），而不是用户账号的密码。关于用户账号，将在 6.4 节中讲解。checkPassword 方法的第一个参数为用户数据的 ID（ID_列的值），第二个参数为密码。代码清单 6-16 示范了如何使用 checkPassword 方法验证用户密码。

代码清单 6-16：codes\06\6.3\check-passwd\src\org\crazyit\activiti\CheckPasswd.java

```java
public static void main(String[] args) {
    // 创建流程引擎
    ProcessEngine engine = ProcessEngines.getDefaultProcessEngine();
    // 得到身份服务组件实例
    IdentityService identityService = engine.getIdentityService();
    String id = UUID.randomUUID().toString();
    // 创建用户
    creatUser(identityService, id, "angus", "young", "yangenxiong@163.com", "abc");
    // 验证用户密码
    System.out.println("验证密码结果: " + identityService.checkPassword(id, "abc"));
    System.out.println("验证密码结果: " + identityService.checkPassword(id, "c"));
}
```

```
    //创建用户方法
    static void creatUser(IdentityService identityService, String id, String first,
String last, String email, String passwd) {
        // 使用 newUser 方法创建 User 实例
        User user = identityService.newUser(id);
        // 设置用户的各个属性
        user.setFirstName(first);
        user.setLastName(last);
        user.setEmail(email);
        user.setPassword(passwd);
        // 使用 saveUser 方法保存用户
        identityService.saveUser(user);
    }
```

代码清单 6-16 的输出结果如下：

```
验证密码结果：true
验证密码结果：false
```

▶▶ 6.3.6 用户数据查询

在 6.2 节中讲述了 Activiti 的数据查询机制，与用户组类似，用户同样有一个 UserQuery 查询对象，并且该对象也提供了相应的查询与排序方法，我们也可以调用 list 或者 singleResult 方法返回查询数据。UserQuery 中包括了如下这些方法。

- userEamil(String email)：根据 Email 值查询用户数据。
- usreEmailLike(String emailLike)：根据 Email 值模糊查询用户数据。
- userFirstName(String firstName)：根据用户的姓查询用户数据。
- userFirstNameLike(String firstNameLike)：根据用户的姓模糊查询用户数据。
- userId(String id)：根据用户 ID 查询用户数据。
- userLastName(String lastName)：根据用户的名查询用户数据。
- userLastNameLike(String lastNameLike)：根据用户的名模糊查询用户数据。
- memberOfGroup(String groupId)：根据用户组 ID 查询属于该组的全部用户数据。
- orderByUserEmail()：设置根据 Email 进行排序。
- orderByUserFirstName()：设置根据用户的姓进行排序。
- orderByUserId()：设置根据 ID 进行排序。
- orderByUserLastName()：设置根据用户的名进行排序。
- potentialStarter(String procDefId)：根据流程定义的 ID 查询有权限启动流程定义的用户。

UserQuery 的各个查询方法的使用如代码清单 6-17 所示。

代码清单 6-17：codes\06\6.3\user-query\src\org\crazyit\activiti\UserQuery.java

```
public static void main(String[] args) {
    // 创建流程引擎
    ProcessEngine engine = ProcessEngines.getDefaultProcessEngine();
    // 得到身份服务组件实例
    IdentityService identityService = engine.getIdentityService();
    String id1 = UUID.randomUUID().toString();
    String id2 = UUID.randomUUID().toString();
    // 创建两个用户
    creatUser(identityService, id1, "angus", "young",
            "yangenxiong@163.com", "abc");
    creatUser(identityService, id2, "angus2", "young2", "abc@163.com",
            "123");
    // 调用 UserQuery 的各个查询方法
```

```
        // userId
        User user = identityService.createUserQuery().userId(id1)
                .singleResult();
        System.out.println("userId:" + user.getFirstName());
        // userFirstName
        user = identityService.createUserQuery().userFirstName("angus")
                .singleResult();
        System.out.println("userFirstName:" + user.getFirstName());
        // userFirstNameLike
        List<User> datas = identityService.createUserQuery()
                .userFirstNameLike("angus%").list();
        System.out.println("createUserQuery:" + datas.size());
        // userLastName
        user = identityService.createUserQuery().userLastName("young")
                .singleResult();
        System.out.println("userLastName:" + user.getFirstName());
        // userLastNameLike
        datas = identityService.createUserQuery().userLastNameLike("young%")
                .list();
        System.out.println("userLastNameLike:" + datas.size());
        // userEmail
        user = identityService.createUserQuery().userEmail("abc@163.com")
                .singleResult();
        System.out.println("userEmail:" + user.getFirstName());
        // userEmailLike
        datas = identityService.createUserQuery().userEmailLike("%163.com")
                .list();
        System.out.println("userEmailLike:" + datas.size());
        // 使用NativeQuery
        datas = identityService.createNativeUserQuery()
                .sql("select * from ACT_ID_USER where EMAIL_ = #{email}")
                .parameter("email", "yangenxiong@163.com").list();
        System.out.println("native query:" + datas.get(0).getEmail());
    }

    // 创建用户方法
    static void creatUser(IdentityService identityService, String id,
            String first, String last, String email, String passwd) {
        // 使用newUser方法创建User实例
        User user = identityService.newUser(id);
        // 设置用户的各个属性
        user.setFirstName(first);
        user.setLastName(last);
        user.setEmail(email);
        user.setPassword(passwd);
        // 使用saveUser方法保存用户
        identityService.saveUser(user);
    }
```

在代码清单 6-17 中调用了 UserQuery 提供的大部分查询方法，关于 UserQuery 设置排序条件的方法在此不再赘述，可查看 6.2.5 节相关内容。memberOfGroup 方法会在描述用户组与用户关系的章节中讲述，potentialStarter 方法将在流程定义相关章节中详细讲解。

▶▶ 6.3.7 设置认证用户

IdentityService 中提供了一个 setAuthenticatedUserId 方法来将用户 ID 设置到当前的线程中，setAuthenticatedUserId 方法最终调用的是 ThreadLocal 的 set 方法。这意味着，如果启动两条线程，在线程中分别调用 setAuthenticatedUserId 方法，则在相应线程中会输出不同的结果，如代码清单 6-18 所示。

代码清单 6-18：codes\06\6.3\authenticated-user\src\org\crazyit\activiti\AuthenticatedUserId.java

```java
public static void main(String[] args) {
    // 创建流程引擎
    ProcessEngine engine = ProcessEngines.getDefaultProcessEngine();
    // 得到身份服务组件实例
    final IdentityService identityService = engine.getIdentityService();
    // 设置当前线程的 userId 为 1
    identityService.setAuthenticatedUserId("3");
    System.out.println("当前线程 usreId：" + Authentication.getAuthenticatedUserId());
    // 启动两条线程
    new Thread() {
        public void run() {
            try {
                identityService.setAuthenticatedUserId("1");
                Thread.sleep(5000);
                System.out.println("线程 1 的 userId：" +
Authentication.getAuthenticatedUserId());
            } catch (Exception e) {

            }
        }
    }.start();

    new Thread() {
        public void run() {
            identityService.setAuthenticatedUserId("2");
            System.out.println("线程 2 的 usrId：" +
Authentication.getAuthenticatedUserId());
        }
    }.start();
}

//创建用户方法
static void creatUser(IdentityService identityService, String id, String first,
String last, String email, String passwd) {
    // 使用 newUser 方法创建 User 实例
    User user = identityService.newUser(id);
    // 设置用户的各个属性
    user.setFirstName(first);
    user.setLastName(last);
    user.setEmail(email);
    user.setPassword(passwd);
    // 使用 saveUser 方法保存用户
    identityService.saveUser(user);
}
```

运行代码清单 6-18，输出以下信息：

```
当前线程 usreId：3
线程 2 的 usrId：2
线程 1 的 userId：1
```

调用该方法设置了认证用户的 id 后，有朋友会问，该 id 在哪里使用呢？我们后面会有讲述。

这里只讲述了如何对用户数据进行管理，这里所说的用户数据，只是指 ACT_ID_USER 表中的用户数据，关于用户信息等，将在下一节中讲解。

6.4 用户信息管理

在 Activiti 中，用户与账号为不同的概念，用户数据已经在上一节讲述过了，Activiti 将一些用户相关的信息抽象出来，使用单独的一个数据表来保存。这些用户相关的信息包括账号信息和自定义的用户信息，这些信息均保存在 ACT_ID_INFO 表中。除了这些用户信息外，还有用户的图片资源，图片被保存在 Activiti 公共的资源表 ACT_GE_BYTEARRAY 中。本节将讲述如何对这些用户信息进行操作。

6.4.1 添加和删除用户信息

就像用户组与用户的数据一样，同样有一个实体与用户信息映射，对应的实体类为 IdentityInfoEntityImpl，但是与用户和用户组不一样的是，Activiti 并没有为其提供相应的 Query 对象，因为这个表的数据结构是 key-value 形式，只需要知道 key 就可以查询到相应的数据。以下为添加和删除用户方法的描述。

- setUserInfo(String userId, String key, String value)：为用户添加用户信息，第一个参数为用户数据的 ID，第二个参数为用户信息的名称，第三个参数为该用户信息的值。
- deleteUserInfo(String userId, String key)：删除用户信息，第一个参数为用户 ID，第二个参数为用户信息的名称。

代码清单 6-19 示范了如何调用 IdentityService 的添加与删除用户信息方法。

代码清单 6-19：codes\06\6.4\userinfo\src\org\crazyit\activiti\AddDeleteUserInfo.java

```java
public static void main(String[] args) {
    // 创建流程引擎
    ProcessEngine engine = ProcessEngines.getDefaultProcessEngine();
    // 得到身份服务组件实例
    IdentityService identityService = engine.getIdentityService();
    String id = UUID.randomUUID().toString();
    // 创建用户
    creatUser(identityService, id, "angus", "young", "yangenxiong@163.com", "abc");
    // 创建一个用户信息
    identityService.setUserInfo(id, "age", "30");
    // 创建第二个用户信息
    identityService.setUserInfo(id, "weight", "60KG");
    // 删除用户年龄信息
    identityService.deleteUserInfo(id, "age");
}

//创建用户
static void creatUser(IdentityService identityService, String id, String first,
String last, String email, String passwd) {
    // 使用 newUser 方法创建 User 实例
    User user = identityService.newUser(id);
    // 设置用户的各个属性
    user.setFirstName(first);
    user.setLastName(last);
    user.setEmail(email);
    user.setPassword(passwd);
    // 使用 saveUser 方法保存用户
    identityService.saveUser(user);
}
```

在代码清单 6-19 中，添加了两个用户信息：年龄（age）和体重（weight），最后调用

deleteUserInfo 方法将 age 用户信息删除,运行代码清单 6-19,可以看到数据库中 ACT_ID_INFO 表的数据如图 6-5 所示。

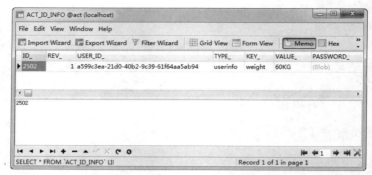

图 6-5 ACT_ID_INFO 表数据

▶▶ 6.4.2 查询用户信息

成功将用户信息保存到数据库后,如果需要使用这些信息,则可以调用 IdentityService 的 getUserInfo 方法来查找这些信息,使用该方法需要提供用户的 ID 与信息的键值。调用该方法后,将返回相应信息的字符串。代码清单 6-20 使用 getUserInfo 方法返回了用户信息。

代码清单 6-20:codes\06\6.4\userinfo\src\org\crazyit\activiti\GetUserInfo.java

```java
// 创建流程引擎
ProcessEngine engine = ProcessEngines.getDefaultProcessEngine();
// 得到身份服务组件实例
IdentityService identityService = engine.getIdentityService();
String id = UUID.randomUUID().toString();
// 创建用户
creatUser(identityService, id, "angus", "young", "yangenxiong@163.com", "abc");
// 创建一个用户信息
identityService.setUserInfo(id, "age", "30");
// 创建第二个用户信息
identityService.setUserInfo(id, "weight", "60KG");
// 查询用户信息
String value = identityService.getUserInfo(id, "age");
System.out.println("用户年龄为: " + value);
```

调用 getUserInfo 方法可以查询全部的用户信息,只需要知道用户 ID 和信息键值即可。运行代码清单 6-20,输出结果如下:

```
用户年龄为: 30
```

▶▶ 6.4.3 设置用户图片

Activiti 专门提供了一个数据表来保存文件数据,即 ACT_GE_BYTEARRAY 表。Activiti 会读取文件,并将这些文件转换为 byte 数组,然后保存到表中。IdentityService 提供了 setUserPicture 和 getUserPicture 方法用来设置和查找用户图片数据,其中对 setUserPicture 方法需要设置两个参数:用户 ID 和 Picture 实例。代码清单 6-21 为一个使用 setUserPicture 方法设置用户图片的示例。

代码清单 6-21:codes\06\6.4\userinfo\src\org\crazyit\activiti\UserPicture.java

```java
public static void main(String[] args) throws Exception {
    // 创建流程引擎
    ProcessEngine engine = ProcessEngines.getDefaultProcessEngine();
```

```java
        // 得到身份服务组件实例
        IdentityService identityService = engine.getIdentityService();
        String id = UUID.randomUUID().toString();
        // 创建用户
        creatUser(identityService, id, "angus", "young", "yangenxiong@163.com", "abc");
        // 读取图片并转换为 byte 数组
        FileInputStream fis = new FileInputStream(new File("resource/artifact/picture.png"));
        BufferedImage img = ImageIO.read(fis);
        ByteArrayOutputStream output = new ByteArrayOutputStream();
        ImageIO.write(img, "png", output);
        //获取图片的 byte 数组
        byte[] picArray = output.toByteArray();
        // 创建 Picture 实例
        Picture picture = new Picture(picArray, "angus image");
        // 为用户设置图片
        identityService.setUserPicture(id, picture);
    }

    //创建用户方法
    static void creatUser(IdentityService identityService, String id, String first,
        String last, String email, String passwd) {
        // 使用 newUser 方法创建 User 实例
        User user = identityService.newUser(id);
        // 设置用户的各个属性
        user.setFirstName(first);
        user.setLastName(last);
        user.setEmail(email);
        user.setPassword(passwd);
        // 使用 saveUser 方法保存用户
        identityService.saveUser(user);
    }
```

在代码清单 6-21 中，先创建输入流实例，读取一份 png 文件，然后将该图片文件的内容转换为 byte 数组，根据这个 byte 数组，创建一个 Picture 实例，最后调用 setUserPicture 方法为用户设置相应的图片。

在 setUserPicture 方法中，会判断该用户是否存在图片（ACT_ID_USER 表的 PICTURE_ID_字段），如果存在，则将原来的图片数据（ACT_GE_BYTEARRAY 表的数据）删除，然后再将新的图片数据写入 ACT_GE_BYTEARRAY 表中，然后再为该用户绑定图片数据的 ID（ACT_ID_USER 表的 PICTURE_ID_字段）。运行代码清单 6-21，可看到 ACT_GE_BYTEARRAY 表和 ACT_ID_USER 表的数据如图 6-6 和图 6-7 所示。

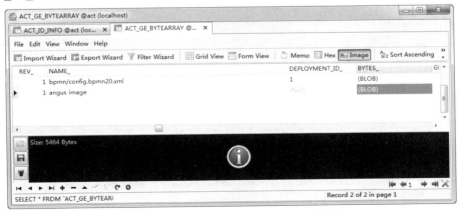

图 6-6　ACT_GE_BYTEARRAY 表的数据

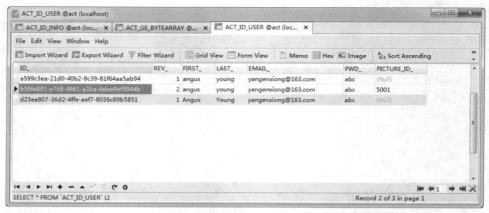

图 6-7 ACT_ID_USER 表的数据

如图 6-7 所示，用户数据表中的 PICTURE_ID_字段保存了 ACT_GE_BYTEARRAY 表的 ID。在此需要注意的是，如果数据为用户图片，则对应的映射实体为 ByteArrayEntity；如果数据为部署资源，则为 ResourceEntity。

6.5 用户组与用户的关系

在 Activiti 中，一个用户可以被分配到多个用户组中，一个用户组中可以包含多个用户，针对这种情况，Activiti 使用了中间表来保存这两种数据间的关系。通过关系表的数据，可以清楚地看到用户组与用户之间的关系，Activiti 也提供了相应的 API 来操作这种关系。这个中间表为 ACT_ID_MEMBERSHIP 表，这里需要注意的是，Activiti 并没有为这个表做实体的映射。

6.5.1 绑定关系

绑定关系，意味着向 ACT_ID_MEMBERSHIP 表写入一条关系数据，只需要指定这个关系的用户 ID 和用户组 ID，再调用 IdentityService 的 createMembership 方法即可，该方法第一个参数为用户 ID，第二个参数为用户组 ID。代码清单 6-22 为一个使用该方法绑定用户组与用户关系的示例。

代码清单 6-22：codes\06\6.5\membership\src\org\crazyit\activiti\CreateMemberShip.java

```java
public static void main(String[] args) {
    // 创建流程引擎
    ProcessEngine engine = ProcessEngines.getDefaultProcessEngine();
    // 得到身份服务组件实例
    IdentityService identityService = engine.getIdentityService();
    // 保存一个用户
    User user = creatUser(identityService, UUID.randomUUID().toString(),
            "angus", "young", "yangenxiong@163.com", "abc");
    // 保存一个用户组
    Group group = createGroup(identityService,
            UUID.randomUUID().toString(), "经理组", "manager");
    // 绑定关系
    identityService.createMembership(user.getId(), group.getId());
}

// 创建用户方法
static User creatUser(IdentityService identityService, String id,
```

```
            String first, String last, String email, String passwd) {
    // 使用 newUser 方法创建 User 实例
    User user = identityService.newUser(id);
    // 设置用户的各个属性
    user.setFirstName(first);
    user.setLastName(last);
    user.setEmail(email);
    user.setPassword(passwd);
    // 使用 saveUser 方法保存用户
    identityService.saveUser(user);
    return identityService.createUserQuery().userId(id).singleResult();
}

// 将用户组数据保存到数据库中
static Group createGroup(IdentityService identityService, String id,
        String name, String type) {
    // 调用 newGroup 方法创建 Group 实例
    Group group = identityService.newGroup(id);
    group.setName(name);
    group.setType(type);
    identityService.saveGroup(group);
    return identityService.createGroupQuery().groupId(id).singleResult();
}
```

在代码清单 6-22 中，使用 createUser 和 createGroup 方法创建了一个用户与一个名为 "经理组" 的用户组，这两个方法保存相应数据后，均会返回相应的实例，最后调用代码清单 6-22 中的粗体字代码绑定它们之间的关系，此时数据库中 ACT_ID_MEMBERSHIP 表的数据如图 6-8 所示。

图 6-8 ACT_ID_MEMBERSHIP 表中的关系数据

▶▶ 6.5.2 解除绑定

解除用户组与用户的关系绑定，无非是将 ACT_ID_MEMBERSHIP 表中的关系数据删除，IdentityService 提供了一个 deleteMembership 方法用于将 ACT_ID_MEMBERSHIP 表中的数据删除。使用该方法需要提供用户 ID 与用户组 ID，该方法的使用如以下代码所示：

```
identityService.deleteMembership(user.getId(), group.getId());
```

在此需要说明的是，如果用户 ID 和用户组 ID 对应的数据并不存在于数据库中，执行 deleteMembership 方法也不会抛出任何异常，也不会对数据库中的数据产生任何的影响。

▶▶ 6.5.3 查询用户组下的用户

在 6.3.6 节中讲解了关于用户的各个查询方法，但并没有讲述 memberOfGroup 方法的使用，下面将讲述该方法的使用。根据中间表的设计，大致可以猜到 memberOfGroup 方法的实现过程，先到 ACT_ID_MEMBERSHIP 表中根据 groupId 进行查询，获取全部的 userId 后，再到 ACT_ID_USER 表中查询用户数据。代码清单 6-23 即为一个使用该方法查询用户组下用户的示例。

代码清单 6-23：codes\06\6.5\membership-query\src\org\crazyit\activiti\QueryUsersByGroup.java

```java
public static void main(String[] args) {
    // 创建流程引擎
    ProcessEngine engine = ProcessEngines.getDefaultProcessEngine();
    // 得到身份服务组件实例
    IdentityService identityService = engine.getIdentityService();
    // 保存两个用户
    User user1 = creatUser(identityService, UUID.randomUUID().toString(),
            "张经理", "young", "yangenxiong@163.com", "abc");
    User user2 = creatUser(identityService, UUID.randomUUID().toString(),
            "李经理", "young2", "yangenxiong@163.com", "abc");
    // 保存一个用户组
    Group group = createGroup(identityService,
            UUID.randomUUID().toString(), "经理组", "manager");
    // 将两个用户分配到用户组下
    identityService.createMembership(user1.getId(), group.getId());
    identityService.createMembership(user2.getId(), group.getId());
    List<User> users = identityService.createUserQuery()
            .memberOfGroup(group.getId()).list();
    System.out.println("经理组有如下人员：");
    for (User user : users) {
        System.out.println(user.getFirstName());
    }
}
```

在代码清单 6-23 中，创建了两个用户（张经理与李经理）和一个用户组（经理组），并绑定两个用户与该用户组的关系，然后使用代码清单 6-23 中的粗体字代码查询经理组下面的全部用户。运行代码清单 6-23，输出结果如下：

```
经理组有如下人员：
张经理
李经理
```

> **注意：**
> 关于代码清单 6-23 中的 createUser 和 createGroup 方法的用法请参看代码清单 6-22。

▶▶ 6.5.4 查询用户所属的用户组

与 memberOfGroup 方法类似，groupMember 方法会根据用户的 ID，查询该用户所属的用户组。同样，该方法会到中间表中查询该用户的全部关系数据并且得到 groupId，然后根据这些 groupId 再到用户组的表中查询用户组数据。该方法的使用方法如代码清单 6-24 所示。

代码清单 6-24：codes\06\6.5\membership-query\src\org\crazyit\activiti\QueryGroupsByUser.java

```java
public static void main(String[] args) {
    // 创建流程引擎
    ProcessEngine engine = ProcessEngines.getDefaultProcessEngine();
    // 得到身份服务组件实例
    IdentityService identityService = engine.getIdentityService();
    // 创建一个用户
    User user = creatUser(identityService, UUID.randomUUID().toString(),
            "张三", "young", "yangenxiong@163.com", "abc");
    // 创建两个用户组
    Group group1 = createGroup(identityService, UUID.randomUUID()
            .toString(), "经理组", "manager");
    Group group2 = createGroup(identityService, UUID.randomUUID()
```

```
            .toString(), "员工组", "manager");
        // 将用户与两个用户组绑定关系
        identityService.createMembership(user.getId(), group1.getId());
        identityService.createMembership(user.getId(), group2.getId());
        // 调用 memberOfGroup 方法查询用户所在的用户组
        List<Group> groups = identityService.createGroupQuery()
            .groupMember(user.getId()).list();
        System.out.println("张三属于的用户组有：");
        for (Group group : groups) {
            System.out.println(group.getName());
        }
    }
```

代码清单 6-24 中的粗体字代码，使用 groupMember 方法查询用户"张三"所属的用户组，最终输出结果如下：

```
张三属于的用户组有：
经理组
员工组
```

6.6 本章小结

本章主要讲解了身份服务组件 IdentityService 的使用，IdentityService 的 API 包括用户组数据的管理、用户数据管理、用户信息管理和关系数据管理。除此之外，特别讲解了 Activiti 的数据查询设计（查询对象）以及基础查询方法的使用，Activiti 的各类数据均会使用这种方式进行查询。在对这些身份数据进行操作的过程中，特别讲解了使用这些 API 对数据所产生的影响，以便读者在此过程中更深入地体会 Activiti 的数据库设计方法。

在学习本章内容时，最重要的是掌握 Activiti 的各个查询方法，关于业务组件各个方法的使用及注意点，可以在以后有需要时再翻看本章。

CHAPTER 7

第 7 章
流程存储

本章要点

- 流程文件部署
- 流程相关的资源文件部署
- 流程定义管理
- 流程定义的权限管理
- 流程定义的数据操作

在第 5 章中，我们对各个服务组件有了初步的认识，在第 6 章中了解了身份服务组件 IdentityService 的使用，本章将介绍 ProcessEngine 的另一个服务组件：流程存储服务组件 RepositoryService。RepositoryService 主要用于对 Activiti 中的流程存储的相关数据进行操作，这些操作包括对流程存储数据的管理、流程部署以及对流程的基本操作等。

7.1 流程文件部署

RepositoryService 负责对流程文件的部署以及流程的定义进行管理，不管是 JBPM 还是 Activiti 等工作流引擎，都会产生流程文件，工作流引擎需要对这些文件进行管理，这些文件包括流程描述文件、流程图等。

在 Activiti 中，如果需要对这些资源文件进行操作（包括添加、删除、查询等），可以使用 RepositoryService 提供的 API。这些文件数据被保存在 ACT_GE_BYTEARRAY 表中，对应的实体为 ResourceEntityImpl。在此需要注意的是，在 6.4.3 节中讲述了用户图片，设置用户图片同样会向 ACT_GE_BYTEARRAY 表中写入数据，但是当数据为用户图片时，对应的实体是 ByteArrayEntityImpl。ResourceEntityImpl 与 ByteArrayEntityImpl 区别如下。

- ByteArrayEntityImpl 对应的数据有版本管理数据，而 ResourceEntityImpl 则没有。
- ResourceEntityImpl 会设置 ACT_GE_BYTEARRAY 表的 GENERATED_字段值，而 ByteArrayEntityImpl 在进行保存时，该值为 null。

7.1.1 Deployment 对象

Deployment 对象是一个接口，一个 Deployment 实例表示一条 ACT_RE_DEPLOYMENT 表的数据，同样，Deployment 也遵循 Activiti 的实体命名规则，子接口为 DeploymentEntity，实现类为 DeploymentEntityImpl。如果要对属性进行修改，需要调用 DeploymentBuilder 提供的方法，Deployment 只提供了一系列 getter 方法。DeploymentEntityImpl 中包含以下映射属性。

- id：主键，对应 ACT_RE_DEPLOYMENT 表的 ID_列。
- name：部署名称，对应 ACT_RE_DEPLOYMENT 表的 NAME_列。
- deploymentTime：部署时间，对应 DEPLOY_TIME_列。
- category：部署的类别，对应 CATEGORY_列。
- tenantId：在云时代，同一个软件有可能被多个租户所使用，因此 Activiti 在部署、流程定义等数据中都预留了 tenantId 字段。
- key：为部署设置键属性，保存在 KEY_列。

7.1.2 DeploymentBuilder 对象

对流程文件进行部署，需要使用 DeploymentBuilder 对象，获取该对象，可以调用 RepositoryService 的 createDeployment 方法，具体如以下代码所示：

```
//得到流程存储服务实例
RepositoryService repositoryService = engine.getRepositoryService();
//创建 DeploymentBuilder 实例
DeploymentBuilder builder = repositoryService.createDeployment();
```

DeploymentBuilder 中包含了多个 addXXX 方法，可以用于为部署添加资源，这些方法有：

- addClasspathResource(String resource)：添加 classpath 下的资源文件。
- addInputStream(String resourceName, InputStream)：添加输入流资源。

- addString(String resourceName, String text)：添加字符串资源。
- addZipInputStream(ZipInputStream inputStream)：添加 zip 压缩包资源。
- addBpmnModel(String resourceName, BpmnModel bpmnModel)：解析 BPMN 模型对象，并作为资源保存。
- addBytes(String resourceName, byte[] bytes)：添加字节资源。

除此之外，还提供了修改部署信息的方法，例如 key、name、category 等。下面将讲述这些方法的使用。

▶▶ 7.1.3　添加输入流资源

在 DeploymentEntityImpl 类中，使用一个 Map 来维护资源，表示一次部署中会有多个资源，就是我们平常所说的一对多关系。调用 DeploymentBuilder 的 addInputStream 方法，实际上就是往 DeploymentEntityImpl 的 Map 里面添加元素，Map 的 key 是资源名称，value 是解析 InputStream 后获得的 byte 数组。

代码清单 7-1 示范了如何使用 addInputStream 方法添加部署流程图资源。

代码清单 7-1：codes\07\7.1\add-resource\src\org\crazyit\activiti\AddInputStream.java

```java
// 创建流程引擎
ProcessEngine engine = ProcessEngines.getDefaultProcessEngine();
// 得到流程存储服务实例
RepositoryService repositoryService = engine.getRepositoryService();
// 第一个资源输入流
InputStream is1 = new FileInputStream(new File(
        "resource/artifact/flow_inputstream1.png"));
// 第二个资源输入流
InputStream is2 = new FileInputStream(new File(
        "resource/artifact/flow_inputstream1.png"));
// 创建 DeploymentBuilder 实例
DeploymentBuilder builder = repositoryService.createDeployment();
// 为 DeploymentBuilder 添加资源输入流
builder.addInputStream("inputA", is1);
builder.addInputStream("inputB", is2);
// 执行部署方法
builder.deploy();
```

在代码清单 7-1 中，调用了两次 addInputStream 方法添加了两个资源，这两个资源分别是两份 png 文件（流程图片），最后执行 deploy 方法。下面可以打开数据库来查看生成的数据。图 7-1 和图 7-2 分别为 ACT_GE_BYTEARRAY 表和 ACT_RE_DEPLOYMENT 表的数据。

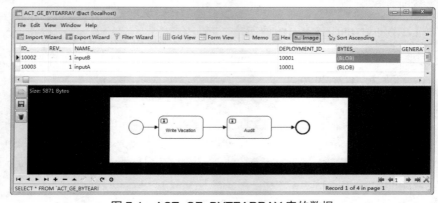

图 7-1　ACT_GE_BYTEARRAY 表的数据

图 7-2 ACT_RE_DEPLOYMENT 表的数据

▶▶ 7.1.4 添加 classpath 资源

与 addInputStream 方法类似，addClasspathResource 方法也是往部署实体的 Map 里面添加元素，但不同的是，addClasspathResource 方法会得到当前的 ClassLoader 对象。调用 getResourceAsStream 方法将指定的 classpath 下的资源文件转换为 InputStream，再调用 addInputStream 方法。代码清单 7-2 示范了如何使用 addClasspathResource 方法将流程图资源保存到数据库中。

代码清单 7-2：codes\07\7.1\add-resource\src\org\crazyit\activiti\AddClasspathResource.java

```
//创建流程引擎
ProcessEngine engine = ProcessEngines.getDefaultProcessEngine();
//得到流程存储服务对象
RepositoryService repositoryService = engine.getRepositoryService();
//创建 DeploymentBuilder 实例
DeploymentBuilder builder = repositoryService.createDeployment();
//添加 classpath 下的资源
builder.addClasspathResource("artifact/classpath.png");
//执行部署（写入数据库中）
builder.deploy();
```

运行代码清单 7-2，可以看到数据库结果如图 7-3 与图 7-4 所示。

如图 7-3 所示，使用 addClasspathResource 方法将一份图片文件保存到 ACT_GE_BYTEARRAY 表中。需要注意的是，使用 addClasspathResource 方法并不需要指定名称参数，Activiti 会使用其传入的路径作为资源的名称。

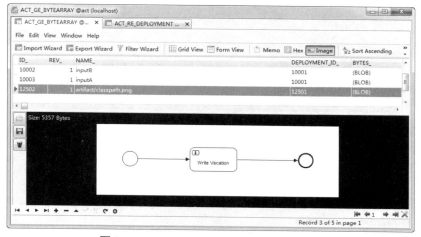

图 7-3 ACT_GE_BYTEARRAY 表的数据

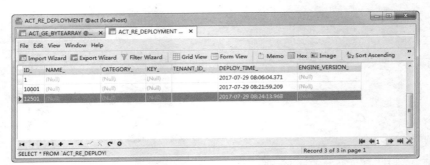

图 7-4　ACT_RE_DEPLOYMENT 表的数据

▶▶ 7.1.5　添加字符串资源

如果需要将一些流程定义的属性或者公用的变量保存起来，则可以使用 addString 方法。前面讲述了 addInputStream 和 addClasspathResource 方法，关于 addString 方法，也可以猜到它的实现逻辑，实际上就是调用 String 的 getBytes 方法获得字节数组，再将其放到部署对象的 Map 中。

调用 addString 方法与调用 addInputStream 方法类似，在此不再赘述，代码清单地址为：codes\07\7.1\add-resource\src\org\crazyit\activiti\AddString.java。

▶▶ 7.1.6　添加压缩包资源

在实际应用中，可能需要将多个资源部署到流程引擎中，如果这些关联的资源被放在一个压缩包（zip 包）中，则可以使用 DeploymentBuilder 提供的 addZipInputStream 方法直接部署压缩包，该方法会遍历压缩包内的全部文件，然后将这些文件转换为 byte 数组，写到资源表中。代码清单 7-3 示范了如何使用 addZipInputStream 方法添加资源。

代码清单 7-3：codes\07\7.1\add-resource\src\org\crazyit\activiti\AddZipInputStream.java

```java
//创建流程引擎
ProcessEngine engine = ProcessEngines.getDefaultProcessEngine();
//得到流程存储服务对象
RepositoryService repositoryService = engine.getRepositoryService();
//创建 DeploymentBuilder 实例
DeploymentBuilder builder = repositoryService.createDeployment();
//获取 zip 文件的输入流
FileInputStream fis = new FileInputStream(new File("resource/artifact/ZipInputStream.zip"));
//读取 zip 文件，创建 ZipInputStream 对象
ZipInputStream zi = new ZipInputStream(fis);
//添加 Zip 压缩包资源
builder.addZipInputStream(zi);
//执行部署（写入数据库中）
builder.deploy();
```

代码清单 7-3 中的粗体字代码，先取得 zip 文件的输入流，然后创建一个 ZipInputStream 对象，最后调用 addZipInputStream 方法。在本例中，测试的 zip 包包含两份文件：InputStream1.txt 和 InputStream2.txt，最终 addZipInputStream 方法产生的数据如图 7-5 所示。

图 7-5 中所示的两条数据为测试压缩包内的两份文件，由此可见，addZipInputStream 方法读取压缩包内的全部文件并将它们转换为 byte 数组，然后写到 ACT_GE_BYTEARRAY 表中。

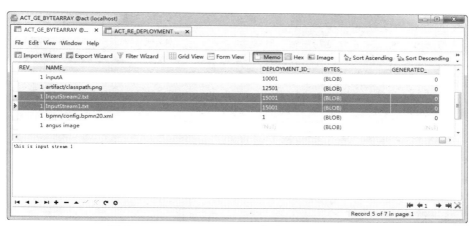

图 7-5 addZipInputStream 方法添加的资源数据

7.1.7 添加 BPMN 模型资源

DeploymentBuilder 提供了一个 addBpmnModel 方法，可传入 BPMN 规范的模型（BpmnModel 类）来进行部署，代码清单 7-4 示范了如何使用 addBpmnModel 方法。

代码清单 7-4：codes\07\7.1\add-resource\src\org\crazyit\activiti\AddBpmnModel.java

```java
public static void main(String[] args) {
    // 创建流程引擎
    ProcessEngine engine = ProcessEngines.getDefaultProcessEngine();
    // 得到流程存储服务对象
    RepositoryService repositoryService = engine.getRepositoryService();
    // 创建 DeploymentBuilder 实例
    DeploymentBuilder builder = repositoryService.createDeployment();
    builder.addBpmnModel("MyCodeProcess", createProcessModel())
        .name("MyCodeDeploy").deploy();
}

private static BpmnModel createProcessModel() {
    // 创建 BPMN 模型对象
    BpmnModel model = new BpmnModel();
    org.activiti.bpmn.model.Process process = new org.activiti.bpmn.model.Process();
    model.addProcess(process);
    process.setId("myProcess");
    process.setName("My Process");
    // 开始事件
    StartEvent startEvent = new StartEvent();
    startEvent.setId("startEvent");
    process.addFlowElement(startEvent);
    // 用户任务
    UserTask userTask = new UserTask();
    userTask.setName("User Task");
    userTask.setId("userTask");
    process.addFlowElement(userTask);
    // 结束事件
    EndEvent endEvent = new EndEvent();
    endEvent.setId("endEvent");
    process.addFlowElement(endEvent);
    // 添加流程顺序
    process.addFlowElement(new SequenceFlow("startEvent", "userTask"));
    process.addFlowElement(new SequenceFlow("userTask", "endEvent"));
    return model;
}
```

代码清单 7-4 中的 createProcessModel 方法，通过编码的方式创建了 BPMN 的流程模型，最终在返回的 BpmnModel 中，包括一个开始事件、一个用户任务、一个结束事件。运行代码清单 7-4，该流程模型会被保存到数据库中，在保存的过程中，会产生流程的 XML 文件并被写到资源表中。产生的 XML 如下所示：

```xml
<process id="myProcess" name="My Process" isExecutable="true">
  <startEvent id="startEvent"></startEvent>
  <userTask id="userTask" name="User Task"></userTask>
  <endEvent id="endEvent"></endEvent>
  <sequenceFlow sourceRef="startEvent" targetRef="userTask"></sequenceFlow>
  <sequenceFlow sourceRef="userTask" targetRef="endEvent"></sequenceFlow>
</process>
```

除了前面所讲述的几个 addXXX 方法外，还有一个 addBytes 方法，该方法较为简单，直接将资源名称与 byte 数组添加到 DeploymentEntityImpl 的 Map 中，在此不再赘述。

▶▶ 7.1.8 修改部署信息

使用 DeploymentBuilder 的 name、key、category、tenanId 方法可以设置部署属性，保存后会将数据保存到 ACT_RE_DEPLOYMENT 表的对应字段中。这几个方法的使用如代码清单 7-5 所示。

代码清单 7-5：codes\07\7.1\add-resource\src\org\crazyit\activiti\Name.java

```java
//创建流程引擎
ProcessEngine engine = ProcessEngines.getDefaultProcessEngine();
//得到流程存储服务对象
RepositoryService repositoryService = engine.getRepositoryService();
//创建 DeploymentBuilder 实例
DeploymentBuilder builder = repositoryService.createDeployment();
//设置各个属性
builder.name("crazyit").tenantId("tenanId").key("myKey").category("myCategory");
//执行部署（写入数据库中）
builder.deploy();
```

执行代码清单 7-5，查看 ACT_RE_DEPLOYMENT 表，可以看到如图 7-6 所示结果。

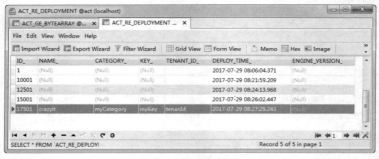

图 7-6 设置属性值

▶▶ 7.1.9 过滤重复部署

进行了第一次部署后，资源没有发生变化而再次进行部署，同样会将部署数据写入数据库中，想避免这种情况，可以调用 DeploymentBuilder 的 enableDuplicateFiltering 方法，该方法仅将 DeploymentBuilder 的 isDuplicateFilterEnabled 属性设置为 true。在执行 deploy 方法时，如果发现该值为 true，则根据部署对象的名称去查找最后一条部署记录，如果发现最后一条部署记录与当前需要部署的记录一致，则不会重复部署。这里所说的记录一致，是指 DeploymentEntity

下的资源是否相同，包括资源名称与资源内容。详情请见代码清单 7-6。

代码清单 7-6：codes\07\7.1\duplicate-filter\src\org\crazyit\activiti\DuplicateFilter.java

```java
//创建流程引擎
ProcessEngine engine = ProcessEngines.getDefaultProcessEngine();
//得到流程存储服务实例
RepositoryService repositoryService = engine.getRepositoryService();
//创建第一个部署对象
DeploymentBuilder builderA = repositoryService.createDeployment();
builderA.addClasspathResource("artifact/DuplicateFilter.txt");
builderA.name("DuplicateFilterA");
builderA.deploy();
//由于资源一样，并且调用了enableDuplicateFiltering方法，因此不会再写入数据库中
DeploymentBuilder builderB = repositoryService.createDeployment();
builderB.addClasspathResource("artifact/DuplicateFilter.txt");
builderB.name("DuplicateFilterA");
builderB.enableDuplicateFiltering();
builderB.deploy();
//由于资源发生变化，即使调用了enableDuplicateFiltering方法，也会写到数据库中
DeploymentBuilder builderC = repositoryService.createDeployment();
builderC.addClasspathResource("artifact/DuplicateFilterB.txt");
builderC.name("DuplicateFilterA");
builderC.enableDuplicateFiltering();
builderC.deploy();
```

在代码清单 7-6 中，创建了三个 DeploymentBuilder 对象（代码清单 7-6 中的粗体字代码），进行了三次部署，第二次部署不会将数据写入数据库，因为部署的资源与第一次的一样，且调用了 enableDuplicateFiltering 方法。效果如图 7-7 与图 7-8 所示。

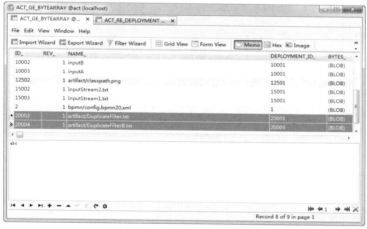

图 7-7　ACT_GE_BYTEARRAY 表的数据

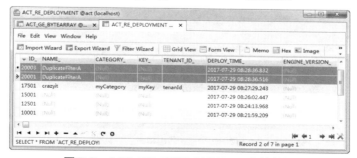

图 7-8　ACT_RE_DEPLOYMENT 表的数据

▶▶ 7.1.10 取消部署时的验证

默认情况下，在部署时会对流程的 XML 文件进行验证，包括验证是否符合 BPMN 2.0 的规范、定义的流程是否可执行。如果 XML 文件不符合规范或者定义的流程不可执行，那么将会在部署时抛出异常。如果想跳过这两个验证，可以调用 DeploymentBuilder 的 disableSchemaValidation 与 disableBpmnValidation 方法。先定义两个有问题的流程文件，以便验证，如代码清单 7-7 和代码清单 7-8 所示。

代码清单 7-7：codes\07\7.1\duplicate-filter\resource\bpmn\xmlError.bpmn

```xml
<process id="vacationProcess" name="vacation">
    <userTask id="usertask1" name="User Task"></userTask>
    <endEvent id="endevent1" name="End"></endEvent>
    <sequenceFlow id="flow2" name="" sourceRef="usertask1"
        targetRef="endevent1"></sequenceFlow>
    <startEvent id="startevent1" name="Start"></startEvent>
    <sequenceFlow id="flow3" name="" sourceRef="startevent1"
        targetRef="usertask1"></sequenceFlow>
</process>
<abc></abc>
```

代码清单 7-8：codes\07\7.1\duplicate-filter\resource\bpmn\bpmnError.bpmn

```xml
<process id="vacationProcess" name="vacation" isExecutable="true">
    <startEvent id="startevent1" name="Start"></startEvent>
    <userTask id="usertask1" name="User Task"></userTask>
    <startEvent id="startevent2" name="Start"></startEvent>
    <sequenceFlow id="flow1" sourceRef="startevent1"
        targetRef="usertask1"></sequenceFlow>
    <sequenceFlow id="flow2" sourceRef="usertask1" targetRef="startevent2">
</sequenceFlow>
</process>
```

在代码清单 7-7 中，在 process 节点下面加入了一个 abc 节点，由于 BPMN 规范中并没有 abc 节点，因此部署该流程文件会抛出异常。

代码清单 7-8 中的 XML 文件虽然格式没有问题，但是流程存在问题，开始事件连接到用户任务，用户任务再连接到另一个开始事件，该流程存在明显的问题，因此部署该文件时同样会抛出异常。在代码清单 7-9 中部署了这两份文件，但不会抛出异常。

代码清单 7-9：codes\07\7.1\duplicate-filter\src\org\crazyit\activiti\DisableValidation.java

```java
public static void main(String[] args) {
    // 创建流程引擎
    ProcessEngine engine = ProcessEngines.getDefaultProcessEngine();
    // 得到流程存储服务实例
    RepositoryService repositoryService = engine.getRepositoryService();
    // 部署一份错误的 xml 文件，不会报错
    DeploymentBuilder builderA = repositoryService.createDeployment();
    builderA.addClasspathResource("bpmn/xmlError.bpmn")
        .disableSchemaValidation().deploy();
    // 部署一份不可执行的 bpmn 文件，不会报错
    DeploymentBuilder builderB = repositoryService.createDeployment();
    builderB.addClasspathResource("bpmn/bpmnError.bpmn")
        .disableBpmnValidation().deploy();
}
```

在代码清单 7-9 中创建了两个 DeploymentBuilder，分别部署了两个有问题的流程文件，且分别调用了两个取消验证的方法，但运行代码清单 7-9 并不会抛出异常，最终流程正常部署。

> **注意:** 不建议取消验证，部署时进行验证可以提前发现问题。

7.2 流程定义的管理

这里所说的流程定义管理是指由 RepositoryService 提供的一系列对流程定义的控制，包括中止流程定义、激活流程定义和设置流程权限等。

7.2.1 ProcessDefinition 对象

ProcessDefinition 对象是一个接口，一个 ProcessDefinition 实例表示一条流程定义数据，在 Activiti 中，它的实现类为 ProcessDefinitionEntityImpl，对应的数据表为 ACT_RE_PROCDEF。ProcessDefinition 接口有以下方法。

- getCategory：返回流程定义的 category 属性，对应 CATEGORY_字段的值。
- getDeploymentId：返回部署的 id，这个流程定义是由哪次部署产生的，对应字段为 DEPLOYMENT_ID_。
- getDescription：返回流程定义的描述。
- getDiagramResourceName：如果流程定义有流程图的话，将返回流程图对应的资源名称。
- getEngineVersion：返回流程引擎版本，当前无须关心该方法。
- getId：返回流程定义主键。
- getKey：返回流程定义的名称，此名称唯一。
- getName：返回流程定义显示的名称。
- getResourceName：在部署时，会将流程定义的 XML 文件存到资源表中，该方法返回资源的名称。
- getTenantId：返回租户 ID。
- getVersion：返回流程定义的版本号，对应 VERSION_字段，注意并不是 revision 属性。
- hasGraphicalNotation：该流程定义文件是否有流程图的 XML 元素。
- hasStartFormKey：流程的开始事件中是否存在 activiti:formKey 的定义。
- isSuspended：是否为中断状态，SUSPENSION_STATE_字段值为 1 表示激活状态，值为 2 则表示中断状态。

7.2.2 流程部署

流程部署实际上就是将流程的描述文件写入数据库中，Activiti 在获取资源文件后，会对其后缀进行解析，如果后缀名为 "BPMN 20.xml" 或者 "bpmn"，则它们均会被看作流程描述文件，交由 Activiti 的 Deployer（部署流程描述文件实现类为 BpmnDeployer）进行部署。代码清单 7-10 示范了如何部署流程描述文件。

代码清单 7-10：codes\07\7.2\process-deploy\src\org\crazyit\activiti\ProcessDeploy.java
```
//创建流程引擎
ProcessEngine engine = ProcessEngines.getDefaultProcessEngine();
//得到流程存储服务对象
RepositoryService repositoryService = engine.getRepositoryService();
```

```
//创建DeploymentBuilder实例
DeploymentBuilder builder = repositoryService.createDeployment();
builder.addClasspathResource("bpmn/processDeploy.bpmn").deploy();
```

代码清单 7-10 中的粗体字代码，部署 classpath 下的 bpmn/processDeploy.bpmn 文件，该文件是一个规范的流程描述文件，因此部署成功。processDeploy.bpmn 文件内容如代码清单 7-11 所示。

代码清单 7-11：codes\07\7.2\process-deploy\resource\bpmn\processDeploy.bpmn

```xml
<?xml version="1.0" encoding="UTF-8"?>
<definitions xmlns="http://www.omg.org/spec/BPMN/20100524/MODEL"
    xmlns:xsi="http://www.w3.org/2001/XMLSchema-instance"
xmlns:activiti="http://activiti.org/bpmn"
    xmlns:bpmndi="http://www.omg.org/spec/BPMN/20100524/DI"
xmlns:omgdc="http://www.omg.org/spec/DD/20100524/DC"
    xmlns:omgdi="http://www.omg.org/spec/DD/20100524/DI"
typeLanguage="http://www.w3.org/2001/XMLSchema"
    expressionLanguage="http://www.w3.org/1999/XPath"
targetNamespace="http://www.activiti.org/test">
    <process id="vacationProcess" name="vacation">
        <userTask id="usertask1" name="User Task"></userTask>
        <endEvent id="endevent1" name="End"></endEvent>
        <sequenceFlow id="flow2" name="" sourceRef="usertask1"
            targetRef="endevent1"></sequenceFlow>
        <startEvent id="startevent1" name="Start"></startEvent>
        <sequenceFlow id="flow3" name="" sourceRef="startevent1"
            targetRef="usertask1"></sequenceFlow>
    </process>
    <bpmndi:BPMNDiagram id="BPMNDiagram_vacationProcess">
        <bpmndi:BPMNPlane bpmnElement="vacationProcess"
            id="BPMNPlane_vacationProcess">
            <bpmndi:BPMNShape bpmnElement="usertask1" id="BPMNShape_usertask1">
                <omgdc:Bounds height="55" width="105" x="310" y="160"></omgdc:Bounds>
            </bpmndi:BPMNShape>
            <bpmndi:BPMNShape bpmnElement="endevent1" id="BPMNShape_endevent1">
                <omgdc:Bounds height="35" width="35" x="490" y="170"></omgdc:Bounds>
            </bpmndi:BPMNShape>
            <bpmndi:BPMNShape bpmnElement="startevent1"
                id="BPMNShape_startevent1">
                <omgdc:Bounds height="35" width="35" x="170" y="170"></omgdc:Bounds>
            </bpmndi:BPMNShape>
            <bpmndi:BPMNEdge bpmnElement="flow2" id="BPMNEdge_flow2">
                <omgdi:waypoint x="415" y="187"></omgdi:waypoint>
                <omgdi:waypoint x="490" y="187"></omgdi:waypoint>
            </bpmndi:BPMNEdge>
            <bpmndi:BPMNEdge bpmnElement="flow3" id="BPMNEdge_flow3">
                <omgdi:waypoint x="205" y="187"></omgdi:waypoint>
                <omgdi:waypoint x="310" y="187"></omgdi:waypoint>
            </bpmndi:BPMNEdge>
        </bpmndi:BPMNPlane>
    </bpmndi:BPMNDiagram>
</definitions>
```

需要注意的是，bpmndi:BPMNDiagram 节点定义的是流程图的 XML 元素，process 定义的是流程的元素，本书为了节省篇幅，后面章节不会贴出流程图的 XML 元素的代码清单。

代码清单 7-11 定义了一个最简单的流程，有一个开始事件，一个 UserTask 和结束事件，对应的流程如图 7-9 所示。

图 7-9 流程图

流程描述文件的具体内容,将在讲述 BPMN 2.0 规范的章节中详细介绍。将流程文件部署后,除前面章节所讲的部署表和资源表中会加入数据外,流程定义表(ACT_RE_PROCDEF)中也会产生流程定义数据,产生的数据如图 7-10 所示。

图 7-10 写入的流程定义数据

ACT_RE_PROCDEF 数据表 ID_列的生成规则为,由流程 XML 文件的 process 节点的 id 作为前缀,加上该流程定义的部署版本号(VERSION_)字段,再加上生成的主键。例如 process 节点的 id 为 vacation,第二次进行部署,数据库自增长 id 为 10001,最终 id 为 vacation:2:10001。

7.2.3 流程图部署

在 7.1 节中,讲述了 DeploymentBuilder 的各个方法的使用,其中 addClasspathResource 方法、addZipInputStream 方法和 addInputStream 方法均可以将文件数据写到数据库中,因此,可以使用这些方法将流程图放到数据库中,这些方法的使用,参看本章 7.1 节的讲述。代码清单 7-12 示范了如何使用 addClasspathResource 方法将流程图部署到数据库中。

代码清单 7-12:codes\07\7.2\process-deploy\src\org\crazyit\activiti\DeployDiagram.java

```
// 创建流程引擎
ProcessEngine engine = ProcessEngines.getDefaultProcessEngine();
// 得到流程存储服务实例
RepositoryService repositoryService = engine.getRepositoryService();
//部署流程描述文件与流程图
Deployment dep = repositoryService.createDeployment()
    .addClasspathResource("bpmn/diagram.bpmn")
    .addClasspathResource("bpmn/diagram.png").deploy();
//查询流程定义实体
ProcessDefinition def = repositoryService.createProcessDefinitionQuery()
    .deploymentId(dep.getId()).singleResult();
// 输出结果为 bpmn/diagram.vacationProcess.png
System.out.println(def.getDiagramResourceName());
```

代码清单 7-12 中的粗体字代码,使用 addClasspathResource 方法将流程描述文件和流程图部署到数据库中,最终会在资源表(ACT_GE_BYTEARRAY)中写入两条记录:一条为流程描述文件数据,另外一条为流程图片的文件数据。另外,流程定义表(ACT_RE_PROCDEF)的 DGRM_RESOURCE_NAME_ 字段的值为 "bpmn/diagram.png"。

7.2.4 流程图自动生成

如果在部署时我们不提供流程图,但在流程定义的 XML 文件中保存了 BPMN 流程图的元素,则 Activiti 会自动生成流程图,并保存到资源表中。如果不希望 Activiti 帮我们生成流

程图,则可以在流程引擎配置文件中加入以下属性:

```
<property name="createDiagramOnDeploy" value="false" />
```

使用方法见代码清单 7-13。

代码清单 7-13: codes\07\7.2\process-deploy\src\org\crazyit\activiti\NoGenDiagram.java

```
// 创建流程引擎
ProcessEngine engine = ProcessEngines.getDefaultProcessEngine();
// 得到流程存储服务实例
RepositoryService repositoryService = engine.getRepositoryService();
// 部署流程描述文件与流程图
Deployment dep = repositoryService.createDeployment()
    .addClasspathResource("bpmn/noGenDiagram.bpmn").deploy();
// 查询流程定义实体
ProcessDefinition def = repositoryService
    .createProcessDefinitionQuery().deploymentId(dep.getId())
    .singleResult();
// 输出结果为 bpmn/diagram.vacationProcess.png
System.out.println("自动生成流程图: " + def.getDiagramResourceName());

// 读取不生成流程图的配置文件
ProcessEngineConfiguration config = ProcessEngineConfiguration
    .createProcessEngineConfigurationFromResource("noGenDiagram.cfg.xml");
ProcessEngine noGenEngine = config.buildProcessEngine();
RepositoryService noGenService = noGenEngine.getRepositoryService();
Deployment noGenDep = noGenService.createDeployment()
    .addClasspathResource("bpmn/noGenDiagram.bpmn").deploy();
ProcessDefinition noGenDef = noGenService
    .createProcessDefinitionQuery().deploymentId(noGenDep.getId())
    .singleResult();
// 输出结果为 null
System.out.println("不生成流程图,查询资源为: " + noGenDef.getDiagramResourceName());
```

在代码清单 7-13 中定义了两个流程引擎:第一个读取默认配置;第二个读取不生成流程图的配置。运行代码清单 7-13,输出结果如下:

```
自动生成流程图: bpmn/noGenDiagram.noGenDiagram.png
不生成流程图,查询资源为: null
```

▶▶ 7.2.5 中止与激活流程定义

RepositoryService 中提供了多个中止与激活流程定义的方法,可以将流程定义的数据置为中止与激活状态。其中有多个 suspendProcessDefinitionById、suspendProcessDefinitionByKey 重载的中止方法,也有多个 activateProcessDefinitionById、activateProcessDefinitionByKey 重载的激活方法。以 activateProcessDefinitionById 方法为例,有两个重载方法。

➢ activateProcessDefinitionById(String processDefinitionId):根据流程定义的 id 激活流程定义。

➢ activateProcessDefinitionById(String processDefinitionId, boolean activateProcessInstances, Date activationDate):在某个时间激活流程定义,需要注意的是 activateProcessInstances 参数,如果为 true,则该流程定义下的流程实例,也会被激活。

本身流程定义就没有所谓的中止与激活的概念(流程才有),这里所说的中止与激活,只是流程定义的数据状态设置为中止状态和激活状态。流程定义文件一旦被部署,那么对应的流程定义数据状态为激活,可以调用 RepositoryService 的中止流程定义的方法改变其状态。RepositoryService 提供了两个中止流程定义的方法。

- suspendProcessDefinitionById(String processDefinitionId)：根据流程 ID 中止流程定义。
- suspendProcessDefinitionByKey(String processDefinitionKey)：根据流程定义文件中的 process 节点的 id 属性中止流程定义，也可以看作根据 ACT_RE_PROCDEF 表中的 KEY_字段值中止流程定义。

当流程定义被中止后，如果想激活流程定义，同样可以使用 RepositoryService 中提供的激活流程定义的方法，方法描述如下。

- activateProcessDefinitionById(String processDefinitionId)：根据流程 ID 激活流程定义。
- activateProcessDefinitionByKey(String processDefinitionKey)：根据流程的 key 激活流程定义，与中止流程定义的 suspendProcessDefinitionByKey 方法一致。

代码清单 7-14 为一个使用中止流程与激活流程的方法的示例。

代码清单 7-14：codes\07\7.2\definition-control\src\org\crazyit\activiti\SuspendProcessDef.java

```java
// 创建流程引擎
ProcessEngine engine = ProcessEngines.getDefaultProcessEngine();
// 得到流程存储服务实例
RepositoryService repositoryService = engine.getRepositoryService();
// 部署流程描述文件
Deployment dep = repositoryService.createDeployment()
    .addClasspathResource("bpmn/suspendProcessDef.bpmn")
    .deploy();
// 查询流程定义实体
ProcessDefinition def = repositoryService.createProcessDefinitionQuery()
    .deploymentId(dep.getId()).singleResult();
// 调用 suspendProcessDefinitionById 中止流程定义
repositoryService.suspendProcessDefinitionById(def.getId());
// 调用 activateProcessDefinitionById 激活流程定义
repositoryService.activateProcessDefinitionById(def.getId());
// 调用 suspendProcessDefinitionByKey 中止流程定义
repositoryService.suspendProcessDefinitionByKey(def.getKey());
// 调用 activateProcessDefinitionByKey 激活流程定义
repositoryService.activateProcessDefinitionByKey(def.getKey());
```

代码清单 7-14 中的粗体字部分，调用了中止流程定义与激活流程定义的四个方法，需要注意的是，如果一个流程定义状态已经为中止状态，再调用中止方法，将会抛出 ActivitiException，激活亦然。流程定义一旦被置为中止状态，那么该流程将不允许被启动。

其他重载方法的使用与代码清单 7-14 类似，在此不再赘述。

▶▶ 7.2.6　流程定义缓存配置

为了减少数据的查询，提升流程引擎性能，Activiti 本身对某些常用的数据做了缓存。例如在解析完流程定义的 XML 文件后，会将流程定义缓存到一个 Map 中，key 为流程定义的 id（数据库的 ID_字段），value 为封装好的缓存对象。默认情况下，不需要进行配置，流程引擎会进行缓存的工作。代码清单 7-15 会输出缓存内容。

代码清单 7-15：codes\07\7.2\process-cache\src\org\activiti\engine\impl\persistence\deploy\DefaultCache.java

```java
// 创建流程引擎
ProcessEngine engine = ProcessEngines.getDefaultProcessEngine();
ProcessEngineConfigurationImpl config = (ProcessEngineConfigurationImpl) engine
    .getProcessEngineConfiguration();
// 得到流程存储服务实例
RepositoryService repositoryService = engine.getRepositoryService();
// 进行 10 次部署
for (int i = 0; i < 10; i++) {
```

```java
        repositoryService.createDeployment()
    .addClasspathResource("bpmn/default-cache.bpmn")
    .name("dep_" + i).key("key_" + i).deploy();
}
// 获取缓存
DefaultDeploymentCache cache = (DefaultDeploymentCache) config
    .getProcessDefinitionCache();
// 遍历缓存,输出 Map 中的 key
for (Iterator it = cache.cache.keySet().iterator(); it.hasNext();) {
    String key = (String) it.next();
    System.out.println(key);
}
```

在代码清单 7-15 中,先进行 10 次部署,然后读取缓存对象,获取 Map 属性并输出内容。需要注意以下细节:

> 为了测试获取了缓存的 Map,代码清单 7-15 的包与 DefaultDeploymentCache 的包是一致的,换言之,Map 是 protected 的。
> DefaultDeploymentCache、ProcessEngineConfigurationImpl 等实现类不应出现在业务代码中,尽量使用它们的接口。

运行代码清单 7-15 可知,由于缓存没有限制,因此部署了 10 次,缓存(Map)中就有 10 个元素,如果想限制缓存数量,可以在流程引擎的配置文件中使用以下配置:

```xml
<property name="processDefinitionCacheLimit" value="2" />
```

以上配置表示缓存中只保存两个流程定义的缓存对象,一般情况下,只缓存最后两次部署的流程定义。代码清单 7-16 为测试该配置的代码。

代码清单 7-16:codes\07\7.2\process-cache\src\org\activiti\engine\impl\persistence\deploy\UserLimitCache.java

```java
// 创建流程引擎
ProcessEngineConfigurationImpl config =
    (ProcessEngineConfigurationImpl) ProcessEngineConfiguration
        .createProcessEngineConfigurationFromResource("use-limit.cfg.xml");
ProcessEngine engine = config.buildProcessEngine();
// 得到流程存储服务实例
RepositoryService repositoryService = engine.getRepositoryService();
// 进行 10 次部署
for (int i = 0; i < 10; i++) {
    repositoryService.createDeployment()
        .addClasspathResource("bpmn/default-cache.bpmn")
        .name("dep_" + i).key("key_" + i).deploy();
}
// 获取缓存
DefaultDeploymentCache cache = (DefaultDeploymentCache) config
    .getProcessDefinitionCache();
// 遍历缓存,输出 Map 中的 key
for (Iterator it = cache.cache.keySet().iterator(); it.hasNext();) {
    String key = (String) it.next();
    System.out.println(key);
}
```

代码清单 7-16 中的粗体字代码,读取了 processDefinitionCacheLimit 为 2 的配置文件,以该配置文件来创建流程引擎,进行 10 次部署,最后读取缓存并输出。运行代码清单 7-16,仅仅输出最后两次部署的流程定义数据的 id。在实际中,可以根据自身产品的业务来决定缓存数量。

▶▶ 7.2.7 自定义缓存

如果想自己实现缓存,可以新建一个 Java 类,实现 DeploymentCache 接口,该接口主要有增、删、改、查方法，用于操作缓存数据。代码清单 7-17 实现了 DeploymentCache 接口，提供了最简单的缓存实现。

代码清单 7-17：codes\07\7.2\process-cache\src\org\crazyit\activiti\MyCacheBean.java

```java
public class MyCacheBean<T> implements DeploymentCache<T> {

    public Map<String, T> cache;

    public MyCacheBean() {
        cache = new HashMap<String, T>();
    }
    public T get(String id) {
        return cache.get(id);
    }
    public boolean contains(String id) {
        return cache.containsKey(id);
    }
    public void add(String id, T object) {
        cache.put(id, object);
    }
    public void remove(String id) {
        cache.remove(id);
    }
    public void clear() {
        cache.clear();
    }
}
```

代码清单 7-17 中的 MyCacheBean 类，主要维护一个 Map 对象，各个方法均对 Map 进行操作。实现了自定义缓存后，要告诉 Activiti 有这么一个类，为此修改流程引擎配置文件，具体如代码清单 7-18 所示。

代码清单 7-18：codes\07\7.2\process-cache\resource\my-cache.cfg.xml

```xml
<bean id="processEngineConfiguration"
    class="org.activiti.engine.impl.cfg.StandaloneProcessEngineConfiguration">
    <property name="jdbcUrl" value="jdbc:mysql://localhost:3306/act" />
    <property name="jdbcDriver" value="com.mysql.jdbc.Driver" />
    <property name="jdbcUsername" value="root" />
    <property name="jdbcPassword" value="123456" />
    <property name="databaseSchemaUpdate" value="true" />
    <property name="processDefinitionCache">
        <ref bean="myCache" />
    </property>
</bean>
<bean id="myCache" class="org.crazyit.activiti.MyCacheBean"></bean>
```

在流程配置文件中，定义了 myCache 的 bean，实现类为代码清单 7-17 中的 MyCacheBean，并在流程引擎配置的 bean 中加入 processDefinitionCache 属性，引用 myCache 的 bean。接下来编写测试代码。

代码清单 7-19：codes\07\7.2\process-cache\src\org\crazyit\activiti\MyCacheTest.java

```java
// 创建流程引擎
ProcessEngineConfigurationImpl config =
    (ProcessEngineConfigurationImpl) ProcessEngineConfiguration
        .createProcessEngineConfigurationFromResource("my-cache.cfg.xml");
ProcessEngine engine = config.buildProcessEngine();
// 得到流程存储服务实例
RepositoryService repositoryService = engine.getRepositoryService();
// 进行 10 次部署
for (int i = 0; i < 10; i++) {
```

```
        repositoryService.createDeployment()
            .addClasspathResource("bpmn/default-cache.bpmn")
            .name("dep_" + i).key("key_" + i).deploy();
}
// 获取缓存
MyCacheBean cache = (MyCacheBean) config
        .getProcessDefinitionCache();
// 遍历缓存，输出 Map 中的 key
for (Iterator it = cache.cache.keySet().iterator(); it.hasNext();) {
    String key = (String) it.next();
    System.out.println(key);
}
```

代码清单 7-19 中的粗体字代码，将获取的缓存对象强制转换为 MyCacheBean，遍历该实例的 Map 属性并输出 key，运行该代码清单可看到结果。

7.3 流程定义权限

对于一个用户或者用户组是否能操作（查看）某个流程定义的数据，需要进行相应的流程定义权限设置。在 Activiti 中，并没有对流程定义的权限进行检查，而是提供一种反向的方法，让调用者去管理这些权限数据，然后提供相应的 API 让使用人决定哪种数据可以被查询。

▶▶ 7.3.1 设置流程定义的用户权限

在默认情况下，所有用户（用户组）均可以根据流程定义创建流程实例（启动流程），可以使用 Activiti 提供的 API 来设置启动流程的权限数据（设置启动流程的候选用户）。Activiti 提供了设置流程权限数据的 API，可以调用这些 API 来管理这些权限数据，但是，需要注意的是，Activiti 本身并不会对权限进行检查，而是提供了相应的权限查询接口，让开发者决定展示何种数据给使用者，从而达到权限控制的作用。例如提供了根据用户来获取其有权限的流程定义，根据流程定义获取有权限的用户组或者用户。Activiti 的这种设计，使得在开发流程权限功能时开发人员可以有更灵活的选择。

RepositoryService 中提供了 addCandidateStarterUser 方法，给流程定义与用户绑定权限，该方法实际上是向一个中间表中加入数据，表示流程与用户之间的关系。addCandidateStarterUser 方法的第一个参数为流程定义 ID，第二个参数为用户的 ID。代码清单 7-20 为一个使用 addCandidateStarterUser 方法的示例。

代码清单 7-20：codes\07\7.3\set-candidate\src\org\crazyit\activiti\UserCandidate.java

```java
public static void main(String[] args) {
    // 创建流程引擎
    ProcessEngine engine = ProcessEngines.getDefaultProcessEngine();
    // 得到流程存储服务实例
    RepositoryService repositoryService = engine.getRepositoryService();
    // 得到身份服务组件
    IdentityService identityService = engine.getIdentityService();
    // 部署流程描述文件
    Deployment dep = repositoryService.createDeployment()
        .addClasspathResource("bpmn/candidateUser.bpmn").deploy();
    // 查询流程定义实体
    ProcessDefinition def = repositoryService
        .createProcessDefinitionQuery().deploymentId(dep.getId())
        .singleResult();
    // 写入用户数据
```

```java
        creatUser(identityService, "user1", "angus", "young", "abc@163.com",
            "123");
        creatUser(identityService, "user2", "angus2", "young2", "abc@163.com",
            "123");
        creatUser(identityService, "user3", "angus3", "young3", "abc@163.com",
            "123");
        // 设置用户组与流程定义的关系（设置权限）
        repositoryService.addCandidateStarterUser(def.getId(), "user1");
        repositoryService.addCandidateStarterUser(def.getId(), "user2");
    }

    // 创建用户
    static void creatUser(IdentityService identityService, String id,
            String first, String last, String email, String passwd) {
        // 使用 newUser 方法创建 User 实例
        User user = identityService.newUser(id);
        // 设置用户的各个属性
        user.setFirstName(first);
        user.setLastName(last);
        user.setEmail(email);
        user.setPassword(passwd);
        // 使用 saveUser 方法保存用户
        identityService.saveUser(user);
    }
```

代码清单 7-20 中的粗体字代码，调用 RepositoryService 的 addCandidateStarterUser 方法绑定用户与流程定义的权限关系，运行代码清单 7-20，可以看到 ACT_RU_IDENTITYLINK 表的数据，结果如图 7-11 所示。

图 7-11 ACT_RU_IDENTITYLINK 表数据

ACT_RU_IDENTITYLINK 表用于保存流程中用户组、用户这些身份数据与流程中各个元素之间的关系，这些流程元素包括流程定义、流程任务等。在此需要再次强调，即使该表中存在权限数据，Activiti 也不会对这些权限进行拦截或者检查，只会根据这些关系与查询条件，返回相应的符合要求的数据。

▶▶ 7.3.2 设置流程定义的用户组权限

与设置用户的流程定义权限一样，RepositoryService 提供了 addCandidateStarterGroup 方法，使用该方法可以将流程定义与用户组进行权限绑定，权限绑定数据同样被写入 ACT_RU_IDENTITYLINK 表中。addCandidateStarterGroup 方法的第一个参数为流程定义 ID，第二个参数为用户组 ID，以下代码调用了 addCandidateStarterGroup 方法绑定流程定义权限。

```java
        repositoryService.addCandidateStarterGroup(def.getId(), "group1");
```

addCandidateStarterGroup 方法的使用方法和结果与 addCandidateStarterUser 方法类似，在此不再赘述。

> **注意：** 有关查询用户组（用户）的候选流程定义或者根据流程定义查询候选用户组（用户）的内容，在 7.3.4 节讲述。

7.3.3 IdentityLink 对象

一个 IdentityLink 实例表示一种身份数据与流程数据绑定的关系，此处所说的身份数据包括用户组和用户数据，流程数据包括流程定义、流程任务等数据。IdentityLink 是一个接口，与其他数据库映射实体一样，其对应的实现类为 IdentityLinkEntityImpl，对应的数据表为 ACT_RU_IDENTITYLINK。它包含以下映射的属性。

- id：主键，对应 ID_ 字段。
- type：数据类型，对应 TYPE_ 字段，Activiti 为该字段提供了 5 个值，分别为 assignee、candidate、starter、participant 和 owner。本章中为用户或者用户组绑定流程定义时，该值为 candidate，表示创建流程实例的请求者。
- groupId：绑定关系中的用户组 ID，对应 GROUP_ID_ 字段。
- userId：绑定关系中的用户 ID，对应 USER_ID_ 字段。
- taskId：绑定关系中的流程任务 ID，对应 TASK_ID_ 字段。
- processDefId：绑定关系中的流程定义 ID，对应 PROC_DEF_ID_ 字段。

在此需要注意的是，ACT_RU_IDENTITYLINK 表中还有一个 REV_ 字段，IdentityLinkEntityImpl 并没有为该字段做相应的属性映射，在实体与数据表映射的配置文件中，该字段的值被设置为 1。

7.3.4 查询权限数据

前面介绍了如何设置流程定义的权限，那么当需要使用这些权限数据时，则可以使用 IdentityService 中提供的获取流程角色权限数据的方法来获取这些数据，例如根据用户获取该用户有权限启动的流程定义，根据流程定义获取有权限申请的用户和用户组数据。这些获取权限数据的方法分布在各个不同的服务组件中，如果要根据流程定义获取有权限申请的角色数据，则需要使用 IdentityService；如果要根据用户或者用户组得到相应的流程定义数据，则需要使用 RepositoryService。在代码清单 7-21 中，查询流程定义相应的权限数据。

代码清单 7-21：codes\07\7.3\src\org\crazyit\activiti\candidate\CandidateQuery.java

```java
public static void main(String[] args) {
    // 创建流程引擎
    ProcessEngine engine = ProcessEngines.getDefaultProcessEngine();
    // 得到流程存储服务实例
    RepositoryService repositoryService = engine.getRepositoryService();
    // 得到身份服务组件
    IdentityService identityService = engine.getIdentityService();
    // 部署流程描述文件
    Deployment dep = repositoryService.createDeployment()
        .addClasspathResource("bpmn/candidateQuery.bpmn").deploy();
    // 添加两个用户
    creatUser(identityService, "user1", "张三", "张三", "mail1", "123");
    creatUser(identityService, "user2", "李四", "李四", "mail2", "123");
    // 添加两个用户组
    createGroup(identityService, "group1", "经理组", "manager");
```

```java
        createGroup(identityService, "group2", "员工组", "employee");
    // 查询流程定义
    ProcessDefinition def = repositoryService
            .createProcessDefinitionQuery().deploymentId(dep.getId())
            .singleResult();
    // 设置权限数据
    repositoryService.addCandidateStarterGroup(def.getId(), "group1");
    repositoryService.addCandidateStarterGroup(def.getId(), "group2");
    repositoryService.addCandidateStarterUser(def.getId(), "user1");
    repositoryService.addCandidateStarterUser(def.getId(), "user2");
    // 根据用户查询有权限的流程定义
    List<ProcessDefinition> defs = repositoryService
            .createProcessDefinitionQuery().startableByUser("user1").list();
    System.out.println("用户张三有权限的流程定义为：");// 结果为1
    for (ProcessDefinition dft : defs) {
        System.out.println("   " + dft.getName());
    }
    // 根据流程定义查询用户组数据
    List<Group> groups = identityService.createGroupQuery()
            .potentialStarter(def.getId()).list();
    System.out.println("以下用户组对流程定义有权限：");
    for (Group group : groups) {
        System.out.println("   " + group.getName());
    }
    // 根据流程定义查询用户数据
    List<User> users = identityService.createUserQuery()
            .potentialStarter(def.getId()).list();
    System.out.println("以下用户对流程定义有权限：");// 结果为2
    for (User user : users) {
        System.out.println("   " + user.getFirstName());
    }
    // 根据流程定义查询全部的 IdentityLink (ACT_RU_IDENTITYLINK 表) 数据
    List<IdentityLink> links = repositoryService
            .getIdentityLinksForProcessDefinition(def.getId());
    System.out.println("与流程定义相关的数据量: " + links.size());// 结果为4
}

// 将用户组数据保存到数据库中
static void createGroup(IdentityService identityService, String id,
        String name, String type) {
    // 调用 newGroup 方法创建 Group 实例
    Group group = identityService.newGroup(id);
    group.setName(name);
    group.setType(type);
    identityService.saveGroup(group);
}

// 创建用户
static void creatUser(IdentityService identityService, String id,
        String first, String last, String email, String passwd) {
    // 使用 newUser 方法创建 User 实例
    User user = identityService.newUser(id);
    // 设置用户的各个属性
    user.setFirstName(first);
    user.setLastName(last);
    user.setEmail(email);
    user.setPassword(passwd);
    // 使用 saveUser 方法保存用户
    identityService.saveUser(user);
}
```

在代码清单 7-21 中，先添加了两个用户组与两个用户，然后为部署的流程定义绑定这 4

条身份数据，最后调用代码清单 7-21 中的粗体字代码进行权限数据查询，代码清单 7-21 中的粗体字代码涉及 4 个方法。

> ProcessDefinitionQuery 的 startableByUser 方法：该方法用于根据用户 ID 查询该用户有权限启动的流程定义数据。
> GroupQuery 的 potentialStarter 方法：根据流程定义 ID 查询有权限启动的用户组数据。
> UserQuery 的 potentialStarter 方法：根据流程定义 ID 查询有权限启动的用户数据。
> RepositoryService 的 getIdentityLinksForProcessDefinition 方法：根据流程定义 ID 查询与之相关的全部权限数据。

运行代码清单 7-21，可以看到最终输出结果为：

```
用户张三有权限的流程定义为：
    vacation
以下用户组对流程定义有权限：
    经理组
    员工组
以下用户对流程定义有权限：
    张三
    李四
与流程定义相关的数据量：  4
```

注意：

ProcessDefinitionQuery 的使用方法请参看本章关于 RepositoryService 数据查询的讲述，GroupQuery 和 UserQuery 的使用方法请参看本书第 6 章的相关讲述。

由此可见，Activiti 这种开放的设计提供了各种查询权限元素的方法，而在它的内部并没有对这些权限数据进行任何的拦截处理。

7.4 RepositoryService 数据查询与删除

在本章的开始，使用 DeploymentBuilder 对象将流程描述文件、流程资源等文件保存到数据库中，本节将讲述如何使用 RepositoryService 提供的方法管理这些资源数据，这些资源包括部署的文件、流程描述文件、流程图文件等。第 6 章讲过，Activiti 的每种数据都有相应的 Query 查询对象，同样，本章所涉及的部署数据、流程定义数据也有相应的查询对象。下面将讲述这些对象的使用方法。

7.4.1 查询部署资源

部署资源包括与部署相关的文件、流程描述文件、流程图等，可以使用 DeploymentBuilder 的 addXXX 方法将相关的资源文件保存到数据库中，如果需要使用这些文件，则可以调用 RepositoryService 的 getResourceAsStream 方法，只需要提供部署（Deployment）ID 和资源名称，就可以返回资源的输入流对象。代码清单 7-22 示范了如何使用 getResourceAsStream 方法获取资源。

代码清单 7-22：codes\07\7.4\query-deploy\src\org\crazyit\activiti\GetResource.java

```
// 创建流程引擎
ProcessEngine engine = ProcessEngines.getDefaultProcessEngine();
// 得到流程存储服务对象
RepositoryService repositoryService = engine.getRepositoryService();
```

```
// 部署一份 txt 文件
Deployment dep = repositoryService.createDeployment()
    .addClasspathResource("artifact/GetResource.txt").deploy();
// 查询资源文件
InputStream is = repositoryService.getResourceAsStream(dep.getId(),
    "artifact/GetResource.txt");
// 读取输入流
int count = is.available();
byte[] contents = new byte[count];
is.read(contents);
String result = new String(contents);
//输出结果
System.out.println(result);
```

在代码清单 7-22 中，将一个 txt 文件使用 addClasspathResource 方法部署到数据库中，最后得到一个 Deployment 实例，在此过程中，数据库的资源表中会写入一条资源数据（详细见 7.1 节）。代码清单 7-22 中的粗体字代码，调用 getResourceAsStream 方法获取该资源文件的输入流，在程序的最后分析这个输入流实例，最终输出部署文件"artifact/GetResource.txt"的内容。

> **注意：**
> 调用 addClasspathResource 方法时，会以文件的路径作为该资源数据的名称，因此在查询时，需要使用同样的路径作为资源名称进行查询。

▶▶ 7.4.2 查询流程文件

在 7.2.2 节讲过，部署流程描述文件的时候，Activiti 会向资源表中写入该文件的内容，即先将其看作一份普通的文件进行解析与数据保存，然后再解析它的文件内容，并生成相应的流程定义数据。与查询部署资源的 getResourceAsStream 方法一样，RepositoryService 提供了一个 getProcessModel 方法，调用该方法只需要提供流程定义的 ID 即可返回流程文件的 InputStream 实例。代码清单 7-23 为一个调用 getProcessModel 方法的示例。

代码清单 7-23：codes\07\7.4\query-deploy\src\org\crazyit\activiti\GetProcessModel.java

```
// 创建流程引擎
ProcessEngine engine = ProcessEngines.getDefaultProcessEngine();
// 得到流程存储服务对象
RepositoryService repositoryService = engine.getRepositoryService();
// 部署一份 txt 文件
Deployment dep = repositoryService.createDeployment()
    .addClasspathResource("bpmn/getProcessModel.bpmn").deploy();
// 查询流程定义
//查询流程定义实体
ProcessDefinition def = repositoryService.createProcessDefinitionQuery()
    .deploymentId(dep.getId()).singleResult();
// 查询资源文件
InputStream is = repositoryService.getProcessModel(def.getId());
// 读取输入流
int count = is.available();
byte[] contents = new byte[count];
is.read(contents);
String result = new String(contents);
//输出结果
System.out.println(result);
```

代码清单7-23中的粗体字代码调用getProcessModel方法得到流程描述文件的输入流,最后解析该输入流实例,运行代码清单7-23,输出结果为该流程描述文件的XML内容:

```xml
<definitions xmlns="http://www.omg.org/spec/BPMN/20100524/MODEL"
    xmlns:xsi="http://www.w3.org/2001/XMLSchema-instance"
    xmlns:activiti="http://activiti.org/bpmn"
    xmlns:bpmndi="http://www.omg.org/spec/BPMN/20100524/DI"
    xmlns:omgdc="http://www.omg.org/spec/DD/20100524/DC"
    xmlns:omgdi="http://www.omg.org/spec/DD/20100524/DI"
    typeLanguage="http://www.w3.org/2001/XMLSchema"
    expressionLanguage="http://www.w3.org/1999/XPath"
    targetNamespace="http://www.activiti.org/test">
    <process id="vacationProcess" name="vacation">
        <startEvent id="startevent1" name="Start"></startEvent>
        <userTask id="usertask1" name="Write Vacation"></userTask>
        <endEvent id="endevent1" name="End"></endEvent>
        <sequenceFlow id="flow1" name="" sourceRef="startevent1"
            targetRef="usertask1"></sequenceFlow>
        <sequenceFlow id="flow2" name="" sourceRef="usertask1"
            targetRef="endevent1"></sequenceFlow>
    </process>
</definitions>
```

▶▶ 7.4.3 查询流程图

在部署一个流程的时候,可以由Activiti生成流程图,也可以由我们提供,可以使用RepositoryService的getProcessDiagram方法返回该流程图的InputStream对象。调用getProcessDiagram方法同样需要提供流程定义ID,根据流程定义数据得到部署数据ID与部署资源名称,再到资源表中查询相应的文件数据返回。代码清单7-24示范了调用getProcessDiagram方法获取流程图的方法。

代码清单7-24:codes\07\7.4\query-deploy\src\org\crazyit\activiti\GetProcessDiagram.java

```java
// 创建流程引擎
ProcessEngine engine = ProcessEngines.getDefaultProcessEngine();
// 得到流程存储服务对象
RepositoryService repositoryService = engine.getRepositoryService();
// 部署一份流程文件与相应的流程图文件
Deployment dep = repositoryService.createDeployment()
    .addClasspathResource("bpmn/getProcessDiagram.bpmn")
    .addClasspathResource("bpmn/getProcessDiagram.png").deploy();
// 查询流程定义
ProcessDefinition def = repositoryService.createProcessDefinitionQuery()
        .deploymentId(dep.getId()).singleResult();
// 查询资源文件
InputStream is = repositoryService.getProcessDiagram(def.getId());
// 将输入流转换为图片对象
BufferedImage image = ImageIO.read(is);
// 保存为图片文件
File file = new File("resource/artifact/result.png");
if (!file.exists()) file.createNewFile();
FileOutputStream fos = new FileOutputStream(file);
ImageIO.write(image, "png", fos);
fos.close();
is.close();
```

在代码清单7-24中,将一份getProcessDiagram.bpmn流程文件与它的流程图文件部署到数据库中,然后调用getProcessDiagram方法得到流程图的输入流,最后将该输入流以文件的形式保存到resource/artifact目录下,文件名为result.png。可以查看bpmn/getProcessDiagram.png与result.png,实际上它们为同一份图片文件(相同的内容)。

7.4.4 查询部署资源名称

查询一次部署所涉及的全部文件名称，可以调用 RepositoryService 的 getDeployment-ResourceNames 方法。代码清单 7-25 为个使用该方法的示例。

代码清单 7-25：codes\07\7.4\query-deploy\src\org\crazyit\activiti\GetResourceNames.java

```java
// 创建流程引擎
ProcessEngine engine = ProcessEngines.getDefaultProcessEngine();
// 得到流程存储服务对象
RepositoryService repositoryService = engine.getRepositoryService();
// 部署一份流程文件与相应的流程图文件
Deployment dep = repositoryService.createDeployment()
        .addClasspathResource("bpmn/GetResourceNames.bpmn")
        .addClasspathResource("bpmn/GetResourceNames.png").deploy();
// 查询资源文件名称集合
List<String> names = repositoryService.getDeploymentResourceNames(dep.getId());
for (String name : names) {
    System.out.println(name);
}
```

运行代码清单 7-25，输出结果如下：

```
bpmn/GetResourceNames.bpmn
bpmn/GetResourceNames.png
```

7.4.5 删除部署资源

在前面章节，使用了 RepositoryService 的各个方法来查询部署所产生的相关资源数据。如果需要删除这些数据，则可以使用 RepositoryService 提供的两个删除方法，这两个方法的描述如下。

- deleteDeployment(String deploymentId)：删除部署数据，不进行级联删除，这里所说的级联删除，是指与该部署相关的流程实例数据的删除。
- deleteDeployment(String deploymentId, boolean cascade)：是否进行级联删除，由调用者决定。如果 cascade 参数为 false，效果等同于 deleteDeployment(String deploymentId)方法；如果 cascade 为 true，则会删除部署相关的流程实例数据。

不管删除部署数据时是否指定级联删除，部署的相关数据均会被删除，包括身份数据（IdentityLink）、流程定义数据（ProcessDefinition）、流程资源（Resource）与部署数据（Deployment）。代码清单 7-26 示范了如何调用两个删除部署数据的方法。

> 如果设置为级联删除，则会删除流程实例数据（ProcessInstance），其中流程实例数据也包括流程任务（Task）与流程实例的历史数据；如果设置为 false，不进行级联删除的话，如果 Activiti 数据库中已经存在流程实例数据，那么将会删除失败，因为在删除流程定义时，流程定义数据的 ID 已经被流程实例的相关数据所引用。

代码清单 7-26：codes\07\7.4\query-deploy\src\org\crazyit\activiti\DeleteDeployment.java

```java
// 创建流程引擎
ProcessEngine engine = ProcessEngines.getDefaultProcessEngine();
// 得到流程存储服务对象
RepositoryService repositoryService = engine.getRepositoryService();
// 部署一份流程文件与相应的流程图文件
```

```
Deployment dep = repositoryService.createDeployment()
    .addClasspathResource("bpmn/deleteDeployment.bpmn")
    .deploy();
// 查询流程定义
ProcessDefinition def = repositoryService.createProcessDefinitionQuery()
    .deploymentId(dep.getId()).singleResult();
// 启动流程
engine.getRuntimeService().startProcessInstanceById(def.getId());
try {
    // 删除部署数据失败, 此时将会抛出异常, 由于 cascade 为 false
    repositoryService.deleteDeployment(dep.getId());
} catch (Exception e) {
    System.out.println("删除失败, 流程开始, 没有设置 cascade 为 true");
}
System.out.println("============分隔线");
// 成功删除部署数据
repositoryService.deleteDeployment(dep.getId(), true);
```

在代码清单 7-26 中, 调用 deleteDeployment(String deploymentId)方法删除部署数据失败 (抛出数据库异常), 因为该方法不进行级联删除。在代码清单 7-26 中, 已经启动了流程 (粗体字代码), 这意味着已经产生了相关的流程实例数据, 而调用 deleteDeployment(String deploymentId, boolean cascade)方法时将 cascade 设置为 true, 所以即使流程已经启动, 该方法也会将流程实例相关的全部数据删除, 因此最终成功删除部署数据。

▶▶ 7.4.6 DeploymentQuery 对象

Activiti 中的每个查询对象 (XXXQuery) 均有自己相应的查询方法和排序方法 (详细请见第 6 章), 本章的 DeploymentQuery 对象包括如下方法。

➢ deploymentId(String id): 添加 ID 查询条件, 查询 ID 为参数值的数据记录。
➢ deploymentName(String name): 添加名称查询条件, 查询 Deployment 名称为参数值的数据记录。
➢ deploymentNameLike(String name): 添加模糊查询条件, 查询 Deployment 名称含有参数值的数据记录。
➢ orderByDeploymentId: 设置查询结果按照 Deployment 的 ID 进行排序, 排序方式由 asc 与 desc 方法决定。
➢ orderByDeploymentTime: 设置查询结果按照 DEPLOY_TIME_ 字段排序。
➢ orderByDeploymentName: 设置查询结果按照 Deployment 名称排序。

各个 Query 对象提供的所谓查询和排序方法, 实际上是为本次查询添加查询条件, 最终执行查询可由 list 和 singleResult 方法进行。

在代码清单 7-27 中使用了 DeploymentQuery 的三个查询方法。

代码清单 7-27: codes\07\7.4\query-deploy\src\org\crazyit\activiti\DeploymentQuery.java

```
// 创建流程引擎
ProcessEngine engine = ProcessEngines.getDefaultProcessEngine();
// 得到流程存储服务实例
RepositoryService repositoryService = engine.getRepositoryService();
// 写入 5 条 Deployment 数据
Deployment depA = repositoryService.createDeployment().addString("a1", "a1")
    .addString("a2", "a2").addString("a3", "a3").name("a").deploy();
```

```java
Deployment depB = repositoryService.createDeployment().addString("b1", "b1")
    .addString("b2", "b2").addString("b3", "b3").name("b").deploy();
Deployment depC = repositoryService.createDeployment().addString("c1", "c1")
    .addString("c2", "c2").addString("c3", "c3").name("c").deploy();
Deployment depD = repositoryService.createDeployment().addString("d1", "d1")
    .addString("d2", "d2").addString("d3", "d3").name("da").deploy();
Deployment depE = repositoryService.createDeployment().addString("e1", "e1")
    .addString("e2", "e2").addString("e3", "e3").name("eb").deploy();
//deploymentId 方法
Deployment depAQuery = repositoryService.createDeploymentQuery()
    .deploymentId(depA.getId()).singleResult();
System.out.println("根据 id 查询: " + depAQuery.getName());
//deploymentName 方法
Deployment depBQuery = repositoryService.createDeploymentQuery()
    .deploymentName("b").singleResult();
System.out.println("查询名称为 b: " + depBQuery.getName());
//deploymentNameLike, 模糊查询, 结果集为 2
List<Deployment> depCQuery = repositoryService.createDeploymentQuery()
    .deploymentNameLike("%b%").list();
System.out.println("模糊查询 b, 结果数量: " + depCQuery.size());
```

在代码清单 7-27 中使用了三个查询方法,其中需要注意的是,模糊查询方法 deploymentNameLike 的参数中需要加入通配符,就像使用 MySQL 的 LIKE 关键字一样。DeploymentQuery 的其他三个设置排序条件的方法,在此不再赘述。运行代码清单 7-27,输出结果如下:

```
根据 id 查询: a
查询名称为 b: b
模糊查询 b, 结果数量: 2
```

▶▶ 7.4.7 ProcessDefinitionQuery 对象

ProcessDefinitionQuery 对象与 DeploymentQuery 对象类似,是 RepositoryService 提供的另外一个数据查询对象,该对象主要用于查询流程定义数据。ProcessDefinitionQuery 对象提供了若干个根据字段查询与字段排序的方法,在此需要注意的是,在 7.3.4 节,使用了该对象的 startableByUser(String userId) 方法,该方法根据用户 ID 返回该用户有权限启动流程定义的流程定义数据。另外,ProcessDefinitionQuery 中有一个 messageEventSubscriptionName(String messageName) 方法,该方法的使用将在讲述 BPMN 2.0 规范的相关章节中讲解。ProcessDefinitionQuery 中的其他根据字段查询、排序的方法,本章不再赘述,读者可参照 DeploymentQuery 的使用方法,测试这些方法的作用。

📁 7.5 本章小结

本章主要讲述了流程存储服务接口(RepositoryService)的使用方法、流程存储相关数据的管理,这些流程存储数据包括部署数据、部署的文件资源、流程定义、流程定义的身份关联数据等。本章的核心在于向读者讲解如何使用 RepositoryService 的 API 对这些数据进行管理,本章讲述了 RepositoryService 的大部分 API,其他的 API 会在后面相关章节讲解。在了解这些 API 的过程中,能掌握到 Activiti 的一些数据库设计、程序设计方面的知识。流程的存储是流程控制与流程制定的基础,熟悉并且灵活使用这些 API,将会为开发工作流应用提供极大的便利。

第 8 章
流程任务管理

本章要点

- 使用 API 管理任务
- 设置任务权限
- 任务参数管理
- 任务附件管理
- 任务的评论和事件的记录
- 任务声明与完成

在第 7 章中，讲述了如何使用 RepositoryService 进行流程部署管理、流程定义管理，ProcessEngine 提供了一系列的业务组件供开发者使用。本章将讲解任务服务组件 TaskService 的使用。在 Activiti 中，一个 Task 实例表示流程中的一个任务，任务类型多种多样，例如用户任务、脚本任务等，关于这些类型将在讲述 BPMN 规范的章节中讲解。TaskService 提供了许多操作流程任务的 API，包括任务的查询、创建与删除、权限设置和参数设置等，本章将详细讲解这些 API 的使用以及在使用过程中的注意事项。

在前面章节中，讲述了 ProcessEngine 对象，我们知道，得到 ProcessEngine 的实例后，可以调用 getTaskService 方法来获取 TaskService 实例。

8.1 任务的创建与删除

一般情况下，可以通过定义流程描述 XML 文件来定义一个任务，Activiti 在解析该文件时，会将任务写到对应的数据表（ACT_RU_TASK）中。在此过程中，创建任务的工作已由 Activiti 完成了。如果需要使用任务数据，则可以调用相应查询的 API 查询任务数据并且进行相应的设置。下面将讲解如何使用 XML 文件定义任务，以及如何使用 TaskService 提供的 API 来保存和删除任务数据。

▶▶ 8.1.1 Task 接口

一个 Task 实例表示流程中的一个任务，与其他实例一样，Task 是一个接口，并且遵守数据映射实体的命名规范。Task 的实现类为 TaskEntityImpl，对应的数据库表为 ACT_RU_TASK。TaskEntityImpl 包括以下映射属性。

- id：主键，对应 ID_字段。
- revision：该数据版本号，对应 REV_字段。
- owner：任务拥有人，对应 OWNER_字段。
- assignee：被指定需要执行任务的人，对应 ASSIGNEE_字段。
- delegationState：任务被委派的状态，对应 DELEGATION_字段。
- parentTaskId：父任务的 ID（如果本身是子任务的话），对应 PARENT_TASK_ID_字段。
- name：任务名称，对应 NAME_字段。
- description：任务的描述信息，对应 DESCRIPTION_字段。
- priority：任务的优先级，默认值为 50，表示正常状态，对应 PRIORITY_字段。
- createTime：任务创建时间，对应 CREATE_TIME_字段。
- dueDate：预订日期，对应 DUE_DATE_字段。
- executionId：该任务对应的执行流 ID，对应 EXECUTION_ID_字段。
- processDefinitionId：任务对应的流程定义 ID，对应 PROC_DEF_ID_字段。
- claimTime：任务的提醒时间，对应 CLAIM_TIME_字段。

TaskEntityImpl 中的一些与流程控制相关的字段(例如执行流与流程实例等)，将在讲述流程控制的相关章节详细讲解。

8.1.2 创建与保存 Task 实例

与创建用户组实例（Group）、用户实例（User）一样，TaskService 提供了创建 Task 实例的方法。调用 TaskService 的 newTask()与 newTask(String taskId)方法，可以获取一个 Task 实例，开发人员不需要关心 Task 的创建细节。调用这两个创建 Task 实例的方法时，TaskService 会初始化 Task 的部分属性，这些属性包括 taskId、创建时间等。

创建了 Task 实例后，如果需要将其保存到数据库中，则可以使用 TaskService 的 saveTask(Task task)方法，如果保存的 Task 实例有 ID 值，则会使用该值作为 Task 数据的主键，没有的话，则由 Activiti 为其生成主键。代码清单 8-1 示范了如何调用 newTask 与 saveTask 方法。

代码清单 8-1：codes\08\8.1\task-control\src\org\crazyit\activiti\NewTask.java
```
// 创建流程引擎
ProcessEngine engine = ProcessEngines.getDefaultProcessEngine();
//获取任务服务组件
TaskService taskService = engine.getTaskService();
//保存第一个 Task, 不设置 ID
Task task1 = taskService.newTask();
taskService.saveTask(task1);
//保存第二个 Task, 设置 ID
Task task2 = taskService.newTask("审核任务");
taskService.saveTask(task2);
```

在代码清单 8-1 中，保存了两个 Task 实例，一个调用 newTask()方法创建，另外一个调用 newTask(String taskId)方法创建，执行代码清单 8-1 后，可以打开数据库的 ACT_RU_TASK 表查看结果。一般情况下，Activiti 会解析流程描述文件并且将相应的 Task 保存到数据库中，如果提供了流程描述文件，开发人员就不需要关心 Task 的创建过程。

8.1.3 删除任务

TaskService 提供了多个删除任务的方法，包括删除单个任务、删除多个任务的方法。这些删除方法与 7.4.5 节中讲述的删除部署资源的方法类似，同样由开发人员决定是否进行级联删除。这些删除方法描述如下。

- deleteTask(String taskId)：根据 Task 的 ID 删除 Task 数据，调用该方法不会进行级联删除。
- deleteTask(String taskId, boolean cascade)：根据 Task 的 ID 删除 Task 数据，由调用者决定是否进行级联删除。
- deleteTasks(Collection<String> taskIds)：提供多个 Task 的 ID 进行多条数据删除，调用该方法不会进行级联删除。
- deleteTasks(Collection<String> taskIds, boolean cascade)：提供多个 Task 的 ID 进行多条数据删除，由调用者决定是否进行级联删除。

删除任务时，将会删除该任务下面全部的子任务和该任务本身，如果设置了进行级联删除，则会删除与该任务相关的全部历史数据（ACT_HI_TASKINST 表）和子任务，如果不进行级联删除，则会使用历史数据将该任务设置为结束状态。除此之外，如果尝试删除一条不存在的任务数据（提供不存在的 taskId），此时 deleteTask 方法会到历史数据表中查询是否存在该任务相关的历史数据，如果存在则删除，不存在则忽略。在代码清单 8-2 中调用了删除任务的 4 个方法。

代码清单 8-2：codes\08\8.1\task-control\src\org\crazyit\activiti\DeleteTask.java
```
public static void main(String[] args) {
```

```java
// 创建流程引擎
ProcessEngine engine = ProcessEngines.getDefaultProcessEngine();
//获取任务服务组件
TaskService taskService = engine.getTaskService();
// 保存若干个 Task
for (int i = 1; i < 10; i++) {
    saveTask(taskService, String.valueOf(i));
}
// 删除 task（不包括历史数据和子任务）
taskService.deleteTask("1");
// 删除 task（包括历史数据和子任务）
taskService.deleteTask("2", true);
// 删除多个 task（不包括历史数据和子任务）
List<String> ids = new ArrayList<String>();
ids.add("3");
ids.add("4");
taskService.deleteTasks(ids);
//删除多个 task（包括历史数据和子任务）
ids = new ArrayList<String>();
ids.add("5");
ids.add("6");
taskService.deleteTasks(ids, true);
// 再删除 ID 为 3 的 task，此时任务 3 的历史数据也会被删除
taskService.deleteTask("3", true);
}

//保存一个 task
static void saveTask(TaskService taskService, String id) {
    Task task1 = taskService.newTask(id);
    taskService.saveTask(task1);
}
```

在代码清单 8-2 中，先往数据库中写入 9 条 Task 数据，然后分别调用 4 个删除 Task 的方法对这些 Task 数据进行删除（代码清单 8-2 中的粗体字代码）。需要注意的是，调用完 4 个删除方法后，最后还删除了 ID 为 3 的 Task 数据。此时 ID 为 3 的 Task 数据已经被删除（历史数据还在），那么最后执行删除时，ID 为 3 的历史数据也会同样被删除，到最后，数据库中剩下的没有被删除的 Task 数据如图 8-1 所示，而没有被删除的 Task 历史数据如图 8-2 所示。

图 8-1 ACT_RU_TASK 表数据　　图 8-2 ACT_HI_TASKINST 表数据

如图 8-1 与图 8-2 所示，由于在删除数据 1 的时候，并没有设置级联删除，因此 ID 为 1 的 Task 历史数据仍然存在于 ACT_HI_TASKINST 表中。除此之外，删除一条 Task 数据，不管是否设置为级联删除，都会将其关联的 Task 权限数据与参数数据删除。关于 Task 的权限与参数设置，将在下面讲解。

8.2 任务权限

Activiti 提供了设置任务权限数据的 API，通过调用这些 API，可以为任务设置角色的权

限数据,这些角色包括用户组与用户。在 7.3 节中,讲解了流程定义的权限,Activiti 对流程定义的权限不做任何的控制,只会提供相应的流程定义查询方法,将相应的流程定义数据展现给不同的角色。任务的权限同样使用这种设计,Activiti 不会对权限进行拦截,只提供查询的 API 让开发人员使用。

▶▶ 8.2.1 设置候选用户组

根据前面章节的讲述可知,流程定义与用户组(或者用户)之间的权限数据,通过一个 ACT_RU_IDENTITYLINK 中间表来保存,该表对应的实体为 IdentityLink 对象(详情请见 7.3.3 节)。任务的权限数据设置与之类似,也是使用 ACT_RU_IDENTITYLINK 表来保存这些权限数据,因此在调用设置流程权限 API 时,Activiti 最终会往这个表中写入数据。代码清单 8-3 设置了任务的候选用户组。

代码清单 8-3:codes\08\8.2\task-candidate\src\org\crazyit\activiti\AddCandidateGroup.java

```java
public static void main(String[] args) {
    //获取流程引擎实例
    ProcessEngine engine = ProcessEngines.getDefaultProcessEngine();
    // 获取身份服务组件
    IdentityService identityService = engine.getIdentityService();
    // 新建用户组
    Group groupA = createGroup(identityService, "group1", "经理组", "manager");
    // 获取任务服务组件
    TaskService taskService = engine.getTaskService();
    //保存第一个 Task
    Task task1 = taskService.newTask("task1");
    taskService.saveTask(task1);
    //保存第二个 Task
    Task task2 = taskService.newTask("task2");
    taskService.saveTask(task2);
    //绑定用户组与任务的关系
    taskService.addCandidateGroup("task1", groupA.getId());
    taskService.addCandidateGroup("task2", groupA.getId());
}

// 将用户组数据保存到数据库中
static Group createGroup(IdentityService identityService, String id,
        String name, String type) {
    // 调用 newGroup 方法创建 Group 实例
    Group group = identityService.newGroup(id);
    group.setName(name);
    group.setType(type);
    identityService.saveGroup(group);
    return identityService.createGroupQuery().groupId(id).singleResult();
}
```

在代码清单 8-3 中,新建一个用户组,再新建两个 Task 并保存到数据库中,最后调用 TaskService 的 addCandidateGroup 方法绑定任务与用户组之间的关系。调用 addCandidateGroup 方法后,ACT_RU_IDENTITYLINK 表的数据如图 8-3 所示。

图 8-3 ACT_RU_IDENTITYLINK 表的数据

如图 8-3 所示，ACT_RU_IDENTITYLINK 表中被加入了两条数据，其中 TASK_ID 字段为相应任务数据的 ID，GROUP_ID 为用户组数据的 ID，另外，TYPE_字段值为"cadidate"，表示该任务为控制请求的权限数据。

在使用 addCandidateGroup 方法时，需要注意的是，如果给出用户组 ID 为 null，那么将会抛出异常，异常信息为：userId and groupId cannot both be null；如果给出的任务 ID 对应的数据不存在，同样也会抛出异常，异常信息如下：Cannot find task with id （ID）。

▶▶ 8.2.2 设置候选用户

候选用户是一"群"将会拥有或者执行任务权限的人，但是任务只允许一个人执行或者拥有，而任务的候选人则是指一个用户群体。TaskService 同样提供了一个设置用户权限数据的方法 addCandidateUser，与 addCandidateGroup 方法类似，调用该方法需要提供用户 ID 与任务 ID，执行该方法后，会向 ACT_RU_IDENTITYLINK 表中写入相应的权限数据。在代码清单 8-4 中调用了 addCandidateUser 方法来设置任务的候选人。

代码清单 8-4：codes\08\8.2\task-candidate\src\org\crazyit\activiti\AddCandidateUser.java

```java
public static void main(String[] args) {
    // 获取流程引擎实例
    ProcessEngine engine = ProcessEngines.getDefaultProcessEngine();
    // 获取身份服务组件
    IdentityService identityService = engine.getIdentityService();
    // 新建用户
    User user = creatUser(identityService, UUID.randomUUID().toString(),
            "张三", "lastname", "abc@163.com", "123");
    User user2 = creatUser(identityService, UUID.randomUUID().toString(),
            "李四", "lastname", "abc@163.com", "123");
    // 获取任务服务组件
    TaskService taskService = engine.getTaskService();
    // 保存一个 Task
    Task task1 = taskService.newTask("task1");
    taskService.saveTask(task1);
    // 绑定用户与任务的关系
    taskService.addCandidateUser("task1", user.getId());
    taskService.addCandidateUser("task1", user2.getId());
}

//创建用户
static User creatUser(IdentityService identityService, String id, String first,
        String last, String email, String passwd) {
    // 使用 newUser 方法创建 User 实例
    User user = identityService.newUser(id);
    // 设置用户的各个属性
    user.setFirstName(first);
    user.setLastName(last);
    user.setEmail(email);
    user.setPassword(passwd);
    // 使用 saveUser 方法保存用户
    identityService.saveUser(user);
    return identityService.createUserQuery().userId(id).singleResult();
}
```

代码清单 8-4 中的粗体字代码，调用 addCandidateUser 方法添加任务的权限数据。运行代码清单，结果如图 8-4 所示。

图 8-4 ACT_RU_IDENTITYLINK 表的数据

如图 8-4 所示，TASK_ID_字段为任务数据的 ID，USER_ID_字段为对应用户数据的 ID，并且 TYPE_字段的值同样为 "candidate"。

▶▶ 8.2.3 权限数据查询

如果需要查询用户组和用户的候选任务，可以使用 TaskService 的 createTaskQuery 方法，得到 Task 对应的查询对象。TaskQuery 中提供了 taskCandidateGroup 和 taskCandidateUser 方法，这两个方法可以根据用户组或者用户的 ID 查询候选 Task 的数据。与流程定义一样，这些查询方法会先到权限数据表中查询与用户组或者用户关联了的数据，查询得到 taskId 后，再到 Task 中查询任务数据并且返回。如果得到了任务的 ID，想查询相应的关系数据，则可以调用 TaskService 的 getIdentityLinksForTask 方法，该方法根据任务 ID 查询 IdentityLink 集合。

在代码清单 8-5 中调用了以上所述方法查询相应的 Task 数据和 IdentityLink 数据。

代码清单 8-5：codes\08\8.2\task-candidate\src\org\crazyit\activiti\Query.java

```java
public static void main(String[] args) {
    //获取流程引擎实例
    ProcessEngine engine = ProcessEngines.getDefaultProcessEngine();
    // 获取身份服务组件
    IdentityService identityService = engine.getIdentityService();
    // 新建用户
    User user = creatUser(identityService, "user1", "张三", "last", "abc@163.com", "123");
    // 新建用户组
    Group groupA = createGroup(identityService, "group1", "经理组", "manager");
    Group groupB = createGroup(identityService, "group2", "员工组", "employee");
    // 获取任务服务组件
    TaskService taskService = engine.getTaskService();
    //保存第一个 Task
    Task task1 = taskService.newTask("task1");
    task1.setName("申请假期");
    taskService.saveTask(task1);
    //保存第二个 Task
    Task task2 = taskService.newTask("task2");
    task2.setName("审批假期");
    taskService.saveTask(task2);
    //绑定权限
    taskService.addCandidateGroup("task1", groupA.getId());
    taskService.addCandidateGroup("task2", groupB.getId());
    taskService.addCandidateUser("task2", user.getId());
    //根据用户组查询任务
    List<Task> tasks = taskService.createTaskQuery().taskCandidateGroup(groupA.getId()).list();
    System.out.println("经理组的候选任务有：");
    for (Task task : tasks) {
        System.out.println("    " + task.getName());
    }
    //根据用户查询任务
```

```java
        tasks = taskService.createTaskQuery().taskCandidateUser(user.getId()).list();
        System.out.println("张三的候选任务有");
        for (Task task : tasks) {
            System.out.println("    " + task.getName());
        }
        //调用 taskCandidateGroupIn
        List<String> groupIds = new ArrayList<String>();
        groupIds.add(groupA.getId());
        groupIds.add(groupB.getId());
        tasks = taskService.createTaskQuery().taskCandidateGroupIn(groupIds).list();
        System.out.println("经理组与员工组的任务有: ");
        for (Task task : tasks) {
            System.out.println("    " + task.getName());
        }
        //查询权限数据
        List<IdentityLink> links = taskService.getIdentityLinksForTask(tasks.get(0).getId());
        System.out.println("关系数据量: " + links.size());
    }

    // 将用户组数据保存到数据库中
    static Group createGroup(IdentityService identityService, String id,
            String name, String type) {
        // 调用 newGroup 方法创建 Group 实例
        Group group = identityService.newGroup(id);
        group.setName(name);
        group.setType(type);
        identityService.saveGroup(group);
        return identityService.createGroupQuery().groupId(id).singleResult();
    }

    //创建用户
    static User creatUser(IdentityService identityService, String id, String first,
            String last, String email, String passwd) {
        // 使用 newUser 方法创建 User 实例
        User user = identityService.newUser(id);
        // 设置用户的各个属性
        user.setFirstName(first);
        user.setLastName(last);
        user.setEmail(email);
        user.setPassword(passwd);
        // 使用 saveUser 方法保存用户
        identityService.saveUser(user);
        return identityService.createUserQuery().userId(id).singleResult();
    }
```

在代码清单 8-5 中，调用了 taskCandidateGroup 和 taskCandidateUser 方法，来根据用户组和用户查询相应的流程。除了调用这两个方法外，代码清单 8-5 还调用了 taskCandidateGroupIn 方法（代码清单 8-5 中的粗体字代码）。该方法用于查询若干个用户组有权限的任务，如果一个任务同时被设置到不同的用户组下，那么调用该方法时传入多个用户组 ID，但最终只会返回一个任务对象。在代码清单 8-5 的最后还调用了 getIdentityLinksForTask 方法，用于查询权限关联数据。运行代码清单 8-5，输出结果如下。

```
经理组拥有权限的任务有:
    申请假期
张三拥有权限的任务有:
    审批假期
经理组与员工组的任务有:
    申请假期
```

审批假期
权限数据量：1

> **注意：**
> 在讲解流程定义时讲过，用户组与用户的 Query 对象均提供了根据流程定义 ID 查询用户组与用户数据的方法，但是并没有提供根据任务 ID 查询用户组或者用户的方法。

8.2.4 设置任务持有人

TaskService 中提供了一个 setOwner 方法来设置任务的持有人，调用该方法后，会设置流程表的 OWNER_字段为相应用户的 ID。如果想根据用户查询其所拥有的任务，可以调用 TaskQuery 的 taskOwner 方法。代码清单 8-6 即是一个调用 setOwner 方法来设置任务持有人的示例。

代码清单 8-6：codes\08\8.2\task-user\src\org\crazyit\activiti\SetOwner.java

```java
public static void main(String[] args) {
    // 获取流程引擎实例
    ProcessEngine engine = ProcessEngines.getDefaultProcessEngine();
    // 获取身份服务组件
    IdentityService identityService = engine.getIdentityService();
    // 新建用户
    User user = creatUser(identityService, "user1", "张三", "last",
            "abc@163.com", "123");
    // 获取任务服务组件
    TaskService taskService = engine.getTaskService();
    // 保存一个 Task
    Task task1 = taskService.newTask("task1 ");
    task1.setName("申请任务");
    taskService.saveTask(task1);
    // 设置任务持有人
    taskService.setOwner(task1.getId(), user.getId());
    System.out
            .println("用户张三持有任务数量: "
                    + taskService.createTaskQuery().taskOwner(user.getId())
                            .count());
}

// 创建用户
static User creatUser(IdentityService identityService, String id,
        String first, String last, String email, String passwd) {
    // 使用 newUser 方法创建 User 实例
    User user = identityService.newUser(id);
    // 设置用户的各个属性
    user.setFirstName(first);
    user.setLastName(last);
    user.setEmail(email);
    user.setPassword(passwd);
    // 使用 saveUser 方法保存用户
    identityService.saveUser(user);
    return identityService.createUserQuery().userId(id).singleResult();
}
```

代码清单 8-6 中的粗体字代码调用 setOwner 方法设置任务持有人，调用该方法后，再根据用户 id 查询该用户所持有的任务。运行代码清单 8-6，输出结果如下：

用户张三持有任务数量：1

8.2.5 设置任务代理人

除设置任务持有人外,TaskService 还提供了一个 setAssignee 方法用于设置任务的代理人,与 setOwner 方法一样,setAssignee 方法会改变 ACT_RU_TASK 表的 ASSIGNEE_字段值。当需要根据任务代理人查询任务时,可以调用 TaskQuery 的 taskAssignee 方法设定该查询条件。在代码清单 8-7 中调用了 setAssignee 方法。

代码清单 8-7:codes\08\8.2\task-user\src\org\crazyit\activiti\SetAssignee.java

```java
public static void main(String[] args) {
    // 获取流程引擎实例
    ProcessEngine engine = ProcessEngines.getDefaultProcessEngine();
    // 获取身份服务组件
    IdentityService identityService = engine.getIdentityService();
    // 新建用户
    User user = creatUser(identityService, "user1", "张三", "last",
            "abc@163.com", "123");
    // 获取任务服务组件
    TaskService taskService = engine.getTaskService();
    // 保存一个 Task
    Task task1 = taskService.newTask("task1");
    task1.setName("申请任务");
    taskService.saveTask(task1);
    // 设置任务持有人
    taskService.setAssignee(task1.getId(), user.getId());
    System.out.println("用户张三受理的任务数量: "
            + taskService.createTaskQuery().taskAssignee(user.getId())
                    .count());
}

// 创建用户
static User creatUser(IdentityService identityService, String id,
        String first, String last, String email, String passwd) {
    // 使用 newUser 方法创建 User 实例
    User user = identityService.newUser(id);
    // 设置用户的各个属性
    user.setFirstName(first);
    user.setLastName(last);
    user.setEmail(email);
    user.setPassword(passwd);
    // 使用 saveUser 方法保存用户
    identityService.saveUser(user);
    return identityService.createUserQuery().userId(id).singleResult();
}
```

代码清单 8-7 中的粗体字代码调用了 setAssignee 方法,运行代码清单 8-7,输出结果如下:

用户张三受理的任务数量: 1

8.2.6 添加任务权限数据

在前面的几节中,讲述了如何设置任务的权限数据,除了这些方法外,TaskService 还提供了两个添加任务权限数据的方法,这两个方法的描述如下。

- addGroupIdentityLink(String taskId, String groupId, String identityLinkType):添加用户组权限数据,第一个参数为任务 ID,第二个参数为用户组 ID,第三个参数为权限数据类型标识。

> addUserIdentityLink(String taskId, String userId, String identityLinkType)：添加用户权限数据，第一个参数为任务 ID，第二个参数为用户 ID，第三个参数为权限数据类型标识。

在代码清单 8-8 中使用这两个方法添加了任务权限数据。

代码清单 8-8：codes\08\8.2\task-identitylink\src\org\crazyit\activiti\AddIdentityLink.java

```java
public static void main(String[] args) {
    //获取流程引擎实例
    ProcessEngine engine = ProcessEngines.getDefaultProcessEngine();
    // 获取身份服务组件
    IdentityService identityService = engine.getIdentityService();
    // 新建用户组
    Group groupA = createGroup(identityService, "group1", "经理组", "manager");
    // 新建用户
    User user = creatUser(identityService, "user1", "张三", "last", "abc@163.com", "123");
    // 获取任务服务组件
    TaskService taskService = engine.getTaskService();
    //保存第一个 Task
    Task task1 = taskService.newTask("task1");
    task1.setName("申请任务");
    taskService.saveTask(task1);
    //调用 addGroupIdentityLink 方法
    taskService.addGroupIdentityLink(task1.getId(), groupA.getId(),
        IdentityLinkType.CANDIDATE);
    taskService.addGroupIdentityLink(task1.getId(), groupA.getId(),
        IdentityLinkType.OWNER);
    taskService.addGroupIdentityLink(task1.getId(), groupA.getId(),
        IdentityLinkType.ASSIGNEE);
    //调用 addUserIdentityLink 方法
    Task task2 = taskService.newTask("task2");
    task2.setName("申请任务 2");
    taskService.saveTask(task2);
    taskService.addUserIdentityLink(task2.getId(), user.getId(),
        IdentityLinkType.CANDIDATE);
    taskService.addUserIdentityLink(task2.getId(), user.getId(),
        IdentityLinkType.OWNER);
    taskService.addUserIdentityLink(task2.getId(), user.getId(),
        IdentityLinkType.ASSIGNEE);
}

//创建用户
static User creatUser(IdentityService identityService, String id, String first,
        String last, String email, String passwd) {
    // 使用 newUser 方法创建 User 实例
    User user = identityService.newUser(id);
    // 设置用户的各个属性
    user.setFirstName(first);
    user.setLastName(last);
    user.setEmail(email);
    user.setPassword(passwd);
    // 使用 saveUser 方法保存用户
    identityService.saveUser(user);
    return identityService.createUserQuery().userId(id).singleResult();
}

// 将用户组数据保存到数据库中
static Group createGroup(IdentityService identityService, String id,
        String name, String type) {
    // 调用 newGroup 方法创建 Group 实例
    Group group = identityService.newGroup(id);
    group.setName(name);
```

```
        group.setType(type);
        identityService.saveGroup(group);
        return identityService.createGroupQuery().groupId(id).singleResult();
}
```

代码清单 8-8 中的粗体字代码分别调用 addGroupIdentityLink 和 addUserIdentityLink 方法三次，分别将第三个参数（权限类型标识）设置为 CANDIDATE、OWNER 和 ASSIGNEE。

使用 addUserIdentityLink 方法将权限类型标识设置为 CANDIDATE，其效果等同于调用 addCandidateUser 方法；将权限类型标识设置为 OWNER，其效果等同于调用 setOwner 方法；将权限类型标识设置为 ASSIGNEE，其效果等同于调用 setAssignee 方法。调用 addGroupIdentityLink 方法与调用 addUserIdentityLink 方法的效果类似，但是需要注意的是，将用户组设置为任务所有人或者任务代理人，这并不合适，虽然可以成功调用 addGroupIdentityLink 方法，但其在删除权限数据时，将会抛出异常。

▶▶ 8.2.7 删除用户组权限

TaskService 中提供了两个方法用于删除用户组的任务权限，这两个方法的描述如下。

- deleteGroupIdentityLink(String taskId, String groupId, String identityLinkType)：删除任务的权限数据，第一个参数为任务 ID，第二个参数为用户组 ID，第三个参数为任务权限类型标识。
- deleteCandidateGroup(String taskId, String groupId)：删除任务的候选用户组数据，第一个参数为任务 ID，第二个参数为用户组 ID。

在代码清单 8-9 中使用了删除用户组任务权限的两个方法。

代码清单 8-9：codes\08\8.2\task-identitylink\src\org\crazyit\activiti\DeleteGroupIdentity.java

```java
public static void main(String[] args) {
    // 获取流程引擎实例
    ProcessEngine engine = ProcessEngines.getDefaultProcessEngine();
    // 获取身份服务组件
    IdentityService identityService = engine.getIdentityService();
    // 新建用户组
    Group groupA = createGroup(identityService, "group1", "经理组", "manager");
    // 获取任务服务组件
    TaskService taskService = engine.getTaskService();
    // 保存第一个 Task
    Task task1 = taskService.newTask("task1");
    task1.setName("审批任务");
    taskService.saveTask(task1);
    // 调用 addGroupIdentityLink 方法
    taskService.addGroupIdentityLink(task1.getId(), groupA.getId(),
            IdentityLinkType.CANDIDATE);
    taskService.addGroupIdentityLink(task1.getId(), groupA.getId(),
            IdentityLinkType.OWNER);
    taskService.addGroupIdentityLink(task1.getId(), groupA.getId(),
            IdentityLinkType.ASSIGNEE);
    // 调用 delete 方法
    taskService.deleteCandidateGroup(task1.getId(), groupA.getId());
    // 以下两个方法将抛出异常
    taskService.deleteGroupIdentityLink(task1.getId(), groupA.getId(),
            IdentityLinkType.OWNER);
    taskService.deleteGroupIdentityLink(task1.getId(), groupA.getId(),
            IdentityLinkType.ASSIGNEE);
}
    // 将用户组数据保存到数据库中
```

```java
static Group createGroup(IdentityService identityService, String id,
        String name, String type) {
    // 调用newGroup方法创建Group实例
    Group group = identityService.newGroup(id);
    group.setName(name);
    group.setType(type);
    identityService.saveGroup(group);
    return identityService.createGroupQuery().groupId(id).singleResult();
}
```

代码清单8-9中的粗体字代码分别调用deleteGroupIdentityLink和deleteCandidateGroup方法删除任务组的用户权限。在此需要注意的是，如果在调用deleteGroupIdentityLink方法时传入的权限类型标识是OWNER或者ASSIGNEE，那么将会抛出异常。异常信息为：Incompatible usage: cannot use type 'owner' together with a groupId。

如果在调用addGroupIdentityLink方法时使用的是自定义的权限类型标识，那么在调用deleteGroupIdentityLink方法进行删除时，要传入相同的权限类型标识才能删除权限数据。

▶▶ 8.2.8 删除用户权限

TaskService中提供了两个类似的方法用于删除用户的任务权限数据，这两个方法的描述如下。

- deleteCandidateUser(String taskId, String userId)：删除任务权限类型标识为"CANDIDATE"的用户权限数据。
- deleteUserIdentityLink(String taskId, String userId, String identityLinkType)：删除任务权限类型为identityLinkType的用户权限数据。

在使用addCandidateUser方法时，会插入一条权限数据到权限中间表中，如果需要删除该权限数据，则可以调用相应的deleteCandidateUser方法。除了addCandidateUser方法外，还有setOwner、setAssignee和addUserIdentityLink方法可以用于添加不同类型的权限数据，其中setOwner和setAssignee方法会改变任务表的OWNER_和ASSIGNEE_字段值。在调用deleteUserIdentityLink方法时，如果传入的类型标识为OWNER或者ASSIGNEE，那么会将任务表的OWNER_和ASSIGNEE_字段的值设置为null。在代码清单8-10中调用了删除用户权限的方法。

代码清单8-10：codes\08\8.2\task-identitylink\src\org\crazyit\activiti\DeleteUserIdentity.java

```java
public static void main(String[] args) {
    //获取流程引擎实例
    ProcessEngine engine = ProcessEngines.getDefaultProcessEngine();
    // 获取身份服务组件
    IdentityService identityService = engine.getIdentityService();
    // 新建用户
    User user = creatUser(identityService, "user1", "first", "last", "abc@163.com", "123");
    // 获取任务服务组件
    TaskService taskService = engine.getTaskService();
    //保存第一个Task
    Task task1 = taskService.newTask("task1");
    taskService.saveTask(task1);
    //添加用户权限
    taskService.addCandidateUser(task1.getId(), user.getId());
    long count = taskService.createTaskQuery().taskCandidateUser(user.getId()).count();
    System.out.println("调用addCandidateUser方法后,用户的候选任务数量: " + count);
    //删除用户权限
    taskService.deleteCandidateUser(task1.getId(), user.getId());
```

```
        count = taskService.createTaskQuery().taskCandidateUser(user.getId()).count();
        System.out.println("调用 deleteCandidateUser 方法后,用户的候选任务数量: " + count);
        //添加用户权限
        taskService.addUserIdentityLink(task1.getId(), user.getId(),
IdentityLinkType.OWNER);
        count = taskService.createTaskQuery().taskOwner(user.getId()).count();
        System.out.println("调用 addUserIdentityLink 方法后,用户的候选任务数量: " + count);
        //删除用户权限
        taskService.deleteUserIdentityLink(task1.getId(), user.getId(),
IdentityLinkType.OWNER);
        count = taskService.createTaskQuery().taskOwner(user.getId()).count();
        System.out.println("调用 deleteUserIdentityLink 方法后,用户的候选任务数量: " + count);
    }
    //创建用户
    static User creatUser(IdentityService identityService, String id, String first,
            String last, String email, String passwd) {
        // 使用 newUser 方法创建 User 实例
        User user = identityService.newUser(id);
        // 设置用户的各个属性
        user.setFirstName(first);
        user.setLastName(last);
        user.setEmail(email);
        user.setPassword(passwd);
        // 使用 saveUser 方法保存用户
        identityService.saveUser(user);
        return identityService.createUserQuery().userId(id).singleResult();
    }
```

在代码清单 8-10 中,调用了 deleteCandidateUser 方法来删除权限中间表数据,也调用了 deleteUserIdentityLink 方法来删除权限数据。在调用 deleteUserIdentityLink 方法时,如果传入的权限类型标识为 CANDIDATE, 那么效果等同于调用 deleteCandidateUser 方法;如果传入权限类型标识为 OWNER 或者 ASSIGNEE, 那么任务表的 OWNER_和 ASSIGNEE_字段的值会被设置为 null。与用户组类似,如果传入的权限类型标识为自定义类型,那么删除时也需要提供同样的权限类型标识。运行代码清单 8-10,输出如下:

```
调用 addCandidateUser 方法后,用户的候选任务数量: 1
调用 deleteCandidateUser 方法后,用户的候选任务数量: 0
调用 addUserIdentityLink 方法后,用户的候选任务数量: 1
调用 deleteUserIdentityLink 方法后,用户的候选任务数量: 0
```

任务的持有用户和受理用户只能有一个,而任务的候选用户(用户组)可以有多个。

8.3 任务参数

当一个任务被传递到执行人手中时,他需要知道该任务的全部信息,包括任务的基本信息(创建时间、内容等),还需要得到任务的相关参数。例如一个请假申请,请假的天数、开始时间等均为该申请的参数。编写这个请假申请的任务由请假申请人发起,在执行编写请假任务时,就需要设置这一系列的请假任务参数。在 Activiti 中,参数类型分为流程参数和任务参数,下面我们将讲解任务参数的管理。

8.3.1 基本类型参数设置

在 Activiti 数据库设计相关章节中我们讲过,Activiti 中的各种参数均保存在 ACT_RU_VARIABLE 表中,因此当调用了相应的 API 设置参数后,这些参数都会体现在参数数据表中。Activiti 支持多种参数类型设置,开发者可以根据实际情况设置不同的参数。例如在一个请假流程中,若需要设置天数,可以使用 Integer 类型;需要设置日期,可以使用 Date 类型。设置参数可以调用 TaskService 的 setVariable(String taskId, String variableName, Object value)方法。调用该方法需要传入 taskId、参数名称和参数值,其中参数值类型为 Object,根据传入的参数类型,参数表的 TYPE_字段会记录参数的类型标识,当前 Activiti 支持以下基本参数类型。

- Boolean:布尔类型,参数类型标识为 boolean。
- Date:日期类型,参数类型标识为 date。
- Double:双精度类型,参数类型标识为 double。
- Integer:整型,参数类型标识为 integer。
- Long:长整型,参数类型标识为 long。
- Null:空值,参数类型标识为 null。
- Short:短整型,参数类型标识为 short。
- String:字符型,参数类型标识为 string。

在代码清单 8-11 中调用了 setVariable 方法来设置基本参数类型。

代码清单 8-11:codes\08\8.3\task-variable\src\org\crazyit\activiti\BasicVariableType.java

```
//获取流程引擎实例
ProcessEngine engine = ProcessEngines.getDefaultProcessEngine();
// 获取任务服务组件
TaskService taskService = engine.getTaskService();
//保存第一个 Task
Task task1 = taskService.newTask("task1");
taskService.saveTask(task1);
Date d = new Date();
short s = 3;
//设置各种基本类型参数
taskService.setVariable(task1.getId(), "arg0", false);
taskService.setVariable(task1.getId(), "arg1", d);
taskService.setVariable(task1.getId(), "arg2", 1.5D);
taskService.setVariable(task1.getId(), "arg3", 2);
taskService.setVariable(task1.getId(), "arg4", 10L);
taskService.setVariable(task1.getId(), "arg5", null);
taskService.setVariable(task1.getId(), "arg6", s);
taskService.setVariable(task1.getId(), "arg7", "test");
```

在代码清单 8-11 中,为 task1 设置了 8 种数据类型的参数,最终运行结果如图 8-5 所示。

ID_	REV_	TYPE_	NAME_	EXECUTI	PROC_	TASK_ID_	BYTEARF	DOUBLE_	LONG_	TEXT_	TEXT2_
1	1	boolean	arg0	(Null)	(Null)	task1	(Null)	(Null)		0	(Null)
2	1	date	arg1	(Null)	(Null)	task1	(Null)	(Null)	1359441440324	(Null)	(Null)
3	1	double	arg2	(Null)	(Null)	task1	(Null)	1.5		(Null)	(Null)
4	1	integer	arg3	(Null)	(Null)	task1	(Null)	(Null)		2 2	(Null)
5	1	long	arg4	(Null)	(Null)	task1	(Null)	(Null)		10 10	(Null)
6	1	null	arg5	(Null)	(Null)	task1	(Null)	(Null)		(Null)	(Null)
7	1	short	arg6	(Null)	(Null)	task1	(Null)	(Null)		3 3	(Null)
8	1	string	arg7	(Null)	(Null)	task1	(Null)	(Null)		test	(Null)

图 8-5 ACT_RU_VARIABLE 表中保存的参数类型数据

如图 8-5 所示,ACT_RU_VARIABLE 表中的 TYPE_字段被设置为相应的数据类型标识,除双精度类型（Double）、空值类型（Null）和字符类型（String）外，其他基本类型的参数值均被设置到参数表的 LONG_字段，其中整型、长整型、字符型和短整型均被设置到了参数表的 TEXT_字段。在此需要注意的是，在保存日期类型的参数时，会调用 java.util.Date 类的 getTime 方法获取日期值。除了这 8 种基本数据类型外，还支持其他的类型，后面会讲述其他的类型。

> **注意**：如果设置的参数名称存在重复，那么后面的参数将会覆盖前面设置的参数。

▶▶ 8.3.2 序列化参数

上一节讲解了如何设置基本数据类型的参数，setVariable 方法的第三个参数的类型为 Object，因此在调用该方法时，可以传入自定义对象。如果传入的参数为自定义对象，那么调用 setVariable 方法时，会将该对象进行序列化（被序列化的对象必须实现 Serializable 接口），然后将其保存到资源表（ACT_GE_BYTEARRAY）中，而参数表为该参数数据做外键关联。根据第 7 章的讲述我们知道，资源表用于保存流程资源或者 byte 数组，因此可以推测 setVariable 的实现过程，即该方法会将传入的对象进行序列化，得到 byte 数组后，将其写入数据库中。代码清单 8-12 为一个设置序列化参数的示例。

代码清单 8-12：codes\08\8.3\task-variable\src\org\crazyit\activiti\SerilizableVariableType.java

```java
//获取流程引擎实例
ProcessEngine engine = ProcessEngines.getDefaultProcessEngine();
// 获取任务服务组件
TaskService taskService = engine.getTaskService();
//保存第一个 Task
Task task1 = taskService.newTask(UUID.randomUUID().toString());
task1.setName("出差申请");
taskService.saveTask(task1);
//设置序列化参数
taskService.setVariable(task1.getId(), "arg0", new TestVO("crazyit"));
```

代码清单 8-12 中的 TestVO 的代码如下所示：

```java
public class TestVO implements Serializable {
    private String name;
    public TestVO(String name) {
        this.name = name;
    }
    public String getName() {
        return this.name;
    }
}
```

序列化参数的设置与基本类型参数的设置一样，都是直接调用 setVariable 方法，但是 TestVO 对象必须为序列化对象。在执行代码清单 8-12 后，数据库中的资源表与参数表的数据如图 8-6 所示。

由图 8-6 可以看到，参数表中的 BYTEARRAY_ID_字段的值为 30001，表示该参数对应的是资源表 ID 为 30001 的数据，并且参数表的 TYPE_字段的值为 serializable。注意资源表的另外一条数据，其是历史数据所关联的资源 id。

将任务的参数都设计为一个对象，这更符合面向对象的思想，但是如果将一些大对象进行序列化，必然会损耗一定的性能，因此在使用序列化对象作为任务参数时，尽量避免传入大对象。这里所说的大对象,是指保存了过多信息的对象,例如有一个销售单对象,它有一个集合属性,里面存放了许多(例如100万条)的销售明细,那么对这个对象进行序列化时,必然会造成性能的损耗。

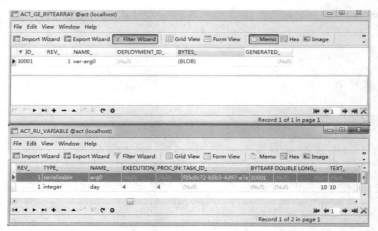

图 8-6　序列化参数数据

▶▶ 8.3.3　获取参数

在调用 setVariable 方法后,不管设置的是基本类型的参数还是序列化参数,均可以使用 TaskService 的 getVariable 方法得到任务的参数。调用该方法只需要提供任务 ID 与参数名称即可,在代码清单 8-13 中就使用了 getVariable 方法来得到任务参数。

代码清单 8-13：codes\08\8.3\task-variable\src\org\crazyit\activiti\GetVariable.java

```java
//获取流程引擎实例
ProcessEngine engine = ProcessEngines.getDefaultProcessEngine();
// 获取任务服务组件
TaskService taskService = engine.getTaskService();
//保存第一个 Task
Task task1 = taskService.newTask("task1");
task1.setName("请差申请");
taskService.saveTask(task1);
//设置各种基本类型参数
taskService.setVariable(task1.getId(), "days", 5);
taskService.setVariable(task1.getId(), "target", new TestVO("北京"));
//获取天数
Integer days = (Integer)taskService.getVariable(task1.getId(), "days");
System.out.println("出差天数: " + days);
//获取目的地
TestVO target = (TestVO)taskService.getVariable(task1.getId(), "target");
System.out.println("出差目的地: " + target.getName());
```

在代码清单 8-13 中,新建了一个出差申请的任务,设置出差天数为 5,目标城市为北京,然后调用 getVariable 方法分别获取 Integer 类型的参数和序列化参数。需要注意的是,在获取参数时,必须清楚获取的参数类型,否则在强制类型转换时,会抛出类型转换异常。运行代码清单 8-13,输出结果为:

```
出差天数: 5
出差目的地: 北京
```

8.3.4 参数作用域

当任务与流程绑定后，设置的参数均会有其作用域。例如设置一个任务参数，希望在整个流程中均可以使用，那么可以调用 setVariable 方法，如果只希望该参数仅仅在当前这个任务中使用，那么可以调用 TaskService 的 setVariableLocal 方法。调用了 setVariable 方法后，如果调用 getVariableLocal 方法来获取参数，将查找不到任何值，因为 getVariableLocal 方法会查询当前任务的参数，而不会查询整个流程中的全局参数，如代码清单 8-14 所示。

代码清单 8-14：codes\08\8.3\task-variable\src\org\crazyit\activiti\LocalVariable.java

```java
// 获取流程引擎实例
ProcessEngine engine = ProcessEngines.getDefaultProcessEngine();
// 获取任务服务组件
TaskService taskService = engine.getTaskService();
// 获取运行服务组件
RuntimeService runtimeService = engine.getRuntimeService();
// 流程存储服务组件
RepositoryService repositoryService = engine.getRepositoryService();
// 部署流程描述文件
Deployment dep = repositoryService.createDeployment()
    .addClasspathResource("bpmn/vacation.bpmn").deploy();
// 查找流程定义
ProcessDefinition pd = repositoryService.createProcessDefinitionQuery()
    .deploymentId(dep.getId()).singleResult();
// 启动流程
ProcessInstance pi = runtimeService
    .startProcessInstanceById(pd.getId());
// 分别调用 setVariable 和 setVariableLocal 方法
Task task = taskService.createTaskQuery().processInstanceId(pi.getId())
    .singleResult();
taskService.setVariable(task.getId(), "days", 10);
taskService.setVariableLocal(task.getId(), "target", "欧洲");
// 获取参数
Object data1 = taskService.getVariable(task.getId(), "days");
System.out.println("获取休假天数：" + data1);
Object data2 = taskService.getVariable(task.getId(), "target");
System.out.println("获取目的地：" + data2);
// 获取参数
Object data3 = taskService.getVariableLocal(task.getId(), "days");
System.out.println("使用 getVariableLocal 方法获取天数：" + data3);
```

在代码清单 8-14 中，先调用 setVariable 和 setVariableLocal 方法，为 task 设置了 arg0 和 arg1 两个参数，然后调用 getVariable 和 getVariableLocal 方法查找参数（代码清单 8-14 中的粗体字代码），其中使用 getVariable 方法查找两个参数，使用 getVariableLocal 方法查找 days 参数，由于 days 参数是使用 setVariable 方法设置的，即 days 是流程的全局参数，因此使用 getVariableLocal 方法查找 days 时，将会返回 null。由此可见，getVariable 方法会查询任务参数（setVariableLocal 方法设置的参数）和流程的全局参数（setVariable 方法设置的参数），并且会优先查询任务参数，而 getVariableLocal 方法只会查询任务参数（setVariableLocal 方法设置的参数）。分别调用 setVariable 和 setVariableLocal 方法后，数据库的参数表的数据如图 8-7 所示。

由图 8-7 可以看到，使用 setVariable 方法设置参数时，并不会设置 TASK_ID_ 字段，而使用 setVariableLocal 方法设置参数时，则会设置相应的 TASK_ID_ 字段。在此需要注意的是，如果希望有这样的效果，任务必须与流程进行绑定。

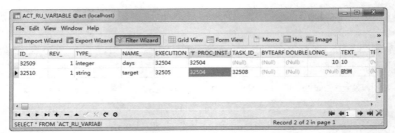

图 8-7　参数数据

调用 setVariableLocal 方法设置的参数，仅仅在该任务存在的阶段可用，一旦任务被删除或者完成，这些参数均会被删除，可到历史数据表中查询这些参数。运行代码清单 8-14，输出结果如下：

```
获取休假天数：10
获取目的地：欧洲
使用 getVariableLocal 方法获取天数：null
```

▶▶ 8.3.5　设置多个参数

如果一个任务需要设置多个参数，则可以定义一个序列化对象，将这些参数放到这个对象中，也可以使用 TaskService 的 setVariables 和 setVariablesLocal 方法，传入参数的 Map 集合，参数 Map 的 key 为参数的名称，value 为参数值。代码清单 8-15 使用 setVariables 方法设置了多个参数。

代码清单 8-15：codes\08\8.3\task-variable\src\org\crazyit\activiti\Variables.java

```java
//获取流程引擎实例
ProcessEngine engine = ProcessEngines.getDefaultProcessEngine();
// 获取任务服务组件
TaskService taskService = engine.getTaskService();
//保存第一个 Task
Task task1 = taskService.newTask("task1");
task1.setName("请假流程");
taskService.saveTask(task1);
//初始化参数
Map<String,Object> vars = new HashMap<String, Object>();
vars.put("days", 10);
vars.put("target", "欧洲");
taskService.setVariables(task1.getId(), vars);
```

在代码清单 8-15 中，为参数的 Map 加入两个参数，分别为整型和字符串类型，最后调用 setVariables 方法设置参数。最终在参数表中生成的数据如图 8-8 所示。

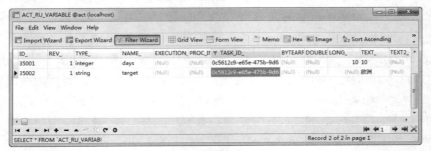

图 8-8　设置多个参数

实际上 setVariables 方法最终会遍历参数的 Map，然后再逐一设置参数（重用 setVariable

逻辑）。设置多个参数的 setVariablesLocal 方法，其逻辑与 setVariables 方法类似，遍历参数的 Map，再逐一设置参数（调用 setVariableLocal 方法），故 setVariablesLocal 方法的使用在此不再赘述。

▶▶ 8.3.6 数据对象

在 BPMN 文件中，可以使用 dataObject 元素来定义流程参数。流程启动后，这些参数将会自动被设置到流程实例中，可以使用 RuntimeService、TaskService 的方法来查询这些参数。如代码清单 8-16 所示，在 BPMN 中定义了 dataObject 元素。

代码清单 8-16：codes\08\8.3\task-variable\resource\bpmn\dataObject.bpmn

```xml
<process id="vacationProcess" name="vacation">
    <!-- 定义了名称，默认值为 Crazyit -->
    <dataObject id="personName" name="personName" itemSubjectRef="xsd:string">
        <extensionElements>
            <activiti:value>Crazyit</activiti:value>
        </extensionElements>
    </dataObject>
    <!-- 定义了年龄，默认值为 20 -->
    <dataObject id="personAge" name="personAge" itemSubjectRef="xsd:int">
        <extensionElements>
            <activiti:value>20</activiti:value>
        </extensionElements>
    </dataObject>
    <startEvent id="startevent1" name="Start"></startEvent>
    <userTask id="usertask1" name="Write Vacation"></userTask>
    <endEvent id="endevent1" name="End"></endEvent>
    <sequenceFlow id="flow1" name="" sourceRef="startevent1"
        targetRef="usertask1"></sequenceFlow>
    <sequenceFlow id="flow2" name="" sourceRef="usertask1"
        targetRef="endevent1"></sequenceFlow>
</process>
```

代码清单 8-16 中的粗体字代码配置了两个参数，并为它们设定了默认值。代码清单 8-17 为获取参数的代码。

代码清单 8-17：codes\08\8.3\task-variable\src\org\crazyit\activiti\TestDataObject.java

```java
// 获取流程引擎实例
ProcessEngine engine = ProcessEngines.getDefaultProcessEngine();
// 获取任务服务组件
TaskService taskService = engine.getTaskService();
// 获取运行服务组件
RuntimeService runtimeService = engine.getRuntimeService();
// 流程存储服务组件
RepositoryService repositoryService = engine.getRepositoryService();
// 部署流程描述文件
Deployment dep = repositoryService.createDeployment()
        .addClasspathResource("bpmn/dataObject.bpmn").deploy();
// 查找流程定义
ProcessDefinition pd = repositoryService.createProcessDefinitionQuery()
        .deploymentId(dep.getId()).singleResult();
// 启动流程
ProcessInstance pi = runtimeService
        .startProcessInstanceById(pd.getId());
// 查询流程任务
Task task = taskService.createTaskQuery().processInstanceId(pi.getId())
        .singleResult();
// 获取全部参数
Map<String, DataObject> objs = taskService.getDataObjects(task.getId());
```

```
// 输出参数
for(String key : objs.keySet()) {
    System.out.println(key + "---" + objs.get(key).getValue());
}
```

代码清单 8-17 中的粗体字代码,调用了 getDataObjects 方法来获取全部的流程参数,最后遍历输入。运行代码清单 8-17,输出结果如下:

```
personName---Crazyit
personAge---20
```

数据对象的配置将会在讲述 BPMN 的相关章节中讲述,获取参数的 API,会在讲述 RuntimeService 时详细讲解。

8.4 任务附件管理

在实际生活中,许多流程都会带上一些任务相关的附件,例如报销流程有可能需要附上发票的单据,奖惩流程有可能会附上相关的说明文件。为此,TaskService 中提供了用于附件管理的 API,通过调用这些 API,可以对任务附件进行创建、删除和查询的操作。在 Activiti 中使用附件表(ACT_HI_ATTACHMENT)保存任务附件数据,与其对应的实体类为 AttachmentEntityImpl。

▶▶ 8.4.1 Attachment 对象

一个 Attachment 实例表示一条任务附件的数据,Attachment 接口提供了获取任务附件属性的各个方法,如何设置该对象的属性,完全由 TaskService 完成,使用者不需要关心设置的过程。该接口的实现类为 AttachmentEntityImpl,包括以下属性。

- id:附件表的主键,对应 ID_ 字段。
- revision:附件数据的版本,对应 REV_ 字段。
- name:附件名称,由调用者提供,保存在 NAME_ 字段。
- desciption:附件描述,由调用者提供,保存在 DESCRIPTION_ 字段。
- type:附件类型,由调用者定义,保存在 TYPE_ 字段。
- taskId:该附件对应的任务 ID,对应 TASK_ID_ 字段。
- processInstanceId:流程实例 ID,对应 PROC_INST_ID_ 字段。
- url:附件的 URL,由调用者提供,对应 URL_ 字段。
- contentId:附件内容的 ID,如果调用者提供了输入流作为附件的内容,那么这些内容将会被保存到资源表(ACT_GE_BYTEARRAY)中,该字段将为资源表的外键 ID,对应 CONTENT_ID_ 字段。

▶▶ 8.4.2 创建任务附件

TaskService 中提供了两个创建任务附件的方法,这两个方法的描述如下。

- createAttachment(String attachmentType, String taskId, String processInstanceId, String attachmentName, String attachmentDescription, String url):创建任务附件,attachmentType 为附件类型,由调用者定义;taskId 为任务 ID;processInstanceId 为流程实例 ID;attachmentName 为附件名称;attachmentDescription 为附件描述;url 为该附件的 URL 地址。
- createAttachment(String attachmentType, String taskId, String processInstanceId, String

attachmentName, String attachmentDescription, InputStream content)：该方法与前一个 createAttachment 方法一样，只是最后一个参数的类型为 InputStream。当调用该方法时，会将最后的输出流参数转换为 byte 数组，并保存到资源表中，最后设置 CONTENT_ID_ 的字段值为资源表中的数据 ID。

在此需要注意的是，当调用第一个 createAttachment 方法时，对于提供的 URL，Activiti 并不会解析它并生成 byte 数组，只是单纯地将该 URL 保存到 URL_字段中。在代码清单 8-18 中调用了这两个 createAttachment 方法。

代码清单 8-18：codes\08\8.4\task-attachment\src\org\crazyit\activiti\CreateAttachment.java

```java
// 获取流程引擎实例
ProcessEngine engine = ProcessEngines.getDefaultProcessEngine();
// 获取任务服务组件
TaskService taskService = engine.getTaskService();
// 获取运行服务组件
RuntimeService runtimeService = engine.getRuntimeService();
// 获取流程存储服务组件
RepositoryService repositoryService = engine.getRepositoryService();
// 部署流程描述文件
Deployment dep = repositoryService.createDeployment()
    .addClasspathResource("bpmn/vacation.bpmn").deploy();
// 查找流程定义
ProcessDefinition pd = repositoryService.createProcessDefinitionQuery()
    .deploymentId(dep.getId()).singleResult();
// 启动流程
ProcessInstance pi = runtimeService
    .startProcessInstanceById(pd.getId());
// 查找任务
Task task = taskService.createTaskQuery().processInstanceId(pi.getId())
    .singleResult();
// 设置任务附件
taskService.createAttachment("web url", task.getId(), pi.getId(), "163.com",
    "163 web page", "http://www.163.com");
// 创建图片输入流
InputStream is = new FileInputStream(new File("resource/artifact/result.png"));
// 设置输入流为任务附件
taskService.createAttachment("web url", task.getId(), pi.getId(), "163.com",
    "163 web page", is);
```

代码清单 8-18 中的粗体字代码分别调用两个 createAttachment 方法创建任务附件。在第一个 createAttachment 方法中，只提供了一个网站的 URL 地址让其创建附件数据；在第二个 createAttachment 方法中，以一个图片文件的输入流作为附件的数据。在日常的流程中，附件的形式是多种多样的，使用这两个 createAttachment 方法可以很灵活地设置不同类型的附件。运行代码清单 8-18 后，可以查看资源表（ACT_GE_BYTEARRAY）与附件表（ACT_HI_ATTACHMENT）中的数据，结果如图 8-9 和图 8-10 所示。

图 8-9　资源表的数据

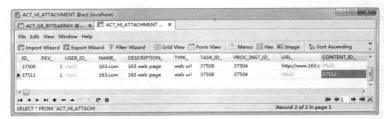

图 8-10 附件表的数据

如图 8-10 所示,附件表的第一条数据是调用第一个 createAttachment 方法创建的;第二条数据是调用第二个 createAttachment 方法创建的,其中该数据 CONTENT_ID_字段的值为资源表的数据 ID。

▶▶ 8.4.3 附件查询

TaskService 中提供了四个查询附件的方法,这些方法包括根据任务 ID 查询附件集合、根据流程实例 ID 查询附件集合、根据附件 ID 查询附件数据和根据附件 ID 查询附件内容。以下为这四个查询附件方法的描述。

- getProcessInstanceAttachments(String processInstanceId):根据流程实例 ID 查询该流程实例下全部的附件,返回 Attachment 集合。
- getTaskAttachments(String taskId):根据任务 ID 查询该任务下全部的附件,返回 Attachment 集合。
- getAttachment(String attachmentId):根据附件的 ID 查询附件数据,返回一个 Attachment 对象。
- getAttachmentContent(String attachmentId):根据附件的 ID 获取该附件的内容,返回附件内容的输入流对象,如果调用的是第二个 createAttachment 方法(传入附件的 InputStream),那么调用该方法才会返回非空的输入流,否则将返回 null。

代码清单 8-19 示范了如何调用以上查询附件的方法。

代码清单 8-19:codes\08\8.4\task-attachment\src\org\crazyit\activiti\GetAttachment.java

```java
// 获取流程引擎实例
ProcessEngine engine = ProcessEngines.getDefaultProcessEngine();
// 获取任务服务组件
TaskService taskService = engine.getTaskService();
// 获取运行服务组件
RuntimeService runtimeService = engine.getRuntimeService();
// 流程存储服务组件
RepositoryService repositoryService = engine.getRepositoryService();
// 部署流程描述文件
Deployment dep = repositoryService.createDeployment()
    .addClasspathResource("bpmn/vacation.bpmn").deploy();
// 查找流程定义
ProcessDefinition pd = repositoryService.createProcessDefinitionQuery()
    .deploymentId(dep.getId()).singleResult();
// 启动流程
ProcessInstance pi = runtimeService
    .startProcessInstanceById(pd.getId());
// 查找任务
Task task = taskService.createTaskQuery().processInstanceId(pi.getId())
    .singleResult();
// 设置任务附件
Attachment att1 = taskService.createAttachment("web url", task.getId(), pi.getId(),
"Attachement1",
```

```java
    "163 web page", "http://www.163.com");
// 创建图片输入流
InputStream is = new FileInputStream(new File("resource/artifact/result.png"));
// 设置输入流为任务附件
Attachment att2 = taskService.createAttachment("web url", task.getId(), pi.getId(),
"Attachement2",
    "Image InputStream", is);
// 根据流程实例ID查询附件
List<Attachment> attas1 = taskService.getProcessInstanceAttachments(pi.getId());
System.out.println("流程附件数量: " + attas1.size());
// 根据任务ID查询附件
List<Attachment> attas2 = taskService.getTaskAttachments(task.getId());
System.out.println("任务附件数量: " + attas2.size());
// 根据附件ID查询附件
Attachment attResult = taskService.getAttachment(att1.getId());
System.out.println("附件1名称: " + attResult.getName());
// 根据附件ID查询附件内容
InputStream stream1 = taskService.getAttachmentContent(att1.getId());
System.out.println("附件1的输入流: " + stream1);
InputStream stream2 = taskService.getAttachmentContent(att2.getId());
System.out.println("附件2的输入流: " + stream2);
```

代码清单 8-19 中的粗体字代码调用了各个查询附件的方法，在最后调用了两次 getAttachmentContent 方法。调用第一个 getAttachmentContent 方法返回的结果为 null，因为创建附件 1（att1）的时候，并没有提供输入流对象，只提供了附件 URL 值；调用第二个 getAttachmentContent 方法返回的是一个输入流对象。运行代码清单 8-19，输出结果如下：

```
流程附件数量: 2
任务附件数量: 2
附件1名称: Attachement1
附件1的输入流: null
附件2的输入流: java.io.ByteArrayInputStream@96212a
```

8.4.4 删除附件

如果需要删除附件数据，只需要调用 TaskService 的 deleteAttachment(String attachmentId) 方法即可。如果在创建附件（调用 createAttachment 方法）时传入了输入流对象，那么将会在资源表中生成相应的资源数据，在调用 deleteAttachment 方法时，并不会将相应的资源表的数据删除，只会删除附件表中的数据及相应的历史数据。deleteAttachment 方法的使用较为简单，在此不再赘述，读者可以参看样例代码：

codes\08\8.4\task-attachment\src\org\crazyit\activiti\DeleteAttachment.java。

8.5 任务评论与事件记录

在日常的工作流程中，随着业务的进行，可能会夹杂着一些个人的流程意见，使用 Activiti，可以将任务或者流程的评论保存到评论表（ACT_HI_COMMENT）中，接口为 Comment，实现类为 CommentEntityImpl。评论表会保存两种类型的数据：任务评论和部分事件记录。下面将介绍如何调用 TaskService 的方法管理这些任务评论数据与操作事件记录。

8.5.1 Comment 对象

一个 Comment 实例表示评论表的一条数据，CommentEntityImpl 实际上实现了两个接口：Event 和 Comment。如果该对象作为 Event 接口返回，则可以认为它返回的是事件记录的数据，如果该对象作为 Comment 返回，则其返回的是评论数据。在使用过程中，只可以得到 Comment 或者 Event 接口的实例，Comment 和 Event 接口中只定义了一系列的 getter 方法用于获取相关信息，设置属性的方法，均被放到 TaskService 中实现。CommentEntityImpl 主要包含以下属性。

> id：评论表的主键，对应 ID_字段。
> type：该数据的类型，对应 TYPE_字段，该属性有两个值，分别为"event"和"comment"。当值为"event"时，表示该数据为事件的记录；当值为"comment"时，表示为任务或者流程的评论数据。
> userId：产生此数据用户的 ID，对应 USER_ID_字段。
> time：该数据的产生时间，对应 TIME_字段。
> taskId：该评论（或者事件记录）数据对应的任务 ID，对应 TASK_字段。
> processInstanceId：该评论（或者事件记录）数据对应的流程实例 ID，对应 PROC_INST_ID_字段。
> action：该数据的操作标识，对应 ACTION_字段。
> message：该评论（或者事件记录）数据的信息，对应 MESSAGE_字段。
> fullMessage：该评论（或者事件记录）数据的信息，对应 FULL_MSG_字段。

8.5.2 新增任务评论

新增一个任务评论，可使用 TaskService 的 addComment 方法，调用该方法需要传入 taskId、流程实例 ID 和信息参数。代码清单 8-20 示范了如何使用 addComment 方法。

代码清单 8-20：codes\08\8.5\task-comment\src\org\crazyit\activiti\AddComment.java

```java
// 获取流程引擎实例
ProcessEngine engine = ProcessEngines.getDefaultProcessEngine();
// 获取任务服务组件
TaskService taskService = engine.getTaskService();
// 获取运行服务组件
RuntimeService runtimeService = engine.getRuntimeService();
// 获取流程存储服务组件
RepositoryService repositoryService = engine.getRepositoryService();
// 部署流程描述文件
Deployment dep = repositoryService.createDeployment()
    .addClasspathResource("bpmn/vacation.bpmn").deploy();
// 查找流程定义
ProcessDefinition pd = repositoryService.createProcessDefinitionQuery()
    .deploymentId(dep.getId()).singleResult();
// 启动流程
ProcessInstance pi = runtimeService
    .startProcessInstanceById(pd.getId());
// 查找任务
Task task = taskService.createTaskQuery().processInstanceId(pi.getId())
    .singleResult();
// 添加任务评论
taskService.addComment(task.getId(), pi.getId(), "this is comment message");
// 查询评论
List<Comment> comments = taskService.getTaskComments(task.getId());
System.out.println("评论数量：" + comments.size());
```

代码清单 8-20 使用 addComment 方法为其中的 Task 添加评论，执行完该代码后，打开评论表，可以看到数据结果如图 8-11 所示。

图 8-11 评论表数据

如图 8-11 所示,可以看到评论表中的评论数据,其中 TYPE_字段值为"comment",表示该条数据为评论数据,并且 ACTION_字段值为"AddComment"。ACTION_字段的值被定义在 Event 接口中,在调用特定方法时,会向评论表中写入数据,并且为 ACTION_字段设置相应的值。ACTION_字段的各个值将在稍后讲解。

▶▶ 8.5.3 事件的记录

评论表中会保存方法的调用历史记录和任务(流程)评论数据,当调用不同方法时,ACTION_字段会被设置为不同的值,在代码清单 8-21 中即调用了 TaskService 的不同方法。

代码清单 8-21:codes\08\8.5\task-comment\src\org\crazyit\activiti\EventRecord.java

```
// 获取流程引擎实例
ProcessEngine engine = ProcessEngines.getDefaultProcessEngine();
// 获取任务服务组件
TaskService taskService = engine.getTaskService();
// 获取运行服务组件
RuntimeService runtimeService = engine.getRuntimeService();
// 获取流程存储服务组件
RepositoryService repositoryService = engine.getRepositoryService();
// 部署流程描述文件
Deployment dep = repositoryService.createDeployment()
    .addClasspathResource("bpmn/vacation.bpmn").deploy();
// 查找流程定义
ProcessDefinition pd = repositoryService.createProcessDefinitionQuery()
    .deploymentId(dep.getId()).singleResult();
// 启动流程
ProcessInstance pi = runtimeService
    .startProcessInstanceById(pd.getId());
// 查找任务
Task task = taskService.createTaskQuery().processInstanceId(pi.getId())
    .singleResult();
// 调用各个记录事件的方法
taskService.addComment(task.getId(), pi.getId(), "this is comment message");
taskService.addUserIdentityLink(task.getId(), "1", "user");
taskService.deleteUserIdentityLink(task.getId(), "1", "user");
taskService.addGroupIdentityLink(task.getId(), "1", "group");
taskService.deleteGroupIdentityLink(task.getId(), "1", "group");
Attachment atta = taskService.createAttachment("test", task.getId(), pi.getId(),
"test", "test", "");
taskService.deleteAttachment(atta.getId());
// 查询 Comment 和 Event
List<Comment> comments = taskService.getTaskComments(task.getId());
System.out.println("总共的评论数量: " + comments.size());
List<Event> events = taskService.getTaskEvents(task.getId());
System.out.println("总共的事件数量: " + events.size());
```

运行代码清单 8-21,可以看到评论表中产生了若干条数据,其中 ACTION_字段会出现以下值。
- AddUserLink：调用 TaskService 的 addUserIdentityLink 方法时设置该值。
- DeleteUserLink：调用 TaskService 的 deleteUserIdentityLink 方法时设置该值。
- AddGroupLink：调用 TaskService 的 addGroupIdentityLink 方法时设置该值。
- DeleteGroupLink：调用 TaskService 的 deleteGroupIdentityLink 方法时设置该值。
- AddComment：调用 TaskService 的 addComment 方法时设置该值。
- AddAttachment：调用 TaskService 的 createAttachment 方法时设置该值。
- DeleteAttachment：调用 TaskService 的 deleteAttachment 方法时设置该值。

根据产生的数据结果，可以得出结论，除了 addComment 方法外，其他的方法产生的数据中，TYPE_字段值均为"event"，表示这些数据为事件记录数据；而 addComment 方法产生的数据中，TYPE_字段值为"comment"，表示这是一条任务（流程）的评论数据。在代码清单 8-21 的最后，查询评论数据和事件记录数据。运行代码清单 8-21，输出结果如下：

```
总共的评论数量：1
总共的事件数量：7
```

需要注意的是，历史数据配置（Activiti 配置文件中 processEngineConfiguration 配置中的 history 属性）必须不能为 none，如果将 history 设置为 none，那么将不会进行事件记录，并且在调用 addComment 方法时，将会抛出以下异常：In order to use comments, history should be enabled。

8.5.4 数据查询

TaskService 中提供了以下几个查询评论表数据的方法。
- getComment(String commentId)：根据评论数据 ID 查询评论数据。
- getTaskComments(String taskId)：根据任务 ID 查询相应的评论数据。
- getTaskEvents(String taskId)：根据任务 ID 查询相应的事件记录。
- getProcessInstanceComments(String processInstanceId)：根据流程实例 ID 查询相应的评论（事件）数据。

其中，getTaskEvents 方法返回 Event 的实例集合，而 getTaskComments 和 getProcessInstanceComments 方法返回 Comment 的实例集合。在代码清单 8-22 中使用了以上三个查询数据方法。

代码清单 8-22：codes\08\8.5\task-comment\src\org\crazyit\activiti\CommentQuery.java

```java
// 调用各个记录事件的方法
taskService.addComment(task.getId(), pi.getId(), "this is comment message");
taskService.addUserIdentityLink(task.getId(), "1", "user");
taskService.deleteUserIdentityLink(task.getId(), "1", "user");
taskService.addGroupIdentityLink(task.getId(), "1", "group");
taskService.deleteGroupIdentityLink(task.getId(), "1", "group");
Attachment atta = taskService.createAttachment("test", task.getId(), pi.getId(),
"test", "test", "");
taskService.deleteAttachment(atta.getId());
// 查询事件与评论
List<Comment> commonts1 = taskService.getProcessInstanceComments(pi.getId());
System.out.println("流程评论（事件）数量：" + commonts1.size());
commonts1 = taskService.getTaskComments(task.getId());
System.out.println("任务评论数量：" + commonts1.size());
List<Event> events = taskService.getTaskEvents(task.getId());
System.out.println("事件数量：" + events.size());
```

代码清单 8-22 中的粗体字代码分别调用三个查询 ACT_HI_COMMENT 表数据的方法，在调用 getProcessInstanceComments 方法时，不会判断数据类型是否为"comment"，只要流程实例 id 匹配，则会将数据查询出来。运行代码清单 8-22，输出结果如下：

```
流程评论（事件）数量：3
任务评论数量：1
事件数量：7
```

8.6 任务声明与完成

任务声明实际上是指将任务分配到某个用户下，即将该用户作为该任务的代理人，可以使用 TaskService 的 claim 方法进行任务代理人指定（效果类似于 setAssignee 方法）。当一个任务需要完结时，可以调用 TaskService 的 complete 方法，指定该任务已经完成，让整个流程继续往下进行。

▶▶ 8.6.1 任务声明

调用 Taskservice 的 claim 方法可以将任务分配到用户下，即设置任务表的 ASSIGNEE_ 字段值为用户的 ID，该效果与使用 setAssignee 方法的效果类似，但是不同的是，一旦调用了 claim 方法声明任务的代理人，如果再次调用该方法将同一个任务分配到另外的用户下，则会抛出异常。代码清单 8-23 为一个使用 claim 方法的示例。

代码清单 8-23：codes\08\8.6\task-complete\src\org\crazyit\activiti\Claim.java

```java
// 获取流程引擎实例
ProcessEngine engine = ProcessEngines.getDefaultProcessEngine();
// 获取任务服务组件
TaskService taskService = engine.getTaskService();
// 获取运行服务组件
RuntimeService runtimeService = engine.getRuntimeService();
// 获取流程存储服务组件
RepositoryService repositoryService = engine.getRepositoryService();
// 部署流程描述文件
Deployment dep = repositoryService.createDeployment()
    .addClasspathResource("bpmn/vacation.bpmn").deploy();
// 查找流程定义
ProcessDefinition pd = repositoryService.createProcessDefinitionQuery()
    .deploymentId(dep.getId()).singleResult();
// 启动流程
ProcessInstance pi = runtimeService
    .startProcessInstanceById(pd.getId());
// 查找任务
Task task = taskService.createTaskQuery().processInstanceId(pi.getId())
    .singleResult();
// 调用 claim 方法
taskService.claim(task.getId(), "1");
// 此处将会抛出异常
taskService.claim(task.getId(), "2");
```

在代码清单 8-23 中，先使用 claim 方法声明该任务的代理人为"1"（用户 ID 为 1，这里的用户下并不存在具体数据），此时会设置任务表的 ASSIGNEE_ 字段值为 1，再次调用 claim 方法声明任务的代理人为"2"（代码清单 8-23 中的粗体字部分）。此时将会抛出异常，异常信息为：Task '8' is already claimed by someone else，即该任务已经被声明到某个用户下，不能再次被声明到其他用户下。

> **注意：**
> 如果第二次调用 claim 方法时传入的用户 ID 与第一次调用时传入的用户 ID 一致，则不会抛出异常。

▶▶ 8.6.2 任务完成

TaskService 提供了多个完成任务的方法，对于第一个 complete 方法，只需要提供任务的 ID 即可，另外几个 complete 方法需要提供任务参数。当完成一个任务需要若干参数时，可以使用带参数的 complete 方法。例如现在有一个填写请假单的任务，完成这个任务时，需要提供请假天数等参数，那么可以使用带参数的 complete 方法，可以传入 Map 参数。假设现在有一个假期申请流程，需要由员工填写，经理审批，流程图如图 8-12 所示。

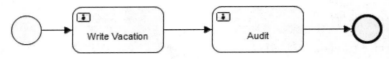

图 8-12 请假流程

如图 8-12 所示，该流程中存在两个任务，第一个是编写请假申请，需要员工填写请假天数，此时可以将请假的天数作为任务参数来调用 complete 方法。在代码清单 8-24 中调用了两个 complete 方法来完成这个流程。

代码清单 8-24：codes\08\8.6\task-complete\src\org\crazyit\activiti\Complete.java

```java
// 获取流程引擎实例
ProcessEngine engine = ProcessEngines.getDefaultProcessEngine();
// 获取任务服务组件
TaskService taskService = engine.getTaskService();
// 获取运行服务组件
RuntimeService runtimeService = engine.getRuntimeService();
// 获取流程存储服务组件
RepositoryService repositoryService = engine.getRepositoryService();
// 部署流程描述文件
Deployment dep = repositoryService.createDeployment()
    .addClasspathResource("bpmn/vacation2.bpmn").deploy();
// 查找流程定义
ProcessDefinition pd = repositoryService.createProcessDefinitionQuery()
    .deploymentId(dep.getId()).singleResult();
// 启动流程
ProcessInstance pi = runtimeService
    .startProcessInstanceById(pd.getId());
// 查找任务
Task task = taskService.createTaskQuery().processInstanceId(pi.getId())
    .singleResult();
// 调用 complete 方法完成任务，传入参数
Map<String, Object> vars = new HashMap<String, Object>();
vars.put("days", 2);
// 设置临时的参数
Map<String, Object> vars2 = new HashMap<String, Object>();
vars2.put("temp", "temp var");
taskService.complete(task.getId(), vars, vars2);
// 再次查找任务
task = taskService.createTaskQuery().processInstanceId(pi.getId())
    .singleResult();
// 无法查询临时参数
String tempVar = (String)taskService.getVariable(task.getId(), "temp");
```

```
System.out.println("查询临时参数：" + tempVar);

//得到参数
Integer days = (Integer)taskService.getVariable(task.getId(), "days");
if (days > 5) {
    System.out.println("大于 5 天，不批");
} else {
    System.out.println("小于 5 天，完成任务，流程结束");
    taskService.complete(task.getId());
}
```

代码清单 8-24 中的粗体字代码分别调用两个 complete 方法，在调用第一个 complete 方法时，传入了一个名称为 "days" 的参数与一个名称为 "temp" 的参数，其中 temp 为临时参数。当流程进行到下一个任务时，判断 days 参数是否大于 5，如果小于 5，则完成流程。除了以上两个 complete 方法外，还有一个设置参数是否为 Local 的 complete 方法，其主要用于设置参数的作用域，在此不再赘述。

在调用 complete 方法时，会将完成的 Task 数据从任务表中删除，如果它发现这个任务为流程中的最后一个任务，则会连同流程实例的数据也一并删除，并且按照历史（history）配置来记录流程的历史数据。

8.7 本章小结

本章介绍了流程任务服务组件（TaskService）的使用方法，流程任务服务组件涉及的内容包括任务权限、任务参数、任务附件和任务评论等。在讲解的过程中，除了介绍 TaskService 的各个方法的使用外，还详细介绍了使用这些方法后的数据改变以及任务相关的实体设计。一定要学会使用 TaskService 的各个方法，以便应对在流程开发中遇到的不同需求。在掌握各个方法与 Activiti 设计的过程中，你能体会到 Activiti 系统设计的灵活性。

本章还涉及了流程历史数据记录、流程任务事件和 BPMN 2.0 规范等内容，本书后面的相关章节还会详细讲解这些内容。

CHAPTER 9

第 9 章
流程控制

本章要点

- 流程实例与执行流
- 流程的启动
- 流程参数管理
- 使用 Activiti 的 API 控制流程
- 流程数据查询

Activiti 提供了流程运行时对流程进行控制的 API，可以使用 RuntimeService 的方法对流程进行控制。与前面章节所讲述的业务组件一样，RuntimeService 也是 Activiti 提供的业务组件之一。TaskService 主要用于任务管理，包括任务操作、任务数据管理等；IdentityService 主要用于管理流程的身份数据；RepositoryService 主要用于管理流程部署的数据；而 RuntimeService 则主要用于管理流程在运行时产生的数据，以及提供对流程进行操作的 API。其中流程运行时产生的数据包括流程参数、事件、流程实例及执行流等。流程的操作包括启动流程、流程前进等。

9.1 流程实例与执行流

以普通的请假流程为例，假设现在有这样一个流程：员工发起请假流程，如果请假天数小于 5 天，先由部门经理审批，然后由人力专员审批；如果请假天数大于 5 天，就需要人力资源总监与公司的副总经理同时审批。对于请假天数不足 5 天的情况，可以设计一个只有两个用户任务节点的流程；对于请假天数大于 5 天的情况（需要同时审批），则会产生流程分支。请假天数小于 5 天的流程如图 9-1 所示，请假天数大于 5 天的流程如图 9-2 所示。下面将介绍 Activiti 中正常流程与流程分支的设计。

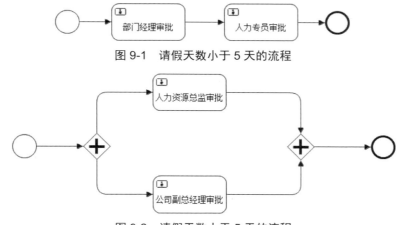

图 9-1 请假天数小于 5 天的流程

图 9-2 请假天数大于 5 天的流程

9.1.1 流程实例与执行流概念

在 Activiti 中，启动了一个流程，会创建一个流程实例（ProcessInstance），每个流程实例至少会有一个执行流（Execution）。当流程实例没有流程分支时，一般情况下只会存在一个执行流；假设流程出现两个分支（如图 9-2 所示），此时 Activiti 将会有三个执行流，第一个为原来流程的主执行流，而其余两个为子执行流。实际上，如果不考虑 Activiti 的实现，从业务的角度看，流程实例的执行流分为两个执行流，此时整个流程中只两个执行流存在（图 9-2 中的分支），子执行流只是对 Activiti 设计的一个描述。

9.1.2 流程实例和执行流对象（ProcessInstance 与 Execution）

ProcessInstance 是一个接口，一个 ProcessInstance 实例表示一个流程实例，ProcessInstance 实际上是执行流（Execution）的子接口，流程实例也是一个执行流。ProcessInstance 中有 Execution 没有的属性，例如流程定义和业务主键。当得到的是一个 ProcessInstance 实例时，就将其看作一个流程实例；当得到一个 Execution 实例时，它就是一个执行流。

流程实例与执行流的数据保存在执行表（ACT_RU_EXECUTION）中，对应的映射实体为 ExecutionEntityImpl。ExecutionEntityImpl 主要包括以下映射属性。

- ➢ id：主键 ID，对应 ACT_RU_EXECUTION 表的 ID_。
- ➢ revision：该数据的修订版本号，对应 REV_ 字段。
- ➢ businessKey：流程实例的业务主键，只有 ProcessInstance 实例才有该值。
- ➢ parentId：父执行流的 ID，在没有流程分支的情况下，流程实例与执行流的父 ID 为同一条数据，如果出现新的执行流，那么将会设置该值，对应 PARENT_ID_ 字段。
- ➢ processDefinitionId：流程定义 ID，不管是流程实例数据还是执行流数据，该字段均会被设置为相应的流程定义 ID，对应 PROC_DEF_ID_ 字段。
- ➢ superExecutionId：父执行流的 ID，如果该执行流是子流程的一部分，则该值不为 null，对应 SUPER_EXEC_ 字段。
- ➢ activityId：当前执行流的动作，一般为流程节点的名称，对应 ACT_ID_ 字段。
- ➢ isActive：该执行流状态是否活跃，如果当前的执行流分为两个子执行流，则当前的执行流被标识为非活跃状态，而两个子执行流则为活跃状态，对应 IS_ACTIVITE_ 字段。
- ➢ isConcurrent：执行流是否并行，对应 IS_CONCURRENT_ 字段。
- ➢ isScope：是否在执行流范围内。
- ➢ isEventScope：是否在事件范围内。
- ➢ suspensionState：流程中断状态，1 为活跃，2 为中断。

以上对 ExecutionEntityImpl 的部分属性进行了简单描述，各个属性更详细的含义及作用，将会在后面章节中详细讲解。

9.2 启动流程

RuntimeService 中提供多个启动流程的方法，这些方法命名均为 startProcessInstanceByXXX，其中"XXX"可以为流程定义（ProcessDefinition）ID、流程定义的 key（流程描述文件中 process 的 id 属性）和流程定义的 message。根据流程定义 ID 启动流程的方法为 startProcessInstanceById，该方法存在多个同名的重载方法，可以按照实际情况来使用这些方法。类似地，根据流程定义的 key 和根据流程定义的 message 启动流程的方法，同样存在多个重载方法。下面将介绍如何使用这些方法启动流程。

9.2.1 startProcessInstanceById 方法

根据流程定义 ID 启动流程，RuntimeService 提供了四个重载的方法，使用这些方法，可以设置流程的业务主键、流程的启动参数等。调用这些方法，均会返回一个流程实例（ProcessInstance 对象），这些方法描述如下。

- ➢ startProcessInstanceById(String processDefinitionId)：根据流程定义 ID 启动流程，在进行流程部署时，可以得到一个 Deployment 的实例，根据 Deployment 实例的 ID 可以查询到 ProcessDefinition 的实例。
- ➢ startProcessInstanceById(String processDefinitionId, Map<String,Object> variables)：与第一个 startProcessInstanceById 方法一样，使用该方法可以为流程设置参数，第二个参数为 Map。
- ➢ startProcessInstanceById(String processDefinitionId, String businessKey)：使用流程定义

ID 和业务主键启动流程，业务主键会被保存到执行表的 BUSINESS_KEY_字段。
- startProcessInstanceById(String processDefinitionId, String businessKey, Map<String, Object> variables)：与前一个 startProcessInstanceById 方法类似，该方法既可以设置业务主键，也允许传入流程参数。

代码清单 9-1 为一个使用 startProcessInstanceById 方法的示例。

代码清单 9-1：codes\09\9.1\start-process\src\org\crazyit\activiti\StartById.java

```java
// 创建流程引擎
ProcessEngine engine = ProcessEngines.getDefaultProcessEngine();
// 得到流程存储服务实例
RepositoryService repositoryService = engine.getRepositoryService();
RuntimeService runtimeService = engine.getRuntimeService();
// 部署流程描述文件
Deployment dep = repositoryService.createDeployment()
    .addClasspathResource("bpmn/startById.bpmn20.xml").deploy();
// 查找流程定义
ProcessDefinition pd = repositoryService.createProcessDefinitionQuery()
    .deploymentId(dep.getId()).singleResult();
//设置流程参数
Map<String, Object> vars = new HashMap<String, Object>();
vars.put("days", 5);
//启动流程
runtimeService.startProcessInstanceById(pd.getId());
runtimeService.startProcessInstanceById(pd.getId(), vars);
runtimeService.startProcessInstanceById(pd.getId(), "vacationRequest1");
runtimeService.startProcessInstanceById(pd.getId(), "vacationRequest2", vars);
// 查询流程实例，输出结果为 4
long count = runtimeService.createProcessInstanceQuery().count();
System.out.println("流程实例数量: " + count);
```

代码清单 9-1 使用 startProcessInstanceById 方法启动了 4 次流程，最后进行流程实例查询时，输出的结果为 4。该流程对应的描述文件内容如代码清单 9-2 所示。

代码清单 9-2：codes\09\9.1\start-process\resource\bpmn\startById.bpmn20.xml

```xml
<process id="vacationRequest" name="vacationRequest">
    <startEvent id="start" />
    <sequenceFlow sourceRef="start" targetRef="writeVacation" />
    <userTask id="writeVacation"></userTask>
    <sequenceFlow sourceRef="writeVacation" targetRef="audit" />
    <userTask id="audit"></userTask>
    <sequenceFlow sourceRef="audit" targetRef="end" />
    <endEvent id="end" />
</process>
```

在代码清单 9-2 中，定义了一个简单的请假流程，一个编写请假申请的 UserTask（writeVacation）和一个进行请假审核的 UserTask（audit）。调用 startProcessInstanceById 方法启动流程后，Activiti 会在各个数据表中写入相应的流程数据，包括流程任务（Task）、流程参数和流程实例等数据。根据前面章节的讲述可以知道，流程任务数据保存在任务表中，流程参数数据保存在参数表中，因此在调用 startProcessInstanceById 方法时传入的流程参数，同样会保存到参数表中。

调用了 startProcessInstanceById 方法后，打开执行表，可以看到产生的流程实例数据如图 9-3 所示。

由图 9-3 可以看到,执行表中有 4 条数据(代码清单 9-1 调用了 4 次 startProcessInstanceById 方法)，即此时有 4 个流程实例。除了 4 条主执行流数据外，还会产生 4 条子执行流数据，这

4 条数据的 parentId 为对应的流程实例 id，即主执行流 id。

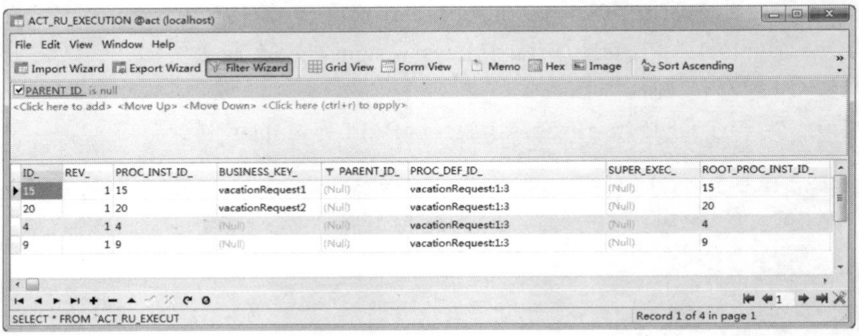

图 9-3 流程实例数据

在调用 startProcessInstanceById 方法时传入了流程参数，这些传入的参数会对整个流程产生作用，而不仅仅作用于某一个流程节点，详情见本章关于流程参数设置的描述。

9.2.2 startProcessInstanceByKey 方法

除了可以使用流程定义的 ID 来启动流程外，还可以根据流程描述文件中定义的 process 节点的 id 属性来启动流程，注意方法名的 key 不要与流程的 BUSINESS_KEY_字段混淆，流程实例表的 BUSINESS_KEY_字段值由启动方法传入。使用 startProcessInstanceByKey 方法，只需要知道 process 节点的 id 属性，而不需要到数据库中重新查找流程定义数据。与 startProcessInstanceById 方法类似，在 RuntimeService 中，startProcessInstanceByKey 方法同样存在多个同名的重载方法。

- startProcessInstanceByKey(String processDefinitionKey)：根据流程文件定义的 process 节点的 id 启动流程。
- startProcessInstanceByKey(String processDefinitionKey, Map<String,Object> variables)：与前一个启动流程方法一样，在该方法中可以传入流程参数。
- startProcessInstanceByKey(String processDefinitionKey, String businessKey)：与第一个启动流程的方法一样，该方法可以传入流程业务主键。
- startProcessInstanceByKey(String processDefinitionKey, String businessKey, Map<String, Object> variables)：与前一个方法类似，该方法除了可以传入流程业务主键外，还可以传入流程参数。

代码清单 9-3 使用了 startProcessInstanceByKey 方法来启动流程。

代码清单 9-3：codes\09\9.2\start-process\src\org\crazyit\activiti\StartByKey.java

```
// 创建流程引擎
ProcessEngine engine = ProcessEngines.getDefaultProcessEngine();
// 得到流程存储服务实例
RepositoryService repositoryService = engine.getRepositoryService();
RuntimeService runtimeService = engine.getRuntimeService();
// 部署流程描述文件
repositoryService.createDeployment()
    .addClasspathResource("bpmn/startByKey.bpmn20.xml").deploy();
//初始化流程参数
Map<String, Object> vars = new HashMap<String, Object>();
vars.put("days", 4);
//启动流程
runtimeService.startProcessInstanceByKey("vacationRequest");
runtimeService.startProcessInstanceByKey("vacationRequest", vars);
```

```
runtimeService.startProcessInstanceByKey("vacationRequest", "testKey");
runtimeService.startProcessInstanceByKey("vacationRequest", "testKey2", vars);
// 查询流程实例，结果为 4
long count = runtimeService.createProcessInstanceQuery().count();
System.out.println("流程实例数量：" + count);
```

在代码清单 9-3 中，调用了 4 个 startProcessInstanceByKey 方法启动流程，最后在进行流程实例查询时，结果同样为 4。由于只需要根据流程 id 来启动，因此不需要查询流程定义。在该代码中加载的流程描述文件，定义了一个简单的请假流程，流程定义文件内容与代码清单 9-2 的内容基本一致，在此不再赘述。

需要注意的是，与使用 startProcessInstanceById 方法时一样，每个流程定义中只允许存在一个流程业务主键。

▶▶ 9.2.3 startProcessInstanceByMessage 方法

在实际应用中，可能会出现以下场景：一个订单流程，当接收到相应订单信息后，自动启动该流程。解决这种需求，可以使用 Activiti 的消息事件，在流程定义的开始事件中，添加消息事件定义，当流程接收到某个消息时，就会启动流程。消息事件的定义如代码清单 9-4 所示。

代码清单 9-4：codes\09\9.2\start-process\resource\bpmn\startByMessage.bpmn20.xml

```xml
<!-- 定义消息 -->
<message id="startMsg" name="startMsg"></message>

<process id="saleOrder" name="saleOrder">
    <startEvent id="start" >
        <!-- 定义消息事件 -->
        <messageEventDefinition messageRef="startMsg"></messageEventDefinition >
    </startEvent>
    <sequenceFlow sourceRef="start" targetRef="confirmOrder" />
    <userTask id="confirmOrder"></userTask>
    <sequenceFlow sourceRef="confirmOrder" targetRef="sendGoods" />
    <userTask id="sendGoods"></userTask>
    <sequenceFlow sourceRef="sendGoods" targetRef="end" />
    <endEvent id="end" />
</process>
```

代码清单 9-4 定义了一个订单流程，注意其中的粗体字代码，其在流程描述文件中定义了一个 message 节点，id 为 startMsg，再为开始事件添加消息事件定义，并且该事件定义引用了代码中定义的 message。Activiti 在加载流程描述文件时，如果发现开始事件中存在消息事件，则会向事件表（ACT_RU_EVENT_SUBSCR）中写入事件描述数据。部署代码清单 9-4 的流程文件，可以看到事件表的数据如图 9-4 所示。

图 9-4 事件描述数据

如图 9-4 所示，事件表中产生了事件描述数据。定义了流程后，此时可以使用 startProcessInstanceByMessage 方法来启动流程。RuntimeService 中定义了几个同名的 startProcessInstanceByMessage 重载方法，这些方法描述如下。

- startProcessInstanceByMessage(String messageName)：根据消息名称启动流程。
- startProcessInstanceByMessage(String messageName, Map<String,Object> processVariables)：与前一个方法类似，使用该方法可以传入流程参数。
- startProcessInstanceByMessage(String messageName, String businessKey)：根据消息名称启动流程，可以传入业务主键。
- startProcessInstanceByMessage(String messageName, String businessKey, Map<String, Object> processVariables)：与前一个方法类似，除可以传入业务主键外，还可以传入流程参数。

在此需要注意的是，流程名称并不是 message 节点的 id 属性，而是 name 属性，而消息事件定义（messageEventDefinition 节点）的 messageRef 属性引用的是 message 节点的 id 属性。代码清单 9-5 示范了如何使用 startProcessInstanceByMessage 方法。

代码清单 9-5：codes\09\9.2\start-process\src\org\crazyit\activiti\StartByMessage.java

```java
// 创建流程引擎
ProcessEngine engine = ProcessEngines.getDefaultProcessEngine();
// 得到流程存储服务实例
RepositoryService repositoryService = engine.getRepositoryService();
RuntimeService runtimeService = engine.getRuntimeService();
// 部署流程描述文件
repositoryService.createDeployment()
    .addClasspathResource("bpmn/startByMessage.bpmn20.xml").deploy();
//初始化流程参数
Map<String, Object> vars = new HashMap<String, Object>();
vars.put("days", 4);
//启动流程
runtimeService.startProcessInstanceByMessage("startMsg");
runtimeService.startProcessInstanceByMessage("startMsg", vars);
runtimeService.startProcessInstanceByMessage("startMsg", "testKey");
runtimeService.startProcessInstanceByMessage("startMsg", "testKey2", vars);
// 查询流程实例，结果为 4
long count = runtimeService.createProcessInstanceQuery().count();
System.out.println("流程实例数量: " + count);
```

代码清单 9-5 加载的流程定义文件内容为代码清单 9-4 的内容，startProcessInstanceByMessage 方法实际上是根据传入的信息名称到事件表中进行查询，得到该条数据后，再得到 CONFIGURATION_字段的值，该字段中保存的是流程定义的 ID，得到流程定义后，就可以启动流程实例。

以上讲解了三个主要的启动流程的方法，除了以上方法外，还有根据租户 id 启动流程的方法，例如 startProcessInstanceByKeyAndTenantId、startProcessInstanceByMessageAndTenantId 等方法，它们的使用方法与前面类似，在此不再赘述。

关于 Activiti 的事件将会在讲述 BPMN 规范的相关章节中详细讲述。

9.3 流程参数

在 8.3 节中对任务的参数进行了详细的介绍，Activiti 中专门使用 ACT_RU_VARIABLE 表来保存流程中的参数，这些参数均有自己的生命周期和作用域，例如 8.3 节中讲述的任务参数，既可以把它设置为作用于整个流程，也可以把它设置为只作用于当前任务。与设置任务参数类似，RuntimeService 也提供了设置流程参数的方法：setVariables 和 setVariablesLocal。下面将讲述 RuntimeService 提供的参数设置方法。

▶▶ 9.3.1 设置与查询流程参数

RuntimeService 的 setVariable 和 setVariableLocal 方法，允许传入基本类型参数，也允许传入序列化对象，它们的基本使用方法与 TaskService 的设置参数的方法类似，不同的是，对于 RuntimeService 中的设置参数的方法，需要传入执行流的 ID。同样，查询流程参数也需要提供执行流的 ID 与参数名称。代码清单 9-6 为一个设置并查找流程参数的示例。

代码清单 9-6：codes\09\9.3\process-variable\src\org\crazyit\activiti\SetVariables.java

```java
// 创建流程引擎
ProcessEngine engine = ProcessEngines.getDefaultProcessEngine();
// 得到流程存储服务实例
RepositoryService repositoryService = engine.getRepositoryService();
RuntimeService runtimeService = engine.getRuntimeService();
// 部署流程描述文件
repositoryService.createDeployment()
    .addClasspathResource("bpmn/variables.bpmn20.xml").deploy();
//启动流程
ProcessInstance pi = runtimeService.startProcessInstanceByKey("vacationRequest");
//查询流程实例的执行流
Execution exe = runtimeService.createExecutionQuery().processInstanceId
(pi.getId()).singleResult();
//设置流程参数
runtimeService.setVariable(exe.getId(), "days", 5);
//查找参数
System.out.println("获取流程参数：" + runtimeService.getVariable(exe.getId(),"days"));
```

在代码清单 9-6 中，启动流程后，得到 ProcessInstance（流程实例），但是设置参数或者查找参数均要使用执行流的 ID，此时可以使用 RuntimeService 的执行流查询方法，根据流程实例的 ID 查询执行流（有可能存在多个执行流，本例中只有一个执行流）。需要注意的是，流程实例与流程实例的主执行流实际上是同一条记录（ID 相同），但是笔者建议为了区分流程实例与执行流，应该再到数据库中进行一次执行流查询。代码清单 9-6 的运行结果如下：

取流程参数：5

▶▶ 9.3.2 流程参数的作用域

根据 8.3 节的讲述可以知道，当使用 TaskService 的 setVariableLocal 方法时，流程参数只作用于当前的任务节点，RuntimeService 中的 setVariableLocal 方法与之类似，使用 setVariableLocal 方法时,流程参数只作用于设置的执行流,一旦该执行流结束,该参数将失效。使用 setVariable 方法设置的参数，使用 getVariableLocal 方法不能获取，而使用 setVariableLocal 设置的参数，则可以使用 getVariable 方法获取。图 9-5 中定义了一个流程。

图 9-5　流程分支

如图 9-5 所示,当流程启动时,将会执行流程分支,分别执行"Manager Audit"和"HR Audit"任务。此时对 Activiti 来说,将会产生两个子执行流,当两个任务都完成后,流程将会执行"End Task"任务。本例将会在执行"Manager Audit"和"HR Audit"任务节点时,分别为两个执行流设置不同的参数,完成任务后(流程向前进行),再查找设置的参数。代码清单 9-7 中使用了设置参数的方法,并且查找设置的参数。

代码清单 9-7:codes\09\9.3\process-variable\src\org\crazyit\activiti\SetVariableLocal.java

```java
// 创建流程引擎
ProcessEngine engine = ProcessEngines.getDefaultProcessEngine();
// 得到流程存储服务实例
RepositoryService repositoryService = engine.getRepositoryService();
// 得到运行时服务组件
RuntimeService runtimeService = engine.getRuntimeService();
// 得到任务
TaskService taskService = engine.getTaskService();
// 部署流程描述文件
repositoryService.createDeployment()
    .addClasspathResource("bpmn/localVariable.bpmn20.xml").deploy();
//启动流程
ProcessInstance pi = runtimeService.startProcessInstanceByKey("vacationRequest");
//查询全部的任务,得到相应的执行流,设置不同的参数
List<Task> tasks = taskService.createTaskQuery().processInstanceId(pi.getId()).list();
for (Task task : tasks) {
    Execution exe = runtimeService.createExecutionQuery()
            .executionId(task.getExecutionId()).singleResult();
    if ("Manager Audit".equals(task.getName())) {
        //经理审核节点,设置 Local 参数
        runtimeService.setVariableLocal(exe.getId(), "managerVar", "manager var");
    } else {
        //HR 审核节点,设置全局参数
        runtimeService.setVariable(exe.getId(), "hrVar", "hr var");
    }
}
//执行两个执行流时输出参数
for (Task task : tasks) {
    Execution exe = runtimeService.createExecutionQuery()
            .executionId(task.getExecutionId()).singleResult();
    if ("Manager Audit".equals(task.getName())) {
        System.out.println("使用 getVariableLocal 方法获取经理参数:" +
                runtimeService.getVariableLocal(exe.getId(), "managerVar"));
        System.out.println("使用 getVariable 方法获取经理参数:" +
                runtimeService.getVariableLocal(exe.getId(), "managerVar"));
    } else {
        System.out.println("使用 getVariableLocal 方法获取 HR 参数:" +
                runtimeService.getVariableLocal(exe.getId(), "hrVar"));
        System.out.println("使用 getVariable 方法获取 HR 参数:" +
                runtimeService.getVariable(exe.getId(), "hrVar"));
    }
}
//完成任务
for (Task task : tasks) {
    taskService.complete(task.getId());
}
System.out.println("========   完成流程分支后   ========");
//重新查找流程任务
tasks = taskService.createTaskQuery().processInstanceId(pi.getId()).list();
for (Task task : tasks) {
    System.out.println("当前流程节点:" + task.getName());
```

```
        Execution exe = runtimeService.createExecutionQuery()
                .executionId(task.getExecutionId()).singleResult();
        System.out.println("经理参数: " + runtimeService.getVariable(exe.getId(),
"managerVar"));
        System.out.println("HR 参数: " + runtimeService.getVariable(exe.getId(),
"hrVar"));
    }
```

在代码清单 9-7 中，启动了定义的流程（流程图如图 9-5 所示）后，查找当前全部的流程任务，根据任务得到其执行流 ID，最后查找到执行流对象（Execution）。在代码清单 9-7 中做了判断，如果当前任务为"Manager Audit"，则使用 RuntimeService 的 setVariableLocal 方法设置名称为"managerVar"的流程参数；而当前任务为"HR Audit"时，则使用 RuntimeService 的 setVariable 方法设置名称为"hrVar"的流程参数（代码清单 9-7 中的粗体字代码）。

设置了流程参数后，再次对任务（两个任务节点）进行遍历并使用 getVariable 和 getVariableLocal 方法输出相应的参数。当调用 TaskService 的 complete 方法完成任务执行后，重新查找任务，再次输出流程参数（代码清单 9-7 最后的粗体字代码）。运行代码清单 9-7，输出结果如下：

```
使用 getVariableLocal 方法获取经理参数: manager var
使用 getVariable 方法获取经理参数: manager var
使用 getVariableLocal 方法获取 HR 参数: null
使用 getVariable 方法获取 HR 参数: hr var
========  完成流程分支后  ========
当前流程节点: End Task
经理参数: null
HR 参数: hr var
```

根据输出的结果可以看出，对于使用 setVariableLocal 方法设置的参数，只要该执行流存在，那么不管使用 getVariable 方法还是使用 getVariableLocal 方法均可以获得参数。而对于使用 setVariable 方法设置的参数，只能通过 getVariable 方法取得。一个执行流结束后，将不能获取使用 setVariableLocal 方法设置的参数，而通过 setVariable 方法设置的参数，不管当前执行流是否结束，只要流程尚未结束，仍然可以通过 getVariable 方法获取该参数。因此，setVariableLocal 方法设置的参数的作用域仅仅局限于当前设置的执行流中，一旦该执行流结束，该参数会失效，而使用 setVariable 方法设置的参数，可以作用于整个流程。

9.3.3 其他设置参数的方法

与 TaskService 类似，RuntimeService 也提供了可以设置多个参数的方法：setVariables 和 setVariablesLocal 方法，调用这两个方法时，只需要将参数封装到一个 Map 对象中即可。这两个方法的使用在此不再赘述。需要注意的是，如果设置的参数类型不是基本数据类型，就会将其进行序列化并转换为 byte 数组，保存到资源表（ACT_GE_BYTEARRAY）中。

9.4 流程操作

RuntimeService 中提供的 API 可以进行启动流程、发送信号、中断流程和激活流程等操作，其中启动流程的操作已经在 9.2 节中讲解过了，下面将着重讲解其他操作流程的 API。

9.4.1 流程触发

在工作流程中，对于用户任务，可以使用 TaskService 的 complete 方法将当前流程节点的任务完成，完成后流程就会向前进行，而对于 receiveTask 等流程节点，则可以使用 trigger 方法将其触发，使流程往前进行。RuntimeService 的 trigger 方法描述如下。

> trigger(String executionId)：触发流程中的等待节点，让流程往下执行。
> trigger(String executionId, Map<String,Object> processVariables)：与前面的 trigger 方法类似，可以设置流程参数。
> trigger(String executionId,Map<String,Object> processVariables,Map<String,Object> transientVariables)：与前面的 trigger 方法类似，可以设置临时参数。

在 9.3 节中，讲述了流程参数的作用域，这里的第二个 trigger 方法允许传入多个流程参数，需要注意的是，此处传入的参数将作用于整个流程，而不仅仅局限于某个执行流，第三个 trigger 方法允许传入临时参数。在图 9-6 中定义了一个含有 ReceiveTask 的流程，代码清单 9-8 为其测试代码。

图 9-6 简单流程

代码清单 9-8：codes\09\9.4\process-signal\src\org\crazyit\activiti\Trigger.java

```
// 创建流程引擎
ProcessEngine engine = ProcessEngines.getDefaultProcessEngine();
// 得到流程存储服务实例
RepositoryService repositoryService = engine.getRepositoryService();
// 得到运行时服务组件
RuntimeService runtimeService = engine.getRuntimeService();
// 部署流程描述文件
repositoryService.createDeployment()
    .addClasspathResource("bpmn/signal.bpmn").deploy();
// 启动流程
ProcessInstance pi = runtimeService
    .startProcessInstanceByKey("vacationRequest");
// 查找执行流（当前只有一个执行流）
Execution exe = runtimeService.createExecutionQuery().activityId("receivetask1").singleResult();
if (exe != null) {
    System.out.println("当前流程节点为： receivetask1");
}
// 触发等待节点
runtimeService.trigger(exe.getId());
// 查询当前的流程节点
exe = runtimeService.createExecutionQuery().activityId("usertask1").singleResult();
if (exe != null) {
    System.out.println("当前流程节点为： usertask1");
}
```

代码清单 9-8 中的粗体字代码，调用了 trigger 方法触发 ReceiveTask，流程往下执行，到达 UserTask 节点。运行代码清单 9-8，输出结果如下：

```
当前流程节点为： receivetask1
当前流程节点为： usertask1
```

9.4.2 触发信号事件

事件节点是在流程中记录事件发生的流程元素，BPMN 2.0 规范中主要有两种类型的事件：

捕获（Catching）事件和抛出（Throwing）事件。如果在一个流程中定义了 Catching 事件节点，则流程执行到该节点时，会一直等待触发的信号，直到接收到相应的信号后，流程才继续向前执行，此为 Catching 事件。如果在一个流程中定义了 Throwing 事件，则当流程执行到该节点时，该事件节点会自动往下执行，并不需要任何的信号指示，此为 Throwing 事件。在 Catching 事件中，如果希望流程继续往下执行，可以使用 RuntimeService 的 signalEventReceived 方法抛出信号，那么 Catching 事件节点就会捕获到相应的信号，让流程继续往下执行。当流程到达信号 Catching 事件时，事件表（ACT_RU_EVENT_SUBSCR）中会产生相应的事件描述数据，对应的 EVENT_TYPE_ 字段值为 signal。在图 9-7 中定义了一个带有 Catching 事件的流程。

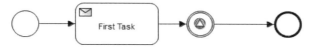

图 9-7　Catching 事件流程

如图 9-7 所示，当流程启动后，会到达"First Task"节点，流程继续向下执行，则会到达定义的 Catching 事件，对应图 9-7 的流程描述文件内容如代码清单 9-9 所示。

代码清单 9-9：codes\09\9.4\process-signal\resource\bpmn\signalEventReceived.bpmn

```xml
<signal id="testSignal" name="testSignal"></signal>
<process id="testProcess" name="testProcess">
    <startEvent id="startevent1" name="Start"></startEvent>
    <intermediateCatchEvent id="signalCatchEvent"
      name="SignalCatchEvent">
        <signalEventDefinition signalRef="testSignal"></signalEventDefinition>
    </intermediateCatchEvent>
    <endEvent id="endevent1" name="End"></endEvent>
    <receiveTask id="usertask1" name="First Task"></receiveTask>
    <sequenceFlow id="flow1" name="" sourceRef="startevent1"
      targetRef="usertask1"></sequenceFlow>
    <sequenceFlow id="flow2" name="" sourceRef="usertask1"
      targetRef="signalCatchEvent"></sequenceFlow>
    <sequenceFlow id="flow3" name="" sourceRef="signalCatchEvent"
      targetRef="endevent1"></sequenceFlow>
</process>
```

代码清单 9-9 中的粗体字代码，定义了一个 signal 节点，id 为"testSignal"。在流程的 process 节点中，增加了 intermediateCatchEvent 元素，该元素定义一个中间 Catching 事件，该事件引用了 testSignal 的 signal 事件定义（代码清单 9-9 中的第二行粗体字代码）。加载代码清单 9-9 所示的流程文件，并且逐步执行流程，详细过程如代码清单 9-10 所示。

代码清单 9-10：codes\09\9.4\process-signal\src\org\crazyit\activiti\SignaleEventReceived.java

```java
// 创建流程引擎
ProcessEngine engine = ProcessEngines.getDefaultProcessEngine();
// 得到流程存储服务实例
RepositoryService repositoryService = engine.getRepositoryService();
// 得到运行时服务组件
RuntimeService runtimeService = engine.getRuntimeService();
// 部署流程描述文件
repositoryService.createDeployment()
        .addClasspathResource("bpmn/signalEventReceived.bpmn").deploy();
// 启动流程
ProcessInstance pi = runtimeService
        .startProcessInstanceByKey("testProcess");
// 查询执行流
Execution exe = runtimeService.createExecutionQuery().activityId("usertask1").singleResult();
```

```
        System.out.println("当前节点: " + exe.getActivityId());
        // 触发receiveTask
        runtimeService.trigger(exe.getId());
        // 查询当前节点
        exe = runtimeService.createExecutionQuery().activityId("signalCatchEvent").
singleResult();
        System.out.println("调用trigger方法后当前节点: " + exe.getActivityId());
        // 发送信号给事件，流程结束
        runtimeService.signalEventReceived("testSignal");
        List exes = runtimeService.createExecutionQuery()
            .processInstanceId(pi.getId()).list();
        System.out.println("触发Catching事件后，执行流数量: " + exes.size());
```

在代码清单 9-10 中，启动流程后调用 trigger 方法触发 receiveTask，到达 Catching 事件节点后，再调用 signalEventReceived 方法发送信号，流程结束。运行代码清单 9-10，可以看到输出结果如下：

```
当前节点: usertask1
调用trigger方法后当前节点: signalCatchEvent
触发Catching事件后，执行流数量: 0
```

9.4.3 触发消息事件

Activiti 中除了提供了信号事件节点外，还提供了消息事件节点。可以使用 messageEventDefinition 元素定义一个消息事件，该元素可以被定义在 startEvent 和 intermediateCatchEvent 元素中。如果在 startEvent 中定义了消息事件，就可以使用 RuntimeService 的 startProcessInstanceByMessage 方法来启动流程（详情请见 9.2.3 节）；如果在 intermediateCatchEvent 元素下定义了消息事件，那么就意味着该消息事件是一个 Catching 事件。换言之，当执行流执行到该节点时，会一直等待触发的消息，直到收到触发的消息后，执行流才会继续往下进行。流程到达消息 Catching 事件时，会在事件表中产生事件描述数据，对应的 EVENT_TYPE_ 字段值为 message。

当执行流遇到消息事件时，可以使用 RuntimService 的 messageEventReceived 方法向其发送信号，通知流程引擎该事件被接收。图 9-8 定义了一个含有消息事件节点的流程。

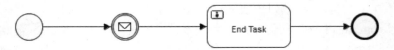

图 9-8　含有消息事件的流程

在图 9-8 中，定义了一个消息事件节点，当消息事件节点完成后，会执行一个 "End Task" 任务。对应的流程描述文件内容如代码清单 9-11 所示。

代码清单 9-11：codes\09\9.4\process-signal\resource\bpmn\MessageEvent.bpmn

```
<message id="testMsg" name="testMsg"></message>
<process id="testProcess" name="testProcess">
    <startEvent id="startevent1" name="Start"></startEvent>
    <userTask id="usertask1" name="End Task"></userTask>
    <intermediateCatchEvent id="messageintermediatecatchevent1"
        name="MessageCatchEvent">
        <messageEventDefinition messageRef="testMsg"></messageEventDefinition>
    </intermediateCatchEvent>
    <endEvent id="endevent1" name="End"></endEvent>
    <sequenceFlow id="flow1" name="" sourceRef="startevent1"
        targetRef="messageintermediatecatchevent1"></sequenceFlow>
    <sequenceFlow id="flow2" name=""
```

```
        sourceRef="messageintermediatecatchevent1"
targetRef="usertask1"></sequenceFlow>
        <sequenceFlow id="flow3" name="" sourceRef="usertask1"
            targetRef="endevent1"></sequenceFlow>
</process>
```

代码清单 9-11 中的第一行粗体字代码，定义了一个名为"testMsg"的消息，在第二行的粗体字代码中使用 messageEventDefinition 节点在 intermediateCatchEvent 中定义了消息事件，并且该消息事件引用了"testMsg"消息。编写测试代码部署该流程，如代码清单 9-12 所示。

代码清单 9-12：codes\09\9.4\process-signal\src\org\crazyit\activiti\MessageEvent.java

```java
// 创建流程引擎
ProcessEngine engine = ProcessEngines.getDefaultProcessEngine();
// 得到流程存储服务实例
RepositoryService repositoryService = engine.getRepositoryService();
// 得到运行时服务组件
RuntimeService runtimeService = engine.getRuntimeService();
// 部署流程描述文件
repositoryService.createDeployment()
        .addClasspathResource("bpmn/MessageEvent.bpmn").deploy();
// 启动流程
runtimeService.startProcessInstanceByKey("testProcess");
// 查询当前节点
Execution exe = runtimeService.createExecutionQuery()
        .activityId("messageintermediatecatchevent1").singleResult();
System.out.println("当前流程节点：" + exe.getActivityId());
// 触发消息事件
runtimeService.messageEventReceived("testMsg", exe.getId());
// 查询当前事件
exe = runtimeService.createExecutionQuery().activityId("usertask1")
        .singleResult();
System.out.println("当前流程节点：" + exe.getActivityId());
```

在代码清单 9-12 中，启动流程后会遇到 Catching 事件，再调用 messageEventReceived 方法，流程到达 UserTask。运行代码 9-12，输出结果如下：

```
当前流程节点：messageintermediatecatchevent1
当前流程节点：usertask1
```

RuntimService 中提供了两个 messageEventReceived 的重载方法，使用另外一个 messageEventReceived 方法还允许提供 Map 参数。此处所提供的参数与 signalEventReceived 方法的参数类似，同样作用于整个流程实例（作用等同于 RuntimeService 的 setVariable 方法）。

> **注意**：本章主要讲解 RuntimeService 的 API 调用，触发信号事件与触发消息事件均涉及事件定义，这部分内容会在讲述 BPMN 规范的相关章节中详细讲解。

▶▶ 9.4.4 中断与激活流程

由前面的讲述可知，流程表使用 SUSPENSION_STATE_ 字段来保存流程的中断状态，若该字段值为 1，则表示该流程为活跃状态；如果值为 2，则表示该流程为中断状态。RuntimeService 中提供了中断流程（suspendProcessInstanceById）和激活流程（activateProcessInstanceById）的方法，在调用这两个方法时，需要提供流程实例的 ID。代码清单 9-13 示范了如何使用 suspendProcessInstanceById 和 activateProcessInstanceById 方法。

代码清单 9-13：codes\09\9.4\process-control\src\org\crazyit\activiti\SuspendProcess.java

```java
// 创建流程引擎
ProcessEngine engine = ProcessEngines.getDefaultProcessEngine();
// 得到流程存储服务实例
RepositoryService repositoryService = engine.getRepositoryService();
// 得到运行时服务组件
RuntimeService runtimeService = engine.getRuntimeService();
// 部署流程描述文件
repositoryService.createDeployment()
    .addClasspathResource("bpmn/SuspendProcess.bpmn").deploy();
// 启动流程
ProcessInstance pi = runtimeService
    .startProcessInstanceByKey("testProcess");
// 中断流程
runtimeService.suspendProcessInstanceById(pi.getId());
Execution exe = runtimeService.createExecutionQuery()
    .activityId("usertask1").singleResult();
System.out.println("中断后执行流状态：" + exe.isSuspended());
// 激活流程
runtimeService.activateProcessInstanceById(pi.getId());
exe = runtimeService.createExecutionQuery().activityId("usertask1")
    .singleResult();
System.out.println("激活后执行流状态：" + exe.isSuspended());
```

代码清单 9-13 中的粗体字代码分别调用了中断与激活流程方法。运行代码清单 9-13，输出结果如下：

```
中断后执行流状态：true
激活后执行流状态：false
```

▶▶ 9.4.5 删除流程

删除运行时的流程，可以使用 RuntimeService 的 deleteProcessInstance(String processInstanceId, String deleteReason)方法，调用该方法时只需要提供流程实例的 ID 和删除原因字符串即可。流程实例被删除后，相关的数据将会从原来运行时的表中被删除，将这部分数据存放到历史表中，其中包括流程实例、流程任务和流程节点等数据。代码清单 9-14 示范了如何使用删除流程的方法。

代码清单 9-14：codes\09\9.4\process-control\src\org\crazyit\activiti\DeleteProcessInstance.java

```java
// 创建流程引擎
ProcessEngine engine = ProcessEngines.getDefaultProcessEngine();
// 得到流程存储服务实例
RepositoryService repositoryService = engine.getRepositoryService();
// 得到运行时服务组件
RuntimeService runtimeService = engine.getRuntimeService();
// 部署流程描述文件
repositoryService.createDeployment()
    .addClasspathResource("bpmn/DeleteProcess.bpmn").deploy();
// 启动流程
ProcessInstance pi = runtimeService.startProcessInstanceByKey("testProcess");
long count = runtimeService.createProcessInstanceQuery().count();
System.out.println("启动时流程实例数量：" + count);
// 删除流程
runtimeService.deleteProcessInstance(pi.getId(), "abc");
count = runtimeService.createProcessInstanceQuery().count();
System.out.println("删除后流程实例数量：" + count);
```

在代码清单 9-14 的最后行使用 deleteProcessInstance 方法删除了流程实例。需要注意的是，Activiti 对删除流程并没有太多的限制，只要流程被存放在运行时的数据表中，均会将其删除。关于历史数据表的设计与 API 的使用，将会在第 10 章中讲解。运行代码清单 9-14，输出结果如下：

```
启动时流程实例数量：1
删除后流程实例数量：0
```

除了以上对流程操作的方法外，还有一些异步控制流程的方法，例如 signalEventReceivedAsync、messageEventReceivedAsync 等，我们将在后面章节中讲述相关内容。

9.5 流程数据查询

经过操作后，流程中也会产生相关的数据，Activiti 为流程实例和执行流提供了相应的 Query 查询对象。RuntimeService 提供了创建这些查询对象的方法，得到相应的 Query 对象后，可以使用其提供的设置查询条件的方法，最后使用 list、singleResult 等方法返回查询结果，也可以使用 orderByXXX 方法对查询结果进行排序。Activiti 的查询机制，可以查看 6.2 节的相关内容。

9.5.1 执行流查询

使用 RuntimeService 的 createExecutionQuery 方法可以得到一个 ExecutionQuery 对象，使用该对象可以根据执行流的相关数据查询执行流，这些数据包括执行流的参数、执行流的活动状态、执行流信号事件和执行流消息事件等。

在图 9-9 中定义了一个含有信号事件、消息事件的流程。下面将使用该流程作为例子，调用 ExecutionQuery 的几个主要查询方法，如代码清单 9-15 所示。

图 9-9 数据查询测试流程

代码清单 9-15：codes\09\9.5\process-query\src\org\crazyit\activiti\ExecutionQuery.java

```java
// 创建流程引擎
ProcessEngine engine = ProcessEngines.getDefaultProcessEngine();
// 得到流程存储服务实例
RepositoryService repositoryService = engine.getRepositoryService();
// 得到运行时服务组件
RuntimeService runtimeService = engine.getRuntimeService();
// 部署流程描述文件
repositoryService.createDeployment()
            .addClasspathResource("bpmn/ExecutionQuery.bpmn").deploy();
//设置参数
Map<String, Object> vars1 = new HashMap<String, Object>();
vars1.put("days", 5);
Map<String, Object> vars2 = new HashMap<String, Object>();
vars2.put("days", 6);
Map<String, Object> vars3 = new HashMap<String, Object>();
vars3.put("days", 7);
vars3.put("name", "crazyit");
// 启动流程
ProcessInstance pi1 = runtimeService.startProcessInstanceByKey("testProcess",
```

```java
        "businessKey1", vars1);
    ProcessInstance pi2 = runtimeService.startProcessInstanceByKey("testProcess",
            "businessKey2", vars2);
    ProcessInstance pi3 = runtimeService.startProcessInstanceByKey("testProcess",
            "businessKey3", vars3);
    // 使用执行流查询方法
    List<Execution> exes = runtimeService.createExecutionQuery()
            .processDefinitionKey("testProcess").list();
    System.out.println("使用processDefinitionKey方法查询执行流：" + exes.size());
    exes = runtimeService.createExecutionQuery()
            .processInstanceBusinessKey("businessKey1").list();
    System.out.println("使用processInstanceBusinessKey方法查询执行流：" + exes.size());
    exes = runtimeService.createExecutionQuery()
            .messageEventSubscriptionName("messageName").list();
    System.out.println("使用messageEventSubscriptionName方法查询执行流：" + exes.size());
    // 根据节点id属性查询当前的执行流
    Execution exe = runtimeService.createExecutionQuery()
            .activityId("messageintermediatecatchevent1")
            .processInstanceId(pi1.getId()).singleResult();
    System.out.println("使用activityId和processInstanceId方法查询执行流，得到执行ID：" +
exe.getId());
    //让流程往下执行
    runtimeService.messageEventReceived("messageName", exe.getId());
    exes = runtimeService.createExecutionQuery().signalEventSubscriptionName
("signalName").list();
    System.out.println("使用signalEventSubscriptionName方法查询执行流:" + exes.size());
    // 根据参数查询执行流
    exes = runtimeService.createExecutionQuery().variableValueEquals("name",
"crazyit").list();
    System.out.println("使用variableValueEquals方法查询执行流：" + exes.size());
    exes = runtimeService.createExecutionQuery().variableValueGreaterThan("days",
5).list();
    System.out.println("使用variableValueGreaterThan方法查询执行流：" + exes.size());
    exes = runtimeService.createExecutionQuery().variableValueGreaterThanOrEqual
("days", 5).list();
    System.out.println("使用variableValueGreaterThanOrEqual方法查询执行流：" +
exes.size());
    exes = runtimeService.createExecutionQuery().variableValueLessThan("days",
6).list();
    System.out.println("使用variableValueLessThan方法查询执行流：" + exes.size());
    exes = runtimeService.createExecutionQuery().variableValueLessThanOrEqual("days",
6).list();
    System.out.println("使用variableValueLessThanOrEqual方法查询执行流：" + exes.size());
    exes = runtimeService.createExecutionQuery().variableValueLike("name", "%crazy%").list();
    System.out.println("使用variableValueLike方法查询执行流：" + exes.size());
    exes = runtimeService.createExecutionQuery().variableValueNotEquals("days", 8).
list();
    System.out.println("使用variableValueNotEquals方法查询执行流：" + exes.size());
```

在代码清单9-15中，使用了ExecutionQuery的几个设置查询条件的方法查询执行流。注意，在使用variableValueLike方法时，需要传入通配符。运行代码清单9-15，运行结果如下：

```
使用processDefinitionKey方法查询执行流：6
使用processInstanceBusinessKey方法查询执行流：1
使用messageEventSubscriptionName方法查询执行流：3
使用activityId和processInstanceId方法查询执行流，得到执行ID：7
使用signalEventSubscriptionName方法查询执行流：1
```

使用 variableValueEquals 方法查询执行流：1
使用 variableValueGreaterThan 方法查询执行流：2
使用 variableValueGreaterThanOrEqual 方法查询执行流：3
使用 variableValueLessThan 方法查询执行流：1
使用 variableValueLessThanOrEqual 方法查询执行流：2
使用 variableValueLike 方法查询执行流：1
使用 variableValueNotEquals 方法查询执行流：3

ExecutionQuery 的其他查询方法的使用与这里的方法类似，在此不再赘述。

▶▶ 9.5.2 流程实例查询

与执行流类似，可以使用 RuntimeService 中的 createProcessInstanceQuery 方法获取 ProcessInstanceQuery 实例，ProcessInstanceQuery 提供的设置查询条件的方法与 ExecutionQuery 提供的类似。测试方法如代码清单 9-16 所示。

代码清单 9-16：codes\09\9.5\process-query\src\org\crazyit\activiti\ProcessInstanceQuery.java

```java
// 创建流程引擎
ProcessEngine engine = ProcessEngines.getDefaultProcessEngine();
// 得到流程存储服务实例
RepositoryService repositoryService = engine.getRepositoryService();
// 得到运行时服务组件
RuntimeService runtimeService = engine.getRuntimeService();
// 部署流程描述文件
repositoryService.createDeployment()
        .addClasspathResource("bpmn/ProcessInstanceQuery.bpmn")
        .deploy();
ProcessInstance pi1 = runtimeService.startProcessInstanceByKey(
        "testProcess", "key1");
ProcessInstance pi2 = runtimeService.startProcessInstanceByKey(
        "testProcess", "key2");
ProcessInstance pi3 = runtimeService.startProcessInstanceByKey(
        "testProcess", "key3");
// 将流程置为中断状态
runtimeService.suspendProcessInstanceById(pi1.getId());
// 查询流程实例
List<ProcessInstance> pis = runtimeService.createProcessInstanceQuery()
        .processDefinitionKey("testProcess").list();
System.out.println("使用 processDefinitionKey 方法查询流程实例：" + pis.size());
pis = runtimeService.createProcessInstanceQuery().active().list();
System.out.println("使用 active 方法查询流程实例：" + pis.size());
pis = runtimeService.createProcessInstanceQuery()
        .processInstanceBusinessKey("key2").list();
System.out
        .println("使用 processInstanceBusinessKey 方法查询流程实例：" + pis.size());
// 根据多个流程实例 ID 查询
Set<String> ids = new HashSet<String>();
ids.add(pi1.getId());
ids.add(pi2.getId());
pis = runtimeService.createProcessInstanceQuery()
        .processInstanceIds(ids).list();
System.out.println("使用 processInstanceIds 方法查询流程实例：" + pis.size());
```

运行代码清单 9-16，输出结果如下：

使用 processDefinitionKey 方法查询流程实例：3
使用 active 方法查询流程实例：2

使用processInstanceBusinessKey方法查询流程实例：1
使用processInstanceIds方法查询流程实例：2

9.6 本章小结

  本章主要讲解了使用RuntimeService操作流程实例与执行流的方法，包括启动流程、设置流程参数和流程的前进等。为使读者掌握RuntimeService中的方法，还对Activiti的事件做了简单的介绍。事件定义是BPMN 2.0规范的重要组成部分，下面章节会详细讲解，本章主要讲述RuntimeService中方法的使用以及流程数据的查询。在下一章中，将会讲述Activiti的其他业务组件，然后详细讲解Activiti对BPMN 2.0规范的支持。

第10章
历史数据管理和流程引擎管理

本章要点

- 历史数据查询
- 工作的产生和执行
- 流程引擎中工作的配置
- 使用 ManagementService 管理 Activiti 数据库

Activiti 在删除流程定义、流程任务和流程实例时，均会将被删除的数据保存到历史数据表中，除此之外，已经完成的流程实例以及相关数据，同样会被保存到历史数据表中，如果需要对这部分数据进行管理，则可以使用 HistoryService 对象。HistoryService 对象中提供了查询历史数据与删除历史数据的方法。

除 HistoryService 之外，Activiti 中还有一个 ManagementService 业务组件。该业务组件提供维护流程引擎的 API，使用 ManagementService 可以查询流程引擎数据库信息、工作信息，甚至可以使用它提供的方法直接对数据库进行操作。

10.1 历史数据管理

在 Activiti 中专门使用了一套数据表来保存历史数据，这些表的命名规则为 ACT_HI_XXX，例如历史附件数据会保存在 ACT_HI_ATTACHMENT 表中，历史任务数据会保存在 ACT_HI_TASKINST 表中。HistoryService 只提供了历史数据查询和删除的 API，另外，在初始化流程引擎的时候，Activiti 会根据不同的 history 属性值来记录相应操作的历史数据（流程引擎的 history 配置请见 4.3.1 节）。下面将讲解如何使用 HistoryService 的方法对历史数据进行查询和删除。

10.1.1 历史流程实例查询

使用 HistoryService 的 createHistoricProcessInstanceQuery 方法可以得到 HistoricProcessInstanceQuery 对象，该对象主要用于流程实例的历史数据查询，流程实例的历史数据保存在 ACT_HI_PROCINST 表中，不管流程是否完成，只要创建了流程实例（启动流程），流程实例的数据（历史数据）均会被保存到 ACT_HI_PROCINST 表中。

历史流程实例数据查询与 Activiti 的其他数据查询类似，设置查询条件，然后使用 list 和 singleResult 方法返回结果。在代码清单 10-1 中使用了几个方法并返回历史流程实例。

代码清单 10-1：codes\10\10.1\history-query\src\org\crazyit\activiti\ProcessInstanceQuery.java

```
// 创建流程引擎
ProcessEngine engine = ProcessEngines.getDefaultProcessEngine();
// 得到流程存储服务实例
RepositoryService repositoryService = engine.getRepositoryService();
// 得到运行时服务组件
RuntimeService runtimeService = engine.getRuntimeService();
// 得到历史服务组件
HistoryService historyService = engine.getHistoryService();
TaskService taskService = engine.getTaskService();
// 部署流程文件
Deployment deploy = repositoryService.createDeployment()
    .addClasspathResource("bpmn/ProcessInstanceQuery.bpmn").deploy();
// 查询流程定义
ProcessDefinition define = repositoryService
    .createProcessDefinitionQuery().deploymentId(deploy.getId()).singleResult();
// 启动流程
ProcessInstance pi1 = runtimeService.startProcessInstanceByKey("testProcess",
"businessKey1");
ProcessInstance pi2 = runtimeService.startProcessInstanceByKey("testProcess",
"businessKey2");
// 完成第一条流程
Task task = taskService.createTaskQuery().processInstanceId(pi1.getId()).singleResult();
taskService.complete(task.getId());
task = taskService.createTaskQuery().processInstanceId(pi1.getId()).singleResult();
```

```java
taskService.complete(task.getId());
// 查询已完成的流程
List<HistoricProcessInstance> datas = historyService
    .createHistoricProcessInstanceQuery().finished().list();
System.out.println("使用 finished 方法: " + datas.size());
// 根据流程定义 ID 查询
datas = historyService.createHistoricProcessInstanceQuery()
    .processDefinitionId(define.getId()).list();
System.out.println("使用 processDefinitionId 方法: " + datas.size());
// 根据流程定义 key（流程描述文件的 process 节点的 id 属性）查询
datas = historyService.createHistoricProcessInstanceQuery()
    .processDefinitionKey(define.getKey()).list();
System.out.println("使用 processDefinitionKey 方法: " + datas.size());
// 根据业务主键查询
datas = historyService.createHistoricProcessInstanceQuery()
    .processInstanceBusinessKey("businessKey1").list();
System.out.println("使用 processInstanceBusinessKey 方法: " + datas.size());
// 根据流程实例 ID 查询
datas = historyService.createHistoricProcessInstanceQuery()
    .processInstanceId(pi1.getId()).list();
System.out.println("使用 processInstanceId 方法: " + datas.size());
// 查询没有完成的流程实例
historyService.createHistoricProcessInstanceQuery().unfinished().list();
System.out.println("使用 unfinished 方法: " + datas.size());
```

运行代码清单 10-1，输出结果如下：

```
使用 finished 方法: 1
使用 processDefinitionId 方法: 2
使用 processDefinitionKey 方法: 2
使用 processInstanceBusinessKey 方法: 1
使用 processInstanceId 方法: 1
使用 unfinished 方法: 1
```

除了以上描述的设置查询条件的方法外，HistoricProcessInstanceQuery 中还有若干个根据字段对查询结果进行排序的方法，使用这些方法可以对查询结果进行排序。

▶▶ 10.1.2 历史任务查询

与查询历史流程实例类似，使用 HistoryService 的 createHistoricTaskInstanceQuery 方法可以得到 HistoricTaskInstanceQuery 实例，与其他的 Query 对象一样，该对象提供设置查询条件和排序的方法，到历史任务数据表（ACT_HI_TASKINST）中查询符合条件的数据。使用 list 或者 singleResult 方法返回的是多个或者一个 HistoricTaskInstance 实例。

这里有一个业务流程，流程中只有两个用户任务，对应的流程图如图 10-1 所示，代码清单 10-2 为该流程图对应的流程描述文件的内容。

图 10-1　用于历史任务查询的流程

代码清单 10-2：codes\10\10.1\history-query\resource\bpmn\TaskQuery.bpmn

```xml
<process id="testProcess" name="testProcess2">
    <startEvent id="startevent1" name="Start"></startEvent>
    <userTask id="usertask1" name="First Task" activiti:dueDate="${varDate1}"
        activiti:assignee="angus"></userTask>
    <userTask id="usertask2" name="End Task" activiti:dueDate="${varDate2}"
        activiti:assignee="crazyit"></userTask>
```

```xml
        <endEvent id="endevent1" name="End"></endEvent>
        <sequenceFlow id="flow1" name="" sourceRef="startevent1"
            targetRef="usertask1"></sequenceFlow>
        <sequenceFlow id="flow2" name="" sourceRef="usertask1"
            targetRef="usertask2"></sequenceFlow>
        <sequenceFlow id="flow3" name="" sourceRef="usertask2"
            targetRef="endevent1"></sequenceFlow>
</process>
```

代码清单 10-2 中的粗体字代码，为测试 taskDueDate 方法，定义了 Task 的 dueDate 值，dueDate 会取值于参数名称为"varDate1"和"varDate2"的流程参数。在代码清单 10-3 中加载了该流程描述文件并使用了 HistoricTaskInstanceQuery 的大部分设置查询条件的方法。

代码清单 10-3：codes\10\10.1\history-query\src\org\crazyit\activiti\TaskQuery.java

```java
// 创建流程引擎
ProcessEngine engine = ProcessEngines.getDefaultProcessEngine();
// 得到流程存储服务实例
RepositoryService repositoryService = engine.getRepositoryService();
// 得到运行时服务组件
RuntimeService runtimeService = engine.getRuntimeService();
// 得到历史服务组件
HistoryService historyService = engine.getHistoryService();
// 得到任务组件
TaskService taskService = engine.getTaskService();
// 部署流程文件
Deployment deploy = repositoryService.createDeployment()
    .addClasspathResource("bpmn/TaskQuery.bpmn").deploy();
ProcessDefinition define = repositoryService.createProcessDefinitionQuery()
    .deploymentId(deploy.getId()).singleResult();
// 初始化参数
SimpleDateFormat sdf = new SimpleDateFormat("yyyy-MM-dd HH:mm:ss");
Map<String, Object> vars = new HashMap<String, Object>();
vars.put("varDate1", sdf.parseObject("2020-10-10 06:00:00"));
vars.put("varDate2", sdf.parseObject("2021-10-10 06:00:00"));
//启动流程
ProcessInstance pi1 = runtimeService.startProcessInstanceByKey("testProcess",
    "businessKey1", vars);
ProcessInstance pi2 = runtimeService.startProcessInstanceByKey("testProcess",
    "businessKey2", vars);
//完成流程 1
Task task = taskService.createTaskQuery().processInstanceId(pi1.getId()).singleResult();
taskService.complete(task.getId());
task = taskService.createTaskQuery().processInstanceId(pi1.getId()).singleResult();
taskService.complete(task.getId());
// 流程 2 完成一个任务
task = taskService.createTaskQuery().processInstanceId(pi2.getId()).singleResult();
taskService.complete(task.getId());
//历史数据查询
List<HistoricTaskInstance> datas = historyService.createHistoricTaskInstanceQuery()
    .finished().list();
System.out.println("使用 finished 方法查询：" + datas.size());//结果 3
datas = historyService.createHistoricTaskInstanceQuery()
    .processDefinitionId(define.getId()).list();
System.out.println("使用 processDefinitionId 方法查询：" + datas.size());//结果 4
datas = historyService.createHistoricTaskInstanceQuery()
    .processDefinitionKey("testProcess").list();
System.out.println("使用 processDefinitionKey 方法查询：" + datas.size());//结果 4
datas = historyService.createHistoricTaskInstanceQuery()
    .processDefinitionName("testProcess2").list();
System.out.println("使用 processDefinitionName 方法查询：" + datas.size());//结果 4
datas = historyService.createHistoricTaskInstanceQuery()
```

```
        .processFinished().list();
System.out.println("使用 processFinished 方法查询: " + datas.size());//结果 2
datas = historyService.createHistoricTaskInstanceQuery()
        .processInstanceId(pi2.getId()).list();
System.out.println("使用 processInstanceId 方法查询: " + datas.size());//结果 2
datas = historyService.createHistoricTaskInstanceQuery()
        .processUnfinished().list();
System.out.println("使用 processUnfinished 方法查询: " + datas.size());//结果 2
datas = historyService.createHistoricTaskInstanceQuery()
        .taskAssignee("crazyit").list();
System.out.println("使用 taskAssignee 方法查询: " + datas.size());//结果 2
datas = historyService.createHistoricTaskInstanceQuery()
        .taskAssigneeLike("%zy%").list();
System.out.println("使用 taskAssigneeLike 方法查询: " + datas.size());//结果 2
datas = historyService.createHistoricTaskInstanceQuery()
        .taskDefinitionKey("usertask1").list();
System.out.println("使用 taskDefinitionKey 方法查询: " + datas.size());//结果 2
datas = historyService.createHistoricTaskInstanceQuery()
        .taskDueAfter(sdf.parse("2020-10-11 06:00:00")).list();
System.out.println("使用 taskDueAfter 方法查询: " + datas.size());//结果 2
datas = historyService.createHistoricTaskInstanceQuery()
        .taskDueBefore(sdf.parse("2022-10-11 06:00:00")).list();
System.out.println("使用 taskDueBefore 方法查询: " + datas.size());//结果 4
datas = historyService.createHistoricTaskInstanceQuery()
        .taskDueDate(sdf.parse("2020-10-11 06:00:00")).list();
System.out.println("使用 taskDueDate 方法查询: " + datas.size());//结果 0
datas = historyService.createHistoricTaskInstanceQuery()
        .unfinished().list();
System.out.println("使用 unfinished 方法查询: " + datas.size());//结果 1
```

在代码清单 10-3 中，启动了流程两次，产生两个流程实例，然后将第一个流程实例完成，第二个流程实例调用 TaskService 的 complete 方法完成第一个流程任务（图 10-1 中所示的 First Task 节点），最后调用 HistoricTaskInstanceQuery 的各个设置查询条件的方法并返回查询结果。在此需要注意的是，在启动流程时，为了设置任务的 dueDate 值，需要传入相应名称的任务参数（代码清单 10-3 中的粗体字代码），参数的名称需要与流程文件中定义的 activiti:dueDate 名称一致，dueDate 的设置如代码清单 10-2 所示。运行代码清单 10-3，输出结果如下：

```
使用 finished 方法查询: 3
使用 processDefinitionId 方法查询: 4
使用 processDefinitionKey 方法查询: 4
使用 processDefinitionName 方法查询: 4
使用 processFinished 方法查询: 2
使用 processInstanceId 方法查询: 2
使用 processUnfinished 方法查询: 2
使用 taskAssignee 方法查询: 2
使用 taskAssigneeLike 方法查询: 2
使用 taskDefinitionKey 方法查询: 2
使用 taskDueAfter 方法查询: 2
使用 taskDueBefore 方法查询: 4
使用 taskDueDate 方法查询: 0
使用 unfinished 方法查询: 1
```

▶▶ 10.1.3 历史行为查询

流程的行为数据记录在历史行为表（ACT_HI_ACTINST）中，当流程进行到一个节点时，该数据表会记录流程节点的信息，包括节点的 id、节点名称、节点类型和操作时间等。使用 HistoryService 的 createHistoricActivityInstanceQuery 方法可以获取 HistoricActivityInstanceQuery

的查询实例，使用 list 或者 singleResult 方法返回多个或者一个 HistoricActivityInstance 实例。

现有一个流程，其中有一个用户任务和一个信号 Catching 事件，图 10-2 为该流程的流程图，对应图 10-2 的流程描述文件内容如代码清单 10-4 所示。

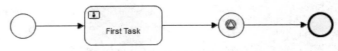

图 10-2　行为查询测试流程

代码清单 10-4：codes\10\10.1\history-query\resource\bpmn\ActivityQuery.bpmn

```xml
<signal id="mySignal" name="mySignal"></signal>
<process id="testProcess" name="testProcess">
    <startEvent id="startevent1" name="Start"></startEvent>
    <userTask id="usertask1" name="First Task" activiti:assignee="crazyit">
</userTask>
    <intermediateCatchEvent id="signalintermediatecatchevent1"
        name="SignalCatchEvent">
        <signalEventDefinition signalRef="mySignal"></signalEventDefinition>
    </intermediateCatchEvent>
    <endEvent id="endevent1" name="End"></endEvent>
    <sequenceFlow id="flow1" name="" sourceRef="startevent1"
        targetRef="usertask1"></sequenceFlow>
    <sequenceFlow id="flow2" name="" sourceRef="usertask1"
        targetRef="signalintermediatecatchevent1"></sequenceFlow>
    <sequenceFlow id="flow3" name=""
        sourceRef="signalintermediatecatchevent1" targetRef="endevent1"></sequenceFlow>
</process>
```

需要注意代码清单 10-4 中的粗体字代码，为了能让 taskAssignee 方法看得到效果，对 userTask 节点设置了任务的持有人属性。代码清单 10-5 部署了以上的流程定义，并使用 HistoricActivityInstanceQuery 的设置查询条件的方法进行查询。

代码清单 10-5：codes\10\10.1\history-query\src\org\crazyit\activiti\ActivityQuery.java

```java
// 创建流程引擎
ProcessEngine engine = ProcessEngines.getDefaultProcessEngine();
// 得到流程存储服务实例
RepositoryService repositoryService = engine.getRepositoryService();
// 得到运行时服务组件
RuntimeService runtimeService = engine.getRuntimeService();
// 得到历史服务组件
HistoryService historyService = engine.getHistoryService();
// 得到任务组件
TaskService taskService = engine.getTaskService();
// 部署流程文件
repositoryService.createDeployment()
    .addClasspathResource("bpmn/ActivityQuery.bpmn").deploy();
// 启动两个流程
ProcessInstance pi1 = runtimeService.startProcessInstanceByKey("testProcess");
ProcessInstance pi2 = runtimeService.startProcessInstanceByKey("testProcess");
// 完成第一个流程
Task task = taskService.createTaskQuery().processInstanceId(pi1.getId()).
singleResult();
taskService.complete(task.getId());
runtimeService.signalEventReceived("mySignal");
// 第二个流程实例完成第一个任务
task = taskService.createTaskQuery().processInstanceId(pi2.getId()).singleResult();
taskService.complete(task.getId());
//查询数据
List<HistoricActivityInstance> datas = historyService.createHistoricActivityInstanceQuery()
```

```
            .activityId("endevent1").list();
System.out.println("使用activityId查询: " + datas.size());//结果1
datas = historyService.createHistoricActivityInstanceQuery()
            .activityInstanceId(datas.get(0).getId()).list();
System.out.println("使用activityInstanceId查询: " + datas.size());//结果1
datas = historyService.createHistoricActivityInstanceQuery()
            .activityType("intermediateCatchEvent").list();
System.out.println("使用activityType查询: " + datas.size());//结果2
datas = historyService.createHistoricActivityInstanceQuery().finished().list();
System.out.println("使用finished查询: " + datas.size());//结果6
datas = historyService.createHistoricActivityInstanceQuery()
            .processInstanceId(pi2.getId()).list();
System.out.println("使用processInstanceId查询: " + datas.size());//结果3
datas = historyService.createHistoricActivityInstanceQuery()
            .taskAssignee("crazyit").list();
System.out.println("使用taskAssignee查询: " + datas.size());//结果2
datas = historyService.createHistoricActivityInstanceQuery().unfinished().list();
System.out.println("使用unfinished查询: " + datas.size());//结果1
```

在代码清单10-5中，部署流程文件后，启动两个流程实例，第一个流程全部走完，第二个流程实例会在完成用户任务后停在信号Catching事件前，然后使用HistoricActivityInstanceQuery的各个设置查询条件的方法查询历史行为，运行代码清单10-5，输出结果如下：

```
使用activityId查询: 1
使用activityInstanceId查询: 1
使用activityType查询: 2
使用finished查询: 6
使用processInstanceId查询: 3
使用taskAssignee查询: 2
使用unfinished查询: 1
```

▶▶ 10.1.4　历史流程明细查询

流程的明细数据包括流程参数和流程表单属性，在流程进行的过程中，会产生相当多的明细数据，例如在流程执行过程中设置参数、改变参数值等操作，这些数据会被保存到历史明细表（ACT_HI_DETAIL）中。在默认情况下，Activiti不记录这些"过程"数据，当history配置为full级别时，才会记录明细数据。

流程中的参数除了会被保存到历史明细表中外，还会被保存到历史参数表（ACT_HI_VARINST）中，需要注意的是，历史参数表中保存的是最终的参数值，而历史明细表中则会保存参数的改变过程。代码清单10-6加载该流程文件并查询明细表和参数表的数据量。

代码清单10-6：codes\10\10.1\history-query\src\org\crazyit\activiti\DetailQuery.java

```
// 创建流程引擎
ProcessEngine engine = ProcessEngines.getDefaultProcessEngine();
// 得到流程存储服务实例
RepositoryService repositoryService = engine.getRepositoryService();
// 得到运行时服务组件
RuntimeService runtimeService = engine.getRuntimeService();
// 得到历史服务组件
HistoryService historyService = engine.getHistoryService();
// 得到任务组件
TaskService taskService = engine.getTaskService();
// 部署流程文件
repositoryService.createDeployment()
            .addClasspathResource("bpmn/DetailQuery.bpmn").deploy();
// 初始化参数
Map<String, Object> vars = new HashMap<String, Object>();
```

```java
vars.put("days", 1);
// 启动流程
ProcessInstance pi = runtimeService.startProcessInstanceByKey(
        "testProcess", vars);
// 完成第一个任务
Task task = taskService.createTaskQuery().processInstanceId(pi.getId())
        .singleResult();
vars.put("days", 2); // 设置参数为2
taskService.complete(task.getId(), vars);
// 完成第二个任务
task = taskService.createTaskQuery().processInstanceId(pi.getId())
        .singleResult();
vars.put("days", 3); // 设置参数为3
taskService.complete(task.getId(), vars);
// 查询明细总数
List<HistoricDetail> datas = historyService.createHistoricDetailQuery()
        .processInstanceId(pi.getId()).list();
System.out.println("设置三次参数后，历史明细表数据：" + datas.size());
// 查询参数表
List<HistoricVariableInstance> hisVars = historyService
        .createHistoricVariableInstanceQuery()
        .processInstanceId(pi.getId()).list();
System.out.println("参数表数据量：" + hisVars.size());
System.out.println("参数最后的值为：" + hisVars.get(0).getValue());
```

代码清单 10-6 所加载的流程文件包含三个用户任务，无其他流和分支。代码清单 10-6 启动了一个流程并为其设置名称为 days 的参数，初次设置参数时值为 1，然后在每次完成 Task 时，均会改变一次 days 参数的值，最后查询历史明细表与参数表的数据量。运行代码清单 10-6，输出如下：

```
设置三次参数后，历史明细表数据：3
参数表数据量：1
参数最后的值为：3
```

历史明细表中除了会保存参数设置的过程数据外，还保存表单的数据，这些内容将在后面讲述表单的相关章节中讲述。

10.1.5 删除历史流程实例和历史任务

删除历史流程实例与历史任务，会将与其关联的数据一并删除，例如参数、明细、行为等数据。在删除时需要注意的是，如果一个流程实例没有完成，在调用删除方法时，将会抛出异常。代码清单 10-7 示范了删除历史数据的方法。

代码清单 10-7：codes\10\10.1\history-query\src\org\crazyit\activiti\Delete.java

```java
// 创建流程引擎
ProcessEngine engine = ProcessEngines.getDefaultProcessEngine();
// 得到流程存储服务实例
RepositoryService repositoryService = engine.getRepositoryService();
// 得到运行时服务组件
RuntimeService runtimeService = engine.getRuntimeService();
// 得到历史服务组件
HistoryService historyService = engine.getHistoryService();
// 得到任务组件
TaskService taskService = engine.getTaskService();
// 部署流程文件
repositoryService.createDeployment()
        .addClasspathResource("bpmn/Delete.bpmn").deploy();
// 启动流程
```

```java
ProcessInstance pi1 = runtimeService
        .startProcessInstanceByKey("testProcess");
ProcessInstance pi2 = runtimeService
        .startProcessInstanceByKey("testProcess");
// 完成第一个流程实例
Task task = taskService.createTaskQuery()
        .processInstanceId(pi1.getId()).singleResult();
taskService.setVariableLocal(task.getId(), "name", "crazyit");
taskService.complete(task.getId());

task = taskService.createTaskQuery()
        .processInstanceId(pi1.getId()).singleResult();
taskService.complete(task.getId());


// 第二个流程实例完成第一个节点
task = taskService.createTaskQuery().processInstanceId(pi2.getId())
        .singleResult();
taskService.complete(task.getId());

System.out.println("删除前任务数量: "
        + historyService.createHistoricTaskInstanceQuery().count());
// 删除第二个流程实例的历史任务数据
historyService.deleteHistoricTaskInstance(task.getId());
System.out.println("删除后任务数量: "
        + historyService.createHistoricTaskInstanceQuery().count());
System.out.println("删除前流程实例数量: "
        + historyService.createHistoricProcessInstanceQuery().count());
// 删除第一个流程实例的历史流程数据
historyService.deleteHistoricProcessInstance(pi1.getId());
// 抛出错误，删除没有完成的流程实例历史数据
historyService.deleteHistoricProcessInstance(pi2.getId());
System.out.println("删除后流程实例数量: "
        + historyService.createHistoricProcessInstanceQuery().count());
```

在代码清单 10-7 中启动了两个流程实例，将第一个流程实例完成，第二个流程实例完成第一个节点，此时使用 deleteHistoricTaskInstance 方法将第二个流程实例的历史任务数据删除（包括参数明细数据），再使用 deleteHistoricProcessInstance 方法将第一个流程实例的历史数据删除，最后再次调用 deleteHistoricProcessInstance 方法将第二个流程实例删除，此时会抛出异常，因为在运行的流程实例不允许被删除，异常信息为：Process instance is still running, cannot delete historic process instance。运行代码清单 10-7，输出结果如下：

```
删除前任务数量: 4
删除后任务数量: 3
删除前流程实例数量: 2
12:33:51,913 ERROR CommandContext - Error while closing command context
org.activiti.engine.ActivitiException: Process instance is still running, cannot
delete historic process instance: 10
```

除了以上描述的历史数据表外，Activiti 中还有历史评论表、历史附件表等，它们的查询方法与历史数据表类似，在此不再赘述。HistoryService 主要提供管理流程历史数据的 API，在开发工作流应用的过程中，经常会遇到查询历史工作流数据的需求，弄清楚 Activiti 历史数据表的设计与熟练掌握 HistoryService 提供的 API，可以轻松地解决此类需求。

10.2 工作的产生

在日常业务中，不可避免地会产生异步工作，对比，Activiti 提供了工作表来保存任务。

相对于 Activiti 5，Activiti 6 重构了工作执行器这一模块的逻辑，任务被归类到四个表中，例如一般的工作会被保存在一般工作表（ACT_RU_JOB）中，而流程定义与流程实例的定时中断任务会被保存到 ACT_RU_SUSPENDED_JOB 表中，定时任务则会被保存到 ACT_RU_TIMER_JOB 表中，当满足一定条件时，这些工作将会被执行。下面将讲述一般工作的产生，让大家对工作有个初步的了解。

▶▶ 10.2.1 异步任务产生的工作

Activiti 中提供了多种类型的 Task，例如 User Task、Script Task、Java Service Task 等，在本章之前，使用最多的就是 User Task。在这一节中，将介绍使用异步的 Java Service Task 产生工作。Java Service Task 主要用于在任务中调用外部的 Java 类，以下为 Java Service Task 在流程描述文件中的 XML 配置：

```xml
<serviceTask id="javaService" name="My Java Service Task" activiti:class=
"org.activiti.MyJavaDelegate" />
```

以上的配置片断中定义了一个 serviceTask，并且为该 serviceTask 设置了对应的 Delegate（activiti:class 属性）。定义一个 serviceTask，可以有多种途径去指定如何使用 Java 类的逻辑，以上的配置片断为其中一种，其他使用 Java 类的方式，将会在讲述流程任务的相关章节中讲解，这里的目的主要是介绍如何使用异步的 serviceTask 产生工作。以上的配置只是简单地定义一个 serviceTask，如果需要定义异步的 serviceTask，则需要为 serviceTask 节点加入 activiti:async 属性，并将该属性值设置为 true。在代码清单 10-8 中即定义了一个含有 serviceTask 的流程。

代码清单 10-8：codes\10\10.2\job-produce\resource\bpmn\async-continuation.bpmn

```xml
<process id="async-continuation" name="async-continuation">
    <startEvent id="startevent1" name="Start"></startEvent>
    <serviceTask id="servicetask1" name="Service Task"
        activiti:async="true"
        activiti:class="org.crazyit.activiti.job.MyJavaDelegate"></serviceTask>
    <endEvent id="endevent1" name="End"></endEvent>
    <userTask id="usertask1" name="Task1"></userTask>
    <sequenceFlow id="flow2" name="" sourceRef="servicetask1"
        targetRef="usertask1"></sequenceFlow>
    <sequenceFlow id="flow3" name="" sourceRef="usertask1"
        targetRef="endevent1"></sequenceFlow>
    <sequenceFlow id="flow4" name="" sourceRef="startevent1"
        targetRef="servicetask1"></sequenceFlow>
</process>
```

在代码清单 10-8 中使用 activiti:async 属性定义了一个异步的 serviceTask，并且指定了对应的 Delegate 类（com.crazyit.activiti.MyJavaDelegate），该类的代码如代码清单 10-9 所示。

代码清单 10-9：codes\10\10.2\job-produce\src\org\crazyit\activiti\MyJavaDelegate.java

```java
public class MyJavaDelegate implements JavaDelegate {
    public void execute(DelegateExecution execution) throws Exception {
        System.out.println("This is java delegate");
    }
}
```

代码清单 10-9 所示为自定义的 JavaDelegate 类，JavaDelegate 需要实现 JavaDelegate 接口，本例的实现仅仅是简单地打印一行文字。代码清单 10-8 对应的流程图如图 10-3 所示。

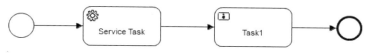

图 10-3 异步的 serviceTask 流程

如图 10-3 所示,在流程中定义了一个 ServiceTask 和一个 UserTask,启动流程后,会遇到 ServiceTask 节点。代码清单 10-10 为加载该流程文件并启动流程的代码。

代码清单 10-10:codes\10\10.2\job-produce\src\org\crazyit\activiti\AsyncConfig.java

```java
// 创建流程引擎
ProcessEngine engine = ProcessEngines.getDefaultProcessEngine();
// 得到流程存储服务实例
RepositoryService repositoryService = engine.getRepositoryService();
// 得到管理服务实例
ManagementService managementService = engine.getManagementService();
// 得到运行时服务组件
RuntimeService runtimeService = engine.getRuntimeService();
// 部署流程文件
repositoryService.createDeployment().addClasspathResource("bpmn/async-continuation.bpmn")
    .deploy();
// 产生由 async-continuation 处理的工作
ProcessInstance pi1 = runtimeService.startProcessInstanceByKey("async-continuation");
// 查询工作数量,结果为 1
System.out.println("工作数量: " + managementService.createJobQuery().count());
```

运行代码清单 10-10,打开数据库的 ACT_RU_JOB 表,可以看到类型为 message(TYPE_字段)的工作产生,并且该工作数据的 HANDLER_TYPE_字段值为 "async-continuation", HANDLER_TYPE_字段主要用于标识该工作数据应该是哪个处理类型,"async-continuation" 对应的工作处理类为 AsyncContinuationJobHandler。

10.2.2 定时中间事件产生的工作

如果在流程中定义了定时器相关的节点,那么这些节点不会被马上执行,有可能会在某个定义的时间点上执行,这些节点会被转化为工作保存到定时器工作表(ACT_RU_TIMER_JOB)中,流程引擎会定时查询该表的数据,然后将符合执行条件(时间条件)的工作取出来交由线程池执行。在流程中可以加入定时器的节点有中间事件节点、流程开始事件节点和边界事件节点,这里所讲述的是定时中间事件(Timer Intermediate Catching Event)所产生的工作。代码清单 10-11 中定义了一个含有定时中间事件的流程。

代码清单 10-11:codes\10\10.2\job-produce\resource\bpmn\timer-intermediate-transition.bpmn

```xml
<process id="timer-intermediate-transition" name="timer-intermediate-transition">
    <endEvent id="endevent1" name="End"></endEvent>
    <userTask id="usertask1" name="User Task"></userTask>
    <sequenceFlow id="flow3" name="" sourceRef="usertask1"
        targetRef="endevent1"></sequenceFlow>
    <startEvent id="startevent1" name="Start"></startEvent>
    <intermediateCatchEvent id="timerintermediatecatchevent1"
        name="TimerCatchEvent">
        <timerEventDefinition>
            <timeDuration>PT1M</timeDuration>
        </timerEventDefinition>
    </intermediateCatchEvent>
    <sequenceFlow id="flow4" name="" sourceRef="startevent1"
        targetRef="timerintermediatecatchevent1"></sequenceFlow>
    <sequenceFlow id="flow5" name=""
```

```
            sourceRef="timerintermediatecatchevent1" targetRef="usertask1"></sequenceFlow>
</process>
```

代码清单 10-11 中的粗体字代码，定义了一个 intermediateCatchEvent 中间事件，并且在该事件下加入了定时事件的定义，此时该中间事件成为了一个定时中间事件。在定义定时器事件的时候，设置了 timeDuration 元素，值为 PT1M，表示定时器将会在 1 分钟后触发，即 1 分钟后会跳过该流程节点，执行下一个节点（此处为 UserTask）。该流程描述文件对应的流程图如图 10-4 所示，部署与启动该流程的代码如代码清单 10-12 所示。

图 10-4　包含有定时中间事件的流程

代码清单 10-12：codes\10\10.2\job-produce\src\org\crazyit\activiti\TimerIntermediateTansition.java

```java
// 创建流程引擎
ProcessEngine engine = ProcessEngines.getDefaultProcessEngine();
// 得到流程存储服务实例
RepositoryService repositoryService = engine.getRepositoryService();
// 得到运行时服务组件
RuntimeService runtimeService = engine.getRuntimeService();
// 部署流程文件
repositoryService
    .createDeployment()
    .addClasspathResource("bpmn/timer-intermediate-transition.bpmn")
    .deploy();
// 启动流程
runtimeService.startProcessInstanceByKey("timer-intermediate-transition");
// 查询工作数量
System.out.println("工作数量:" + engine.getManagementService().createTimerJobQuery().count());
```

运行代码清单 10-12 后，打开 ACT_RU_TIMER_JOB 表，可以看到其中产生了工作数据，TYPE_ 字段值为 timer，处理类型（HANDLER_TYPE_）为 trigger-timer。

▶▶ 10.2.3　定时边界事件产生的工作

与定时中间事件类似，定时边界事件（Timer Boundary Event）同样会产生定时工作。代码清单 10-13 中定义了一个含有定时边界事件的流程，其对应的流程图如图 10-5 所示。

代码清单 10-13：codes\10\10.2\job-produce\resource\bpmn\timer-transition.bpmn

```xml
<process id="timer-transition" name="process1">
    <userTask id="usertask1" name="Task1"></userTask>
    <boundaryEvent id="boundarytimer1" cancelActivity="false"
        attachedToRef="usertask1">
        <timerEventDefinition>
            <timeDuration>PT1M</timeDuration>
        </timerEventDefinition>
    </boundaryEvent>
    <endEvent id="endevent1" name="End"></endEvent>
    <sequenceFlow id="flow2" name="" sourceRef="usertask1"
        targetRef="endevent1"></sequenceFlow>
    <startEvent id="startevent1" name="Start"></startEvent>
    <sequenceFlow id="flow3" name="" sourceRef="startevent1"
        targetRef="boundarytimer1"></sequenceFlow>
</process>
```

图 10-5 包含有定时边界事件的流程

代码清单 10-13 中的粗体字代码，定义了一个 boundaryEvent 边界事件，并且在该事件中加入了定时器定义，此时该边界事件成为了定时边界事件，并且该节点会在 1 分钟后被触发。代码清单 10-14 为加载该流程文件并启动流程的代码。

代码清单 10-14：codes\10\10.2\job-produce\src\org\crazyit\activiti\TimerTransition.java

```
// 创建流程引擎
ProcessEngine engine = ProcessEngines.getDefaultProcessEngine();
// 得到流程存储服务实例
RepositoryService repositoryService = engine.getRepositoryService();
// 得到运行时服务组件
RuntimeService runtimeService = engine.getRuntimeService();
// 部署流程文件
repositoryService
    .createDeployment()
    .addClasspathResource("bpmn/timer-transition.bpmn")
    .deploy();
// 启动流程
runtimeService.startProcessInstanceByKey("timer-transition");
// 查询工作数量
System.out.println("工作数量:" + engine.getManagementService().createTimerJobQuery().count());
```

运行代码清单 10-14 后，打开 ACT_RU_TIMER_JOB 表，可以看到该表中已经加入了一条类型为 timer、处理类型为 "timer-transition" 的工作数据。

▶▶ 10.2.4 定时开始事件产生的工作

在开始事件中同样可以加入定时器，让其变为定时开始事件。代码清单 10-15 定义了一个含有定时开始事件的流程，其对应的流程图如图 10-6 所示。

代码清单 10-15：codes\10\10.2\job-produce\resource\bpmn\timer-start-event.bpmn

```xml
<process id="timer-start-event" name="timer-start-event">
    <startEvent id="timerstartevent1" name="Timer start">
        <timerEventDefinition>
            <timeDuration>PT1M</timeDuration>
        </timerEventDefinition>
    </startEvent>
    <userTask id="usertask1" name="Task1"></userTask>
    <endEvent id="endevent1" name="End"></endEvent>
    <sequenceFlow id="flow1" name="" sourceRef="timerstartevent1"
        targetRef="usertask1"></sequenceFlow>
    <sequenceFlow id="flow2" name="" sourceRef="usertask1"
        targetRef="endevent1"></sequenceFlow>
</process>
```

图 10-6 包含有定时开始事件的流程

代码清单 10-15 中的粗体字代码，在开始事件中加入定时器，并且设置了开始事件会在 1 分钟后被触发，代码清单 10-16 为加载该流程文件并且启动流程的代码。

代码清单 10-16：codes\10\10.2\job-produce\src\org\crazyit\activiti\TimerStartEvent.java

```
// 创建流程引擎
ProcessEngine engine = ProcessEngines.getDefaultProcessEngine();
// 得到流程存储服务实例
RepositoryService repositoryService = engine.getRepositoryService();
// 部署流程文件
repositoryService
    .createDeployment()
    .addClasspathResource("bpmn/timer-start-event.bpmn")
    .deploy();
// 查询工作数量
System.out.println("工作数量： " + engine.getManagementService().
createTimerJobQuery().count());
```

运行代码清单 10-16 后，查看 ACT_RU_TIMER_JOB 表，可以看到产生了工作类型为 timer、处理类型为"timer-start-event"的工作数据，该工作数据将会由 TimerStartEventJobHandler 类进行处理。在此需要注意的是，代码清单 10-16 并不需要启动流程，因为在流程定义中，已经加入了定时器，流程将会在 1 分钟后自动启动。

> **注意：** 如果需要设置流程定时启动，可以加入 timeCycle 来设置定时器，详情见讲述流程事件的相关章节。

▶▶ 10.2.5 流程抛出事件产生的工作

当执行流遇到信号 Catching 事件时，会停留在该事件节点，一直等待信号，并且会在事件描述表（ACT_RU_EVENT_SUBSCR）中加入相应的事件描述数据。如果 ACT_RU_EVENT_SUBSCR 表中存在名称为"testSignal"的信号事件描述，而此时另外的流程实例（或者同一个流程实例的不同执行流）如果有一个异步的信号 Throwing 事件，同样使用了名称为"testSignal"的信号事件描述，那么此时将会产生工作。代码清单 10-17 定义了这样一个流程，图 10-7 为对应的流程图。

代码清单 10-17：codes\10\10.2\job-produce\resource\bpmn\event.bpmn

```
<signal id="testSignal" name="testSignal"></signal>
<process id="event" name="event">
    <startEvent id="startevent1" name="Start"></startEvent>
    <parallelGateway id="parallelgateway1" name="Parallel Gateway"></parallelGateway>
    <intermediateCatchEvent id="signalintermediatecatchevent1"
        name="SignalCatchEvent">
        <signalEventDefinition signalRef="testSignal"></signalEventDefinition>
    </intermediateCatchEvent>
    <userTask id="usertask1" name="User Task"></userTask>
    <endEvent id="endevent1" name="End"></endEvent>
    <parallelGateway id="parallelgateway2" name="Parallel Gateway"></parallelGateway>
    <sequenceFlow id="flow1" name="" sourceRef="startevent1"
        targetRef="parallelgateway1"></sequenceFlow>
    <sequenceFlow id="flow2" name="" sourceRef="parallelgateway1"
        targetRef="signalintermediatecatchevent1"></sequenceFlow>
    <sequenceFlow id="flow3" name=""
        sourceRef="signalintermediatecatchevent1" targetRef="parallelgateway2">
</sequenceFlow>
    <sequenceFlow id="flow6" name="" sourceRef="parallelgateway2"
        targetRef="usertask1"></sequenceFlow>
    <sequenceFlow id="flow7" name="" sourceRef="usertask1"
        targetRef="endevent1"></sequenceFlow>
```

```xml
<userTask id="usertask2" name="Task1"></userTask>
<intermediateThrowEvent id="signalintermediatethrowevent1"
    name="SignalThrowEvent">
    <signalEventDefinition signalRef="testSignal"
        activiti:async="true"></signalEventDefinition>
</intermediateThrowEvent>
<sequenceFlow id="flow8" name="" sourceRef="parallelgateway1"
    targetRef="usertask2"></sequenceFlow>
<sequenceFlow id="flow9" name="" sourceRef="usertask2"
    targetRef="signalintermediatethrowevent1"></sequenceFlow>
<sequenceFlow id="flow10" name=""
    sourceRef="signalintermediatethrowevent1" targetRef="parallelgateway2">
</sequenceFlow>
</process>
```

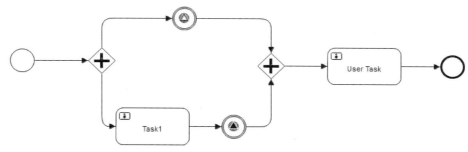

图 10-7　包含有信号 Catching 事件和信号 Throwing 事件的流程

代码清单 10-17 中的粗体字代码,定了一个信号 Catching 事件和一个信号 Throwing 事件,这两个事件均使用了相同的信号定义,并且在信号 Throwing 事件中,将信号定义为异步信号(activiti:async 属性为 true)。当流程出现分支时,会直接到达信号 Catching 事件,此时该执行流会一直等待信号,而另外一条分支,会先到达 Task1 节点,执行流经过 Task1 节点后,会到达信号 Throwing 事件,此时将会产生 message 类型的工作。代码清单 10-18 为部署该流程并完成 Task1 节点的代码。

代码清单 10-18：codes\10\10.2\job-produce\src\org\crazyit\activiti\Event.java

```java
// 创建流程引擎
ProcessEngine engine = ProcessEngines.getDefaultProcessEngine();
// 得到流程存储服务实例
RepositoryService repositoryService = engine.getRepositoryService();
// 得到运行时服务组件
RuntimeService runtimeService = engine.getRuntimeService();
// 得到任务服务组件
TaskService taskService = engine.getTaskService();
// 部署流程文件
repositoryService
    .createDeployment()
    .addClasspathResource("bpmn/event.bpmn")
    .deploy();
runtimeService.startProcessInstanceByKey("event");
// 将 task1 的工作完成后,就会产生工作
Task task = taskService.createTaskQuery().taskName("Task1").singleResult();
taskService.complete(task.getId());
// 查询工作数量
System.out.println("工作数量：" + engine.getManagementService().createJobQuery().
count());
```

运行代码清单 10-18 后,ACT_RU_JOB 表中会产生类型为 message、处理类型为"event"的工作数据,此时由于第一个流程分支会一直停在信号 Catching 事件中,因此事件描述表中

会存在事件描述数据,当第二个流程分支遇到异步的信号Throwing事件时,会到事件描述表中查询是否存在名称为"testSignal"的事件数据,如果有,就向ACT_RU_JOB表中写入类型为message的工作数据,因此ACT_RU_JOB表的HANDLER_CFG_字段值保存的是ACT_RU_EVENT_SUBSCR表中事件的ID。处理类型为"event"的工作数据会交由ProcessEventJobHandler类处理。

▶▶ 10.2.6 暂停工作的产生

流程定义与流程实例可以被中断,中断后,与这些流程定义、流程实例有关的工作,将会被保存到中断工作表(ACT_RU_SUSPENDED_JOB)中。图10-8所示是一个含有中间Catching事件的简单流程图。

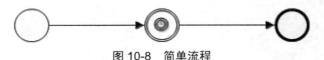

图10-8 简单流程

图10-8所示的流程对应的XML如代码清单10-19所示。

代码清单10-19:codes\10\10.2\job-produce\resource\bpmn\SuspendJob.bpmn

```
<process id="suspendJob" name="suspendJob" isExecutable="true">
    <startEvent id="startevent1" name="Start"></startEvent>
    <endEvent id="endevent1" name="End"></endEvent>
    <intermediateCatchEvent id="timerintermediatecatchevent1"
        name="TimerCatchEvent">
        <timerEventDefinition>
            <timeDuration>PT5M</timeDuration>
        </timerEventDefinition>
    </intermediateCatchEvent>
    <sequenceFlow id="flow1" sourceRef="startevent1"
        targetRef="timerintermediatecatchevent1"></sequenceFlow>
    <sequenceFlow id="flow2" sourceRef="timerintermediatecatchevent1"
        targetRef="endevent1"></sequenceFlow>
</process>
```

代码清单10-19中的粗体字代码,定义了一个中间Catching事件并为其设置了定时器,定时器将在5分钟后触发。正常情况下,如果流程实例没有被中断,那么定时器的工作将会被写入到ACT_RU_TIMER_JOB表中,但如果在此过程中,调用了中断流程实例的方法,那么该工作将会被写入ACT_RU_SUSPENDED_JOB表中,代码清单10-20为测试代码。

代码清单10-20:codes\10\10.2\job-produce\src\org\crazyit\activiti\SuspendJob.java

```
// 创建流程引擎
ProcessEngine engine = ProcessEngines.getDefaultProcessEngine();
// 得到流程存储服务实例
RepositoryService repositoryService = engine.getRepositoryService();
// 得到运行时服务组件
RuntimeService runtimeService = engine.getRuntimeService();
// 管理服务组件
ManagementService managementService = engine.getManagementService();
// 部署流程文件
Deployment dep = repositoryService
    .createDeployment()
    .addClasspathResource("bpmn/SuspendJob.bpmn")
    .deploy();
// 启动流程实例
ProcessInstance pi = runtimeService.startProcessInstanceByKey("suspendJob");
```

```java
// 查询定时器表的数据量
long timerCount = managementService.createTimerJobQuery().count();
System.out.println("中断前定时器表的数据量：" + timerCount);
// 查询中断表的数据量
long suspendCount = managementService.createSuspendedJobQuery().count();
System.out.println("中断前中断表数据量：" + suspendCount);
// 中断流程实例
runtimeService.suspendProcessInstanceById(pi.getId());
// 查询定时器表的数据量
timerCount = managementService.createTimerJobQuery().count();
System.out.println("中断后定时器表的数据量：" + timerCount);
// 查询中断表的数据量
suspendCount = managementService.createSuspendedJobQuery().count();
System.out.println("中断后中断表数据量：" + suspendCount);
```

在代码清单 10-20 中，先启动流程实例，再进行定时表与中断表的数据量查询，中断流程实例后，再查询两个表的数据，运行代码清单 10-20，输出结果如下：

```
中断前定时器表的数据量：1
中断前中断表数据量：0
中断后定时器表的数据量：0
中断后中断表数据量：1
```

▶▶ 10.2.7 无法执行的工作

如果工作在执行时发生异常，则可以重新执行，默认情况下，工作最大执行次数为 3 次，可以使用 ManagementService 的 setJobRetries 方法来设置重试次数。如果一个工作执行多次，仍然是失败的，那么 Activiti 就会将其写到 ACT_RU_DEADLETTER_JOB 表中，该表主要用来保存一些无法执行的工作。为了测试效果,设置一个简单流程,在其中加入一个 ServiceTask，流程文件的 XML 如代码清单 10-21 所示。

代码清单 10-21：codes\10\10.2\job-produce\resource\bpmn\deadletter.bpmn

```xml
<process id="deadletter" name="deadletter" isExecutable="true">
    <endEvent id="endevent1" name="End"></endEvent>
    <startEvent id="startevent1" name="Start"></startEvent>
    <serviceTask id="servicetask1" name="Task1" activiti:async="true"
activiti:class="org.crazyit.activiti.JobExceptionDelegate"></serviceTask>
    <sequenceFlow id="flow3" sourceRef="servicetask1"
        targetRef="endevent1"></sequenceFlow>
    <sequenceFlow id="flow4" sourceRef="startevent1"
        targetRef="servicetask1"></sequenceFlow>
</process>
```

代码清单 10-21 中的粗体字代码，为 ServiceTask 指定了 Delegate 类，该类的实现如代码清单 10-22 所示。

代码清单 10-22：codes\10\10.2\job-produce\src\org\crazyit\activiti\JobExceptionDelegate.java

```java
public class JobExceptionDelegate implements JavaDelegate {
    public void execute(DelegateExecution execution) {
        System.out.println("this is job exception delegate");
        throw new RuntimeException("JobExceptionDelegate message");
    }
}
```

该类仅仅输出一句话并抛出 RuntimeException，这意味着，当流程启动时，将会抛出异常，代码清单 10-23 为测试代码。

代码清单 10-23：codes\10\10.2\job-produce\src\org\crazyit\activiti\DeadletterJob.java

```java
// 创建流程引擎
ProcessEngine engine = ProcessEngines.getDefaultProcessEngine();
// 得到流程存储服务实例
RepositoryService repositoryService = engine.getRepositoryService();
// 得到运行时服务组件
RuntimeService runtimeService = engine.getRuntimeService();
// 管理服务组件
ManagementService managementService = engine.getManagementService();
repositoryService.createDeployment()
            .addClasspathResource("bpmn/deadletter.bpmn").deploy();
// 启动流程
ProcessInstance pi = runtimeService.startProcessInstanceByKey("deadletter");
// 设置重试次数
Job job = managementService.createJobQuery().singleResult();
managementService.setJobRetries(job.getId(), 1);
// 重新执行该工作，抛出异常
try {
        managementService.executeJob(job.getId());
} catch (Exception e) {
}
// 查询无法执行工作表
long deadCount = managementService.createDeadLetterJobQuery().count();
System.out.println("无法执行的工作，数据量：" + deadCount);
```

代码清单 10-23 中的粗体字代码，将工作的重试次数设置为 1，然后调用 ManagementService 的 executeJob 方法，再次执行工作，由于重试次数设置为 1，因此再次执行失败后，工作将会被存放到 ACT_RU_DEADLETTER_JOB 表中。运行代码清单 10-23，输出如下：

```
无法执行的工作，数据量：1
```

10.3 工作管理

了解了工作是怎样产生的后，下面我们讲解 ManagementService，ManagementService 主要用于对流程引擎进行管理，包括工作的查询、删除、执行和数据库管理等。根据前面的讲述可知，工作会被保存到四个数据表中，因此 ManagementService 提供了对应的工作查询对象，这些工作查询对象最终都返回 Job 实例。

10.3.1 工作查询对象

对应存放工作的四个数据表，是以下四个工作查询对象。
- JobQuery：到一般工作表（ACT_RU_JOB）中查询数据。
- TimerJobQuery：到定时器工作表（ACT_RU_TIMER_JOB）中查询数据。
- SuspendedJobQuery：到中断工作表（ACT_RU_SUSPENDED_JOB）中查询数据。
- DeadLetterJobQuery：到无法执行工作表（ACT_RU_DEADLETTER_JOB）中查询数据。

以上四个工作查询对象，与本书前面讲述的 Query 对象的使用方法类似，它们都可以根据工作的各种字段进行查询，这里不再赘述。

10.3.2 获取工作异常信息

由 10.2.6 节的讲述可知，当工作执行中出现异常时，各个工作表的 EXCEPTION_STACK_ID 和 EXCEPTION_MSG 字段会保存工作执行的异常信息，使用 ManagementService 的几个

getXXXJobExceptionStacktrace 方法可以获取这些异常信息,该方法会根据 EXCEPTION_STACK_ID_字段所保存的值,到 ACT_GE_BYTEARRAY 表中查询相应的详细异常信息。查询工作异常信息的代码如代码清单 10-24 所示。

代码清单 10-24:codes\10\10.3\job-manage\src\org\crazyit\activiti\JobException.java

```java
// 创建流程引擎
ProcessEngineImpl engine = (ProcessEngineImpl) ProcessEngines
    .getDefaultProcessEngine();
// 得到流程存储服务实例
RepositoryService repositoryService = engine.getRepositoryService();
repositoryService.createDeployment()
    .addClasspathResource("bpmn/jobException.bpmn").deploy();
// 得到运行时服务组件
RuntimeService runtimeService = engine.getRuntimeService();
// 管理服务组件
ManagementService mService = engine.getManagementService();
// 启动流程
runtimeService.startProcessInstanceByKey("testMsg");
// 执行工作
try {
    mService.executeJob(mService.createJobQuery().singleResult()
        .getId());
} catch (Exception e) {
}
// 查询异常信息
String msg = mService.getTimerJobExceptionStacktrace(mService
    .createTimerJobQuery().singleResult().getId());
System.out.println("============ 分隔线  ==============");
System.out.println(msg);
```

在代码清单 10-24 中会启动一个简单流程,流程中只包含一个异步的 ServiceTask,对应的处理类会抛出 RuntimeException。调用 ManagementService 的 executeJob 方法执行这个流程所产生的一般工作,由于该工作会抛出异常,因此会被迁移到定时器工作表中,等待下一次执行。代码清单 10-24 中的粗体字代码,调用了 getTimerJobExceptionStacktrace 方法来查询该定时器工作的异常信息。

10.3.3 转移与删除工作

几个保存工作的数据表分别代表不同状态的工作,如果想要改变工作的状态,可以调用几个 move 方法来进行工作的转移。例如可以将某个工作设置为不可执行,将不可执行的工作设置为继续执行。在代码清单 10-25 中调用了几个 move 方法。

代码清单 10-25:codes\10\10.3\job-manage\src\org\crazyit\activiti\MoveJob.java

```java
// 创建流程引擎
ProcessEngine engine = ProcessEngines.getDefaultProcessEngine();
// 得到流程存储服务实例
RepositoryService repositoryService = engine.getRepositoryService();
// 得到运行时服务组件
RuntimeService runtimeService = engine.getRuntimeService();
// 管理服务组件
ManagementService mService = engine.getManagementService();
// 部署流程文件
repositoryService.createDeployment()
    .addClasspathResource("bpmn/moveJob_1.bpmn").deploy();
repositoryService.createDeployment()
    .addClasspathResource("bpmn/moveJob_2.bpmn").deploy();
```

```java
// 启动流程
runtimeService.startProcessInstanceByKey("moveJob1");
System.out.println("移动前一般工作数量: " + mService.createJobQuery().count()
    + ", deadletter 数量: "
    + mService.createDeadLetterJobQuery().count());
// 将一般工作移动到 deadletter 表
mService.moveJobToDeadLetterJob(mService.createJobQuery()
    .singleResult().getId());
System.out.println("调用 moveJobToDeadLetterJob 后一般工作表数据量: "
    + mService.createJobQuery().count() + ", deadletter 数量: "
    + mService.createDeadLetterJobQuery().count());
// 将 deadletter 移动到一般工作表
mService.moveDeadLetterJobToExecutableJob(mService
    .createDeadLetterJobQuery().singleResult().getId(), 2);
System.out.println("调用 moveDeadLetterJobToExecutableJob 后一般工作表数据量: "
    + mService.createJobQuery().count() + ", deadletter 数量: "
    + mService.createDeadLetterJobQuery().count());
// 删除工作
mService.deleteJob(mService.createJobQuery().singleResult().getId());
// 启动第二条流程
runtimeService.startProcessInstanceByKey("moveJob2");
System.out.println("移动前工作数量: " + mService.createJobQuery().count()
    + ", 定时器工作数量: " + mService.createTimerJobQuery().count());
// 将定时器工作移动到一般工作表
mService.moveTimerToExecutableJob(mService.createTimerJobQuery().singleResult()
.getId());
System.out.println("调用 moveTimerToExecutableJob 后一般工作表数据量: "
    + mService.createJobQuery().count() + ", 定时器工作数量: "
    + mService.createTimerJobQuery().count());
```

在代码清单 10-25 中部署了两个流程文件：moveJob_1.bpmn 和 moveJob_2.bpmn，第一个流程含有异步的 ServiceTask，会产生一般工作；第二个流程含有一个定时边界事件，会产生定时器工作。分别启动两个流程实例，调用几个 move 方法来改变工作状态，运行代码清单 10-25，输出结果如下：

```
移动前一般工作数量: 1, deadletter 数量: 0
调用 moveJobToDeadLetterJob 后一般工作表数据量: 0, deadletter 数量: 1
调用 moveDeadLetterJobToExecutableJob 后一般工作表数量: 1, deadletter 数量: 0
移动前工作数量: 0, 定时器工作数量: 1
调用 moveTimerToExecutableJob 后一般工作表数据量: 1, 定时器工作数量: 0
```

除了转移工作外，还可以调用几个 delete 方法来删除工作，可以删除一般工作、定时器工作和无法执行的工作，但要注意并没有提供删除中断工作的方法。

10.4 数据库管理

ManangementService 除了提供操作工作的 API 外，还提供管理数据库的 API，如果流程引擎的管理者并非技术人员，那么开发者可以利用这些 API 开发出数据库管理功能，让非技术人员也可以进行流程引擎管理。

10.4.1 查询引擎属性

Activiti 会将流程引擎相关的属性配置保存到 ACT_GE_PROPERTY 表中，一些全局的、可能会发生改变的属性配置均会被放到该表中保存。使用 ManagementService 的 getProperties 方法可以返回这些属性及其值。代码清单 10-26 即使用了该方法来查询流程引擎的属性。

代码清单 10-26：codes\10\10.4\db-manage\src\org\crazyit\activiti\GetProperties.java

```java
// 创建流程引擎
ProcessEngine engine = ProcessEngines.getDefaultProcessEngine();
// 得到管理服务组件
ManagementService managementService = engine.getManagementService();
Map<String, String> props = managementService.getProperties();
//输出属性
for (String key : props.keySet()) {
    System.out.println("属性：" + key + " 值为：" + props.get(key));
}
```

运行代码清单 10-26，输出结果如下：

```
属性：cfg.execution-related-entities-count 值为：false
属性：next.dbid 值为：1
属性：schema.version 值为：6.0.0.4
属性：schema.history 值为：create(6.0.0.4)
```

10.4.2 数据表信息查询

如果需要知道一个数据表有哪些字段以及这些字段的类型，则可以使用 ManagementService 的 getTableMetaData 方法来获取某一个数据表的基础信息，该方法返回一个 TableMetaData 对象，通过该对象可以得到数据表的名称、表的全部字段名称以及各个字段的类型信息。如果需要查询一个表的数据量，则可以使用 ManagementService 的 getTableCount 方法，该方法返回全部数据表的数据量，返回一个 key 为表名称、value 为 Long 值的 Map 对象。代码清单 10-27 示范了如何使用 getTableMetaData 和 getTableCount 方法。

代码清单 10-27：codes\10\10.4\db-manage\src\org\crazyit\activiti\GetTableMetaData.java

```java
// 创建流程引擎
ProcessEngine engine = ProcessEngines.getDefaultProcessEngine();
// 得到管理服务组件
ManagementService managementService = engine.getManagementService();
// 查询表信息
TableMetaData data = managementService.getTableMetaData("ACT_GE_PROPERTY");
System.out.println("输出 ACT_GE_PROPERTY 的列：");
List<String> columns = data.getColumnNames();
for (String column : columns) {
    System.out.println(column);
}
System.out.println("输出 ACT_GE_PROPERTY 的列类型：");
List<String> types = data.getColumnTypes();
for (String type : types) {
    System.out.println(type);
}
// 查询数据量
Map<String, Long> count = managementService.getTableCount();
System.out.println("ACT_GE_PROPERTY 表数据量：" + count.get("ACT_GE_PROPERTY"));
```

运行代码清单 10-27，得到如下结果：

```
输出 ACT_GE_PROPERTY 的列：
NAME_
VALUE_
REV_
输出 ACT_GE_PROPERTY 的列类型：
VARCHAR
VARCHAR
INT
ACT_GE_PROPERTY 表数据量：4
```

使用 getTableCount 方法可以查询 Activiti 表的数据量，返回的 Map 对象的 key 为数据表名称，value 为数据量。需要注意的是，判断是否为 Activiti 的数据表，标准为表名是否以"ACT_"开头，如果新建一个 ACT_ABC 表，该方法一样会将其查询出来。

10.4.3 数据库操作

使用 ManagementService 的 databaseSchemaUpgrade 方法可以实现对数据库的原始操作，这些操作可以由调用人自己决定，可以创建 schema、创建表、删除 schema 和删除表等，调用该方法需要提供 Connection、数据库 catalog 和数据库 schema 参数，其中可以使用 Connection 的 createStatement 方法得到 Statement 对象，然后可以执行各种 SQL 语句。在代码清单 10-28 中使用 databaseSchemaUpgrade 执行创建 schema、删除 schema、创建表和删除表的操作。

代码清单 10-28：codes\10\10.4\db-manage\src\org\crazyit\activiti\SchemaUpgrade.java

```
// 创建流程引擎
ProcessEngine engine = ProcessEngines.getDefaultProcessEngine();
// 得到管理服务组件
ManagementService managementService = engine.getManagementService();
// 创建数据库连接
String url = "jdbc:mysql://localhost:3306/act";
String userName = "root";
String passwd = "123456";
Connection conn = DriverManager.getConnection(url, userName, passwd);
// 创建 schema
conn.createStatement().execute("create database 10_TEST");
managementService.databaseSchemaUpgrade(conn, "", "");
// 删除 schema
conn = DriverManager.getConnection(url, userName, passwd);
conn.createStatement().execute("drop database 10_TEST");
managementService.databaseSchemaUpgrade(conn, "", "");
// 为 10 数据库创建 TABLE_1 表
conn = DriverManager.getConnection(url, userName, passwd);
conn.createStatement()
    .execute(
    "create TABLE TABLE_1(`ID` int(11) NOT NULL auto_increment, PRIMARY KEY (`ID`))");
managementService.databaseSchemaUpgrade(conn, "", "");
// 删除 10 的 TABLE_1 表
conn = DriverManager.getConnection(url, userName, passwd);
conn.createStatement().execute("drop table TABLE_1");
managementService.databaseSchemaUpgrade(conn, "", "");
```

在代码清单 10-28 中，使用 DriverManager 创建 Connection 对象，然后使用 Statement 的 execute()方法执行各种 SQL 语句，最后将 Connection 交由 databaseSchemaUpgrade 方法执行。

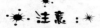

运行代码清单 10-28 时，需要在代码中修改数据库的连接信息。

10.4.4 数据表查询

对于一些非 Activiti 自带的数据表，如果想对其进行数据查询，则可以使用 ManagementService 的 createTablePageQuery 方法创建一个 TablePageQuery 对象，使用该对象的 tableName 方法可以设置到哪个表进行数据查询，再使用 listPage 方法返回一个 TablePage 对象，使用 listPage 方法时需要传入查询的开始索引值和查询的最大数据量，代码清单 10-29 即是一个使用 TablePageQuery 的方法进行数据查询的示例。

代码清单 10-29：codes\10\10.4\db-manage\src\org\crazyit\activiti\TableQuery.java

```java
// 创建流程引擎
ProcessEngine engine = ProcessEngines.getDefaultProcessEngine();
// 得到管理服务组件
ManagementService managementService = engine.getManagementService();
// 查询 ACT_GE_PROPERTY 表的数据
TablePage page = managementService.createTablePageQuery()
        .tableName("ACT_GE_PROPERTY").listPage(0, 2);
List<Map<String, Object>> datas = page.getRows();
for (Map<String, Object> data : datas) {
    System.out.println("=============");
    for (String key : data.keySet()) {
        System.out.println(key + "---" + data.get(key));
    }
}
```

需要注意的是，获取到 TablePage 对象后，要得到里面的数据，可以使用 TablePage 的 getRows 方法返回数据集，返回的是一个 Map 集合，Map 中的 key 为字段名称，value 为字段值。

ManagementService 的 API 是提供给流程引擎的管理者使用的，因此其更倾向于对流程引擎的底层进行操作（数据库），而并不像其他的业务组件那样更倾向于对业务数据的操作。

10.5 本章小结

本章主要讲述了 Activiti 中两个服务组件的使用：HistoryService 和 ManagementService，其中 HistoryService 主要用于管理流程中产生的历史数据，包括历史流程实例、历史任务、历史行为等，主要的管理操作包括数据查询和删除。

除历史数据的操作外，还着重讲解了 Activiti 中工作的概念，介绍了 Activiti 中几种工作的产生条件以及这些工作在执行过程中的细节与要注意的问题，同时还介绍了如何使用 ManagementService 提供的 API 来管理这些产生的工作。

最后讲述了 ManagementService 用于管理底层数据库的 API，通过这些与业务无关的 API，流程引擎的开发者可以开发出管理流程引擎的功能。至此，Activiti 涉及的各个主要服务组件（除 FormService 以外）已经讲解完了，从下一章开始将讲解 BPMN 2.0 规范的内容。

CHAPTER 11

第 11 章
流程事件

本章要点

- BPMN 的事件分类
- 各种流程的事件定义
- 开始事件的应用
- 结束事件的应用
- 边界事件的应用
- 中间事件的应用
- 补偿事件的应用

从本章开始，将介绍 BPMN 2.0 规范的内容。BPMN 2.0 提供了一套业务流程建模符号的标准，除了定义业务流程建模的符号外，BPMN 2.0 还为业务流程定义了 XML 规范，Activiti 在流程的定义中，无论流程模型的符号还是 XML 的定义，均遵循了该规范。

BPMN 2.0 中 5 种最基础的元素分类为：流对象（Flow Object）、数据（Data）、连接对象（Connecting Object）、泳道（Swimlanes）和制品（Artifact），其中流对象是用于定义业务流程行为的主要元素，主要有事件（Event）、活动（Activity）和网关（Gateway）三种流对象。本章主要讲述 BPMN 2.0 中的事件。

11.1 事件分类

BPMN 2.0 规定了多种事件定义，这些事件定义被嵌套到不同的事件中，则可以成为不同类型的事件。这些事件具有不同的特性，并且 BPMN 2.0 规定了这些事件允许出现的位置及其作用。下面介绍 BPMN 2.0 规范定义的事件分类。

11.1.1 按照事件的位置分类

对事件按照位置进行分类，主要可分为开始事件、中间事件和结束事件三类，其中中间事件又可以分为两类：单独作为流程节点的中间事件和依附在某个流程节点的中间事件，本书中所讲的中间事件是指单独作为流程节点的事件，依附在某个流程节点的中间事件，本书称其为边界事件。那么按照位置进行分类，将会有以下 4 种类型的流程事件。

- 开始事件：表示流程开始的事件。
- 结束事件：表示流程结束的事件。
- 中间事件：出现在流程中，单独作为流程节点的事件。
- 边界事件：附属于某个流程节点（如子流程、流程任务）的事件。

11.1.2 按照事件的特性分类

按照事件的特性进行分类，可以将事件分为 Catching 事件和 Throwing 事件，Catching 事件会一直等待被触发，而 Throwing 事件会自动触发并反馈结果，全部的开始事件都是 Catching 事件，因为开始事件总是会等待被触发，只是每种开始事件的触发条件不一样而已。例如定时器开始事件，就需要时间符合条件后触发。全部的结束事件都是 Throwing 事件，结束事件会自动执行并返回结果。全部的边界事件都是 Catching 事件，因为这些边界事件总是会符合某些特定条件时才会被触发。部分的中间事件为 Catching 事件（如 Signal Intermediate Catching Event），部分的中间事件为 Throwing 事件（如 Signal Intermediate Throwing Event）。

11.2 事件定义

事件主要用于体现 Catching 事件的触发和 Throwing 事件的结果，BPMN 2.0 规范规定了多种事件定义：CancelEventDefinition、CompensationEventDefinition、ConditionalEventDefinition、ErrorEventDefinition、EscalationEventDefinition、MessageEventDefinition、LinkEventDefinition、SignalEventDefinition、TerminateEventDefinition 和 TimerEventDefinition。除此之外，还包括无指定事件和复合事件，无指定事件是指在一个事件中没有指定任何事件定义，复合事件是指在一个事件中包含多个事件定义。每个事件定义可以按照规定与事件（开始事件、结束事件和中间事件）结合，成为特定的事件。例如将 TimerEventDefinition 与开始事件结合，成为定时器

开始事件。

11.2.1 定时器事件定义

定时器事件是一个由定时器触发的事件，定时器事件的定义可以嵌套在开始事件、中间事件或者边界事件中。在流程文件中使用 timerEventDefinition 元素表示一个定时器事件定义，假设在一个开始事件中定义一个定时器事件，其配置如下：

```xml
<startEvent id="timerstartevent1" name="Timer start">
    <timerEventDefinition></timerEventDefinition>
</startEvent>
```

只定义一个 timerEventDefinition 元素是不足以描述该定时器事件的，需要向 timerEventDefinition 元素下加入子元素，timerEventDefinition 下允许定义的子元素有以下三个。

- timeDate：指定一个定时器触发的时间。
- timeDuration：指定定时器激活后多久的时间内该定时器被运行。假设定时器在当前时刻被激活，设置该值为 PT5M，即会在 5 分钟后执行。
- timeCycle：指定定时器的重复间隔，该元素常应用于一些定时任务的执行，包括流程的定时启动、任务提醒等。

以上三个 timerEventDefinition 的子元素，在定义时间时，都需要遵守 ISO 8601 的国际标准，该标准是关于日期和时间的表示方法的标准，其中 timeCycle 还支持使用 cron 表达式来设定定时器的重复间隔。代码清单 11-1 为 timerEventDefinition 的三个子元素的配置示例。

代码清单 11-1：codes\11\11.1\event-definition\resource\bpmn\timer\TimerDefine1.bpmn，
codes\11\11.1\event-definition\resource\bpmn\timer\TimerDefine2.bpmn，
codes\11\11.1\event-definition\resource\bpmn\timer\TimerDefine3.bpmn

```xml
<timerEventDefinition>
    <timeDate>2018-10-10T06:00:00</timeDate>
</timerEventDefinition>
<timerEventDefinition>
    <timeDuration>PT5S</timeDuration>
</timerEventDefinition>
<timerEventDefinition>
    <timeCycle>R2/PT1M</timeCycle>
</timerEventDefinition>
```

在代码清单 11-1 中使用了 timerEventDefinition 的三个子元素进行配置，该三个配置均使用 ISO 8601 格式的日期时间。ISO 8601 标准规定，如果需要同时表达日期和时间，则需要在时间前加上大写字母 T，如 2018-10-10T06:00:00，表示 2018 年 10 月 10 日的 6 点 0 分 0 秒。如果需要表示一个时间段，则可以加上大写字母 P，例如 P1D 表示 1 天内；如果要表示某个时间段（精确到时间），则需要在时间前加上 T，例如 PT10M，即表示 10 分钟内。需要重复的时间，可以加上大写字母 R，如本例的 "R2/PT1M" 表示执行 2 次，每次持续 1 分钟。元素 timeCycle 除了可以使用 ISO 8601 标准定义时间外，还可以使用 cron 表达式，cron 表达式将在下一节中讲述。

11.2.2 cron 表达式

一个 cron 表达式是由 6~7 个域组成并且以空格分隔的字段串，cron 原来是 UNIX 的工具之一，主要用于进行任务调度，cron 核心使用的就是 cron 表达式来处理任务调度，以下为一个简单的 cron 表达式：10 * * * * ?，表示每分钟的第 10 秒将会触发。

一个完整的 cron 表达式总共有 7 个域（以空格分隔），从左到右表示秒、分、小时、月份中的日期、月份、星期中的日期和年份,其中年份域为可选项,例如有以下cron表达式:1 2 3 4 5 ? 2013,该表达式共有7个域,以空格分隔,该表达式表示2013年5月4日03时2分1秒,在该表达式中,第6个域(星期中的日期)使用了问号,表示并不需要关心该域,由于该表达式指定了第4个域(月份中的日期),因此此处使用问号,可以理解为不关心5月4日是星期几。以下描述了cron表达式中的符号及其作用。

- *:允许该域使用全部的值。假设在秒域的值为10且分钟域为*,那么意味着每一分钟的第10秒将会符合表达式条件。
- ?:只允许出现在第4个域(月份中的日期)和第6个域(星期中的日期),表示不关心该域的取值,由于两个域取值可能存在冲突,因此为不关心取值的域使用该符号。
- -:该符号表示范围,假设将第3个域(小时)设置为10-12,则表示10点到12点。
- ,:该符号表示一个域内并列的多个值,例如第4个域(月份中的日期)值为2,4,8,表示2号、4号和8号会触发。
- /:使用该符号设置步长,假设将第1个域(秒)设置为5/15,表示从第5秒开始,步长为15,即第5、20、35、50秒时均会触发。
- L:英文Last的缩写,如果出现在第4个域(月份中的日期),则为每个月的最后一天,如果出现在第6个域(星期中的日期),则表示该星期的最后一天(周六),如果该符号出现在某个值后,如第6个域值为6L,则表示该月的最后一个星期5。
- W:英文weekday的缩写,表示周一到周五(工作日),该符号只能出现在第4个域(月份中的日期)并且只能与其他值组合使用,如15W,则表示该月中与15号最接近的工作日。另外,L和W可以在第4个域中混合使用,表示该月的最后一个工作日。
- #:该符号只能出现在第6个域(月份中的日期),表示该月的第几天,如果设置为#5,表示该月的第5天;如果设置为4#3,则前面的4表示星期中的日期,即4#3表示该月的第3个星期三(7是周6)。

各个符号允许出现的域以及每个域的取值范围如下所示。

- 秒:必选项,取值范围为0~59,允许出现的符号有",- * /"。
- 分钟:必选项,取值范围为0~59,允许出现的符号有",- * /"。
- 小时:必选项,取值范围为0~23,允许出现的符号有",- * /"。
- 月份中的日期:必选项,取值范围为1~31,允许出现的符号有",- * ? / L W"。
- 月份:必选项,取值范围为1~12或者月份的英文缩写,允许出现的符号有",- * /"。
- 星期中的日期:必选项,取值范围为1~7或者英文缩写,允许出现的符号有",- * / L #"。
- 年份:非必选项,取值范围为1970~2099,允许为空值,允许出现的符号有",- * /"。

假设现有一个检查工作日志的业务流程,需要在周一到周五下班时启动,那么创建一个定时器事件定义,并且使用timeCycle元素配合cron表达式进行时间定义:

```
<timerEventDefinition>
    <timeCycle>* * 18 ? * 1,2,3,4,5</timeCycle>
</timerEventDefinition>
```

以上的cron表达式为"* * 18 ? 1,2,3,4,5",表示周一到周五的18点将会触发。如果使用timeCycle元素定义周期性的任务,笔者觉得使用cron表达式最合适,即使cron表达式在刚接触时有点难以理解,但是它强大的时间定义能力已经让众多的任务调度框架都对它提供了支持,例如Quartz框架。

11.2.3 错误事件定义

错误事件会被定义的错误信息所触发，BPMN 中的错误事件主要用于处理流程中出现的业务异常。需要注意的是，流程中的业务异常与 Java 中的 Exception 是不同的概念，在设计业务时，如果满足一定的条件，那么就会触发错误事件。例如有一个检查服务器进程的业务流程，每隔 6 小时检查服务器的某个进程是否存在，如果该服务进程不存在，则触发原来定义好的错误事件，进入特定的处理流程。在 BPMN 2.0 规范中，使用 errorEventDefinition 元素定义一个错误事件，配置如下所示：

```xml
<errorEventDefinition errorRef="errorRef"></errorEventDefinition>
```

定义错误事件的 errorEventDefinition 元素下只有一个 errorRef 属性，errorRef 引用定义的 error 元素 id，一个 errorEventDefinition 可以不提供 errorRef 属性，表示定义了一个没有实现的事件。代码清单 11-2 所示为 error 及 errorEventDefinition 的配置。

代码清单 11-2：codes\11\11.2\event-definition\resource\bpmn\ErrorDefine.bpmn

```xml
<error id="myError" errorCode="123"></error>
<process id="testProcess" name="testProcess">
    <endEvent id="myErrorEndEvent">
        <errorEventDefinition errorRef="myError" />
    </endEvent>
</process>
```

BPMN 2.0 规范规定一个 error 元素需要包含以下属性。
- id：该元素的唯一标识。
- name：元素的名称，BPMN 2.0 规范明确规定流程 XML 文件需要支持该属性，Activiti 并没有对其提供实现（允许在 XML 中配置，但是不会读取该属性）。
- errorCdoe：错误事件编码，当处理业务时抛出相应的异常代码，流程引擎会根据该错误代码自动匹配到该 error 元素，定义 error 元素必须设定 errorCode 属性。
- structureRef：结构引用属性，根据 BPMN 2.0 规范，该属性用于引用公用的错误定义（引用 itemDefinition），Activiti 并不会读取该属性（配置了该属性，也不会产生效果）。

错误事件定义可以被嵌套在开始事件（startEvent）、边界事件（boundaryEvent）和结束事件（endEvent）中成为错误开始事件、错误边界事件和错误结束事件。

11.2.4 信号事件定义

我们在第 9 章中就已经使用过信号事件定义，信号事件是一种引用了信号定义的事件，可以使用一个信号向全部的流程发送广播（前提是流程定义使用了同样名称的信号）。定义一个信号事件，需要使用 signalEventDefinition 元素，与错误事件一样，当使用 signalEventDefinition 元素定义一个信号事件时，需要使用 signalRef 属性来引用一个信号元素（signal），signalRef 的值为 signal 的 id，信号事件的 XML 配置如代码清单 11-3 所示。

代码清单 11-3：codes\11\11.2\event-definition\resource\bpmn\SignalDefine.bpmn

```xml
<signal id="signalA" name="signalA"></signal>
<process id="testProcess" name="testProcess">
    ...
        <signalEventDefinition signalRef="signalA"></signalEventDefinition>
    ...
</process>
```

在 BPMN 2.0 规范中，一个信号元素（signal）允许有以下 3 个属性。
- id：该元素的唯一标识，必须提供。

➢ name：signal 元素的名称，必须提供，否则 Activiti 在解析流程文件时会抛出异常，信息为 "signal with id XXX has no name"。另外，在一个流程定义中，不允许同时出现多个 name 相同的 signal 元素，否则将抛出异常，信息为"duplicate signal name XXX"。
➢ structureRef：该属性与错误事件的 structureRef 属性一样，BPMN 2.0 规范规定该属性引用公用的配置，Activiti 并没有读取和使用该属性。

信号事件可以嵌套在边界事件、中间 Catching 事件和中间 Throwing 事件中成为信号边界事件、信号中间 Catching 事件和信号中间 Throwing 事件，其中信号边界事件和信号中间 Catching 事件是 Catching 事件，即这些事件会一直等待信号，接收到信号后事件才会被触发，如果执行流到达这些 Catching 事件，Activiti 会在 ACT_RU_EVENT_SUBSCR 表中加入相应的事件描述数据。

11.2.5 消息事件定义

消息事件是一种引用了消息定义的事件，与信号不同的是，消息只能指向一个接收人，而不能像信号一样进行广播。使用 messageEventDefinition 元素定义一个消息，使用 messageRef 属性引用一个消息（引用消息元素的 id）。在 BPMN 2.0 规范中，messageEventDefinition 下还有一个 operationRef 子元素，用于在可执行的流程中定义消息事件的具体操作，但是 Activiti 在实现中并没有使用该 operationRef 元素。代码清单 11-4 所示为消息事件的 XML 配置。

代码清单 11-4：codes\11\11.2\event-definition\resource\bpmn\MessageDefine.bpmn
```xml
<message id="myMsg" name="myMsg"></message>

<process id="medProcess" name="medProcess">
    ...
        <messageEventDefinition messageRef="myMsg"></messageEventDefinition>
    ...
</process>
```

定义一个消息元素使用 message 元素，该元素包含以下属性。
➢ id：该元素的唯一标识。
➢ name：消息的名称，使用 RuntimeService 的 messageEventReceived 方法时传入该参数，可选项。
➢ itemRef：用于指定该消息引用的 itemDefinition 元素。

消息事件可以嵌套在开始事件和中间 Catching 事件中成为消息开始事件和消息中间 Catching 事件。其中消息开始事件可以通过 RuntimeService 的 startProcessByKey 方法启动流程，如果执行流遇到消息中间 Catching 事件，会停留在该流程节点前，一直等待消息的来临，一旦接收到消息，流程才会继续向前执行。

11.2.6 取消事件定义

在 BPMN 2.0 规范中，取消事件使用在事务子流程（Transaction Sub-Process）模型中，取消事件定义可以使用在边界事件和结束事件中，成为取消边界事件（Cancel Boundary Event）和取消结束事件（Cancel End Event）。以下代码使用 cancelEventDefinition 元素定义一个取消事件：

```xml
<cancelEventDefinition></cancelEventDefinition>
```

取消边界事件是 Catching 事件，其会等待被触发，而取消结束事件则为 Throwing 事件。关于取消边界事件和取消结束事件的作用及其应用，请参看 11.4.3 节。

11.2.7 补偿事件定义

补偿机制主要用于对已经成功完成的流程做回退处理,因为这些流程的结果有可能不是我们所期望的,故而希望能将其回退。如果当前的流程活动是激活状态的,那么不能使用补偿机制,但可以考虑使用取消机制,相反,取消有可能会导致补偿的触发,例如在子流程中。

补偿事件主要用于触发或者处理补偿机制,BPMN 2.0 规定补偿事件定义可以嵌套在开始事件、中间 Catching 事件、中间 Throwing 事件和结束事件中。如果将补偿事件定义使用在中间 Catching 事件中,则不允许其作为单独的流程节点,而如果嵌套在中间 Catching 事件中,将成为补偿边界事件。可以如下使用 compensateEventDefinition 元素定义一个补偿事件:

```
<compensateEventDefinition><compensateEventDefinition/>
```

该元素除了 id 属性外,还有 waitForCompletion 属性,根据 BPMN 2.0 规范,该属性决定抛出的事件是否等待补偿完成,当前版本的 Activiti 不支持该属性。另外,compensateEventDefinition 元素还有一个 activityRef 属性,如果在中间补偿事件的定义中设置该属性,则补偿的触发就会有针对性,该补偿只针对指定的已经完成的流程活动,如果不指定该属性,那么补偿将会产生广播的效果,即会触发全部的(符合条件的)补偿事件。

Activiti 目前只实现了补偿边界事件和补偿中间 Throwing 事件,前面的章节讲述过边界事件和中间 Throwing 事件。

11.2.8 其他事件定义

除了以上的事件定义外,BPMN 2.0 中还有如下事件定义:条件事件定义(ConditionalEventDefinition)、升级事件定义(EscalationEventDefinition)、连接事件定义(LinkEventDefinition)和终止事件定义(TerminateEventDefinition),目前版本中除了终止事件定义外,还没有其他事件的实现。以下代码定义了一个终止事件:

```
<terminateEventDefinition activiti:terminateAll="true"></terminateEventDefinition>
```

关于终止结束事件,将在后面章节中讲述。至此,关于 Activiti 的事件定义已经全部介绍完了,从下面开始,将会介绍如何将这些事件定义嵌套在不同事件中使用。

11.3 开始事件

开始事件表示流程的开启,可以使用各种类型的开始事件来启动流程,例如使用定时器开始事件,定时启动业务流程,可以使用错误开始事件来表示错误业务流程的开始。根据前面章节所述,所有的开始事件都是 Catching 事件,即所有的开始事件都会等待着被触发。

11.3.1 无指定开始事件

没有为其指定任何触发条件(触发器)的开始事件为无指定开始事件,使用无指定开始事件,流程引擎并不知道流程将会在什么时候开始,如果需要启动流程,就必须使用 RuntimeService 的 startProcessByXXX 方法。需要注意的是,子流程(Sub-Process)中总会有一个无指定开始事件,即使将子流程中的开始事件强制定义为其他开始事件,其也会被看作无指定开始事件,因为流程到达子流程(Sub-Process)时,就意味着子流程需要启动,并不需要其他的启动条件。图 11-1 所示为无指定开始事件的图形,代码清单 11-5 为一个含有无指定开始事件的流程 XML 配置。

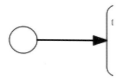

图 11-1　无指定开始事件图形

代码清单 11-5：codes\11\11.3\start-event\resource\bpmn\NoneStartEvent.bpmn

```xml
<process id="myProcess" name="myProcess">
    <startEvent id="startevent1" name="Start"></startEvent>
    <userTask id="usertask1" name="Task"></userTask>
    <endEvent id="endevent1" name="End"></endEvent>
    <sequenceFlow id="flow1" name="" sourceRef="startevent1"
       targetRef="usertask1"></sequenceFlow>
    <sequenceFlow id="flow2" name="" sourceRef="usertask1"
       targetRef="endevent1"></sequenceFlow>
</process>
```

代码清单 11-5 中的粗体字代码，使用 startEvent 元素定义了一个开始事件，该元素下没有任何的子元素，这表示这个开始事件没有任何的事件定义，是一个无指定开始事件。定义了流程后，要启动该流程，需要使用 RuntimeService 的 startProcessByXXX 方法，以下为该流程的启动代码：

```java
// 创建流程引擎
ProcessEngine engine = ProcessEngines.getDefaultProcessEngine();
// 得到流程存储服务组件
RepositoryService repositoryService = engine.getRepositoryService();
// 得到运行时服务组件
RuntimeService runtimeService = engine.getRuntimeService();
// 部署流程文件
repositoryService.createDeployment()
    .addClasspathResource("bpmn/NoneStartEvent.bpmn").deploy();
runtimeService.startProcessInstanceByKey("myProcess");
```

11.3.2　定时器开始事件

在开始事件中加入定时器事件定义，该开始事件就成为一个定时器开始事件，当符合时间条件时，流程启动，而并不需要像无指定开始事件一样，使用 API 启动流程。在日常生活中有许多需要定时启动的流程，例如要求项目经理每天下班时检查成员的工作日志，又如需要定时检查服务器端口是否存在等，此时可以使用定时器开始事件来实现流程的定时启动。如图 11-2 所示，定义了一个简单的工作流程，代码清单 11-6 为该流程的配置。

图 11-2　定时器开始流程

代码清单 11-6：codes\11\11.3\start-event\resource\bpmn\TimerStartEvent.bpmn

```xml
<process id="timerStartProcess" name="timerStartProcess">
    <startEvent id="timerstartevent1" name="Timer start">
        <timerEventDefinition>
            <timeCycle>0/5 * * * * ?</timeCycle>
        </timerEventDefinition>
    </startEvent>
```

```xml
    <userTask id="usertask1" name="Check Log"></userTask>
    <endEvent id="endevent1" name="End"></endEvent>
    <sequenceFlow id="flow1" name="" sourceRef="timerstartevent1"
        targetRef="usertask1"></sequenceFlow>
    <sequenceFlow id="flow2" name="" sourceRef="usertask1"
        targetRef="endevent1"></sequenceFlow>
</process>
```

在代码清单 11-6 中，为开始事件添加了定时器事件定义，并且使用了 timeCycle 元素，该元素支持 cron 表达式，为了能看到测试效果，本例在 cron 表达式中设置流程将会在每分钟的第 0 秒启动，每隔 5 秒启动一次流程，代码清单 11-7 为运行代码。

代码清单 11-7：codes\11\11.3\start-event\src\org\crazyit\activiti\TimerStartEvent.java

```java
// 创建流程引擎
ProcessEngine engine = ProcessEngines.getDefaultProcessEngine();
// 得到流程存储服务组件
RepositoryService repositoryService = engine.getRepositoryService();
// 得到运行时服务组件
RuntimeService runtimeService = engine.getRuntimeService();
// 部署流程文件
repositoryService.createDeployment()
    .addClasspathResource("bpmn/TimerStartEvent.bpmn").deploy();
// 等待时间条件
Thread.sleep(70 * 1000);
// 查询流程实例
List<ProcessInstance> ints = runtimeService.createProcessInstanceQuery().list();
System.out.println(ints.size());
```

在代码清单 11-7 中，并没有使用启动流程的 API，在等待 70 秒后进行流程实例查询，根据查询的流程实例可知，在等待过程中，定时器已经帮我们启动了若干流程实例。

BPMN 2.0 规范规定定时器开始事件可以在最高级流程（Top-Level Process）和事件子流程中（Event Sub-Process）使用，而不能在其他子流程（嵌套子流程和调用子流程）中使用，当前 Activiti 也不支持定时器事件在事件子流程中使用。

▶▶ 11.3.3 消息开始事件

为开始事件加入消息事件的定义可以使其成为消息开始事件，此时可以使用 RuntimeService 的 startProcessByMessage 方法启动流程。代码清单 11-8 定义了一个含有消息开始事件的流程，图 11-3 为它的流程图。

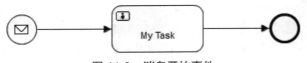

图 11-3 消息开始事件

代码清单 11-8：codes\11\11.3\start-event\resource\bpmn\MessageStartEvent.bpmn

```xml
<message id="msgA" name="msgA"></message>
<process id="myProcess" name="myProcess">
    <userTask id="usertask1" name="My Task"></userTask>
    <endEvent id="endevent1" name="End"></endEvent>
    <startEvent id="messagestartevent1" name="Message start">
        <messageEventDefinition messageRef="msgA"></messageEventDefinition>
    </startEvent>
    <sequenceFlow id="flow1" name="" sourceRef="messagestartevent1"
        targetRef="usertask1"></sequenceFlow>
    <sequenceFlow id="flow2" name="" sourceRef="usertask1"
```

```
        targetRef="endevent1"></sequenceFlow>
</process>
```

代码清单11-8中的粗体字代码，定义了一个消息开始事件，其中消息事件的定义引用了"msgA"消息，那么此时可以使用RuntimeService的startProcessByMessage方法来启动流程，需要注意的是，消息事件定义引用的是"message"元素的id，而startProcessByMessage方法传入的参数是"message"元素的name属性。

在BPMN 2.0规范中，消息表示流程参与者的沟通信息对象，在一般流程中，流程的各个角色的沟通信息，均会有可能导致流程的启动。流程开始事件，可以理解其为另外一种启动流程的方式或者途径，使用该开始事件，即达到"接收消息"的条件后启动流程。代码清单11-9加载代码清单11-8中的流程文件并启动流程。

代码清单11-9：codes\11\11.3\start-event\src\org\crazyit\activiti\MessageStartEvent.java

```java
// 创建流程引擎
ProcessEngine engine = ProcessEngines.getDefaultProcessEngine();
// 得到流程存储服务组件
RepositoryService repositoryService = engine.getRepositoryService();
// 得到运行时服务组件
RuntimeService runtimeService = engine.getRuntimeService();
// 部署流程文件
repositoryService.createDeployment()
    .addClasspathResource("bpmn/MessageStartEvent.bpmn").deploy();
// 启动流程
runtimeService.startProcessInstanceByMessage("msgA");
// 查询流程
System.out.println("流程实例数量：" + runtimeService.createProcessInstanceQuery().count());
```

运行代码清单11-9，查询到的流程实例数量为1。

11.3.4 错误开始事件

BPMN 2.0规定错误开始事件只能在事件子流程（Event Sub-Process）中使用，该事件不能在其他的流程中使用，包括最高级流程（Top-Level Porcess）、嵌套子流程（Sub-Process）和调用子流程（Call Activity）。假设当前有一个检查服务器8080端口的流程，当流程启动后，会检查服务器的8080端口是否存在，如果不存在，则执行事件子流程，该流程对应的流程图如图11-4所示，对应的流程文件内容如代码清单11-10所示。

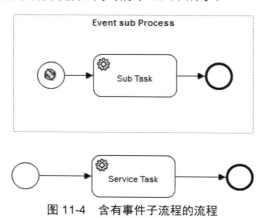

图11-4 含有事件子流程的流程

代码清单11-10：codes\11\11.3\start-event\resource\bpmn\ErrorStartEvent.bpmn

```
<error id="connectError" errorCode="error"></error>
```

```xml
<process id="errorStartProcess" name="errorStartProcess">
    <startEvent id="startevent1" name="Start"></startEvent>
    <subProcess id="eventsubprocess1" name="Event sub Process"
        triggeredByEvent="true">
        <startEvent id="errorstartevent1" name="Error start">
            <errorEventDefinition errorRef="connectError"></errorEventDefinition>
        </startEvent>
        <serviceTask id="usertask1" name="Sub Task"
            activiti:class="org.crazyit.activiti.HandleErrorDelegate">
        </serviceTask>
        <endEvent id="endevent1" name="End"></endEvent>
        <sequenceFlow id="flow2" name="" sourceRef="errorstartevent1"
            targetRef="usertask1"></sequenceFlow>
        <sequenceFlow id="flow3" name="" sourceRef="usertask1"
            targetRef="endevent1"></sequenceFlow>
    </subProcess>
    <serviceTask id="servicetask1" name="Service Task"
        activiti:class="org.crazyit.activiti.CheckServerDelegate">
    </serviceTask>
    <endEvent id="endevent2" name="End"></endEvent>
    <sequenceFlow id="flow4" name="" sourceRef="startevent1"
        targetRef="servicetask1"></sequenceFlow>
    <sequenceFlow id="flow5" name="" sourceRef="servicetask1"
        targetRef="endevent2"></sequenceFlow>
</process>
```

在图 11-4 中，定义了一个普通的流程，该流程中除了开始事件和结束事件外，还有一个 Service Task，该 Service Task 对应代码清单 11-10 中的粗体字代码。ServiceTask 对应 CheckServerDelegate 类，该类主要用于检查服务器的 8080 端口是否存在，如果 8080 端口不存在，则抛出异常，然后错误开始事件捕获到该异常后，就会启动事件子流程。对应的 CheckServerDelegate 代码如代码清单 11-11 所示。

代码清单 11-11：codes\11\11.3\start-event\src\org\crazyit\activiti\CheckServerDelegate.java

```java
try {
    System.out.println("开始检查 8080 端口");
    // 连接本机的 8080 端口
    Socket socket = new Socket("127.0.0.1", 8080);
    System.out.println("检查 8080 端口完成");
} catch (Exception e) {
    System.out.println("检查时出现异常，抛出错误");
    // 连接出现异常，则抛出 BpmnError，且 error code 为 "error"
    throw new org.activiti.engine.delegate.BpmnError("error");
}
```

在代码清单 11-11 中，使用 Socket 连接到本机的 8080 端口，如果连接失败，则抛出 BpmnError，BpmnError 是一个 RuntimeException，该类会维护一个 errorCode 属性，如果设置该属性并抛出，就会触发引用了相同 errorCode 的错误开始事件，如果一个错误开始事件并没有引用错误（error 元素），那么将会不管抛出的 errorCode 是什么，都会触发该事件。

在代码清单 11-10 中，在一个事件子流程中使用了错误开始事件，该事件引用了 id 为 "connectError" 的 error 元素，该 error 元素的 errorCode 为 "error"，当 CheckServerDelegate 中抛出 errorCode 为 "error" 的 BpmnError 时，就会触发该错误开始事件。本例为了能看到效果，在子流程中，触发了错误开始事件，其会到达一个 ServiceTask，该 ServiceTask 对应的类是 HandleErrorDelegate（codes\11\11.3\start-event\src\org\crazyit\activiti\HandleErrorDelegate.java），该类只会输出 "8080 端口关闭，开始处理..." 一句话。代码清单 11-12 为加载流程文件并启动流程的代码。

代码清单 11-12：codes\11\11.3\start-event\src\org\crazyit\activiti\ErrorStartEvent.java

```java
// 创建流程引擎
ProcessEngine engine = ProcessEngines.getDefaultProcessEngine();
// 得到流程存储服务组件
RepositoryService repositoryService = engine.getRepositoryService();
// 得到运行时服务组件
RuntimeService runtimeService = engine.getRuntimeService();
// 部署流程文件
repositoryService.createDeployment()
    .addClasspathResource("bpmn/ErrorStartEvent.bpmn").deploy();
// 启动流程
runtimeService.startProcessInstanceByKey("errorStartProcess");
```

由于在本机并没有开启 8080 端口，因此运行代码清单 11-12 后，输出结果为：

```
开始检查 8080 端口
检查时出现异常，抛出错误
8080 端口关闭，开始处理...
```

为了能看到 8080 端口启动时的效果，需要将 8080 启动，可以使用 Web 服务器或者直接使用编码的方式启动，本例直接使用编码的启动方式，如代码清单 11-13 所示。

代码清单 11-13：codes\11\11.3\start-event\src\org\crazyit\activiti\Server8080.java

```java
ServerSocket serverSocket = new ServerSocket(8080);
while (true) {
}
```

直接使用 ServerSocket 建立 8080 端口，使用代码清单 11-13 开启了 8080 端口后，此时再次运行代码清单 11-12，输出结果如下：

```
开始检查 8080 端口
检查 8080 端口完成
```

检查到 8080 端口已经开启，没有抛出 BpmnError，因此不会触发错误启动事件，也不会进入事件子流程。关于事件子流程、嵌套子流程和调用流程的内容，请见讲述流程与子流程的相关章节。

11.4 结束事件

结束事件表示流程的结束，因此结束事件并不允许有输出的顺序流，BPMN 2.0 规定顺序流不可以从结束事件中输出。根据前面的章节所述，结束事件总是抛出事件，这些事件会自动执行并反馈结果，并不需要触发。BPMN 2.0 中定义了多种结束事件，包括无指定（None）结束事件、消息（Message）结束事件、升级（Escalation）结束事件、错误（Error）取消事件、取消（Cancel）结束事件、补偿（Compensation）结束事件、信号（Signal）结束事件、终止（Terminate）结束事件和组合（Multiple）结束事件等，目前 Activiti 支持无指定结束事件、错误结束事件、取消结束事件和终止结束事件。

11.4.1 无指定结束事件

与无指定开始事件一样，无指定结束事件是指流程在结束时，不会进行任何的额外操作，结束事件中不使用任何事件的定义。图 11-5 所示为结束事件的图形。

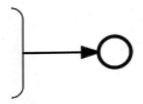

图 11-5 结束事件的图形

在流程描述文件中，使用 endEvent 元素定义一个结束事件，代码清单 11-14 为一个简单的流程配置内容，其中的粗体字代码，定义了一个无指定结束事件。

代码清单 11-14：codes\11\11.4\end-event\resource\bpmn\NoneEndEvent.bpmn

```
<process id="myProcess" name="myProcess">
   <startEvent id="startevent1" name="Start"></startEvent>
   <userTask id="usertask1" name="User Task"></userTask>
   <endEvent id="endevent1" name="End"></endEvent>
   <sequenceFlow id="flow1" name="" sourceRef="startevent1"
      targetRef="usertask1"></sequenceFlow>
   <sequenceFlow id="flow2" name="" sourceRef="usertask1"
      targetRef="endevent1"></sequenceFlow>
</process>
```

▶▶ 11.4.2 错误结束事件

当执行流到达错误结束事件时，会结束该执行流并且抛出错误，该错误可以被"错误边界事件"捕获，如果没有定义任何的错误边界事件，那么其将会被当作无指定错误事件执行，因此，错误结束事件一般在子流程当中使用。错误事件结束后，就会触发依附在该子流程上的错误边界事件。如图 11-6 所示，定义了一个含有错误结束事件和错误边界事件的流程。

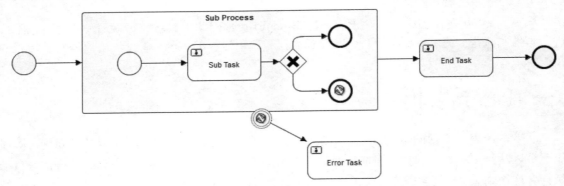

图 11-6 含有错误结束事件和错误边界事件的流程

由图 11-6 可知，该流程一启动，就会进入一个嵌套子流程，当完成了"Sub Task"用户任务后，会遇到单向网关，此时会产生两个分支，一个分支会正常结束该子流程，另外一个分支会触发错误结束事件，如果正常结束该子流程，流程会到达"End Task"任务，而触发错误结束事件后，流程会到达"Error Task"任务。该流程图对应的流程文件如代码清单 11-15 所示。

代码清单 11-15：codes\11\11.4\end-event\resource\bpmn\ErrorEndEvent.bpmn

```
<error id="myError" errorCode="myError"></error>
<process id="errorEndProcess" name="errorEndProcess">
   <startEvent id="startevent1" name="Start"></startEvent>
   <subProcess id="subprocess1" name="Sub Process">
      <startEvent id="startevent2" name="Start"></startEvent>
```

```xml
        <userTask id="usertask1" name="Sub Task"></userTask>
        <endEvent id="endevent1" name="ErrorEnd">
            <errorEventDefinition errorRef="myError"></errorEventDefinition>
        </endEvent>
        <sequenceFlow id="flow2" name="" sourceRef="startevent2"
            targetRef="usertask1"></sequenceFlow>
        <exclusiveGateway id="exclusivegateway1" name="Exclusive Gateway">
</exclusiveGateway>
        <endEvent id="endevent3" name="End"></endEvent>
        <sequenceFlow id="flow7" name="" sourceRef="usertask1"
            targetRef="exclusivegateway1"></sequenceFlow>
        <sequenceFlow id="flow8" name="" sourceRef="exclusivegateway1"
            targetRef="endevent3">
            <conditionExpression xsi:type="tFormalExpression">${success == true}
            </conditionExpression>
        </sequenceFlow>
        <sequenceFlow id="flow9" name="" sourceRef="exclusivegateway1"
            targetRef="endevent1">
            <conditionExpression xsi:type="tFormalExpression">${success ==
            false}</conditionExpression>
        </sequenceFlow>
    </subProcess>
    <boundaryEvent id="boundaryerror1" cancelActivity="true"
        attachedToRef="subprocess1">
        <errorEventDefinition errorRef="myError"></errorEventDefinition>
    </boundaryEvent>
    <userTask id="usertask3" name="End Task"></userTask>
    <endEvent id="endevent2" name="End"></endEvent>
    <userTask id="usertask4" name="Error Task"></userTask>
    <sequenceFlow id="flow1" name="" sourceRef="startevent1"
        targetRef="subprocess1"></sequenceFlow>
    <sequenceFlow id="flow4" name="" sourceRef="subprocess1"
        targetRef="usertask3"></sequenceFlow>
    <sequenceFlow id="flow5" name="" sourceRef="usertask3"
        targetRef="endevent2"></sequenceFlow>
    <sequenceFlow id="flow6" name="" sourceRef="boundaryerror1"
        targetRef="usertask4"></sequenceFlow>
</process>
```

代码清单 11-15 中的粗体字代码中的 endEvent 和 boundaryEvent，分别定义了一个错误结束事件和错误边界事件，这两个事件中的错误事件定义，均引用了 "myError" 错误。需要注意的是，在代码清单 11-15 中，需要使用单向网关，当流程参数 "success" 的值为 true 时，将会正常完成子流程，如果流程参数 "success" 的值为 false（代码清单中的粗体字部分的表达式），将会触发错误结束事件。代码清单 11-16 为加载该流程文件并执行相应的流程控制的代码。

代码清单 11-16：codes\11\11.4\end-event\src\org\crazyit\activiti\ErrorEndEvent.java

```java
// 创建流程引擎
ProcessEngine engine = ProcessEngines.getDefaultProcessEngine();
// 得到流程存储服务组件
RepositoryService repositoryService = engine.getRepositoryService();
// 得到运行时服务组件
RuntimeService runtimeService = engine.getRuntimeService();
//获取流程任务组件
TaskService taskService = engine.getTaskService();
// 部署流程文件
repositoryService.createDeployment()
    .addClasspathResource("bpmn/ErrorEndEvent.bpmn").deploy();
// 启动流程
runtimeService.startProcessInstanceByKey("errorEndProcess");
// 结束子流程中的任务，并设置结束参数
```

```
Task subTask = taskService.createTaskQuery().singleResult();
Map<String, Object> vars = new HashMap<String, Object>();
//设置 success 参数为 true
vars.put("success", "true");
taskService.complete(subTask.getId(), vars);
// 查看到达的任务
List<Task> tasks = taskService.createTaskQuery().list();
for (Task task : tasks) {
    System.out.println(task.getName());
}
```

注意代码清单 11-16 中的粗体代码，该句代码主要用于设置"success"流程参数的值，这里设置为"true"，即运行以上代码，将会正常完成子流程，流程会到达"End Task"任务（不会触发错误结束事件），最终输出结果：End Task；如果将"success"的参数值设置为 false，那么将会触发错误结束事件，此时依附在子流程中的错误边界事件将会捕获到错误，流程会到达"Error Task"任务，最终输出结果：Error Task。

在 Activiti 中，如果触发了边界事件，那么将会产生新的执行流，如果不希望取消原来的执行流，可以设置边界事件的 cancelActivity 属性为 false（本例为 true）。即使新产生的执行流结束，原来的执行流也不会中断，原来执行流的当前活动仍然为边界事件，如果 cancelActivity 被设置为 true，原来的执行流将会被取消。

▶▶ 11.4.3 取消结束事件和取消边界事件

取消结束事件只能在事务子流程（Transaction Sub-Process）中使用，该事件表示事务将会取消，并且会触发依附在事务子流程上的取消边界事件，与错误结束事件类似，取消结束事件会被抛出，而取消边界事件则会捕获该事件。除此之外，事务子流程的取消事件的触发，还会导致补偿的触发。

在 BPMN 2.0 中，对于已经完成的活动，可以使用补偿机制，而对于一些正在进行的（活跃的）活动，不能使用补偿机制，而可以使用取消机制。当取消边界事件被触发时，则会将当前的执行流中断，然后会同步地执行补偿机制。取消边界事件在离开事件子流程前，会一直等待补偿的结束，当补偿结束后，执行流会从取消边界事件离开事务子流程。假设现在有一个汇款的流程，该汇款流程作为一个事务子流程在主流程中使用，当汇款完成后，需要用户进行最终确认，如果用户确认，则结束流程，否则将触发取消结束事件并进行补偿操作，图 11-7 所示为该业务流程的流程图。

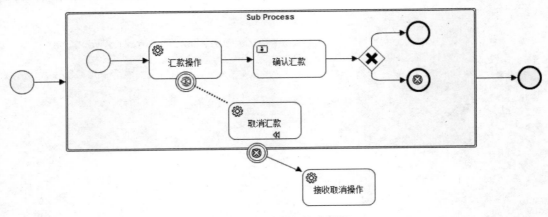

图 11-7 汇款业务的流程图

流程启动后，会马上进入事务子流程，进入子流程后，会直接执行汇款操作，在此是一个 ServiceTask，完成了汇款操作后，会进行用户的确认，用户确认完后会到达一个单向网关，判断用户确认的结果，如果用户确认的结果为 false，则会进入取消结束事件，最后会触发依附在事务子流程中的取消边界事件（在此之前会触发事务子流程中的补偿事件）。图 11-7 对应的流程描述文件内容如代码清单 11-17 所示。

代码清单 11-17：codes\11\11.4\end-event\resource\bpmn\CancelEndEvent.bpmn

```xml
<process id="cancelProcess" name="cancelProcess">
    <startEvent id="startevent1" name="Start"></startEvent>
    <transaction id="subprocess1" name="Sub Process">
        <serviceTask id="servicetask1" name="汇款操作"                                  ①
            activiti:class="org.crazyit.activiti.RemitDelegate"></serviceTask>
        <boundaryEvent id="boundarysignal1" attachedToRef="servicetask1">              ②
            <compensateEventDefinition></compensateEventDefinition>
        </boundaryEvent>
        <startEvent id="startevent2" name="Start"></startEvent>
        <serviceTask id="servicetask2" name="取消汇款"                                  ③
            activiti:class="org.crazyit.activiti.RollbackRemitDelegate"
            isForCompensation="true"></serviceTask>
        <userTask id="usertask1" name="确认汇款"></userTask>
        <exclusiveGateway id="exclusivegateway1" name="Exclusive Gateway">
</exclusiveGateway>
        <endEvent id="endevent1" name="End"></endEvent>
        <endEvent id="endevent2" name="End">                                           ④
            <cancelEventDefinition></cancelEventDefinition>
        </endEvent>
        <sequenceFlow id="flow3" name="" sourceRef="startevent2"
            targetRef="servicetask1"></sequenceFlow>
        <sequenceFlow id="flow4" name="" sourceRef="servicetask1"
            targetRef="usertask1"></sequenceFlow>
        <sequenceFlow id="flow5" name="" sourceRef="usertask1"
            targetRef="exclusivegateway1"></sequenceFlow>
        <sequenceFlow id="flow6" name="" sourceRef="exclusivegateway1"
            targetRef="endevent1">
            <conditionExpression xsi:type="tFormalExpression">${confirm == true}
            </conditionExpression>
        </sequenceFlow>
        <sequenceFlow id="flow7" name="" sourceRef="exclusivegateway1"
            targetRef="endevent2">
            <conditionExpression xsi:type="tFormalExpression">${confirm ==
                false}
            </conditionExpression>
        </sequenceFlow>
        <association associationDirection="One" id="a1"
            sourceRef="boundarysignal1" targetRef="servicetask2" />
    </transaction>
    <boundaryEvent id="boundarysignal2" cancelActivity="true"                          ⑤
        attachedToRef="subprocess1">
        <cancelEventDefinition></cancelEventDefinition>
    </boundaryEvent>
    <serviceTask id="servicetask3" name="接收取消操作"                                   ⑥
        activiti:class="org.crazyit.activiti.ReceiveCancelDelegate"></serviceTask>
    <endEvent id="endevent3" name="End"></endEvent>
    <sequenceFlow id="flow1" name="" sourceRef="startevent1"
        targetRef="subprocess1"></sequenceFlow>
    <sequenceFlow id="flow2" name="" sourceRef="subprocess1"
        targetRef="endevent3"></sequenceFlow>
    <sequenceFlow id="flow8" name="" sourceRef="boundarysignal2"
        targetRef="servicetask3"></sequenceFlow>
</process>
```

注意代码清单11-17中的粗体字代码,其中①③⑥定义了三个ServiceTask,对应流程中的汇款操作、取消汇款操作和接收取消操作的ServiceTask,①对应的是RemitDelegate类（codes\11\11.4\end-event\src\org\crazyit\activiti\RemitDelegate.java）,该类用于处理汇款操作,本例只输出"处理汇款业务"。

代码清单11-17中的③定义的ServiceTask对应RollbackRemitDelegate类（codes\11\11.4\end-event\src\org\crazyit\activiti\RollbackRemitDelegate.java）,该ServiceTask会在补偿边界事件被触发后执行,RollbackRemitDelegate在业务上表示处理汇款的回滚（取消汇款）操作,此处只会输出"处理回滚汇款业务"。

需要注意的是,在定义取消汇款ServiceTask时,需要为serviceTask添加isForCompensation属性并将值设置为true,该属性表示这个ServiceTask是一个补偿处理者的角色。代码清单中的⑥为接收取消通知的ServiceTask,对应的类为ReceiveCancelDelegate（codes\11\11.4\end-event\src\org\crazyit\activiti\ReceiveCancelDelegate.java）,如果事务子流程被触发并且处理完全部的补偿事件后,则会执行该ServiceTask,本例中该类输出"处理子流程取消后的业务"。

代码清单11-17中的②定义了一个补偿边界事件,如果该补偿边界事件所处的事务子流程被取消,则该补偿边界事件就会被触发,在本例中,如果②的补偿边界事件被触发,就会执行"取消汇款"的ServiceTask。

代码清单11-17中的④定义了一个取消结束事件,当执行流到达取消结束事件时,就会抛出取消事件,而在代码清11-17中的⑤则会捕获该事件,⑤定义了一个取消边界事件,取消边界事件用于捕获取消事件,当捕获到事件后,则会中断当前的执行流,然后触发事务子流程中的补偿事件,之后流程离开取消边界事件,最后执行⑥所定义的ServiceTask。代码清单11-18为加载该流程文件的代码。

代码清单11-18：codes\11\11.4\end-event\src\org\crazyit\activiti\CancelEndEvent.java

```java
// 创建流程引擎
ProcessEngine engine = ProcessEngines.getDefaultProcessEngine();
// 得到流程存储服务组件
RepositoryService repositoryService = engine.getRepositoryService();
// 得到运行时服务组件
RuntimeService runtimeService = engine.getRuntimeService();
// 获取流程任务组件
TaskService taskService = engine.getTaskService();
// 部署流程文件
repositoryService.createDeployment()
    .addClasspathResource("bpmn/CancelEndEvent.bpmn").deploy();
// 启动流程
runtimeService.startProcessInstanceByKey("cancelProcess");
// 初始化流程参数
Map<String, Object> vars = new HashMap<String, Object>();
vars.put("confirm", false);
// 设置参数,完成用户确认的Task
Task task = taskService.createTaskQuery().singleResult();
taskService.complete(task.getId(), vars);
```

流程启动后,会经过"汇款操作"的ServiceTask,此时会输出"处理汇款业务",然后到达"用户确认"的Task,在代码清单11-18中将"用户确认"的Task完成并设置"confirm"参数的值为false,这个时候流程会到达取消结束事件,取消结束事件被触发并抛出,此时取消边界事件会捕获该抛出事件,触发事务子流程里面的补偿事件（代码清单11-17中的②）。事务子流程里面的"取消汇款"（代码清单11-17中的③）是"汇款操作"（代码清单11-17中的①）的补偿，补偿事件被触发后，执行"取消汇款"的 ServiceTask，输出"处理回滚汇款业务"。当整个事务子流程里面的补偿事件都处理完后,流程离开取消边界事件(代码清单 11-17 中的⑤)，到达"接收取消操作"的 ServiceTask，输出"处理子流程取消后的业务"。运行代码清单 11-18，输出结果如下：

处理汇款业务
处理回滚汇款业务
处理子流程取消后的业务

▶▶ 11.4.4 终止结束事件

当流程执行到终止结束事件时，当前的流程将会被终结，该事件可以在嵌入子流程、调用子流程、事件子流程或者事务子流程中使用。终止结束事件使用 terminateEventDefinition 元素作为事件定义，如果将该元素的 activiti:terminateAll 属性设置为 true，那么当终止结束事件被触发时，流程实例的全部执行流均会被终结。图 11-8 所示是一个简单流程，其对应的流程 XML 文件如代码清单 11-19 所示。

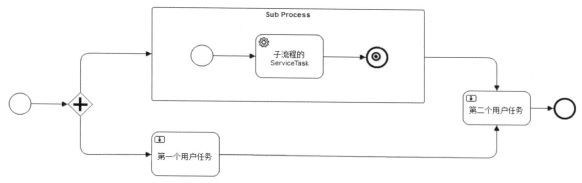

图 11-8　测试终止结束事件流程

代码清单 11-19：codes\11\11.4\end-event\resource\bpmn\TerminateEndEvent_TerminateAll.bpmn

```xml
<process id="terminateAll" name="terminateAll" isExecutable="true">
    <startEvent id="startevent1" name="Start"></startEvent>
    <subProcess id="subprocess1" name="Sub Process">
        <startEvent id="startevent2" name="Start"></startEvent>
        <serviceTask id="servicetask2" name="子流程的 ServiceTask"
            activiti:class="org.crazyit.activiti.SubProcessDelegate"></serviceTask>
        <endEvent id="terminateendevent1" name="TerminateEndEvent">
            <terminateEventDefinition
                activiti:terminateAll="true"></terminateEventDefinition>
        </endEvent>
        <sequenceFlow id="flow7" sourceRef="startevent2"
            targetRef="servicetask2"></sequenceFlow>
        <sequenceFlow id="flow8" sourceRef="servicetask2"
            targetRef="terminateendevent1"></sequenceFlow>
    </subProcess>
    <userTask id="servicetask1" name="第一个用户任务"></userTask>
    <parallelGateway id="parallelgateway1" name="Parallel Gateway"></parallelGateway>
    <sequenceFlow id="flow1" sourceRef="startevent1"
        targetRef="parallelgateway1"></sequenceFlow>
    <sequenceFlow id="flow2" sourceRef="parallelgateway1"
        targetRef="subprocess1"></sequenceFlow>
    <sequenceFlow id="flow3" sourceRef="parallelgateway1"
        targetRef="servicetask1"></sequenceFlow>
    <endEvent id="endevent1" name="End"></endEvent>
```

```xml
    <userTask id="usertask1" name="第二个用户任务"></userTask>
    <sequenceFlow id="flow4" sourceRef="subprocess1"
        targetRef="usertask1"></sequenceFlow>
    <sequenceFlow id="flow5" sourceRef="servicetask1"
        targetRef="usertask1"></sequenceFlow>
    <sequenceFlow id="flow6" sourceRef="usertask1" targetRef="endevent1"></sequenceFlow>
</process>
```

代码清单 11-19 中的粗体字代码，定义了终止结束事件，并将 activiti:terminateAll 属性设置为 true，流程启动后，会分为两个执行流，一个到达子流程，一个到达"第一个用户任务"，子流程会自动执行 ServictTask 并触发终止结束事件，由于设置了 activiti:terminateAll 属性，因此如果子流程中的结束事件被触发，则整个流程实例会被终结。代码清单 11-20 为测试代码。

代码清单 11-20：codes\11\11.4\end-event\src\org\crazyit\activiti\TerminateEndEvent.java

```java
// 创建流程引擎
ProcessEngine engine = ProcessEngines.getDefaultProcessEngine();
// 得到流程存储服务组件
RepositoryService repositoryService = engine.getRepositoryService();
// 得到运行时服务组件
RuntimeService runtimeService = engine.getRuntimeService();
// 部署流程文件
repositoryService
    .createDeployment()
    .addClasspathResource(
        "bpmn/TerminateEndEvent_TerminateAll.bpmn")
    .addClasspathResource("bpmn/TerminateEndEvent.bpmn").deploy();
// 启动含有 terminateAll 属性的流程
ProcessInstance pi1 = runtimeService
    .startProcessInstanceByKey("terminateAll");
// 查询执行流数量
long exeCount = runtimeService.createExecutionQuery()
    .processInstanceId(pi1.getId()).count();
System.out.println("含有 terminateAll 属性的流程，中断结束事件触发后执行流数量：" + exeCount);
// 启动不含有 terminateAll 属性的流程
ProcessInstance pi2 = runtimeService
    .startProcessInstanceByKey("terminateEvent");
// 查询全部执行流数量
exeCount = runtimeService.createExecutionQuery()
    .processInstanceId(pi2.getId()).count();
System.out.println("不含有 terminateAll 属性的流程，中断结束事件触发后执行流数量：" +
exeCount);
```

注意代码清单 11-20 中加载了两个流程文件，一个将 activiti:terminateAll 设置为 true，而另外一个则没有设置该属性（默认值为 false），两个流程文件的流程图与图 11-8 一致。代码清单 11-20 加载两个流程文件后，分别启动两个流程实例，然后再进行执行流查询。运行代码清单 11-20，得到以下结果：

```
含有 terminateAll 属性的流程，中断结束事件触发后执行流数量：0
不含有 terminateAll 属性的流程，中断结束事件触发后执行流数量：3
```

根据输出结果可知，如果终止结束事件的 activiti:terminateAll 属性被设置为 true，则终止结束事件被触发后，整个流程实例将会被终结，查询不到任何执行流。

11.5 边界事件

在 BPMN 2.0 的事件分类中，边界事件被划分到中间事件中，BPMN 2.0 将狭义的中间事件和边界事件统称为中间事件。本书所称的中间事件为狭义的中间事件，即可以单独作为流程元素存在于流程中的事件为中间事件,而附属于某个流程元素(如任务、子流程等)的事件为边界事件。边界事件是 Catching 事件,它会等待被触发,如果边界事件被触发,当前的活动会被中断,并且当前的顺序流会发生转移。

BPMN 2.0 中定义了以下的边界事件:消息(Message)边界事件、定时器(Timer)边界事件、升级(Escalation)边界事件、错误(Error)边界事件、取消(Cancel)边界事件、补偿(Compensation)边界事件、条件(Conditional)边界事件、信号(Signal)边界事件、组合(Multiple)边界事件和并行组合(Parallel Multiple)边界事件。

▶▶ 11.5.1 定时器边界事件

定时器边界事件是附属在流程活动中的事件。当流程到达了流程活动时,定时器启动;当定时器边界事件被触发后,当前的活动会被中断,流程会从定时器边界事件离开流程活动。定时器边界事件在一些限时的业务流程中使用较为合适。假设当前有一个手机维修的流程,从接到客户报障开始计算,先由初级工程师负责修理手机,如果超过 1 个小时该工程师仍然未将手机修理好,就交由中级工程师负责修理,此时可以为初级工程师的流程任务加入定时边界事件。该业务流程如图 11-9 所示。

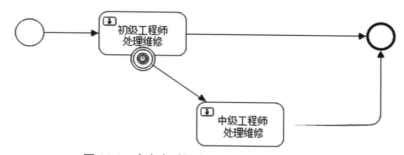

图 11-9 含有定时器边界事件的维修业务流程

该流程启动后,任务会到达"初级工程师处理维修"UserTask,这个 UserTask 有一个定时器边界事件,如果定时器边界事件触发,流程将会转到"中级工程师处理维修"UserTask。图 11-9 对应的流程文件如代码清单 11-21 所示。

代码清单 11-21:codes\11\11.5\boundary-event\resource\bpmn\TimerBoundaryEvent.bpmn

```
<process id="tbProcess" name="tbProcess">
    <startEvent id="startevent1" name="Start"></startEvent>
    <userTask id="servicetask1" name="初级工程师处理维修"></userTask>
    <boundaryEvent id="boundarytimer1" cancelActivity="true"
        attachedToRef="servicetask1">
        <timerEventDefinition>
            <timeDuration>PT1M</timeDuration>
        </timerEventDefinition>
    </boundaryEvent>
    <userTask id="servicetask2" name="中级工程师处理维修"></userTask>
    <endEvent id="endevent1" name="End"></endEvent>
    <sequenceFlow id="flow1" name="" sourceRef="startevent1"
        targetRef="servicetask1"></sequenceFlow>
    <sequenceFlow id="flow2" name="" sourceRef="servicetask1"
        targetRef="endevent1"></sequenceFlow>
    <sequenceFlow id="flow3" name="" sourceRef="boundarytimer1"
        targetRef="servicetask2"></sequenceFlow>
    <sequenceFlow id="flow4" name="" sourceRef="servicetask2"
        targetRef="endevent1"></sequenceFlow>
</process>
```

代码清单 11-21 中的粗体字代码，定义了一个定时器边界事件。在定时器事件定义中，使用了 timeDuration 元素，设置了该定时器事件将会在 1 分钟后触发，换言之，如果这个"初级工程师处理维修"任务在 1 分钟内不能完成的话，将会触发这个边界事件，流程会转向"中级工程师处理维修"用户任务。需要注意的是，业务中定义的是如果初级工程师在 1 个小时内处理不完任务就交给中级工程师处理，为了能更快看到代码效果，本例将初级工程师的修理时间设定为 1 分钟。代码清单 11-22 为加载该流程文件的代码。

代码清单 11-22：codes\11\11.5\boundary-event\src\org\crazyit\activiti\TimerBoundaryEvent.java

```
// 创建流程引擎
ProcessEngineImpl engine = (ProcessEngineImpl) ProcessEngines
    .getDefaultProcessEngine();
// 得到流程存储服务组件
RepositoryService repositoryService = engine.getRepositoryService();
// 得到运行时服务组件
RuntimeService runtimeService = engine.getRuntimeService();
// 获取流程任务组件
TaskService taskService = engine.getTaskService();
// 部署流程文件
repositoryService.createDeployment()
    .addClasspathResource("bpmn/TimerBoundaryEvent.bpmn").deploy();
// 启动流程
runtimeService.startProcessInstanceByKey("tbProcess");
// 查询当前任务
Task currentTask = taskService.createTaskQuery().singleResult();
System.out.println("当前处理任务名称：" + currentTask.getName());
// 停止 70 秒
Thread.sleep(1000 * 70);
// 重新查询当前任务
currentTask = taskService.createTaskQuery().singleResult();
System.out.println("当前处理任务名称：" + currentTask.getName());
```

在代码清单 11-22 中，启动流程后，执行任务查询，输出当前任务名称"初级工程师处理维修"。其中的粗体字代码，停止 70 秒后再进行任务查询，此时当前的任务已经变为"中级工程师处理维修"。需要注意的是，在程序运行的过程中，在不同的硬件上可能会出现误差，为了能更准确地看到效果，所说的 1 分钟后执行边界事件，其实给了 70 秒。运行代码清单 11-22，输出结果如下：

```
当前处理任务名称：初级工程师处理维修
当前处理任务名称：中级工程师处理维修
```

由此可见，当超过规定的时间后流程仍然停留在 UserTask 上，定时器边界事件则会被触发，流程转向另外的 UserTask。

BPMN 2.0 中实际上有两种定时器边界事件，一种是可中断的定时器边界事件，另外一种是不可中断的定时器边界事件，此处所说的可中断，并不是事件可中断，而是触发该事件的原来的执行流是否可中断。在定义 boundary 元素时，可以使用 cancelActivity 属性来设置该事件是哪种事件，如果 cancelActivity 设置为 true，则表示这是一个可中断的定时器边界事件，一旦这个边界事件被触发，那么原来的执行流将会被中断（Activiti 实现为将执行流数据从数据库中删除），如果将 cancelActivity 设置为 false，则表示这是一个不可中断的定时器边界事件，即使该边界事件被触发，原来的执行流仍然不会中断（数据仍然存在于执行流数据库中），原来的执行流当前的活动名称为该边界事件的 id。

11.5.2 错误边界事件

错误边界事件依附在某个流程活动中,用于捕获子流程中抛出的错误,因此错误边界事件在嵌入子流程或者调用子流程中使用。

在使用错误边界事件时,可以在错误事件定义中加入 errorRef 属性,该属性用于引用一个错误,在使用错误引用时,需要注意以下几点。

- 如果不使用该属性,这个错误边界事件将会捕获任何错误事件而不管抛出的 errorCode。
- 如果提供了该属性并且指向一个已经存在的"error",那么该边界事件只会捕获与该"error"一样的 errorCode。
- 如果 errorRef 属性引用了一个不存在的"error",那么引用的字符串将会被当作 errorCode。

下面将设计流程验证第三种情况,定义一个流程如图 11-10 所示。

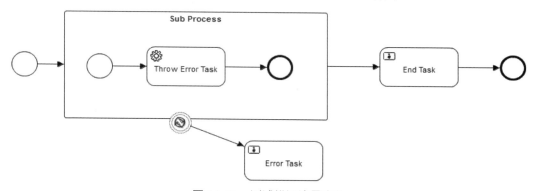

图 11-10 测试错误边界事件

在图 11-10 所示的流程中,当进入子流程后,会遇到一个 ServiceTask,这个 ServicTask 会直接抛出 BpmnError,图 11-10 对应的流程文件如代码清单 11-23 所示。

代码清单 11-23:codes\11\11.5\boundary-event\resource\bpmn\ErrorBoundaryEvent.bpmn

```xml
<process id="ebProcess" name="ebProcess">
    <startEvent id="startevent1" name="Start"></startEvent>
    <endEvent id="endevent1" name="End"></endEvent>
    <subProcess id="subprocess1" name="Sub Process">
        <startEvent id="startevent2" name="Start"></startEvent>
        <serviceTask id="servicetask1" name="Throw Error Task"
            activiti:class="org.crazyit.activiti.ThrowErrorDelegate"></serviceTask>
        <endEvent id="endevent2" name="ErrorEnd"></endEvent>
        <sequenceFlow id="flow4" name="" sourceRef="startevent2"
            targetRef="servicetask1"></sequenceFlow>
        <sequenceFlow id="flow5" name="" sourceRef="servicetask1"
            targetRef="endevent2"></sequenceFlow>
    </subProcess>
    <boundaryEvent id="boundaryerror1" cancelActivity="false"
        attachedToRef="subprocess1">
        <errorEventDefinition errorRef="abc"></errorEventDefinition>
    </boundaryEvent>
    <userTask id="usertask1" name="End Task"></userTask>
    <userTask id="usertask2" name="Error Task"></userTask>
    <sequenceFlow id="flow1" name="" sourceRef="startevent1"
        targetRef="subprocess1"></sequenceFlow>
    <sequenceFlow id="flow2" name="" sourceRef="subprocess1"
        targetRef="usertask1"></sequenceFlow>
    <sequenceFlow id="flow3" name="" sourceRef="usertask1"
        targetRef="endevent1"></sequenceFlow>
```

```xml
		<sequenceFlow id="flow6" name="" sourceRef="boundaryerror1"
			targetRef="usertask2"></sequenceFlow>
</process>
```

代码清清单 11-23 中的粗体字代码定义了一个错误边界事件，errorRef 属性的值为 "abc"，但是整个流程文件中并没有定义 "abc" 的 error，因此 "abc" 将会被作为一个 errorCode 来使用，抛出 BpmnError 的 JavaDelegate 对应的类为 ThrowErrorDelegate，如代码清单 11-24 所示。

代码清单 11-24：codes\11\11.5\boundary-event\src\org\crazyit\activiti\ThrowErrorDelegate.java

```java
public class ThrowErrorDelegate implements JavaDelegate {
    public void execute(DelegateExecution execution) throws Exception {
        String errorCode = "abc";
        System.out.println("抛出错误, errorCode 为: " + errorCode);
        throw new BpmnError(errorCode);
    }
}
```

ThrowErrorDelegate 类中抛出的 errorCode 同样为 "abc"，因此此处抛出的 BpmnError 会被错误边界事件捕获。编写代码直接启动流程，如代码清单 11-25 所示。

代码清单 11-25：codes\11\11.5\boundary-event\src\org\crazyit\activiti\ErrorBoundaryEvent.java

```java
// 创建流程引擎
ProcessEngine engine = ProcessEngines
    .getDefaultProcessEngine();
// 得到流程存储服务组件
RepositoryService repositoryService = engine.getRepositoryService();
// 得到运行时服务组件
RuntimeService runtimeService = engine.getRuntimeService();
// 获取流程任务组件
TaskService taskService = engine.getTaskService();
// 部署流程文件
repositoryService.createDeployment()
    .addClasspathResource("bpmn/ErrorBoundaryEvent.bpmn").deploy();
// 启动流程
runtimeService.startProcessInstanceByKey("ebProcess");
// 进行任务查询
Task task = taskService.createTaskQuery().singleResult();
System.out.println(task.getName());
```

在代码清单 11-25 的最后会进行任务查询，将当前流程需要处理的任务名称输出，如果错误边界事件被触发，那么将会输出 "Error Task"，如果错误边界事件没有触发，将会输出 "End Task"。由于在 ThrowErrorDelegate 类中抛出的 errorCode 为 "abc"，因此运行代码清单 11-25，将会输出 "Error Task"，即错误边界事件会被触发。运行代码清单 11-25，输出结果如下：

```
抛出错误, errorCode 为: abc
Error Task
```

修改 ThrowErrorDelegate 类，将抛出的 errorCode 改为 "cde"，则最终输出的结果为：

```
抛出错误, errorCode 为: cde
20:24:29,674 ERROR CommandContext - Error while closing command context
org.activiti.engine.delegate.BpmnError: No catching boundary event found for error
with errorCode 'cde', neither in same process nor in parent process
```

▶▶ 11.5.3 信号边界事件

定时器边界事件的触发条件是时间条件符合要求，错误边界事件的触发条件是接收到抛出的错误，同样地，信号边界事件的触发条件是接收到信号，但是不一样的是，信号边界事件具有全局性，换言之，信号边界事件会进行全局范围的信号捕获。与定时器边界事件类似，信号边界事件同样存在可中断与不可中断两类，可以为 boundaryEvent 元素设置 cancelActivity 属性，如果该属性设置为 true，那么原来的执行流将会被中断，设置为 false，则原来的执行流仍然存在。如果多个信号边界事件使用了相同的信号，则当在某个地方发出信号时，即使在不同的流程实例中，这些信号边界事件均会捕获到该信号。

假设当前有一个签订合同的流程，会先查看合同，然后再进行合同确认，如果在合同确认时接收到信息，合同的条款发生变更，那么就会对业务流程产生影响（不能再签订合同或者重新查看合同条款），业务流程如图 11-11 所示。

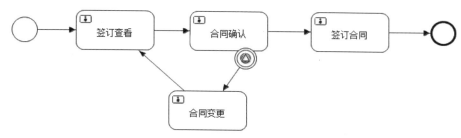

图 11-11 签订合同流程

在签订合同的流程中，在合同确认的 UserTask 中加入了信号边界事件，不管该流程定义有多少个流程实例，一旦在合同确认一步接收到信号，就会触发信号边界事件，流程会转向合同变更的 UserTask。签订合同的流程文件内容如代码清单 11-26 所示。

代码清单 11-26：codes\11\11.5\boundary-event\resource\bpmn\SignalBoundaryEvent.bpmn

```
<signal id="contactChangeSignal" name="contactChangeSignal"></signal>
<process id="sbProcess" name="sbProcess">
  <startEvent id="startevent1" name="Start"></startEvent>
  <userTask id="usertask1" name="签订查看"></userTask>
  <userTask id="usertask2" name="合同确认"></userTask>
  <boundaryEvent id="boundarysignal1" cancelActivity="true"
    attachedToRef="usertask2">
    <signalEventDefinition signalRef="contactChangeSignal"></signalEventDefinition>
  </boundaryEvent>
  <endEvent id="endevent1" name="End"></endEvent>
  <userTask id="usertask3" name="合同变更"></userTask>
  <sequenceFlow id="flow1" name="" sourceRef="startevent1"
    targetRef="usertask1"></sequenceFlow>
  <sequenceFlow id="flow2" name="" sourceRef="usertask1"
    targetRef="usertask2"></sequenceFlow>
  <sequenceFlow id="flow5" name="" sourceRef="boundarysignal1"
    targetRef="usertask3"></sequenceFlow>
  <sequenceFlow id="flow6" name="" sourceRef="usertask3"
    targetRef="usertask1"></sequenceFlow>
  <userTask id="usertask4" name="签订合同"></userTask>
  <sequenceFlow id="flow7" name="" sourceRef="usertask2"
    targetRef="usertask4"></sequenceFlow>
  <sequenceFlow id="flow8" name="" sourceRef="usertask4"
    targetRef="endevent1"></sequenceFlow>
</process>
```

代码清单 11-26 中的粗体字代码，定义了一个信号边界事件，该事件引用了 id 为"contactChangeSignal"的信号，需要注意的是，该信号边界事件被定义为中断的边界事件（cancelActivity=true），其会中断原来的执行流。代码清单 11-27 为加载该流程文件并进行流程处理的代码。

代码清单 11-27：codes\11\11.5\boundary-event\src\org\crazyit\activiti\SignalBoundaryEvent.java

```java
// 创建流程引擎
ProcessEngine engine = ProcessEngines.getDefaultProcessEngine();
// 得到流程存储服务组件
RepositoryService repositoryService = engine.getRepositoryService();
// 得到运行时服务组件
RuntimeService runtimeService = engine.getRuntimeService();
// 获取流程任务组件
TaskService taskService = engine.getTaskService();
// 部署流程文件
repositoryService.createDeployment()
        .addClasspathResource("bpmn/SignalBoundaryEvent.bpmn").deploy();
// 启动两个流程实例
ProcessInstance pi1 = runtimeService
        .startProcessInstanceByKey("sbProcess");
ProcessInstance pi2 = runtimeService
        .startProcessInstanceByKey("sbProcess");
// 查找第一个流程实例中签订合同的任务
Task pi1Task = taskService.createTaskQuery()
        .processInstanceId(pi1.getId()).singleResult();
taskService.complete(pi1Task.getId());
// 查找第二个流程实例中签订合同的任务
Task pi2Task = taskService.createTaskQuery()
        .processInstanceId(pi2.getId()).singleResult();
taskService.complete(pi2Task.getId());
// 此时执行流到达确认合同任务，发送一次信号
runtimeService.signalEventReceived("contactChangeSignal");
// 查询全部的任务
List<Task> tasks = taskService.createTaskQuery().list();
// 输出结果
for (Task task : tasks) {
    System.out.println(task.getProcessInstanceId() + "---"
            + task.getName());
}
```

在代码清单 11-27 中启动了两个流程实例，并将两个流程实例的查看合同任务完成，此时两个流程实例的执行流均到达"合同确认"的 UserTask，使用代码清单 11-27 中的粗体字代码发送一个信号，由于使用的 signalEventReceived 方法没有指定执行流，也就是使用该方法向全部的流程实例发送信号，需要触发使用"contactChangeSignale"信号的边界事件，在此只发送了一次信号，案例中的两个流程实例中的信号边界事件均会捕获到该事件，相应的执行流均会到达"合同变更"的 UserTask，运行代码清单 11-27，输出结果如下：

```
5---合同变更
10---合同变更
```

根据输出结果可知，即使只发送一次信号，两个流程实例的信号边界事件均会捕获到该信号，流程转向"合同变更"的 UserTask。信号边界事件可以在多种场合使用，例如在签订各种合同时，由于相关的政府政策发生变化而导致合同中权利和义务发生变化，为了避免不必要的纠纷，可以在关键流程节点中加入信号边界事件。

▶▶ 11.5.4 补偿边界事件

在 11.4.3 节中，讲述了如何使用取消结束事件和取消边界事件。当事务子流程被取消时，会触发事务子流程里面的补偿边界事件，这些补偿边界事件会依附在事务子流程的活动中，除了在事务子流程中可以使用取消事件来触发补偿边界事件外，还可以使用补偿中间事件来触发补偿边界事件。补偿中间事件是可以单独作为流程元素的 Throwing 事件，不需要附属于任何

的流程活动。

　　与其他边界事件不一样的是，补偿边界事件会在流程活动完成后根据情况（事务取消或者补偿中间事件触发）而触发，例如在 11.4.3 节的例子中，取消边界事件的触发会导致事务子流程中补偿边界事件的触发，即使该补偿边界事件所依附的流程活动已经结束。在 Activiti 的实现中，当执行流到达附有边界事件的流程活动时，都会添加事件描述数据（ACT_RU_EVENT_SUBSCR 表），边界事件所附的活动完成后，这些事件描述数据会被删除，但是补偿边界事件所产生的事件描述数据不会被删除（直到流程实例结束），因为即使活动完成，这些补偿事件也有可能被触发。如果在一个流程中，一个附有补偿边界事件的活动被执行（完成）了若干次，那么在补偿边界事件被触发后，这些补偿边界事件的执行次数将会与活动的执行（完成）次数相等。需要注意的是，补偿边界事件不支持依附在嵌套子流程中。

　　假设现在有一个银行转账的业务流程，流程启动后，需要进入转出银行扣款的任务，再进入转入银行收款的任务，最后还需要提供一个验证任务，在转出银行扣款和转入银行收款同时成功后，流程结束，如果其中一间银行操作失败，则为这些任务触发补偿事件，图 11-12 所示为该业务的流程图。

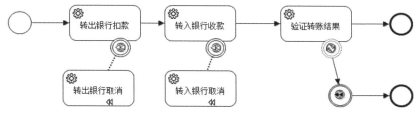

图 11-12　转账流程

　　如果将转账流程作为某个业务流程的一部分，则可以将转账流程作为事务子流程来处理，本例为了更加简洁，直接将转账单独作为一个普通的流程进行处理。图 11-12 中转出银行扣款和转入银行收款两个 ServiceTask 上，均附有一个补偿边界事件，在验证转账结果的 ServiceTask 上，附有一个错误边界事件，该边界事件会抛出 BpmnError，它由补偿中间事件捕获，此时补偿中间事件会触发当前流程中的全部补偿边界事件。图 11-12 对应的流程文件如代码清单 11-28 所示。

代码清单 11-28： codes\11\11.5\boundary-event\resource\bpmn\CompensationBoundaryEvent.bpmn

```
<process id="cbProcess" name="cbProcess">
  <startEvent id="startevent1" name="Start"></startEvent>
  <serviceTask id="servicetask2" name="转入银行收款"                              ①
    activiti:class="org.crazyit.activiti.TransferInDelegate"></serviceTask>
  <boundaryEvent id="boundarysignal2" cancelActivity="true"                      ②
    attachedToRef="servicetask2">
    <compensateEventDefinition></compensateEventDefinition>
  </boundaryEvent>
  <serviceTask id="servicetask4" name="转出银行扣款"                              ③
    activiti:class="org.crazyit.activiti.TransferOutDelegate"></serviceTask>
  <boundaryEvent id="boundarysignal1" cancelActivity="true"                      ④
    attachedToRef="servicetask4">
    <compensateEventDefinition></compensateEventDefinition>
  </boundaryEvent>
  <serviceTask id="servicetask5" name="转出银行取消"                              ⑤
    activiti:class="org.crazyit.activiti.CancelTransferOutDelegate"
    isForCompensation="true"></serviceTask>
  <serviceTask id="servicetask6" name="转入银行取消"                              ⑥
    activiti:class="org.crazyit.activiti.CancelTransferInDelegate"
```

```xml
                isForCompensation="true"></serviceTask>
<serviceTask id="servicetask7" name="验证转账结果"                            ⑦
    activiti:class="org.crazyit.activiti.ValidateTransferDelegate">
</serviceTask>
<boundaryEvent id="boundaryerror1" cancelActivity="true"                    ⑧
    attachedToRef="servicetask7">
    <errorEventDefinition errorRef="transferError"></errorEventDefinition>
</boundaryEvent>
<endEvent id="endevent1" name="End"></endEvent>
<endEvent id="endevent2" name="End"></endEvent>
<sequenceFlow id="flow1" name="" sourceRef="startevent1"
    targetRef="servicetask4"></sequenceFlow>
<sequenceFlow id="flow2" name="" sourceRef="servicetask4"
    targetRef="servicetask2"></sequenceFlow>
<sequenceFlow id="flow3" name="" sourceRef="servicetask2"
    targetRef="servicetask7"></sequenceFlow>
<sequenceFlow id="flow4" name="" sourceRef="servicetask7"
    targetRef="endevent1"></sequenceFlow>
<intermediateThrowEvent id="noneintermediatethrowevent1"
    name="NoneThrowEvent">
    <compensateEventDefinition></compensateEventDefinition>
</intermediateThrowEvent>
<sequenceFlow id="flow5" name="" sourceRef="boundaryerror1"
    targetRef="noneintermediatethrowevent1"></sequenceFlow>
<sequenceFlow id="flow6" name=""
    sourceRef="noneintermediatethrowevent1" targetRef="endevent2"></sequenceFlow>
<association id="a1" sourceRef="boundarysignal1"
    targetRef="servicetask5"></association>
<association id="a2" sourceRef="boundarysignal2"
    targetRef="servicetask6"></association>
</process>
```

代码清单11-28中的粗体字代码中，①②定义了"转入银行收款"的ServiceTask及其补偿边界事件，③④定义了"转出银行扣款"的ServiceTask及其补偿边界事件，⑤⑥定义了两个用于处理补偿的ServiceTask。①③⑤⑥定义的ServiceTask对应的类仅仅输出相应的文字，"转入银行加款"的类输出"转入银行接收款项..."，"转出银行扣款"的类输出"转出银行扣减款项..."，"转出银行取消"的类输出"转出银行取消扣减款项..."，"转入银行取消"的类输出"转入银行取消接收款项..."，这四个JavaDelegate类的实现在此不再赘述，它们只是简单地输出文字。代码清单11-28中的⑦定义了一个用于验证转账结果的ServiceTask，⑧为该验证的ServiceTask添加错误边界事件，errorCode为"transferError"，代码清单11-29为验证转账结果的ServiceTask的JavaDelegate类的代码。

代码清单11-29：codes\11\11.5\boundary-event\src\org\crazyit\activiti\ValidateTransferDelegate.java

```java
public class ValidateTransferDelegate implements JavaDelegate {
    public void execute(DelegateExecution execution) throws Exception {
        boolean result = (Boolean)execution.getVariable("result");
        if (result) {
            System.out.println("转账成功");
        } else {
            System.out.println("转账失败，抛出错误");
            throw new BpmnError("transferError");
        }
    }
}
```

代码清单11-29中的ValidateTransferDelegate在execute方法中，会从执行流中获取"result"参数，如果该参数的值为true，则输出"转账成功"，否则输出"转账失败"并抛出BpmnError。在实际应用中，不可能只判断一个参数来决定是否触发补偿事件，本例为了能更加简洁地讲述补偿边界事件，只使用一个流程参数来决定是否触发补偿事件。代码清单 11-30 为加载流程文件并运行流程的代码。

代码清单 11-30： codes\11\11.5\boundary-event\src\org\crazyit\activiti\CompensationBoundaryEvent.java

```java
// 创建流程引擎
ProcessEngine engine = ProcessEngines
    .getDefaultProcessEngine();
// 得到流程存储服务组件
RepositoryService repositoryService = engine.getRepositoryService();
// 得到运行时服务组件
RuntimeService runtimeService = engine.getRuntimeService();
// 部署流程文件
repositoryService.createDeployment()
    .addClasspathResource("bpmn/CompensationBoundaryEvent.bpmn").deploy();
// 初始化参数
Map<String, Object> vars = new HashMap<String, Object>();
vars.put("result", false);
runtimeService.startProcessInstanceByKey("cbProcess", vars);
```

在代码清单 11-30 中，在流程启动时就将"result"参数设置为 false，因此流程执行到"验证转账结果"的 ServiceTask 时，会抛出 BpmnError 并且触发错误边界事件，执行流经过错误边界事件后转向补偿中间事件，补偿中间事件会触发流程中全部的补偿中间事件，那么定义的两个处理补偿的 ServiceTask 便会执行，运行代码清单 11-30，输出结果如下：

```
转出银行扣减款项...
转入银行接收款项...
转账失败，抛出错误
转入银行取消接收款项...
转出银行取消扣减款项...
```

在启动流程时，将流程参数的值设置为 true，运行后输出如下：

```
转出银行扣减款项...
转入银行接收款项...
转账成功
```

根据以上的输出结果可知，补偿中间事件被触发后，流程中全部的补偿边界事件均被触发。在使用补偿事件时，需要注意与取消事件进行区分，当前活动没有结束之前，不能使用补偿事件，补偿事件需要在其活动完成后才能触发，而取消事件可以在流程活动仍在进行时触发。

11.6 中间事件

本书所称的中间事件是指可以单独作为流程元素的事件，BPMN 2.0 规范中所指的中间事件也包括边界事件。中间事件作为流程元素表示对事件的捕获与事件的触发，一类中间事件可以在流程中等待被触发，一类中间事件会在流程中自动触发并抛出结果（触发信息）。

11.6.1 中间事件分类

中间事件按照其特性可以分为两类：中间 Catching 事件和中间 Throwing 事件，当流程到达中间 Catching 事件时，它会一直等待，直到接收到信息，才会被触发，而当流程到达中间 Throwing 事件时，该事件会自动触发并抛出相应的结果或者信息。

BPMN 2.0 中定义的中间 Catching 事件有：消息（Message）中间事件、定时器（Timer）中间事件、条件（Conditional）中间事件、连接（Link）中间事件、信号（Signal）中间事件、组合（Multiple）中间事件和并行（Parallel Multiple）中间事件。

BPMN 2.0 中定义的中间 Throwing 事件有：无指定（None）中间事件、消息（Message）中间事件、升级（Escalation）中间事件、补偿（Compensation）中间事件、连接（Link）中间事件、信号（Signal）中间事件和组合（Multiple）中间事件。

Activiti 支持的中间 Catching 事件有定时器（Timer）中间事件、信号（Signal）中间事件和消息（Message）中间事件，支持的中间 Throwing 事件有无指定（None）中间事件、信号（Signal）中间事件和补偿（Compensation）中间事件。除了无指定 Throwing 中间事件外，其他事件均需要加入到事件定义中。使用 intermediateCatchEvent 元素定义一个中间 Catching 事件，如以下配置片断所示：

```xml
<intermediateCatchEvent id="myIntermediateCatchEvent" >
    <XXXEventDefinition/>
</intermediateCatchEvent>
```

使用 intermediateThrowEvent 元素定义一个中间 Throwing 事件，如以下配置片断所示：

```xml
<intermediateThrowEvent id="myIntermediateThrowEvent" >
    <XXXEventDefinition/>
</intermediateThrowEvent>
```

▶▶ 11.6.2 定时器中间事件

定时器中间事件是一个 Catching 事件，该事件会一直等待被触发，当达到定义的时间条件后，该定时器中间事件会被触发，流程继续往下执行。假设现在有一个接收订单的业务，当接收到订单后，需要给一定的时间让相关的业务部门（例如仓库、物流或者生产）准备，然后发货，此时可以加入定时器中间事件定义流程自动向下执行的时间间隔，图 11-13 为该业务流程图，代码清单 11-31 为该流程对应的文件内容。

图 11-13 含有定时器中间事件的流程

代码清单 11-31：codes\11\11.6\intermediate-event\resource\bpmn\TimerCatchingEvent.bpmn

```xml
<process id="tcProcess" name="tcProcess">
    <startEvent id="startevent1" name="Start"></startEvent>
    <userTask id="usertask1" name="发货"></userTask>
    <userTask id="usertask2" name="接收订单"></userTask>
    <intermediateCatchEvent id="timerintermediatecatchevent1"
      name="TimerCatchEvent">
      <timerEventDefinition>
        <timeDuration>PT1M</timeDuration>
      </timerEventDefinition>
    </intermediateCatchEvent>
    <endEvent id="endevent1" name="End"></endEvent>
    <sequenceFlow id="flow1" name="" sourceRef="startevent1"
      targetRef="usertask2"></sequenceFlow>
    <sequenceFlow id="flow2" name="" sourceRef="usertask2"
      targetRef="timerintermediatecatchevent1"></sequenceFlow>
    <sequenceFlow id="flow3" name=""
      sourceRef="timerintermediatecatchevent1" targetRef="usertask1"></sequenceFlow>
    <sequenceFlow id="flow4" name="" sourceRef="usertask1"
      targetRef="endevent1"></sequenceFlow>
</process>
```

代码清单 11-31 中的粗体字代码，定义了一个定时器中间事件，并使用了 timeDuration 元素，当流程到达该流程活动 1 分钟后，触发该事件。代码清单 11-32 为加载流程描述文件代码清单 11-32：codes\11\11.6\intermediate-event\src\org\crazyit\activiti\TimerCatchingEvent.java

```java
// 创建流程引擎
ProcessEngineImpl engine = (ProcessEngineImpl)ProcessEngines
    .getDefaultProcessEngine();
// 启动 JobExecutor
engine.getProcessEngineConfiguration().getJobExecutor().start();
// 得到流程存储服务组件
RepositoryService repositoryService = engine.getRepositoryService();
// 得到运行时服务组件
RuntimeService runtimeService = engine.getRuntimeService();
TaskService taskService = engine.getTaskService();
// 部署流程文件
repositoryService.createDeployment()
    .addClasspathResource("bpmn/TimerCatchingEvent.bpmn").deploy();
// 启动流程
runtimeService.startProcessInstanceByKey("tcProcess");
// 查询当前任务
Task currentTask = taskService.createTaskQuery().singleResult();
taskService.complete(currentTask.getId());
Thread.sleep(1000 * 70);
// 重新查询当前任务
currentTask = taskService.createTaskQuery().singleResult();
System.out.println("定时器中间事件的触发后任务：" + currentTask.getName());
//关闭 JobExecutor
engine.getProcessEngineConfiguration().getJobExecutor().shutdown();
```

代码清单 11-32 中的粗体字代码，先完成流程中的第一个任务，等待 70 秒后，流程会经过定时器中间事件到达 "发货" 任务，运行代码清单 11-32，输出结果如下：

定时器中间事件的触发后任务：发货

11.6.3 信号中间 Catching 事件

信号中间事件分为 Catching 事件和 Throwing 事件，一个信号中间 Catching 事件会等待被触发，直到该事件接收到相应的信号。与其他事件不同的是，当信号事件接收到信号后，该信号不会被消耗掉，如果存在多个引用了相同信号的事件，则当接收到信号时，这些事件一并被触发，即使它们不在同一个流程实例中。假设现在有一个系统处理用户购买商品的流程，用户在选择商品后，出现并行分支，用户需要进行支付，而系统要产生订单并等待用户支付完成，此时可以使用信号中间 Catching 事件，流程如图 11-14 所示。

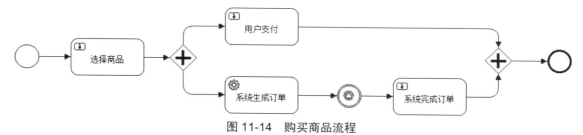

图 11-14　购买商品流程

如图 11-14 所示，在用户选择完商品后，流程出现并行分支，一个分支会进行用户支付，另外一个会由系统生成订单，系统生成订单后，会到达信号中间 Catching 事件，此时该事件会一直等待信号，当用户支付的 UserTask 完成后，可以使用 RuntimeService 的 signaleEventReceived 方法发送信号。对应图 11-14 的流程文件内容如代码清单 11-33 所示。

代码清单 11-33：codes\11\11.6\intermediate-event\resource\bpmn\SignalCatchingEvent.bpmn

```xml
<signal id="finishPay" name="finishPay"></signal>
<process id="scProcess" name="scProcess">
    <startEvent id="startevent1" name="Start"></startEvent>
    <userTask id="usertask1" name="选择商品"></userTask>
    <parallelGateway id="parallelgateway1" name="Parallel Gateway"></parallelGateway>
    <userTask id="usertask2" name="用户支付"></userTask>
    <serviceTask id="servicetask1" name="系统生成订单"
        activiti:class="org.crazyit.activiti.GenOrderDelegate"></serviceTask>
    <intermediateCatchEvent id="signalintermediatecatchevent1"
        name="SignalCatchEvent">
        <signalEventDefinition signalRef="finishPay"></signalEventDefinition>
    </intermediateCatchEvent>
    <parallelGateway id="parallelgateway2" name="Parallel Gateway"></parallelGateway>
    <endEvent id="endevent1" name="End"></endEvent>
    <sequenceFlow id="flow1" name="" sourceRef="startevent1"
        targetRef="usertask1"></sequenceFlow>
    <sequenceFlow id="flow2" name="" sourceRef="usertask1"
        targetRef="parallelgateway1"></sequenceFlow>
    <sequenceFlow id="flow3" name="" sourceRef="parallelgateway1"
        targetRef="usertask2"></sequenceFlow>
    <sequenceFlow id="flow5" name="" sourceRef="parallelgateway2"
        targetRef="endevent1"></sequenceFlow>
    <sequenceFlow id="flow6" name="" sourceRef="parallelgateway1"
        targetRef="servicetask1"></sequenceFlow>
    <sequenceFlow id="flow7" name="" sourceRef="servicetask1"
        targetRef="signalintermediatecatchevent1"></sequenceFlow>
    <userTask id="usertask3" name="系统完成订单"></userTask>
    <sequenceFlow id="flow8" name="" sourceRef="usertask2"
        targetRef="parallelgateway2"></sequenceFlow>
    <sequenceFlow id="flow9" name="" sourceRef="usertask3"
        targetRef="parallelgateway2"></sequenceFlow>
    <sequenceFlow id="flow10" name=""
        sourceRef="signalintermediatecatchevent1"
targetRef="usertask3"></sequenceFlow>
</process>
```

代码清单 11-33 中的粗体字代码，定义了一个信号中间 Catching 事件，该事件引用了"finishPay"信号，代码清单 11-33 中的 ServiceTask 对应的类为 GenOrderDelegate，该类的 execute 方法只输出"系统完成生成订单"。代码清单 11-34 为加载该流程文件并运行流程的代码。

代码清单 11-34： codes\11\11.6\intermediate-event\src\org\crazyit\activiti\SignalCatchingEvent.java

```java
// 创建流程引擎
ProcessEngine engine = ProcessEngines.getDefaultProcessEngine();
// 得到流程存储服务组件
RepositoryService repositoryService = engine.getRepositoryService();
// 得到运行时服务组件
RuntimeService runtimeService = engine.getRuntimeService();
TaskService taskService = engine.getTaskService();
// 部署流程文件
repositoryService.createDeployment()
    .addClasspathResource("bpmn/SignalCatchingEvent.bpmn").deploy();
// 启动流程
runtimeService.startProcessInstanceByKey("scProcess");
Task firstTask = taskService.createTaskQuery().singleResult();
taskService.complete(firstTask.getId());                                    ①
// 此时会出现并行的两个流程分支，查找用户任务并完成
Task payTask = taskService.createTaskQuery().singleResult();
// 完成任务
taskService.complete(payTask.getId());                                      ②
```

```
// 发送信号完成支付
runtimeService.signalEventReceived("finishPay");
Task finishTask = taskService.createTaskQuery().singleResult();
System.out.println("当前流程任务: " + finishTask.getName());
```

在代码清单 11-34 中，先将"选择商品"任务完成（代码①），出现流程分支后，再完成"用户支付"的 UserTask（代码②），然后使用 RuntimeService 的 signaleEventReceived 方法发送信号，此时到达信号中间 Catching 事件的流程分支，并会捕获到该信号，然后流程到达"系统完成订单"的 UserTask，运行代码清单 11-34，输出结果如下：

系统完成生成订单
当前流程任务：系统完成订单

11.6.4 信号中间 Throwing 事件

信号中间 Throwing 事件用于抛出信号，当流程到达该事件时，会直接抛出信号，其他引用了该相同信号的信号 Catching 事件会被触发。

信号中间 Throwing 事件分为同步与异步两种，可以为信号事件定义元素（signalEventDefinition）设置 activiti:async 属性，该值设置为 true 时，表示这是一个异步的信号中间 Throwing 事件，该属性默认值为 false。如果该事件是一个同步的信号中间 Throwing 事件，那么在抛出信号时，捕获这个信号的信号 Catching 事件将会在同一个事务中完成各自的工作（流程向前进行），如果其中有一个信号 Catching 事件出现异常，那么全部的信号事件将会失败。而异步的信号中间 Throwing 事件在抛出信号时，即使其中一个信号 Catching 事件失败，其他已经成功的信号事件也不会受到影响。修改 11.6.3 节中的流程，新的流程如图 11-15 所示。

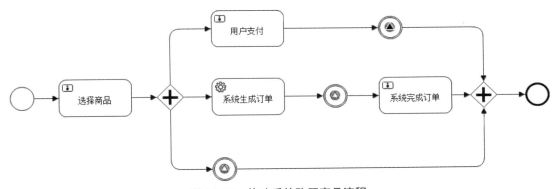

图 11-15　修改后的购买商品流程

如图 11-15 所示，为用户支付的流程分支加入了信号中间 Throwing 事件，"用户支付" UserTask 完成后，就会马上触发该事件，这个事件会抛出信号，此时定义在另外两个分支的信号中间 Catching 事件会捕获该信号。该流程对应的流程文件内容如代码清单 11-35 所示。

代码清单 11-35：codes\11\11.6\intermediate-event\resource\bpmn\SignalThrowingEvent.bpmn

```xml
<signal id="finishPay" name="finishPay"></signal>
<process id="stProcess" name="stProcess">
    <startEvent id="startevent1" name="Start"></startEvent>
    <userTask id="usertask1" name="选择商品"></userTask>
    <parallelGateway id="parallelgateway1" name="Parallel Gateway"></parallelGateway>
    <userTask id="usertask2" name="用户支付"></userTask>
    <serviceTask id="servicetask1" name="系统生成订单"
        activiti:class="org.crazyit.activiti.GenOrderDelegate"></serviceTask>
```

```xml
    <intermediateCatchEvent id="signalintermediatecatchevent1"                ①
        name="SignalCatchEvent">
        <signalEventDefinition signalRef="finishPay"></signalEventDefinition>
    </intermediateCatchEvent>
    <parallelGateway id="parallelgateway2" name="Parallel Gateway"></parallelGateway>
    <endEvent id="endevent1" name="End"></endEvent>
    <userTask id="usertask3" name="系统完成订单"></userTask>
    <intermediateThrowEvent id="signalintermediatethrowevent1"                ②
        name="SignalThrowEvent">
        <signalEventDefinition signalRef="finishPay"
            activiti:async="true"></signalEventDefinition>
    </intermediateThrowEvent>
    <intermediateCatchEvent id="signalintermediatecatchevent2"                ③
        name="SignalCatchEvent">
        <signalEventDefinition signalRef="finishPay"></signalEventDefinition>
    </intermediateCatchEvent>
    ...省略顺序流元素
</process>
```

代码清单 11-35 中的①和③分别定义了一个信号中间 Catching 事件，②定义了一个信号中间 Throwing 事件，该信号事件定义元素被设置了 activiti:async 属性，并且将这个属性的值设置为 true，此时该事件成为一个异步的信号中间 Throwing 事件。代码清单 11-36 为加载该流程文件并执行流程的代码。

代码清单 11-36： codes\11\11.6\intermediate-event\src\org\crazyit\activiti\SignalThrowingEvent.java

```java
// 创建流程引擎
ProcessEngine engine = ProcessEngines.getDefaultProcessEngine();
// 得到流程存储服务组件
RepositoryService repositoryService = engine.getRepositoryService();
// 得到运行时服务组件
RuntimeService runtimeService = engine.getRuntimeService();
// 得到任务服务组件
TaskService taskService = engine.getTaskService();
// 得到管理服务组件
ManagementService managementService = engine.getManagementService();
// 部署流程文件
repositoryService.createDeployment()
    .addClasspathResource("bpmn/SignalThrowingEvent.bpmn").deploy();
// 启动流程
runtimeService.startProcessInstanceByKey("stProcess");
// 完成选择商品任务
Task firstTask = taskService.createTaskQuery().singleResult();
taskService.complete(firstTask.getId());
// 完成用户支付任务
Task payTask = taskService.createTaskQuery().singleResult();
taskService.complete(payTask.getId());
// 由于使用了异步的中间 Throwing 事件，因此会产生两条工作数据
List<Job> jobs = managementService.createJobQuery().list();
System.out.println(jobs.size());
```

代码清单 11-36 先启动流程，由于本例中"用户支付"任务后有一个信号中间 Throwing 事件，因此在完成"用户支付"任务后，不需要再使用 RuntimeService 的 signalEventReceived 方法发送信号，这个信号中间 Throwing 事件会自动触发并抛出信号，由于这个事件是异步的，因此接收这个信号的两个 Catching 事件，将会变为两条工作数据被保存到一般工作表（ACT_RU_JOB）中，如果想查看这两条数据，则可以在配置文件中关闭异步执行器。运行代码清单 11-36，输出结果如下：

系统完成生成订单
2

11.6.5 消息中间事件

在 BPMN 2.0 规范中，消息中间事件有 Throwing 和 Catching 两种，而 Activiti 当前只对 Catching 有实现，只提供了消息中间 Catching 事件。当流程到达一个消息中间事件时，该事件会等待消息来触发，可以使用 RuntimeSerice 的 messageEventReceived 方法发送消息。与信号事件不同的是，消息事件需要向特定的执行流发送消息，而信号事件可以向全部（不同流程实例）的执行流发送信号。

在 BPMN 2.0 规范中，消息表示流程参与者沟通的信息，因此如果在业务流程中出现需要使用这些沟通信息来驱动流程前进的元素，则可以使用消息中间事件。可使用以下配置片断定义一个消息中间事件：

```
<intermediateCatchEvent id="messageintermediatecatchevent1"
    name="MessageCatchEvent">
    <messageEventDefinition messageRef="myMsg"></messageEventDefinition>
</intermediateCatchEvent>
```

当执行流到达消息中间事件时，可以使用 RuntimeService 的 messageEvnetReceived 方法触发该消息事件，消息中间事件的使用在此不再赘述，详细请见流程描述文件 codes\11\11.6\intermediate-event\resource\bpmn\MessageCatchingEvent.bpmn 和代码片断 codes\11\11.6\intermediate-event\src\org\crazyit\activiti\MessageCatchingEvent.java。

11.6.6 无指定中间事件

无指定（None）中间事件是一个 Throwing 事件，在 intermediateThrowEvent 元素下不加入任何的事件定义元素，就构成一个无指定中间事件。即使无指定中间事件没有指定任何的事件定义，看起来没有任何的作用，却可以为其提供流程监听器，来表示流程状态的改变，关于流程监听器的使用将会在讲述流程任务的相关章节中讲解。

11.7 补偿中间事件

在 11.5.4 节中，讲解了补偿边界事件的使用，使用补偿中间事件触发补偿边界事件。补偿中间事件主要用于触发当前所在执行流的全部补偿 Catching 事件（补偿边界事件）。补偿中间事件是 Throwing 事件，每个补偿事件都需要有关联的处理者，当补偿事件被触发时，会将其转给这些处理者处理，本节将讲解补偿中间事件的各种特性。

11.7.1 补偿执行次数

当补偿中间事件被触发时，会触发当前执行流的补偿 Catching 事件，如果一个附有补偿 Catching 事件的流程活动执行多次（具有多实例的特性），那么在进行补偿时，补偿次数与流程活动的执行次数一样。BPMN 2.0 允许多实例的流程活动，在一个流程中，一个流程活动（某些部分或者全部）可以被执行多次。现在定义一个测试流程，如图 11-16 所示。

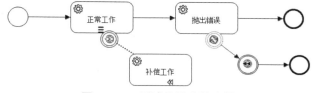

图 11-16　测试补偿次数流程

图 11-16 中是一个简单的流程，流程首先会到达"正常工作"的 ServiceTask，然后会到达"抛出错误"的 ServiceTask，这个"抛出错误"的 ServiceTask 总会抛出错误，然后触发错误边界事件，之后流程会到达补偿中间事件，此时补偿中间事件会触发"正常工作"的补偿边界事件，补偿将会由"补偿工作"的 ServiceTask 执行，该流程对应的流程文件内容如代码清单 11-37 所示。

代码清单 11-37：codes\11\11.7\compensation-times\resource\bpmn\CompensationTimes.bpmn

```
<process id="ctProcess" name="ctProcess">
    <startEvent id="startevent1" name="Start"></startEvent>
    <serviceTask id="servicetask1" name="正常工作"                           ①
        activiti:class="org.crazyit.activiti.RegularWork">
        <multiInstanceLoopCharacteristics
            isSequential="true">
            <loopCardinality>3</loopCardinality>
        </multiInstanceLoopCharacteristics>
    </serviceTask>
    <boundaryEvent id="boundarysignal1" cancelActivity="true"
        attachedToRef="servicetask1">
        <compensateEventDefinition></compensateEventDefinition>
    </boundaryEvent>
    <serviceTask id="servicetask2" name="抛出错误"                           ②
activiti:class="org.crazyit.activiti.ThrowError"></serviceTask>
    <boundaryEvent id="boundaryerror1" cancelActivity="true"
        attachedToRef="servicetask2">
        <errorEventDefinition></errorEventDefinition>
    </boundaryEvent>
    <intermediateThrowEvent id="signalintermediatethrowevent1"              ③
        name="SignalThrowEvent">
        <compensateEventDefinition></compensateEventDefinition>
    </intermediateThrowEvent>
    <endEvent id="endevent1" name="End"></endEvent>
    <endEvent id="endevent2" name="End"></endEvent>
    <sequenceFlow id="flow1" name="" sourceRef="startevent1"
        targetRef="servicetask1"></sequenceFlow>
    <sequenceFlow id="flow2" name="" sourceRef="servicetask1"
        targetRef="servicetask2"></sequenceFlow>
    <sequenceFlow id="flow3" name="" sourceRef="servicetask2"
        targetRef="endevent1"></sequenceFlow>
    <sequenceFlow id="flow4" name="" sourceRef="boundaryerror1"
        targetRef="signalintermediatethrowevent1"></sequenceFlow>
    <sequenceFlow id="flow5" name=""
        sourceRef="signalintermediatethrowevent1"
targetRef="endevent2"></sequenceFlow>
    <serviceTask id="servicetask3" name="补偿工作"  isForCompensation="true"  ④
        activiti:class="org.crazyit.activiti.CompensationWork"></serviceTask>
    <association id="a2" sourceRef="boundarysignal1"
        targetRef="servicetask3"></association>
</process>
```

代码清单 11-37 中的①定义了一个 ServiceTask，这是一个多实例的 ServiceTask，定义多实例活动是为了让流程活动能重复执行，要声明一个流程活动需要执行多次，可以为 serviceTask 加入 multiInstanceLoopCharacteristics 子元素，在本例中，定义了"正常工作"的

ServiceTask 会执行 3 次，这个 ServiceTask 对应的类为 RegularWork，该类的实现代码如代码清单 11-38 所示。

代码清单 11-38：codes\11\11.7\compensation-times\src\org\crazyit\activiti\RegularWork.java

```java
public class RegularWork implements JavaDelegate {
    int i = 0;
    public void execute(DelegateExecution execution) throws Exception {
        i++;
        System.out.println("处理第 " + i + " 次正常工作...");
    }
}
```

RegularWork 类会输出执行次数，由于本例定义了"正常工作"的 ServiceTask 会执行 3 次，因此可知道此处会输出 3 次。代码清单 11-37 中的④定义了一个"补偿工作"的 ServiceTask，其对应的是 CompensationWork 类，该类的实现代码如代码清单 11-39 所示。

代码清单 11-39：codes\11\11.7\compensation-times\src\org\crazyit\activiti\CompensationWork.java

```java
public class CompensationWork implements JavaDelegate {
    int i = 0;
    public void execute(DelegateExecution execution) throws Exception {
        i++;
        System.out.println("处理第 " + i + " 次补偿...");
    }
}
```

CompensationWork 类同样会输出执行次数，代码清单 11-37 中的②定义了一个"抛出错误"的 ServiceTask，对应的类为 ThrowError，该类无论怎样，均会抛出 BpmnError，依附在这个 ServiceTask 的错误边界事件会被触发，然后流程会转向补偿边界事件（代码清单 11-37 中的③）并触发补偿。编写代码加载流程文件，启动流程，详细代码请见 codes\11\11.7\compensation-times\src\org\crazyit\activiti\CompensationTimes.java，该代码仅仅加载流程和启动流程，并没有进行其他特殊操作。运行 CompensationTimes.java，输出结果如下：

```
处理第 1 次正常工作...
处理第 2 次正常工作...
处理第 3 次正常工作...
抛出错误，触发补偿
处理第 1 次补偿...
处理第 2 次补偿...
处理第 3 次补偿...
```

根据输出结果可知，"正常工作"对应的 JavaDelegate 执行了 3 次，当补偿中间事件被触发时，"补偿工作"对应的 JavaDelegate 同样执行了 3 次，因此可以得出结论：补偿的执行次数与对应的流程活动的执行次数相等。

11.7.2 补偿的执行顺序

当流程的补偿事件被触发时，各个补偿处理者会按照倒序进行补偿，最先完成的流程活动，其补偿处理者会最后执行，即使在并行的流程中，最先完成的流程活动，其补偿处理者也会在最后执行。图 11-17 为一个没有流程分支且需要补偿的流程。

如图 11-17 所示，该流程执行完前面的两个 ServiceTask 后，会触发补偿中间事件，第一个 ServiceTask 对应的补偿处理者为"CompansationA"，第二个 ServiceTask 对应的补偿处理者为"CompansationB"，当补偿中间事件被触发时，会先执行"CompansationB"，再执行

"CompansationA"。图 11-17 对应的流程文件内容如代码清单 11-40 所示。

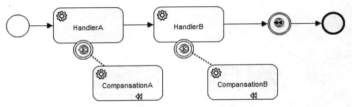

图 11-17　无流程分支的补偿

代码清单 11-40：codes\11\11.7\compensation-sequence\resource\bpmn\CompensationSequence.bpmn

```xml
<process id="csProcess" name="csProcess">
    <startEvent id="startevent1" name="Start"></startEvent>
    <serviceTask id="servicetask1" name="HandlerA"
        activiti:class="org.crazyit.activiti.HandlerA"></serviceTask>
    <boundaryEvent id="boundarysignal1" cancelActivity="true"
        attachedToRef="servicetask1">
        <compensateEventDefinition></compensateEventDefinition>
    </boundaryEvent>
    <serviceTask id="servicetask2" name="HandlerB"
        activiti:class="org.crazyit.activiti.HandlerB"></serviceTask>
    <boundaryEvent id="boundarysignal2" cancelActivity="true"
        attachedToRef="servicetask2">
        <compensateEventDefinition></compensateEventDefinition>
    </boundaryEvent>
    <intermediateThrowEvent id="signalintermediatethrowevent1"
        name="SignalThrowEvent">
        <compensateEventDefinition></compensateEventDefinition>
    </intermediateThrowEvent>
    <endEvent id="endevent1" name="End"></endEvent>
    <serviceTask id="servicetask3" name="CompansationA"
        activiti:class="org.crazyit.activiti.CompansationA"
        isForCompensation="true"></serviceTask>
    <serviceTask id="servicetask4" name="CompansationB"
        activiti:class="org.crazyit.activiti.CompansationB"
        isForCompensation="true"></serviceTask>
    <association id="a1" sourceRef="boundarysignal2"
        targetRef="servicetask4" associationDirection="None"></association>
    <association id="a2" sourceRef="boundarysignal1"
        targetRef="servicetask3" associationDirection="None"></association>
    ...省略顺序流配置
</process>
```

代码清单 11-40 中各个 ServiceTask 对应的 JavaDelegate 类，均只输出一句话，表示运行到该类。编写代码加载该流程，本例对应的运行类为 codes\11\11.7\compensation-sequence\src\org\crazyit\activiti\CompensationSequence.java，运行该类，输出结果如下：

```
A 处理类处理任务...
B 处理类处理任务...
B 补偿类处理任务...
A 补偿类处理任务...
```

对于一些并行的流程，并且在每一个流程分支中均有需要补偿的流程活动，那么相应的补偿处理者的执行顺序与正常流程一致，先完成的活动，补偿会最后执行，即使这些并行的活动是异步的。图 11-18 所示为一个含有流程分支并且需要进行补偿的流程，代码清单 11-41 为对应的流程文件内容。

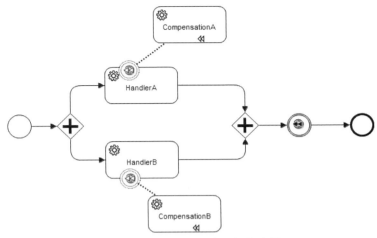

图 11-18 并行且发生补偿的流程

代码清单 11-41：codes\11\11.7\compensation-sequence\resource\bpmn\CompensationSequence2.bpmn

```xml
<process id="myProcess" name="myProcess">
    <startEvent id="startevent1" name="Start"></startEvent>
    <serviceTask id="servicetask2" name="HandlerB"
        activiti:class="org.crazyit.activiti.HandlerB"></serviceTask>
    <boundaryEvent id="boundarysignal2" cancelActivity="false"
        attachedToRef="servicetask2">
        <!-- <signalEventDefinition></signalEventDefinition> -->
        <compensateEventDefinition></compensateEventDefinition>
    </boundaryEvent>
    <serviceTask id="servicetask1" name="HandlerA"
        activiti:class="org.crazyit.activiti. HandlerA"></serviceTask>
    <boundaryEvent id="boundarysignal1" cancelActivity="false"
        attachedToRef="servicetask1">
        <compensateEventDefinition></compensateEventDefinition>
    </boundaryEvent>
    <serviceTask id="servicetask3" name="CompensationA"
        activiti:class="org.crazyit.activiti.CompensationA"
        isForCompensation="true"></serviceTask>
    <serviceTask id="servicetask4" name="CompensationB"
        activiti:class="org.crazyit.activiti. CompensationB"
        isForCompensation="true"></serviceTask>
    <parallelGateway id="parallelgateway1" name="Parallel Gateway"></parallelGateway>
    <parallelGateway id="parallelgateway2" name="Parallel Gateway"></parallelGateway>
    <endEvent id="endevent1" name="End"></endEvent>
    <intermediateThrowEvent id="signalintermediatethrowevent2"
        name="SignalThrowEvent">
        <compensateEventDefinition></compensateEventDefinition>
    </intermediateThrowEvent>
    <association id="a1" sourceRef="boundarysignal2"
        targetRef="servicetask4" associationDirection="None"></association>
    <association id="a2" sourceRef="boundarysignal1"
        targetRef="servicetask3" associationDirection="None"></association>
    ...省略顺序流配置
</process>
```

编写代码加载该流程文件并启动流程，本例对应的运行类为 codes\11\11.7\compensation-sequence\src\org\crazyit\activiti\CompensationSequence2.java。运行结果如下：

```
A 处理类处理任务...
B 处理类处理任务...
B 补偿类处理任务...
A 补偿类处理任务...
```

▶▶ 11.7.3 补偿的参数设置

在流程中设置参数，可以分为两类：一类是设置只对当前执行流有效的参数（setVariableLocal），另外一类是设置对整个流程有效的参数（setVariable）。那么在补偿触发时，如果在执行的流程活动中设置了参数，则需要在补偿处理者中获取参数，其中就涉及这些参数的作用域问题。如果在流程活动中设置了全局的参数，那么在补偿处理者中肯定可以获取，如果在流程活动中只设置了对当前执行流有效的参数（setVariableLocal），那么在补偿处理者中同样可以获取该参数。同样，如果对一个子流程进行补偿，那么在补偿处理者中，可以获取 setVariableLocal 设置的参数，根据前面章节的讲述可以知道，有补偿边界事件的子执行流完成后，相关数据仍然会保存在数据库中，这些数据包括执行流数据、流程参数和事件描述数据等。图 11-19 所示为一个含有补偿中间事件的普通流程。

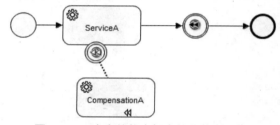

图 11-19 含有补偿中间事件的普通流程

在本例中，可以在流程活动（ServiceA 的 TaskService）中设置参数，然后在补偿处理者中获取参数。ServiceA 对应的 JavaDelegate 和补偿处理者（CompensationA）对应的 JavaDelegate 如代码清单 11-42 所示。

代码清单 11-42：codes\11\11.7\compensastion-vars\src\org\crazyit\activiti\CompensationA.java

codes\11\11.7\compensastion-vars\src\org\crazyit\activiti\ServiceA.java

```java
public class ServiceA implements JavaDelegate {
    public void execute(DelegateExecution execution) throws Exception {
        execution.setVariableLocal("user1", "angus");
        System.out.println("处理类 A 执行...");
    }
}
public class CompensationA implements JavaDelegate {
    public void execute(DelegateExecution execution) throws Exception {
        System.out.println("补偿 A 获取参数 " + execution.getVariable("user1"));
        System.out.println("补偿 A 处理...");
    }
}
```

代码清单 11-42 中的 ServiceA 是流程活动的 JavaDelegate，而 CompensationA 则是补偿处理者，图 11-19 对应的流程文件为 codes\11\11.7\compensastion-vars\resource\bpmn\Variable1.bpmn，在此就不贴该文件内容了。编写代码加载流程文件并启动流程，输出结果如下：

```
处理类 A 执行...
补偿 A 获取参数 angus
补偿 A 处理...
```

根据结果可以看出，在流程活动中使用执行流对象的 setVariableLocal 方法设置的参数，在补偿处理类中，可以使用执行流对象的 getVariable 方法获取。同样，在子流程中，补偿处理者也可以使用同样的方式获取流程活动中使用 setVaribleLocal 方法设置的参数。

11.8 本章小结

本章主要讲解了 BPMN 2.0 的事件概念和当前 Activiti 对 BPMN 2.0 事件的支持，逐一描述了这些事件的应用场景以及在使用过程中的注意事项。BPMN 2.0 对事件有三种分类：开始事件、结束事件和中间事件，本章将这些事件分为四类进行讲解：开始事件、结束事件、边界事件和中间事件，在学习这些事件的使用方法时，需要注意区分哪些是 Throwing 事件，哪些是 Catching 事件。在本章的最后着重讲解了补偿机制。

本章还涉及服务任务（ServiceTask）、嵌套子流程（Embedded Sub-Process）、顺序流（Sequence Flow）、调用子流程（Call Activity）等概念，这部分内容将会在相应的章节中做详细的讲解。

CHAPTER 12

第 12 章
流程任务

本章要点

- BPMN 任务概述
- 用户任务的应用
- 指定服务任务的行为
- WebService 任务的应用
- 脚本任务的应用
- 任务监听器的使用
- 流程监听器的使用

任务是流程的核心元素之一，任务表示在流程中需要完成的工作。BPMN 2.0 中定义了多种任务，每种任务都有不同的属性，完成不同的工作。在前面章节的流程示例中，我们使用过用户任务（UserTask）、服务任务（ServiceTask）等，其中用户任务表示需要有用户参与的任务，服务任务表示由应用程序参与的任务，本章将对 Activiti 中支持的任务做详细讲解。

12.1　BPMN 2.0 任务

BPMN 2.0 中定义了多种不同的任务，每种任务都有其特定的行为。BPMN 2.0 中定义的任务有 Service Task、Send Task、Receive Task、User Task、Manual Task、Business Rule Task 和 Script Task。Activiti 支持 BPMN 2.0 中定义的大部分任务，并且对这些任务进行了相应的扩展，例如 Service Task 在 Activiti 中可以体现为 Java Service Task、Web Service Task 等。

12.1.1　任务的继承

BPMN 2.0 为任务在流程文件中的定义提供了规范，遵守 BPMN 2.0 规范的流程引擎都需要按照其提供的 XML 约束来定义流程，也可以根据流程引擎自身的需要添加额外的 XML 元素或者属性。BPMN 2.0 在定义流程文件的 XML 约束时，根据不同流程元素的特点，定义了一整套流程元素的继承机制，关于任务的继承关系如图 12-1 所示。

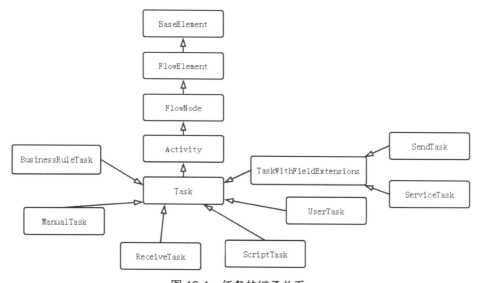

图 12-1　任务的继承关系

如图 12-1 所示，流程文件中全部的 XML 元素均直接或者间接继承于 BaseElement，其中 FlowElement 下有两种子元素：FlowNode 和 SequenceFlow，即流程节点和顺序流，而 FlowNode 下有三类子元素：Activity（行为）、Event（事件）和 Gateway（网关），其中事件已经在第 11 章中讲解了。Activity 表示流程中行为流程节点，流程中表示行为的元素有三类：SubProcess（嵌入子流程）、CallActivity（调用子流程）和 Task（任务），图 12-1 只体现了任务的继承关系。

12.1.2　XML 约束

对于流程文件中的每个 XML 元素，BPMN 2.0 均提供了 XML 约束，任务元素的 XML 约束如代码清单 12-1 所示。

代码清单 12-1：codes\12\12.1\Semantic.xsd

```xml
<!-- BaseElement -->
<xsd:element name="baseElement" type="tBaseElement" />
<xsd:complexType name="tBaseElement" abstract="true">
   <xsd:sequence>
      <xsd:element ref="documentation" minOccurs="0" maxOccurs="unbounded" />
      <xsd:element ref="extensionElements" minOccurs="0"
         maxOccurs="1" />
   </xsd:sequence>
   <xsd:attribute name="id" type="xsd:ID" use="optional" />
   <xsd:anyAttribute namespace="##other"
      processContents="lax" />
</xsd:complexType>

<!-- FlowElement -->
<xsd:element name="flowElement" type="tFlowElement" />
<xsd:complexType name="tFlowElement" abstract="true">
   <xsd:complexContent>
      <xsd:extension base="tBaseElement">
         <xsd:sequence>
            <xsd:element ref="auditing" minOccurs="0" maxOccurs="1" />
            <xsd:element ref="monitoring" minOccurs="0" maxOccurs="1" />
            <xsd:element name="categoryValueRef" type="xsd:QName"
               minOccurs="0" maxOccurs="unbounded" />
         </xsd:sequence>
         <xsd:attribute name="name" type="xsd:string" />
      </xsd:extension>
   </xsd:complexContent>
</xsd:complexType>

<!-- FlowNode -->
<xsd:element name="flowNode" type="tFlowNode" />
<xsd:complexType name="tFlowNode" abstract="true">
   <xsd:complexContent>
      <xsd:extension base="tFlowElement">
         <xsd:sequence>
            <xsd:element name="incoming" type="xsd:QName"
               minOccurs="0" maxOccurs="unbounded" />
            <xsd:element name="outgoing" type="xsd:QName"
               minOccurs="0" maxOccurs="unbounded" />
         </xsd:sequence>
      </xsd:extension>
   </xsd:complexContent>
</xsd:complexType>

<!-- Activity -->
<xsd:element name="activity" type="tActivity" />
<xsd:complexType name="tActivity" abstract="true">
   <xsd:complexContent>
      <xsd:extension base="tFlowNode">
         <xsd:sequence>
            <xsd:element ref="ioSpecification" minOccurs="0"
               maxOccurs="1" />
            <xsd:element ref="property" minOccurs="0" maxOccurs="unbounded" />
            <xsd:element ref="dataInputAssociation" minOccurs="0"
               maxOccurs="unbounded" />
            <xsd:element ref="dataOutputAssociation" minOccurs="0"
               maxOccurs="unbounded" />
            <xsd:element ref="resourceRole" minOccurs="0"
               maxOccurs="unbounded" />
            <xsd:element ref="loopCharacteristics" minOccurs="0" />
         </xsd:sequence>
         <xsd:attribute name="isForCompensation" type="xsd:boolean"
            default="false" />
```

```
            <xsd:attribute name="startQuantity" type="xsd:integer"
                default="1" />
            <xsd:attribute name="completionQuantity" type="xsd:integer"
                default="1" />
            <xsd:attribute name="default" type="xsd:IDREF" use="optional" />
        </xsd:extension>
    </xsd:complexContent>
</xsd:complexType>

<!-- Task -->
<xsd:element name="task" type="tTask" substitutionGroup="flowElement" />
<xsd:complexType name="tTask">
    <xsd:complexContent>
        <xsd:extension base="tActivity" />
    </xsd:complexContent>
</xsd:complexType>
```

代码清单 12-1 最下面的 Task 元素继承于 Activity 元素，因此它拥有 Activity 及其父元素的全部子元素和属性，例如 ioSpecification 子元素、property 子元素等。需要注意的是，从 Activity 开始，所有父元素均不能定义在 XML 文件中，因为这些元素被定义为 abstract（抽象）的。关于任务元素的每个 XML 属性及其子元素，将在下面相关章节中讲解。

> **注意：**
> 代码清单 12-1 中的 Semantic.xsd 是 BPMN 2.0 的 XML 规范。笔者从官方下载，并放到本书的代码目录中，官方地址：http://www.omg.org/spec/BPMN/2.0/。

12.1.3 任务的类型

BPMN 2.0 有以下类型的任务。

- Service Task：服务任务可以用于调用 Web Service 或者自动执行程序，Activiti 中的 Java Service Task、Web Service Task、Shell Task 为 BPMN 2.0 中定义的 Service Task，对应的 XML 元素为 serviceTask。
- Send Task：发送任务表示处理向外部的流程参与人发送消息的工作，根据这个定义，Activiti 中的 Email Task 属于这种任务，但是 Activiti 的官方文档却使用 serviceTask 元素来配置，而笔者在查看 Activiti 的源代码时发现，Activiti 的这两种任务，既可以使用 serviceTask 元素进行配置，也可以使用 sendTask 元素进行配置，该任务对应的 XML 元素为 sendTask。
- Receive Task：接收任务是一种等待外部流程参与者发送消息的任务，换言之，当流程到达该任务时，需要外界告诉该任务接收到消息，它才会继续执行。对于该类任务，目前 Activiti 只对 Java 进行了实现，因此 Activiti 中只有 Java Receive Task，Receive Task 对应的 XML 元素为 receiveTask。
- User Task：用户任务是典型的流程元素之一，它表示需要有人参与的任务，对应 Activiti 中的 User Task 任务，XML 元素为 userTask。
- Manual Task：手动任务并不需要任务的流程引擎或者应用的驱动，它会自动执行，在工作流中，它表示一种工作已经完成，工作流引擎不需要关心它是如何完成的。该任务对应的 XML 元素为 manualTasl。
- Business Rule Task：业务规则任务，主要用于向规则引擎发送请求参数，让其按照既定的业务规则进行运算并返回结果，当前 Activiti 只对 JBoss 的 Drools 规则引擎提供支持，对应的 XML 元素为 businessRuleTask。

➢ Script Task：脚本任务用于执行定义好的脚本程序，流程到达该任务后，这些脚本程序被执行，执行完成后任务结束，对应 XML 元素为 scriptTask。

在 BPMN 2.0 的模型中，以上的全部任务都是 Task 的子类（见图 12-1）。

12.2 用户任务

一般的业务流程大多都会有人的参与，因此用户任务是最常用的任务，当流程到达用户任务时，用户任务会被分配到特定用户或者用户组。图 12-2 所示为用户任务的流程图。

图 12-2 用户任务流程图

在流程文件中，可以使用 userTask 元素定义一个用户任务，代码清单 12-2 中即定义了一个用户任务。

代码清单 12-2：codes\12\12.2\bpmn-assign\resource\bpmn\UserDefine.bpmn

```xml
<definitions...>
    <process id="process1" name="process1">
        <userTask id="usertask1">
            <documentation>task doc</documentation>
        </userTask>
        <startEvent id="startevent1" name="Start"></startEvent>
        <endEvent id="endevent1" name="End"></endEvent>
        <sequenceFlow id="flow1" name="" sourceRef="startevent1"
            targetRef="usertask1"></sequenceFlow>
        <sequenceFlow id="flow2" name="" sourceRef="usertask1"
            targetRef="endevent1"></sequenceFlow>
    </process>
</definitions>
```

在代码清单 12-2 中定义了一个 id 为"usertask1"的用户任务，在 userTask 元素下定义了 documentation 子元素，该子元素是 BaseElement 定义的子元素，因此流程文件中的全部元素（除根元素外）均可以使用该子元素来配置描述信息。在代码清单 12-1 中，为 userTask 配置了描述信息，当流程启动并到达这个用户任务时，会将这里所配置的任务描述信息写入任务数据表（ACT_RU_TASK）的 DESCRIPTION_字段中。如果需要在代码中获取这些信息，可以使用 task 的 getDescription 方法。

▶▶ 12.2.1 分配任务候选人

任务的候选人是指有权限对该任务进行操作的潜在用户群体，这个用户群体有权限处理（处理、完成）该任务。设置这种权限可以使用 TaskService 的 addCandidateUser 方法或者 addCandidateGroup 方法（见 8.2 节），也可以通过 XML 配置的方式为任务分配候选人。代码清单 12-3 使用 XML 配置为任务分配候选人。

代码清单12-3：codes\12\12.2\bpmn-assign\resource\bpmn\Candidate.bpmn

```xml
<process id="process1" name="process1">
    <startEvent id="startevent1" name="Start"></startEvent>
    <userTask id="usertask1" name="Task1">
        <potentialOwner>
            <resourceAssignmentExpression>
                <formalExpression>user(angus), group(management), boss
                </formalExpression>
            </resourceAssignmentExpression>
        </potentialOwner>
    </userTask>
    <endEvent id="endevent1" name="End"></endEvent>
    <sequenceFlow id="flow1" name="" sourceRef="startevent1"
        targetRef="usertask1"></sequenceFlow>
    <sequenceFlow id="flow2" name="" sourceRef="usertask1"
        targetRef="endevent1"></sequenceFlow>
</process>
```

用户可以作为多种角色被分配到流程活动中，BPMN 2.0 提供了 humanPerformer 和 potentialOwner 元素来实现角色的分配，代码清单 12-3 中的粗体字代码，使用了 potentialOwner 元素，该元素继承于 resourceRole，resourceRole 可以作为子元素被配置在 Activity 元素下（见代码清单 12-1），而 Task 就是 Activity 的子元素，那么就可以使用 potentialOwner。

在代码清单 12-3 的 formalExpression 中，定义了用户 "anugs" 和用户组 "management"、"boss" 为该任务的候选人，该配置的效果等同于在流程运行时使用 TaskService 的 addCandidateGroup 方法和 addCandidateUser 方法，如果需要指定某个用户为该任务的候选人，则需要使用 user(userId)这样的表达式，用户组的话，可以使用 group(groupId)来指定。如果不使用 user 或者 group 而直接使用字符串，则会被直接视作用户组的 ID，效果等同于 group(groupId)。代码清单 12-4 为运行代码。

代码清单12-4：codes\12\12.2\bpmn-assign\src\org\crazyit\activiti\Candidate.java

```java
// 创建流程引擎
ProcessEngine engine = ProcessEngines.getDefaultProcessEngine();
// 得到流程存储服务组件
RepositoryService repositoryService = engine.getRepositoryService();
// 得到运行时服务组件
RuntimeService runtimeService = engine.getRuntimeService();
TaskService taskService = engine.getTaskService();
// 部署流程文件
repositoryService.createDeployment()
    .addClasspathResource("bpmn/Candidate.bpmn").deploy();
// 启动流程
runtimeService.startProcessInstanceByKey("process1");
// 根据用户组查询任务
List<Task> tasks = taskService.createTaskQuery().taskCandidateGroup("boss").list();
System.out.println("分配到boss用户组下的任务数量: " + tasks.size());
// 根据用户查询任务
tasks = taskService.createTaskQuery().taskCandidateUser("angus").list();
System.out.println("用户angus下的任务数量为: " + tasks.size());
```

在代码清单 12-4 的最后，根据用户组的 id 和用户的 id 查询任务，需要注意的是，为任务指定的候选人，并不需要一定在 Activiti 的用户组（用户）表中存在。运行代码清单 12-4，输出结果为：

```
分配到boss用户组下的任务数量: 1
用户angus下的任务数量为: 1
```

12.2.2 分配任务代理人

可以为一个任务分配多个候选人,而一个任务只允许有一个代理人。可以使用 TaskService 的 setAssignee 方法设置任务的代理人,设置了任务代理人后,ACT_RU_TASK 表的 ASSIGNEE_字段会被设置为相应的值。除了使用 setAssignee 方法外,还可以使用 XML 配置的方式分配任务代理人。代码清单 12-5 中的 User Task 使用 humanPerformer 来分配任务代理人。

代码清单 12-5:codes\12\12.2\bpmn-assign\resource\bpmn\Assignee.bpmn

```xml
<userTask id="usertask1" name="Task 1">
    <humanPerformer>
        <resourceAssignmentExpression>
            <formalExpression>user1</formalExpression>
        </resourceAssignmentExpression>
    </humanPerformer>
</userTask>
```

代码清单 12-5 中的 humanPerformer 元素继承于 resourceRole 元素,其可以配置在 Activity 元素下。Activiti 在解析这个 User Task 的时候,会做如下解析:如果是为任务分配代理人,则 formalExpression 元素里面的全部内容,会作为用户的 ID 写入数据库中,而不会关心使用了何种表达式,因为一个任务只允许有一个任务代理人,这需要与分配任务候选人区分开。设置了任务代理人后,如果需要根据任务代理人的 ID 来查询任务,则可以使用 TaskQuery 的 taskAssignee 方法设置查询条件,然后使用 list 或者 singleResult 方法返回结果。

12.2.3 权限分配扩展

在前面两小节中使用 BPMN 2.0 定义的 XML 来分配任务的候选人和任务的代理人,除了这种方法外,还可以使用 Activiti 的扩展属性来实现这个功能。BPMN 2.0 规范允许各个流程引擎对规范进行扩展,可以为规范中定义的流程元素添加个性化的属性,前提是不能与 BPMN 2.0 规范相违背。代码清单 12-6 中的三个 User Task 使用 Activiti 的扩展属性来分配任务的候选人和代理人。

代码清单 12-6:codes\12\12.2\activiti-assign\resource\bpmn\HumanExtention.bpmn

```xml
<process id="process1" name="process1">
    <startEvent id="startevent1" name="Start"></startEvent>
    <userTask id="usertask1" name="Assignee" activiti:assignee="user1"></userTask>   ①
    <userTask id="usertask2" name="Candidate User"                                    ②
        activiti:candidateUsers="user1, user2"></userTask>
    <userTask id="usertask3" name="Candidate Group"                                   ③
        activiti:candidateGroups="group1,group2"></userTask>
    <endEvent id="endevent1" name="End"></endEvent>
    <sequenceFlow id="flow1" name="" sourceRef="startevent1"
        targetRef="usertask1"></sequenceFlow>
    <sequenceFlow id="flow2" name="" sourceRef="usertask1"
        targetRef="usertask2"></sequenceFlow>
    <sequenceFlow id="flow3" name="" sourceRef="usertask2"
        targetRef="usertask3"></sequenceFlow>
    <sequenceFlow id="flow4" name="" sourceRef="usertask3"
        targetRef="endevent1"></sequenceFlow>
</process>
```

代码清单 12-6 中的①使用 activiti:assignee 属性分配任务代理人,其效果与 12.2.2 节的配置一样,②使用 activiti:candidateUsers 属性来分配任务候选人,③使用 activiti:candidateGroups 来分配任务的候选用户组。编写代码加载该流程文件,启动流程并完成任务后可以查看具体的运行结果，对应的运行类为 codes\12\12.2\activiti-assign\src\org\crazyit\activiti\HumanExtention.java。

12.2.4 使用任务监听器进行权限分配

除了可以使用 BPMN 2.0 的 XML 元素和 Activiti 的扩展属性来分配任务候选人和任务代理人外，还可以编写自定义的任务监听器，在监听器的实现中使用编码方式进行权限分配。在一般的应用系统中，用户组和用户均有可能发生变化，将用户和用户组写死到流程文件中显然是不合适的，因此可以使用任务监听器进行动态权限分配。代码清单 12-7 为一个自定义的任务监听器。

代码清单 12-7：codes\12\12.2\activiti-assign\src\org\crazyit\activiti\UserTaskListener.java

```java
public class UserTaskListener implements TaskListener {
    public void notify(DelegateTask delegateTask) {
        System.out.println("使用任务监听器设置任务权限");
        delegateTask.setAssignee("user1");
        delegateTask.addCandidateGroup("group1");
        delegateTask.addCandidateUser("user1");
    }
}
```

在代码清单 12-7 中，UserTaskListener 要实现 TaskListener 接口，需要执行 notify 方法，在 notify 方法实现中，可以使用参数的 DelegateTask 对象来进行任务权限的设置，在代码清单 12-7 中，使用了 setAssignee、addCandidateGroup 和 addCandidateUser 方法来设置任务的权限。准备好任务监听器后，为相应的 User Task 配置监听器，流程文件如代码清单 12-8 所示。

代码清单 12-8：codes\12\12.2\activiti-assign\resource\bpmn\TaskListener.bpmn

```xml
<process id="process1" name="process1">
    <startEvent id="startevent1" name="Start"></startEvent>
    <userTask id="usertask1" name="Assignee">
        <extensionElements>
            <activiti:taskListener event="create"
                class="org.crazyit.activiti.UserTaskListener"></activiti:taskListener>
        </extensionElements>
    </userTask>
    <endEvent id="endevent1" name="End"></endEvent>
    <sequenceFlow id="flow1" name="" sourceRef="startevent1"
        targetRef="usertask1"></sequenceFlow>
    <sequenceFlow id="flow2" name="" sourceRef="usertask1"
        targetRef="endevent1"></sequenceFlow>
</process>
```

代码清单 12-8 中的 User Task，使用 activiti:taskListener 元素定义了一个任务监听器，该元素是 Activiti 的扩展元素，BPMN 规范中并没有包含该元素。在本例中设置了任务监听器在任务创建的时候执行（event 属性为 create），关于任务监听器更详细的讲解，请参看本章的"任务监听器"一节。编写运行代码加载代码清单 12-8 中的流程文件并启动流程，如代码清单 12-9 所示。

代码清单 12-9：codes\12\12.2\activiti-assign\src\org\crazyit\activiti\TaskListener.java

```java
// 创建流程引擎
ProcessEngine engine = ProcessEngines.getDefaultProcessEngine();
// 得到流程存储服务组件
RepositoryService repositoryService = engine.getRepositoryService();
// 得到运行时服务组件
```

```java
RuntimeService runtimeService = engine.getRuntimeService();
TaskService taskService = engine.getTaskService();
// 部署流程文件
repositoryService.createDeployment()
    .addClasspathResource("bpmn//TaskListener.bpmn").deploy();
// 启动流程
ProcessInstance pi = runtimeService.startProcessInstanceByKey("process1");
// 进行任务查询
List<Task> tasks = taskService.createTaskQuery().taskAssignee("user1").list();
System.out.println(tasks.size());
```

在任务监听器中为任务设置了代理人"user1"，代码清单12-9中的粗体字代码根据"user1"来查询他所受理的任务，运行代码清单12-9，输出结果如下：

```
使用任务监听器设置任务权限
1
```

使用任务监听器来进行任务权限分配，可以有很大的灵活性，如可以在任务监听器的notify方法中根据DelegateTask参数获取流程参数等任务信息。

▶▶ 12.2.5 使用JUEL分配权限

Activiti默认对JUEL表达式提供支持，因此在进行任务权限分配时，也可以使用JUEL表达式来指定。使用JUEL可以直接调用自定义JavaBean里面的方法，例如可以使用${object.method()}或者${object.field}来调用方法或者获取属性值，但是前提是该对象需要被设置到流程参数中。代码清单12-10定义了4个用户任务，分别使用不同的扩展特性来设置用户任务的权限。

代码清单12-10：codes\12\12.2\activiti-assign\resource\bpmn\JUELAuth.bpmn

```xml
<userTask id="usertask2" name="Task 1"
    activiti:assignee="${authService.getUserAssignee()}"></userTask>          ①
<userTask id="usertask3" name="Task 2"
    activiti:candidateUsers="${authService.getCandidateUsers()}"></userTask>  ②
<userTask id="usertask4" name="Task 3"
    activiti:candidateGroups="${authService.getCandidateGroups()}"></userTask> ③
<userTask id="usertask5" name="Task 4"
    activiti:assignee="${authService.lastUser}"></userTask>                   ④
```

代码清单12-10中①处设置了activiti:assignee属性，并为该属性指定了JEUL表达式，使用authService的getUserAssignee方法获取任务代理人，②中使用了authService的getCandidateUsers方法获取任务候选用户，③中使用了authService的getCandidateGroups方法获取任务候选用户组，④中使用了authService的lastUser属性设置任务代理人。需要注意的是，需要在authService中为lastUser属性加入相应的getter方法，否则将会抛出异常，异常信息为：Could not find property lastUser in class XXX。此处所使用的authService是一个普通的Java类，并且需要将该类的实例设置到流程参数中，该类的实现如代码清单12-11所示。

代码清单12-11：codes\12\12.2\activiti-assign\src\org\crazyit\activiti\AuthService.java

```java
public class AuthService implements Serializable {

    private String lastUser = "angus";

    public String getLastUser() {
        return this.lastUser;
    }

    public AuthService() {
```

```java
        System.out.println("create AuthService");
    }

    //使用方法为任务指定代理人
    public String getUserAssignee() {
        return "crazyit";
    }

    //使用方法为任务指定候选人
    public List<String> getCandidateUsers() {
        List<String> result = new ArrayList<String>();
        result.add("user1");
        result.add("user2");
        return result;
    }

    //使用方法为任务指定候选用户组
    public List<String> getCandidateGroups() {
        List<String> result = new ArrayList<String>();
        result.add("group1");
        result.add("group2");
        return result;
    }
}
```

在代码清单 12-11 中，定义了各个需要调用的方法，需要注意的是，需要为 lastUser 属性提供 getter 方法，流程执行类如代码清单 12-12 所示。

代码清单 12-12：codes\12\12.2\activiti-assign\src\org\crazyit\activiti\JUELAuth.java

```java
// 创建流程引擎
ProcessEngine engine = ProcessEngines.getDefaultProcessEngine();
// 得到流程存储服务组件
RepositoryService repositoryService = engine.getRepositoryService();
// 得到运行时服务组件
RuntimeService runtimeService = engine.getRuntimeService();
// 得到任务组件
TaskService taskService = engine.getTaskService();
// 部署流程文件
repositoryService.createDeployment()
        .addClasspathResource("bpmn/JUELAuth.bpmn").deploy();
Map<String, Object> vars = new HashMap<String, Object>();
vars.put("authService", new AuthService());
// 启动流程
ProcessInstance pi = runtimeService.startProcessInstanceByKey("process1", vars);
// 查询第一个任务
Task task = taskService.createTaskQuery().singleResult();
System.out.println("第一个任务代理人：" + task.getAssignee());
//完成第一个任务
taskService.complete(task.getId());
// 查询第二个任务
task = taskService.createTaskQuery().singleResult();
// 查询任务与用户的关联
List<IdentityLink> links = taskService.getIdentityLinksForTask(task.getId());
System.out.println("第二个任务的候选用户：");//结果 2
for (IdentityLink link : links) {
    System.out.println("    " + link.getUserId());
}
//完成第二个任务
taskService.complete(task.getId());
// 查询第三个任务
task = taskService.createTaskQuery().singleResult();
```

```
        links = taskService.getIdentityLinksForTask(task.getId());
        System.out.println("第三个任务的候选用户：");//结果2
        for (IdentityLink link : links) {
            System.out.println("    " + link.getGroupId());
        }
        // 完成第三个任务
        taskService.complete(task.getId());
        // 查找第四个任务
        task = taskService.createTaskQuery().singleResult();
        System.out.println("第四个用户的代理人：" + task.getAssignee());
```

代码清单 12-12 中的粗体字代码，在启动流程时，设置流程参数，并在流程参数的 Map 中设置了一个名称为 authService 的键，其对应的值是一个 AuthService 的实例，根据前面章节的内容可知，如果传入了某个 Java 对象的实例，那么 Activiti 会将该对象进行序列化，然后将数组保存到资源表中，使用的时候再将该数据进行反序列化，因此这就要求 AuthService 必须实现 Serializable 接口。在代码清单 12-12 中依次完成 4 个任务，并将相应的权限数据输出，运行代码清单 12-12，输出结果如下：

```
create AuthService
第一个任务代理人：crazyit
第二个任务的候选用户：
    user1
    user2
第三个任务的候选用户组：
    group1
    group2
第四个用户的代理人：angus
```

需要注意的是，设置到流程参数的实例只会被初始化一次，以后所有用户任务均会使用该实例。由于 Activiti 会对该对象进行序列化和反序列化，因此建议尽量少用大对象，以免造成不必要的性能损耗。

12.3 脚本任务

脚本任务由流程引擎执行，在定义脚本任务时，需要为流程引擎提供它可以解析并执行的脚本语言，流程到达脚本任务时，流程引擎会执行定义好的脚本，任务将会在脚本执行后完成。使用以下配置片断可定义一个 Script Task：

```
<scriptTask id="scripttask1" name="Script Task" scriptFormat="juel">
    <script></script>
</scriptTask>
```

定义一个脚本任务，需要指定脚本的格式，如果不指定，Activiti 会认为提供的是 JUEL 表达式。JUEL 是统一表达式语言（Unified Expression Language）的 Java 实现。Activiti 的流程文件中许多地方都可以使用 JUEL 表达式，例如 User Task、Service Task、Script Task 和网关等。

▶▶ 12.3.1 脚本任务

脚本任务支持多种脚本语言，前提是提供的语言与 JSR-223 规范兼容。随着 PHP、Ruby、JavaScript 等脚本语言的广泛使用，为了能在 Java 中使用这些脚本语言，从 Java 6 开始，Java 提供了 JSR-223 规范，该规范定义了 Java 对这些脚本语言进行解析与执行的标准，从而为 Java 执行这些脚本语言提供了可能。在 Java 6 中，集成了 Rhino 作为默认的 JavaScript 引擎，而在 Java 8 中将 Rhino 替换为 Oracle Nashorn。如代码清单 12-13 所示。

代码清单 12-13：codes\12\12.3\script-task\src\org\crazyit\activiti\RunJavaScript.java

```
//创建脚本引擎管理对象
ScriptEngineManager manager = new ScriptEngineManager();
//获取 JavaScript 的脚本引擎
ScriptEngine engine = manager.getEngineByName("javascript");
//执行一段 JavaScript
engine.eval("for (var i = 0; i < 5; i++) { print(i); }");
```

在代码清单 12-13 中，创建了一个 ScriptEngineManager 对象，然后从该对象中根据"javascript"名称，获取一个 ScriptEngine 实例，在本例中，ScriptEngine 的实现类为 NashornScriptEngine。在代码清单 12-13 的最后，将一段 JavaScript 脚本交给脚本引擎执行，这段 JavaScript 脚本只是执行了一个简单的循环并输出数字。

如果想增加对其他脚本的支持，可以寻找相应脚本语言的 JSR-223 的实现，根据代码清单 12-13 的执行过程可以知道，如果要为某种脚本语言编写 JSR-223 的实现，需要提供相应的 ScriptEngine 实现。在 Java 8 中，默认对 JUEL 与 JavaScript 提供支持，如果需要对另外的脚本语言提供支持，可以获取该语言的 JSR-223 的实现包，并将其添加到环境变量中。

例如需要在 Java 程序中执行 Groovy 的程序，可以先找到 Groovy 的 JSR-223 实现包，本书使用的是 groovy-jsr223-2.4.8 和 groovygroovy-2.4.8 两个 jar 包。代码清单 12-14 为使用 ScriptEngine 执行 Groovy 脚本的代码。

代码清单 12-14：codes\12\12.3\script-task\src\org\crazyit\activiti\RunJavaScript.java

```
//获取 groovy 的脚本引擎
ScriptEngine groovyEngine = manager.getEngineByName("groovy");
//执行一段 groovy 程序
groovyEngine.eval("for (i = 0; i < 5; i++) { println i;}");
```

代码清单 12-14 使用 ScriptEngineManager 获取 Groovy 的脚本引擎对象，然后执行一段 Groovy 程序（一个最简单的循环）。

在了解了 Java 执行其他脚本语言的方法后，那么此时再来使用脚本任务就变得十分简单了，Activiti 就是使用这个方式来执行不同语言的脚本的。

▶▶ 12.3.2 JavaScript 脚本

Java 默认支持执行 JavaScript 脚本，因此可以在 Script Task 中直接将 JavaScript 作为任务的脚本。代码清单 12-15 是一个含有 Script Task 的流程。

代码清单 12-15：codes\12\12.3\script-task\resource\bpmn\JavaScriptTask.bpmn

```xml
<process id="process1" name="process1">
    <startEvent id="startevent1" name="Start"></startEvent>
    <scriptTask id="scripttask1" name="Script Task"
        scriptFormat="javascript">
        <script><![CDATA[
            var myVar = "angus";
            execution.setVariable("user", myVar);
        ]]></script>
    </scriptTask>
    <endEvent id="endevent1" name="End"></endEvent>
    <sequenceFlow id="flow1" name="" sourceRef="startevent1"
        targetRef="scripttask1"></sequenceFlow>
    <userTask id="usertask1" name="End Task"></userTask>
    <sequenceFlow id="flow2" name="" sourceRef="scripttask1"
        targetRef="usertask1"></sequenceFlow>
    <sequenceFlow id="flow3" name="" sourceRef="usertask1"
```

```xml
            targetRef="endevent1"></sequenceFlow>
</process>
```

代码清单 12-15 中的粗体字代码，使用 JavaScript 定义了一个 myVar 变量，然后使用 execution 对象将该变量作为参数设置到流程中，execution 是脚本任务的内置对象，可以直接在脚本中使用该对象。当代码清单 12-15 中的脚本任务执行后，名称为"user"的参数就会被设置到流程中，编写运行类加载该流程文件，如代码清单 12-16 所示。

代码清单 12-16：codes\12\12.3\script-task\src\org\crazyit\activiti\JavaScriptTask.java

```java
// 创建流程引擎
ProcessEngine engine = ProcessEngines.getDefaultProcessEngine();
// 得到流程存储服务组件
RepositoryService repositoryService = engine.getRepositoryService();
// 得到运行时服务组件
RuntimeService runtimeService = engine.getRuntimeService();
// 部署流程文件
repositoryService.createDeployment()
    .addClasspathResource("bpmn/JavaScriptTask.bpmn").deploy();
// 启动流程
ProcessInstance pi = runtimeService.startProcessInstanceByKey("process1");
// 获取在 JavaScript 中设置的参数
String user = (String)runtimeService.getVariable(pi.getId(), "user");
System.out.println(user);
```

在代码清单 12-16 的最后，查询参数名称为"user"的流程参数，最终输出结果如下：

获取用 JavaScript 设置的参数：angus

需要注意的是，在流程文件中除了 Script Task 外，还配置了一个 User Task，JavaScript 脚本执行完后，流程并没有结束，因此还可以查询到流程的参数。

12.3.3 Groovy 脚本

Groovy 是基于 JVM 的一种动态语言，它结合了 SmallTalk、Ruby 等语言的特性，使用 Groovy 可以很好地与 Java 进行结合。Groovy 官方提供的 groovy-jsr223-2.4.8 包中已经包含了 JSR-223 的实现，因此可以在脚本任务中指定使用 Groovy 脚本。代码清单 12-17 为一个含有 Groovy 脚本任务的流程文件的内容。

代码清单 12-17：codes\12\12.3\script-task\resource\bpmn\GroovyScriptTask.bpmn

```xml
<process id="process1" name="process1">
    <startEvent id="startevent1" name="Start"></startEvent>
    <scriptTask id="scripttask1" name="Script Task" scriptFormat="groovy">
        <script>
            org.crazyit.activiti.GroovyScriptTask.print(execution);
        </script>
    </scriptTask>
    <userTask id="usertask1" name="End Task"></userTask>
    <endEvent id="endevent1" name="End"></endEvent>
    <sequenceFlow id="flow1" name="" sourceRef="startevent1"
        targetRef="scripttask1"></sequenceFlow>
    <sequenceFlow id="flow2" name="" sourceRef="scripttask1"
        targetRef="usertask1"></sequenceFlow>
    <sequenceFlow id="flow3" name="" sourceRef="usertask1"
        targetRef="endevent1"></sequenceFlow>
</process>
```

代码清单 12-17 中的粗体字代码，指定 Groovy 调用 GroovyScriptTask 类的 print 方法，并将 execution 变量传入，由于 Groovy 同样基于 JVM，因此 Groovy 可以轻松地使用 Java 类，并且调用方法与 Java 一致，此处使用的是 GroovyScriptTask 的 print 方法，并且需要注意的是，print 方法是一个静态方法。以下代码片断为 GroovyScriptTask 类的内容：

```java
public class GroovyScriptTask {

    public static void print(Execution execution) {
        System.out.println("Groovy 脚本执行: " + execution.getId());
    }

    public static void main(String[] args) {
        // 创建流程引擎
        ProcessEngine engine = ProcessEngines.getDefaultProcessEngine();
        // 得到流程存储服务组件
        RepositoryService repositoryService = engine.getRepositoryService();
        // 得到运行时服务组件
        RuntimeService runtimeService = engine.getRuntimeService();
        // 部署流程文件
        repositoryService.createDeployment()
            .addClasspathResource("bpmn/GroovyScriptTask.bpmn").deploy();
        // 启动流程
        ProcessInstance pi = runtimeService.startProcessInstanceByKey("process1");
    }
}
```

GroovyScriptTask 的 print 方法实现比较简单，只输出传入的 execution 的 id。如果要在脚本任务中使用某个语言，则要将对应的 JSR 223 的包放到项目的环境变量中，本例将 groovy-jsr223-2.4.8.jar 和 groovy-2.4.8.jar 两个包放到环境变量中。

▶▶ 12.3.4 设置返回值

在任务脚本中，可以得到 execution 变量，并且可以使用 execution 的方法，代码清单 12-15 中就使用了 execution 的 setVariable 方法设置流程参数，除此之外，笔者在测试的过程中发现，直接在脚本中定义的变量，也会被设置为流程参数，例如以下的 JavaScript 脚本：

```
<script>
    var user1 = "a";
    var user2 = "b";
</script>
```

那么在获取参数时，可以根据"user1"来获取参数值"a"，也可以根据"user2"来获取参数值"b"，而并不需要使用 execution.setVariable 方法。对于 Groovy 脚本，使用以下代码可以设置流程参数：

```
<script>
    user1 = "a";
    user2 = "b";
</script>
```

同样，也可以根据"user1"和"user2"来获取相应的参数值，但是如果使用以下 Groovy 脚本，就不能设置流程参数：

```
<script>
    def user1 = "a";
    def user2 = "b";
</script>
```

如果在脚本中想将某些值作为参数设置到流程中，并且想显式指定变量名称，则可以为 scriptTask 元素加上 activiti:resultVariable 属性，属性值为参数的变量名称。例如，代码清单 12-18 中的 scriptTask 执行一段 Groovy 脚本，并且设置返回值作为流程参数，名称为"user"。

代码清单 12-18：codes\12\12.3\script-task\resource\bpmn\ReturnVar.bpmn

```xml
<process id="process1" name="process1">
    <startEvent id="startevent1" name="Start"></startEvent>
    <scriptTask id="scripttask1" name="Script Task"
      scriptFormat="groovy" activiti:resultVariable="user">
        <script>
            execution.id
        </script>
    </scriptTask>
    <userTask id="usertask1" name="End Task"></userTask>
    <endEvent id="endevent1" name="End"></endEvent>
    <sequenceFlow id="flow1" name="" sourceRef="startevent1"
      targetRef="scripttask1"></sequenceFlow>
    <sequenceFlow id="flow2" name="" sourceRef="scripttask1"
      targetRef="usertask1"></sequenceFlow>
    <sequenceFlow id="flow3" name="" sourceRef="usertask1"
      targetRef="endevent1"></sequenceFlow>
</process>
```

代码清单 12-18 中的粗体字代码，设置返回的参数名称为"user"，值为 execution 的 id，因此根据"user"查询流程参数时，可以查找到相应的值。以下代码片断用于查询设置的参数：

```java
// 创建流程引擎
ProcessEngine engine = ProcessEngines.getDefaultProcessEngine();
// 得到流程存储服务组件
RepositoryService repositoryService = engine.getRepositoryService();
// 得到运行时服务组件
RuntimeService runtimeService = engine.getRuntimeService();
// 部署流程文件
repositoryService.createDeployment()
    .addClasspathResource("bpmn/ReturnVar.bpmn").deploy();
// 启动流程
ProcessInstance pi = runtimeService.startProcessInstanceByKey("process1");
// 进行参数查询
String user = (String)runtimeService.getVariable(pi.getId(), "user");
System.out.println("获取的参数：" + user);
```

运行以上代码片断，最终输出结果为执行流的 id。

▶▶ 12.3.5　JUEL 脚本

除了可以使用支持 JSR 223 规范的脚本语言外，默认情况下，还可以使用 JUEL 表达式，使用 JUEL 表达式可以进行值的输出和 Java Bean 的调用，在 12.2.5 节中，已经在 User Task 中使用过 JUEL 表达式来为用户任务分配权限。在脚本任务中，同样支持使用 JUEL 表达式。在代码清单 12-19 中定义了一个脚本任务。

代码清单 12-19：codes\12\12.3\script-task\resource\bpmn\JUELScript.bpmn

```xml
<process id="process1" name="process1">
    <startEvent id="startevent1" name="Start"></startEvent>
    <scriptTask id="scripttask1" name="Script Task" scriptFormat="juel">
        <script>
            ${myBean.print(execution)}
        </script>
    </scriptTask>
    <endEvent id="endevent1" name="End"></endEvent>
    <sequenceFlow id="flow1" name="" sourceRef="startevent1"
      targetRef="scripttask1"></sequenceFlow>
    <sequenceFlow id="flow2" name="" sourceRef="scripttask1"
      targetRef="endevent1"></sequenceFlow>
</process>
```

代码清单 12-19 中的粗体字代码，使用了 JUEL 表达式，在 script 元素的实现中，调用 myBean 的 print 方法，并且传入 execution 实例作为参数，MyBean 对应的 Java 类为 codes\12\12.3\script-task\src\org\crazyit\activiti\MyBean.java。print 方法只是简单地输出 execution 的 id。编写运行代码加载该流程文件时需要注意，要创建一个 MyBean 的实例作为流程参数，MyBean 与运行代码如代码清单 12-20 所示。

代码清单 12-20：codes\12\12.3\script-task\src\org\crazyit\activiti\MyBean.java
codes\12\12.3\script-task\src\org\crazyit\activiti\JUELScript.java

```java
public class MyBean implements Serializable {

    public void print(Execution exe) {
        System.out.println("执行Java Bean的方法，流程ID为: " + exe.getId());
    }
}

public class JUELScript {

    public static void main(String[] args) {
        // 创建流程引擎
        ProcessEngine engine = ProcessEngines.getDefaultProcessEngine();
        // 得到流程存储服务组件
        RepositoryService repositoryService = engine.getRepositoryService();
        // 得到运行时服务组件
        RuntimeService runtimeService = engine.getRuntimeService();
        // 部署流程文件
        repositoryService.createDeployment()
                .addClasspathResource("bpmn/JUELScript.bpmn").deploy();
        Map<String, Object> vars = new HashMap<String, Object>();
        vars.put("myBean", new MyBean());
        // 启动流程
        ProcessInstance pi = runtimeService.startProcessInstanceByKey("process1", vars);
    }
}
```

运行代码清单 12-20，执行了 MyBean 的 print 方法后，输出为：

执行Java Bean的方法，流程ID为：2511

JUEL 是 Activiti 默认支持的表达式，它可以在 Activiti 的很多地方应用，使用 JUEL 表达式可以直接调用 Java Bean，因此处理的工作都可以通过编程解决。在本书的案例中，都是通过 new 关键字来创建 Java Bean 的实例，在实际应用中，可以使用对象缓存（例如 Spring 容器）来减少对象的创建，这样，多个流程实例可以共享一个服务对象，但是需要考虑线程同步等问题。

12.4 服务任务

服务任务用于请求流程外部服务或者自动执行程序，Activiti 为服务任务提供了三种实现：Java Service Task、Web Service Task 和 Shell Task，其中 Java Service Task 允许直接提供 Java 类，当流程到达该任务时，执行相应的 Java 类，当流程到达 Web Service Task 时，会自动调用预先定义好的 Web Service，Shell Task 则会执行 Shell 命令。

BPMN 2.0 中只提供了 serviceTask 来表示服务任务，因此 Activiti 的这三种 Task，均使用 serviceTask 进行配置。另外，除了这三种任务可以使用 serviceTask 来配置外，Email Task 同样可以使用 serviceTask，但是这两种 Task 也支持使用 sendTask，笔者更倾向于将它们归类到发送任务中。

12.4.1 Java 服务任务

Activiti 中提供了 Java Service Task 用于执行 Java 程序，图 12-3 所示为 Java Service Task 的流程图。

图 12-3 Java Service Task 的流程

使用 Service Task 执行 Java 程序有以下 4 种途径。

➢ 使用 activiti:class 属性指定一个 Java 类，但是该 Java 类必须是 JavaDelegate 或者 ActivityBehavior 的实现类。
➢ 使用 activiti:delegateExpression 属性并配合 JUEL 表达式指定一个流程参数的实例，该实例的 Java 类同样需要是 JavaDelegate 或者 ActivityBehavior 的实现类，并且需要实现序列化接口。
➢ 使用 activiti:expression 属性配合 JUEL 表达式指定一个流程参数，该参数是一个对象的实例，并且需要指定使用的方法。
➢ 使用 activiti:expression 属性配合 JUEL 表达式指定一个流程参数，该参数是一个对象的实例，需要指定使用的对象的属性，该对象需要为这个使用的属性提供 getter 方法。

注意，如果在配置 activiti:class 属性时，使用了实现 ActivityBehavior 接口的方式，那么有可能会对流程的走向产生影响，因此 Activiti 的官方文档并不推荐使用该方式来指定 Java 类，并且在 Activiti 开放的 API 中也找不到该接口，因此本章不会涉及该部分内容。下面将对这 4 种执行 Java 程序的途径进行讲解。

12.4.2 实现 JavaDelegate

为 serviceTask 提供 activiti:class 属性可以指定执行的 Java 类，配置时需要提供全限定的 Java 类名，被指定的 Java 类必须实现 JavaDelegate 接口，但不需要实现序列化接口。Activiti 在解析流程文件时，会将配置的值缓存起来，当流程到达 Service Task 时，会使用 Java 的反射将类初始化，因此在实现 JavaDelegate 时，需要为其提供一个无参数的构造器，否则将抛出异常，提示无法进行实例化。代码清单 12-21 中定义了两个 Service Task，同时使用了 activiti:class 属性，指定了同样的 JavaDelegate，代码清单 12-22 为对应的 JavaDelegate 类的实现以及运行代码。

代码清单 12-21：codes\12\12.4\java-delegate\resource\bpmn\ImplementServiceTask.bpmn

```xml
<process id="process1" name="process1">
    <startEvent id="startevent1" name="Start"></startEvent>
    <serviceTask id="servicetask1" name="Service Task 1"
        activiti:class="org.crazyit.activiti.MyJavaDelegate"></serviceTask>
    <serviceTask id="servicetask4" name="Service Task 2"
        activiti:class="org.crazyit.activiti.MyJavaDelegate"></serviceTask>
    <endEvent id="endevent1" name="End"></endEvent>
    <sequenceFlow id="flow1" name="" sourceRef="startevent1"
        targetRef="servicetask1"></sequenceFlow>
    <sequenceFlow id="flow6" name="" sourceRef="servicetask1"
        targetRef="servicetask4"></sequenceFlow>
    <sequenceFlow id="flow7" name="" sourceRef="servicetask4"
```

```
        targetRef="endevent1"></sequenceFlow>
</process>
```

代码清单 12-22：codes\12\12.4\java-delegate\src\org\crazyit\activiti\MyJavaDelegate.java
            codes\12\12.4\java-delegate\src\org\crazyit\activiti\ImplementServiceTask.java

```java
public class MyJavaDelegate implements JavaDelegate {

    public void execute(DelegateExecution execution) throws Exception {
        System.out.println(" 实现 JavaDelegate 的 JavaSeviceTask: " + this);
    }
}
public class ImplementServiceTask {

    public static void main(String[] args) {
        // 创建流程引擎
        ProcessEngine engine = ProcessEngines.getDefaultProcessEngine();
        // 得到流程存储服务组件
        RepositoryService repositoryService = engine.getRepositoryService();
        // 得到运行时服务组件
        RuntimeService runtimeService = engine.getRuntimeService();
        // 部署流程文件
        repositoryService.createDeployment()
            .addClasspathResource("bpmn/ImplementServiceTask.bpmn").deploy();
        // 启动流程
        ProcessInstance pi = runtimeService.startProcessInstanceByKey("process1");
    }
}
```

在 JavaDelegate 的实现类中，只实现了简单的控制台输出。编写运行类加载流程文件并启动流程，可以看到输出结果如下：

```
实现 JavaDelegate 的 JavaSeviceTask: org.crazyit.activiti.task.service.MyJavaDelegate@d72200
实现 JavaDelegate 的 JavaSeviceTask: org.crazyit.activiti.task.service.MyJavaDelegate@1f9338f
```

根据输出的结果可以看出，使用这种方式，每次都会为 JavaDelegate 创建新的实例。除了这种方法外，还可以使用 activiti:delegateExpression 属性结合 JUEL 表达式来配置执行的 Java 类：activiti:delegateExpression="${myDelegate}"，使用这种方法配置运行的 Java 类，同样需要实现 JavaDelegate 接口，但是创建 JavaDelegate 实例的过程将会交由提供者实现，提供者创建 JavaDelegate 的实例后，需要将这个实例设置到流程参数中。代码清单 12-23 为两个 serviceTask 的配置。

代码清单 12-23：codes\12\12.4\java-delegate\resource\bpmn\JUELClass.bpmn

```xml
<process id="process1" name="process1" isExecutable="true">
    <startEvent id="startevent1" name="Start"></startEvent>
    <serviceTask id="servicetask1" name="Service Task"
        activiti:delegateExpression="${myDelegate}"></serviceTask>
    <serviceTask id="servicetask2" name="Service Task"
        activiti:delegateExpression="${myDelegate}"></serviceTask>
    <endEvent id="endevent1" name="End"></endEvent>
    <sequenceFlow id="flow1" sourceRef="startevent1"
        targetRef="servicetask1"></sequenceFlow>
    <sequenceFlow id="flow2" sourceRef="servicetask1"
        targetRef="servicetask2"></sequenceFlow>
    <sequenceFlow id="flow3" sourceRef="servicetask2"
        targetRef="endevent1"></sequenceFlow>
</process>
```

代码清单 12-23 中的粗体字代码配置了两个 Service Task，均配置为 myDelegate，当流程到达 Service Task 时,会到流程文件中查找名称为 myDelegate 的流程参数,如果没有找到该流程参数或者找到的流程参数类型不为 JavaDelegate,则会抛出异常。除此之外,由于提供的 JavaDelegate 实例会被设置到流程参数中,因此还需要实现序列化接口。代码清单 12-24 为运行代码。

代码清单 12-24:codes\12\12.4\java-delegate\src\org\crazyit\activiti\JUELClass.java

```
// 创建流程引擎
ProcessEngine engine = ProcessEngines.getDefaultProcessEngine();
// 得到流程存储服务组件
RepositoryService repositoryService = engine.getRepositoryService();
// 得到运行时服务组件
RuntimeService runtimeService = engine.getRuntimeService();
// 部署流程文件
repositoryService.createDeployment()
    .addClasspathResource("bpmn/JUELClass.bpmn").deploy();
Map<String, Object> vars = new HashMap<String, Object>();
vars.put("myDelegate", new MyJavaDelegate());
// 启动流程
ProcessInstance pi = runtimeService.startProcessInstanceByKey("process1", vars);
```

代码清单 12-14 中的粗体字代码,为流程设置了一个名称为"myDelegate"的参数,类型为 MyJavaDelegate,MyJavaDelegate 的实现如代码清单 12-22 所示,但要注意的是,MyJavaDelegate 还需要实现序列化接口(Serializable),运行代码清单 12-24,输出结果如下:

实现 JavaDelegate 的 JavaSeviceTask: org.crazyit.activiti.task.service.MyJavaDelegate@115126e
实现 JavaDelegate 的 JavaSeviceTask: org.crazyit.activiti.task.service.MyJavaDelegate@115126e

根据输出结果可以看出,每次执行输出的均为同一个实例,因为使用对象作为流程参数,所以会将该对象序列化并保存到资源表中,该参数会一直存在,直到流程结束。

▶▶ 12.4.3 使用普通 Java Bean

除了可以使用 JavaDelegate 的实现类来指定 Service Task 外,还可以使普通的 Java Bean 作为执行的程序,使用方法与使用 JUEL 表达式分配用户任务权限类似:${myBean.method()},除了可以使用这种形式来调用 Java 方法外,还可以调用 JavaBean 的属性,并且将其设置到流程参数中,如代码清单 12-25 所示。

代码清单 12-25:codes\12\12.4\activiti-expression\resource\bpmn\JavaBeanServiceTask.bpmn

```
<process id="process1" name="process1">
    <startEvent id="startevent1" name="Start"></startEvent>
    <endEvent id="endevent1" name="End"></endEvent>
    <serviceTask id="servicetask1" name="Service Task"
        activiti:expression="${myBean.print(execution)}"></serviceTask>       ①
    <serviceTask id="servicetask2" name="Service Task"
        activiti:expression="${execution.setVariable('myName', myBean.name)}">
</serviceTask>②
    <sequenceFlow id="flow1" name="" sourceRef="startevent1"
        targetRef="servicetask1"></sequenceFlow>
    <sequenceFlow id="flow2" name="" sourceRef="servicetask1"
        targetRef="servicetask2"></sequenceFlow>
    <userTask id="usertask1" name="End Task"></userTask>
    <sequenceFlow id="flow3" name="" sourceRef="servicetask2"
        targetRef="usertask1"></sequenceFlow>
    <sequenceFlow id="flow4" name="" sourceRef="usertask1"
```

```
            targetRef="endevent1"></sequenceFlow>
</process>
```

代码清单 12-25 中的①和②处均使用了 activiti:expression 属性，①配置了 JUEL 表达式，当这个 Service Task 执行时，获取名称为"myBean"的流程参数，并且调用该对象的 print 方法，参数为 execution。代码清单 12-25 中的②处的 JUEL 表达式表示，将"myBean"中的 name 属性的值设置到流程参数中，参数名称为"myName"，代码清单 12-26 为运行类。

代码清单 12-26：codes\12\12.4\activiti-expression\src\org\crazyit\activiti\JavaBeanServiceTask.java

```java
// 创建流程引擎
ProcessEngine engine = ProcessEngines.getDefaultProcessEngine();
// 得到流程存储服务组件
RepositoryService repositoryService = engine.getRepositoryService();
// 得到运行时服务组件
RuntimeService runtimeService = engine.getRuntimeService();
// 部署流程文件
repositoryService.createDeployment()
   .addClasspathResource("bpmn/JavaBeanServiceTask.bpmn").deploy();
Map<String, Object> vars = new HashMap<String, Object>();
vars.put("myBean", new MyJavaBean());
// 启动流程
ProcessInstance pi = runtimeService.startProcessInstanceByKey("process1", vars);
// 进行任务参数查询
System.out.println("运行两个 Service Task 的 myName 参数值为：" + runtimeService.
getVariable(pi.getId(), "myName"));
```

运行类在启动流程时，设置了名称为"myBean"的流程参数，类型为 MyJavaBean。MyJavaBean 是一个普通的 Java 类，只实现了序列化接口，该类如代码清单 12-27 所示。

代码清单 12-27：codes\12\12.4\activiti-expression\src\org\crazyit\activiti\MyJavaBean.java

```java
public class MyJavaBean implements Serializable {

    private String name = "crazyit";

    public String getName() {
        return this.name;
    }

    public void print(Execution exe) {
        System.out.println("使用 Java Bean 的 print 方法：" + exe.getId());
    }
}
```

MyJavaBean 类的 print 方法只是简单地进行控制台输出，该类中有一个 name 属性，初始值为"crazyit"，并且为该属性提供一个 getter 方法。运行代码清单 12-26，可以看到如下输出：

```
使用 Java Bean 的 print 方法：11
运行两个 Service Task 的 myName 参数值为：crazyit
```

流程在到达第一个 Service Task 时，执行 MyJavaBean 的 print 方法，到达第二个 Service Task 时，会先从 MyJavaBean 的实例获取 name 的值（调用 getName 方法），然后将其设置到流程参数中，因此最终输出的 myName 的参数值为"crazyit"。

▶▶ 12.4.4 在 Activiti 中调用 Web Service

Web Service Task 是 BPMN 的规范之一，从另外一个角度看，该任务实际上也是一个发送任务（Send Task），但由于在调用 Web Service 的过程中，也有可能产生返回值，因此笔者更倾向于将其归类为服务任务。

在 12.4.2 节中我们提到，可以提供自定义的 JavaDelegate 来实现自身的逻辑，同样，如果要在 Activiti 中调用外部系统的 Web Service，也可以在 JavaDelegate 中实现。在 Java 中调用 Web Service 的方法有很多，例如使用 Apache 的 commons-httpclient、Xfire、axis 和 CXF 等。在 Activiti 中除了可以在 JavaDelegate 中调用 Web Service 外，还可以使用 BPMN 2.0 的 XML 配置来实现 Web Service 的调用，将相应的 Web Service 信息放到流程配置文件中，研发人员无须关心 Web Service 的调用过程。下面我们将重点讲解使用 BPMN 配置实现 Web Service 调用的方法。

在 Web Service Task 中调用外部的 Web Service，需要先了解 Activiti 的几个元素。

▶▶ 12.4.5 import 元素

当流程文件中的内容需要使用到外部的元素时，可以使用 import 元素来声明一个外部元素定义，定义一个 import 需要提供以下 3 个属性。

- importType：外部元素的类型，例如外部的元素是遵守 XML1.0 规范的文档，那么需要将该值设置为 http://www.w3.org/2001/XMLSchema。
- location：外部元素所在的文档路径，如果需要调用 Web Service，则提供的是 wsdl 的路径。
- namespace：该 import 元素的命名空间。

以下配置片断定义了一个 import 元素：

```
<import importType="http://schemas.xmlsoap.org/wsdl/" location="http://localhost:9090/sale?wsdl"
        namespace="http://webservice.activiti.crazyit.org/" />
```

▶▶ 12.4.6 itemDefinition 和 message 元素

itemDefinition 用于定义数据对象或者消息对象，这些对象可以在流程中操作、传输、转换或者存储，一个 itemDefinition 最重要的是它的结构，BPMN 规范对这个数据结构并没有特别的要求，但是需要为其指定相应的语法规则，因此一个 itemDefinition 的结构会受其指定的语法规则所约束，默认情况下会使用 XML 作为 itemDefinition 的数据结构约束，即不指定数据结构规则的话，itemDefinitio 需要遵守 XML 的语法规则。

message 用于定义流程参与者之间的交互信息，因此每个 message 均有相应的格式，在 BPMN 2.0 提供的 XML 规范中，定义 Message 的格式由 itemDefinition 完成，因此一个具有格式的 message 会引用一个定义好的 itemDefinition。以下配置片断定义了一个 itemDefinition 和一个 message 元素。

```
<message id="myMessage" itemRef="myItem"></message>
<itemDefinition id="myItem" structureRef="元素结构" />
```

以上的配置片断定义了一个 id 为 "myItem" 的 itemDefinition，由于需要为 itemDefinition 指定数据结构约束，因此需要使用 structureRef 属性，而 message 元素则引用了 itemDefinition。在上一节中定义的 import 元素，其类型为 wsdl，同时也提供了相应的 wsdl 和路径，如果在 itemDefinition 中配置 structureRef，那么该 structureRef 所引用的元素结构必须要在相应的 wsdl 中体现。

12.4.7　interface 与 operation 元素

interface 元素用于定义服务接口，interface 元素下可以定义多个 operation 元素，表示一个服务下的多个操作。如果有一个支付服务接口，在里面定义了支付明细查询、处理支付等操作，那么此时可以定义一个 interface 表示该支付服务，再为其定义支付明显细查询操作和处理支付操作。以下配置片断定义了一个 interface 和一个 operation：

```xml
<interface name="Payment Service" implementationRef="WSDL 中 portType 的名称">
    <operation id="createPayment" name="Create Payment Operation"
        implementationRef="WSDL 中的操作名称">
        <inMessageRef>WSDL 中操作的 input message</inMessageRef>
        <outMessageRef>WSDL 中操作的 output message</outMessageRef>
    </operation>
</interface>
```

定义了一个 operation 之后，在使用 Serice Task 时，可以为 serviceTask 元素加入 operationRef 属性来指定该 Service Task 使用的操作。

12.4.8　设置 Web Service 参数与返回值

要定义 Web Service 的参数与返回值，可以在 serviceTask 元素中添加 dataInputAssociation 和 dataOutputAssociation 子元素，dataInputAssociation 元素表示输入的参数，dataOutputAssociation 元素表示执行 Web Service 后的返回结果。代码清单 12-28 配置了一个含有参数和返回值的 Web Service Task。

代码清单 12-28：codes\12\12.4\webservice-task\resource\bpmn\WebServiceTask.bpmn

```xml
<process id="process1" name="process1" isExecutable="true">
    <serviceTask id="servicetask1" name="Web service invocation"
        implementation="##WebService" operationRef="createSaleOper">
        <dataInputAssociation>                                           ①
            <sourceRef>creatorVar</sourceRef>
            <targetRef>creator</targetRef>
        </dataInputAssociation>
        <dataOutputAssociation>                                          ②
            <sourceRef>newSale</sourceRef>
            <targetRef>saleVar</targetRef>
        </dataOutputAssociation>
    </serviceTask>
</process>
<itemDefinition id="newSale" structureRef="sale:sale" />                 ③
<itemDefinition id="saleVar" structureRef="string" />                    ④
<itemDefinition id="creatorVar" structureRef="string" />
<itemDefinition id="creator" structureRef="string" />
```

代码清单 12-28 的①中定义了一个 dataInputAssociation，该元素下有 sourceRef 和 targetRef 子元素，由于在调用时，流程引擎并不知道所传入的参数的数据结构，因此 sourceRef 和 targetRef 均需要引用相应的 itemDefinition。在②中定义了一个 dataOutputAssociation，表示调用后产生的返回值，其中 sourceRef 定义返回值的数据结构，如果返回的是普通字符串，则可以引用代码清单的④中定义的 itemDefinition，如果返回的是一个对象，则可以引用代码清单的③中定义的 itemDefinition

12.4.9　发布 Web Service

在实际项目中，发布 Web Service 多使用某个具体的开源框架，例如笔者最常使用的是 CXF，本例为了简单起见，使用 Java 的 API 进行 Web Service 发布。代码清单 12-29 是测试服务的接口及实现类。

代码清单12-29：codes\12\12.4\webservice\src\org\crazyit\activiti\webservice\SaleService.java
codes\12\12.4\webservice\src\org\crazyit\activiti\webservice\SaleServiceImpl.java,

```java
@WebService
public interface SaleService {

    @WebMethod
    @WebResult(name = "newSale")
    Sale createSale(@WebParam(name = "creator")String creator,
        @WebParam(name = "createDate")String createDate);
}

@WebService()
public class SaleServiceImpl implements SaleService {

    public Sale createSale(String creator, String createDate) {
        System.out.println("创建人：" + creator);
        System.out.println("创建日期：" + createDate);
        Sale sale = new Sale();
        sale.setSaleCode("SA00001");
        return sale;
    }
}
```

在代码清单12-29中，使用@WebService注解发布一个SaleService，该SaleService中只有一个接口方法，主要用于创建销售单对象（Sale），调用该方法需要传入creator和createDate参数，这两个参数均为字符串类型，在实现类中，只是输出两个参数，再创建一个Sale对象并返回。编写完Web Service的实现代码后，再编写运行类，在main方法中启动Web容器并发布代码清单12-29的Web Service，服务器类以及客户端类如代码清单12-30所示。

代码清单12-30：codes\12\12.4\webservice\src\org\crazyit\activiti\webservice\Main.java
codes\12\12.4\webservice\src\org\crazyit\activiti\webservice\CallClient.java

```java
// 服务器类
public class Main {

    public static void main(String args[]) throws Exception {
        Endpoint e = Endpoint.publish("http://localhost:9090/sale", new SaleServiceImpl());
        System.out.println("服务启动...");
    }

}

// 客户端类
public class CallClient {

    public static void main(String[] args) throws Exception {
        JaxWsDynamicClientFactory dcf = JaxWsDynamicClientFactory.newInstance();
        Client client = dcf.createClient("http://localhost:9090/sale?wsdl");
        Object[] vars = new Object[]{"crazyit", "2018-10-10 10:10:10"};
        Object[] object = client.invoke("createSale", vars);
        Sale sale = (Sale)object[0];
        System.out.println("请求WebService后返回的销售单号：" + sale.getSaleCode());
    }
}
```

在代码清单12-30的Main类中，将Web Service的地址发布为"http://localhost:9090/sale"，运行代码清单12-30的Main类，打开浏览器，输入http://localhost:9090/sale?wsdl，可以看到

已经成功发布的 Web Service 对应的 wsdl 内容。在代码清单 12-30 的 CallClient 中，使用 JaxWsDynamicClientFactory 类访问 Main 类发布的服务，将订单创建者与创建时间两个参数传入，调用 createSale 服务后，可以得到返回的销售单号，运行 CallClient，输出如下：

```
请求 WebService 后返回的销售单号：SA00001
```

需要注意的是，这里所涉及的 Java 类均属于 codes\12\12.4\webservice 项目，该项目引用的 jar 包在 codes\12\12.4\webservice\lib 下（本项目的 lib 目录），并非引用 common-lib 项目。

▶▶ 12.4.10 使用 Web Service Task

介绍了要使用的元素后，现在可以在 Web Service Task 中实现 Web Service 的调用了。特别注意：本案例除了引用 common-lib 项目的包外，还需要引用 codes\12\12.4\webservice-task\lib 目录下的全部 jar 包。代码清单 12-31 为有 Web Service Task 定义的流程文件内容。

代码清单 12-31：codes\12\12.4\webservice-task\resource\bpmn\WebService.bpmn

```xml
<?xml version="1.0" encoding="UTF-8"?>
<definitions xmlns="http://www.omg.org/spec/BPMN/20100524/MODEL"
    xmlns:xsi="http://www.w3.org/2001/XMLSchema-instance" xmlns:activiti="http://activiti.org/bpmn"
    xmlns:bpmndi="http://www.omg.org/spec/BPMN/20100524/DI" xmlns:omgdc="http://www.omg.org/spec/DD/20100524/DC"
    xmlns:omgdi="http://www.omg.org/spec/DD/20100524/DI" typeLanguage="http://www.w3.org/2001/XMLSchema"
    expressionLanguage="http://www.w3.org/1999/XPath" targetNamespace="www.activiti.org"
    xmlns:tns="www.activiti.org" xmlns:sale="http://webservice.activiti.crazyit.org/">
    <import importType="http://schemas.xmlsoap.org/wsdl/" location="http://localhost:9090/sale?wsdl"
        namespace="http://webservice.activiti.crazyit.org/" />                                      ①
    <process id="testProcess" name="testProcess">
        <startEvent id="startevent1" name="Start"></startEvent>
        <userTask id="usertask1" name="Ready Task"></userTask>
        <serviceTask id="servicetask1" name="Web service invocation"
            implementation="##WebService" operationRef="createSaleOper">              ②
            <dataInputAssociation>                                                    ③
                <sourceRef>creatorVar</sourceRef>
                <targetRef>creator</targetRef>
            </dataInputAssociation>
            <dataInputAssociation>                                                    ④
                <sourceRef>createDateVar</sourceRef>
                <targetRef>createDate</targetRef>
            </dataInputAssociation>
            <dataOutputAssociation>                                                   ⑤
                <sourceRef>newSale</sourceRef>
                <targetRef>saleVar</targetRef>
            </dataOutputAssociation>
        </serviceTask>
        <userTask id="usertask2" name="EndTask"></userTask>
        <endEvent id="endevent1" name="End"></endEvent>
        <sequenceFlow id="flow1" name="" sourceRef="startevent1"
            targetRef="usertask1"></sequenceFlow>
        <sequenceFlow id="flow2" name="" sourceRef="usertask1"
            targetRef="servicetask1"></sequenceFlow>
        <sequenceFlow id="flow3" name="" sourceRef="servicetask1"
            targetRef="usertask2"></sequenceFlow>
        <sequenceFlow id="flow4" name="" sourceRef="usertask2"
            targetRef="endevent1"></sequenceFlow>
    </process>
```

```xml
        <!-- 定义两个消息 -->
        <message id="createSaleMsg" itemRef="tns:createSaleItem"></message>           ⑥
        <message id="createSaleResponseMsg" itemRef="tns:createSaleResponseItem">
</message>

        <!-- 定义两个item，用于定义消息的格式 -->
        <itemDefinition id="createSaleItem" structureRef="sale:createSale" />         ⑦
        <itemDefinition id="createSaleResponseItem"
            structureRef="sale:createSaleResponse" />
        <!-- 定义item，在调用webservice时，需要指定参数与返回结果的结构 -->
        <itemDefinition id="creatorVar" structureRef="string" />
        <itemDefinition id="creator" structureRef="string" />
        <itemDefinition id="createDateVar" structureRef="string" />
        <itemDefinition id="createDate" structureRef="string" />
        <itemDefinition id="newSale" structureRef="sale:sale" />
        <itemDefinition id="saleVar" structureRef="string" />

        <interface name="Sale Service" implementationRef="SaleService">              ⑧
            <operation id="createSaleOper" name="Create Sale Operation"
                implementationRef="sale:createSale">                                 ⑨
                <!-- 输入消息与输出消息 -->
                <inMessageRef>createSaleMsg</inMessageRef>
                <outMessageRef>createSaleResponseMsg</outMessageRef>
            </operation>
        </interface>
</definitions>
```

在代码清单12-31的①中，定义了一个import元素，指定了Web Service的wsdl位置与命名空间。需要注意的是，代码清单12-31中的粗体字代码，指定了调用的Web Service的命名空间，以便在下面的配置中使用。

代码清单12-31的②中配置了一个serviceTask，该serviceTask的implementation属性被设置为##WebService，表示这是一个Web Service Task。在这个Web Service Task下配置了3个子元素（③④⑤），其中③和④为调用Web Service时的参数，对应的数据结构为"creatorVar"、"creator"、"createDateVar"和"createDate"的itemDefinition，⑤为调用Web Service后的返回值，sourceRef为Web Service中的返回值名称，targetRef为流程参数名称，调用Web Service得到返回值后，需要将其作为参数放到流程中，因此需要为该参数定义一个名称。

代码清单12-31的⑥中定义了两个message元素，这两个message元素主要用于定义消息的格式内容，分别引用了createSaleItem和createSaleResponseItem的itemDefinition，在定义interface的operation时，需要用到这两个message。注意在引用时，要加入tns:前缀，请留意代码清单12-31中的粗体字代码，这段代码在XML头声明了命名空间。

代码清单12-31的⑦中定义了若干个itemDefinition元素，需要注意"newSale"、"createSaleItem"和"createSaleResponseItem"这3个itemDefinition，其中newSale定义返回值的格式，对应wsdl文件中的<xs:element minOccurs="0" name="newSale" type="tns:sale"/>，详细请见发布的Web Service。本例以12.4.9节发布的Web Service为基础，在浏览器中输入http://localhost:9090/sale?wsdl 可以看到该wsdl的内容。除了newSale的itemDefinition外，createSaleItem和createSaleResponseItem的结构同样引用了wsdl中的定义，见wsdl的以下内容：

```xml
<wsdl:message name="createSaleResponse">
    <wsdl:part element="tns:createSaleResponse" name="parameters"></wsdl:part>
</wsdl:message>
<wsdl:message name="createSale">
```

```
        <wsdl:part element="tns:createSale" name="parameters"></wsdl:part>
</wsdl:message>
```

其中的粗体字代码定义了 Web Service 通信的消息格式，由于 itemDefinition 需要引用该 wsdl，因此在配置 structureRef 属性时，需要加入 sale 用以区分。

代码清单 12-31 的⑧中定义了一个 interface 元素，在该元素下定义了 operation，operation 的配置信息同样可以在 wsdl 文件中找到，operation 元素及其子元素的配置对应的 wsdl 内容如下：

```
    <wsdl:operation name="createSale">
        <wsdl:input message="tns:createSale" name="createSale"></wsdl:input>
        <wsdl:output message="tns:createSaleResponse" name="createSaleResponse">
</wsdl:output>
    </wsdl:operation>
```

代码清单 12-31 中的 operation 元素（⑧）的 implementationRef 属性对应的值为以上 wsdl 内容中的 wsdl:operation 元素的 name，当然需要加入相应的命名空间。代码清单 12-31 中的 operation 元素下的两个子元素，分别对应以上的 wsdl:input 和 wsdl:output，对应的消息格式需要引用 createSaleMsg 和 createSaleResponseMsg（代码清单 12-31 中的⑥），这两个 message 的格式就由以上的 wsdl 进行定义：命名空间:wsdl 元素名称。编写运行代码加载流程文件，如代码清单 12-32 所示。

代码清单 12-32：codes\12\12.4\webservice-task\src\org\crazyit\activiti\WebService.java

```java
// 创建流程引擎
ProcessEngine engine = ProcessEngines.getDefaultProcessEngine();
// 得到流程存储服务组件
RepositoryService repositoryService = engine.getRepositoryService();
// 得到运行时服务组件
RuntimeService runtimeService = engine.getRuntimeService();
// 得到任务服务组件
TaskService taskService = engine.getTaskService();
// 部署流程文件
repositoryService.createDeployment()
    .addClasspathResource("bpmn/WebService.bpmn").deploy();
// 初始化参数
Map<String, Object> vars = new HashMap<String, Object>();
vars.put("creatorVar", "angus");
vars.put("createDateVar", "2018-02-02 10:10:10");
ProcessInstance pi = runtimeService.startProcessInstanceByKey(
    "testProcess", vars);
// 完成第一个任务
Task task = taskService.createTaskQuery().processInstanceId(pi.getId()).singleResult();
taskService.complete(task.getId());
// 输出调用 Web Service 后的参数
Sale sale = (Sale) runtimeService.getVariable(pi.getId(), "saleVar");
System.out.println("请求创建销售单后，返回的销售单号：" + sale.getSaleCode());
```

流程文件中有三个 Task，第一个是 User Task，因此需要完成第一个 User Task 才能看到效果。在代码清单 12-32 中，在启动流程前，先初始化流程参数，设置了名称为 "creatorVar" 和 "createDateVar" 的流程参数，当执行完 Web Service Task 后，流程会停留在最后一个 User Task 中，此时流程没有结束，可以进行流程参数的查询，最终输出销售单对象的 saleCode 属性，该属性的值被 Web Service 设置为 "SA00001"（见代码清单 12-29）。在运行代码清单 12-32 之前，需要先将 Web Service 启动，客户端代码的最终输出结果为：

```
请求创建销售单后，返回的销售单号：SA00001。
```

服务器端输出结果为：

创建人：angus
创建日期：2018-02-02 10:10:10

创建人与创建日期，均是 ServiceTask 调用时传入的参数。至此，使用 BPMN 规范来进行 Web Service 的调用已经实现了。使用这些配置来完成 Web Service 的调用，配置起来较为复杂，而且在配置的过程中容易出错，因此如果想更加方便和灵活地调用 Web Service，可以考虑在 JavaDelegate 中实现。

12.4.11 JavaDelegate 属性注入

使用 BPMN 的配置来调用 Web Service，配置较为烦琐，因此可以考虑在自定义的 JavaDelegate 中直接调用 Web Service。使用编码方式调用 Web Service，需要知道 wsdl 路径、操作、请求参数和调用返回值等属性，如果将这些属性配置到流程文件中，那么就需要使用 JavaDelegate 的属性注入。为一个 JavaDelegate 注入值有以下两种形式：字符串注入和表达式注入。对于一些常量，可以在流程文件中通过配置进行字符串注入，而对于一些变量或者对象，可以配置成 JUEL 表达式。代码清单 12-33 为一个 Service Task 的配置。

代码清单 12-33：codes\12\12.4\property-inject\resource\bpmn\StringInjection.bpmn

```xml
<process id="process1" name="process1">
    <startEvent id="startevent1" name="Start"></startEvent>
    <userTask id="usertask1" name="End Task"></userTask>
    <endEvent id="endevent1" name="End"></endEvent>
    <sequenceFlow id="flow3" name="" sourceRef="usertask1"
        targetRef="endevent1"></sequenceFlow>
    <serviceTask id="servicetask1" name="Service Task"
        activiti:class="org.crazyit.activiti.StringInjectionDelegate">
        <extensionElements>
            <activiti:field name="userName" stringValue="Crazyit" />      ①
            <activiti:field name="passwd">                                ①
                <activiti:string>123456</activiti:string>
            </activiti:field>
        </extensionElements>
    </serviceTask>
    <sequenceFlow id="flow4" name="" sourceRef="startevent1"
        targetRef="servicetask1"></sequenceFlow>
    <sequenceFlow id="flow5" name="" sourceRef="servicetask1"
        targetRef="usertask1"></sequenceFlow>
</process>
```

代码清单 12-33 的①中，使用 activiti:field 元素配置了一个名称为 userName 的字段，其中 stringValue 为该字段的值，那么在相应的 JavaDelegate 类中，就需要有该字段的 setter 方法，并且类型必须为 Expression。Activiti 中的 Expression 有两个实现类：JuelExpression 和 FixedValue，其中 FixedValue 用于处理字符串类型的属性，JuelExpression 用于处理表达式类型的属性。代码清单 12-33 的②中的配置实际上与①中的配置效果一样，只是对 stringValue 属性使用 activiti:string 元素进行展现，该 Service Task 对应的 JavaDelegate 类如代码清单 12-34 所示。

代码清单 12-34：codes\12\12.4\property-inject\src\org\crazyit\activiti\StringInjectionDelegate.java

```java
public class StringInjectionDelegate implements JavaDelegate {
    // 用户名属性
    private Expression userName;
    // 密码属性
    private Expression passwd;

    public void setUserName(Expression userName) {
        this.userName = userName;
```

```java
    }
    public void setPasswd(Expression passwd) {
        this.passwd = passwd;
    }
    public void execute(DelegateExecution execution) {
        // 输出属性
        System.out.println("在JavaDelegate中注入字符串, userName值: "
                + userName.getValue(null) + ", passwd值: "
                + passwd.getValue(null));
    }
}
```

在 StringInjectionDelegate 类中，需要为注入的两个字符串属性添加相应的类变量，并且需要为其提供相应的 setter 方法，这种实现就好像 IoC 容器的设值注入，不同的是，这里将注入的对象封装到 Expression 对象中。需要注意的是，在使用 Expression 的 getValue 方法时，需要传入执行流对象，目的是为了在注入 JUEL 表达式时能对流程的参数进行操作，此处只是注入字符串属性，因此可以传入 null。在 StringInjectionDelegate 的 execute 方法中，本例实现只是简单地将注入的字符串值在控制台输出，以下为运行代码：

```java
// 创建流程引擎
ProcessEngine engine = ProcessEngines.getDefaultProcessEngine();
// 得到流程存储服务组件
RepositoryService repositoryService = engine.getRepositoryService();
// 得到运行时服务组件
RuntimeService runtimeService = engine.getRuntimeService();
// 部署流程文件
repositoryService.createDeployment()
    .addClasspathResource("bpmn/StringInjection.bpmn").deploy();
// 启动流程
ProcessInstance pi = runtimeService.startProcessInstanceByKey("process1");
```

运行以上代码，输出结果如下：

在JavaDelegate中注入字符串, userName值: Crazyit, passwd值: 123456

除了可以注入字符串外，还可以使用 JUEL 表达式为 JavaDelegate 注入对象或者经过计算后的值，代码清单 12-35 为一个 Service Task 的配置。

代码清单 12-35：codes\12\12.4\property-inject\resource\bpmn\ExpressionInjection.bpmn

```xml
<process id="process1" name="process1">
    <startEvent id="startevent1" name="Start"></startEvent>
    <serviceTask id="servicetask1" name="Service Task"
        activiti:class="org.crazyit.activiti.ExpressionInjectionDelegate">
        <extensionElements>
            <activiti:field name="user" expression="${user}"></activiti:field> ①
            <activiti:field name="amountResult">                                ②
                <activiti:expression>${user.countAmount(amount)}</activiti:expression>
            </activiti:field>
        </extensionElements>
    </serviceTask>
    <endEvent id="endevent1" name="End"></endEvent>
    <sequenceFlow id="flow1" name="" sourceRef="startevent1"
        targetRef="servicetask1"></sequenceFlow>
    <sequenceFlow id="flow2" name="" sourceRef="servicetask1"
        targetRef="endevent1"></sequenceFlow>
</process>
```

与字符串注入类似，这里同样使用 activiti:field 元素来定义一个注入的属性，其中代码清单 12-35 的①中为 activiti:field 元素添加了 express 属性，其效果等同于②中为 activiti:field 元素添加的 activiti:expression 子元素。①中使用了 ${user} 表达式，表示名称为 user 的注入属性，值为名称是 user 的流程参数。②中使用了 ${user.countAmount(amount)} 表达式，表示获取名称为 user 和 amount 的流程参数，并调用 user 的 countAmount 方法，本例中 countAmount 方法会将参数值加 10 并返回。需要注意的是，本例的 user 为流程参数，如果与 Spring 进行整合，也可以是 Spring 的 bean。代码清单 12-36 为 JavaDelegate 类、变量 user 对应的 UserBean 类。

代码清单 12-36：codes\12\12.4\property-inject\src\org\crazyit\activiti\ExpressionInjectionDelegate.java

```java
public class ExpressionInjectionDelegate implements JavaDelegate {
    private Expression user;
    private Expression amountResult;

    public void setAmountResult(Expression amountResult) {
        this.amountResult = amountResult;
    }

    public void setUser(Expression user) {
        this.user = user;
    }

    public void execute(DelegateExecution execution) {
        UserBean userBean = (UserBean) user.getValue(execution);
        System.out.println("在 JavaDelegate 中注入对象：" + userBean.getName() + " "
            + userBean.getPasswd());
        System.out.println("使用 UserBean 的方法计算后结果：: "
            + amountResult.getValue(execution));
    }
}

public class UserBean implements Serializable {
    private String name;
    private String passwd;

    public UserBean(String name, String passwd) {
        super();
        this.name = name;
        this.passwd = passwd;
    }

    public String getName() {
        return name;
    }

    public void setName(String name) {
        this.name = name;
    }

    public String getPasswd() {
        return passwd;
    }

    public void setPasswd(String passwd) {
        this.passwd = passwd;
    }

    public int countAmount(int amount) {
        return amount + 10;
    }
}
```

在 ExpressionInjectionDelegate 类中需要增加两个 Expression 的属性，名称分别为 user 和

amountResult，还需要为其提供相应的 setter 方法。需要注意的是，在 Service Task 的配置中，定义的属性名称不一定要与 JavaDelegate 中的属性名称相同，但是必须要提供相应的 setter 方法，例如流程文件中属性名称为 abc，那么 JavaDelegate 中需要有 setAbc(Expression e) 形式的方法，而并不一定需要有名称为 abc 的类变量。除此之外，在流程文件配置中，使用了名称为 user 和 amount 的变量，因此需要设置两个流程参数，并且名称为 user 的流程参数，类型为 UserBean，由于 Activiti 会将其作为流程参数，因此需要实现序列化接口，代码清单 12-37 为运行代码。

代码清单 12-37：codes\12\12.4\property-inject\src\org\crazyit\activiti\ExpressionInjection.java

```java
// 创建流程引擎
ProcessEngine engine = ProcessEngines.getDefaultProcessEngine();
// 得到流程存储服务组件
RepositoryService repositoryService = engine.getRepositoryService();
// 得到运行时服务组件
RuntimeService runtimeService = engine.getRuntimeService();
// 部署流程文件
repositoryService.createDeployment()
    .addClasspathResource("bpmn/ExpressionInjection.bpmn").deploy();
// 初始化参数
Map<String, Object> vars = new HashMap<String, Object>();
UserBean user = new UserBean("crazyit", "123456");
vars.put("user", user);
vars.put("amount", 10);
// 启动流程
runtimeService.startProcessInstanceByKey("process1", vars);
```

在代码清单 12-37 中，将 UserBean 实例设置到流程参数中，参数名称为 user，amount 参数值为 10，启动流程后，运行结果如下：

```
在 JavaDelegate 中注入对象：crazyit    123456
使用 UserBean 的方法计算后结果：：20
```

根据结果可知，amount 参数经过 UserBean 的 countAmount 方法计算后，最终结果为 20，而在 JavaDelegate 类中，可以获取这些对象的值。

12.4.12 在 JavaDelegate 中调用 Web Service

在上一节中介绍了如何在 JavaDelegate 中注入属性值，那么如果在 JavaDelegate 中调用 Web Service，同样可以将 Web Service 的相关信息动态化，可以将其配置在流程文件中，也可以设置到流程变量中。调用一个 Web Service 需要 wsdl 路径、请求参数、操作名称（方法）等，代码清单 12-38 为调用 12.4.9 节中发布的 Web Service 的代码。

代码清单 12-38：codes\12\12.4\webservice\src\org\crazyit\activiti\webservice\CallClient.java

```java
JaxWsDynamicClientFactory dcf = JaxWsDynamicClientFactory.newInstance();
Client client = dcf.createClient("http://localhost:9090/sale?wsdl");
Object[] vars = new Object[]{"crazyit", "2018-10-10 10:10:10"};
Object[] object = client.invoke("createSale", vars);
Sale sale = (Sale)object[0];
System.out.println("请求 WebService 后返回的销售单号：" + sale.getSaleCode());
```

在代码清单 12-38 中的 JaxWsDynamicClientFactory 和 Client 类均为 CXF 提供的 API，使用 client 的 invoke 方法调用 Web Service，即为调用 SaleService 的 createSale 方法。那么在 JavaDelegate 中，可以使用同样的方法调用 Web Service，只需要将几个必要的参数配置到 Service Task 中即可。代码清单 12-39 为 Service Task 的配置。

代码清单 12-39：codes\12\12.4\webservice-task\resource\bpmn\JavaDelegateWebService.bpmn

```xml
<process id="JavaDelegateWebService" name="JavaDelegateWebService">
    <startEvent id="startevent1" name="Start"></startEvent>
    <serviceTask id="servicetask1" name="Service Task"
            activiti:class="org.crazyit.activiti.WebServiceDelegate">
        <extensionElements>
            <activiti:field name="wsdl"
                stringValue="http://localhost:9090/sale?wsdl" />
            <activiti:field name="operation" stringValue="createSale" />
            <activiti:field name="creator" stringValue="crazyit" />
            <activiti:field name="createDate" stringValue="2018-10-10 10:10:10" />
        </extensionElements>
    </serviceTask>
    <endEvent id="endevent1" name="End"></endEvent>
    <sequenceFlow id="flow1" name="" sourceRef="startevent1"
        targetRef="servicetask1"></sequenceFlow>
    <sequenceFlow id="flow2" name="" sourceRef="servicetask1"
        targetRef="endevent1"></sequenceFlow>
</process>
```

在代码清单 12-39 中，为 Service Task 注入了 4 个属性，那么在相应的 JavaDelegate 实现中，需要为这 4 个属性添加相应的 setter 方法，类型为 Expression，代码清单 12-40 为 JavaDelegate 类的代码。

代码清单 12-40：codes\12\12.4\webservice-task\src\org\crazyit\activiti\WebServiceDelegate.java

```java
public class WebServiceDelegate implements JavaDelegate {
    private Expression wsdl;
    private Expression operation;
    private Expression creator;
    private Expression createDate;

    public void setWsdl(Expression wsdl) {
        this.wsdl = wsdl;
    }
    public void setOperation(Expression operation) {
        this.operation = operation;
    }
    public void setCreator(Expression creator) {
        this.creator = creator;
    }
    public void setCreateDate(Expression createDate) {
        this.createDate = createDate;
    }

    public void execute(DelegateExecution execution) {
        try {
            JaxWsDynamicClientFactory dcf = JaxWsDynamicClientFactory.newInstance();
            // 使用 wsdl 路径创建 Client
            Client client = dcf.createClient((String) wsdl.getValue(null));
            // 使用配置的值创建参数对象
            Object[] vars = new Object[] { creator.getValue(null),
                    createDate.getValue(null) };
            // 调用
            Object[] object = client
                    .invoke((String) operation.getValue(null), vars);
            Sale sale = (Sale) object[0];
            System.out.println("在 JavaDelegate 中调用 Web Service 后，结果： "
                    + sale.getSaleCode());
```

```
        } catch (Exception e) {
            e.printStackTrace();
        }
    }
}
```

与在代码清单 12-38 中调用 Web Service 的方式一样,获取 Service Task 中的 4 个属性,然后调用服务,加载流程文件,启动流程后输出结果如下:

在 JavaDelegate 中调用 Web Service 后,结果: SA00001。

使用 JavaDelegate 的方式调用 Web Service,既可以将调用参数放到流程文件中,也可以将参数放到流程变量中,并且最重要的是,配置起来没有使用 BPMN 方式调用那么复杂。在此需要注意的是,一旦发布 Web Service 的服务发生变化(域名、端口等),那么将需要重新修改流程文件或者 Java 代码,解决这些问题可以使用企业服务总线(ESB),编写的流程应用只需要记住 ESB 容器位置即可,如果服务发生变化,可以只修改 ESB 容器,而不需要修改流程中的其他内容。

▶▶ 12.4.13 Shell 任务

Shell 任务主要用于执行 Shell 脚本,该任务并不是 BPMN 定义的任务之一,而是 Activiti 对 BPMN 的扩展。虽然 Shell 脚本属于脚本语言的一种,但在当前 Activiti 版本中,仍将其作为 Service Task 进行配置,因此笔者仍将它看作服务任务。在 Java 中,可以直接使用 Java 提供的 API 来执行 Shell 命令,例如可以使用 java.lang.Runtime 类的 exec 方法执行 Shell 命令,也可以使用 java.lang. ProcessBuilder 类来执行,Activiti 中使用 ProcessBuilder 类来执行配置的 Shell 脚本。代码清单 12-41 为使用 ProcessBuilder 类执行 Shell 命令的代码。

代码清单 12-41:codes\12\12.4\shell-task\src\org\crazyit\activiti\JavaShell.java

```java
public static void main(String[] args) throws Exception {
    //创建命令集合
    List<String> argList = new ArrayList<String>();
    argList.add("cmd");
    argList.add("/c");
    argList.add("echo");
    argList.add("hello");
    argList.add("crazyit");
    ProcessBuilder processBuilder = new ProcessBuilder(argList);
    // 执行命令返回进程
    Process process = processBuilder.start();
    // 解析输出
    String result = convertStreamToStr(process.getInputStream());
    System.out.println(result);
}

//读取输出流并转换为字符串
public static String convertStreamToStr(InputStream is) throws IOException {
    if (is != null) {
        Writer writer = new StringWriter();
        char[] buffer = new char[1024];
        try {
            Reader reader = new BufferedReader(new InputStreamReader(is,
                    "UTF-8"));
            int n;
            while ((n = reader.read(buffer)) != -1) {
                writer.write(buffer, 0, n);
            }
        } finally {
```

```
            is.close();
        }
        return writer.toString();
    } else {
        return "";
    }
}
```

代码清单 12-41 中的 main 方法创建一个字符串集合，然后向其中添加需要执行的命令，由于笔者使用的是 Windows 操作系统，因此需要先执行"cmd"命令进入命令行，"/c"表示执行完成后关闭窗口，从第三条命令开始，表示在命令行中输出"hello crazyit"。使用 ProcessBuilder 的 start 方法启动进程后，会返回一个 Process 对象，然后使用 convertStreamToStr 方法读取 Process 对象的输出流并转换为字符串，最后输出到控制台中，运行代码清单 12-41，最终输出结果为：hello crazyit。

代码清单 12-41 的逻辑是，Activiti 的 Shell Task 已经实现，Activiti 中为 Service Task 设置执行类，可以通过设置 JavaDelegate 类实现，也可以通过设置 ActivityBehavior 类来实现，Shell Task 就是使用 Activiti 内置的 ActivityBehavior 实现类来执行 Shell 命令的，因此，在配置一个 Shell Task 时，需要告诉它执行参数，这些参数包括

- command：执行的 Shell 命令，命令字符串集合的第一个元素，必须提供该参数。
- arg1-5：执行的命令参数，字符串集合中的第 2~6 个元素，为可选参数。
- wait：是否等待命令执行完成，为可选参数，默认为 true。
- redirectError：是否合并错误输出和标准输出，为可选参数，默认为 false。
- cleanEnv：执行命令前是否清空当前进程的环境变量信息，默认为 false。
- outpuVariable：如果配置该值，则将执行命令的输出作为流程参数存到流程中。
- errorCodeVariable：如果配置该值，则将执行命令的进程 errorCode 存到流程参数中。
- directory：设置此命令的工作目录，默认为当前目录。

这些参数均为字符串类型，为一个 JavaDelegate 或者 ActivityBehavior 进行属性注入，只需要使用 activiti:field 元素并配置 stringValue 即可，代码清单 12-42 为一个 Shell Task 的配置。

代码清单 12-42：codes\12\12.4\shell-task\resource\bpmn\ShellTask.bpmn

```xml
<process id="process1" name="process1">
    <startEvent id="startevent1" name="Start"></startEvent>
    <serviceTask id="servicetask1" name="Service Task" activiti:type="shell">
        <extensionElements>
            <activiti:field name="command" stringValue="cmd"/>
            <activiti:field name="arg1" stringValue="/c"/>
            <activiti:field name="arg2" stringValue="echo"/>
            <activiti:field name="arg3" stringValue="%JAVA_HOME%"/>
            <activiti:field name="outputVariable" stringValue="javaHome"/>
        </extensionElements>
    </serviceTask>
    <endEvent id="endevent1" name="End"></endEvent>
    <sequenceFlow id="flow1" name="" sourceRef="startevent1"
        targetRef="servicetask1"></sequenceFlow>
    <userTask id="usertask1" name="End Task"></userTask>
    <sequenceFlow id="flow2" name="" sourceRef="servicetask1"
        targetRef="usertask1"></sequenceFlow>
    <sequenceFlow id="flow3" name="" sourceRef="usertask1"
        targetRef="endevent1"></sequenceFlow>
</process>
```

代码清单 12-42 中的 serviceTask 元素使用 activiti:type="shell"声明这是一个 Shell Task，在配置这个 Shell Task 时，为其进行属性注入，分别设定了 command、arg1、arg2、arg3 和

outputVariable 属性的值，其中这段 Shell 脚本输出本机的 JAVA_HOME 环境变量，并且将 JAVA_HOME 的值放到名称为 javaHome 的流程参数中，代码清单 12-43 为运行类。

代码清单 12-43：codes\12\shell-task\src\org\crazyit\activiti\ShellTask.java

```
// 创建流程引擎
ProcessEngine engine = ProcessEngines.getDefaultProcessEngine();
// 得到流程存储服务组件
RepositoryService repositoryService = engine.getRepositoryService();
// 得到运行时服务组件
RuntimeService runtimeService = engine.getRuntimeService();
// 部署流程文件
repositoryService.createDeployment()
    .addClasspathResource("bpmn/ShellTask.bpmn").deploy();
// 启动流程
ProcessInstance pi = runtimeService
    .startProcessInstanceByKey("process1");
// 查询流程参数
System.out.println("运行 Shell Task 得到 JAVA_HOME 的环境变量值为： "
    + runtimeService.getVariable(pi.getId(), "javaHome"));
```

运行代码清单 12-43 后，输出为：运行 Shell Task 得到 JAVA_HOME 的环境变量值为：运行 Shell Task 得到 JAVA_HOME 的环境变量值为：C:\Program Files (x86)\Java\jdk1.8.0_131。需要注意的是，必须在系统中配置 JAVA_HOME 环境变量，本例的运行环境为 64 位的 Windows 7。该例只是进行普通的输出，Shell 脚本还有更强大的功能，例如进行操作系统进程管理、文件管理等，读者可以参看相关的 Shell 说明了解更详细的用法。Shell Task 只是工作流引擎与 Shell 脚本之间的一座桥梁。

12.5 其他任务

除了前面讲述的三种任务外，BPMN 中还包括 Send Task、Receive Task、Manual Task 和 Business Rule Task，其中 Send Task 在 Activiti 中可以体现为 Email Task，Activiti 中实现的 Business Rule Task，目前只支持 JBoss 的 Drools 规则引擎。接下来将介绍 User Task、Service Task 和 Script Task 之外的一些"非主流"任务。

12.5.1 手动任务和接收任务

手动任务表示不需要任何程序或者流程引擎的驱动会自动执行的任务，在 Activiti 的实现中，当执行流到达该任务时，会自动离开该任务，只是简单地记录相关的流程历史数据。以下的配置片断表示一个手动任务：

```
<manualTask id="manualtask1" name="Manual Task"></manualTask>
```

流程到达手动任务后，不需要显式的声明，流程自然会往下执行，手动任务表示一种会自动往下执行的流程角色。与手动任务类似是，BPMN 中有接收任务，其同样表示一种特定的流程角色，但是与手动任务不一样的是，接收任务总是等待外界的通知，告诉其消息已经接收，流程才可以继续向前执行，目前 Activiti 只为其提供了 Java 实现，对应 Activiti 中的 Java Receive Task。而在 Activiti 的实现中，当流程到达接收任务时，并不会往任务表中写入数据，任务的状态只会在执行流的数据表中体现。以下为一个接收任务的配置片断：

```
<receiveTask id="receivetask1" name="Receive Task"></receiveTask>
```

图 12-4 所示为一个既有手动任务也有接收任务的流程。

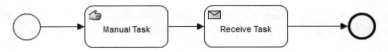

图 12-4 手动任务和接收任务

图 12-4 对应的流程文件如代码清单 12-44 所示。

代码清单 12-44：codes\12\12.5\other-task\resource\bpmn\ManualTask.bpmn

```xml
<process id="process1" name="process1">
    <startEvent id="startevent1" name="Start"></startEvent>
    <manualTask id="manualtask1" name="Manual Task"></manualTask>
    <endEvent id="endevent1" name="End"></endEvent>
    <sequenceFlow id="flow1" name="" sourceRef="startevent1"
        targetRef="manualtask1"></sequenceFlow>
    <receiveTask id="receivetask1" name="Receive Task"></receiveTask>
    <sequenceFlow id="flow2" name="" sourceRef="manualtask1"
        targetRef="receivetask1"></sequenceFlow>
    <sequenceFlow id="flow3" name="" sourceRef="receivetask1"
        targetRef="endevent1"></sequenceFlow>
</process>
```

编写运行类，加载该流程文件，在执行手动任务后、接收任务前进行任务和流程实例查询，然后在执行接收任务后进行流程实例查询，如代码清单 12-45 所示。

代码清单 12-45：codes\12\12.5\other-task\src\org\crazyit\activiti\ManualTask.java

```java
// 创建流程引擎
ProcessEngine engine = ProcessEngines.getDefaultProcessEngine();
// 得到流程存储服务组件
RepositoryService repositoryService = engine.getRepositoryService();
// 得到运行时服务组件
RuntimeService runtimeService = engine.getRuntimeService();
// 获取任务服务组件
TaskService taskService = engine.getTaskService();
// 部署流程文件
repositoryService.createDeployment()
    .addClasspathResource("bpmn/ManualTask.bpmn").deploy();
// 启动流程
ProcessInstance pi = runtimeService
    .startProcessInstanceByKey("process1");
// 查询当前任务
List<Task> tasks = taskService.createTaskQuery().list();
System.out.println("执行手动任务之后、接收任务之前的任务数量：" + tasks.size());
List<ProcessInstance> pis = runtimeService.createProcessInstanceQuery()
    .list();
System.out.println("执行手动任务之后、接收任务之前的流程实例数量：" + pis.size());
Execution exe = runtimeService.createExecutionQuery()
    .processInstanceId(pi.getId()).onlyChildExecutions()
    .singleResult();
// 让流程向前执行
runtimeService.trigger(exe.getId());
// 查询流程
pis = runtimeService.createProcessInstanceQuery().list();
System.out.println("执行接收任务后的流程实例数量：" + pis.size());
```

在代码清单 12-45 中，启动流程后，会自动执行手动任务。其中的粗体字代码进行任务和流程查询，此时流程会停在接收任务前，然后再使用 RuntimeService 的 trigger 方法让流程继续向前（结束流程），最后再次进行流程实例查询，运行代码清单 12-45，最终输出结果如下：

```
执行手工任务之后、接收任务之前的任务数量：0
```

```
执行手工任务之后、接收任务之前的流程实例数量：1
执行接收任务后的流程实例数量：0
```

▶▶ 12.5.2 邮件任务

邮件任务与 Shell Task 一样，并非 BPMN 中定义的任务，该任务是 Activiti 提供的自动发送邮件的任务，当前支持邮件抄送、密送和 HTML 格式等。与 Shell Task 类似，Activiti 对其的实现中也使用了 ActivityBehavior 作为该任务的执行类，对应 MailActivityBehavior 类，在 ActivityBehavior 实现类中，同样内置了多个属性供使用者配置使用，这些属性的注入与 JavaDelegate 的属性注入一样。邮件任务包含以下可配置属性。

- to：收件人地址，必选项，多个收件人之间以逗号隔开。
- from：发件人地址，可选项。
- subject：邮件主题，可选项。
- cc：抄送，可选项，多个抄送人之间以逗号隔开。
- bcc：密送，可选项，多个密送人之间以逗号隔开。
- charset：邮件字符集，可选项，配置该属性可以进行中文邮件的发送。
- html：HTML 格式的邮件正文，可选项。
- text：文本格式的邮件正文，可选项，当 html 属性和 text 属性都没有提供时，将抛出异常，异常信息为：Text or html field should be provided.

代码清单 12-46 中配置了一个邮件任务。

代码清单 12-46：codes\12\12.5\other-task\src\org\crazyit\activiti\EmailTask.java

```xml
<process id="process1" name="process1" isExecutable="true">
    <startEvent id="startevent1" name="Start"></startEvent>
    <sendTask id="mailtask1" name="Mail Task" activiti:type="mail">
        <extensionElements>
            <activiti:field name="from">
                <activiti:string><![CDATA[发送人@163.com]]></activiti:string>
            </activiti:field>
            <activiti:field name="to">
                <activiti:string><![CDATA[收件人@163.com]]></activiti:string>
            </activiti:field>
            <activiti:field name="subject">
                <activiti:string><![CDATA[这是 Activiti 的测试邮件]]></activiti:string>
            </activiti:field>
            <activiti:field name="html">
                <activiti:expression><![CDATA[<html>
                    <body>
                        <table border="1">
                            <tr>
                                <td>Angus Young</td>
                                <td>30</td>
                            </tr>
                        </table>
                    </body>
                </html>]]></activiti:expression>
            </activiti:field>
        </extensionElements>
    </sendTask>
    <endEvent id="endevent1" name="End"></endEvent>
    <sequenceFlow id="flow1" sourceRef="startevent1"
        targetRef="mailtask1"></sequenceFlow>
    <sequenceFlow id="flow2" sourceRef="mailtask1" targetRef="endevent1"></sequenceFlow>
</process>
```

在代码清单 12-46 中，定义了一个邮件任务，并使用了 sendTask 元素，使用 activiti:type="mail"声明该 sendTask 是一个邮件任务。除了 sendTask 外，也可以使用 serviceTask 来定义一个邮件任务，同样需要提供 activiti:type 属性。代码清单 12-46 中发送的邮件正文，使用了 HTML 格式，邮件正文为一个边框为 1 的表格。在运行流程前，还需要为 Activiti 配置邮件服务器等信息，邮件服务器的配置信息在 activiti.cfg.xml 文件中，内容如代码清单 12-47 所示。

代码清单 12-47：codes\12\12.5\other-task\resource\activiti.cfg.xml

```xml
<bean id="processEngineConfiguration"
    class="org.activiti.engine.impl.cfg.StandaloneProcessEngineConfiguration">
    <property name="jdbcUrl" value="jdbc:mysql://localhost:3306/act" />
    <property name="jdbcDriver" value="com.mysql.jdbc.Driver" />
    <property name="jdbcUsername" value="root" />
    <property name="jdbcPassword" value="123456" />
    <property name="databaseSchemaUpdate" value="drop-create" />
    <property name="history" value="full"></property>
    <property name="mailServerHost" value="smtp.163.com"></property>
    <property name="mailServerPort" value="25"></property>
    <property name="mailServerUsername" value="你的163邮箱用户名"></property>
    <property name="mailServerPassword" value="你的邮箱密码"></property>
</bean>
```

代码清单 12-47 中的粗体字代码，为 ProcessEngineConfiguration 的 bean 提供了 mailServerHost、mailServerPort、mailServerUsername 和 mailServerPassword 属性，其中 mailServerHost 为 SMTP 服务地址，本例使用 163 邮箱进行测试，mailServerPort 为 SMTP 端口，mailServerUsername 为登录邮箱的用户名，mailServerPassword 为登录邮箱的密码。配置 ProcessEngineConfiguration 后，即可编写代码加载代码清单 12-46 对应的流程文件，启动流程即可查看效果。

> 运行本例需要替换相应的内容，包括 activiti.cfg.xml 中的 mailServerUsername 和 mailServerPassword，以及流程文件中的收件人地址和发件人地址。

▶▶ 12.5.3　Mule 任务和业务规则任务

Mule 是一个支持多种协议的 ESB 容器，ESB 是企业服务总线（Enterprise Service Bus）的简称。ESB 可以充当企业中各个业务系统之间的连接中枢，当一个企业拥有多个业务系统，并且这些系统需要彼此访问时，可以使用 ESB 作为连接中枢，降低系统与系统之间的耦合性。

目前 Activiti 实现的业务规则任务支持 JBoss 的 Drools 规则引擎，规则引擎是一种可以嵌入到业务系统的组件，主要用于实现业务规则的管理，并且将这些业务规则从业务系统中独立出来。Drools 是 JBoss 下的一个著名的规则引擎。

对于 Mule 和 Drools 这两种在各自领域流行的开源框架，Activiti 自然也提供了支持。在 Activiti 中与 Mule 进行交互有两种方式，第一种就是直接向 Mule 发送 Web Service 请求，第二种就是 Activiti 与 Mule 进行整合，让流程引擎也拥有 Mule 的功能。为了减少框架间的耦合，笔者建议直接调用 Mule 的服务，本书不涉及 Mule 的相关内容。而对 Drools 进行支持，可以向流程引擎中加入相应的规则文件（.drl 文件），Activiti 中 businessRuleTask 的实现，是直接调用 Drools 的 API 对规则文件进行解析并执行。

12.6 任务监听器

Activiti 提供了任务监听器，从而允许在任务执行的过程中执行特定的 Java 程序或者表达式，目前任务监听器只能在 User Task 中使用，为 BPMN 2.0 元素 extensionElements 添加 activiti:taskListener 元素来定义一个任务监听器。任务监听器并不属于 BPMN 规范的内容，属于 Activiti 对 BPMN 规范扩展的部分。Activiti 对 BPMN 规范的扩展、XML 约束可以在 activiti-5.10\docs\xsd\activiti-bpmn-extensions-5.10.xsd 文件中找到。

12.6.1 使用 class 指定监听器

在使用 activiti:taskListener 元素配置监听器时，可以使用 class 属性指定监听器的 Java 类，使用这种方式指定监听器，Java 类必须实现 org.activiti.engine.delegate.TaskListener 接口的 notify 方法，代码清单 12-48 为使用 class 指定监听器的 User Task。

代码清单 12-48：codes\12\12.6\task-listener\resource\bpmn\ClassTaskListener.bpmn

```xml
<userTask id="usertask1" name="User Task">
    <extensionElements>
        <activiti:taskListener event="create"
            class="org.crazyit.activiti.PropertyConfigListener" />
    </extensionElements>
</userTask>
```

代码清单 12-48 中的粗体字代码，指定了监听器类为 PropertyConfigListener，并且该监听器会在 User Task 创建的时候执行，此处所说的 User Task 创建后执行，是指 User Task 的数据被写入数据库，并且将相应的属性都设置完成，之后监听器才会执行。代码清单 12-49 为 PropertyConfigListener 类的实现。

代码清单 12-49：codes\12\12.6\task-listener\src\org\crazyit\activiti\PropertyConfigListener.java

```java
public class PropertyConfigListener implements TaskListener {
    public void notify(DelegateTask delegateTask) {
        System.out.println("执行任务监听器");
    }
}
```

使用 PropertyConfigListener 类实现 TaskListener，需要实现 notify 方法，在该方法中可以获取 DelegateTask 实例。DelegateTask 是一个接口，可以通过该对象直接操作当前的 User Task。以下为运行代码：

```java
// 创建流程引擎
ProcessEngine engine = ProcessEngines.getDefaultProcessEngine();
// 得到流程存储服务组件
RepositoryService repositoryService = engine.getRepositoryService();
// 得到运行时服务组件
RuntimeService runtimeService = engine.getRuntimeService();
// 部署流程文件
repositoryService.createDeployment()
        .addClasspathResource("bpmn/ClassTaskListener.bpmn").deploy();
// 启动流程
ProcessInstance pi = runtimeService.startProcessInstanceByKey("process1");
```

运行以上代码后，会自动执行任务监听器，输出结果如下：

```
执行任务监听器
```

12.6.2 使用 expression 指定监听器

除了可以使用 class 属性指定监听器外，还可以使用 expression 属性指定监听器。在 12.4.3 节中，使用 JUEL 表达式为 Service Task 指定了执行的 JavaBean 及方法，对于任务监听器可以使用同样的方式，配置相应的表达式来指定监听器的 JavaBean 及执行方法，这个 JavaBean 需要是流程变量（如果整合了 Spring，也可以是 Spring 容器中的 bean），因此还需要实现序列化接口。代码清单 12-50 为一个 User Task 的配置。

代码清单 12-50：codes\12\12.6\task-listener\resource\bpmn\ExpressionTaskListener.bpmn

```xml
<process id="process1" name="process1">
    <startEvent id="startevent1" name="Start"></startEvent>
    <userTask id="usertask1" name="User Task">
        <extensionElements>
            <activiti:taskListener event="create" expression="${myBean.testBean(task)}"/>
        </extensionElements>
    </userTask>
    <endEvent id="endevent1" name="End"></endEvent>
    <sequenceFlow id="flow1" name="" sourceRef="startevent1"
        targetRef="usertask1"></sequenceFlow>
    <sequenceFlow id="flow2" name="" sourceRef="usertask1"
        targetRef="endevent1"></sequenceFlow>
</process>
```

在以上代码中使用了 expression 属性，指定监听方法为 myBean 的 testBean，并且将任务对象传入，task 为此处内置的 JUEL 变量，类型为 DelegateTask。本例中 myBean 是一个普通的 JavaBean，如代码清单 12-51 所示。

代码清单 12-51：codes\12\12.6\task-listener\src\org\crazyit\activiti\ExpressionBean.java

```java
public class ExpressionBean implements Serializable {
    public void testBean(DelegateTask task) {
        System.out.println("执行ExpressionBean的testBean方法：" + task.getId());
    }
}
```

在 ExpressionBean 中只提供了一个 testBean(DelegateTask task)方法，该方法在控制台输出任务 ID，代码清单 12-52 为运行代码。

代码清单 12-52：codes\12\12.6\task-listener\src\org\crazyit\activiti\ExpressionTaskListener.java

```java
// 创建流程引擎
ProcessEngine engine = ProcessEngines.getDefaultProcessEngine();
// 得到流程存储服务组件
RepositoryService repositoryService = engine.getRepositoryService();
// 得到运行时服务组件
RuntimeService runtimeService = engine.getRuntimeService();
// 部署流程文件
repositoryService.createDeployment()
    .addClasspathResource("bpmn/ExpressionTaskListener.bpmn").deploy();
// 初始化参数
Map<String, Object> vars = new HashMap<String, Object>();
vars.put("myBean", new ExpressionBean());
// 启动流程
ProcessInstance pi = runtimeService.startProcessInstanceByKey("process1", vars);
```

代码清单 12-52 中的粗体字代码，在流程启动类中，为流程设置名称为"myBean"、类型为 ExpressionBean 的流程变量，运行代码清单 12-52，可以看到 ExpressionBean 的输出。

12.6.3 使用 delegateExpression 指定监听器

也可以使用 delegateExpression 配合 JUEL 指定任务监听器。使用 delegateExpression 配合 JUEL 指定的监听器，必须要实现 TaskListener 和 Serializable 接口（序列化接口），如 ${myTaskListener}。Activiti 会从流程中查找名称为 "myTaskListener" 的流程变量，并直接执行 notify 方法。代码清单 12-53 为 User Task 的配置，代码清单 12-54 为相应的 TaskLinstener 和运行类的代码。

代码清单 12-53：codes\12\12.6\task-listener\resource\bpmn\DelegateExpressionTaskListener.bpmn

```xml
<process id="process1" name="process1" isExecutable="true">
    <startEvent id="startevent1" name="Start"></startEvent>
    <userTask id="usertask1" name="User Task">
        <extensionElements>
            <activiti:taskListener event="create"
                delegateExpression="${myDelegate}"></activiti:taskListener>
        </extensionElements>
    </userTask>
    <endEvent id="endevent1" name="End"></endEvent>
    <sequenceFlow id="flow1" sourceRef="startevent1"
        targetRef="usertask1"></sequenceFlow>
    <sequenceFlow id="flow2" sourceRef="usertask1" targetRef="endevent1">
</sequenceFlow>
</process>
```

代码清单 12-54：codes\12\12.6\task-listener\src\org\crazyit\activiti\DelegateBean.java
codes\12\12.6\task-listener\src\org\crazyit\activiti\DelegateExpressionTaskListener.java

```java
public class DelegateBean implements TaskListener, Serializable {
    public void notify(DelegateTask delegateTask) {
        System.out.println("使用 DelegateBean");
    }
}
public class DelegateExpressionTaskListener {
    public static void main(String[] args) {
        // 创建流程引擎
        ProcessEngine engine = ProcessEngines.getDefaultProcessEngine();
        // 得到流程存储服务组件
        RepositoryService repositoryService = engine.getRepositoryService();
        // 得到运行时服务组件
        RuntimeService runtimeService = engine.getRuntimeService();
        // 部署流程文件
        repositoryService
            .createDeployment()
            .addClasspathResource(
                "bpmn/DelegateExpressionTaskListener.bpmn")
            .deploy();
        // 初始化参数
        Map<String, Object> vars = new HashMap<String, Object>();
        vars.put("myDelegate", new DelegateBean());
        // 启动流程
        ProcessInstance pi = runtimeService.startProcessInstanceByKey(
            "process1", vars);
    }
}
```

代码清单 12-53 中的 User Task 使用了 delegateExpression 属性，指定对应的 TaskLinstener 为 myDelegate，即使用流程变量中名称为 "myDelegate" 的对象作为任务监听器。在代码清单 12-54 中，启动流程时初始化了一个 DelegateBean 并将其设置到流程中，当流程到达 User Task 时，将会触发任务监听器（配置的 event 为 create）。

12.6.4 监听器的触发

任务监听器会在任务的不同事件中被触发,包括任务创建事件(create)、指定任务代理人事件(assignment)和任务完成事件(complete)。如果既提供了 create 事件的监听器,也提供了 assignment 事件的监听器,会先执行后者,任务创建事件(create)监听器会在任务完成创建的最后才执行,而指定任务代理人,也是属于任务创建的一部分。代码清单 12-55 中定义了一个含有 3 个监听器的 User Task。

代码清单 12-55:codes\12\12.6\task-listener\src\org\crazyit\activiti\ListenerFire.java

```xml
<process id="process1" name="process1" isExecutable="true">
    <startEvent id="startevent1" name="Start"></startEvent>
    <userTask id="usertask1" name="User Task" activiti:assignee="crazyit">
        <extensionElements>
            <activiti:taskListener event="create"
                class="org.crazyit.activiti.TaskListenerA"></activiti:taskListener>
            <activiti:taskListener event="assignment"
                class="org.crazyit.activiti.TaskListenerB"></activiti:taskListener>
            <activiti:taskListener event="complete"
                class="org.crazyit.activiti.TaskListenerC"></activiti:taskListener>
        </extensionElements>
    </userTask>
    <endEvent id="endevent1" name="End"></endEvent>
    <sequenceFlow id="flow1" sourceRef="startevent1"
        targetRef="usertask1"></sequenceFlow>
    <sequenceFlow id="flow2" sourceRef="usertask1" targetRef="endevent1">
</sequenceFlow>
</process>
```

流程文件 ListenerFire.bpmn 中的 User Task,使用了 activiti:assignee 属性指定任务代理人,并且为其定义 3 个任务监听器(均使用 class 属性指定),这 3 个任务监听器会在不同的任务事件中触发(activiti:taskListener 的 event 属性),每个监听器都仅输出一句话,没有其他实现。TaskListenerA 会在任务 create 后触发,TaskListenerB 会在 assignment 时触发,TaskListenerC 会在 complete 前触发。代码清单 12-56 为运行代码。

代码清单 12-56:codes\12\12.6\task-listener\src\org\crazyit\activiti\ListenerFire.java

```java
// 创建流程引擎
ProcessEngine engine = ProcessEngines.getDefaultProcessEngine();
// 得到流程存储服务组件
RepositoryService repositoryService = engine.getRepositoryService();
// 得到运行时服务组件
RuntimeService runtimeService = engine.getRuntimeService();
// 得到任务服务组件
TaskService taskService = engine.getTaskService();
// 部署流程文件
repositoryService.createDeployment()
    .addClasspathResource("bpmn/ListenerFire.bpmn").deploy();
// 启动流程
ProcessInstance pi = runtimeService
    .startProcessInstanceByKey("process1");
// 查询并完成任务
Task task = taskService.createTaskQuery().processInstanceId(pi.getId())
    .singleResult();
taskService.complete(task.getId());
```

运行代码清单 12-56,输出结果如下:

```
任务监听器 B
任务监听器 A
```

任务监听器 C

根据以上结果可以看出，assignment 事件的监听器的触发会先于 create 事件的监听器，当完成任务后，才会触发 complete 事件的监听器。

▶▶ 12.6.5 属性注入

向任务监听器注入属性，实现方式与 JavaDelegate 的属性注入类似，使用 activiti:field 元素即可，同样支持两种注入方式：字符串注入和 JUEL 表达式注入。使用以下的代码片断可以为一个 TaskListener 进行字符串注入：

```xml
<activiti:taskListener event="create"
    class="org.crazyit.activiti.task.listener.task.PropertyInjection">
    <activiti:field name="userName" stringValue="crazyit" />
</activiti:taskListener>
```

为 activiti:field 元素添加 name 属性，以上代码片断中的 name 为 "userName"，因此在相应的 TaskListener 中，需要有 setUserName(Expression e)方法。以下的代码片断为 TaskListener 进行表达式注入：

```xml
<activiti:taskListener event="create"
    class="org.crazyit.activiti.task.listener.task.PropertyInjection">
    <activiti:field name="userName">
        <activiti:expression>${userName}</activiti:expression>
    </activiti:field>
</activiti:taskListener>
```

在以上的表达式中，将会从流程变量中查找变量名称为 "userName" 的变量，并将其注入任务监听器中，同样，监听器中也需要有 setUserName(Expression e)方法。任务监听器的属性注入与 JavaDelegate 的属性注入类似，在此不再多讲。

12.7 流程监听器

除了可以对用户任务进行监听外，还可以对流程进行监听。如果需要在流程中执行 Java 逻辑或者表达式，则可以在不同的流程阶段加入流程监听器，同样，流程监听器属于 Activiti 对 BPMN 规范的扩展。对流程进行监听，与对任务监听类似，也是在 extensionElements 元素中加入 activiti:executionListener 来指定一个流程监听器。

▶▶ 12.7.1 配置流程监听器

使用 activiti:executionListener 元素配置一个流程监听器，与配置任务监听器类似，也可以为该元素添加 class、expression 或者 delegateExpression 属性来指定监听器类，只是任务监听器实现的是 TaskListener 接口，而流程监听器则实现 org.activiti.engine.delegate.ExecutionListener 接口。实现 ExecutionListener 接口只需要实现 notify 方法，实现该方法，可以使用 DelegateExecution 实例，DelegateExecution 实例实际上是一个 ExecutionEntity，即执行流对象。可以使用以下的代码片断来配置流程监听器：

```xml
<extensionElements>
    <activiti:executionListener
        class="org.crazyit.activiti.MyExecutionListener" event="start">
    </activiti:executionListener>
    <activiti:executionListener expression="${javaBean.doSomething(execution)}"
        event="start">
    </activiti:executionListener>
    <activiti:executionListener delegateExpression="${myDelegate}"
```

```
                event="start">
            </activiti:executionListener>
        </extensionElements>
```

在以上的代码片断中,分别使用了 class、expression 和 delegateExpression 属性来指定监听器,其中使用 class 属性时,配置的 Java 类需要实现 ExecutionListener 接口。使用 expression 属性时,需要配置相应的 JUEL 表达式,本例中 JUEL 表达式为"${javaBean.doSomething(execution)}",表示会从流程变量(或者 Spring 容器)中查找名称为"javaBean"的变量(bean),执行 doSomething 方法,并传入执行流的实例,"execution"为内置的表达式变量。使用 delegateExpression 属性时,同样需要提供相应的 JUEL 表达式,本例中表达式为"${myDelegate}",表示会到流程变量(或者 Spring 容器)中查找名称为"myDelegate"的变量(bean),并且该变量的类型必须为 ExecutionListener。使用这 3 个属性指定 Java 类的方法与任务监听器中的指定方法类似,在此不再赘述。除配置与任务监听器类似外,流程监听器同样支持属性注入,可以使用以下的代码片断来向一个流程监听器注入属性:

```xml
<activiti:executionListener
  class="org.crazyit.activiti.listener.MyExecutionListener" event="end">
  <activiti:field name="info" stringValue="结束流程" />
  <activiti:field name="result">
    <activiti:expression>${javaBean}</activiti:expression>
  </activiti:field>
</activiti:executionListener>
```

在以上的代码片断中,为一个流程监听器注入了名称为 info 的字符串常量,注入了名称为 javaBean 的变量。需要注意的是,在流程监听器中,需要提供相应的 setter 方法,如此处需要提供 setInfo(Expression e)和 setResult(Expression e)方法。

▶▶ 12.7.2 触发流程监听器的事件

流程监听器会在流程的某些事件中被触发,会触发流程监听器的主要事件有:
- 流程的开始和结束
- 活动之间的过渡
- 流程活动的开始和结束
- 流程网关的开始
- 中间事件的开始和结束
- 开始事件的结束和结束事件的开始

图 12-5 所示是一个含有流程网关、用户任务和中间事件的流程,该流程对应的流程文件内容如代码清单 12-57 所示。

图 12-5 监听器流程

代码清单 12-57:codes\12\12.7\process-listener\resource\bpmn\ExecutionListenerInvocation.bpmn

```xml
<process id="process1" name="process1">
    <extensionElements>
        <activiti:executionListener event="end"
            class="org.crazyit.activiti.ExecutionListenerInvocation">
            <activiti:field name="message" stringValue="流程结束"/>
        </activiti:executionListener>
        <activiti:executionListener event="start"
```

①

```xml
            class="org.crazyit.activiti.ExecutionListenerInvocation">
            <activiti:field name="message" stringValue="流程开始"/>
        </activiti:executionListener>                                              ②
    </extensionElements>
    <startEvent id="startevent1" name="Start"></startEvent>
    <userTask id="usertask1" name="Task 1">
        <extensionElements>
            <activiti:executionListener event="end"
                class="org.crazyit.activiti.ExecutionListenerInvocation">
                <activiti:field name="message" stringValue="用户任务结束"/>
            </activiti:executionListener>                                          ③
            <activiti:executionListener event="start"
                class="org.crazyit.activiti.ExecutionListenerInvocation">
                <activiti:field name="message" stringValue="用户任务开始"/>
            </activiti:executionListener>                                          ④
        </extensionElements>
    </userTask>
    <exclusiveGateway id="exclusivegateway1" name="Exclusive Gateway">
        <extensionElements>
            <activiti:executionListener event="start"
                class="org.crazyit.activiti.ExecutionListenerInvocation">
                <activiti:field name="message" stringValue="网关开始"/>
            </activiti:executionListener>                                          ⑤
        </extensionElements>
    </exclusiveGateway>
    <intermediateThrowEvent id="signalintermediatethrowevent1"
        name="SignalThrowEvent">
        <extensionElements>
            <activiti:executionListener event="end"
                class="org.crazyit.activiti.ExecutionListenerInvocation">
                <activiti:field name="message" stringValue="中间事件结束"/>
            </activiti:executionListener>                                          ⑥
            <activiti:executionListener event="start"
                class="org.crazyit.activiti.ExecutionListenerInvocation">
                <activiti:field name="message" stringValue="中间事件开始"/>
            </activiti:executionListener>                                          ⑦
        </extensionElements>
    </intermediateThrowEvent>
    <endEvent id="endevent1" name="End"></endEvent>
    <sequenceFlow id="flow1" name="" sourceRef="startevent1"
        targetRef="exclusivegateway1">
        <extensionElements>
            <activiti:executionListener
                class="org.crazyit.activiti.ExecutionListenerInvocation">
                <activiti:field name="message" stringValue="从开始事件到网关的顺序流"/>
            </activiti:executionListener>                                          ⑧
        </extensionElements>
    </sequenceFlow>
    <sequenceFlow id="flow3" name="" sourceRef="usertask1"
        targetRef="signalintermediatethrowevent1"></sequenceFlow>
    <sequenceFlow id="flow4" name=""
        sourceRef="signalintermediatethrowevent1" targetRef="endevent1"></sequenceFlow>
    <sequenceFlow id="flow5" name="" sourceRef="exclusivegateway1"
        targetRef="usertask1"></sequenceFlow>
</process>
```

代码清单 12-57 为流程的不同阶段加入了流程监听器。其中①和②为整个流程加入了监听器；①中的监听器设置属性 event 的值为 end，表示流程结束时该监听器被触发；②中的监听器设置属性 event 的值为 start，表示流程启动时监听器被触发；③和④处的代码为 User Task 加入了结束（end）和开始（start）监听器；⑤处的代码为单向网关加入了开始（start）监听器；⑥和⑦处的代码为中间事件加入了结束和开始监听器；⑧处的代码为顺序流加入了监听器。其中为顺序流加入的监听器（⑧监听器），会忽略 event 属性。

在此需要注意的是，代码清单 12-57 中的各个监听器，均使用同一个监听器实现类：ExecutionListenerInvocation，该类的实现如代码清单 12-58 所示。

代码清单 12-58：codes\12\12.7\process-listener\src\org\crazyit\activiti\ExecutionListenerInvocation.java

```java
public class ExecutionListenerInvocation implements ExecutionListener {
    private Expression message;
    public void setMessage(Expression message) {
        this.message = message;
    }
    public void notify(DelegateExecution execution) {
        System.out.println("流程监听器：" + message.getValue(execution));
    }
    public static void main(String[] args) {
        // 创建流程引擎
        ProcessEngine engine = ProcessEngines.getDefaultProcessEngine();
        // 得到流程存储服务组件
        RepositoryService repositoryService = engine.getRepositoryService();
        // 得到运行时服务组件
        RuntimeService runtimeService = engine.getRuntimeService();
        // 得到任务服务组件
        TaskService taskService = engine.getTaskService();
        // 部署流程文件
        repositoryService
            .createDeployment()
            .addClasspathResource(
                "bpmn/ExecutionListenerInvocation.bpmn")
            .deploy();
        // 启动流程
        ProcessInstance pi = runtimeService
            .startProcessInstanceByKey("process1");
        // 查找并完成任务
        Task task = taskService.createTaskQuery().processInstanceId(pi.getId()).singleResult();
        taskService.complete(task.getId());
    }
}
```

在 ExecutionListenerInvocation 中，需要注入一个名称为 message 的字符串属性，在 notify 方法中，只是简单地将该属性值输出，而代码清单 12-57 中加入的所有流程监听器都使用该类，并且都配置了不同的 message 字符串，以便区分监听器执行的阶段。编写运行类，加载流程文件，并且完成流程任务，运行后输出结果如下：

```
流程监听器：流程开始
流程监听器：从开始事件到网关的顺序流
流程监听器：网关开始
流程监听器：用户任务开始
流程监听器：用户任务结束
流程监听器：中间事件开始
流程监听器：中间事件结束
流程监听器：流程结束
```

根据输出结果可知，监听器从流程开始就被触发，并且在流程中的各个阶段都会被触发。在此需要注意的是，如果为一个 User Task 配置了任务监听器，也配置了流程监听器，那么开始的（event=start）流程监听器会最先执行，结束的（event=end）流程监听器会最后执行。

12.8 本章小结

本章主要讲述了 BPMN 规范中的流程任务，重点讲解了 Activiti 对这些任务的实现和这些任务的使用，本章涉及的任务包括用户任务、脚本任务、服务任务、手动任务、接收任务和发送任务。本章提供了 Activiti 支持的大部分任务的使用示例，除了讲解这些流程任务外，还讲解了任务监听器和流程监听器的使用，目的是让读者能灵活地使用流程任务进行业务流程的开发。

CHAPTER 13

第 13 章
其他流程元素

本章要点

- 嵌入式子流程的应用
- 调用式子流程的应用
- 事件子流程和事务子流程的应用
- 顺序流的使用
- 流程网关的定义及控制
- 多实例活动的特性
- 补偿处理者

在 BPMN 规范中，除了前面章节所涉及的流程事件、流程任务等主要流程元素外，还包括其他的流程元素，如子流程、顺序流、流程网关和泳道等，其中子流程包括嵌入式子流程、事件子流程、调用式子流程和事务子流程，流程网关包括单向网关、并行网关、兼容网关和事件网关。本章将讲解这些流程元素的使用。除了 BPMN 规范中的流程元素外，本章还会讲解流程活动的相关属性，例如多实例的流程活动和补偿处理。这些流程元素和流程活动的属性，同样是 BPMN 规范的重要组成部分，Activiti 对此也有相应的实现。

13.1 子流程

子流程是一种特殊的流程活动，它可以包含其他的流程元素，例如流程任务、流程网关、流程事件和顺序流等，它是一个较大的流程的组成部分，或者可以将其看作流程中的一个容器，用于存放其他流程活动。在 BPMN 规范中定义了 5 种子流程：嵌入式子流程、调用式子流程、事件子流程、事务子流程和特别子流程。Activiti 5 支持前 4 个子流程，Activiti 6 新增了对特别子流程（Ad-Hoc Sub-Process）的支持，BPMN 规范定义它是一种特别的子流程，它的里面可以存放多个活动，这些活动之间可以不存在任何的流程顺序关系（可以不使用顺序流），它们只是零散地存在于特别子流程的容器中，流程的顺序和执行由这些活动在运行时决定。

13.1.1 嵌入式子流程

嵌入式子流程是最常见的子流程，整个子流程都会被完整地定义在父流程中。换言之，如果不使用子流程，同样也会将这些流程活动定义到主流程中，与子流程的效果一样，但是如果想为某部分流程活动添加特定的事件范围，那么此时使用嵌入式子流程就显得很有必要。假设当前有一个 ATM 机操作的业务流程，其中的转账可以分为若干个步骤（流程活动），当其中一个步骤出现异常时，可以触发流程补偿或者取消等边界事件，因此可以将转账相关的流程活动划归为一个子流程，然后为子流程加入边界事件，这样相当于为转账的全部步骤划定了事件范围。除此之外，使用嵌入式子流程还可以让子流程在流程设计器中展开和收缩，对于一些庞大的流程，这有助于让流程图变得更加简洁，不过目前 Activiti 的流程设计器不支持该功能。

在 Activiti 中，子流程中只能有一个无指定开始事件，不能有其他类型的开始事件。BPMN 2.0 规范允许子流程没有开始事件或者结束事件，但是当前的 Activiti 对此不支持。图 13-1 所示为一个含有子流程的流程图，对应的流程文件内容如代码清单 13-1 所示。

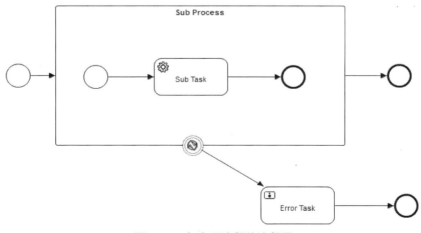

图 13-1 包含子流程的流程图

代码清单 13-1：codes\13\13.1\embeded-subprocess\resource\bpmn\EmbededSubProcess.bpmn

```xml
<process id="process1" name="process1" isExecutable="true">
    <startEvent id="startevent1" name="Start"></startEvent>
    <subProcess id="subprocess1" name="Sub Process">
        <startEvent id="startevent2" name="Start"></startEvent>
        <serviceTask id="usertask2" name="Sub Task"
            activiti:class="org.crazyit.activiti.EmbededJavaDelegate"></serviceTask>
        <endEvent id="endevent1" name="End"></endEvent>
        <sequenceFlow id="flow3" sourceRef="startevent2"
            targetRef="usertask2"></sequenceFlow>
        <sequenceFlow id="flow4" sourceRef="usertask2"
            targetRef="endevent1"></sequenceFlow>
    </subProcess>
    <boundaryEvent id="boundaryerror1" attachedToRef="subprocess1">
        <errorEventDefinition></errorEventDefinition>
    </boundaryEvent>
    <endEvent id="endevent2" name="End"></endEvent>
    <sequenceFlow id="flow1" sourceRef="startevent1"
        targetRef="subprocess1"></sequenceFlow>
    <sequenceFlow id="flow2" sourceRef="subprocess1"
        targetRef="endevent2"></sequenceFlow>
    <userTask id="usertask1" name="Error Task"></userTask>
    <sequenceFlow id="flow5" sourceRef="boundaryerror1"
        targetRef="usertask1"></sequenceFlow>
    <endEvent id="endevent3" name="End"></endEvent>
    <sequenceFlow id="flow6" sourceRef="usertask1" targetRef="endevent3">
</sequenceFlow>
</process>
```

图 13-1 中的流程含有一个嵌入式子流程，该子流程中有一个 Service Task，对应的 JavaDelegate 类为 org.crazyit.activiti.EmbededJavaDelegate（见代码清单 13-1），嵌入式子流程中有一个错误边界事件，如果边界事件被触发，执行流会到达"Error Task"用户任务。EmbededJavaDelegate 的实现如下所示：

```java
public void execute(DelegateExecution arg0) {
    System.out.println("执行子流程Service Task的Java Delegate, 抛出错误");
    throw new BpmnError("myError");
}
```

EmbededJavaDelegate 的 execute 方法只会做简单的控制台输出，然后直接抛出一个 BpmnError，那么图 13-1 中子流程的错误边界事件会被触发，流程到达"Error Task"。编写运行类，加载流程文件和启动流程，再查询当前流程任务，本例对应的运行类如代码清单 13-2 所示。

代码清单 13-2：codes\13\13.1\embeded-subprocess\src\org\crazyit\activiti\EmbededSubProcess.java

```java
// 创建流程引擎
ProcessEngine engine = ProcessEngines.getDefaultProcessEngine();
// 得到流程存储服务组件
RepositoryService repositoryService = engine.getRepositoryService();
// 得到运行时服务组件
RuntimeService runtimeService = engine.getRuntimeService();
TaskService taskService = engine.getTaskService();
// 部署流程文件
repositoryService.createDeployment()
    .addClasspathResource("bpmn/EmbededSubProcess.bpmn").deploy();
// 启动流程
ProcessInstance pi = runtimeService
    .startProcessInstanceByKey("process1");
// 查询任务
Task task = taskService.createTaskQuery().processInstanceId(pi.getId())
```

```
        .singleResult();
System.out.println("当前任务: " + task.getName());
```

该代码清单的输出结果如下：

```
执行子流程Service Task的Java Delegate，抛出错误
当前任务: Error Task
```

在 Activiti 的实现中，如果执行流到达子流程，会创建新的执行流数据（ACT_RU_EXECUTION 表的数据），该执行流数据的 PARENT_ID_ 字段值为主执行流的 ID，即主执行流遇到子流程时，会创建新的执行流来执行该子流程。

▶▶ 13.1.2　调用式子流程

在实际的企业应用中，有可能存在由多个流程共用的子流程，例如请假流程和加班流程，都需要先经过人事审批，再经过总监审批，这个时候，就可以将人事审批和总监审批单独作为一个流程来定义，而请假流程和加班流程则可以使用"callActivity"元素来进行子流程的调用。这些可以重用的流程定义，与普通的流程定义一样，需要有一个开始事件、一个结束事件和若干个流程活动（事件），但是由于它会被其他流程调用，因此，其只能拥有一个无指定开始事件。根据以上的请假流程例子，建立独立的人事审批和总监审批流程。其中，人事审批和总监审批的流程如图 13-2 所示，请假流程如图 13-3 所示。

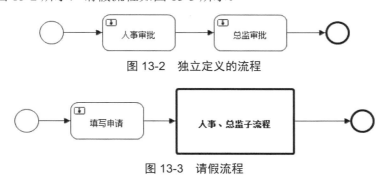

图 13-2　独立定义的流程

图 13-3　请假流程

图 13-2 所示为一个普通的流程，流程中只有两个用户任务，而图 13-3 中的请假流程中，第一个流程活动为"填写申请"用户任务，第二个活动为"人事、总监子流程"，第二个活动是一个调用式子流程，会调用图 13-2 中定义的流程，图 13-3 对应的流程文件内容如代码清单 13-3 所示。

代码清单 13-3：codes\13\13.1\callactivity\resource\bpmn\SimpleCallActivity.bpmn

```xml
<process id="process1" name="process1">
    <startEvent id="startevent1" name="Start"></startEvent>
    <endEvent id="endevent1" name="End"></endEvent>
    <callActivity id="subprocess1" name="人事、总监子流程"
        calledElement="SubProcess"></callActivity>
    <userTask id="usertask2" name="填写申请"></userTask>
    <sequenceFlow id="flow4" name="" sourceRef="startevent1"
        targetRef="usertask2"></sequenceFlow>
    <sequenceFlow id="flow5" name="" sourceRef="usertask2"
        targetRef="subprocess1"></sequenceFlow>
    <sequenceFlow id="flow6" name="" sourceRef="subprocess1"
        targetRef="endevent1"></sequenceFlow>
</process>
```

代码清单 13-3 中的粗体字代码使用 callActivity 元素来配置一个调用式子流程，该子流程

会调用一个 key 为"SubProcess"的独立部署流程（流程定义的 key 使用 process 元素的 id 属性），即图 13-2 对应的流程。图 13-2 中的流程对应的流程文件内容如代码清单 13-4 所示。

代码清单 13-4：codes\13\13.1\callactivity\resource\bpmn\SubProcess.bpmn

```xml
<process id="SubProcess" name="SubProcess">
    <startEvent id="startevent1" name="Start"></startEvent>
    <userTask id="servicetask1" name="人事审批"></userTask>
    <endEvent id="endevent1" name="End"></endEvent>
    <sequenceFlow id="flow1" name="" sourceRef="startevent1"
       targetRef="servicetask1"></sequenceFlow>
    <userTask id="usertask1" name="总监审批"></userTask>
    <sequenceFlow id="flow2" name="" sourceRef="servicetask1"
       targetRef="usertask1"></sequenceFlow>
    <sequenceFlow id="flow3" name="" sourceRef="usertask1"
       targetRef="endevent1"></sequenceFlow>
</process>
```

注意代码清单中定义的流程，流程定义的 key（process 的 id 属性）为"SubProcess"。如果该流程不被其他流程调用，它就是一个简单的审批流程。编写运行代码加载流程文件，运行代码如代码清单 13-5 所示。

代码清单 13-5：codes\13\13.1\callactivity\src\org\crazyit\activiti\SimpleCallActivity.java

```java
// 创建流程引擎
ProcessEngine engine = ProcessEngines.getDefaultProcessEngine();
// 得到流程存储服务组件
RepositoryService repositoryService = engine.getRepositoryService();
// 得到运行时服务组件
RuntimeService runtimeService = engine.getRuntimeService();
// 任务服务组件
TaskService taskService = engine.getTaskService();
// 部署流程文件
repositoryService
   .createDeployment()
   .addClasspathResource(
     "bpmn/SimpleCallActivity.bpmn")
   .addClasspathResource("bpmn/SubProcess.bpmn")
   .deploy();                                                            ①
// 启动流程
ProcessInstance pi = runtimeService
   .startProcessInstanceByKey("process1");
// 查询任务
Task task = taskService.createTaskQuery().processInstanceId(pi.getId())
   .singleResult();
System.out.println("完成任务：" + task.getName());
taskService.complete(task.getId());
// 查询当前的流程实例
List<ProcessInstance> pis = runtimeService.createProcessInstanceQuery().list();  ②
System.out.println("当前的流程实例数量：" + pis.size());
// 查询当前全部的执行流数量
List<Execution> executions = runtimeService.createExecutionQuery().list();    ③
System.out.println("当前执行流数量：" + executions.size());
// 查询当前任务
task = taskService.createTaskQuery().singleResult();
System.out.println("当前任务名称：" + task.getName());
```

在代码清单 13-5 的①中，将两个流程文件进行了部署，启动流程后，执行流会先到达填写申请的用户任务，完成该任务后，执行流会到达调用式子流程，此时代码清单 13-5 中的②和③处的代码会进行流程实例和执行流的查询，调用的子流程会单独部署，因此它被调用时，同样也产生新的流程实例，由于执行流到达子流程时，会产生新的执行流来执行这个子流程，因此进行执行流查询时，结果会有 4 条执行流数据。此时问题产生了，新创建的流程实例（子流程的流程实例）如何与原来的执行流进行关联？在 Activiti 的实现中，由执行流新产生的流程实例，会使用“SUPER_EXEC_”字段来标识相应的父执行流。运行代码清单 13-5 后，打开 ACT_RU_EXECUTION 表，会看到如图 13-4 所示的数据。

ID_	REV_	PROC_INST_ID_	BUSINESS_KEY_	PARENT_ID_	PROC_DEF_ID_	SUPER_EXEC_	ROOT_PROC_INST_ID_	ACT_ID_	IS_
14	1	14	(Null)	(Null)	SubProcess:1:6	9	8	(Null)	
15	1	14	(Null)	14	SubProcess:1:6	(Null)	8	servicetask1	
8	1	8	(Null)	(Null)	process1:1:7	(Null)	8	(Null)	
9	2	8	(Null)	8	process1:1:7	(Null)	8	subprocess1	

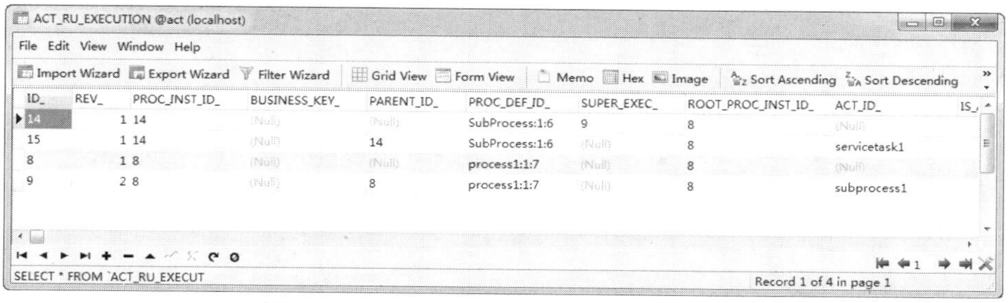

图 13-4　调用式子流程产生的执行流数据

运行代码清单 13-5，输出结果如下：

```
完成任务：填写申请
当前的流程实例数量：2
当前执行流数量：4
当前任务名称：人事审批
```

根据结果可知，完成填写申请的用户任务后，当前的流程实例数量为 2，当前的执行流数量为 4，当前的任务为“人事审批”任务，流程到达调用式子流程中。

13.1.3　调用式子流程的参数传递

根据上一节讲述可知，由于调用式的子流程是独立定义在一个流程文件中的，因此当执行流到达调用式子流程时，会创建新的流程实例，那么有两个流程实例，就会出现流程参数的传递问题。根据前面章节的讲述可知，可以使用 RuntimeService 的 setVariable 等方法设置流程参数，这些流程参数的作用域只限于所设置的执行流，对于调用式子流程这种会产生新的流程实例的“特殊情况”，就需要使用另外的方式解决。Activiti 提供了扩展配置，允许流程参数在主流程和子流程中传递。图 13-5 使用了图 13-2 的子流程，对应的流程文件内容如代码清单 13-6 所示。

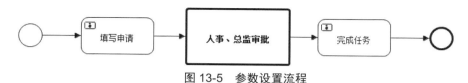

图 13-5　参数设置流程

代码清单 13-6：codes\13\13.1\callactivity\resource\bpmn\CallActivityVariable.bpmn

```
<process id="process1" name="process1" isExecutable="true">
    <startEvent id="startevent1" name="Start"></startEvent>
    <userTask id="usertask1" name="填写申请"></userTask>
    <callActivity id="subprocess1" name="人事、总监审批"
        calledElement="SubProcess">
        <extensionElements>
            <activiti:in source="days" target="newDays"></activiti:in>
            <activiti:out source="myDays" target="resultDays"></activiti:out>
        </extensionElements>
    </callActivity>
```

```xml
        <endEvent id="endevent1" name="End"></endEvent>
        <sequenceFlow id="flow1" sourceRef="startevent1"
            targetRef="usertask1"></sequenceFlow>
        <sequenceFlow id="flow2" sourceRef="usertask1" targetRef="subprocess1">
</sequenceFlow>
        <userTask id="usertask2" name="完成任务"></userTask>
        <sequenceFlow id="flow3" sourceRef="subprocess1"
            targetRef="usertask2"></sequenceFlow>
        <sequenceFlow id="flow4" sourceRef="usertask2" targetRef="endevent1">
</sequenceFlow>
    </process>
```

代码清单 13-6 中的粗体字代码，调用了"SubProcess"子流程，并且为其提供了扩展参数。使用 activiti:in 元素定义子流程的输入参数，此处使用了 source 和 target 属性，表示会使用主流程名称为"days"的流程参数，将其转换成名为"newDays"的子流程参数。使用 activiti:out 元素定义子流程的输出参数，同样使用了 source 和 target 属性，表示会将子流程中名称为"myDays"的子流程参数，转换成名为"resultDays"的主流程参数，代码清单 13-7 为运行代码。

代码清单 13-7：codes\13\13.1\callactivity\src\org\crazyit\activiti\CallActivityVariable.java

```java
// 部署流程文件
repositoryService
    .createDeployment()
    .addClasspathResource(
        "bpmn/CallActivityVariable.bpmn")
    .addClasspathResource("bpmn/SubProcess.bpmn")
    .deploy();
// 启动流程
ProcessInstance pi = runtimeService
            .startProcessInstanceByKey("process1");
// 完成填写申请任务并设置参数
Map<String, Object> vars = new HashMap<String, Object>();
vars.put("days", 10);
Task task = taskService.createTaskQuery().singleResult();
taskService.complete(task.getId(), vars);                                ①
// 查询新建的流程实例
ProcessInstance subPi = runtimeService.createProcessInstanceQuery()
    .processDefinitionKey("SubProcess").singleResult();
// 在主流程中查询参数
Integer days = (Integer) runtimeService.getVariable(pi.getId(), "days"); ②
System.out.println("使用 days 名称查询参数：" + days);
// 在调用式子流程中查询参数
days = (Integer) runtimeService.getVariable(subPi.getId(), "newDays");   ③
System.out.println("使用 newDays 名称查询参数：" + days);
// 设置流程参数
runtimeService.setVariable(subPi.getId(), "myDays", days - 5);           ④
// 完成子流程全部任务
task = taskService.createTaskQuery().singleResult();
System.out.println("当前任务：" + task.getName());
taskService.complete(task.getId());
task = taskService.createTaskQuery().singleResult();
System.out.println("当前任务：" + task.getName());
taskService.complete(task.getId());
// 在主流程中查询参数
days = (Integer) runtimeService.getVariable(pi.getId(), "resultDays");   ⑤
System.out.println("使用 resultDays 名称查询参数：" + days);
```

代码清单 13-7 中的①处，为主流程设置了名称为"days"的参数，当主流程完成了"填写申请"的用户任务后,会到达调用式子流程,本例中的②处使用主流程的 ID 查询"days"参数,由于主流程仍然没有结束,因此该参数仍然有效。由于在流程文件中配置了相应的子流程输入参数(activiti:in 元素),因此在代码清单 13-7 的③中,使用子流程新的参数名称(本例为"newDays")进行参数查询,可以获取该值。代码清单的④中,将获取的参数减 5,然后为子流程设置名称为"myDays"的参数,当子流程结束后,myDays 的子流程参数就会根据流程文件配置被转换成名称为"resultDays"的主流程参数,运行代码清单 13-7,输出结果如下:

```
使用 days 名称查询参数:10
使用 newDays 名称查询参数:10
当前任务:人事审批
当前任务:总监审批
使用 resultDays 名称查询参数:5
```

本例中的 activiti:in 和 activiti:out 元素,除了可以使用 source 和 target 属性外,还可以使用 sourceExprerssion 属性,该属性允许使用 JUEL 表达式来提供源参数,例如可以使用 ${bean.field}来获取源参数对象中的属性值。关于 JUEL 表达式已在前面章节的示例中使用过,在此不再赘述。

13.1.4 事件子流程

事件子流程是指由事件触发的子流程,这种子流程可以在主流程中使用,也可以在嵌入式子流程中使用。由于这种子流程是由某些事件的发生作为触发条件的,因此在事件子流程中使用无指定开始事件就变得没有意义,所以事件子流程中不允许使用无指定开始事件,当前的 Activiti 只支持错误开始事件。在 BPMN 2.0 规范中,可以将事件子流程分为可中止和不可中止两种,但是目前 Activiti 只支持中止的事件子流程。在使用事件子流程的过程中需要注意,不允许有任何的顺序流连接到这个事件子流程上。事件子流程的配置与嵌入式子流程一样,使用 subProcess 元素,但是需要为该元素添加 triggeredByEvent 属性来指定它是一个由事件触发的子流程。图 13-6 是一个含有事件子流程的流程图,其对应的流程文件内容如代码清单 13-8 所示。

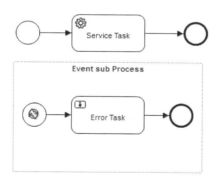

图 13-6 含有事件子流程的流程图

代码清单 13-8:codes\13\13.1\event-subprocess\resource\bpmn\ErrorEventProcess.bpmn

```xml
<process id="process1" name="process1">
    <startEvent id="startevent1" name="Start"></startEvent>
    <serviceTask id="servicetask1" name="Service Task"
        activiti:class="org.crazyit.activiti.ErrorJavaDelegate"></serviceTask>
    <endEvent id="endevent1" name="End"></endEvent>
    <subProcess id="eventsubprocess1" name="Event sub Process"
        triggeredByEvent="true">
        <startEvent id="errorstartevent1" name="Error start">
```

```xml
            <errorEventDefinition></errorEventDefinition>
        </startEvent>
        <userTask id="usertask1" name="Error Task"></userTask>
        <endEvent id="endevent2" name="End"></endEvent>
        <sequenceFlow id="flow1" name="" sourceRef="errorstartevent1"
            targetRef="usertask1"></sequenceFlow>
        <sequenceFlow id="flow2" name="" sourceRef="usertask1"
            targetRef="endevent2"></sequenceFlow>
    </subProcess>
    <sequenceFlow id="flow3" name="" sourceRef="startevent1"
        targetRef="servicetask1"></sequenceFlow>
    <sequenceFlow id="flow4" name="" sourceRef="servicetask1"
        targetRef="endevent1"></sequenceFlow>
</process>
```

代码清单 13-8 中的粗体字代码，为事件子流程的配置代码，该事件子流程中以一个错误开始事件作为该子流程的起点，有一个名称为"Error Task"的用户任务和一个结束事件。在运行这个流程时，只需要在主流程的 Service Task 中抛出相应的 BpmnError，就会触发这个事件子流程。在本例的实现中，主流程的 Service Task 对应的 JavaDelegate 为 org.crazyit.activiti.subprocess.event.ErrorJavaDelegate。代码清单 13-9 是 ErrorJavaDelegate 类与本例的运行代码。

代码清单 13-9：codes\13\13.1\event-subprocess\src\org\crazyit\activiti\ErrorJavaDelegate.java
codes\13\13.1\event-subprocess\src\org\crazyit\activiti\ErrorEventProcess.java

```java
public class ErrorJavaDelegate implements JavaDelegate {

    public void execute(DelegateExecution execution) {
        System.out.println("执行JavaDelegate类，抛出错误");
        throw new BpmnError("error");
    }
}

public class ErrorEventProcess {

    public static void main(String[] args) {
        // 创建流程引擎
        ProcessEngine engine = ProcessEngines.getDefaultProcessEngine();
        // 得到流程存储服务组件
        RepositoryService repositoryService = engine.getRepositoryService();
        // 得到运行时服务组件
        RuntimeService runtimeService = engine.getRuntimeService();
        // 得到任务服务组件
        TaskService taskService = engine.getTaskService();
        // 部署流程文件
        repositoryService.createDeployment()
            .addClasspathResource("bpmn/ErrorEventProcess.bpmn").deploy();
        ProcessInstance pi = runtimeService
            .startProcessInstanceByKey("process1");
        // 查询当前任务
        Task task = taskService.createTaskQuery().processInstanceId(pi.getId())
            .singleResult();
        System.out.println("当前任务名称：" + task.getName());
    }
}
```

使用代码清单 13-9 加载该流程文件并启动流程，流程启动后，会执行 Service Task 的 JavaDelegate 类，该类的 execute 方法会抛出 BpmnError，此时会触发定义的事件子流程，然后执行流会一直停在事件子流程的用户任务处，运行代码清单 13-9，输出结果如下：

```
执行JavaDelegate类，抛出错误
当前任务名称：Error Task
```

事件子流程除了可以放在主流程中外，还可以放在嵌入式子流程中，这样做的效果类似于触发子流程的边界事件，如图13-7和图13-8所示。

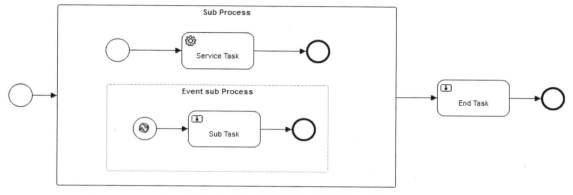

图13-7 嵌入式子流程中的事件子流程

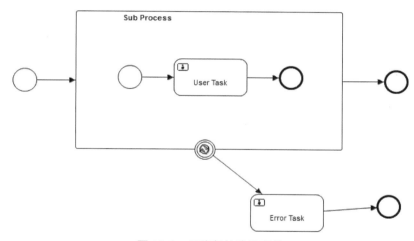

图13-8 子流程的边界事件

两个流程的子流程中，如果其中的任务抛出错误，那么均会触发错误事件，在图13-7中触发的是事件子流程，在图13-8中触发的是错误边界事件，这两种流程所表达的业务含义实际上并无差别，但是在使用过程中，图13-7所示的流程中的事件子流程可以使用子流程中定义的本地（Local）参数，因为它们存在于同一个事件范围中，而图13-8中的"Error Task"已经脱离了子流程的事件范围，因此不可以访问子流程中定义的本地参数。

▶▶ 13.1.5　事务子流程

事务子流程需要嵌入到主流程中，也属于嵌入式子流程的一种，主要用于将多个流程活动存放到一个事务中。需要将流程的事务与数据库的事务区分开来，数据库的事务需要有ACID四个基本要素：原子性、一致性、隔离性和持久性。流程事务和数据库事务之间的区别和联系如下所述：

  ➢ 一个数据库事务会在一个很短的时间内完成，而流程中事务的时间跨度会非常大，有可能是以小时、天、月为单位，正是由于这种不确定性，造成流程中的事务不可能被

划分时间间隔。
➢ 一个流程事务可能包含多个数据库事务。
➢ 在数据库事务中，即使事务中的一部分工作已经完成，外界也不会知道这部分工作已经完成。而在流程事务中，已经完成的流程活动，外界是可以知道的。
➢ 一个流程事务不可能回滚，因为一个流程事务有可能被划分为多个数据库事务，当接收到流程事务取消的通知时，可能已经完成了多个数据库事务，因此流程事务不可能回滚。

对于流程事务，有可能会产生三种结果：事务成功完成、事务取消和事务错误完成。对于成功完成的事务，执行流完成以后沿着顺序流离开这个流程活动。对于取消的事务，一旦取消事件被触发，那么该事务子流程中的全部执行流将会被中断并且触发流程的补偿机制，补偿完成后沿着顺序流离开流程活动。对于错误完成的事务，并不会进行流程补偿。

在使用事务子流程时需要注意与数据库的事务区分，流程的事务没有回滚的概念，但是如果要取消事务，可以使用流程的补偿（Compensation）机制，只有指定补偿者的流程活动，才会被补偿，而数据库的事务，要么全部成功，要么全部失败，这是数据库事务的原子性决定的。图 13-9 中使用了事务子流程，其对应的流程文件内容如代码清单 13-10 所示。

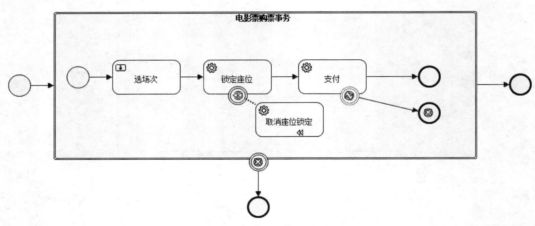

图 13-9　电影票购票事务

代码清单 13-10：codes\13\13.1\transaction-subprocess\resource\bpmn\BuyMovieTicket.bpmn

```xml
<process id="process1" name="process1" isExecutable="true">
    <startEvent id="startevent1" name="Start"></startEvent>
    <transaction id="subprocess1" name="电影票购票事务">
        <startEvent id="startevent2" name="Start"></startEvent>
        <userTask id="usertask1" name="选场次"></userTask>
        <serviceTask id="usertask2" name="锁定座位"
            activiti:class="org.crazyit.activiti.LockSeatDelegate"> </serviceTask>
        <boundaryEvent id="boundarysignal1" attachedToRef="usertask2"
            cancelActivity="true">
            <compensateEventDefinition></compensateEventDefinition>
        </boundaryEvent>
        <serviceTask id="usertask3" name="支付"
            activiti:class="org.crazyit.activiti.PayDelegate"></serviceTask>
        <boundaryEvent id="boundaryerror1" attachedToRef="usertask3">
            <errorEventDefinition></errorEventDefinition>
        </boundaryEvent>
        <endEvent id="endevent1" name="End"></endEvent>
        <serviceTask id="servicetask1" name="取消座位锁定"
            isForCompensation="true" activiti:class="org.crazyit.activiti.
```

```xml
UnlockSeatDelegate"></serviceTask>
            <endEvent id="endevent2" name="End">
                <cancelEventDefinition></cancelEventDefinition>
            </endEvent>
            <sequenceFlow id="flow3" sourceRef="startevent2"
                targetRef="usertask1"></sequenceFlow>
            <sequenceFlow id="flow4" sourceRef="usertask1"
                targetRef="usertask2"></sequenceFlow>
            <sequenceFlow id="flow5" sourceRef="usertask2"
                targetRef="usertask3"></sequenceFlow>
            <sequenceFlow id="flow6" sourceRef="usertask3"
                targetRef="endevent1"></sequenceFlow>
            <sequenceFlow id="flow13" sourceRef="boundaryerror1"
                targetRef="endevent2"></sequenceFlow>
        </transaction>
        <boundaryEvent id="boundarysignal2" attachedToRef="subprocess1"
            cancelActivity="true">
            <cancelEventDefinition></cancelEventDefinition>
        </boundaryEvent>
        <endEvent id="endevent4" name="End"></endEvent>
        <endEvent id="endevent5" name="End"></endEvent>
        <sequenceFlow id="flow1" sourceRef="startevent1"
            targetRef="subprocess1"></sequenceFlow>
        <sequenceFlow id="flow2" sourceRef="subprocess1"
            targetRef="endevent5"></sequenceFlow>
        <sequenceFlow id="flow12" sourceRef="boundarysignal2"
            targetRef="endevent4"></sequenceFlow>
        <association id="a2" sourceRef="boundarysignal1"
            targetRef="servicetask1"></association>
    </process>
```

图 13-9 中定义了一个电影购票流程，当流程开始时，会执行一个购票的事件子流程，用户需要先进行选择电影场次的操作，然后进行座位选定，最后进行支付。在座位选定的任务中，会将所选的场次座位锁定，一旦支付失败，就会触发错误边界事件（支付任务的边界事件），然后执行流会到达取消结束事件，此时事务子流程的取消边界事件便会被触发，并且触发事务子流程里面的补偿边界事件。本例中的补偿边界事件是锁定座位的边界事件，当补偿触发时，会执行"取消锁定座位"的任务。

代码清单 13-10 中的粗体字代码，为流程中的三个 Service Task 配置了 JavaDelegate 类，这三个 JavaDelegate 类，仅仅在控制台输出相应的文字，而进行支付的 JavaDelegate 类，除了输出文字外，还会抛出 BpmnError，抛出的错误会被"支付"任务的错误边界事件所捕获，然后改变流程走向，最终以取消结束事件来结束事务子流程。代码清单 13-11 为三个 JavaDelegate 类及运行代码。

代码清单 13-11：codes\13\13.1\transaction-subprocess\src\org\crazyit\activiti\LockSeatDelegate.java
codes\13\13.1\transaction-subprocess\src\org\crazyit\activiti\PayDelegate.java
codes\13\13.1\transaction-subprocess\src\org\crazyit\activiti\UnlockSeatDelegate.java
codes\13\13.1\transaction-subprocess\src\org\crazyit\activiti\BuyMovieTicket.java

```java
public class LockSeatDelegate implements JavaDelegate {

    public void execute(DelegateExecution execution) {
        System.out.println("执行锁定座位");
    }

}

public class PayDelegate implements JavaDelegate {

    public void execute(DelegateExecution execution) {
```

```java
            System.out.println("支付失败,抛出错误");
            throw new BpmnError("payError");
        }
    }

    public class UnlockSeatDelegate implements JavaDelegate {

        public void execute(DelegateExecution execution) {
            System.out.println("取消锁定座位");
        }
    }

    public class BuyMovieTicket {

        public static void main(String[] args) {
            // 创建流程引擎
            ProcessEngine engine = ProcessEngines.getDefaultProcessEngine();
            // 得到流程存储服务组件
            RepositoryService repositoryService = engine.getRepositoryService();
            // 得到运行时服务组件
            RuntimeService runtimeService = engine.getRuntimeService();
            // 得到任务服务组件
            TaskService taskService = engine.getTaskService();
            // 部署流程文件
            repositoryService.createDeployment()
                    .addClasspathResource("bpmn/BuyMovieTicket.bpmn").deploy();
            ProcessInstance pi = runtimeService
                    .startProcessInstanceByKey("process1");
            // 查询当前任务
            Task task = taskService.createTaskQuery().processInstanceId(pi.getId())
                    .singleResult();
            System.out.println("当前任务: " + task.getName());
            // 完成选场次的任务
            taskService.complete(task.getId());
        }
    }
```

运行代码清单 13-11,输出结果如下:

```
当前任务:选场次
执行锁定座位
支付失败,抛出错误
取消锁定座位
```

根据运行结果可知,当流程完成了座位锁定的任务后,会到达支付任务,支付任务会抛出 BpmnError,抛出的错误直接导致了整个事务子流程的补偿事件触发,最后输出的"取消锁定座位"是"锁定座位"任务的补偿处理者。需要注意的是,配置一个活动是补偿处理者,需要将 isForCompensation 属性设置为 true。

▶▶ 13.1.6 特别子流程

Activiti 6.0 中增加了对特别子流程的支持,在特别子流程的容器中可以存放多个流程节点,这些节点在运行前相互之间不存在先后顺序,流程的顺序在执行时决定。本书成书时,Activiti 尚未提供关于特别子流程的 API,并且 Eclipse 的流程设计器也不支持显示特别子流程,这里暂时使用普通的子流程代替。图 13-10 所示为一个特别子流程的示例。

如图 13-10 所示,特别子流程中有两个用户任务,在定义流程时,并没有设定流程走向,子流程完成后,就会到达"After task"。图 13-10 对应的 BPMN 文件内容如代码清单 13-12 所示。

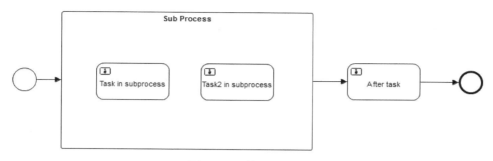

图13-10 特别子流程

代码清单 13-12：codes\13\13.1\embeded-subprocess\resource\bpmn\AdHocProcess.bpmn

```xml
<process id="simpleSubProcess">
  <startEvent id="theStart" />
  <sequenceFlow id="flow1" sourceRef="theStart" targetRef="adhocSubProcess" />
  <adHocSubProcess id="adhocSubProcess" ordering="Sequential">
      <userTask id="subProcessTask" name="Task in subprocess" />
      <userTask id="subProcessTask2" name="Task2 in subprocess" />
  </adHocSubProcess>
  <sequenceFlow id="flow2" sourceRef="adhocSubProcess"
      targetRef="afterTask" />
  <userTask id="afterTask" name="After task" />
  <sequenceFlow id="flow3" sourceRef="afterTask" targetRef="theEnd" />
  <endEvent id="theEnd" />
</process>
```

使用 adHocSubProcess 元素来配置特别子流程，其中该元素的 ordering 属性用于声明特别子流程中的节点，是按顺序执行还是并行执行，可配置为 Parallel 或者 Sequential。设计完流程后，编写客户端代码部署并执行流程，如代码清单 13-13 所示。

代码清单 13-13：codes\13\13.1\embeded-subprocess\src\org\crazyit\activiti\AdHocProcess.java

```java
// 创建流程引擎
ProcessEngine engine = ProcessEngines.getDefaultProcessEngine();
// 得到流程存储服务组件
RepositoryService repositoryService = engine.getRepositoryService();
// 得到运行时服务组件
RuntimeService runtimeService = engine.getRuntimeService();
TaskService taskService = engine.getTaskService();
// 部署流程文件
repositoryService.createDeployment()
    .addClasspathResource("bpmn/AdHocProcess.bpmn").deploy();
// 启动流程
ProcessInstance pi = runtimeService
    .startProcessInstanceByKey("simpleSubProcess");
System.out.println("开始流程后，执行流数量："
    + runtimeService.createExecutionQuery()
        .processInstanceId(pi.getId()).count());
// 查询子流程的执行流
Execution exe = runtimeService.createExecutionQuery()
    .processInstanceId(pi.getId()).activityId("adhocSubProcess")
    .singleResult();
// 让执行流到达第二个任务
runtimeService.executeActivityInAdhocSubProcess(exe.getId(),
    "subProcessTask2");                                            ①
// 查询执行流数量
System.out.println("让执行流到达第二个任务后，执行流数量："
    + runtimeService.createExecutionQuery()
        .processInstanceId(pi.getId()).count());
```

```java
// 完成第二个任务
Task subProcessTask2 = taskService.createTaskQuery()
    .processInstanceId(pi.getId())
    .taskDefinitionKey("subProcessTask2").singleResult();
taskService.complete(subProcessTask2.getId());
// 查询执行流数量
System.out.println("完成子流程的第二个任务后，执行流数量："
    + runtimeService.createExecutionQuery()
        .processInstanceId(pi.getId()).count());
// 完成特别子流程
runtimeService.completeAdhocSubProcess(exe.getId());                              ②
// 查询数量
System.out.println("完成整个特别子流程后，当前任务名称："
    + taskService.createTaskQuery().processInstanceId(pi.getId())
        .singleResult().getName());
```

在代码清单 13-13 中的①处，使用 runtimeService 的 executeActivityInAdhocSubProcess 方法让流程执行特别子流程中的第二个用户任务，②处则使用 completeAdhocSubProcess 方法完成特别子流程。运行代码清单 13-13，输出如下：

```
开始流程后，执行流数量：2
让执行流到达第二个任务后，执行流数量：3
完成子流程的第二个任务后，执行流数量：2
完成整个特别子流程后，当前任务名称：After task
```

根据输出结果可知，在特别子流程中，流程的走向完全由运行时调用的不同 API 来决定。

13.2 顺序流

顺序流主要用于连接流程中的两个元素，在流程图中，其主要用来展示流程的走向。BPMN 规范对关于顺序流的连接也提供了连接规则，例如顺序流不能连接到开始事件，结束事件不能连接到另外的流程元素，子流程中的元素不能连接到子流程外的元素等。使用以下的配置定义一个顺序流：

```xml
<sequenceFlow id="flowId" sourceRef="fromId" targetRef="targetId" />
```

使用 sequenceFlow 元素配置一个顺序流，sourceRef 表示顺序流的源对象 id，targetRef 表示目标对象 id，以上的配置表示顺序流从"fromId"元素连接到"targetId"元素。

BPMN 中定义了两种顺序流：条件顺序流（Conditional outgoing Sequence Flow）和默认顺序流（Default outgoing Sequence Flow），下面将讲解这两种顺序流的使用。

13.2.1 条件顺序流

在顺序流中可以使用条件表达式，当表达式的计算结果为 true 时，流程就向该顺序流执行，一般情况下，表达式所在的顺序流的源对象为网关或者流程活动。

如果一个条件顺序流从一个流程活动连接到另外的流程元素，那么除了这个顺序流外，应该至少再提供一个顺序流，如果只提供一个条件顺序流，那么有可能判定的条件不成立，导致流程毫无意义（无法向前执行），对于这种情况，Activiti 会直接将流程结束，并不会抛出异常。

如果一个条件顺序流从一个网关连接到另外的流程元素，那么这个网关不能是并行网关或者事件网关。条件顺序流表示符合特定条件时，流程向该顺序流前进，而并行网关则表示流程会同时进行，这明显与条件顺序流相违背，而事件网关的触发是以事件为条件的，因此和条件顺序流相冲突，所以条件顺序流的源对象是网关的话，不能为这两种类型的网关。图 13-11 所示为一个使用了条件顺序流的请假流程,其对应的流程文件内容如代码清单 13-14 所示。

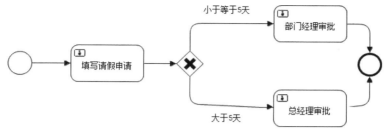

图 13-11 请假流程

代码清单 13-14：codes\13\13.2\sequence-flow\resource\bpmn\ConditionalSequenceFlow.bpmn

```xml
<process id="process1" name="process1" isExecutable="true">
    <startEvent id="startevent1" name="Start"></startEvent>
    <userTask id="usertask1" name="填写请假申请"></userTask>
    <exclusiveGateway id="exclusivegateway1" name="Exclusive Gateway"></exclusiveGateway>
    <userTask id="usertask2" name="部门经理审批"></userTask>
    <userTask id="usertask3" name="总经理审批"></userTask>
    <endEvent id="endevent1" name="End"></endEvent>
    <sequenceFlow id="flow1" sourceRef="usertask2" targetRef="endevent1"></sequenceFlow>
    <sequenceFlow id="flow2" sourceRef="startevent1"
        targetRef="usertask1"></sequenceFlow>
    <sequenceFlow id="flow3" sourceRef="usertask1" targetRef="exclusivegateway1"></sequenceFlow>
    <sequenceFlow id="flow4" name="小于等于 5 天" sourceRef="exclusivegateway1"
        targetRef="usertask2">
        <conditionExpression xsi:type="tFormalExpression"><![CDATA[
        ${days <= 5}
        ]]></conditionExpression>
    </sequenceFlow>
    <sequenceFlow id="flow5" name="大于 5 天" sourceRef="exclusivegateway1"
        targetRef="usertask3">
        <conditionExpression xsi:type="tFormalExpression"><![CDATA[
        ${days > 5}
        ]]></conditionExpression>
    </sequenceFlow>
    <sequenceFlow id="flow6" sourceRef="usertask3" targetRef="endevent1"></sequenceFlow>
</process>
```

代码清单 13-14 中的粗体字代码,定义了两个条件顺序流,第一个条件顺序流从"填写请假申请"任务连接到"部门经理审批"任务,这个顺序流的执行条件是参数"days"小于等于5。第二个条件顺序流从"填写请假申请"任务连接到"总经理审批"任务,执行条件是参数"days"大于5。在配置顺序流的条件时,使用了 conditionlExpression 元素,并使用 xsi:type 属性来配置表达式的类型,当前 Activiti 只支持"tFormalExpression"类型的表达式,即 Activiti 中的 JUEL 表达式。代码清单 13-15 为运行代码。

代码清单 13-15：codes\13\13.2\sequence-flow\src\org\crazyit\activiti\ConditionalSequenceFlow.java

```java
// 创建流程引擎
ProcessEngine engine = ProcessEngines.getDefaultProcessEngine();
// 得到流程存储服务组件
RepositoryService repositoryService = engine.getRepositoryService();
// 得到运行时服务组件
```

```java
RuntimeService runtimeService = engine.getRuntimeService();
// 得到任务服务组件
TaskService taskService = engine.getTaskService();
// 部署流程文件
repositoryService.createDeployment()
    .addClasspathResource("bpmn/ConditionalSequenceFlow.bpmn")
    .deploy();
// 初始化参数
Map<String, Object> vars = new HashMap<String, Object>();
vars.put("days", 6);
ProcessInstance pi = runtimeService.startProcessInstanceByKey(
    "process1", vars);
// 查询当前任务
Task task = taskService.createTaskQuery().processInstanceId(pi.getId())
    .singleResult();
System.out.println("当前任务：" + task.getName());
taskService.complete(task.getId());
// 查询第二个任务
task = taskService.createTaskQuery().processInstanceId(pi.getId())
    .singleResult();
System.out.println("当前任务：" + task.getName());
```

在代码清单13-15中，启动流程时设置了名称为"days"的参数，本例中该参数的值为6，启动流程并完成第一个用户任务（填写请假申请任务），最后查询第二个任务时，可以看到当前任务是"总经理审批"。

> 在本例中使用了单向网关，详细参见流程网关相关章节。

13.2.2 默认顺序流

一个以单向（Exclusive）网关、兼容（Inclusive）网关、组合（Complex）网关或者流程活动作为源连接对象的顺序流，可以被定义为默认顺序流。在上一节中讲解了条件顺序流，如果各个条件顺序流都不符合执行条件，那么流程将不会向前进行，甚至在某些情况下会抛出异常，为解决该问题，可以为这些源连接对象设置默认顺序流。图13-12所示为一个请假流程，对应的流程文件内容如代码清单13-16所示。

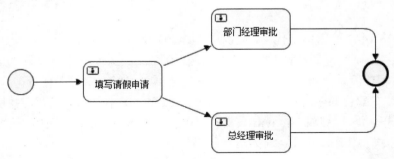

图13-12 请假流程

代码清单13-16：codes\13\13.2\sequence-flow\resource\bpmn\DefaultSequenceFlow.bpmn

```xml
<process id="process1" name="process1">
    <startEvent id="startevent1" name="Start"></startEvent>
    <userTask id="usertask1" name="填写请假申请" default="flow1"></userTask> ①
    <userTask id="usertask2" name="部门经理审批"></userTask>
```

```xml
<userTask id="usertask3" name="总经理审批"></userTask>
<sequenceFlow id="flow1" name="" sourceRef="usertask1"
    targetRef="usertask2"></sequenceFlow>                              ②
<sequenceFlow id="flow2" name="" sourceRef="usertask1"
    targetRef="usertask3">
    <conditionExpression xsi:type="tFormalExpression"><![CDATA[
    ${days > 5}
    ]]></conditionExpression>
</sequenceFlow>                                                         ③
<sequenceFlow id="flow3" name="" sourceRef="startevent1"
    targetRef="usertask1"></sequenceFlow>
<endEvent id="endevent1" name="End"></endEvent>
<sequenceFlow id="flow4" name="" sourceRef="usertask2"
    targetRef="endevent1"></sequenceFlow>
<sequenceFlow id="flow5" name="" sourceRef="usertask3"
    targetRef="endevent1"></sequenceFlow>
</process>
```

代码清单 13-16 中的①处是一个"填写请假申请"的用户任务，该任务被配置了 default 属性，其值指向代码清单②处定义的顺序流，表示当其他顺序流不符合条件时，将会执行该顺序流。在本例中，默认情况下，流程将会到达"部门经理审批"流程任务。代码清单 13-16 中的③处定义了一个条件顺序流，当"days"参数大于 5 时，流程将会到达"总经理审批"用户任务，相应的运行代码如代码清单 13-17 所示。

代码清单 13-17：codes\13\13.2\sequence-flow\src\org\crazyit\activiti\DefaultSequenceFlow.java

```java
// 创建流程引擎
ProcessEngine engine = ProcessEngines.getDefaultProcessEngine();
// 得到流程存储服务组件
RepositoryService repositoryService = engine.getRepositoryService();
// 得到运行时服务组件
RuntimeService runtimeService = engine.getRuntimeService();
// 得到任务服务组件
TaskService taskService = engine.getTaskService();
// 部署流程文件
repositoryService
    .createDeployment()
    .addClasspathResource(
        "bpmn/DefaultSequenceFlow.bpmn")
    .deploy();
    // 初始化参数
    Map<String, Object> vars = new HashMap<String, Object>();
    vars.put("days", 5);
    ProcessInstance pi = runtimeService.startProcessInstanceByKey(
        "process1", vars);
// 查询并完成任务
Task task = taskService.createTaskQuery().processInstanceId(pi.getId()).singleResult();
System.out.println("当前任务：" + task.getName());
taskService.complete(task.getId());
// 查询当前任务
task = taskService.createTaskQuery().processInstanceId(pi.getId()).singleResult();
System.out.println("当前任务：" + task.getName());
```

在以上代码中，启动流程时会设置"days"流程参数，本例中值为5，参数值不符合"总经理审批"的条件，因此会执行默认顺序流，完成"填写请假申请"任务后，流程的当前任务为"部门经理审批"。需要注意的是，由于使用条件顺序流，因此必须使用名称为"days"的参数，否则将会抛出异常，异常信息为：Unknown property used in expression，运行代码清单 13-17，输出结果如下：

当前任务：填写请假申请
当前任务：部门经理审批

13.3 流程网关

流程中的网关（Gateway）主要用于在流程中控制顺序流的分支与汇合，如果不需要进行这些顺序流控制，那么可以不使用网关，BPMN 规范描述网关能够消耗执行流，或者产生执行流。BPMN 规范定义了五种网关：单向网关、并行网关、兼容网关、事件网关和组合网关，当前版本的 Activiti 不支持组合网关，因此本书不涉及组合网关的内容。

13.3.1 单向网关

单向（Exclusive）网关就好像一个人在分岔路口，只能选择一条路前进，而如何选择前进的路，由条件决定。由于只有一条执行流向前执行，并且可能存在多个条件顺序流都符合条件的情况，因此对于这种情况，会选择第一个在流程文件中定义的条件顺序流，如果没有符合条件的顺序流，将会抛出异常。图 13-13 所示是一个含有三种单向网关的流程，该流程的设计存在逻辑矛盾，目的是为了测试流程无法向前执行的情况，对应的流程文件内容如代码清单 13-18 所示。

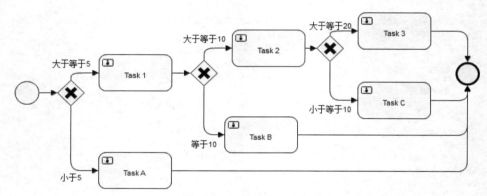

图 13-13 单向网关流程

代码清单 13-18：codes\13\13.3\gateway\resource\bpmn\Exclusive.bpmn

```
<process id="process1" name="process1">
    <startEvent id="startevent1" name="Start"></startEvent>
    <userTask id="usertask1" name="Task 1"></userTask>
    <userTask id="usertask2" name="Task A"></userTask>
    <userTask id="usertask4" name="Task B"></userTask>
    <userTask id="usertask3" name="Task 2"></userTask>
    <userTask id="usertask5" name="Task 3"></userTask>
    <userTask id="usertask6" name="Task C"></userTask>
    <endEvent id="endevent1" name="End"></endEvent>
    <exclusiveGateway id="exclusivegateway3" name="Exclusive Gateway">
</exclusiveGateway>
    <exclusiveGateway id="exclusivegateway1" name="Exclusive Gateway">
</exclusiveGateway>
    <exclusiveGateway id="exclusivegateway2" name="Exclusive Gateway">
</exclusiveGateway>
    <sequenceFlow id="flow2" name="大于等于 5" sourceRef="exclusivegateway1"
        targetRef="usertask1">
        <conditionExpression xsi:type="tFormalExpression">
            <![CDATA[${days >= 5}]]>
        </conditionExpression>
```

```xml
        </sequenceFlow>
        <sequenceFlow id="flow4" name="大于等于10" sourceRef="exclusivegateway2"
            targetRef="usertask3">
            <conditionExpression xsi:type="tFormalExpression">
                <![CDATA[${days >= 10}]]>
            </conditionExpression>
        </sequenceFlow>
        <sequenceFlow id="flow13" name="等于10" sourceRef="exclusivegateway2"
            targetRef="usertask4">
            <conditionExpression xsi:type="tFormalExpression">
                <![CDATA[${days == 10}]]>
            </conditionExpression>
        </sequenceFlow>
        <sequenceFlow id="flow5" name="" sourceRef="usertask3"
            targetRef="exclusivegateway3"></sequenceFlow>
        <sequenceFlow id="flow6" name="大于等于20" sourceRef="exclusivegateway3"
            targetRef="usertask5">
            <conditionExpression xsi:type="tFormalExpression">
                <![CDATA[${days >= 20}]]>
            </conditionExpression>
        </sequenceFlow>
        <sequenceFlow id="flow7" name="" sourceRef="usertask5"
            targetRef="endevent1"></sequenceFlow>
        <sequenceFlow id="flow8" name="小于5" sourceRef="exclusivegateway1"
            targetRef="usertask2">
            <conditionExpression xsi:type="tFormalExpression">
                <![CDATA[${days < 5}]]>
            </conditionExpression>
        </sequenceFlow>
        <sequenceFlow id="flow12" name="小于等于10" sourceRef="exclusivegateway3"
            targetRef="usertask6">
            <conditionExpression xsi:type="tFormalExpression">
                <![CDATA[${days <= 10}]]>
            </conditionExpression>
        </sequenceFlow>
        <sequenceFlow id="flow3" name="" sourceRef="usertask1"
            targetRef="exclusivegateway2"></sequenceFlow>
        <sequenceFlow id="flow1" name="" sourceRef="startevent1"
            targetRef="exclusivegateway1"></sequenceFlow>
        <sequenceFlow id="flow9" name="" sourceRef="usertask2"
            targetRef="endevent1"></sequenceFlow>
        <sequenceFlow id="flow10" name="" sourceRef="usertask4"
            targetRef="endevent1"></sequenceFlow>
        <sequenceFlow id="flow11" name="" sourceRef="usertask6"
            targetRef="endevent1"></sequenceFlow>
</process>
```

图 13-12 中的流程有三个单向网关，在第一个单向网关处，当流程参数大于等于 5 时，流程会选择到达 "Task 1"。在第二个网关处，当流程参数等于 10 时，连接到 "Task 2" 和 "Task B" 的顺序流均符合条件，但是由于在 XML 文件中（代码清单 13-18），连接到 "Task 2" 的顺序流比连接到 "Task B" 的顺序流先定义（见代码清单 13-18 中的粗体字代码），因此流程会到达 "Task 2"。在第三个网关处，当流程参数介于 10 和 20 之间时，就会找不到相应的顺序流，因此会抛出异常。代码清单 13-19 为运行代码，注意运行代码中的参数值设置。

代码清单 13-19：codes\13\13.3\gateway\src\org\crazyit\activiti\Exclusive.java

```java
// 创建流程引擎
ProcessEngine engine = ProcessEngines.getDefaultProcessEngine();
// 得到流程存储服务组件
RepositoryService repositoryService = engine.getRepositoryService();
// 得到运行时服务组件
```

```java
RuntimeService runtimeService = engine.getRuntimeService();
// 得到任务服务组件
TaskService taskService = engine.getTaskService();
// 部署流程文件
repositoryService
    .createDeployment()
    .addClasspathResource(
        "bpmn/Exclusive.bpmn")
    .deploy();
// 初始化参数
Map<String, Object> vars = new HashMap<String, Object>();
vars.put("days", 6);
ProcessInstance pi = runtimeService.startProcessInstanceByKey("process1", vars);
// 查询当前任务
Task task = taskService.createTaskQuery().processInstanceId(pi.getId()).singleResult();
System.out.println("当前任务: " + task.getName());
//完成任务,设置参数为10
vars.put("days", 10);
taskService.complete(task.getId(), vars);
// 查询当前任务
task = taskService.createTaskQuery().processInstanceId(pi.getId()).singleResult();
System.out.println("当前任务: " + task.getName());
// 完成任务,设置参数为15
vars.put("days", 15);
// 此时会抛出异常
taskService.complete(task.getId(), vars);
```

在代码清单13-19中先设置了"days"参数的值为6,那么执行流在到达第一个单向网关时,会发现"Task 1"符合条件,当完成了"Task 1"后,会设置"days"的参数值为10。执行流在到达第二个单向网关时会发现连接到"Task 2"和"Task B"的顺序流均符合条件,此时会选择在流程文件中第一个定义的顺序流,本例中选择了"Task 2"的顺序流。完成了"Task 2"后,设置"days"的参数值为15,该值介于20和10之间,此时在第三个单向网关,则发现没有符合条件的顺序流,因此会抛出异常,该异常信息为: No outgoing sequence flow of the exclusive gateway 'exclusivegateway3' could be selected for continuing the process,意思大致为找不到符合条件的顺序流,流程无法继续。运行代码清单,输出结果如下:

```
当前任务: Task 1
当前任务: Task 2
12:00:39,891 ERROR CommandContext - Error while closing command context
org.activiti.engine.ActivitiException: No outgoing sequence flow of the exclusive gateway 'exclusivegateway3' could be selected for continuing the process
```

根据输出的结果可知,执行流会先到达"Task 1",再到达"Task 2",当到达第三个单向网关时,因找不到符合条件的顺序流,所以抛出异常。

13.3.2 并行网关

并行网关(Parallel Gateway)用于表示流程的并发,并行网关可以让一个执行流变为多个同时进行的并发执行流,也可以让多个执行流合并为一个执行流,因此并行网关对执行流会有两种行为:分岔(fork)与合并(join)。分岔表示为每条从并行网关出来的顺序流建立一个并行的执行流,合并表示所有到达并行网关的并行执行流将会被合并。

需要注意的是,同一个并行网关,允许同时出现分岔和合并两种行为,当多个执行流到达这种并行网关时,并行网关会先将这些执行流合并,然后再进行分岔,如图13-14所示。

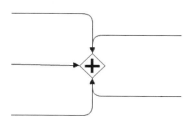

图 13-14　同时存在分岔与合并的并行网关

除此之外，并行网关与单向网关不一样的是，并行网关并不关心顺序流的条件，定义在顺序流中的条件会被忽略，并行网关会根据实际情况产生相应数量的执行流。定义一个并行网关，使用 parallelGateway 元素：

```
<parallelGateway id="parallelgateway2" name="Parallel Gateway"> </parallelGateway>
```

图 13-15 所示为一个含有并行网关的请假流程，对应的流程文件内容如代码清单 13-20 所示。

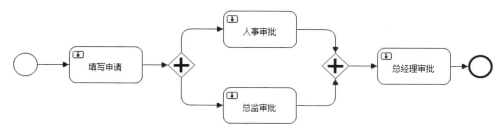

图 13-15　需要并行的请假流程

代码清单 13-20：codes\13\13.3\gateway\resource\bpmn\Parallel.bpmn

```xml
<process id="process1" name="process1" isExecutable="true">
    <startEvent id="startevent1" name="Start"></startEvent>
    <userTask id="usertask1" name="填写申请"></userTask>
    <parallelGateway id="parallelgateway1" name="Parallel Gateway"></parallelGateway>
    <userTask id="usertask2" name="人事审批"></userTask>
    <userTask id="usertask3" name="总监审批"></userTask>
    <parallelGateway id="parallelgateway2" name="Parallel Gateway"></parallelGateway>
    <userTask id="usertask4" name="总经理审批"></userTask>
    <endEvent id="endevent1" name="End"></endEvent>
    <sequenceFlow id="flow1" sourceRef="startevent1"
        targetRef="usertask1"></sequenceFlow>
    <sequenceFlow id="flow2" sourceRef="usertask1" targetRef="parallelgateway1">
</sequenceFlow>
    <sequenceFlow id="flow3" sourceRef="parallelgateway1"
        targetRef="usertask2"></sequenceFlow>
    <sequenceFlow id="flow4" sourceRef="usertask2" targetRef="parallelgateway2">
</sequenceFlow>
    <sequenceFlow id="flow5" sourceRef="parallelgateway2"
        targetRef="usertask4"></sequenceFlow>
    <sequenceFlow id="flow6" sourceRef="usertask4" targetRef="endevent1">
</sequenceFlow>
    <sequenceFlow id="flow7" sourceRef="parallelgateway1"
        targetRef="usertask3"></sequenceFlow>
    <sequenceFlow id="flow8" sourceRef="usertask3" targetRef="parallelgateway2">
</sequenceFlow>
</process>
```

图 13-15 定义的请假流程，当请假人填写完申请信息后，需要同时由人事审批和总监审批，两个并行任务完成后，最后才到总经理审批。代码清单 13-20 中的粗体字代码，为流程中的两个并行流程。代码清单 13-21 为运行代码。

代码清单 13-21：codes\13\13.3\gateway\src\org\crazyit\activiti\Parallel.java

```java
// 创建流程引擎
ProcessEngine engine = ProcessEngines.getDefaultProcessEngine();
// 得到流程存储服务组件
RepositoryService repositoryService = engine.getRepositoryService();
// 得到运行时服务组件
RuntimeService runtimeService = engine.getRuntimeService();
// 得到任务服务组件
TaskService taskService = engine.getTaskService();
// 部署流程文件
repositoryService.createDeployment()
    .addClasspathResource("bpmn/Parallel.bpmn").deploy();
// 启动流程
ProcessInstance pi = runtimeService
    .startProcessInstanceByKey("process1");
// 完成填写申请任务并设置参数
Map<String, Object> vars = new HashMap<String, Object>();
vars.put("days", 6);
Task task = taskService.createTaskQuery().processInstanceId(pi.getId())
    .singleResult();
taskService.complete(task.getId(), vars);
// 查询执行流数量
List<Execution> exes = runtimeService.createExecutionQuery()
    .processInstanceId(pi.getId()).list();
System.out.println("当前的执行流数量：" + exes.size());                               ①
// 完成人事审批任务
task = taskService.createTaskQuery().processInstanceId(pi.getId())
    .taskName("人事审批").singleResult();
System.out.println("当前任务：" + task.getName());
taskService.complete(task.getId(), vars);
// 查询执行流数量
exes = runtimeService.createExecutionQuery()
    .processInstanceId(pi.getId()).list();
System.out.println("当前执行流数量：" + exes.size());                                 ②
// 完成总监审批任务
task = taskService.createTaskQuery().processInstanceId(pi.getId())
    .taskName("总监审批").singleResult();
System.out.println("当前任务：" + task.getName());
taskService.complete(task.getId(), vars);
// 查询执行流数量
exes = runtimeService.createExecutionQuery()
    .processInstanceId(pi.getId()).list();
System.out.println("当前执行流数量：" + exes.size());
```

在代码清单 13-21 中，启动流程后，会完成第一个用户任务（填写申请任务），然后设置流程参数，完成"填写申请"的任务后，进行执行流数量查询。之后每完成一个用户任务，均会进行执行流查询，并将数量输出，运行代码清单 13-21，输出结果如下：

```
当前的执行流数量：3
当前任务：人事审批
当前执行流数量：3
当前任务：总监审批
当前执行流数量：2
```

根据输出结果可知，当执行流到达第一个并行网关时，Actviti 会产生两条执行流数据，加上原来的主执行流数据，则总共有三条执行流数据。根据输出结果，当两条并行的执行流执行完成后，新建的两条执行流数据会被删除，此时流程到达"总经理审批"任务，这里再次进行执行流查询，这时的执行流数量变为 2。

13.3.3 兼容网关

兼容网关（Inclusive）就好像单向网关与并行网关的结合体，可以为兼容网关的输出顺序流定义条件，如果其中一条顺序流符合条件，就会创建一条新的执行流。与单向网关不同的是，兼容网关可以创建多条执行流，换言之，如果多个条件都成立，那么此时就可以将兼容网关看作并行网关，而在单向网关中，即使多个条件都符合，也只会选择第一个定义的顺序流。相对于单向网关和并行网关，兼容网关显得更加灵活，在实际应用中，由于一些无法确认的条件而导致无法在单向网关和并行网关中做出选择时，可以使用兼容网关。

当兼容网关作为并行网关使用时，它同样拥有并行网关的特性，一样会有分岔（fork）与合并（join）两个行为，并且处理方式也与并行网关一致。将图 13-14 所示的请假流程稍做修改，将并行网关改为兼容网关，新流程如图 13-16 所示，对应的流程文件内容如代码清单 13-22 所示。

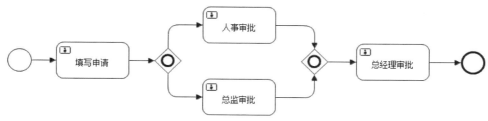

图 13-16　使用兼容网关的流程

代码清单 13-22：codes\13\13.3\gateway\resource\bpmn\Inclusive.bpmn

```xml
<process id="process1" name="process1" isExecutable="true">
    <startEvent id="startevent1" name="Start"></startEvent>
    <userTask id="usertask1" name="填写申请"></userTask>
    <inclusiveGateway id="inclusivegateway1" name="Inclusive Gateway">
</inclusiveGateway>    ①
    <userTask id="usertask2" name="人事审批"></userTask>
    <userTask id="usertask3" name="总监审批"></userTask>
    <inclusiveGateway id="inclusivegateway2" name="Inclusive Gateway">
</inclusiveGateway>    ②
    <userTask id="usertask4" name="总经理审批"></userTask>
    <endEvent id="endevent1" name="End"></endEvent>
    <sequenceFlow id="flow1" sourceRef="startevent1"
        targetRef="usertask1"></sequenceFlow>
    <sequenceFlow id="flow2" sourceRef="usertask1" targetRef="inclusivegateway1">
</sequenceFlow>
    <sequenceFlow id="flow3" name="大于等于 3" sourceRef="inclusivegateway1"
        targetRef="usertask2">
        <conditionExpression xsi:type="tFormalExpression"><![CDATA[
        ${days >= 3}
        ]]></conditionExpression>
    </sequenceFlow>
    <sequenceFlow id="flow7" name="大于等于 10" sourceRef="inclusivegateway1"    ③
        targetRef="usertask3">
        <conditionExpression xsi:type="tFormalExpression"><![CDATA[
        ${days >= 10}
        ]]></conditionExpression>
    </sequenceFlow>
    <sequenceFlow id="flow4" sourceRef="usertask2" targetRef="inclusivegateway2">    ④
</sequenceFlow>
    <sequenceFlow id="flow5" sourceRef="inclusivegateway2"
        targetRef="usertask4"></sequenceFlow>
    <sequenceFlow id="flow6" sourceRef="usertask4" targetRef="endevent1">
```

```xml
    </sequenceFlow>
        <sequenceFlow id="flow8" sourceRef="usertask3" targetRef="inclusivegateway2">
    </sequenceFlow>
    </process>
```

在图 13-16 所示的流程中，当完成"填写申请"的任务后，流程到达兼容网关，如果参数值大于 3，需要经过"人事审批"，如果参数值大于 10，除了需要"人事审批"外，同时还需要"总监审批"，也就是当参数值大于等于 10 时，该兼容网关就相当于一个并行网关，当参数值大于等于 3 且小于 10 时，这个兼容网关只是一个单向网关。代码清单 13-22 中的①和②分别定义分岔与合并的兼容网关，③和④为两个条件顺序流，分别定义了参数大于等于 3 和大于等于 10 时的流程走向。在本例中，如果提供了小于 3 的参数，将会抛出异常，因为流程找不到符合条件的顺序流，这时与单向网关一样。代码清单 13-23 为加载流程的代码，并且在该代码中启动了两次流程。

代码清单 13-23：codes\13\13.3\gateway\src\org\crazyit\activiti\Inclusive.java

```java
// 创建流程引擎
ProcessEngine engine = ProcessEngines.getDefaultProcessEngine();
// 得到流程存储服务组件
RepositoryService repositoryService = engine.getRepositoryService();
// 得到运行时服务组件
RuntimeService runtimeService = engine.getRuntimeService();
// 得到任务服务组件
TaskService taskService = engine.getTaskService();
// 部署流程文件
repositoryService.createDeployment()
    .addClasspathResource("bpmn/Inclusive.bpmn").deploy();
// 初始化参数
Map<String, Object> vars = new HashMap<String, Object>();
vars.put("days", 6);
ProcessInstance pi1 = runtimeService.startProcessInstanceByKey(
    "process1", vars);
// 完成填写申请任务
Task task = taskService.createTaskQuery()
    .processInstanceId(pi1.getId()).singleResult();
System.out.println("当前任务：" + task.getName());
taskService.complete(task.getId());
// 查询执行流
List<Execution> exes = runtimeService.createExecutionQuery()
    .processInstanceId(pi1.getId()).list();
System.out.println("参数为 6 时执行流数量：" + exes.size());
// 完成全部任务
List<Task> tasks = taskService.createTaskQuery()
    .processInstanceId(pi1.getId()).list();
for (Task taskObj : tasks) {
    taskService.complete(taskObj.getId());
}
// 完成总经理审批任务
task = taskService.createTaskQuery().processInstanceId(pi1.getId())
    .singleResult();
System.out.println("当前任务：" + task.getName());
taskService.complete(task.getId());
System.out.println("再次启动流程=============");
// 再次启动流程，参数为 10
vars.put("days", 10);
ProcessInstance pi2 = runtimeService.startProcessInstanceByKey(
    "process1", vars);
// 完成填写申请任务
task = taskService.createTaskQuery().processInstanceId(pi2.getId())
```

```
            .singleResult();
System.out.println("当前任务: " + task.getName());
taskService.complete(task.getId());
// 查询执行流
exes = runtimeService.createExecutionQuery()
        .processInstanceId(pi2.getId()).list();
System.out.println("参数为10时执行流数量: " + exes.size());
```

运行代码清单13-23，输出结果如下：

当前任务：填写申请
参数为6时执行流数量：2
当前任务：总经理审批
再次启动流程=============
当前任务：填写申请
参数为10时执行流数量：3

根据输出结果可知，当参数值为6并完成"填写申请"任务后，执行流的数量为2，此时兼容网关变成一个单向网关；当参数值为10并完成"填写申请"任务后，执行流的数量为3，此时兼容网关变成一个并行网关。

> **注意：** 不管是并行网关还是兼容网关，都不要求网关数量匹配，即有分岔网关时，不是必须要有一个合并网关与之相对应。

13.3.4 事件网关

在流程中如果需要根据事件来决定流程的走向，可以使用事件网关（Event Based Gateway）。事件网关会根据它所连接的中间 Catching 事件来决定流程的走向。事件网关看上去存在流程走向的选择问题，但是实际上，执行流并不会通过从事件网关出来的顺序流，当流程到达事件网关时，Activiti 会为全部的中间 Catching 事件创建相应的数据，如果某一事件先被触发，那么流程将会往该事件所处的方向执行。图 13-17 所示是一个使用了事件网关的流程，其对应的流程文件内容如代码清单 13-24 所示。

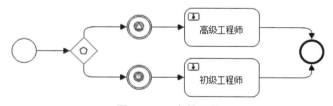

图 13-17 事件网关

代码清单 13-24：codes\13\13.3\gateway\resource\bpmn\EventBased.bpmn

```xml
<signal id="mySignal" name="mySignal"></signal>
<process id="process1" name="process1" isExecutable="true">
    <startEvent id="startevent1" name="Start"></startEvent>
    <eventBasedGateway id="eventgateway1" name="Event Gateway"></eventBasedGateway>
    <userTask id="usertask1" name="高级工程师"></userTask>
    <intermediateCatchEvent id="signalintermediatecatchevent1"
        name="SignalCatchEvent">
        <signalEventDefinition signalRef="mySignal"></signalEventDefinition>
    </intermediateCatchEvent>
    <userTask id="usertask2" name="初始工程师"></userTask>
    <intermediateCatchEvent id="timerintermediatecatchevent1"
```

```xml
            name="TimerCatchEvent">
            <timerEventDefinition>
                <timeDuration>PT5S</timeDuration>
            </timerEventDefinition>
        </intermediateCatchEvent>
        <endEvent id="endevent1" name="End"></endEvent>
        <sequenceFlow id="flow1" sourceRef="startevent1"
            targetRef="eventgateway1"></sequenceFlow>
        <sequenceFlow id="flow2" sourceRef="eventgateway1"
            targetRef="signalintermediatecatchevent1"></sequenceFlow>
        <sequenceFlow id="flow3" sourceRef="signalintermediatecatchevent1"
            targetRef="usertask1"></sequenceFlow>
        <sequenceFlow id="flow6" sourceRef="eventgateway1"
            targetRef="timerintermediatecatchevent1"></sequenceFlow>
        <sequenceFlow id="flow9" sourceRef="timerintermediatecatchevent1"
            targetRef="usertask2"></sequenceFlow>
        <sequenceFlow id="flow10" sourceRef="usertask1"
            targetRef="endevent1"></sequenceFlow>
        <sequenceFlow id="flow11" sourceRef="usertask2"
            targetRef="endevent1"></sequenceFlow>
</process>
```

在图 13-17 所示的流程中，流程开始时会经过一个事件网关，这个事件网关会连接到一个信号中间 Catching 事件和一个定时器中间 Catching 事件，根据第 11 章的内容可知，中间 Catching 事件需要由特定的条件触发，本例中的信号中间 Catching 事件触发条件是接收到相应的信号，定时器中间 Catching 事件的触发由其定义的时间元素所决定。在图 13-17 所示的流程中，如果信号事件被触发，则由"高级工程师"处理，如果定时器事件被触发，则由"初级工程师"处理。代码清单 13-24 中的粗体字代码，使用了 eventBasedGateway 元素来配置事件网关，该网关连接到一个信号事件和一个定时器事件，定时器事件将在 5 s 后被触发，在这个过程中，如果信号事件没有被触发，则由"初级工程师"处理，否则将由"高级工程师"处理，代码清单 13-25 为运行代码。

代码清单 13-25：codes\13\13.3\gateway\src\org\crazyit\activiti\EventBased.java

```java
// 创建流程引擎
ProcessEngine engine = ProcessEngines.getDefaultProcessEngine();
// 得到流程存储服务组件
RepositoryService repositoryService = engine.getRepositoryService();
// 得到运行时服务组件
RuntimeService runtimeService = engine.getRuntimeService();
// 得到任务服务组件
TaskService taskService = engine.getTaskService();
// 部署流程文件
repositoryService.createDeployment()
    .addClasspathResource("bpmn/EventBased.bpmn").deploy();
// 启动流程
ProcessInstance pi = runtimeService
    .startProcessInstanceByKey("process1");
// 发送消息
runtimeService.signalEventReceived("mySignal");
// 查询当前任务
Task task = taskService.createTaskQuery().processInstanceId(pi.getId())
    .singleResult();
System.out.println("当前任务：" + task.getName());
// 完成任务，结束流程
taskService.complete(task.getId());
// 重新启动流程
ProcessInstance pi2 = runtimeService
    .startProcessInstanceByKey("process1");
```

```
System.out.println("第二次启动流程");
// 暂停10s, 等待定时器事件触发
Thread.sleep(10000);
// 查询当前任务
task = taskService.createTaskQuery().processInstanceId(pi2.getId())
    .singleResult();
System.out.println("当前任务: " + task.getName());
```

在第一次启动流程时，使用了 signalEventReceived 方法（代码清单中的粗体字代码），则流程中的信号中间 Catching 事件会被触发，此时查询流程任务，得到的结果将会是"高级工程师"，第二次启动流程时暂停 10 s，让流程中的定时器事件触发，最后查询当前任务，得到的结果是"初级工程师"，根据得到的结果可知，事件网关只会选择最先触发的事件所在的分支向前执行。

13.4 流程活动特性

流程活动包括嵌入式子流程（SubProcess）、流程任务（Task）和调用式子流程（CallActivity），这些流程活动已经在前面的章节中讲解过（流程任务在第 12 章中讲解，子流程在本章第一节中讲解）。关于这些流程活动共有的一些特性，本节将讲解，例如多实例活动和补偿处理者。

13.4.1 多实例活动

如果想让某些特定的流程活动的行为执行多次，则可以将活动设置为多实例，让其按照配置来执行相应的次数。流程活动都会有自己的行为，例如流程到达 Service Task，会创建这个 Service Task 并且执行相应的 Java 类，且自动让流程通过该活动。User Task 会创建活动的实例，流程是否通过 User Task，由用户决定，这不属于活动的行为。活动的多实例可以让一个流程活动（甚至是子流程）按顺序或者同时执行，在执行的过程中，会为活动产生多个实例，因此称该流程活动为多实例的流程活动。大部分的流程活动均可以被设置为循环执行，这些活动包括大部分的流程任务、嵌入式子流程和调用式子流程。为流程活动的元素添加 multiInstanceLoopCharacteristics 子元素，将该流程活动配置为一个多实例的活动，如以下的配置片断：

```
<userTask id="myTask">
    <multiInstanceLoopCharacteristics isSequential="false|true">
    ...
    </multiInstanceLoopCharacteristics>
</userTask>
```

以上配置片断中的 multiInstanceLoopCharacteristics 元素的 isSequential 属性，用于配置这个流程活动在执行时，是按顺序执行还是同时执行，为 true 表示按顺序执行，false 则同时执行。

多实例活动像是循环体，可以为它提供集合或者设定循环次数，让它循环，就像使用 Java 里面的循环语句一样。代码清单 13-26 是一个含有两个多实例任务的流程文件。

代码清单 13-26：codes\13\13.4\multi-instance\resource\bpmn\SimpleMultiInstance.bpmn

```
<process id="process1" name="process1">
    <startEvent id="startevent1" name="Start"></startEvent>
    <userTask id="usertask2" name="Task 1">
        <multiInstanceLoopCharacteristics
            isSequential="true">
            <loopCardinality>2</loopCardinality>
        </multiInstanceLoopCharacteristics>
```

```xml
        </userTask>
        <userTask id="usertask3" name="Task 2">
            <multiInstanceLoopCharacteristics
                isSequential="false">
                <loopCardinality>2</loopCardinality>
            </multiInstanceLoopCharacteristics>
        </userTask>
        <endEvent id="endevent1" name="End"></endEvent>
        <sequenceFlow id="flow1" name="" sourceRef="startevent1"
            targetRef="usertask2"></sequenceFlow>
        <sequenceFlow id="flow2" name="" sourceRef="usertask2"
            targetRef="usertask3"></sequenceFlow>
        <sequenceFlow id="flow3" name="" sourceRef="usertask3"
            targetRef="endevent1"></sequenceFlow>
    </process>
```
① ②

代码清单13-26的①中定义了一个多实例的用户任务，该用户任务的全部实例将会按顺序执行（isSequential=true），设置了循环次数为2。代码清单的②中也定义了一个多实例的用户任务，这个用户任务的全部实例会同时执行（isSequential=false），同样会循环2次，即这两个用户任务均会存在2个实例。代码清单13-27为运行代码。

代码清单13-27：codes\13\13.4\multi-instance\src\org\crazyit\activiti\SimpleMultiInstance.java

```java
// 创建流程引擎
ProcessEngine engine = ProcessEngines.getDefaultProcessEngine();
// 得到流程存储服务组件
RepositoryService repositoryService = engine.getRepositoryService();
// 得到运行时服务组件
RuntimeService runtimeService = engine.getRuntimeService();
// 得到任务服务组件
TaskService taskService = engine.getTaskService();
// 部署流程文件
repositoryService.createDeployment()
    .addClasspathResource("bpmn/SimpleMultiInstance.bpmn").deploy();
// 启动流程
ProcessInstance pi = runtimeService
    .startProcessInstanceByKey("process1");
// 查询执行流
List<Execution> exes = runtimeService.createExecutionQuery()
    .processInstanceId(pi.getId()).list();
System.out.println("使用顺序执行的多实例活动,流程数量: " + exes.size());
// 完成全部任务
for (int i = 0; i < 2; i++) {
    Task task = taskService.createTaskQuery()
        .processInstanceId(pi.getId()).singleResult();
    System.out.println("任务id: " + task.getId());
    taskService.complete(task.getId());
}
// 流程到达第二个多实例活动（并行的）
exes = runtimeService.createExecutionQuery()
        .processInstanceId(pi.getId()).list();
System.out.println("使用并行执行的多实例活动,流程数量: " + exes.size());
```

在启动流程后，执行流会遇到第一个多实例的用户任务，该代码会在启动流程后查询执行流数量，由于遇到按顺序执行的多实例用户任务，因此查询结果为3。循环两次将两个用户任务实例完成后，执行流到达第二个多实例的用户任务，由于这是一个并行的多实例用户任务，因此查询执行流时，输出的结果为4。运行代码清单13-27，输出结果如下：

```
使用顺序执行的多实例活动,流程数量: 3
任务id: 20018
```

任务id：20022
使用并行执行的多实例活动，流程数量：4

需要注意的是，在循环完成第一个用户任务时会将这些用户任务实例数据的 id 输出，可以看到，这些任务的 id 均为不同的值，证明每一个用户任务均是一个单独的实例。另外，由于 User Task 的活动行为是创建活动的实例，并不会让流程通过该活动，因此需要让外部（代码清单中的粗体字代码）完成任务，让流程继续向前执行。

▶▶ 13.4.2 设置循环数据

在上一节的例子中，设置用户任务的循环次数为2，除此之外，还可以为循环提供集合数据，让该活动按照集合的大小（或者与之相关的数量）进行循环，集合可以使用 BPMN 规范提供的元素配置，也可以使用 Activiti 的扩展特性配置。使用 BPMN 规范方式配置的话，需要为 multiInstanceLoopCharacteristics 添加 loopDataInputRef 子元素，使用 Activiti 方式指定集合的话，需要为 multiInstanceLoopCharacteristics 元素添加 activiti:collection 属性。使用 loopDataInputRef 子元素，需要将集合设置到流程中，而使用 activiti:collection 属性，则可以使用表达式，既可以从流程参数中获取集合，也可以直接调用对象的方法来获取。代码清单 13-28 所示的流程文件，分别使用了这两种方法获取需要循环的集合。

代码清单 13-28：codes\13\13.4\multi-instance\resource\bpmn\DataMultiInstance.bpmn

```xml
<process id="process1" name="process1">
    <startEvent id="startevent1" name="Start"></startEvent>
    <userTask id="usertask1" name="Task 1">
        <multiInstanceLoopCharacteristics
            isSequential="false">
            <loopDataInputRef>datas1</loopDataInputRef>
        </multiInstanceLoopCharacteristics>
    </userTask>                                                      ①
    <userTask id="usertask2" name="Task 2">
        <multiInstanceLoopCharacteristics
            isSequential="false" activiti:collection="${datas2}">
        </multiInstanceLoopCharacteristics>
    </userTask>                                                      ②
    <endEvent id="endevent1" name="End"></endEvent>
    <sequenceFlow id="flow1" name="" sourceRef="startevent1"
        targetRef="usertask1"></sequenceFlow>
    <sequenceFlow id="flow2" name="" sourceRef="usertask1"
        targetRef="usertask2"></sequenceFlow>
    <sequenceFlow id="flow3" name="" sourceRef="usertask2"
        targetRef="endevent1"></sequenceFlow>
</process>
```

代码清单 13-28 的①中使用 loopDataInputRef 子元素，来配置该用户任务将会使用名称为"datas1"的流程参数作为循环数据，②中使用 activiti:collection 属性，来表示第二个用户任务将会使用名称为"datas2"的流程参数作为循环数据。在加载该流程文件时，为流程设置两个流程参数，一个名称为"datas1"，一个名称为"datas2"，如代码清单 13-29 所示。

代码清单 13-29：codes\13\13.4\multi-instance\src\org\crazyit\activiti\DataMultiInstance.java

```java
// 创建流程引擎
ProcessEngine engine = ProcessEngines.getDefaultProcessEngine();
// 得到流程存储服务组件
RepositoryService repositoryService = engine.getRepositoryService();
// 得到运行时服务组件
RuntimeService runtimeService = engine.getRuntimeService();
// 得到任务服务组件
```

```java
TaskService taskService = engine.getTaskService();
// 部署流程文件
repositoryService.createDeployment()
    .addClasspathResource("bpmn/DataMultiInstance.bpmn").deploy();
// 初始化参数
Map<String, Object> vars = new HashMap<String, Object>();
List<String> datas1 = new ArrayList<String>();
datas1.add("a");
datas1.add("b");
List<String> datas2 = new ArrayList<String>();
datas2.add("c");
datas2.add("d");
datas2.add("e");
vars.put("datas1", datas1);
vars.put("datas2", datas2);
// 启动流程
ProcessInstance pi = runtimeService.startProcessInstanceByKey(
    "process1", vars);
// 循环完成第一个任务的全部实例
List<Task> tasks = taskService.createTaskQuery()
    .processInstanceId(pi.getId()).list();
System.out.println("第一个任务的实例数量：" + tasks.size());
// 完成全部任务
for (Task task : tasks) {
    taskService.complete(task.getId());
}
tasks = taskService.createTaskQuery().processInstanceId(pi.getId())
    .list();
System.out.println("第二个任务的实例数量：" + tasks.size());
```

在代码清单 13-29 中，使用参数启动流程后，马上进行任务实例的查询，输出的结果为 2，将第一个任务的全部实例都完成后，再进行任务数量查询，结果为 3，因为名称为"datas2"的流程参数有 3 个元素。运行代码清单 13-29，输出结果如下：

```
第一个任务的实例数量：2
第二个任务的实例数量：3
```

除了使用流程参数指定循环的集合外，如果使用的是 activiti:collection 属性，还可以使用流程参数对象的方法、Spring 的 bean 方法来获取集合。

▶▶ 13.4.3 获取循环元素

可以对集合进行遍历，在循环体中，如果需要使用集合中的元素，则可以为每一个元素定义一个别名，然后可以在相应的子执行流的范围中使用该参数。为集合中的元素定义别名，可以使用 BPMN 的方式或者 Activiti 的扩展方式。使用 BPMN 方式，可以为 multiInstanceLoopCharacteristics 增加 inputDataItem 子元素来实现，使用 Activiti 的扩展方式，可以为 multiInstanceLoopCharacteristics 增加 activiti:elementVariable 属性来实现。在代码清单 13-30 所示的流程中，对两个 Service Task 进行循环。

代码清单 13-30：codes\13\13.4\multi-instance\resource\bpmn\ElementInstance.bpmn

```xml
<process id="process1" name="process1">
    <startEvent id="startevent1" name="Start"></startEvent>
    <serviceTask id="servicetask1" name="Service Task"
        activiti:class="org.crazyit.activiti.feature.ServiceA">
        <multiInstanceLoopCharacteristics
            isSequential="true">
            <loopDataInputRef>datas1</loopDataInputRef>
            <inputDataItem name="data" />
        </multiInstanceLoopCharacteristics>
```
①

```xml
        </serviceTask>
        <serviceTask id="servicetask2" name="Service Task"
            activiti:class="org.crazyit.activiti.feature.ServiceB">
            <multiInstanceLoopCharacteristics
                isSequential="true" activiti:collection="${datas2}"
                activiti:elementVariable="data">
            </multiInstanceLoopCharacteristics>
        </serviceTask>
        <endEvent id="endevent1" name="End"></endEvent>
        <sequenceFlow id="flow1" name="" sourceRef="startevent1"
            targetRef="servicetask1"></sequenceFlow>
        <sequenceFlow id="flow2" name="" sourceRef="servicetask1"
            targetRef="servicetask2"></sequenceFlow>
        <userTask id="usertask1" name="End Task"></userTask>
        <sequenceFlow id="flow3" name="" sourceRef="servicetask2"
            targetRef="usertask1"></sequenceFlow>
        <sequenceFlow id="flow4" name="" sourceRef="usertask1"
            targetRef="endevent1"></sequenceFlow>
    </process>
```
②

代码清单 13-30 的①中，使用 loopDataInputRef 元素来指定循环的集合，使用 inputDataItem 元素来指定循环元素的别名。②中使用 activiti:collection 属性来指定循环的集合，使用 activiti:elementVariable 属性来指定循环元素的别名。这两种方式效果相同，分别对流程中名称为 "datas1" 和 "datas2" 的参数集合进行循环，循环时每个元素的别名均为 "data"。两个 Service Task 对应的 JavaDelegate 分别为 "ServiceA" 类和 "ServiceB" 类，这两个类的实现如代码清单 13-31 所示。

代码清单 13-31：codes\13\13.4\multi-instance\src\org\crazyit\activiti\ServiceA.java，
codes\13\13.4\multi-instance\src\org\crazyit\activiti\ServiceB.java

```java
public class ServiceA implements JavaDelegate {
    public void execute(DelegateExecution execution) {
        System.out.println("第一个任务，当前执行流id: " + execution.getId() + ", 父执行流id: "+ execution.getParentId());
        System.out.println("获取循环参数: " + execution.getVariable("data"));
    }
}

public class ServiceB implements JavaDelegate {
    public void execute(DelegateExecution execution) {
        System.out.println("第二个任务，当前执行流id: " + execution.getId() + ", 父执行流id: "+ execution.getParentId());
        System.out.println("获取循环参数: " + execution.getVariable("data"));
    }
}
```

代码清单中的 ServiceA 和 ServiceB，会输出当前执行流 id、父执行流 id 和当前的执行流参数，需要注意的是，参数名称均为 "data"，也就是在流程文件中为循环元素所起的别名。代码清单 13-32 为运行类。

代码清单 13-32：codes\13\13.4\multi-instance\src\org\crazyit\activiti\ElementInstance.java

```java
// 创建流程引擎
ProcessEngine engine = ProcessEngines.getDefaultProcessEngine();
// 得到流程存储服务组件
RepositoryService repositoryService = engine.getRepositoryService();
// 得到运行时服务组件
RuntimeService runtimeService = engine.getRuntimeService();
// 部署流程文件
```

```java
repositoryService.createDeployment()
    .addClasspathResource("bpmn/ElementInstance.bpmn").deploy();
Map<String, Object> vars = new HashMap<String, Object>();
// 设置参数
List<String> datas1 = new ArrayList<String>();
datas1.add("a");
datas1.add("b");
vars.put("datas1", datas1);
List<String> datas2 = new ArrayList<String>();
datas2.add("c");
datas2.add("d");
vars.put("datas2", datas2);
// 启动流程
ProcessInstance pi = runtimeService.startProcessInstanceByKey(
    "process1", vars);
// 查询执行流
Execution exe = runtimeService.createExecutionQuery()
        .processInstanceId(pi.getId()).onlyChildExecutions()
        .singleResult();
System.out.println("主执行流 id: " + exe.getId());
```

在运行类中，设置了"datas1"和"datas2"两个流程参数，两个集合中分别加入了 a、b、c、d 4 个元素，在运行类的最后，将主执行流的 id 输出，运行代码清单 13-32，最终输出结果如下：

```
第一个任务,当前执行流 id: 2518, 父执行流 id: 2516
获取循环参数: a
第一个任务,当前执行流 id: 2518, 父执行流 id: 2516
获取循环参数: b
第二个任务,当前执行流 id: 2537, 父执行流 id: 2516
获取循环参数: c
第二个任务,当前执行流 id: 2537, 父执行流 id: 2516
获取循环参数: d
主执行流 id: 2516
```

根据输出结果可知，顺序执行的循环，都使用同一个执行流来执行活动的实例，该执行流的父执行流为主执行流。在对应的 JavaDelegate 类中，均输出了相应的"data"名称的变量。

13.4.4 循环的内置参数

在对多实例活动进行循环的过程中，可以使用一些内置的参数，例如实例的总数、已完成实例数、当前循环索引等。这些参数的名称以及描述如下。

- nrOfInstances：实例总数，使用 loopCardinality 元素的话，由该元素值决定，使用外部集合的话，由集合大小决定。
- nrOfActiveInstances：当前正在执行的实例数，如果是按顺序执行的多实例活动，该值总是为 1，如果是同时进行的多实例活动，则每执行完一个实例，该值将会减少 1。
- nrOfCompletedInstances：已经完成的实例数。
- loopCounter：当前循环的索引。

当执行流到达多实例的活动时，对于按顺序执行的实例，会创建新的执行流用于执行这些活动的实例，因此以上 4 个参数，均可以在该执行流的范围中获取；对于同时执行的实例，除了会创建一条新的执行流外，还会为每个实例创建一条执行流。以上的 loopCounter 参数，只能在对应实例的执行流范围中使用。代码清单 13-33 所示是一个含两个多实例活动的流程。

代码清单 13-33：codes\13\13.4\multi-instance\resource\bpmn\InternalVariable.bpmn

```xml
<process id="process1" name="process1">
    <startEvent id="startevent1" name="Start"></startEvent>
    <serviceTask id="servicetask2" name="Service Task"
        activiti:class="org.crazyit.activiti.InternalVariableServiceA">
        <multiInstanceLoopCharacteristics
            isSequential="true">
            <loopCardinality>3</loopCardinality>
        </multiInstanceLoopCharacteristics>
    </serviceTask>
    <endEvent id="endevent1" name="End"></endEvent>
    <serviceTask id="servicetask3" name="Service Task"
        activiti:class="org.crazyit.activiti.InternalVariableServiceB">
        <multiInstanceLoopCharacteristics
            isSequential="false">
            <loopCardinality>3</loopCardinality>
        </multiInstanceLoopCharacteristics>
    </serviceTask>
    <userTask id="usertask1" name="End Task"></userTask>
    <sequenceFlow id="flow2" name="" sourceRef="servicetask2"
        targetRef="servicetask3"></sequenceFlow>
    <sequenceFlow id="flow3" name="" sourceRef="servicetask3"
        targetRef="usertask1"></sequenceFlow>
    <sequenceFlow id="flow4" name="" sourceRef="usertask1"
        targetRef="endevent1"></sequenceFlow>
    <sequenceFlow id="flow5" name="" sourceRef="startevent1"
        targetRef="servicetask2"></sequenceFlow>
</process>
```

代码清单 13-33 中的粗体字代码，配置了两个多实例的 Service Task，两个 Service Task 均使用 loopCardinality 配置活动的实例数，本例中两个 Service Task 均包含 3 个实例。需要注意的是，第一个 Service Task 的全部实例会按顺序执行（isSequential=true），第二个 Service Task 的全部实例会同时执行（isSequential=false）。两个 Service Task 对应的 JavaDelegate 类分别为 InternalVariableServiceA 和 InternalVariableServiceB，两个 JavaDelegate 类以及运行代码，如代码清单 13-34 所示。

代码清单 13-34：codes\13\13.4\multi-instance\src\org\crazyit\activiti\InternalVariableServiceA.java，
codes\13\13.4\multi-instance\src\org\crazyit\activiti\InternalVariableServiceB.java

```java
public class InternalVariableServiceA implements JavaDelegate {

    public void execute(DelegateExecution execution) {
        System.out.println("按顺序执行的多实例活动，执行流 id：" + execution.getId());
        System.out.println("实例总数：" + execution.getVariable("nrOfInstances")
                + "，当前执行的任务数：" + execution.getVariable("nrOfActiveInstances")
                + "，已完成的任务数："
                + execution.getVariable("nrOfCompletedInstances") + "，当前索引："
                + execution.getVariable("loopCounter"));
    }
}

public class InternalVariableServiceB implements JavaDelegate {

    public void execute(DelegateExecution execution) {
        System.out.println("同时执行的多实例活动，执行流 id：" + execution.getId());
        System.out.println("实例总数：" + execution.getVariable("nrOfInstances")
                + "，当前执行的任务数：" + execution.getVariable("nrOfActiveInstances")
                + "，已完成的任务数："
                + execution.getVariable("nrOfCompletedInstances") + "，当前索引："
                + execution.getVariable("loopCounter"));
```

```java
    }
}
public class InternalVariable {
    public static void main(String[] args) {
        // 创建流程引擎
        ProcessEngine engine = ProcessEngines.getDefaultProcessEngine();
        // 得到流程存储服务组件
        RepositoryService repositoryService = engine.getRepositoryService();
        // 得到运行时服务组件
        RuntimeService runtimeService = engine.getRuntimeService();
        // 部署流程文件
        repositoryService.createDeployment()
            .addClasspathResource("bpmn/InternalVariable.bpmn")
            .deploy();
        // 启动流程
        runtimeService.startProcessInstanceByKey("process1");
    }
}
```

两个JavaDelegate类，仅仅输出当前的执行流id和4个内置的参数值，运行代码清单13-34，输出结果如下：

```
按顺序执行的多实例活动，执行流id：5008
实例总数：3，当前执行的任务数：1，已完成的任务数：0，当前索引：0
按顺序执行的多实例活动，执行流id：5008
实例总数：3，当前执行的任务数：1，已完成的任务数：1，当前索引：1
按顺序执行的多实例活动，执行流id：5008
实例总数：3，当前执行的任务数：1，已完成的任务数：2，当前索引：2
同时执行的多实例活动，执行流id：5030
实例总数：3，当前执行的任务数：3，已完成的任务数：0，当前索引：0
同时执行的多实例活动，执行流id：5031
实例总数：3，当前执行的任务数：2，已完成的任务数：1，当前索引：1
同时执行的多实例活动，执行流id：5032
实例总数：3，当前执行的任务数：1，已完成的任务数：2，当前索引：2
```

根据结果可知，每个Service Task均被执行了3次，每次执行时都会输出当前执行流的4个内置参数。除了可以在JavaDelegate中使用这些内置的参数外，还可以在流程配置文件中利用表达式来使用这些参数。

13.4.5 循环结束条件

多实例活动的各个实例在执行时，如果需要在达到某种条件时跳出循环，则可以为multiInstanceLoopCharacteristics添加completionCondition子元素来实现。循环结束条件的设定方法，可以应用在诸如投票的业务上，例如赞成票超过50%后跳出循环，并且让流程继续向前进行，此时可以使用 completionCondition 元素。代码清单 13-35 给出了一个使用completionCondition元素的例子。

代码清单13-35：codes\13\13.4\multi-instance\resource\bpmn\CompleteCondition.bpmn

```xml
<process id="process1" name="process1" isExecutable="true">
    <startEvent id="startevent1" name="Start"></startEvent>
    <serviceTask id="servicetask1" name="Service Task"
        activiti:class="org.crazyit.activiti.CompleteConditionA">
        <multiInstanceLoopCharacteristics
            isSequential="true" activiti:collection="${datas}"
            activiti:elementVariable="data">
            <completionCondition>${nrOfCompletedInstances >= 2}</completionCondition>
```

```xml
            </multiInstanceLoopCharacteristics>
        </serviceTask>
        <userTask id="usertask1" name="End Task"></userTask>
        <endEvent id="endevent1" name="End"></endEvent>
        <sequenceFlow id="flow1" sourceRef="startevent1"
            targetRef="servicetask1"></sequenceFlow>
        <sequenceFlow id="flow2" sourceRef="servicetask1"
            targetRef="usertask1"></sequenceFlow>
        <sequenceFlow id="flow3" sourceRef="usertask1" targetRef="endevent1">
</sequenceFlow>
    </process>
```

代码清单 13-35 中的粗体字代码，使用 completionCondition 元素来定义循环的结束条件，本例中定义的条件为，当完成的实例数大于 2 时，循环结束。

流程中的 Service Task 对应的 JavaDelegate 类为 CompleteDelegate，该类只会将当前名称为"data"的参数输出，并无其他特殊行为。代码清单 13-36 为 CompleteDelegate 类与运行类的代码。

代码清单 13-36：codes\13\13.4\multi-instance\src\org\crazyit\activiti\CompleteCondition.java

```java
public class CompleteDelegate implements JavaDelegate {

    public void execute(DelegateExecution execution) {
        System.out.println(execution.getVariable("loopCounter")
            + "执行JavaDelegate类，数据项为：" + execution.getVariable("data"));
    }
}

public class CompleteCondition {

    public static void main(String[] args) {
        // 创建流程引擎
        ProcessEngine engine = ProcessEngines.getDefaultProcessEngine();
        // 得到流程存储服务组件
        RepositoryService repositoryService = engine.getRepositoryService();
        // 得到运行时服务组件
        RuntimeService runtimeService = engine.getRuntimeService();
        // 部署流程文件
        repositoryService.createDeployment()
                .addClasspathResource("bpmn/CompleteCondition.bpmn")
                .deploy();
        // 初始化参数
        Map<String, Object> vars = new HashMap<String, Object>();
        List<String> datas = new ArrayList<String>();
        datas.add("a");
        datas.add("b");
        datas.add("c");
        datas.add("d");
        vars.put("datas", datas);
        // 启动流程
        runtimeService.startProcessInstanceByKey("process1", vars);
    }
}
```

在运行代码中，为一个"datas"集合添加 4 个元素，按照流程文件中的配置，当完成的实例数大于 2 时，结束循环，因此在相应的 Service Task 输出参数时，将不会输出最后两个参数。运行代码清单 13-36，运行结果如下：

```
0 执行JavaDelegate类，数据项为：a
1 执行JavaDelegate类，数据项为：b
```

13.4.6 补偿处理者

补偿处理者是指当补偿事件被触发时,来处理补偿行为的流程活动,在第 11 章讲述补偿事件时,也曾使用过补偿处理者。补偿处理者不能包含普通的顺序流,它仅仅用于执行补偿,补偿处理者不能有输入或者输出的顺序流,它必须与某个补偿事件相关联。图 13-18 所示为一个含有补偿处理者的流程的一部分。

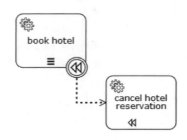

图 13-18 补偿处理者

图 13-18 中的"cancel hotel reservation"任务为补偿处理者。要定义一个活动是补偿处理者,可以为活动添加 isForCompensation=true 来配置,例如,可以如下配置一个补偿处理者:

```
<serviceTask id="undoBookHotel" isForCompensation="true" activiti:class="...">
</serviceTask>
```

在以上配置中,定义了一个 Service Task 作为补偿处理者,除了 Service Task 外,还可以使用其他的流程活动作为补偿处理者。关于补偿处理者和补偿事件的使用,这里不再赘述,详细请见 11.5.4 节与 11.7 节。

13.5 本章小结

本章主要讲解了子流程、顺序流和网关这些常用的流程元素,其中子流程是流程活动之一,可以作为其他流程元素的容器。灵活使用子流程,可以让业务流程显得更加简洁。顺序流是最常见的而又最不起眼的流程元素,但是它在流程中扮演了不可或缺的角色,它代表着流程的走向。流程网关主要用于控制流程的走向,流程如何前进,均可以使用网关进行控制,本书只讲述了当前 Activiti 所支持的 4 种网关。除此之外,本章还讲解了流程活动的多实例和补偿特性,其中着重讲解了多实例活动的使用。本章是关于 BPMN 规范内容的最后一章,从下一章开始,将讲解 Activiti 的实际应用,以及与其他技术的整合。

第 14 章
Activiti 与规则引擎

本章要点

- 编写第一个规则
- Drools 规则的基本语法
- Drools 的类型
- Drools 的函数和查询
- Activiti 与 Drools 的整合

规则引擎是一种可以嵌入到具体业务系统中的组件，与流程引擎相同的是，它也可以嵌入到业务系统中，而流程引擎重在流程与程序的分离，规则引擎重在业务规则与程序的分离。要做到流程与程序分离，需要特定的流程语言，本书介绍的 BPMN 2.0，实际上就是定义流程的语言。同样，要做到业务规则与程序分离，也需要使用某种特定的规则语言，这些规则语言可以接收数据输入，做出业务响应。

本书的第 11 章讲述了流程任务，我们知道，BPMN 2.0 规范提供了 Business Rule Task，使用该任务可以调用在 Drools 中定义的规则并返回规则结果。本章将讲述规则引擎与 Activiti 的整合及使用。

14.1 概述

为了能适应各种业务规则的变化，让业务人员能直接参与业务规则的管理，降低系统的成本，规则引擎应运而生。使用规则引擎可以将业务规则与应用系统进行分离，让规则引擎变成一个独立的逻辑组件，从而降低应用程序的复杂性与扩展成本。一个规则引擎，能够接收数据输入，并根据这些数据进行业务规则解析，最终做出业务决策。

目前在 Java 领域的规则引擎有 JBoss Drools、Mandarax、OpenRules、JEOPS 等，本章所讲述的就是 JBoss 旗下的 Drools，当前版本的 Activiti 只支持该规则引擎。

14.1.1 规则引擎 Drools

Drools 原来是 Codehaus 下的一个开源项目，后来纳入到 JBoss 下。Drools 实现和扩展了 Rete 算法，Rete 算法由 Charles Forgy 博士于 1978 年在其论文中提及，1982 年发布了一个简单的版本。Rete 算法主要包括规则编译和运行时执行两部分，Drools 实现这种算法时，让其具有了面向对象的特性。Drools 实现的 Rete 算法，称为 ReteOO，Rete 算法就好像一个规则处理大脑。除 Rete 算法外，Drools 还使用了 Leaps 算法，该算法主要用于进行规则的过滤。Drools 的规则生产系统（Production System）结合了 Rete 和 Leaps 算法，Rete 算法负责处理与产生规则，Leaps 算法则加快此过程。

使用 Drools 可以达到业务逻辑与数据分离的效果：使用对象来保存数据，使用规则文件来定义业务逻辑，这将会从根本上解决程序与业务逻辑之间的耦合，更进一步，可以动态定义规则文件，让应用程序变得更加灵活。除此之外，Drools 的规则语法简洁明了，可以使用以下的语句定义一个规则：

```
when
    条件
then
    行为
```

Drools 的规则会被定义在一个规则文件中，一般情况下，规则文件的后缀为".drl"，一个规则文件可以包含多个规则或者方法，规则文件的语法，将会在本章的 14.3 节讲解。

14.1.2 Drools 下载与安装

JBoss Drools 在本书成书时所发布的最新版本为 7.0.0.Final，本书所使用的版本是 7.0.0.Final。可以从以下地址下载 Drools：

https://download.jboss.org/drools/release/7.0.0.Final/drools-distribution-7.0.0.Final.zip

下载完成后，得到 drools-distribution-7.0.0.Final.zip 压缩包，解压后得到 drools-distribution-

7.0.0.Final 目录，该目录下有以下子目录。
- binaries：存放所依赖的第三方 jar 包和 Drools 编译后的 jar 包。
- examples：Drools 项目自带的例子。
- javadoc：Drools 的 Java API 文档。
- osgi-binaries：OSGI 环境下所使用的包。
- sources：存放 Drools 源代码的 jar 包。

除了发布的项目外，Drools 还提供了相应的 Eclipse 插件，插件的下载地址如下：

https://download.jboss.org/drools/release/7.0.0.Final/droolsjbpm-tools-distribution-7.0.0.Final.zip

下载并解压后，得到 droolsjbpm-tools-distribution-7.0.0.Final 目录，在安装 Eclipse 插件时，需要从本地进行安装，选中 "droolsjbpm-tools-distribution-7.0.0.Final/binaries/org.drools.updatesite" 目录即可，如图 14-1 所示。

图 14-1 完成 Drools Eclipse 插件的安装

14.2 开发第一个 Drools 应用

在对 Drools 有初步认识并安装好 Drools 的环境后，下面将带领读者开发第一个 Drools 应用。本节的内容包括建立 Drools 的开发环境，编写一个最简单的规则，最后再使用最基本的 Drools API 来加载和运行该规则。有关更详细的 Drools 语法与 API 的介绍，在本章后面的章节中。

14.2.1 建立 Drools 环境

本例与前面的 Activiti 例子一样，在 Eclipse 中建立一个普通的 Java 项目，然后通过 main 方法来运行示例。本书使用的 Drools 包，存放在 common-lib/lib/drools 下，读者可以引用该目录下的 jar 包来使用 Drools 包。图 14-2 显示的是第一个 Drools 项目的结构。

图 14-2 项目结构

14.2.2 编写规则

Drools 的规则文件一般情况下以 ".drl" 为后缀，在一个规则文件中可以指定多个规则、查询或者函数，也可以定义一个导入的资源或者属性，这些资源或者属性可以被规则使用。如果在一个项目中存在大量的规则，那么可以将这些规则保存到不同的文件中，针对这种情况，官方文档建议使用 ".rule" 作为这些规则文件的后缀。代码清单 14-1 定义了一个简单的规则与对应的 Person 类。

代码清单 14-1：codes\14\14.2\first-drools\resource\rule\first.drl

```
package org.crazyit.drools

rule "Test Rule"
    when
        Person(name == "Crazyit");
    then
        System.out.println("Welcome to Drools");
end
public class Person {
    private String name;

    public String getName() {
        return name;
    }

    public void setName(String name) {
        this.name = name;
    }
}
```

在代码清单 14-1 中，使用 package 关键字定义了该规则文件的包名，在该文件中只定义了一个业务规则，名称为"Test Rule"，当 Person 对象的 name 属性值等于"Crazyit"时，该规则就会被匹配到，然后会执行 then 语句，本例中的 then 语句仅仅在控制台中输出"Welcome to Drools"。

14.2.3 加载与运行

编写完规则文件后，就需要使用 Drools 的 API 来加载和运行这些文件。代码清单 14-2 为加载和运行代码清单 14-1 定义的规则文件的代码。

代码清单 14-2：codes\14\14.2\first-drools\src\org\crazyit\drools\FirstTest.java

```
// 创建一个 KnowledgeBuilder
KnowledgeBuilder kbuilder = KnowledgeBuilderFactory.newKnowledgeBuilder();      ①
// 添加规则资源到 KnowledgeBuilder
kbuilder.add(ResourceFactory.newClassPathResource("rule/first.drl",
        FirstTest.class), ResourceType.DRL);
// 获取知识包集合
Collection<KnowledgePackage> pkgs = kbuilder
        .getKnowledgePackages();
// 创建 KnowledgeBase 实例
KnowledgeBase kbase = kbuilder.newKnowledgeBase();                              ②
// 将知识包部署到 KnowledgeBase 中
kbase.addKnowledgePackages(pkgs);
// 使用 KnowledgeBase 创建 StatefulKnowledgeSession
StatefulKnowledgeSession ksession = kbase
    .newStatefulKnowledgeSession();                                             ③
// 定义一个事实对象
```

```
Person person = new Person();
person.setName("Crazyit");
// 向StatefulKnowledgeSession中加入事实
ksession.insert(person);
// 匹配规则
ksession.fireAllRules();
// 关闭当前session的资源
ksession.dispose();
```

在代码清单的①中，创建了一个默认的 KnowledgeBuilder 实例，KnowledgeBuilder 主要用于保存资源文件。在向 KnowledgeBuilder 添加资源文件后，程序会根据传入的类型来决定下一步的操作，如果是规则文件的话，会将这些规则文件进行解析、编译和注册，经过一系列的工作后，就会将这些规则的相关内容转换为一个注册包（PackageRegistry）对象，并且在 KnowledgeBuilder 中会有一个 Map 来缓存这些 PackageRegistry 实例。在使用 KnowledgeBuilder 的 getKnowledgePackages 方法时，会使用全部的 PackageRegistry 实例来创建一个知识包（KnowledgePackage）集合并返回。

在代码清单的②中创建了一个 KnowledgeBase 实例，KnowledgeBase 用于保存全部应用的知识定义，这些知识定义也包括业务规则定义。需要注意的是，KnowledgeBase 不会保存运行时的数据，运行时的数据会由 StatefulKnowledgeSession 对象保存，StatefulKnowledgeSession 由 KnowledgeBase 创建。在代码清单的③中，使用 KnowledgeBase 创建了 StatefulKnowledgeSession 实例。

得到 StatefulKnowledgeSession 实例后，创建了一个 Person 类型的事实对象，其只有一个 name 属性，在代码清单 14-2 中将 name 属性值设置为"Crazyit"。由于 StatefulKnowledgeSession 主要用于执行和保存事实数据，因此使用 StatefulKnowledgeSession 的 insert 方法将 Person 对象插入，对于 Drools 来说，一个 name 为"Crazyit"的 Person 对象，就是一个事实对象，该对象含有真实的数据。在代码清单的最后，使用 StatefulKnowledgeSession 的 fireAllRules 方法进行规则的匹配和执行。运行代码清单 14-2，最终控制台输出结果为：

```
Welcome to Drools
```

关于 Drools 的 API，本章并不会进行太深入的讲解，本书的重点是 Activiti 如何与 Drools 结合使用，因此重点是 Drools 的规则语法、Activiti 如何调用 Drools 的规则等内容。

 ## 14.3 Drools 规则语法概述

Drools 有一套自己的规则语言，通过该规则语言，可以将不同业务领域的业务"语言"转换为可以被 Drools 解读的规则。与其他的编程语言一样，规则语言拥有自己的语法，例如语言中的关键字、变量定义、函数定义和函数调用等。下面将介绍 Drools 的规则语法。

▶▶ 14.3.1 规则文件结构

每种语言都会有自己的语言结构，例如 Java 语言使用 class 来定义一个类，使用 package 来声明包等，同样，规则语言也有自己的结构，一个规则文件的内容主要包括以下部分。

- package：声明该规则文件的包名，相当于为规则文件提供一个命名空间，该名称可以不与规则文件所在的目录相关联，例如"package org.crazyit.drools.sale;"，package 必须要在规则文件的最前面，否则在编译规则文件时，将会抛出错误信息，信息内容为：

mismatched input 'package' expecting one of the following tokens: '[package, import, global, declare, function, rule, query].

> import：该关键字就好像 Java 中的 import 一样，声明规则在编译和运行时所使用的 Java 类，如 14.2.3 节的例子中，规则文件需要使用 Person 对象，那么就需要使用 import 关键字导入该对象，但是 14.2.3 节的例子中并没有显式导入 Person 对象，这是由于使用了 package 定义了"org.crazyit.drools"命名空间，而 Person 类的包恰好是"org.crazyit.drools"，与 package 有相同的包名，因此不需要显式进行导入。除了会将 package 声明的 Java 包下全部的类导入外，默认还会导入 java.lang 包下全部的类。

> global：用于定义全局的变量，这些变量可以是具体的数据或者服务对象，规则文件中的全部规则均可以使用 global 定义的变量，例如"global java.util.List.myList"。全局变量更多地用于存放规则结果或者与应用进行数据交互。

> function：用于在规则文件中定义逻辑语句，使用方法的定义可以将部署逻辑独立存放到规则文件中，这些方法可以供多个规则调用，就像 Java 类中的工具（private）方法。

> query：使用查询可以到工作存储空间中查找符合条件的事实数据，事实数据均会被存放到工作存储空间中，query 是其中一种查询这些事实数据的途径。

> rule：一个 rule 定义一个业务规则，当符合某个特定条件时，就执行相应的行为。条件被称为 LHS（Left Hand Side），行为被称为 RHS（Right Hand Side），使用 when LHS then RHS 的语法规则定义一个 rule。

在规则文件中，除了 package 必须要定义在规则文件最前面外，其他的组成部分均可以不按顺序定义，但建议按照以上描述的顺序进行定义，以便增强规则文件的可读性。

14.3.2 关键字

规则语言中有两类关键字：硬（hard）和软（soft）关键字，硬关键字是指约束性较强的一类关键字，即规则文件中不允许使用硬关键字进行命名，包括对象名称、属性名、方法名等规则文件中的元素，硬关键字有 true、false 和 null 三个。

跟硬关键字相比，软关键字的限制就相对宽松，在进行规则元素命名时，可以使用这些关键字，但是为了避免冲突，建议尽量不要使用关键字进行命名，在 Drools 的官方文档中，共介绍了几十个软关键字：lock-on-active、date-effective、date-expires、no-loop、auto-focus、activation-group、agenda-group、ruleflow-group、entry-point、duration、package、import、dialect、salience、enabled、attributes、rule、extend、when、then、template、query、declare、function、global、eval、not、in、or、and、exists、forall、accumulate、collect、from、action、reverse、result、end、over、init，这些关键字在各自的语义中均有不同的作用，例如 lock-on-active、date-effective 等用来定义规则属性，function、rule 等用来定义规则元素，除此之外，还包括定义运算的关键字、定义对象和行为的关键字等。这些关键字的使用会在后面章节中讲到。

14.3.3 规则编译

在向 KnowledgeBuilder 添加规则资源时，KnowledgeBuilder 会将解析得到的规则内容进行编译，在编译过程中如果遇到语法错误，会将这些错误封装为一个 KnowledgeBuilderResult 的集合，存放在 PackageBuilder 的实例中。如果想获取这些编译的错误信息，可以调用 KnowledgeBuilder 的 getErrors 方法，该方法返回一个 PackageBuilderErrors 实例，调用 toString 方法可查看编译的全部错误信息。例如往规则文件中随便加入不规范的语句，如代码清单 14-3 所示。

代码清单 14-3：codes\14\14.3\grammar\resource\grammar.drl

```
package org.crazyit.drools;
abc
rule "Test Rule"
    when
        Person(name == "Crazyit");
    then
        System.out.println("Welcome to Drools");
End
```

代码清单 14-3 中的 "abc"，不是规则语法的关键字，这明显违反了语法规则。KnowledgeBuilder 在加载该规则文件资源和编译时，调用 KnowledgeBuilder 的 getErrors 方法可以得到异常信息，如以下代码所示：

```
// 创建一个 KnowledgeBuilder
KnowledgeBuilder kbuilder = KnowledgeBuilderFactory
    .newKnowledgeBuilder();
// 添加规则资源到 KnowledgeBuilder
kbuilder.add(ResourceFactory.newClassPathResource("grammar.drl",
    TestError.class), ResourceType.DRL);
// 输出错误信息
if (kbuilder.hasErrors()) {
    System.out.println(kbuilder.getErrors().toString());
    System.exit(0);
}
```

对代码清单 14-3 所示的规则文件进行编译，输出结果如下：

```
[2,0]: [ERR 107] Line 2:0 mismatched input 'abc' expecting one of the following tokens:
'[package, unit, import, global, declare, function, rule, query]'.
 [0,0]: Parser returned a null Package
```

根据以上的错误信息可知，该编译错误的代号为 "ERR 107"，出现在规则文件的第二行，错误信息大致为 "abc 是不匹配的语言符号"。关于错误代号，在编译时其值从 101 到 108，分别代表不同的错误类型，笔者觉得不需要太关心这些错误代号，遇到编译问题时，仔细阅读输出的错误信息即可发现问题所在。

14.4 类型声明

Drools 会根据传入的事实数据来匹配最合适的规则，一般情况下，事实数据均为 Java 对象，例如 14.2.3 节的例子中的 Person 对象，规则中定义了当事实对象（Person）的 name 属性等于 "Crazyit" 时，会触发该规则，代码清单 14-2 使用 StatefulKnowledgeSession 的 insert 方法将 Person 实例写入工作存储空间（Working Memory）中，对于 Drools 来说，这个 Person 实例就是一个事实对象。

除了可以使用 Java 对象来作为事实对象外，还可以在规则文件中使用 declare 关键字来声明一个新的事实对象，如果想为新建的事实对象（或者已有的事实对象）添加元数据，还可对其进行元数据的声明。

14.4.1 声明新类型

在规则文件中声明一个新类型，以 declare 关键字开始，以 end 作为类型声明的结束。在类型声明中，使用"属性名：类型"的格式来定义多个类型属性（在规则中，也使用这种语法来定义变量），类型的属性可以为 Java 的基本数据类型，也可以是其他的对象，如果使用的对象不存在于自己的 package 中，并且也不存于 java.lang 中，那么就需要使用 import 进行导入，或者也可以在定义属性时，设定该属性类型的全限定类名，如 weight:java.math.BigDecimal。代码清单 14-4 在规则文件中声明了一个 Person 的类型。

代码清单 14-4：codes\14\14.4\declare-type\resource\rule\TypeDeclare.drl

```
package org.crazyit.drools;

declare Person
    name : String
    age : int
    weight : java.math.BigDecimal
end
```

在代码清单 14-4 中声明了一个 Person 类型，一个 Person 类型有 name、age 和 weight 属性，其中 weight 属性的类型是 java.math.BigDecimal，如果在规则中使用了 import java.math.BigDecimal 导入类，那么 weight 属性的类型可以写为 BigDecimal，而不需要提供全限定类名，这与 Java 的语法类似。

在规则文件中声明的类型，对于 Drools 来说是一个事实对象，那么在对规则文件进行编译时，会解析该类型，使用 ASM 动态生成 class 的字节码，在生成相应的字节码时，会根据定义的类型属性生成相应的类属性以及 setter 和 getter 方法。代码清单 14-4 中的 Person 类型，生成的 class 字节码，与代码清单 14-5 的 Java 源代码编译后的.class 大体一致。

代码清单 14-5：codes\14\14.4\declare-type\src\org\crazyit\drools\mybean\Person.java

```java
package org.crazyit.drools;

import java.io.Serializable;
import java.math.BigDecimal;

public class Person implements Serializable {
    private String name;
    private int age;
    private BigDecimal weight;

    public Person() {
        super();
    }
    public Person(String name, int age, BigDecimal weight) {
        super();
        this.name = name;
        this.age = age;
        this.weight = weight;
    }
    public String getName() {
        return name;
    }
    public void setName(String name) {
        this.name = name;
    }
    public int getAge() {
        return age;
    }
```

```
    public void setAge(int age) {
        this.age = age;
    }
    public BigDecimal getWeight() {
        return weight;
    }
    public void setWeight(BigDecimal weight) {
        this.weight = weight;
    }
}
```

Drools 在对规则文件进行编译时，会根据 declare 定义的类型生成 class 字节码，包括在 declare 中定义的属性及相应的 setter 和 getter 方法、一个无参数构造器和一个有全部属性的构造器，还需要注意的是，生成的 class 字节码默认会实现序列化接口。为了让读者更了解该过程，下一节将会讲解如何使用 ASM 来操作字节码，将 Drools 解析 declare 并生成 class 字节码的过程还原。

> Drools 使用的是 mvel2 的包，ASM 被集成在 mvel2 中。

▶▶ 14.4.2 使用 ASM 操作字节码

ASM 是用于操作 Java 字节码的开源框架，本节成书时最新版本为 6.0_alpha，本书使用的版本为 5.2，以下为 ASM 项目的地址：http://forge.ow2.org/projects/asm。使用 ASM 可以动态地生成类文件（.class）或者操作已有的类文件，可以在运行时生成（修改）类的名称、方法和属性。在对类文件操作后，需要让 Java 虚拟机重新加载该类。由于 ASM 可以在运行时动态修改类的属性或者行为，修改类文件后需要通知 Java 虚拟机重新加载，因此，这种灵活性会牺牲一定的性能。在规则文件中使用 declare 定义的新类型时，Drools 会加载该类型，并根据 declare 的定义生成相应 JavaBean 的字节码。

下载了 ASM 后，将 asm-4.1.jar 添加到项目的 ClassPath 下，就可以使用 ASM 的 API 了。注意，Drools 操作 Java 字节码，同样使用的是 ASM，但是 Drools 使用 ASM 的 API 在 mvel 的 jar 包中。代码清单 14-6 使用了 ASM 4.1 来动态创建字节码，并且实例化对象。

代码清单 14-6：codes\14\14.4\drools-asm\src\org\crazyit\drools\TestAsm.java

```
ClassWriter cw = new ClassWriter(ClassWriter.COMPUTE_MAXS);
// 访问类的头部分
cw.visit(Opcodes.V1_5, Opcodes.ACC_PUBLIC, "org/crazyit/test/MyObject",
    null, "java/lang/Object", null);
// 访问方法，创建构造器
MethodVisitor construct = cw.visitMethod(Opcodes.ACC_PUBLIC, "<init>",
    "()V", null, null);                                              ①
construct.visitCode();
construct.visitVarInsn(Opcodes.ALOAD, 0);
construct.visitMethodInsn(Opcodes.INVOKESPECIAL, "java/lang/Object",
    "<init>", "()V");
construct.visitInsn(Opcodes.RETURN);
construct.visitMaxs(0, 0);
construct.visitEnd();  // 结束方法访问
// 访问属性，创建 userName 属性
FieldVisitor fv = cw.visitField(Opcodes.ACC_PRIVATE, "userName",
    BuildUtils.getTypeDescriptor("String"), null, null);              ②
fv.visitEnd();  // 结束属性访问
cw.visitEnd();  // 结束类访问
```

```
final byte[] code = cw.toByteArray();
// 根据字节数组创建Class
Class clazz = new ClassLoader() {
    protected Class findClass(String name)
            throws ClassNotFoundException {
        return defineClass(name, code, 0, code.length);
    }
}.loadClass("org.crazyit.test.MyObject");
// 实例化对象
Object obj = clazz.newInstance();
System.out.println(obj);
```

在代码清单 14-6 中，先创建一个 ClassWriter 的实例，然后使用该实例直接创建（访问）类的头部，包括类的访问修饰、父类、实现的接口和类名。在本例中，ClassWriter 创建的类名称为 org.crazyit.test.MyObject，其父类是 java.lang.Object，没有实现任何接口。完成类的头部信息访问后，代码清单 14-6 为 MyObject 添加一个无参数的构造器（代码清单中的①），如果不为对象添加任何的构造器，将会抛出初始化错误。代码清单中的②为 MyObject 对象添加一个名称为 userName 的属性。需要注意的是，无论是类的访问还是方法和属性的访问，在完成之后，都需要调用相应的 visitEnd 方法声明访问结束。

对 Java 类完成全部操作后，可以使用 ClassWriter 的 toByteArray 方法获取 class 的 byte 数组，该数组就是所需要的字节码。在代码清单 14-6 的粗体字代码中，自定义了一个 ClassLoader，重写父类的 findClass 方法，调用 defineClass 方法将 byte 数组传入，最后调用 ClassLoader 的 loadClass 方法得到 MyObject 的 Class 实例。得到 Class 对象后，就可以使用 newInstance 方法创建一个"不存在"的 MyObject 实例。

在本例中，并没有使用 MyObject 中的 userName 属性，实际上可以为该属性添加 setter 和 getter 方法，如果需要调用类里面的方法，可以在得到 MyObject 的实例后，直接使用 Class 的 getMethod 方法返回一个 Method 实例，调用 Method 的 invoke 方法就可以实现方法的调用。使用 ASM 添加方法的定义，可以参考代码清单 14-6 中创建构造器一段（代码清单中的①），在 Java 中，构造器实际上也是一个方法。运行代码清单 14-6，输出结果为：org.crazyit.test.MyObject@83cc67，根据输出结果可知，该段代码已经创建了一个 MyObject 的实例。

▶▶ 14.4.3 类型声明的使用

在规则引擎中，解析类型声明的过程与上一节的例子类似，在解析 declare 后，会使用 ASM 生成定义类型的字节码，最终得到相应的 Class 实例。根据前面章节的内容可以知道，在使用 KnowledgeSession 插入事实对象时，需要插入一个具体的对象，而使用 declare 声明的类型，无法通过普通的方式（使用 new 等）来创建事实对象的实例，因此需要使用 Drools 的 API 来完成实例的创建和方法的调用。修改 14.4.1 节中的例子，加入一个规则，如代码清单 14-7 所示。

代码清单 14-7：codes\14\14.4\declare-type\resource\rule\TypeDeclare.drll

```
package org.crazyit.drools;

declare Person
    name : String
    age : int
    weight : java.math.BigDecimal
end

rule "Age Filter"
    when
```

```
    $p : Person(age >= 18)
  then
      System.out.println($p.getName() + " 已成年");
End
```

代码清单 14-7 中的粗体字代码为新加入的业务规则，该业务规则名称为"Age Filter"，如果传入的 Person 实例的 age 属性的值大于等于 18，则会在控制台中输出 Person 的 name 属性。代码清单 14-8 为加载和编译这个规则文件的代码。

代码清单 14-8：codes\14\14.4\declare-type\src\org\crazyit\drools\TypeDeclare.java

```java
// 创建一个 KnowledgeBuilder
KnowledgeBuilder kbuilder = KnowledgeBuilderFactory
    .newKnowledgeBuilder();
// 添加规则资源到 KnowledgeBuilder
kbuilder.add(ResourceFactory.newClassPathResource("rule/TypeDeclare.drl",
    TypeDeclare.class), ResourceType.DRL);
// 获取编译错误
if (kbuilder.hasErrors()) {
    System.out.println(kbuilder.getErrors().toString());
    System.exit(0);
}
// 获取知识包集合
Collection<KnowledgePackage> pkgs = kbuilder.getKnowledgePackages();
// 创建 KnowledgeBase 实例
KnowledgeBase kbase = kbuilder.newKnowledgeBase();
// 将知识包部署到 KnowledgeBase 中
kbase.addKnowledgePackages(pkgs);
// 使用 KnowledgeBase 创建 StatefulKnowledgeSession
StatefulKnowledgeSession ksession = kbase.newStatefulKnowledgeSession();
// 使用包名和类名获取事实对象类型
FactType fact = kbase.getFactType("org.crazyit.drools", "Person");   ①
// 创建事实对象实例
Object obj = fact.newInstance();                                      ②
// 设置名称
fact.set(obj, "name", "crazyit");                                     ③
// 设置年龄
fact.set(obj, "age", 20);                                             ④
// 设置体重
fact.set(obj, "weight", new BigDecimal(70));                          ⑤
ksession.insert(obj);
// 匹配规则
ksession.fireAllRules();
// 关闭当前 session 的资源
ksession.dispose();
```

在 14.2.3 节中，编写了一个最简单的规则例子，代码清单 14-8 的运行代码基本上与 14.2.3 节中的例子一致，唯一不同的地方是使用 StatefulKnowledgeSession 的 insert 方法插入事实对象时，14.2.3 节中的例子插入的是一个既有 Person 对象，而本例插入的是一个在规则文件中定义的类型，两个例子不同的地方为代码清单 14-8 中的粗体字代码。

代码清单 14-8 中的①使用 KnowledgeBase 的 getFactType 方法，传入规则文件中声明的类型的包名和类型名称（即动态生成类字节码的全限定类名信息），得到一个 FactType 实例。代码清单中的②使用 FactType 的 newInstance 方法创建类的实例，该方法实际上使用 Class 的 newInstance 方法，调用事实对象的无参数构造器创建对象，对应的 Class 实例已经由 Drools 生成。Class 实例的创建过程与 14.4.2 节中的例子类似，使用 ASM 生成 Java 字节码，然后使用 ClassLoader 加载字节码，得到 Class 实例。Drools 在为类型生成 Java 对象时，除了会创建一个无参数的构造器外,还会创建一个带全部属性参数的构造器。代码清单中的②到⑤为产生的事实对象设置属性值,在此需要注意的是,为对象设置值并不是使用反射来获取 Method 对象,然后调用 invoke 方法,而是使用操作字节码的方式,生成一个属性 Reader 和 Writer 对象,在设值时通过调用 Writer 对象的方法对原对象(事实对象)进行设值。

在代码清单 14-8 中为 Person 实例设置的 age 属性值为 20,因此符合 "Age Filter" 规则触发的条件,运行后输出结果为:crazyit 已成年。

▶▶ 14.4.4 类型的继承

根据前面章节可知,Drools 会为规则文件中定义的类型生成 Java 对象,因此定义的类型与 Java 对象一样,同样支持继承。与 Java 语法类似,可以使用 extends 关键字来声明继承的父类型,并且只支持继承一个类型。代码清单 14-9 在规则文件中定义了两个类型和一个规则。

代码清单 14-9:codes\14\14.4\declare-type\resource\rule\TypeDeclareExtends.drl

```
package org.crazyit.drools;

declare Person
    name : String
    age : int
    weight : java.math.BigDecimal
end

// 定义程序员类型,继承 Person
declare Programmer extends Person
    company : String
end

rule "Programmer Filter"
    when
        $p : Programmer(age > 30)
    then
        System.out.println("年龄大于 30 的程序员:" + $p.getCompany() + "-" + $p.getName());
End
```

在代码清单 14-9 中定义了一个 Person 类型,定义了一个 Programmer(程序员)类型,Programmer 继承 Person 类型,有一个 company 属性。代码清单中还定义了一个 "Programmer Filter" 规则,当事实对象 Programmer 的 age 属性的值大于 30 时,在控制台输出 Programmer 的 company 和 name 属性的值。编写运行代码,使用 StatefulKnowledgeSession 的 insert 方法写入一个 Programmer 实例,详细如代码清单 14-10 所示。

代码清单 14-10:codes\14\14.4\declare-type\src\org\crazyit\drools\TypeDeclareExtends.java

```
// 创建一个 KnowledgeBuilder
KnowledgeBuilder kbuilder = KnowledgeBuilderFactory
    .newKnowledgeBuilder();
// 添加规则资源到 KnowledgeBuilder
kbuilder.add(ResourceFactory.newClassPathResource("rule/TypeDeclareExtends.drl",
    TypeDeclareExtends.class), ResourceType.DRL);
// 获取编译错误
if (kbuilder.hasErrors()) {
    System.out.println(kbuilder.getErrors().toString());
    System.exit(0);
}
// 获取知识包集合
Collection<KnowledgePackage> pkgs = kbuilder.getKnowledgePackages();
// 创建 KnowledgeBase 实例
```

```
KnowledgeBase kbase = kbuilder.newKnowledgeBase();
// 将知识包部署到 KnowledgeBase 中
kbase.addKnowledgePackages(pkgs);
// 使用 KnowledgeBase 创建 StatefulKnowledgeSession
StatefulKnowledgeSession ksession = kbase.newStatefulKnowledgeSession();
// 使用包名和类名获取事实对象类型
FactType fact = kbase.getFactType("org.crazyit.drools", "Programmer");
// 创建事实对象实例
Object obj = fact.newInstance();
// 设置名称
fact.set(obj, "name", "Angus");
// 设置年龄
fact.set(obj, "age", 33);
// 设置体重
fact.set(obj, "weight", new BigDecimal(70));
// 设置 company 属性
fact.set(obj, "company", "疯狂 Java 联盟");
ksession.insert(obj);
// 匹配规则
ksession.fireAllRules();
// 关闭当前 session 的资源
ksession.dispose();
```

在本例的运行代码中，设置了 Programmer 的 age 属性的值为 33，因此会触发代码清单 14-9 中定义的 "Programmer Filter" 规则，运行代码清单 14-10，输出结果为："年龄大于 30 的程序员：疯狂 Java 联盟-Angus。"根据输出结果可知，Programmer 拥有 Person 的全部属性。

▶▶ 14.4.5 声明元数据

事实对象会有一些元数据与其进行关联，例如一个 Person 对象的 id 属性，如果表示在数据库中的主键，那么可以为该属性定义元数据，这些定义的元数据在运行时可以被规则引擎查询。元数据的声明格式为：@元数据名称(元数据值)，除了部分可以被规则引擎使用的元数据外，可以随意声明元数据。在代码清单 14-11 中，为一个类型声明了元数据。

代码清单 14-11：codes\14\14.4\declare-type\resource\rule\TypeMetadata.drl

```
declare Person
    @author(Angus)
    @age(33)

    id : Integer @primaryKey(MySQL primary key);
    name : String;
    age : int;
end
```

代码清单 14-11 中的@author 和@age 为 Person 定义了两个元数据，@primaryKey 为 id 属性定义了元数据。除了部分对规则引擎有意义的元数据外，自定义的元数据可以被理解为类型的描述信息，其对规则引擎的工作并不会产生影响，在此不再赘述该部分内容。

14.5 函数和查询

在规则文件中如果存在一些公用的逻辑代码，则可以将这部分逻辑代码独立出来，使其成为一个可以让各个规则共用的函数。在编写 Java 程序时，经常会对代码进行重构，在此过程中经常会将一些通用的代码分离出来，使其成为一个独立的方法或者对象，规则文件的函数定义也与之类似。

向规则引擎的工作存储空间（Working Memory）插入事实对象后，如果需要对这些对象进行查询，则可以在规则文件中使用 query 关键字来定义查询，查询可以使用 Drools 的 API 调用，也可以在规则文件中使用 API。

14.5.1 函数定义和使用

使用 function 关键字在规则文件中定义一个函数，与定义普通的 Java 方法一样，可以为其指定参数和返回值，也可以使用 void 来表示该函数没有返回值。除了使用 function 关键字外，函数的定义与 Java 方法定义一样。在规则中，既可以在 LHS（条件）也可以在 RHS（行为）中调用函数，除了可以使用在规则文件中定义的函数外，还可以在规则或者在函数中使用 Java 类的静态方法。代码清单 14-12 是一个规则文件的内容。

代码清单 14-12：codes\14\14.5\drools-function\resource\rule\Function.drl

```
package org.crazyit.drools;

import java.text.*;
import java.util.*;

function String formatDate(Date date) {
    SimpleDateFormat sdf = new SimpleDateFormat("yyyy-MM-dd HH:mm:ss");
    return sdf.format(date);
}

function boolean canDiscount(int price, int amount, int discountBoundary) {
    if (price * amount > discountBoundary) {
        return true;
    }
    return false;
}

function void print(Sale sale) {
    Date date = FunctionUtil.plusDay(sale.getDate(), 10);
    System.out.println("销售单：" + sale.getSaleCode() + ", 时间：" + formatDate(date)
+ ", 金额：" + (sale.getAmount() * sale.getPrice()));
}

rule "Sale Discount"
    when
        $s : Sale(canDiscount(price, amount, 100));
    then
        print($s);
end
```

在代码清单 14-12 中定义了一个 "Sale Discount" 规则，当事实对象类型为 Sale 时，会调用 canDisount 方法判断是否触发该规则，传入 Sale 对象的 price 属性和 amount 属性，canDisount 是在规则文件中定义的一个方法，这个方法会判断 Sale 对象的数量（amount）属性乘以单价（price）属性是否大于 100，如果大于，则 canDisount 方法返回 true，否则返回 false。当 "Sale Discount" 规则被触发后，会调用 print 函数，print 函数会将 Sale 对象的日期（date）属性值加 10，然后在控制台中输出 Sale 对象的几个属性值。本例中的 print 函数，为日期属性值加 10 时调用了 FunctionUtil 的 plusDay 静态方法，FunctionUtil 的 plusDay 方法如代码清单 14-13 所示。

代码清单 14-13：codes\14\14.5\drools-function\src\org\crazyit\drools\FunctionUtil.java

```
public static Date plusDay(Date d, int amount) {
    Calendar c = Calendar.getInstance();
    c.setTime(d);
    c.add(Calendar.DAY_OF_MONTH, amount);
```

```
        return c.getTime();
    }
```

FunctionUtil 的 plusDay 方法仅仅将传入日期的"天"字段增加相应的数量,最后返回运算后的 Date 对象。规则文件中的 print 方法,则直接调用了 plusDay 方法,由于 FunctionUtil 与规则文件声明的包相同,因此调用时不需要使用 import 关键字导入它。如果在规则文件中调用不同包的类的静态方法,那么可以使用 import function mypackage.Class.staticMethod 这样的语法。编写运行代码,往 Working Memory 中插入事实对象,如代码清单 14-14 所示。

代码清单 14-14:codes\14\14.5\drools-function\src\org\crazyit\drools\Function.java

```
// 创建一个 KnowledgeBuilder
KnowledgeBuilder kbuilder = KnowledgeBuilderFactory
    .newKnowledgeBuilder();
// 添加规则资源到 KnowledgeBuilder
kbuilder.add(ResourceFactory.newClassPathResource("rule/Function.drl",
    Function.class), ResourceType.DRL);
if (kbuilder.hasErrors()) {
    System.out.println(kbuilder.getErrors().toString());
    System.exit(0);
}
// 获取知识包集合
Collection<KnowledgePackage> pkgs = kbuilder
    .getKnowledgePackages();
// 创建 KnowledgeBase 实例
KnowledgeBase kbase = kbuilder.newKnowledgeBase();
// 将知识包部署到 KnowledgeBase 中
kbase.addKnowledgePackages(pkgs);
// 使用 KnowledgeBase 创建 StatefulKnowledgeSession
StatefulKnowledgeSession ksession = kbase
    .newStatefulKnowledgeSession();
// 定义一个事实对象
Sale sale1 = new Sale(new Date(), 10, 10, "001");
Sale sale2 = new Sale(new Date(), 10, 20, "002");
// 插入到 Working Memory
ksession.insert(sale1);
ksession.insert(sale2);
// 匹配规则
ksession.fireAllRules();
// 关闭当前 session 的资源
ksession.dispose();
```

本例中的 Sale 对象是一个普通的 Java 对象,以下为该对象的属性和构造器定义:

```
public class Sale {
    // 日期
    private Date date;
    // 单价
    private int price;
    // 数量
    private int amount;
    // 销售单号
    private String saleCode;

    public Sale(Date date, int price, int amount, String saleCode) {
        this.date = date;
        this.price = price;
        this.amount = amount;
        this.saleCode = saleCode;
    }
    ...省略 setter 和 getter 方法
}
```

在代码清单 14-14 中，向 Working Memory 中插入两个 Sale 实例，第一个 Sale 对象的销售单号（saleCode）为 001，第二个 Sale 对象的销售单号为 002，其中第一个 Sale 对象的单价和数量均为 10，因此该 Sale 对象的单价乘以数量结果为 100，而第二个 Sale 对象单价乘以数量结果为 200。根据代码清单 14-12 中定义的规则（Sale Discount），当总金额大于 100 时，将会触发这个规则，因此在运行前就可以知道，第二个 Sale 符合规则的触发条件。运行代码清单 14-14，输出结果为：

```
销售单：002，时间：2017-07-13 08:19:24，金额：200
```

根据输出结果可知，输出的销售单号为 002，并且由于调用了 FunctionUtil 的 plusDay 方法，输出的时间比当前时间往前 10 天。在规则文件中灵活地使用函数，可以起到代码重用的效果，让规则文件拥有更强的可读性。

14.5.2 查询的定义和使用

在使用规则引擎时，会将全部的事实数据放到 Working Memory 中，如果将 Working Memory 看作一个事实数据库，查询（query）就可以被看作是访问这些数据的一个简单途径。query 主要用来设定查询条件，因此，query 的语法就像规则中的 LHS（条件）语法，仅仅用来设定查询的条件，至于查询出来的结果如何处理，query 本身并不关心。使用以下语句定义一个 query，代码清单 14-15 是一个含有查询的规则文件。

```
query "name" (args)
    条件
End
```

代码清单 14-15：codes\14\14.5\drools-query\resource\rule\Query.drl

```
package org.crazyit.drools;

import org.crazyit.drools.object.Person;

query "Age between" (int minAge, int maxAge)
    p : Person(age > minAge, age < maxAge)
end
```

在代码清单 14-15 中定义了一个名称为"Age between"的查询，参数是最小年龄和最大年龄，这个查询将会到 Working Memory 中查询 Person 的 age 属性在两个参数之间的事实数据。需要注意的是，与前面的规则语法一样，本例中的 p 是查出的单条数据的实例标识，根据该名称可以获取相应的 Person 实例，详细请见代码清单 14-16。

代码清单 14-16：codes\14\14.5\drools-query\src\org\crazyit\drools\Query.java

```java
// 创建一个 KnowledgeBuilder
KnowledgeBuilder kbuilder = KnowledgeBuilderFactory
    .newKnowledgeBuilder();
// 添加规则资源到 KnowledgeBuilder
kbuilder.add(ResourceFactory.newClassPathResource("rule/Query.drl",
    Query.class), ResourceType.DRL);
if (kbuilder.hasErrors()) {
    System.out.println(kbuilder.getErrors().toString());
    System.exit(0);
}
// 获取知识包集合
Collection<KnowledgePackage> pkgs = kbuilder
    .getKnowledgePackages();
```

```
// 创建 KnowledgeBase 实例
KnowledgeBase kbase = kbuilder.newKnowledgeBase();
// 将知识包部署到 KnowledgeBase 中
kbase.addKnowledgePackages(pkgs);
// 使用 KnowledgeBase 创建 StatefulKnowledgeSession
StatefulKnowledgeSession ksession = kbase
    .newStatefulKnowledgeSession();
// 定义事实对象
Person p1 = new Person("p1", 24, new BigDecimal(50));
Person p2 = new Person("p2", 25, new BigDecimal(50));
Person p3 = new Person("p3", 26, new BigDecimal(50));
Person p4 = new Person("p4", 27, new BigDecimal(50));
Person p5 = new Person("p5", 28, new BigDecimal(50));
Person p6 = new Person("p6", 31, new BigDecimal(50));
Person p7 = new Person("p7", 32, new BigDecimal(50));
// 插入到 Working Memory
ksession.insert(p1);
ksession.insert(p2);
ksession.insert(p3);
ksession.insert(p4);
ksession.insert(p5);
ksession.insert(p6);
ksession.insert(p7);
// 执行查询
QueryResults results = ksession.getQueryResults( "Age between", new Object[]{25, 30} );
System.out.println("查询结果:" + results.size());
// 输出结果数据
for (QueryResultsRow row : results) {
    Person p = (Person)row.get("p");
    System.out.println("名称:" + p.getName() + ", 年龄:" + p.getAge());
}
// 关闭当前 session 的资源
ksession.dispose();
```

在执行类中，向 Working Memory 中插入了 7 个 Person 事实。代码清单 14-16 中的粗体字代码，调用 StatefulKnowledgeSession 的 getQueryResults 方法使用规则文件中定义的查询，只需要告诉该方法查询名称及参数（本例为 25 和 30，会查询年龄大于 25 并小于 30 的 Person 实例），即可得到一个 QueryResults 的查询结果实例。得到查询结果后，对 QueryResults 进行遍历，每次拿到的都是一个 QueryResultsRow 实例，再调用 QueryResultsRow 的 get 方法就可以拿到 Person 实例，需要注意的是，使用 QueryResultsRow 的 get 方法，需要传入查询中定义的实例标识，本例在规则文件查询中定义每一个 Person 的标识为 p。运行代码清单 14-16，输出结果如下：

```
查询结果: 3
名称: p3, 年龄: 26
名称: p4, 年龄: 27
名称: p5, 年龄: 28
```

查询可以让使用人直接访问 Working Memory 里面的事实数据，得到符合条件的事实数据后，甚至可以通过编码的方式来完成规则文件中的 RHS（规则行为）。

14.6 规则语法

本节我们介绍规则文件的其他语法，包括在规则文件中使用全局变量、规则的属性、条件语法和行为语法，其中较为重要的是规则的属性，这些属性的配置，会直接影响到规则的触发和业务流程的走向。条件语法和行为语法是一个规则不可缺少的部分，熟练地使用条件语法和行为语法，是开发规则的必要条件。

14.6.1 全局变量

在规则文件中，可以使用 global 关键字定义一个全局变量，在规则中可以使用全局变量的方法及数据，也可以从规则的执行中得到相应的结果数据。要注意的是，全局变量不会被写入 Working Memory 中，即使全局变量是一个常量值，也不能在规则条件中使用，全局变量更多的时候会用来存放规则结果，作为应用程序和规则之间的交互桥梁。代码清单 14-17，在规则文件中定义了两个全局变量。

代码清单 14-17：codes\14\14.6\drools-grammar\resource\rule\GlobalProperty.drl

```
package org.crazyit.drools;

import org.crazyit.drools.object.Person;
import java.util.List;

global String userName;

global List maxThan30;

rule "Age Filter"
    when
        $p : Person(age > 30);
    then
        userName = $p.getName();
        System.out.println("年龄大于 30 的人：" + userName);
        maxThan30.add($p);
end
```

在代码清单 14-17 的规则中，定义了一个名称为"userName"、类型为 String 的全局变量，和一个名称为"maxThan30"、类型为 List 的全局变量（代码清单中的粗体字代码），以及一个名称为"Age Filter"的规则，该规则的触发条件是 Person 事实的 age 属性值大于 30，当规则被触发时，会将 Person 实例的 name 属性值赋给 userName 然后输出，最后将 Person 实例加入 maxThan30 集合中。在本例中，由于 userName 在规则行为中会被赋值，因此使用前不需要进行初始化，而 maxThan30 集合在行为中需要使用它来存放（调用 add 方法）Person 实例，因此在使用前必须进行初始化。代码清单 14-18 为该规则文件的运行代码。

代码清单 14-18：codes\14\14.6\drools-grammar\src\org\crazyit\drools\GlobalProperty.java

```
// 创建一个 KnowledgeBuilder
KnowledgeBuilder kbuilder = KnowledgeBuilderFactory
    .newKnowledgeBuilder();
// 添加规则资源到 KnowledgeBuilder
kbuilder.add(ResourceFactory.newClassPathResource("rule/GlobalProperty.drl",
    GlobalProperty.class), ResourceType.DRL);
if (kbuilder.hasErrors()) {
    System.out.println(kbuilder.getErrors().toString());
    System.exit(0);
}
// 获取知识包集合
Collection<KnowledgePackage> pkgs = kbuilder
    .getKnowledgePackages();
// 创建 KnowledgeBase 实例
KnowledgeBase kbase = kbuilder.newKnowledgeBase();
```

```
// 将知识包部署到 KnowledgeBase 中
kbase.addKnowledgePackages(pkgs);
// 使用 KnowledgeBase 创建 StatefulKnowledgeSession
StatefulKnowledgeSession ksession = kbase
        .newStatefulKnowledgeSession();
// 初始化全局变量
ksession.setGlobal("maxThan30", new ArrayList<Person>());
// 定义一个事实对象
Person p1 = new Person("person 1", 33, new BigDecimal(0));
Person p2 = new Person("person 2", 32, new BigDecimal(0));
Person p3 = new Person("person 3", 25, new BigDecimal(0));
// 插入到 Working Memory
ksession.insert(p1);
ksession.insert(p2);
ksession.insert(p3);
// 匹配规则
ksession.fireAllRules();
// 输出全局变量值
List<Person> persons = (List<Person>)ksession.getGlobal("maxThan30");
System.out.println("执行规则后的结果数量: " + persons.size());
// 关闭当前 session 的资源
ksession.dispose();
```

由于使用的 maxThan30 集合需要进行初始化，因此在代码清单 14-18 的粗体字代码中，使用 KnowledgeSession 的 setGlobal 方法设置 maxThan30 的全局变量为一个 ArrayList 的实例，然后往 Working Memory 中插入三个 Person 实例，这三个 Person 实例，符合规则条件的是前两个，名称为 "person 1" 和 "person 2"。调用 fireAllRules 方法进行规则匹配后，再调用 KnowledgeSession 的 getGlobal 方法得到 maxThan30 集合，并且输出数量，运行代码清单 14-18，输出结果如下：

```
年龄大于 30 的人: person 2
年龄大于 30 的人: person 1
执行规则后的结果数量: 2
```

根据输出结果可知，前面两句是在规则文件中进行输出，输出 userName 全局变量，最后一句是在执行类中输出，输出 maxThan30 集合的大小。除了可以定义集合和普通类型的全局变量外，还可以使用自定义的 Java 对象，只要能在调用 setGlobal 方法时传入 Java 对象的实例，就可以在规则行为中调用 Java 对象的方法。

▶▶ 14.6.2 规则属性

规则属性一般在规则中使用，Drools 官方文档提供的规则属性有 11 个，下面我们会讲述这些属性的作用，并且会从这些属性中选择几个常用的属性来举例。下面是一个含有属性的规则结构：

```
rule "Rule Name"
    属性名称 属性值
    when
        条件
    then
        行为
End
```

以下是可以在规则中使用的属性及其描述。

> no-loop：如果一个事实对象在自身规则行为中被改变，那么可以使用该值来判断是否需要重新匹配本规则，默认值为 false，当事实对象发生变化时，总会重新匹配该规则。

- ruleflow-group：Drools 也有自己的流程引擎，该属性可以与流程节点配合使用，指定某个流程节点使用的规则组。
- agenda-group：为规则设定所属的规则组，当规则组获得焦点时，会匹配组内的规则，如果规则组没有获得焦点，那么组内的规则将不会被触发，该属性默认值为 MAIN。
- lock-on-active：在一个规则组内，如果一个规则被触发，使用该属性会判断是否再次触发该规则，如果为 true，则表示不需要再触发这个规则（即使符合条件）。
- auto-focus：如果该属性值为 true 并且规则符合触发条件，那么该规则所在的规则组将会自动获得焦点，默认值为 false。
- activation-group：如果多个规则配置了相同的激活组，那么这些规则中只会有一个规则被激活。
- salience：默认值为 0，该属性配置规则的优先级，属性值越大，规则匹配的优先级越高，可以为负数。
- dialect：指定 LHS 或者 RHS 的表达式方言，当前支持 "java" 和 "mvel"，规则中的方言默认与包中指定的方言一致。
- date-effective：规则的生效时间，规则将会在该时间之后被触发（符合条件的情况下）。
- date-expires：规则的有效时间（结束时间），在有效时间之后，规则将不会被触发。

在代码清单 14-19 所示的规则文件中使用了这些属性中的 no-loop、agenda-group、lock-on-active、auto-focus、activation-group 和 salience。

代码清单 14-19：codes\14\14.6\drools-grammar\resource\rule\Property.drl

```
package org.crazyit.drools;

rule "No Loop"                                                              ①
    no-loop false
    when
        $p : PropertyPerson(age < 20)
    then
        System.out.println("当前年龄：" + $p.getAge());
        int newAge = $p.getAge() + 1;
        $p.setAge(newAge);
        update($p);
end

rule "Agenda Group A"                                                       ②
    agenda-group "My Group 1"
    auto-focus true
    when
        $p : PropertyPerson(age == 30)
    then
        System.out.println("Agenda Group A");
        $p.setAge(31);
        update($p);
end

rule "Agenda Group B"                                                       ③
    agenda-group "My Group 1"
    lock-on-active true
    when
        $p : PropertyPerson(age == 31)
    then
        System.out.println("Agenda Group B");
end

rule "Activation Group A"                                                   ④
```

```
        activation-group "My Group 2"
        when
            $p : PropertyPerson(age == 40)
        then
            System.out.println("Activation Group A");
    end
    rule "Activation Group B"                                                          ⑤
        activation-group "My Group 2"
        when
            $p : PropertyPerson(age == 40)
        then
            System.out.println("Activation Group B");
    end
    rule "Salience 1"                                                                  ⑥
        salience 2
        when
            $p : PropertyPerson(age == 50)
        then
            System.out.println("salience 为 2 的规则");
    end
    rule "Salience 2"                                                                  ⑦
        salience 1
        when
            $p : PropertyPerson(age == 50)
        then
            System.out.println("salience 为 1 的规则");
    end
```

代码清单 14-19 中的规则①使用了 no-loop 测试属性，当参数 PropertyPerson 实例的 age 属性值小于 20 时，就会触发该规则，这个规则的行为会直接改变 PropertyPerson 实例的 age 属性值，新的 age 值等于旧的 age 值加 1，最后使用 update 函数（规则①的粗体字代码）来通知规则引擎事实实例发生改变。由于规则①配置了 no-loop 属性为 false，因而如果事实对象被改变，规则①会再次被触发，直到事实对象不再符合规则条件。

规则②和③中使用了 agenda-group、auto-focus 与 lock-on-active 属性，规则②和③同时指定它们属于同一个"My Group 1"规则组，其中规则②配置了 auto-focus 属性为 true，表示如果规则②被触发，它所在的规则组将会获得焦点。规则③设置了 lock-on-active 属性为 true，如果规则②被触发，并且改变了事实对象，那么即使改变后的事实对象符合规则③的触发条件，规则③也不会被触发。规则②中的行为会改变 PropertyPerson 实例的 age 值，设置为 31，而规则③的条件为 PropertyPerson 实例的 age 值为 31，但是规则③并不会被触发，因为规则③设置了 lock-on-active 属性为 true。

规则④和⑤使用 activation-group 属性指定这两个规则的激活组为"My Group 2"，注意这两个规则的条件一致，由于使用了 activation-group 属性，即使两个规则的条件一样，也只会触发其中一个规则，而不会触发两个规则。

规则⑥和⑦使用 salience 属性来配置规则的匹配优先级，规则⑥和⑦的条件一样，当 PropertyPerson 的 age 值等于 50 时会触发这两个规则，但是规则⑥的 salience 值为 2，规则⑦的 salience 值为 1，因此规则⑥会先于规则⑦执行。

使用了各个规则之后，编写代码，插入不同的事实实例（本例为 PropertyPerson），如代码清单 14-20 所示。

代码清单 14-20：codes\14\14.6\drools-grammar\src\org\crazyit\drools\Property.java

```java
// 创建一个 KnowledgeBuilder
KnowledgeBuilder kbuilder = KnowledgeBuilderFactory
    .newKnowledgeBuilder();
// 添加规则资源到 KnowledgeBuilder
kbuilder.add(ResourceFactory.newClassPathResource("rule/Property.drl",
    Property.class), ResourceType.DRL);
if (kbuilder.hasErrors()) {
    System.out.println(kbuilder.getErrors().toString());
    System.exit(0);
}
// 获取知识包集合
Collection<KnowledgePackage> pkgs = kbuilder
    .getKnowledgePackages();
// 创建 KnowledgeBase 实例
KnowledgeBase kbase = kbuilder.newKnowledgeBase();
// 将知识包部署到 KnowledgeBase 中
kbase.addKnowledgePackages(pkgs);
// 使用 KnowledgeBase 创建 StatefulKnowledgeSession
StatefulKnowledgeSession ksession = kbase
    .newStatefulKnowledgeSession();
// 测试 no-loop
PropertyPerson p1 = new PropertyPerson("person 1", 17);
// 测试 lock-on-active 和 agenda-group
PropertyPerson p2 = new PropertyPerson("person 2", 30);
// 测试 activation-group
PropertyPerson p3 = new PropertyPerson("person 3", 40);
// 测试 salience
PropertyPerson p4 = new PropertyPerson("person 5", 50);
// 插入到 Working Memory 中
ksession.insert(p1);
ksession.insert(p2);
ksession.insert(p3);
ksession.insert(p4);
// 匹配规则
ksession.fireAllRules();
// 关闭当前 session 的资源
ksession.dispose();
```

在代码清单 14-20 中创建了 5 个 PropertyPerson 实例，用于测试不同的属性。第一个 PropertyPerson 的 age 值为 17，用于测试代码清单 14-19 中的规则①；第二个 age 值为 30，用于测试规则②和③；第三个 age 值为 40，用于测试规则④和⑤；第四个 age 值为 50，用于测试规则⑥和⑦。运行代码清单 14-20，最终输出结果如下：

```
Agenda Group A
salience 为 2 的规则
salience 为 1 的规则
当前年龄：17
当前年龄：18
当前年龄：19
Activation Group A
```

根据输出结果可知，第 1 行由规则③输出；第 2 行和第 3 行是测试规则优先级的结果，分别由规则⑥和⑦输出；第 4~6 行，均由规则①输出；直到 PropertyPerson 的 age 值大于 20（不符合触发条件）时，规则才不再被触发。本例中传入的 PropertyPerson 的 age 值为 17，因此会触发三次，结果的第 7 行为规则④的输出。

本节粗略地介绍了规则文件中各个属性的使用方法，如果想更进一步地了解这些属性的工作原理和更高级的使用方法，可查看 Drools 的相关书籍或者直接查看 Drools 的官方文档。

14.6.3 条件语法

条件语法即 when 语句的语法，用于判断条件是否成立，对于条件元素的获取与判定，Drools 支持多种方式，例如直接判定一个对象的属性值（前面章节使用了多次）、判定多个属性值和判定集合元素等，也可以在条件语句中直接为事实实例或者属性定义名称，然后在行为语句中使用这些属性。总之，可以将条件语句看作一个整体，根据这个整体的最终结果（true 或者 false）来判定规则是否需要执行，而在这个整体中可以使用各种语法，判定各种不同的情况。在代码清单 14-21 中使用了大部分的条件语法来判定条件是否成立。

代码清单 14-21：codes\14\14.6\drools-grammar\resource\rule\LHSSyntax.drl

```
package org.crazyit.drools;

rule "Method Syntax"                                                     ①
    when
        SyntaxPerson1(myMethod == 31)
    then
        System.out.println("条件中调用事实方法");
end

rule "Java Syntax"                                                       ②
    when
        SyntaxPerson1((age == 40) && (name == "person 3"));
    then
        System.out.println("使用 Java 表达式");
end

rule "And Syntax"                                                        ③
    when
        SyntaxPerson1(age == 50, name == "person 4");
    then
        System.out.println("使用逗号隔开多个与条件");
end

rule "Or Syntax"                                                         ④
    when
        SyntaxPerson1(age == 50 || name == "person 4")
    then
        System.out.println("使用 or 进行条件判定");
end

rule "Property Name"                                                     ⑤
    when
        SyntaxPerson1(age == 20, $myAge : age);
    then
        System.out.println("属性命名规则：" + $myAge);
end

rule "Multi Fact"                                                        ⑥
    when
        $p1 : SyntaxPerson1(age == 11)
        $p2 : SyntaxPerson2(age == 11)
    then
        System.out.println("多事实规则：" + $p1.getName() + "---" + $p2.getName());
end

rule "String Contains"                                                   ⑦
    when
        SyntaxPerson1(name contains "9")
    then
```

```
            System.out.println("人名包含9的规则");
    end
    rule "Collection"                                                    ⑧
        when
            SyntaxPerson1(children[0] == "Paris")
        then
            System.out.println("判断集合中的第一个元素值为Paris");
    End
```

在前面章节的例子中，使用了"Person(age > 10)"这种语法来判定Working Memory中的Person实例的age属性值是否大于10。代码清单14-21中的规则①，会优先到SyntaxPerson1对象中查找myMethod属性（get方法），如果没有找到，则会将myMethod当作方法来调用，本例中的myMethod就是SyntaxPerson1中的方法，规则①被触发后，会执行控制台输出。

在规则②中使用Java运算符（&&）来判断SyntaxPerson1的age和name属性值，两个属性值同时符合条件才会触发该规则。规则③中使用了逗号来实现多条件同时成立的情况，age和name属性值需要同时符合条件才会触发规则，效果与规则②的条件类似。而规则④中使用or语法，其中一个属性值符合条件，就会触发规则。

如果想在行为语句中使用事实对象的变量，可以定义一个新的变量并为其绑定值"$name : Object()"，也可以为一个新的变量绑定事实对象的属性，可以使用规则⑤的语法，规则⑤中声明了myAge变量，值为SyntaxPerson1的age属性，声明后，可以在行为语句中使用该变量。

规则⑥判断多个事实实例，例如Working Memory中的SyntaxPerson1和SyntaxPerson2实例，如果它们的age值都等于11，就会触发该规则。如果在Working Memory中有一个age值为11的SyntaxPerson1，有两个age值为11的SyntaxPerson2，那么这个规则就会被触发两次，SyntaxPerson1和第一个SyntaxPerson2会触发一次规则，同一个SyntaxPerson1和第二个SyntaxPerson2会第二次触发规则。

规则⑦使用了contains操作，判断SyntaxPerson1实例的name属性值是否包含"9"这个字符。

在规则⑧的条件中，会到SyntaxPerson1的children属性（List）中取第一个集合元素，判断其值是否为"Paris"。需要注意的是，该条件会判断Working Memory中全部的SyntaxPerson1实例，如果SyntaxPerson1的children属性值为null或者没有元素，那么将会抛出空指针异常或者索引越界异常。

SyntaxPerson1类的属性及构造器如代码清单14-22所示。

代码清单14-22：codes\14\14.6\drools-grammar\src\org\crazyit\drools\SyntaxPerson1.java

```java
public class SyntaxPerson1 {

    private String name;

    private int age;

    private List<String> children;

    public SyntaxPerson1(String name, int age, String firstChildName) {
        super();
        this.name = name;
        this.age = age;
        this.children = new ArrayList<String>();
        this.children.add(firstChildName);
    }
    ...省略setter和getter方法
}
```

SyntaxPerson1 提供了一个构造器，并创建了一个 SyntaxPerson1 实例。总会初始化 children 集合，并加入一个元素（用于进行集合判定）。SyntaxPerson2 对象与 SyntaxPerson1 类似，但是没有 children 属性，只有 name 和 age 属性。编写运行代码，加载代码清单 14-21 所示的规则文件，如代码清单 14-23 所示。

代码清单 14-23：codes\14\14.6\drools-grammar\src\org\crazyit\drools\LHSSyntax.java

```java
// 创建一个 KnowledgeBuilder
KnowledgeBuilder kbuilder = KnowledgeBuilderFactory
        .newKnowledgeBuilder();
// 添加规则资源到 KnowledgeBuilder
kbuilder.add(ResourceFactory.newClassPathResource("rule/LHSSyntax.drl",
            LHSSyntax.class), ResourceType.DRL);
if (kbuilder.hasErrors()) {
    System.out.println(kbuilder.getErrors().toString());
    System.exit(0);
}
// 获取知识包集合
Collection<KnowledgePackage> pkgs = kbuilder
        .getKnowledgePackages();
// 创建 KnowledgeBase 实例
KnowledgeBase kbase = kbuilder.newKnowledgeBase();
// 将知识包部署到 KnowledgeBase 中
kbase.addKnowledgePackages(pkgs);
// 使用 KnowledgeBase 创建 StatefulKnowledgeSession
StatefulKnowledgeSession ksession = kbase
        .newStatefulKnowledgeSession();
// 在条件中调用事实方法
SyntaxPerson1 p2 = new SyntaxPerson1("person 2", 30, "b");
// Java 表达式
SyntaxPerson1 p3 = new SyntaxPerson1("person 3", 40, "c");
// 使用逗号隔开多个与条件
SyntaxPerson1 p4 = new SyntaxPerson1("person 4", 50, "d");
// 测试多实例条件
SyntaxPerson1 p5 = new SyntaxPerson1("person 5", 11, "e");
SyntaxPerson2 p6 = new SyntaxPerson2("person 6", 11);
SyntaxPerson2 p7 = new SyntaxPerson2("person 7", 11);
// 测试属性命名
SyntaxPerson1 p8 = new SyntaxPerson1("person 8", 20, "f");
// 字符串包含
SyntaxPerson1 p9 = new SyntaxPerson1("person 9", 60, "g");
// 判定集合元素值
SyntaxPerson1 p10 = new SyntaxPerson1("person 10", 25, "Paris");
// 插入到 Working Memory 中
ksession.insert(p2);
ksession.insert(p3);
ksession.insert(p4);
ksession.insert(p5);
ksession.insert(p6);
ksession.insert(p7);
ksession.insert(p8);
ksession.insert(p9);
ksession.insert(p10);
// 匹配规则
ksession.fireAllRules();
// 关闭当前 session 的资源
ksession.dispose();
```

在运行代码中，根据不同的规则，插入符合规则条件的事实实例，运行代码清单 14-23，输出结果如下：

```
在条件中调用事实方法
使用 Java 表达式
使用逗号隔开多个与条件
使用 or 进行条件判定
属性命名规则：20
多事实规则：person 5---person 6
多事实规则：person 5---person 7
人名包含 9 的规则
判断集合中的第一个元素值为 Paris
```

根据输出结果可知，代码清单 14-20 中的规则全部被触发，并执行相应的输出。除这里介绍的语法外，Drools 还支持许多其他的操作，例如 memberOf、soundslike、matches 等，所有的语法及操作，都是为了得到 true 或者 false 的结果，决定是否触发规则的行为。

14.6.4 行为语法

行为语句用于执行规则被触发后的工作，在一般情况下，不推荐在行为语句中加入逻辑判断，如果要在行为语句中使用逻辑判断，可以考虑将这段逻辑作为一个新的独立的规则，同时也建议行为语句尽可能简洁。在行为语句中，除了可以像普通的 Java 语句一样执行相应的行为（调用 function、调用 Java 服务）外，还可以在 Working Memory 中执行插入、修改和删除事实实例的操作。在代码清单 14-24 中，使用 insert 和 update 方法来插入和修改事实实例。

代码清单 14-24：codes\14\14.6\drools-grammar\resource\rule\RHSSyntax.drl

```
package org.crazyit.drools;

rule "Test Insert"
    when
        $p : RHSPerson(age == 12 || age == 11)
    then
        System.out.println("insert 处理对象：" + $p.getName());
        RHSPerson newPerson = new RHSPerson("new person", $p.getAge() + 1);
        insert(newPerson);
end
rule "Test update"
    when
        $p : RHSPerson(age == 20 || age == 21)
    then
        System.out.println("update 处理对象：" + $p.getName());
        $p.setAge($p.getAge() + 1);
        update($p);
end
```

在代码清单 14-24 中，当 RHSPerson 实例的 age 属性值等于 12 或者等于 11 时，触发"Test Insert"规则。在规则的行为中，会将当前处理的 RHSPerson 实例的 name 属性输出，然后创建一个新的 RHSPerson 实例，age 值为原事实实例的 age 值加 1，最后调用 insert 方法将新的 RHSPerson 实例插入 Working Memory 中。在 Working Memory 中插入一个新的事实实例后，会重新以该事实实例匹配规则，因此，如果新创建的事实实例的 age 值为 11 或者 12，会第二次触发"Test Insert"规则。

在代码清单 12-24 中的"Test update"规则行为中，重新设置 age 属性的值（加 1），最后调用 update 方法，同样，事实实例发生变化时，会重新对规则进行匹配。不管是新加入事实实例还是修改事实实例，如果不想重新进行规则匹配，则可以使用 no-loop 属性，将其设置为 true（详见 14.6.2 节）。代码清单 14-25 为运行代码。

代码清单 14-25：codes\14\14.6\drools-grammar\src\org\crazyit\drools\RHSSyntax.java

```java
// 创建一个 KnowledgeBuilder
KnowledgeBuilder kbuilder = KnowledgeBuilderFactory
        .newKnowledgeBuilder();
// 添加规则资源到 KnowledgeBuilder
kbuilder.add(ResourceFactory.newClassPathResource("rule/RHSSyntax.drl",
        RHSSyntax.class), ResourceType.DRL);
if (kbuilder.hasErrors()) {
    System.out.println(kbuilder.getErrors().toString());
    System.exit(0);
}
// 获取知识包集合
Collection<KnowledgePackage> pkgs = kbuilder
        .getKnowledgePackages();
// 创建 KnowledgeBase 实例
KnowledgeBase kbase = kbuilder.newKnowledgeBase();
// 将知识包部署到 KnowledgeBase 中
kbase.addKnowledgePackages(pkgs);
// 使用 KnowledgeBase 创建 StatefulKnowledgeSession
StatefulKnowledgeSession ksession = kbase
        .newStatefulKnowledgeSession();
// 测试 insert 事实实例
RHSPerson p1 = new RHSPerson("person 1", 11);
// 测试 update 事实实例
RHSPerson p2 = new RHSPerson("person 2", 20);
// 插入到 Working Memory 中
ksession.insert(p1);
ksession.insert(p2);
// 匹配规则
ksession.fireAllRules();
// 关闭当前 session 的资源
ksession.dispose();
```

运行代码清单 14-25，输出结果如下：

```
insert 处理对象: person 1
insert 处理对象: new person
update 处理对象: person 2
update 处理对象: person 2
```

根据结果可知，由于没有设置 no-loop 为 true，因此两个规则均被触发了两次。如果需要查看 no-loop 的效果，可以在规则中加入 no-loop true。本章关于 Drools 的内容讲述到此为止，下一节将讲述在 Activiti 中使用 "业务规则任务" 的方法。由于篇幅所限，本书仅仅使用一章来介绍 Drools 的基本内容，Drools 是一个较为成熟的规则引擎，涵盖的内容很多，不能在一章中全部都讲到，想更深入地了解 Drools，可以查看相关书籍或官方文档。

14.7 Activiti 调用规则

使用 Activiti 中的业务规则任务（Business Rule Task）可以执行一个或者多个业务规则，当前 Activiti 只支持 Drools。根据前面关于流程任务的讲述可知，每个流程活动都会有自己的行为，那么 Activiti 在执行业务规则任务行为的时候，只需要使用 Drools 的 API，就可以实现规则文件的加载、事实实例的插入和规则触发等操作，任务的定义者只需要提供参数、规则和计算结果等信息，就可以在 Activiti 中调用规则。

▶▶ 14.7.1 业务规则任务

在调用规则前，需要告诉规则引擎加载哪些规则文件，而对于 Activiti 来说，这些文件都会被看作资源（数据被保存在 ACT_GE_BYTEARRAY 表中），因此在部署流程资源文件时，就需要提供这些规则文件。当执行流到达业务规则任务时，就会执行业务规则任务的行为，Activiti 中对应的行为实现类是 BusinessRuleTaskActivityBehavior，那么根据本章前面几节中讲述的 Drools 的 API 用法可以知道，这个类的实现应该是创建（获取缓存中的）KnowledgeBase 实例，然后创建一个 StatefulKnowledgeSession 实例，插入事实实例，最后调用 fireAllRules 方法触发规则。BusinessRuleTaskActivityBehavior 的实现大致如代码清单 14-26 所示。

代码清单 14-26

```
// 创建一个 KnowledgeBuilder
KnowledgeBuilder kbuilder = KnowledgeBuilderFactory
        .newKnowledgeBuilder();
// 添加规则资源到 KnowledgeBuilder
kbuilder.add(ResourceFactory.newClassPathResource("rule/MyDrools.drl",
        FirstTest.class), ResourceType.DRL);
if (kbuilder.hasErrors()) {
    System.out.println(kbuilder.getErrors().toString());
    System.exit(0);
}
// 获取知识包集合
Collection<KnowledgePackage> pkgs = kbuilder
        .getKnowledgePackages();
// 创建 KnowledgeBase 实例
KnowledgeBase kbase = kbuilder.newKnowledgeBase();                    ①
// 将知识包部署到 KnowledgeBase 中
kbase.addKnowledgePackages(pkgs);
// 使用 KnowledgeBase 创建 StatefulKnowledgeSession
StatefulKnowledgeSession ksession = kbase
        .newStatefulKnowledgeSession();
// 创建事实实例
Person p1 = new Person("person 1", 11);
// 插入到 Working Memory
ksession.insert(p1);
// 匹配规则
ksession.fireAllRules();
// 关闭当前 session 的资源
ksession.dispose();
```

从代码清单 14-26 的①处开始，后面是 BusinessRuleTaskActivityBehavior 所做的工作，Activiti 的实现与代码清单 14-26 存在差异，KnowledgeBase 实例的创建将由 Activiti 的其他类完成，包括 KnowledgeBuilder 的创建、编译信息输出等工作。在 BusinessRuleTaskActivityBehavior 的实现中，得到 KnowledgeBase 后，会创建一个 StatefulKnowledgeSession，然后根据任务节点的配置，将其解析为事实实例，调用 StatefulKnowledgeSession 的 insert 方法将事实实例插入 Working Memory 中，最后会触发全部的规则并关闭资源。需要注意的是，触发规则时，会读取任务所配置的规则来添加一个规则拦截器，调用 StatefulKnowledgeSession 的 fireAllRules(AgendaFilter filte)方法来触发规则，如果在任务中没有配置使用（或者不使用）的规则，那么将调用无参数的 fireAllRules 方法。下面我们将以一个销售流程为基础，讲述如何在 Activiti 中调用规则。

14.7.2 制定销售单优惠规则

假设当前有一个销售流程，销售人员在录入销售商品后，系统需要对录入的商品进行规则处理，例如单笔消费 100 元以上打九折，200 元以上打八折等优惠策略，都可以在规则文件中定义，然后通过业务规则任务的调用，最后通过一个 ServiceTask 来输出计算后的结果。在设定销售流程前，可以先设计相应的销售对象。代码清单 14-27 所示为一个销售单对象和一个销售单明细对象。

代码清单 14-27：codes\14\14.7\drools-sale\src\org\crazyit\activiti\Sale.java，
codes\14\14.7\drools-sale\src\org\crazyit\activiti\SaleItem.java

```java
// 销售单对象
public class Sale implements Serializable {

    // 销售单号
    private String saleCode;
    // 销售日期
    private Date date;
    // 销售明细
    private List<SaleItem> items;
    //折扣
    private BigDecimal discount = new BigDecimal(1);

    public Sale(String saleCode, Date date) {
        super();
        this.saleCode = saleCode;
        this.date = date;
        this.items = new ArrayList<SaleItem>();
    }
    // 返回日期为星期几
    public int getDayOfWeek() {
        Calendar c = Calendar.getInstance();
        c.setTime(this.date);
        int dow = c.get(Calendar.DAY_OF_WEEK);
        return dow;
    }
    // 返回该销售单的总金额（优惠前）
    public BigDecimal getTotal() {
        BigDecimal total = new BigDecimal(0);
        for (SaleItem item : this.items) {
            BigDecimal itemTotal = item.getPrice().multiply(item.getAmount());
            total = total.add(itemTotal);
        }
        total = total.setScale(2, BigDecimal.ROUND_HALF_UP);
        return total;
    }

    // 返回优惠后的总金额
    public BigDecimal getDiscountTotal() {
        BigDecimal total = getTotal();
        total = total.multiply(this.discount).setScale(2, BigDecimal.ROUND_HALF_UP);
        return total;
    }
    public void setDiscount(BigDecimal dicsount) {
        this.discount = dicsount.setScale(2, BigDecimal.ROUND_HALF_UP);
    }

    public BigDecimal getDiscount() {
        return this.discount;
    }
    ...省略 setter 和 getter 方法
```

```java
}
// 销售明细
public class SaleItem implements Serializable {

    //商品名称
    private String goodsName;

    //商品单价
    private BigDecimal price;

    //数量
    private BigDecimal amount;

    public SaleItem(String goodsName, BigDecimal price, BigDecimal amount) {
        super();
        this.goodsName = goodsName;
        this.price = price;
        this.amount = amount;
    }
    ……省略setter和getter方法
}
```

代码清单 14-27 中的 Sale 对象表示在销售过程中产生的一笔交易，一张销售单中有多个销售明细，每个明细表示所销售的商品信息，包括商品名称、单价和数量。在代码清单 14-27 中，Sale 对象提供了 getDayOfWeek 和 getTotal 方法，用于返回销售单日期是星期几和销售单总金额，这两个方法将会被规则的条件所调用，判断是否符合规则触发的条件，Sale 对象中的 getDiscountTotal 方法，用于返回优惠后销售单的总金额，这个方法将会用于显示结果值。销售单中有一个 discount 属性，用来指示销售单的打折情况。

设计完事实对象后，就可以制定各种销售规则了，只需要按照具体的业务和 Drools 的语法来制定规则即可。假设需要满足以下的销售规则：每周六和周日，全部商品打九折；消费满 100 元打八折，满 200 元打七折。根据该业务，设定的 Drools 规则如代码清单 14-28 所示。

代码清单 14-28：codes\14\14.7\drools-sale\resource\rule\Sale.drl

```
package org.crazyit.activiti;

import java.util.*;
import java.math.*;

// 周六周日打九折
rule "Sat. and Sun. 90%"
    no-loop true
    lock-on-active true
    salience 1
    when
        $s : Sale(getDayOfWeek() == 1 || getDayOfWeek() == 7)
    then
        $s.setDiscount(new BigDecimal(0.9));
        update($s);
end

// 100元打八折
rule "100 80%"
    no-loop true
    lock-on-active true
    salience 2
    when
        $s : Sale(getTotal() >= 100)
    then
        $s.setDiscount(new BigDecimal(0.8));
```

```
            update($s);
    end

    // 200元打七折
    rule "200 70%"
        no-loop true
        lock-on-active true
        salience 3
        when
            $s : Sale(getTotal() >= 200)
        then
            $s.setDiscount(new BigDecimal(0.7));
            update($s);
    end
```

在代码清单14-28中定义了三个规则,这三个规则都设置了no-loop和lock-on-active属性为true,表示一个规则被触发后,其他规则(包括自身)将不会被再次触发,三个规则中均设置了规则的优先级,200元打七折的优先级最高,周六周日打九折的规则优先级最低,如果一笔销售发生在周六日,同时也满200元的话,这时只会触发"200元打七折"的业务规则。代码清单中的三个规则,符合条件后,均会调用Sale的setDiscount方法设置销售单的折扣属性值。代码清单14-29为规则测试代码。

代码清单14-29:codes\14\14.7\drools-sale\src\org\crazyit\activiti\DroolsSale.java

```java
public static void main(String[] args) {
    // 创建一个KnowledgeBuilder
    KnowledgeBuilder kbuilder = KnowledgeBuilderFactory
            .newKnowledgeBuilder();
    // 添加规则资源到KnowledgeBuilder
    kbuilder.add(ResourceFactory.newClassPathResource("rule/Sale.drl",
            DroolsSale.class), ResourceType.DRL);
    if (kbuilder.hasErrors()) {
        System.out.println(kbuilder.getErrors().toString());
        System.exit(0);
    }
    // 获取知识包集合
    Collection<KnowledgePackage> pkgs = kbuilder.getKnowledgePackages();
    // 创建KnowledgeBase实例
    KnowledgeBase kbase = kbuilder.newKnowledgeBase();
    // 将知识包部署到KnowledgeBase中
    kbase.addKnowledgePackages(pkgs);
    // 使用KnowledgeBase创建StatefulKnowledgeSession
    StatefulKnowledgeSession ksession = kbase.newStatefulKnowledgeSession();
    // 创建销售事实实例,符合周六打九折
    Sale s1 = new Sale("001", createDate("2017-07-01"));
    SaleItem s1Item1 = new SaleItem("矿泉水", new BigDecimal(5),
            new BigDecimal(4));
    s1.addItem(s1Item1);
    // 满100元打八折
    Sale s2 = new Sale("002", createDate("2017-07-03"));
    SaleItem s2Item1 = new SaleItem("爆米花", new BigDecimal(20),
            new BigDecimal(5));
    s2.addItem(s2Item1);
    // 满200元打七折
    Sale s3 = new Sale("003", createDate("2017-07-03"));
    SaleItem s3Item1 = new SaleItem("可乐一箱", new BigDecimal(70),
            new BigDecimal(3));
    s3.addItem(s3Item1);
    // 星期天满200元
    Sale s4 = new Sale("004", createDate("2013-07-02"));
```

```java
        SaleItem s4Item1 = new SaleItem("爆米花一箱", new BigDecimal(80),
                new BigDecimal(3));
        s4.addItem(s4Item1);
        // 插入到Working Memory中
        ksession.insert(s1);
        ksession.insert(s2);
        ksession.insert(s3);
        ksession.insert(s4);
        // 匹配规则
        ksession.fireAllRules();
        // 查询结果
        Collection<Object> sales = (Collection<Object>) ksession.getObjects();
        for (Object obj : sales) {
            Sale sale = (Sale) obj;
            System.out.println("销售单：" + sale.getSaleCode() + " 原金额： "
                    + sale.getTotal() + " 处理后总金额：" + sale.getDiscountTotal()
                    + " 折扣：" + sale.getDiscount());
        }
        // 关闭当前session的资源
        ksession.dispose();
    }

    static SimpleDateFormat sdf = new SimpleDateFormat("yyyy-MM-dd");

    // 根据字符串创建日期对象
    static Date createDate(String date) {
        try {
            return sdf.parse(date);
        } catch (Exception e) {
            throw new RuntimeException("parse date error: " + e.getMessage());
        }
    }
```

在代码清单14-29中插入了4个事实实例，它们会触发代码清单14-28中定义的几个销售规则。运行代码清单14-29，输出结果如下：

```
销售单：004 原金额：240.00 处理后总金额：168.00 折扣：0.70
销售单：001 原金额：20.00 处理后总金额：18.00 折扣：0.90
销售单：003 原金额：210.00 处理后总金额：147.00 折扣：0.70
销售单：002 原金额：100.00 处理后总金额：80.00 折扣：0.80
```

14.7.3 实现销售流程

制定了销售规则后，就可以在Activiti中设计销售流程了。本例的销售流程较为简单，在销售员录入销售数据后（使用User Task），将数据交给业务规则任务（Business Rule Task）进行处理，最后使用一个简单的Service Task进行输出，流程结束。当然，在实际应用的过程中，会有更复杂的后续流程，但它们并不是本例的重点。为本例设计的销售流程如图14-3所示，对应的流程文件内容如代码清单14-30所示。

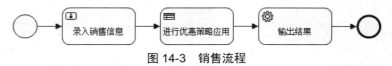

图14-3 销售流程

代码清单14-30：codes\14\14.7\drools-sale\resource\bpmn\SaleRule.bpmn

```xml
<process id="process1" name="process1">
    <startEvent id="startevent1" name="Start"></startEvent>
    <businessRuleTask id="businessruletask1" name="进行优惠策略应用"
        activiti:ruleVariablesInput="${sale1}, ${sale2}, ${sale3}, ${sale4}"
```

```xml
        activiti:resultVariable="saleResults"></businessRuleTask>
    <userTask id="usertask1" name="录入销售信息"></userTask>
    <serviceTask id="servicetask1" name="输出结果"
        activiti:class="org.crazyit.activiti.SaleJavaDelegate"></serviceTask>
    <endEvent id="endevent1" name="End"></endEvent>
    <sequenceFlow id="flow1" name="" sourceRef="startevent1"
        targetRef="usertask1"></sequenceFlow>
    <sequenceFlow id="flow2" name="" sourceRef="usertask1"
        targetRef="businessruletask1"></sequenceFlow>
    <sequenceFlow id="flow3" name="" sourceRef="businessruletask1"
        targetRef="servicetask1"></sequenceFlow>
    <sequenceFlow id="flow4" name="" sourceRef="servicetask1"
        targetRef="endevent1"></sequenceFlow>
</process>
```

代码清单 14-30 中的粗体字代码，使用了 businessRuleTask，该任务会以 4 个流程参数（sale1～sale4）作为规则事实，交给规则引擎进行处理，最终返回结果的名称为"saleResults"，结果类型是一个集合。本例中的 4 个 Sale 流程参数，为代码清单 14-27 中的 Sale 对象，需要匹配的规则为代码清单 14-28 中的规则（周六日打九折，100 元以上打八折，200 元以上打七折）。为了让流程引擎能加载规则文件（drl），需要在资源部署时将规则文件一并部署到流程引擎中，流程的部署及运行，如代码清单 14-31 所示。

代码清单 14-31：codes\14\14.7\drools-sale\src\org\crazyit\activiti\SaleProcess.java

```java
public static void main(String[] args) {
    // 创建流程引擎
    ProcessEngine engine = ProcessEngines.getDefaultProcessEngine();
    // 得到流程存储服务组件
    RepositoryService repositoryService = engine.getRepositoryService();
    // 得到运行时服务组件
    RuntimeService runtimeService = engine.getRuntimeService();
    // 得到任务服务组件
    TaskService taskService = engine.getTaskService();
    // 部署流程文件
    repositoryService.createDeployment()
            .addClasspathResource("rule/Sale.drl")
            .addClasspathResource("bpmn/SaleRule.bpmn").deploy();
    ProcessInstance pi = runtimeService
            .startProcessInstanceByKey("process1");
    // 创建事实实例，符合周六日打九折条件
    Sale s1 = new Sale("001", createDate("2017-07-01"));                    ①
    SaleItem s1Item1 = new SaleItem("矿泉水", new BigDecimal(5),
            new BigDecimal(4));
    s1.addItem(s1Item1);
    // 满 100 元打八折
    Sale s2 = new Sale("002", createDate("2017-07-03"));                    ②
    SaleItem s2Item1 = new SaleItem("爆米花", new BigDecimal(20),
            new BigDecimal(5));
    s2.addItem(s2Item1);
    // 满 200 元打七折
    Sale s3 = new Sale("003", createDate("2017-07-03"));                    ③
    SaleItem s3Item1 = new SaleItem("可乐一箱", new BigDecimal(70), new
BigDecimal(3));
    s3.addItem(s3Item1);
    // 星期天满 200 元
    Sale s4 = new Sale("004", createDate("2017-07-02"));                    ④
    SaleItem s4Item1 = new SaleItem(" 爆米花一箱 ", new BigDecimal(80), new
BigDecimal(3));
    s4.addItem(s4Item1);
    Map<String, Object> vars = new HashMap<String, Object>();
```

```java
        vars.put("sale1", s1);
        vars.put("sale2", s2);
        vars.put("sale3", s3);
        vars.put("sale4", s4);
        // 查找任务
        Task task = taskService.createTaskQuery().processInstanceId(pi.getId())
                .singleResult();
        taskService.complete(task.getId(), vars);
    }
    static SimpleDateFormat sdf = new SimpleDateFormat("yyyy-MM-dd");

    // 根据字符串创建日期对象
    static Date createDate(String date) {
        try {
            return sdf.parse(date);
        } catch (Exception e) {
            throw new RuntimeException("parse date error: " + e.getMessage());
        }
    }
```

代码清单 14-31 中的粗体字代码，除了正常部署流程文件（.bpmn）外，还将一份 Sale.drl 部署到流程引擎中，该份文件内容与代码清单 14-28 中的内容一致。本例中创建了 4 个 Sale 对象，代码清单 14-31 中的①创建了第一个销售单实例，该实例将会满足周六日打九折的条件。②创建的 Sale 对象，总金额等于 100 元，符合满 100 元打八折的条件。③创建的 Sale 对象，总金额为 210 元，符合满 200 元打七折的条件。④创建的 Sale 对象，总金额为 240 元，并且发生在周日，即同时满足两个规则的条件，但是根据代码清单 14-28 中的规则，满 200 元打七折的规则比周六日打九折的规则优先级高，因此可以知道，第四个 Sale 对象只会触发 "满 200 元打七折" 的规则。如果需要成功运行代码清单 14-31，还需要配置 activiti.cfg.xml，为其加入规则文件的部署实现类，本例中 activiti.cfg.xml 的配置如下：

```xml
<bean id="processEngineConfiguration"
    class="org.activiti.engine.impl.cfg.StandaloneProcessEngineConfiguration">
    <property name="jdbcUrl" value="jdbc:mysql://localhost:3306/act" />
    <property name="jdbcDriver" value="com.mysql.jdbc.Driver" />
    <property name="jdbcUsername" value="root" />
    <property name="jdbcPassword" value="123456" />
    <property name="databaseSchemaUpdate" value="drop-create" />
    <property name="customPostDeployers">
        <list>
            <bean class="org.activiti.engine.impl.rules.RulesDeployer" />
        </list>
    </property>
</bean>
```

以上配置的粗体字部分为新加入的规则部署者。在整个销售流程中，当业务规则任务完成后，执行流会到达一个 Service Task，在本例中，这个 Service Task 仅仅用于将规则处理后的销售单结果输出，Service Task 的实现如代码清单 14-32 所示。

代码清单 14-32：codes\14\14.7\drools-sale\src\org\crazyit\activiti\SaleJavaDelegate.java

```java
public class SaleJavaDelegate implements JavaDelegate {
    public void execute(DelegateExecution execution) {
        Collection sales = (Collection) execution.getVariable("saleResults");
        System.out.println("输出处理结果: ");
        for (Object obj : sales) {
```

```
            Sale sale = (Sale) obj;
            System.out.println("销售单: " + sale.getSaleCode() + " 原价: "
                + sale.getTotal() + " 优惠后: " + sale.getDiscountTotal()
                + " 折扣: " + sale.getDiscount());
        }
    }
}
```

在流程最后的 Service Task 中，得到业务规则任务处理后的结果（一个集合），然后对集合进行遍历，强制类型转换为 Sale 对象，然后将 Sale 的各个信息输出。运行代码清单 14-31 终输出如下：

```
输出处理结果：
销售单：002 原价：100.00 优惠后：80.00 折扣：0.80
销售单：001 原价：20.00 优惠后：18.00 折扣：0.90
销售单：004 原价：240.00 优惠后：168.00 折扣：0.70
销售单：003 原价：210.00 优惠后：147.00 折扣：0.70
```

根据结果可知，相应的 Sale 对象均按预期匹配到不同的规则，销售单 001 打了九折，销售单 002 打了八折，销售单 003 打了七折，销售单 004 打了七折。

14.8 本章小结

本章实际上是第 12 章"流程任务"的细化章节，第 12 章中并没有讲述规则任务内容。本章的大部分内容是关于规则引擎 Drools 的介绍，对规则文件结构、规则的定义、规则属性及规则的语法，做了简单的讲述，并且配合相应的例子来运用这些知识。读者在学习完本章后，能够自己编写和运行一般的业务规则，如果想更灵活地使用 Drools，还需要通过更多的实际应用积累经验，最重要的是学会如何将实际的业务转换为具体的规则语言。本章的重点在于如何将 Drools 与 Activiti 结合使用，Activiti 关注的是业务流程走向，而 Drools 关注的是业务规则匹配，将两者应用在合适的场景，将会更好地解决实际问题。在本章的最后，在一个最简单的销售示例中，将流程引擎与规则引擎结合起来使用，希望通过这个例子能加强读者对这两种开源技术的认识。

CHAPTER
15

第15章
基于 DMN 的 Activiti 规则引擎

本章要点

- DMN 规范
- 运行第一个 Activiti 规则引擎应用
- Activiti 规则引擎 API 初探
- Activiti 规则匹配

在第 14 章，我们讲解了 Activiti 与规则引擎的整合使用，确切来说，是 Activiti 与 Drools 规则引擎的整合使用。在 Activiti 6 版本发布后，Activiti 开始实现 DMN 规范，换言之，Activiti 正在实现自己的规则引擎，虽然尚未完成，但已具雏形。本章将讲述 DMN 规范及初步实现的 Activit 规则引擎。

本书成书时，Activiti 的规则引擎并没有正式发布，笔者在官方文档、API 中没有找到相关的资料，本章内容为笔者参考 Activiti 规则引擎模块的源代码编写而成，在以后的 Activiti 版本中，规则引擎的实现及发布的文档，有可能与本书所描述的内容有所冲突，望读者了解该情况。

15.1 DMN 规范概述

15.1.1 DMN 的出现背景

DMN 是英文 Decision Model and Notation 的缩写，直译的意思为决策模型与图形。根据前面章节的介绍可知，BPMN 是 OMG 公司发布的工作流规范，而 DMN 同样是 OMG 公司发布的规范，该规范主要用于定义业务决策的模型和图形，1.0 版本发布于 2015 年，目前最新的版本是 1.1，发布于 2016 年。

BPMN 主要用于规范业务流程，业务决策的逻辑由 PMML 等规范来定义，例如在某些业务流程中，需要由多个决策来决定流程走向，而每个决策都要根据自身的规则来决定，并且每个决策之间可能存在关联，此时在 BPMN 与 PMML 之间出现了空白，DMN 规范出现前，决策者无法参与到业务中。为了填补模型上的空白，新增了 DMN 规范，定义决策的规范及图形，DMN 规范相当于业务流程模型与决策逻辑模型之间的桥梁。

虽然 DMN 只作为工作流与决策逻辑的桥梁，但实际上，该规范中也包含决策逻辑部分，同时也兼容 PMML 规范所定义的表达式语言。换言之，实现 DMN 规范的框架，同时也会具有业务规则的处理能力。

15.1.2 Activiti 与 Drools

Activiti 作为一个工作流引擎，与规则引擎 Drools 本来没有可比之处，它们之间更像是互补关系，但是目前 Activiti 正在实现 DMN 规范，Drools 则实现了 PMML 规范，这就意味着，Activiti 的工作引擎完成后，也会包含规则引擎的功能。根据 DMN 规范可知，DMN 规范的实现者，也会对 PMML 提供支持。如此一来，Activiti 的规则引擎与 Drools 将产生竞争关系。

JBoss 旗下有工作流引擎 jBPM，有规则引擎 Drools，Activiti 本身就是工作流引擎，再加上此次更新新加的规则引擎，估计在不久的将来，Activiti 在工作流引擎以及规则引擎领域，能与 JBoss 分庭抗礼。

15.1.3 DMN 的 XML 样例

DMN 主要用于定义决策模型，与 BPMN 规范类似，OMG 发布的 DMN 规范含有对应的 XML 约束。当前版本的 Activiti 实现了 decision 部分，因此本章只讲述 DMN 中的 decision 部分。DMN 的 XML 文档，一般情况下文件名后缀为 dmn。代码清单 15-1 是一个简单的 DMN 文档。

代码清单 15-1：codes\15\15.1\sample.dmn

```
<?xml version="1.0" encoding="UTF-8"?>
```

```xml
<definitions xmlns="http://www.omg.org/spec/DMN/20151130"
    id="simple" name="Simple" namespace="http://activiti.org/dmn">
    <decision id="decision1" name="Simple decision">
        <decisionTable id="decisionTable">
            <input id="input1">
                <inputExpression id="inputExpression1" typeRef="string">
                    <text>input1</text>
                </inputExpression>
            </input>
            <output id="output1" label="Output 1" name="output1" typeRef="string" />
            <rule>
                <inputEntry id="inputEntry1">
                    <text><![CDATA[.startsWith('Angus')]]></text>
                </inputEntry>
                <outputEntry id="outputEntry1">
                    <text>'Hello, man!'</text>
                </outputEntry>
            </rule>
            <rule>
                <inputEntry id="inputEntry2">
                    <text><![CDATA[.startsWith('Paris')]]></text>
                </inputEntry>
                <outputEntry id="outputEntry2">
                    <text>'Hello, baby!'</text>
                </outputEntry>
            </rule>
        </decisionTable>
    </decision>
</definitions>
```

代码清单 15-1 中的 XML 文档，定义了一个 decision 节点，该节点中含有一个输入参数、一个输出结果和两个规则。注意代码清单中的粗体字代码，使用 startsWith 方法定义了，如果参数字符串以"Angus"开头，则触发第一个规则，如果参数字符串以"Paris"开头，则触发第二个规则。关于 XML 文档中各个元素的含义和作用，将在后面章节中讲述。

15.2 DMN 的 XML 规范

DMN 规范的官方网址为：http://www.omg.org/spec/DMN/，在官方网站上可以获取 DMN 的规范文档、DMN 的 XML Schema 文档和样例文档。笔者已经将以上三个文档下载，并保存到代码目录中了，以下为这三个文档的代码路径。

- 规范文档：codes\15\15.2\DMN 规范.pdf
- XML Schema：codes\15\15.2\dmn.xsd
- 样例文档：codes\15\15.2\example.xml

15.2.1 决策

在 DMN 规范中，根节点为 definitions，该节点下可以出现 import、itemDefinition、drgElement 等元素，其中 drgElement 是一个抽象元素，decision 元素继承于 drgElement。一个 decision 表示一次决策，可以为它设置 name、id、label 属性，按照 DMN 规范，name 属性是必需的，而其他属性则是可选的，但作为 decision 的唯一标识，建议设置 id。一个 definitions 下可以定义 0 个或多个 decision。代码清单 15-2 中定义了一个 decision 元素。

代码清单 15-2：codes\15\15.2\decision.dmn

```xml
<?xml version="1.0" encoding="UTF-8"?>
<definitions xmlns="http://www.omg.org/spec/DMN/20151130"
```

```xml
        id="simple" name="Simple" namespace="http://activiti.org/dmn">
    <decision id="decision1" name="Simple decision">
    </decision>
</definitions>
```

一个 decision 元素由 question、allowedAnswers、expression 等元素组成,其中 expression 元素表示决策逻辑,expression 是一个抽象元素,在 DMN 规范中,decision 元素下的 expression 可出现 0 次或 1 次。

15.2.2 决策表

一个 decisionTable 元素表示一个决策表,decisionTable 继承于 expression 元素,因此在 decision 元素下,decisionTable 只允许出现 0 次或 1 次,这是 DMN 定义的规范。在 Activiti 的实现中,decision 元素下如果不提供 decisionTable,则会报异常。代码清单 15-3 定义了一个 decisionTable 元素以及它的几个子元素。

代码清单 15-3:codes\15\15.2\decisionTable.dmn

```xml
<?xml version="1.0" encoding="UTF-8"?>
<definitions xmlns="http://www.omg.org/spec/DMN/20151130"
    id="simple" name="Simple" namespace="http://activiti.org/dmn">
    <decision id="decision1" name="Simple decision">
        <decisionTable id="decisionTable">
            <input/>
            <output/>
            <rule></rule>
        </decisionTable>
    </decision>
</definitions>
```

根据 DMN 规范,一个 decision 下最多只有一个 decisionTable,虽然规范允许出现 0 次,但这样做就失去了意义,如果不提供 decisionTable,Activiti 的规则引擎会报异常,信息为:java.lang.IllegalArgumentException: no decision table present in decision。

决策表元素有四个属性:hitPolicy、aggregation、preferredOrientation 和 outputLabel,其中 hitPolicy 属性用于定义规则冲突策略。

元素 decisionTable 下的 input、output 和 rule 子元素,可以出现多次,其中规范规定 output 元素最少出现一次,这意味着,一次业务决策必须产出一个结果。在 Activiti 的初步实现中,在 decisionTalbe 元素下,input、output 和 rule 三个子元素都必须出现一次。

15.2.3 输入参数

在 decisionTable 元素下,可以添加多个 input 元素来声明输入参数,可以为 input 元素增加 inputExpression 元素来声明输入参数的类型及名称等信息,代码清单 15-4 中定义了输出参数。

代码清单 15-4:codes\15\15.2\input.dmn

```xml
<?xml version="1.0" encoding="UTF-8"?>
<definitions xmlns="http://www.omg.org/spec/DMN/20151130"
    id="simple" name="Simple" namespace="http://activiti.org/dmn">
    <decision id="decision1" name="Simple decision">
        <decisionTable id="decisionTable">
            <input id="inputId">
                <inputExpression id="inputExpressionId" typeRef="string">
                    <text>personName</text>
                </inputExpression>
            </input>
            <output/>
```

```xml
            <rule></rule>
        </decisionTable>
    </decision>
</definitions>
```

代码清单 15-4 中的粗体字部分，定义了一个参数名称为"personName"的输入参数，其类型为字符串。需要注意的是，参数名是 persionName，而不是 inputId。

▶▶ 15.2.4 输出结果

每个决策表至少有一个输出结果，使用 output 元素定义输出参数的名称及数据类型。代码清单 15-5 定义了输出结果。

代码清单 15-5：codes\15\15.2\output.dmn

```xml
<?xml version="1.0" encoding="UTF-8"?>
<definitions xmlns="http://www.omg.org/spec/DMN/20151130"
    id="simple" name="Simple" namespace="http://activiti.org/dmn">
    <decision id="decision1" name="Simple decision">
        <decisionTable id="decisionTable">
            <input id="inputId">
                <inputExpression id="inputExpressionId" typeRef="string">
                    <text>personName</text>
                </inputExpression>
            </input>
            <output id="resultId" label="Output 1" name="resultName" typeRef="string" />
            <rule></rule>
        </decisionTable>
    </decision>
</definitions>
```

代码清单 15-5 中的粗体字代码，定义了一个名称为"resultName"的输出结果，类型为字符串。需要注意的是，获取结果时，要根据 name 属性来获取，而不是 id 属性。

▶▶ 15.2.5 规则

在决策表元素下可以定义多个 rule 元素，在 rule 元素下可以添加 inputEntry 与 outputEntry 元素，其中在 inputEntry 元素下支持使用 MVEL 表达式来实现业务规则的判断逻辑，而 outputEntry 元素则表示规则结果的输出，一个 rule 下可以出现 0 个或多个 inputEntry，而 outputEntry 最少出现 1 次。代码清单 15-6 中定义了两个 rule。

代码清章 15-6：codes\15\15.2\rule.dmn

```xml
<?xml version="1.0" encoding="UTF-8"?>
<definitions xmlns="http://www.omg.org/spec/DMN/20151130"
    id="simple" name="Simple" namespace="http://activiti.org/dmn">
    <decision id="decision1" name="Simple decision">
        <decisionTable id="decisionTable" hitPolicy="UNIQUE">
            <input id="input1">
                <inputExpression id="inputExpression1" typeRef="number">
                    <text>personAge</text>
                </inputExpression>
            </input>
            <input id="input2">
                <inputExpression id="inputExpression2" typeRef="string">
                    <text>personName</text>
                </inputExpression>
            </input>
            <output id="outputId" label="Output 1" name="myResult" typeRef="string" />
            <rule>
                <inputEntry id="inputEntry2">
                    <text><![CDATA[ > 18 ]]></text>
```

```xml
            </inputEntry>
            <inputEntry id="inputEntry2_2">
                <text><![CDATA[ .equals('Angus') ]]></text>
            </inputEntry>
            <outputEntry id="outputEntry2">
                <text>'Man Angus'</text>
            </outputEntry>
        </rule>
        <rule>
            <inputEntry id="inputEntry1">
                <text><![CDATA[ <= 18 ]]></text>
            </inputEntry>
            <outputEntry id="outputEntry1">
                <text>'Child'</text>
            </outputEntry>
        </rule>
    </decisionTable>
  </decision>
</definitions>
```

在代码清单 15-6 中，定义了两个输入参数、一个输出结果及两个规则，第一个规则的触发条件为第 1 个参数值大于 18 并且第 2 个参数值等于"Angus"，两个条件都符合时，返回"Man Angus"字符串。第二个规则触发条件则是参数 1 的值小于等于 18。

目前 Activiti 还没有完全实现 DMN 规范，只是有一个大概的轮廓，本书的主要内容为 Activiti，下面将开始介绍 Activiti 关于 DMN 规范的 API。

15.3 运行第一个应用

前面对 DMN 规范做了一个简单的讲解，本节将带领大家开发第一个 Activiti 的规则项目，目的是让大家对 Activiti 的规则引擎有一个初步了解，在成功运行第一个规则项目后，对 DMN 规范以及 Activiti 的 DMN 实现就不会感觉神秘了。

15.3.1 建立项目

像建立其他项目一样，新建一个普通的 Java 项目，后缀为 .dmn 的文件存放在 resource/dmn 目录，同样依赖 common-lib/lib 目录（不包括子目录）下的 jar 包。除了依赖 Activiti 的 jar 包外，由于规则引擎使用了 liqui、mvel 等项目，因此还要导入这些项目的包，该项目的结构以及所使用的 jar 包如图 15-1 所示。

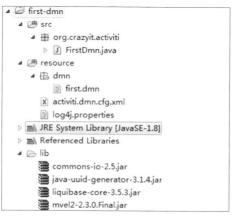

图 15-1 项目结构

需要注意的是，在导入 common-lib/lib 的包时，不要把源代码的包也导入项目中，例如把规则引擎的源代码包（activiti-dmn-engine-6.0.0-sources.jar）导到环境中，在运行时，会出现以下异常：org.activiti.dmn.engine.ActivitiDmnException: Error initialising dmn data model。

图 15-1 中所示的 resource 目录，有一个 activiti.dmn.cfg.xml 配置文件，该文件包含规则引擎的基础配置，我们将在后面章节中讲述。

▶▶ 15.3.2 规则引擎配置文件

在默认情况下，规则引擎会读取 ClassPath 下的 activiti.dmn.cfg.xml，对于该文件，大家可能觉得比较熟悉，这个文件名就是在流程引擎配置文件的名称中间增加 dmn 字母。而配置文件的内容几乎也与流程引擎的一样。代码清单 15-7 是本例中所使用的配置文件。

代码清单 15-7：codes\15\15.3\first-dmn\resource\activiti.dmn.cfg.xml

```xml
<?xml version="1.0" encoding="UTF-8"?>
<beans xmlns="http://www.springframework.org/schema/beans"
    xmlns:xsi="http://www.w3.org/2001/XMLSchema-instance"
    xsi:schemaLocation="http://www.springframework.org/schema/beans
    http://www.springframework.org/schema/beans/spring-beans.xsd">

    <bean id="dmnEngineConfiguration"
        class="org.activiti.dmn.engine.impl.cfg.StandaloneDmnEngineConfiguration">
        <property name="jdbcUrl" value="jdbc:mysql://localhost:3306/act" />
        <property name="jdbcDriver" value="com.mysql.jdbc.Driver" />
        <property name="jdbcUsername" value="root" />
        <property name="jdbcPassword" value="123456" />
    </bean>

</beans>
```

规则引擎的配置文件几乎与流程引擎的配置文件一样，配置一个 dmnEngineConfiguration 的 bean，为该 bean 设置 JDBC 的连接属性。规则引擎的配置将在下面章节中讲述。

▶▶ 15.3.3 编写 DMN 文件

下面定义一个最简单的规则，当传入的年龄参数值大于等于 18 时，就返回"成年人"字符串，如果年龄参数值小于 18，就返回"小孩"字符串。代码清单 15-8 为本例的规则文件。

代码清单 15-8：codes\15\15.3\first-dmn\resource\dmn\first.dmn

```xml
<?xml version="1.0" encoding="UTF-8"?>
<definitions xmlns="http://www.omg.org/spec/DMN/20151130"
    id="simple" name="Simple" namespace="http://activiti.org/dmn">
    <decision id="decision1" name="Simple decision">
        <decisionTable id="decisionTable">
            <input id="input1">
                <inputExpression id="inputExpression1" typeRef="number">
                    <text>personAge</text>
                </inputExpression>
            </input>
            <output id="outputId" label="Output 1" name="myResult" typeRef="string" />
            <rule>
                <inputEntry id="inputEntry2">
                    <text><![CDATA[ >= 18 ]]></text>
                </inputEntry>
                <outputEntry id="outputEntry2">
                    <text>'成年人'</text>
                </outputEntry>
            </rule>
            <rule>
```

```xml
            <inputEntry id="inputEntry1">
                <text><![CDATA[ < 18 ]]></text>
            </inputEntry>
            <outputEntry id="outputEntry1">
                <text>'小孩'</text>
            </outputEntry>
        </rule>
    </decisionTable>
  </decision>
</definitions>
```

在规则文件中，定义了一个输入参数、一个输出结果和两个规则，在前面章节中已经对相关的 DMN 元素做了讲解，在此不再赘述。

▶▶ 15.3.4 加载与运行 DMN 文件

两个引擎不仅仅在配置上类似，连 API 的使用也非常相似。如果在本书前面的章节中，熟练掌握了 Activiti 工作流引擎的 API，那么学习使用规则引擎的 API 也不会太难。代码清单 15-9 为规则的运行代码。

代码清单 15-9：codes\15\15.3\first-dmn\src\org\crazyit\activiti\FirstDmn.java

```java
public class FirstDmn {
    public static void main(String[] args) {
        // 根据默认配置创建引擎的配置实例
        DmnEngineConfiguration config = DmnEngineConfiguration
                .createDmnEngineConfigurationFromResourceDefault();
        // 创建规则引擎
        DmnEngine engine = config.buildDmnEngine();
        // 获取规则的存储服务组件
        DmnRepositoryService rService = engine.getDmnRepositoryService();
        // 获取规则服务组件
        DmnRuleService ruleService = engine.getDmnRuleService();
        // 进行规则 部署
        DmnDeployment dep = rService.createDeployment()
                .addClasspathResource("dmn/first.dmn").deploy();
        // 进行数据查询
        DmnDecisionTable dt = rService.createDecisionTableQuery()
                .deploymentId(dep.getId()).singleResult();
        // 初始化参数
        Map<String, Object> params = new HashMap<String, Object>();
        params.put("personAge", 19);
        // 传入参数执行决策，并返回结果
        RuleEngineExecutionResult result = ruleService.executeDecisionByKey(
                dt.getKey(), params);
        // 控制台输出结果
        System.out.println(result.getResultVariables().get("myResult"));
        // 重新设置参数
        params.put("personAge", 5);
        // 重新执行决策
        result = ruleService.executeDecisionByKey(dt.getKey(), params);
        // 控制台重新输出结果
        System.out.println(result.getResultVariables().get("myResult"));
    }
}
```

如代码清单 15-9 所示，先读取默认的配置文件来创建 DmnEngineConfiguration 实例，使用该实例获取规则引擎 DmnEngine 实例，再以 DmnEngine 为基础，获取两个服务组件：DmnRepositoryService 和 DmnRuleService。DmnRepositoryService 主要负责引擎资源的部署，

DmnRuleService 则提供规则的相关服务，例如可以执行规则、查询规则等。

在代码清单 15-9 中，使用 DmnRepositoryService 将 first.dmn 规则文件部署到引擎中，再根据部署的 id 去查询 DmnDecisionTable 实例。代码清单 15-9 中的粗体字代码，使用 DmnRuleService 来执行决策并返回结果，由于我们在 DMN 文件中配置了，需要有一个名称为 personAge 的输入参数，因此要新建一个 Map 实例来保存该参数。

在以上例子中，当第一次使用 DmnRuleService 来执行决策时，传入的"personAge"参数值为 19，第二次执行决策时，传入的参数值为 5，运行代码清单 15-9，输出如下：

```
成年人
小孩
```

至此，Activiti 的第一个应用已经成功运行。如上所述，规则引擎与流程非常相似，配置的读取、规则引擎的创建、服务组件的获取方式、数据查询及运行，也与 Activiti 流程引擎如出一辙。如果熟悉 Activiti 流程引擎，学习使用规则引擎的 API 也不会太难。

15.4 规则引擎 API 简述

流程引擎与规则引擎的代码风格一致，规则引擎的核心代码也使用了同样的设计模式。当前版本的 Activiti 规则引擎只提供两个服务组件，与之相关的数据表只有 5 个，而且目前这些数据表与流程引擎的数据表并没有产生依赖关系，笔者猜测，Activiti 规则引擎完善后，会脱离 Activiti 流程引擎（目前是 Activiti 的若干个模块），作为一款独立的产品继续发展。下面我们将对当前已经开发好的 API 进行讲述。

15.4.1 创建规则引擎

使用 DmnEngineConfiguration 的几个 create 方法可以创建流程引擎的配置实例，创建方法如下。

- createDmnEngineConfigurationFromInputStream(inputStream)：根据配置文件的输入流来创建配置实例。
- createDmnEngineConfigurationFromInputStream(inputStream, beanName)：指定配置文件的输入流，并且指定配置文件中的 bean 来创建配置实例。
- createDmnEngineConfigurationFromResource(resource)：根据资源的位置来创建配置实例。
- createDmnEngineConfigurationFromResource(resource, beanName)：根据资源的配置来查找配置文件，并且根据指定的 bean 来创建配置实例。
- createDmnEngineConfigurationFromResourceDefault()：默认情况下，该方法会到 ClassPath 下面查找 activiti.dmn.cfg.xml 配置文件，在该文件中查找 id 为 "dmnEngineConfiguration" 的 bean 来创建配置实例。
- createStandaloneDmnEngineConfiguration()：使用默认的配置来创建配置实例，这些配置被写到代码中，默认使用 H2 数据库。
- createStandaloneInMemDmnEngineConfiguration()：使用默认的内存数据库来创建配置，也就是使用 H2 数据库。该方法的当前效果与 createStandaloneDmnEngineConfiguration 一致，笔者估计尚未完成。

由于与流程引擎类似，在此不再逐个测试方法，下面将测试根据资源文件位置（方法 createDmnEngineConfigurationFromResource）来创建配置实例的方法。代码清单 15-10 为一个规则引擎的配置文件,配置文件的名称并非默认名称,配置的 bean 名称也不是默认的名称。

代码清单 15-10：codes\15\15.4\engine-config\resource\my-config.xml

```xml
<?xml version="1.0" encoding="UTF-8"?>
<beans xmlns="http://www.springframework.org/schema/beans"
    xmlns:xsi="http://www.w3.org/2001/XMLSchema-instance"
    xsi:schemaLocation="http://www.springframework.org/schema/beans
    http://www.springframework.org/schema/beans/spring-beans.xsd">

    <bean id="myBean"
        class="org.activiti.dmn.engine.impl.cfg.StandaloneDmnEngineConfiguration">
        <property name="jdbcUrl" value="jdbc:mysql://localhost:3306/act" />
        <property name="jdbcDriver" value="com.mysql.jdbc.Driver" />
        <property name="jdbcUsername" value="root" />
        <property name="jdbcPassword" value="123456" />
    </bean>

</beans>
```

代码清单 15-10 的文件名称为 my-config.xml,规则引擎的 bean 名称为 myBean。代码清单 15-11 调用 createDmnEngineConfigurationFromResource 来创建规则引擎的配置实例。

代码清单 15-11：codes\15\15.4\engine-config\src\org\crazyit\activiti\MyConfig.java

```java
// 根据默认配置创建引擎的配置实例
DmnEngineConfiguration config = DmnEngineConfiguration
    .createDmnEngineConfigurationFromResource("my-config.xml",
        "myBean");
// 创建规则引擎
DmnEngine engine = config.buildDmnEngine();
// 获取规则的存储服务组件
DmnRepositoryService rService = engine.getDmnRepositoryService();
// 获取规则服务组件
DmnRuleService ruleService = engine.getDmnRuleService();
```

规则引擎与流程引擎的创建方式一样,关于其他创建引擎配置实例的方法,在此不再赘述。

15.4.2 配置规则引擎

规则引擎的配置包括 JDBC 配置、数据库策略配置等,除了 JDBC 配置外,规则引擎主要支持以下几个配置项。

- databaseType：声明数据库的类型。如果没有配置该属性,则会根据 JDBC 的 Connection 来获取连接的原数据,得到数据库类型。当前支持 H2、HSQL、MySQL、Oracle、PostgreSQL、MSSQL 和 DB2 数据库,与流程引擎一致。
- dataSource：可以使用该配置来指定外部数据源。
- databaseSchemaUpdate：数据库的执行策略,默认值为 true,可以配置为 false 或者 create-drop。需要注意的是,流程引擎中有一个隐藏值 drop-create,在规则引擎中无法使用。
- customExpressionFunctionRegistry：自定义表达式函数的注册 bean,该配置将在后面章节讲述。

由于目前规则引擎还处于开发阶段,因此当前其所支持的配置项少于流程引擎。以上配置项的作用,读者可以参考本书第 4 章的内容,在此不再赘述。

15.4.3 数据查询

在数据查询功能方面，规则引擎虽然跟流程引擎一样，但是全部的 Java 类，都没有依赖流程引擎。简单来说，就是将流程引擎的底层代码复制了一份来使用。当前可以使用 DmnDeploymentQuery 来查询部署数据，使用 DmnDecisionTableQuery 来查询决策表数据。在调用各个方法设置查询条件后，再调用 singleReult、list 等方法返回结果。除了 Query 对象提供的查询方法外，与流程引擎一样，规则引擎也支持原生 SQL 查询。代码清单 15-12 为一个使用 Query 进行普通查询及原生 SQL 查询的示例。

代码清单 15-12：codes\15\15.4\dmn-query\src\org\crazyit\activiti\DmnQuery.java

```java
// 根据默认配置创建引擎的配置实例
DmnEngineConfiguration config = DmnEngineConfiguration
    .createDmnEngineConfigurationFromResourceDefault();
// 创建规则引擎
DmnEngine engine = config.buildDmnEngine();
// 获取规则的存储服务组件
DmnRepositoryService rService = engine.getDmnRepositoryService();
// 根据 key 查询决策表数量
long dtCount = rService.createDecisionTableQuery()
    .decisionTableKey("decision1").count();
System.out.println("根据 key 查询决策表数量: " + dtCount);
// 查询全部的部署数据
List<DmnDeployment> deps = rService.createDeploymentQuery().list();
System.out.println("查询全部的部署数据: " + deps.size());
// 进行原生 SQL 查询
deps = rService.createNativeDeploymentQuery()
    .sql("select * from ACT_DMN_DEPLOYMENT").list();
System.out.println("使用原生 SQL 查询全部数据: " + deps.size());
```

运行代码清单 15-12，输出结果如下：

```
根据 key 查询决策表数量：72
查询全部的部署数据：73
使用原生 SQL 查询全部数据：73
```

在此需要注意的是，每个环境的数据量都不一样，以上代码的目的是为了展示如何使用规则引擎的查询功能。规则引擎与流程引擎的查询机制一样，在此不再赘述。

15.4.4 执行 DMN 文件

DmnRuleService 中提供了几个执行决策表的方法，例如可以根据决策表的 key 来执行决策表，同时在设计上也支持租户的概念，可以传入租户 id 来执行决策表。调用这几个执行方法时，均要传入参数的 Map，最终这些方法会返回一个 RuleEngineExecutionResult 实例，该对象保存了规则的执行结果以及执行信息。DmnRuleService 的几个执行方法如下：

```java
/**
 * 根据决策表的 key 来执行
 */
RuleEngineExecutionResult executeDecisionByKey(String decisionKey,
        Map<String, Object> input);

/**
 * 根据租户 id、decisionKey 来执行
 */
RuleEngineExecutionResult executeDecisionByKeyAndTenantId(
        String decisionKey, Map<String, Object> input, String tenantId);
```

```
/**
 * 根据父部署的 id 和 decisionKey 来执行
 */
RuleEngineExecutionResult executeDecisionByKeyAndParentDeploymentId(
        String decisionKey, String parentDeploymentId,
        Map<String, Object> input);

/**
 * 根据父部署的 id、decisionKey 和租户 id 来执行
 */
RuleEngineExecutionResult executeDecisionByKeyParentDeploymentIdAndTenantId(
        String decisionKey, String parentDeploymentId,
        Map<String, Object> input, String tenantId);
```

需要注意的是以上方法中的父部署概念，每一次部署，都可以为它设置父部署 id，可以调用 parentDeploymentId 方法实现，以下的代码片断设置了父部署 id：

```
service.createDeployment()
    .addClasspathResource("dmn/first.dmn")
    .parentDeploymentId(parentDeploymentId)
    .deploy();
```

决策表的执行到此已经讲解完毕，由于规则引擎与流程引擎的 API 非常相似，并且 Activiti 的流程引擎尚在开发阶段，所以遇到相关属性配置、API 调用、数据查询等操作时，可参考流程引擎。

15.5 规则匹配

对于规则引擎中的输入参数与输出结果，可以在 inputExpression 元素下使用 MVEL 表达式，这就意味着在规则匹配及结果处理上，规则引擎都显得很灵活。下面将以 MVEL 为基础，讲述 Activiti 规则引擎的匹配原理。

15.5.1 MVEL 表达式简介

MVEL 是一款基于 Java 的表达式语言，它支持大部分的 Java 语法，当前版本为 2.0。使用 MVEL，可以在 XML 文档中获取属性值，进行运算，设置结果等，除此之外，还可以对其进行扩展，实现更为复杂的需求。目前很多开源项目都使用了 MVEL 表达式，例如 Drools、Apache Camel 等框架。Activiti 规则引擎中也使用了 MVEL，因此允许在 DMN 文件中使用如下所示的表达式：

```
person.name == 'Angus' && person.age == 30
```

以上表达式判断 person 对象的 name 属性值是否为 "Angus" 以及 age 属性值是否为 30，表达式的执行结果为 true 或者 false。下面将讲述 MVEL 的简单使用方法。

15.5.2 执行第一个表达式

下面编写一个最简单的表达式，使用 MVEL 的 API 进行编译与执行，见代码清单 15-13。

代码清单 15-13：codes\15\15.5\mvel-test\src\org\crazyit\activiti\FirstTest.java

```java
// 进行编译
Serializable compiledExpression = MVEL
    .compileExpression("personName == 'Angus'");
// 设置执行参数
Map<String, String> params = new HashMap<String, String>();
params.put("personName", "Angus");
```

```java
// 执行表达式并返回结果
Boolean result = MVEL.executeExpression(compiledExpression, params,
    Boolean.class);
// 控制台输出结果
System.out.println("表达式第一次执行结果:" + result);
// 传入其他参数,结果将为false
params.put("personName", "Paris");
// 再次执行表达式
result = MVEL.executeExpression(compiledExpression, params,
    Boolean.class);
// 输出结果
System.out.println("表达式第二次执行结果:" + result);
```

代码清单 15-13 中的粗体字代码,使用 MVEL 的 API 进行表达式编译和执行。先编译"personName == 'Angus'"表达式,该表达式计算 personName 这个运行参数的值是否为"Angus",在运行时,传入参数 Map 即可。代码清单 15-13 执行了两次表达式,第一次执行结果为 true,第二次传入了不等的参数,因此执行结果为 false。运行代码清单 15-13,输出结果如下:

```
表达式第一次执行结果:true
表达式第二次执行结果:false
```

▶▶ 15.5.3 使用对象执行表达式

在 MVEL 表达式中,也支持传入对象,并可以获取对象的值或者方法返回值来进行运算。代码清单 15-14 中的表达式使用了 Java 对象。

代码清单 15-14:codes\15\15.5\mvel-test\src\org\crazyit\activiti\ObjectTest.java

```java
// 进行编译
Serializable compiledExpression = MVEL
    .compileExpression("person.name == 'Angus' && person.age == 30");
// 设置执行参数
Map<String, Object> params = new HashMap<String, Object>();
// 设置名称与年龄均符合条件
Person p = new Person();
p.setName("Angus");
p.setAge(30);
params.put("person", p);
// 执行表达式并返回结果,输出为true
Boolean result = MVEL.executeExpression(compiledExpression, params,
    Boolean.class);
System.out.println("第一次执行表达式结果:" + result);
// 修改参数年龄
Person p2 = new Person();
p2.setName("Angus");
p2.setAge(20);
params.put("person", p2);
// 重新执行表达式,结果为false
result = MVEL.executeExpression(compiledExpression, params,
    Boolean.class);
System.out.println("第二次执行表达式结果:" + result);
```

在代码清单 15-14 中,执行的表达式为,person 实例的 name 属性值是否为"Angus",并且 person 的 age 属性值是否为 30,这两个条件都符合时,表达式返回 true。代码清单 15-14 中的粗体字代码,分别执行了两次表达式,第一次执行的参数值完全符合条件,第二次执行的参数 age 的值不符合条件,最终输出 false。执行代码清单 15-14,输出结果如下:

```
第一次执行表达式结果:true
第二次执行表达式结果:false
```

15.5.4 规则引擎规则匹配逻辑

在 DMN 文件中定义规则的输入参数和输出结果时,可以在 text 元素下面编写 MVEL 表达式。以下代码片断为 rule 元素定义:

```xml
<rule>
    <inputEntry id="inputEntry1">
        <text>
            <![CDATA[
                执行匹配的 MVEL 表达式
            ]]>
        </text>
    </inputEntry>
    <outputEntry id="outputEntry1">
        <text>
            <![CDATA[
                处理输出结果的 MVEL 表达式
            ]]>
        </text>
    </outputEntry>
</rule>
```

以上代码片断中的粗体字代码,在 inputEntry 下的 text 元素下,使用 MVEL 表达式,但要注意的是,该表达式的结果必须为 Boolean 类型,因为该表达式决定规则是否匹配。同样可以在 outputEntry 下的 text 元素下,添加 MVEL 表达式,该表达式的计算结果就是规则的返回结果,注意要与决策表的输出结果类型相匹配,请见以下代码片断:

```xml
<output id="outputId" label="Output 1" name="myResult" typeRef="number" />
<rule>
    <inputEntry id="inputEntry1">
        <text>
            <![CDATA[
                执行匹配的 MVEL 表达式
            ]]>
        </text>
    </inputEntry>
    <outputEntry id="outputEntry1">
        <text>
            <![CDATA[
                输出结果的 MVEL 表达式,要返回数字
            ]]>
        </text>
    </outputEntry>
</rule>
```

以上代码片断中的粗体字代码,定义了输出结果的类型为"number",如果匹配到的规则,输出结果的 MVEL 表达式返回的是字符串,则会报异常。

Activiti 规则引擎在读取 inputEntry 配置的 MVEL 表达式时,会进行处理,将输入参数的名称添加到配置的 MVEL 表达式前面,组合成新的表达式让 MVEL 去执行。在组合新的表达式时,会有两种处理方式,请见代码清单 15-15。

代码清单 15-15:codes\15\15.5\dmn-mvel\resource\dmn\GetExpression.dmn

```xml
<rule>
    <inputEntry id="inputEntry1">
        <text>
            <!-- 生成的表达式为 personName.equals('Angus') -->
            <![CDATA[
                .equals('Angus')
            ]]>
        </text>
```

```xml
        </inputEntry>
    </rule>
    <rule>
        <inputEntry id="inputEntry2">
            <text>
                <!-- 生成的表达式为 personName == 'Angus' -->
                <![CDATA[
                    == 'Angus'
                ]]>
            </text>
        </inputEntry>
    </rule>
```

在代码清单 15-15 中定义了两个规则，第一个规则定义的 MVEL 表达式为 ".equals"，在这种情况下，Activiti 会自动生成 "personName.equals" 这样的语句，personName 是输入参数的名称。第二个规则定义的表达式为 "== 'Angus'"，则 Activiti 会自动生成 "personName == 'Angus'"，即自动加上参数名称与一个空格。对比这两种情况可知，Activiti 会根据我们定义的表达式是否以 "."（点）开头，然后分别做两种处理。在写规则的 MVEL 表达式时，要注意这个细节。

▶▶ 15.5.5 自定义表达式函数

MVEL 支持在表达式中调用自定义的函数，这样可以定义一些常用的工具方法，在开发过程中用得最多的日期函数、字符串处理函数等，都可以定义为自定义函数。代码清单 15-16，使用了 MVEL 的 API 来设置自定义函数。

代码清单 15-16：codes\15\15.5\dmn-mvel\src\org\crazyit\activiti\MvelImport.java

```java
public class MvelImport {

    public static void main(String[] args) {
        // 获取本类中的 testMethod 方法的实例
        Method m = getMethod(MvelImport.class, "testMethod", String.class, Integer.class);
        // 创建解析上下文对象
        ParserContext parserContext = new ParserContext();
        // 添加方法导入
        parserContext.addImport("fn_testMethod", m);
        // 表达式语句，调用注册的方法并传入参数
        String mvel = "fn_testMethod('Angus', 33)";
        // 编译语句时传入解析上下文对象
        Serializable compiledExpression = MVEL.compileExpression(mvel, parserContext);
        // 获取结果
        String result = MVEL.executeExpression(compiledExpression, null, String.class);
        System.out.println("执行结果: " + result);
    }

    /**
     * 被调用的工具方法
     */
    public static String testMethod(String name, Integer age) {
        return "名称: " + name + ", 年龄: " + age;
    }

    /**
     * 根据类和方法等信息，返回方法实例
     */
    public static Method getMethod(Class classRef, String methodName,
            Class... methodParm) {
        try {
```

```
            return classRef.getMethod(methodName, methodParm);
        } catch (NoSuchMethodException e) {
            e.printStackTrace();
        }
        return null;
    }
}
```

MvelImport 类中定义了一个 testMethod 方法作为测试方法,该方法为静态方法。注意 main 方法中的粗体字代码,其调用本类的 getMethod 方法来获取 testMethod 的 Method 实例,然后调用 ParserContext 的 import 方法,对该 Method 实例命名并注册,最后在进行 MVEL 表达式编译时传入这个 ParserContext 实例。运行表达式 "fn_testMethod('Angus', 33)",即可成功调用 testMethod 方法。运行代码清单 15-16,输出结果如下:

执行结果:名称:Angus,年龄:33

需要注意的是,在代码清单 15-16 所示的例子中,只使用了 MVEL 的 API,并不需要在 Activiti 环境下运行。

▶▶ 15.5.6 Activiti 中的自定义表达式函数

我们知道,在 MVEL 中可以自定义函数,Activiti 规则引擎也支持自定义函数。在 activiti.dmn.cfg.xml(规则引擎配置文件)中,可以配置 customExpressionFunctionRegistry 属性,来指定自定义函数的注册类。函数的注册类需要实现 CustomExpressionFunctionRegistry 接口,代码清单 15-17 为实例代码。

代码清单 15-17:codes\15\15.5\dmn-mvel\src\org\crazyit\activiti\MyFunctionRegistry.java

```java
public class MyFunctionRegistry implements CustomExpressionFunctionRegistry {
    // 用于存放方法的集合,key 为自定义的方法名,value 为方法实例
    protected static Map<String, Method> customFunctionConfigurations = new HashMap<String, Method>();

    static {
        // 将方法实例添加到集合中
        Method m = getMethod(MyUtil.class, "testMethod", String.class,
            Integer.class);
        customFunctionConfigurations.put("fn_testMethod", m);
    }

    @Override
    public Map<String, Method> getCustomExpressionMethods() {
        return customFunctionConfigurations;
    }

    /**
     * 根据类和方法等信息,返回方法实例
     */
    protected static Method getMethod(Class classRef, String methodName,
            Class... methodParm) {
        try {
            return classRef.getMethod(methodName, methodParm);
        } catch (NoSuchMethodException e) {
            e.printStackTrace();
        }
        return null;
    }
}
```

代码清单 15-17 中的类实现了 CustomExpressionFunctionRegistry 接口,该接口只需要实现

getCustomExpressionMethods 方法来返回 Map 实例。MyFunctionRegistry 的 getMethod 方法与 15.5.5 节中的 getMethod 方法一样，返回 Method 实例。在代码清单 15-17 中，将 MyUtil 类的 testMethod 方法添加到 Map 中，函数名为 fn_testMethod，该方法的实现与 15.5.5 节中的 testMethod 方法一样，返回一个字符串。实现该类后，到 activiti.dmn.cfg.xml 中进行配置，代码清单 15-18 为配置内容。

代码清单 15-18：codes\15\15.5\dmn-mvel\resource\activiti.dmn.cfg.xml

```xml
<bean id="dmnEngineConfiguration"
    class="org.activiti.dmn.engine.impl.cfg.StandaloneDmnEngineConfiguration">
    <property name="jdbcUrl" value="jdbc:mysql://localhost:3306/act" />
    <property name="jdbcDriver" value="com.mysql.jdbc.Driver" />
    <property name="jdbcUsername" value="root" />
    <property name="jdbcPassword" value="123456" />
    <property name="customExpressionFunctionRegistry" ref="myFunctionRegistry" />
</bean>

<!-- 配置自定义的注册类 -->
<bean id="myFunctionRegistry" class="org.crazyit.activiti.MyFunctionRegistry"/>
```

代码清单 15-18 中的粗体字代码为新加部分，接下来编写规则文件来使用自定义的函数。代码清单 15-19 是规则的 dmn 文件内容。

代码清单 15-19：codes\15\15.5\dmn-mvel\resource\dmn\MyFunction.dmn

```xml
<decision id="decision1" name="Simple decision">
    <decisionTable id="decisionTable">
        <!-- 输入参数，名称为 personName -->
        <input id="input1">
            <inputExpression id="inputExpression1" typeRef="string">
                <text>personName</text>
            </inputExpression>
        </input>
        <!-- 输入参数，名称为 age -->
        <input id="input2">
            <inputExpression id="inputExpression2" typeRef="string">
                <text>age</text>
            </inputExpression>
        </input>
        <!-- 输出结果，名称为 outputResult -->
        <output id="outputId" label="Output 1" name="outputResult" typeRef="string" />
        <rule>
            <inputEntry id="inputEntry1">
                <!-- personName 参数等于 Angus，则触发该规则 -->
                <text>
                    <![CDATA[
                        .equals('Angus')
                    ]]>
                </text>
            </inputEntry>
            <outputEntry id="outputEntry1">
                <!-- 调用自定义函数，该函数有返回值，返回值将作为规则返回值 -->
                <text>
                    <![CDATA[
                        fn_testMethod(personName, age)
                    ]]>
                </text>
            </outputEntry>
        </rule>
    </decisionTable>
</decision>
```

在 DMN 规则文件中配置了两个输入参数，一个为 personName，另一个为 age。注意代码清单 15-19 中的粗体字代码，这里定义了一个规则，触发条件为 personName 等于"Angus"。在 ouputEntry 的 text 中执行我们前面注册的自定义函数 fn_testMethod，并传入两个参数。编写运行代码，如代码清单 15-20 所示。

代码清单 15-20：codes\15\15.5\dmn-mvel\src\org\crazyit\activiti\MyFunction.java

```java
// 根据默认配置创建引擎的配置实例
DmnEngineConfiguration config = DmnEngineConfiguration
    .createDmnEngineConfigurationFromResourceDefault();
// 创建规则引擎
DmnEngine engine = config.buildDmnEngine();
// 获取规则的存储服务组件
DmnRepositoryService rService = engine.getDmnRepositoryService();
// 获取规则服务组件
DmnRuleService ruleService = engine.getDmnRuleService();
// 进行规则 部署
DmnDeployment dep = rService.createDeployment()
    .addClasspathResource("dmn/MyFunction.dmn").deploy();
// 根据部署对象查询决策表
DmnDecisionTable dt = rService.createDecisionTableQuery()
    .deploymentId(dep.getId()).singleResult();
// 设置参数
Map<String, Object> vars = new HashMap<String, Object>();
vars.put("personName", "Angus");
vars.put("age", 33);
// 运行决策表
RuleEngineExecutionResult result = ruleService.executeDecisionByKey(dt.getKey(),
vars);
System.out.println(result.getResultVariables().get("outputResult"));
```

运行代码在执行决策表时，直接设置两个参数，为了触发规则，personName 参数值被设置为 Angus，age 参数值为 33，运行代码清单 15-20，输出结果为，名称：Angus, 年龄：33。根据输出结果可知，我们定义的 fn_testMethod 函数已经被执行。

15.5.7 销售打折案例

在第 14 章讲解 Drools 的时候，我们使用了一个打折案例，本章同样使用一个打折案例来测试 Activiti 的规则引擎。假设一间商店进行打折活动，在周五购物满 100 元全单打 9 折，周六打 8 折，周日打 7 折。定义的 DMN 文件内容如代码清单 15-21 所示。

代码清单 15-21：codes\15\15.5\dmn-mvel\resource\dmn\SaleTest.dmn

```xml
<decisionTable id="decisionTable">
    <!-- 输入参数，参数为 Sale 对象 -->
    <input id="input1">
        <inputExpression id="inputExpression1" typeRef=" org.crazyit.activiti.sale.Sale">
            <text>sale</text>
        </inputExpression>
    </input>
    <!-- 输出结果，名称为 resultMoney -->
    <output id="outputId" label="Output 1" name="resultMoney" typeRef="number" />
    <!-- 周五打 9 折，条件为满 100 元 -->
    <rule>
        <inputEntry id="inputEntry1">
            <text>
                <![CDATA[
                    .isBiggerThan(100) && (fn_getDayOfWeek(sale.saleDate) == 6)
```

```xml
                    ]]>
                </text>
            </inputEntry>
            <outputEntry id="outputEntry1">
                <text>
                    <![CDATA[
                    sale.doDiscount(0.9)
                    ]]>
                </text>
            </outputEntry>
        </rule>
    </decisionTable>
```

在代码清单 15-21 中定义了一个名称为 sale 的输入参数,类型为 Sale 对象的全限定类名,需要注意的是,当前版本是否设置 typeRe 没有影响。还定义了一个输出结果,名称为 resultMoney,类型为 number,该结果用于返回打折后的金额。代码清单 15-21 中只定义了一个周五打 9 折的规则,触发条件为 sale 参数的 isBiggerThan 方法返回 true,并且自定义的 fn_getDayOfWeek 方法返回值等于 6。当规则触发后,执行 sale 参数的 doDisount 方法进行打折。

除了周五打 9 折的规则外,还可以定义周六打 8 折、周日打 7 折的规则,只需要对触发条件以及结果稍作修改即可,在此不贴出这两个规则了。自定义函数 fn_getDayOfWeek,周五返回 6,周六返回 7,周日返回 1。代码清单 15-22 为 fn_getDayOfWeek 方法的源代码以及 Sale 对象的代码。

代码清单 15-22:codes\15\15.5\dmn-mvel\src\org\crazyit\activiti\sale\DateUtil.java
　　　　　　　　codes\15\15.5\dmn-mvel\src\org\crazyit\activiti\sale\Sale.java

```java
public class DateUtil {

    /**
     * 根据日期字符串,返回日期在星期中的位置
     * 周五 为6,周六为7,周日为1
     */
    public static int getDayOfWeek(String dateStr) throws Exception {
        SimpleDateFormat sdf = new SimpleDateFormat("yyyy-MM-dd");
        Date date = sdf.parse(dateStr);
        Calendar c = Calendar.getInstance();
        c.setTime(date);
        return c.get(Calendar.DAY_OF_WEEK);
    }
}

public class Sale {

    // 整笔销售单价格
    private BigDecimal money;

    // 销售日期,为了简单起见,此处使用字符串
    private String saleDate;

    public BigDecimal getMoney() {
        return money;
    }

    public void setMoney(BigDecimal money) {
        this.money = money;
    }

    public String getSaleDate() {
```

```java
        return saleDate;
    }
    public void setSaleDate(String saleDate) {
        this.saleDate = saleDate;
    }
    /**
     * price 为打折的限定价，本类的 money 为销售单金额
     */
    public boolean isBiggerThan(double price) {
        BigDecimal p = new BigDecimal(price);
        if(money.compareTo(p) == -1) {
            // 销售单总金额小于打折价格，不打折
            return false;
        }
        return true;
    }
    /**
     * 处理打折并返回结果
     */
    public double doDiscount(double discount) {
        BigDecimal p = new BigDecimal(discount);
        return this.money.multiply(p).doubleValue();
    }
}
```

DateUtil 类的 getDayOfWeek 方法需要注册到 MVEL 中，注册方式见 15.5.6 节的内容。在 Sale 对象中，有一个 isBiggerThan 方法，来判断销售金额是否符合打折条件。还有一个 doDiscount 方法，用于计算打折后的金额并返回。在每一个规则的结果处理中，调用 doDiscount 方法进行折后价计算。代码清单 15-23 为运行代码。

代码清单 15-23：codes\15\15.5\dmn-mvel\src\org\crazyit\activiti\sale\SaleTest.java

```java
// 根据默认配置创建引擎的配置实例
DmnEngineConfiguration config = DmnEngineConfiguration
    .createDmnEngineConfigurationFromResourceDefault();
// 创建规则引擎
DmnEngine engine = config.buildDmnEngine();
// 获取规则的存储服务组件
DmnRepositoryService rService = engine.getDmnRepositoryService();
// 获取规则服务组件
DmnRuleService ruleService = engine.getDmnRuleService();
// 进行规则部署
DmnDeployment dep = rService.createDeployment()
    .addClasspathResource("dmn/SaleTest.dmn").deploy();
// 根据部署对象查询决策表
DmnDecisionTable dt = rService.createDecisionTableQuery()
    .deploymentId(dep.getId()).singleResult();
// 设置参数
Map<String, Object> vars = new HashMap<String, Object>();
/*
 * 符合周五打 9 折的规则
 */
Sale sale = new Sale();
sale.setMoney(new BigDecimal(100));
sale.setSaleDate("2017-07-07");
vars.put("sale", sale);
// 运行决策表
RuleEngineExecutionResult result = ruleService.executeDecisionByKey(
    dt.getKey(), vars);
```

```
// 获取打折后金额
Double resultMoney = (Double) result.getResultVariables().get(
    "resultMoney");
System.out.println("将触发周五打 9 折的规则,折后价: " + resultMoney);
/*
 * 符合周六打 8 折的规则
 */
sale = new Sale();
sale.setMoney(new BigDecimal(100));
sale.setSaleDate("2017-07-08");
vars.put("sale", sale);
// 运行决策表
result = ruleService.executeDecisionByKey(dt.getKey(), vars);
// 获取打折后金额
resultMoney = (Double) result.getResultVariables().get("resultMoney");
System.out.println("将触发周六打 8 折的规则,折后价: " + resultMoney);
/*
 * 符合周日打 7 折的规则
 */
sale = new Sale();
sale.setMoney(new BigDecimal(100));
sale.setSaleDate("2017-07-09");
vars.put("sale", sale);
// 运行决策表
result = ruleService.executeDecisionByKey(dt.getKey(), vars);
// 获取打折后金额
resultMoney = (Double) result.getResultVariables().get("resultMoney");
System.out.println("将触发周日打 7 折的规则,折后价: " + resultMoney);
```

在代码清单 15-23 中执行了三次决策表,分别传入不同日期的 Sale 参数,并分别会触发周五、周六以及周日的业务规则。运行代码清单 15-23,输出结果如下:

```
将触发周五打 9 折的规则,折后价: 90.0
将触发周六打 8 折的规则,折后价: 80.0
将触发周日打 7 折的规则,折后价: 70.0
```

15.6 本章小结

自 Activiti 6 发布后,Activiti 中又添加了基于 DMN 规范的规则引擎,但由于规则引擎仍处于开发阶段,因此其官方文档、API 等均没有发布。本章依据目前已有规则引擎的单元测试讲述了规则引擎的内容。本章你只要对 DMN 规范以及 Activiti 规则引擎有一个大概了解即可。虽然 Activiti 尚未发布正式版本的规则引擎,但本章主要讲述了 DMN 规范、规则引擎核心的内容,笔者猜测后面的版本不会有很大的改动,即使后面发布新的版本,笔者相信本章内容仍然可用。

CHAPTER 16

第 16 章
整合第三方框架

本章要点

- Spring 的 IoC 和 AOP
- Activiti 与 Spring 的整合
- Activiti 与 Struts、Hibernate 和 Spring 的整合
- Activiti 与 Spring Boot 的整合
- Activiti 与 JPA

除了规则引擎外，Activiti 也可以与 Spring、Hibernate 等第三方框架进行整合，让流程引擎拥有这些第三方框架的功能。同样，要想在 Activiti 中使用这些开源框架的功能，也需要遵循这些框架的使用规范和约束。本章将着重讲解 Spring、Activiti 等开源框架的整合使用。

16.1 Spring Framework

Spring Framework（简称为 Spring）于 2003 年推出，目的是为了简化 J2EE 的开发，为企业应用的开发提供一套轻量级的解决方案。经过多年的应用与推广，Spring 已经成为当前 J2EE 领域最流行的开发框架，并且经过多年的演进，它的设计思想甚至已经对其他技术领域产生了影响，包括手机开发、.NET 等。

在本书成书时，Spring 已经发展到 4.3 版本。Spring 框架主要包括 IoC、AOP 和 Web MVC 几大核心，其中被使用得最多的是它的 IoC 容器。在这几大核心的基础上，又发展出了 Spring Boot、Spring Cloud、Spring Android 等产品。

根据前面章节的介绍可知，Activiti 的配置文件，实际上也是一个 Spring 的配置文件，Activiti 使用 Spring IoC 来管理这些流程引擎的配置信息，Activiti 6.0 中使用的 Spring 版本为 4.2.5，可以从下面的地址下载该版本的 Spring：

http://projects.spring.io/spring-framework

16.1.1 Spring 的 IoC

IoC 是 Inversion of Control 的缩写，一般译为控制反转，在传统的 Java 程序中，一个 Java 实例（调用者）需要调用另外一个 Java 实例（被调用者）的方法时，被调用者的创建过程由调用者完成，而在使用了 Spring 后，这个创建过程不再由调用者实现，将全部交由 Spring 容器代为完成，因此称为控制反转。除了控制反转外，Spring 中还有另外一个重要的术语：依赖注入（Dependency Injection），即在调用者中注入被调用者的实例的这一过程由 Spring 容器完成，实际上控制反转和依赖注入描述的是同一个过程。依赖注入有设值注入和构造注入两种方式，设值注入是为调用者提供 setter 方法，Spring 会根据配置注入被调用者，构造注入是指通过配置调用者的构造器来完成依赖关系的设定。

Spring 提供的 IoC 容器，就是将传统 Java 程序中的调用者与被调用者管理起来，它们之间的依赖关系、被调用者的创建过程均由 IoC 容器完成，Java 对象甚至感觉不到 Spring 容器的存在，也不需要关心其他 Java 对象是如何被创建的。这种对代码低侵入的设计，降低了各个业务组件之间的耦合度。Spring IoC 容器中以 bean 为单位，一个 Java 对象被配置成一个 bean，可以根据实际需要向 bean 中注入其他的 bean，也可以通过配置来设定如何创建 bean，每一个具体的 bean（非抽象 bean）都会有自己的 class 属性，Spring 会根据这个 class 属性来创建（管理）这些 Java 实例。

在 Activiti 的配置文件中，需要指定一个 processEngineConfiguration 的 bean，根据不同的需要，可以为 processEngineConfiguration 指定不同的 class，但是这些 class 都必须是 ProcessEngineConfigurationImpl 的子类。在前面章节的例子中，一般使用 Activiti 提供的 StandaloneProcessEngineConfiguration 作为 processEngineConfiguration 的 class。

16.1.2 Spring 的 AOP

AOP 是 Aspect Oriented Programming 的缩写，译为面向切面编程，其目的是为了能在程序运行时，在不修改源代码的情况下，为目标对象增加额外功能，是代理模式的体现。AOP

代理是 AOP 框架（技术）创建的对象，AOP 代理是目标对象的替代品，它会增强目标对象的功能，会在目标对象的基础上为对象添加属性和方法，以便能实现更多的功能。

在默认情况下，Spring 使用 JDK 动态代理，主要用于代理接口。AOP 可以被理解为对 IoC 的补充，IoC 的使用，可以让 Spring 成为更加强大的中间件。在笔者之前任职的公司中，使用 AOP 来记录业务系统的操作日志，在执行具体的业务方法后，AOP 会自动在系统中记录相应的操作日志，由于使用了 Spring 的 AOP，因此不需要修改原来的业务代码，每加入一个需要记录操作日志的功能点，只需要在 Spring 中加入一小段配置即可。

16.1.3 使用 IoC

Spring 容器可以在 Web 应用中启动，也可以在 Java 程序中使用 Spring 的 API 来启动。下面我们通过一个最简单的 Spring 应用，来向读者展示 Spring 的 IoC 的作用。代码清单 16-1 是一个 Spring 配置文件的内容。

代码清单 16-1：codes\16\16.1\spring-ioc\resource\ioc\TestIoC.xml

```xml
<?xml version="1.0" encoding="UTF-8"?>
<beans xmlns="http://www.springframework.org/schema/beans"
    xmlns:xsi="http://www.w3.org/2001/XMLSchema-instance"
    xmlns:aop="http://www.springframework.org/schema/aop"
    xsi:schemaLocation="http://www.springframework.org/schema/beans
        http://www.springframework.org/schema/beans/spring-beans.xsd
        http://www.springframework.org/schema/aop
        http://www.springframework.org/schema/aop/spring-aop.xsd">

    <bean id="objectA" class="org.crazyit.spring.ioc.ObjectA"></bean>

    <bean id="objectB" class="org.crazyit.spring.ioc.ObjectB">
        <property name="objectA" ref="objectA"></property>
    </bean>

</beans>
```

在代码清单 16-1 的 Spring 配置中，定义了"objectA"和"objectB"两个 bean，对应的类分别为 ObjectA 和 ObjectB，这两个类是普通的 Java 对象，其中在 ObjectB 中需要使用 ObjectA 的实例。在该代码中还提供了 setter 和 getter 方法。在 Spring 的配置文件中定义"objectB"的 bean 时，为"objectB"注入了"objectA"的 bean，这里使用了设值注入方式。编写一个普通的 Java 运行类，使用 Spring 的 API 来加载代码清单 16-1 中的配置文件，如代码清单 16-2 所示。

代码清单 16-2：codes\16\16.1\spring-ioc\src\org\crazyit\spring\ioc\TestIoC.java

```java
// 创建 Spring 上下文
ApplicationContext ctx = new ClassPathXmlApplicationContext(
    new String[] { "ioc/TestIoc.xml" });
// 获取 bean
ObjectA objA = (ObjectA) ctx.getBean("objectA");
ObjectB objB = (ObjectB) ctx.getBean("objectB");
// 输出实例
System.out.println(objA);
System.out.println(objB);
System.out.println(objB.getObjectA());
```

代码清单 16-2 使用了 ClassPathXmlApplicationContext 作为 Spring 上下文的实现类，在本例中，创建 ApplicationContext 后，会加载配置文件中的 bean，将这些 bean 进行实例化并保存到 Spring 容器中，外界需要使用这些 bean 实例时，可以通过 getBean 方法得到实例。默认情况下，Spring 只会创建一个 bean 实例，配置这些 bean 是否为单态，可以通过配置 bean 元素的 scope 属性来实现。运行代码清单 16-2，输出结果为：

```
org.crazyit.spring.ioc.ObjectA@85bdee
org.crazyit.spring.ioc.ObjectB@e92674
org.crazyit.spring.ioc.ObjectA@85bdee
```

根据输出结果可知，注入到 ObjectB 中的 ObjectA 实例，实际上是同一个 ObjectA（输出结果第一行与第三行）。

本例仅简单地使用了 Spring 的 IoC 基础功能，IoC 包括其他更强大的功能，例如抽象 bean、bean 的继承、高级依赖注入、事件处理、国际化处理、属性读取等，这里不再赘述。

▶▶ 16.1.4 使用 AOP

如果当前有一个业务组件，需要调用日志服务组件的方法来记录业务日志，就可以使用 AOP 来实现。要代理一个对象，就需要很清楚在这个对象的哪个方法中加入什么功能，使用 AOP 来记录日志，就很清楚，需要在业务方法完成后，调用日志服务组件将结果记录下来。代码清单 16-3 为一个 Spring 配置文件的内容。

代码清单 16-3：codes\16\16.1\spring-ioc\resource\ioc\TestIoC.xml

```xml
<?xml version="1.0" encoding="UTF-8"?>
<beans xmlns="http://www.springframework.org/schema/beans"
    xmlns:xsi="http://www.w3.org/2001/XMLSchema-instance"
    xmlns:aop="http://www.springframework.org/schema/aop"
    xsi:schemaLocation="http://www.springframework.org/schema/beans
        http://www.springframework.org/schema/beans/spring-beans.xsd
        http://www.springframework.org/schema/aop
        http://www.springframework.org/schema/aop/spring-aop.xsd">
    <!-- AOP 配置 -->
    <aop:config>
        <aop:aspect id="logAspect" ref="logService">
            <aop:pointcut id="serviceMethod"
                expression="execution(* org.crazyit.spring.aop.*.*(..))" />
            <aop:after pointcut-ref="serviceMethod" method="doLog" />
        </aop:aspect>
    </aop:config>
    <!-- 日志服务 -->
    <bean id="logService" class="org.crazyit.spring.aop.impl.LogServiceImpl">
    </bean>
    <!-- 普通的业务 bean -->
    <bean id="targetService" class="org.crazyit.spring.aop.impl.TargetServiceImpl">
    </bean>
</beans>
```

在 TestAOP.xml 配置文件中，配置了 logService 和 targetService 两个 bean，logService 主要用于记录操作日志，而 targetService 是普通的业务组件。代码清单 16-4 为两个业务组件的实现类。

代码清单 16-4：codes\16\16.1\spring-aop\src\org\crazyit\spring\aop\impl\TargetServiceImpl.java，
　　　　　　codes\16\16.1\spring-aop\src\org\crazyit\spring\aop\impl\LogServiceImpl.java

```java
public class LogServiceImpl implements LogService {
    public void doLog() {
        System.out.println("进行日志记录");
    }
}
```

```
public class TargetServiceImpl implements TargetService {
    public void serviceMethod(String name) {
        System.out.println("处理实际业务，参数：" + name);
    }
}
```

两个业务组件的实现类的方法，仅仅在控制台输出一句话。按照传统的模式，如果在 TargetServiceImpl 中需要使用 LogServiceImpl 的方法，除了需要创建 LogService 的实例外，还需要在特定的位置调用 LogService 记录日志的方法，而使用了 Spring 的 IoC 和 AOP，TargetServiceImpl 根本无须知道 LogService 的存在，就可以实现业务日志的记录，其中 IoC 负责管理实例（实例创建），AOP 负责运行时代理 TargetServiceImpl。增加记录日志的功能，运行类如代码清单 16-5 所示。

代码清单 16-5：codes\16\16.1\spring-aop\src\org\crazyit\spring\aop\TestAOP.java

```
// 创建 Spring 上下文
ApplicationContext ctx = new ClassPathXmlApplicationContext(
    new String[] { "aop/TestAOP.xml" });

TargetService ts = (TargetService)ctx.getBean("targetService");
// 调用业务方法
ts.serviceMethod("crazyit");
// 输出 TargetService 的类名
System.out.println(ts.getClass().getName());
// 输出 LogService 的类名
LogService ls = (LogService)ctx.getBean("logService");
System.out.println(ls.getClass().getName());
```

在运行类中，使用 getBean 方法获取 TargetService 的实例，再调用业务方法，最后将 TargetService 和 LogService 的实现类名输出。运行代码清单 16-5，输出结果如下：

```
处理实际业务，参数：crazyit
进行日志记录
com.sun.proxy.$Proxy2
org.crazyit.spring.aop.impl.LogServiceImpl
```

根据结果可知，实际上只调用了 TargetService，但是也执行了 LogService 的方法，将 TargetService 的实例输出，结果为"com.sun.proxy.$Proxy2"，这证明 TargetService 已经被代理。

这一节对 Spring 的 IoC 和 AOP 的使用进行了最简单的介绍，从而可以让没有接触过 Spring 的读者对该框架有一个初步的认识，而对于已经使用 Spring 多年的读者，可以把这一节看作是一次简单复习，下面我们将讲解 Activiti 与 Spring 的整合。

16.2 Activiti 整合 Spring

Activiti 的配置文件就是一份 Spring 配置文件，但是在默认情况下，只将 ProcessEngineConfiguration 作为一个 bean 来读取和使用，如果想使用 Spring 的更多功能（例如声明式事务管理），可以与 Spring 容器进行进一步的整合，将 ProcessEngineConfiguration 和其他的对象都交由 Spring 来管理，Spring 容器中的其他组件，可以通过依赖注入的方式来使用 Activiti 的这些对象，例如前面章节中讲述的多个 Service。

16.2.1 SpringProcessEngineConfiguration

ProcessEngineConfiguration 实例表示流程引擎的配置，Activiti 提供了 StandaloneProcess-

EngineConfiguration、StandaloneInMemProcessEngineConfiguration 等类，在流程引擎的配置文件中，可以使用这些子类作为 bean 的 class，这些类的描述见本书关于流程引擎配置的章节。

如果需要和 Spring 整合，就要使用 Activiti 的 Spring 模块中的 SpringProcessEngineConfiguration 类作为流程引擎配置类，该类继承于 ProcessEngineConfigurationImpl，在配置这个类时，可以为 ProcessEngineConfiguration 注入 TransactionManager，也可以在配置中指定自动部署的资源文件及部署模式。代码清单 16-6 为 SpringProcessEngineConfiguration 的部分源代码。

代码清单 16-6：org.activiti.spring.SpringProcessEngineConfiguration

```java
public class SpringProcessEngineConfiguration extends ProcessEngineConfigurationImpl {

    protected PlatformTransactionManager transactionManager;
    protected String deploymentName = "SpringAutoDeployment";
    protected Resource[] deploymentResources = new Resource[0];

    @Override
    public ProcessEngine buildProcessEngine() {
        ProcessEngine processEngine = super.buildProcessEngine();
        ProcessEngines.setInitialized(true);
        autoDeployResources(processEngine);
        return processEngine;
    }
    ……省略其他源代码
}
```

SpringProcessEngineConfiguration 中有一个 transactionManager 属性，使用这个类作为流程引擎 bean 的 class，可以在配置文件中指定 TransactionManager，另外还有一个 deploymentResources 属性，可以用于为流程引擎的 bean 指定流程文件资源。

如果 Activiti 不与 Spring 进行整合，那么在默认情况下，将会使用 myBatis 的事务管理，使用了 SpringProcessEngineConfiguration 后，在配置中必须指定一个 Spring 的 TransactionManager。SpringProcessEngineConfiguration 的配置如代码清单 16-7 所示。

代码清单 16-7：codes\16\16.2\integrate-spring\resource\activiti.cfg.xml

```xml
<!-- 配置数据源 -->
<bean id="dataSource"
    class="org.springframework.jdbc.datasource.SimpleDriverDataSource">
    <property name="driverClass" value="com.mysql.jdbc.Driver" />
    <property name="url" value="jdbc:mysql://localhost:3306/act" />
    <property name="username" value="root" />
    <property name="password" value="123456" />
</bean>

<!-- 配置事务管理器 -->
<bean id="transactionManager"
    class="org.springframework.jdbc.datasource.DataSourceTransactionManager">
    <property name="dataSource" ref="dataSource" />
</bean>

<!-- 流程引擎的配置 bean -->
<bean id="processEngineConfiguration" class="org.activiti.spring.SpringProcess-EngineConfiguration">
    <property name="dataSource" ref="dataSource"/>
    <property name="databaseSchemaUpdate" value="true" />
    <property name="transactionManager" ref="transactionManager"/>
```

```xml
        <property name="deploymentResources" value="bpmn/EngineConfigurationTest.bpmn" />
</bean>
```

在代码清单 16-7 中，配置了三个 bean，其中使用 Spring 的数据源来设置 "dataSource" bean，使用 Spring 的 DataSourceTransactionManager 作为事务管理器，在事务管理器中注入了数据源，在配置 processEngineConfiguration 时，将数据源和事务管理器注入。

本例的数据源使用了 Spring 的 SimpleDriverDataSource，在实际应用中，可以选择 C3P0、DBCP 等数据源连接池，如果业务系统中同时使用了 Hibernate 框架，可以再添加 SessionFactory 等配置。

在本例中，还为 processEngineConfiguration 注入了 deploymentResources 属性，将一个流程文件交给 SpringProcessEngineConfiguration，让其自动进行流程文件部署，而不需要再像前面章节讲的那样，通过编码的方式进行流程文件部署。如果需要部署 classpath 下的多个流程文件，则可以使用 "value="classpath*:/bpmn/*.bpmn" 这样的配置，如果使用了多个已知的流程文件，也可以使用以下的配置：

```xml
<property name="deploymentResources">
    <list>
        <value>/bpmn/EngineConfigurationTest.bpmn</value>
        <value>/bpmn/EngineConfigurationTest2.bpmn</value>
    </list>
</property>
```

对于一些流程较为固定的系统，可以使用配置 deploymentResources 这种方式来加载流程文件；而对于一些流程多变的系统，笔者建议还是通过编码的方式来加载，流程文件的路径或者内容均可以作为加载方法的参数，实现动态加载。

▶▶ 16.2.2 资源的部署模式

根据前面的讲述可知，在进行流程引擎配置时可添加 deploymentResources 配置，让 Spring 容器在初始化时自动帮我们部署指定的流程文件，如果希望对部署模式进行配置，可以使用 deploymentMode 属性。该属性可配置为以下值。

- ➤ default：默认值，在进行自动部署时，全部的资源将被看作一次部署，只产生一条部署数据（Depoyment）。
- ➤ single-resource：每一个资源文件都会被单独部署一次，多个文件将会产生多条部署数据。
- ➤ resource-parent-folder：将每个资源文件的所在目录作为一次部署，例如某个目录下有多个资源文件，那么这些资源文件将会被当作一次部署，产生一条部署数据。

▶▶ 16.2.3 ProcessEngineFactoryBean

在前面的章节中，一般情况下使用 ProcessEngines 的 getDefaultProcessEngine 方法得到默认的 ProcessEngine 实例。如果将创建 ProcessEngine 的过程也交由 Spring 容器代为完成，可以使用 ProcessEngineFactoryBean。ProcessEngineFactoryBean 也是 Activiti 的 Spring 模块提供的类，主要用于维护一个 ProcessEngine 实例，向 ProcessEngineFactoryBean 设置（注入）一个流程引擎配置（ProcessEngineConfiguration）实例，它就会自动创建 ProcessEngine。在得到 Spring 上下文后，通过 getBean 方法得到 ProcessEngineFactoryBean 的 bean，实际上得到的是一个 ProcessEngine 实例，这是由于 ProcessEngineFactoryBean 类实现了 FactoryBean 接口，在调用 getBean 方法时会调用 FactoryBean 的 getObject 方法返回一个具体的 bean 实例，而 ProcessEngineFactoryBean 的 getObject 方法，返回的是一个 ProcessEngine 实例。代码清单 16-8

为 ProcessEngineFactoryBean 的配置内容。

代码清单 16-8：codes\16\16.2\integrate-spring\resource\activiti.cfg.xml
```xml
<!-- 流程引擎的 bean -->
<bean id="processEngine" class="org.activiti.spring.ProcessEngineFactoryBean">
    <property name="processEngineConfiguration" ref="processEngineConfiguration" />
</bean>
```

需要注意的是，processEngine 的 bean 的 class 并不是 ProcessEngine 的实现类，通过 getBean 方法拿到的，才是一个 ProcessEngine 实例。在 16.2.1 节中，配置了 processEngineConfiguration 的 bean，这里配置了 processEngine 的 bean，那么启动流程引擎，就可以直接使用 Spring 的方式，如代码清单 16-9 所示。

代码清单 16-9：codes\16\16.2\integrate-spring\src\org\crazyit\activiti\EngineConfigurationTest.java
```java
public static void main(String[] args) {
    // 创建 Spring 的上下文
    ApplicationContext ctx = new ClassPathXmlApplicationContext(
        new String[] { "activiti.cfg.xml" });
    // 获取 processEngine bean
    ProcessEngine engine = (ProcessEngine)ctx.getBean("processEngine");
    System.out.println("流程引擎实现类：" + engine.getClass().getName());
}
```

代码清单 16-9 像普通的 Spring 应用一样，创建 Spring 的上下文，将 Activiti 的配置文件当作一个普通的 Spring 配置文件，再获取 processEngine 的 bean。本例输出 ProcessEngine 以及 TaskService 的实例，运行代码清单 16-9，输出结果如下：

```
流程引擎实现类：org.activiti.engine.impl.ProcessEngineImpl
```

▶▶ 16.2.4 在 bean 中注入 Activiti 服务

在上一节中，将 ProcesseEngine 交由 Spring 的 IoC 容器管理，那么 Activiti 的服务同样可以交由 Spring 管理。Activiti 的各个服务组件，均在 ProcessEngineConfigurationImpl 中被创建（使用 new 关键字），通过 ProcesseEngine 对象的 getXXXService 方法可以得到这些服务的实例。因为这些服务对象的创建由 Activiti 完成，所以 Spring 并不需要管理它们的创建过程，代码清单 16-10 中配置了这些服务对象的 bean。

代码清单 16-10：codes\16\16.2\integrate-spring\resource\activiti.cfg.xml
```xml
<!-- 服务组件的 bean -->
<bean id="repositoryService" factory-bean="processEngine" factory-method="getRepositoryService" />
<bean id="runtimeService" factory-bean="processEngine" factory-method="getRuntimeService" />
<bean id="taskService" factory-bean="processEngine" factory-method="getTaskService" />
<bean id="historyService" factory-bean="processEngine" factory-method="getHistoryService" />
<bean id="managementService" factory-bean="processEngine" factory-method="getManagementService" />
```

根据代码清单 16-10 可知，各个 Activiti 的服务组件，通过实例工厂方法创建 bean，此时各个 bean 不再设置 class 属性，而由 factory-bean 属性来指定工厂 bean 的 id，并且使用 factory-method 确定产生 bean 实例的工厂方法。使用这种模式，bean 的创建不再由 Spring 完成，Spring 只会负责调用指定的工厂方法来创建实例，Spring 会对这些实例进行管理。

在 Spring 中配置好这些 bean 后，如果要在自己的业务 bean 中使用 Activiti 的这些服务，直接使用依赖注入就可以实现，如：

```xml
<bean id="myService" class="myClass">
    <property name="runtimeService" ref="runtimeService"></property>
</bean>
```

当然，还需要在业务类中为相应的 Activiti 服务对象提供 setter 方法。

▶▶ 16.2.5　在 Activiti 中使用 Spring 的 bean

在其他的业务 bean 中可以使用 Activiti 的服务，那么在流程元素中，同样可以使用这些业务 bean 的方法。根据前面章节的内容可知，Activiti 中的 Service Task、任务监听器和流程监听器等，可以使用 JUEL 表达式来调用某个类的方法，同样，也可以使用 JUEL 表达式来调用 bean 的方法，但前提是要让 Activiti 知道这些 bean 的存在。代码清单 16-11 是一个整合了 Activiti 的 Spring 配置文件内容。

代码清单 16-11：codes\16\16.2\integrate-spring\resource\activiti.use.bean.xml

```xml
<beans xmlns="http://www.springframework.org/schema/beans"
    xmlns:xsi="http://www.w3.org/2001/XMLSchema-instance"
    xsi:schemaLocation="http://www.springframework.org/schema/beans
    http://www.springframework.org/schema/beans/spring-beans.xsd">
    <!-- 配置数据源 -->
    <bean id="dataSource"
        class="org.springframework.jdbc.datasource.SimpleDriverDataSource">
        <property name="driverClass" value="com.mysql.jdbc.Driver" />
        <property name="url" value="jdbc:mysql://localhost:3306/act" />
        <property name="username" value="root" />
        <property name="password" value="123456" />
    </bean>
    <!-- 配置事务管理器 -->
    <bean id="transactionManager"
class="org.springframework.jdbc.datasource.DataSourceTransactionManager">
        <property name="dataSource" ref="dataSource" />
    </bean>
    <!-- 流程引擎的配置 bean -->
    <bean id="processEngineConfiguration" class="org.activiti.spring.
SpringProcessEngineConfiguration">
        <property name="dataSource" ref="dataSource" />
        <property name="databaseSchemaUpdate" value="true" />
        <property name="transactionManager" ref="transactionManager" />
        <!-- 向 processEngineConfiguration 注入 bean -->
        <property name="beans">
            <map>
                <entry key="myService" value-ref="myService" />
            </map>
        </property>
    </bean>
    <!-- 流程引擎的 bean -->
    <bean id="processEngine" class="org.activiti.spring.ProcessEngineFactoryBean">
        <property name="processEngineConfiguration" ref="processEngineConfiguration" />
    </bean>
    <!-- 服务组件的 bean -->
    <bean id="repositoryService" factory-bean="processEngine"
        factory-method="getRepositoryService" />
    <bean id="runtimeService" factory-bean="processEngine"
        factory-method="getRuntimeService" />
    <bean id="taskService" factory-bean="processEngine"
        factory-method="getTaskService" />
    <bean id="historyService" factory-bean="processEngine"
        factory-method="getHistoryService" />
```

```xml
    <bean id="managementService" factory-bean="processEngine"
        factory-method="getManagementService" />
    <!-- 业务组件bean -->
    <bean id="myService" class="org.crazyit.activiti.spring.impl.MyServiceImpl">
    </bean>
</beans>
```

除了前面介绍的几个 bean 外,代码清单 16-11 中的粗体字代码,为 processEngine-Configuration 注入了 beans 属性,beans 属性是 ProcessEngineConfigurationImpl 类的一个属性,类型是 Map<Object, Object>,在本例的配置文件中,为其注入一个叫作 myService 的 bean。myService 是一个普通的业务组件,在本例中它只提供了一个业务方法。MyServiceImpl 的实现如代码清单 16-12 所示。

代码清单 16-12:codes\16\16.2\integrate-spring\src\org\crazyit\activiti\spring\impl\MyServiceImpl.java

```java
public class MyServiceImpl implements MyService {

    public void serviceMethod(String name) {
        System.out.println("MyService 的实现类处理业务方法:" + name);
    }

}
```

MyServiceImpl 类中只有一个 serviceMethod 方法,有一个 name 参数,该方法只会在控制台输出一句话。新建一个简单的流程,该流程中只含有一个 Service Task,其流程文件内容如代码清单 16-13 所示。

代码清单 16-13:codes\16\16.2\resource\bpmn\ActivitiUseBean.bpmn

```xml
<process id="process1" name="process1">
    <startEvent id="startevent1" name="Start"></startEvent>
    <serviceTask id="servicetask1" name="Service Task"
        activiti:expression="#{myService.serviceMethod(name)}"></serviceTask>
    <endEvent id="endevent1" name="End"></endEvent>
    <sequenceFlow id="flow1" name="" sourceRef="startevent1"
        targetRef="servicetask1"></sequenceFlow>
    <sequenceFlow id="flow2" name="" sourceRef="servicetask1"
        targetRef="endevent1"></sequenceFlow>
</process>
```

注意代码清单 16-13 中的粗体字代码,其在流程中定义了一个 Service Task,这个 Service 没有被配置 activiti:class 属性,而使用了 activiti:expresson 属性,值为#{myService.serviceMethod (name)},表示使用名称为 myService 的 bean 的 serviceMethod 方法,参数为 name,这里 name 参数是流程参数。代码清单 16-14 为运行代码。

代码清单 16-14:codes\16\16.2\integrate-spring\resource\bpmn\ActivitiUseBean.bpmn

```java
ApplicationContext ctx = new ClassPathXmlApplicationContext(
    new String[] { "activiti.use.bean.xml" });
// 得到Activiti的服务组件
RepositoryService repositoryService = (RepositoryService) ctx
    .getBean("repositoryService");
RuntimeService runtimeService = (RuntimeService) ctx
    .getBean("runtimeService");
// 部署流程文件
repositoryService.createDeployment()
    .addClasspathResource("bpmn/ActivitiUseBean.bpmn").deploy();
// 初始化流程参数
```

```
Map<String, Object> vars = new HashMap<String, Object>();
vars.put("name", "crazyit");
// 启动流程
runtimeService.startProcessInstanceByKey("process1", vars);
```

本例的运行代码，与前面章节中的 Activiti 运行代码类似，只是 ProcessEngine 的创建由 Spring 完成，在本例中直接使用 ApplicationContext 的 getBean 方法就可以得到 Activiti 的服务组件。流程文件部署、流程参数设置和流程启动均与前面章节中的例子一致。代码清单 16-14 中的粗体字代码，启动流程，并设置流程参数，参数名为"name"，值为"crazyit"，运行代码清单 16-14，输出结果如下：

```
MyService 的实现类处理业务方法：crazyit。
```

根据结果可知，Activiti 流程在运行时，调用了 Spring 的 bean 方法。除了 Service Task 外，在流程监听器和任务监听器等地方均可以使用这种方式来调用 bean 的业务方法。

16.3 Activiti 整合 Web 项目

如果将 Activiti 整合到 Java 的 Web 应用中，那么应用系统的使用者，就可以通过浏览器实现流程的各种操作。在轻量级的 JavaEE 应用中，一般使用 MVC 架构，MVC 架构为视图、模型和控制三者提供一个清晰的界限，降低各部分之间的耦合度。目前在 Java 领域，比较流行的 MVC 框架有 Struts1/2、JSF、Spring MVC 等，其中 Struts2 由 WebWork2 发展而来。在数据访问层技术上，一般使用对象关系映射（ORM）框架，目前较为流行的 ORM 框架有 Hibernate、MyBatis（iBatis）、EJB 等。

本节将以一个整合过程为基础，将 Struts、Spring 和 Hibernate 这三个框架进行整合，最后再将 Activiti 整合到该 Web 应用中。本节所使用的框架版本为：Struts 2.5.12、Spring 4.2.5 和 Hibernate 5.2.10。

16.3.1 安装 Tomcat 插件

本示例是一个 Web 项目，而且会在 Eclipse 下开发，要验证各个框架的配置是否正确，需要将 Web 项目放到 Web 服务器中测试，本书使用的 Tomcat 版本为 7.0.42。本书的全部示例的开发和运行均使用 Eclipse（请见本书第 2 章）。为了能在 Eclipse 中操作 Tomcat（启动、关闭、部署等），需要为 Eclipse 安装 Tomcat 插件，本书所使用的 Tomcat 插件版本为 9.0.0，笔者已经将 Tomcat 插件放到 codes\16\16.3\test-web 目录下，文件名为 TomcatPlugin.rar，直接将该压缩文件解压到 Eclipse 下的 dropins 目录，重启 Eclipse 后，可以看到效果如图 16-1 所示。

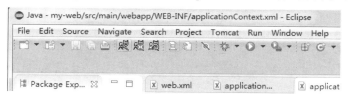

图 16-1 安装 Tomcat 插件

安装完 Tomcat 插件后，需要告诉 Eclipse 使用的 Tomcat 版本以及位置，单击"Windows"→"Preferences"菜单，选中 Tomcat 菜单项，然后设定 Tomcat 的版本及目录，如图 16-2 所示。

配置完 Tomcat 后，可以新建一个普通的 Java 项目，并建立相应的 Web 目录，目录结构如图 16-3 所示。

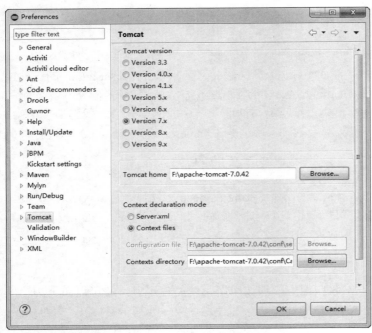

图 16-2 配置 Tomcat

图 16-3 项目目录

在图 16-3 中，在项目的根目录下建立一个 webapp 目录，作为 Web 项目的根目录，然后将 test-web 这个 Java 项目，部署到 Tomcat 中。选中需要部署到 Tomcat 的 Web 项目（本例为 test-web），右击并选择"Properties"命令，弹出对话框，然后选择 Tomcat 选项，如图 16-4 所示。

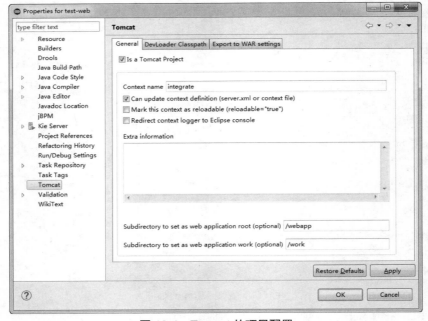

图 16-4 Tomcat 的项目配置

将项目配置为 Tomcat 项目后，启动 Tomcat，会报以下的异常信息：

NoClassDefFoundError: org/apache/juli/logging/LogFactory

解决该问题需要将 Tomcat/bin 目录下的 tomcat-juli.jar 添加到 Tomcat 运行的 classpath 目录下，如图 16-5 所示。如果没有报以上异常，则无须进行本操作。

图 16-5　设置 Tomcat 运行的 classpath

再次在 Eclipse 中运行 Tomcat，则不会抛出异常。此时，已成功建立一个 Web 项目，单击 Tomcat 的启动图标，可以将 test-web 部署到 Tomcat 中，访问路径为：http://localhost:8080/integrate。本示例使用了最原始的方式建立 Web 项目，除了这种方式之外，还可以使用 Maven 来建立 Web 项目，也可以使用其他的 Eclipse 插件来完成这一过程，在此不再赘述。

16.3.2　加入 Spring

将 Spring 整合到 Web 项目中，需要告诉 web.xml 启动 Spring 容器。Spring 提供了一个 ServletContextListener 的实现类 ContextLoaderListener。在 web.xml 中将其配置为一个 listener，就可以在 Web 应用启动时初始化 Spring 容器。如果不为 ContextLoaderListener 指定 Spring 配置文件，那么在默认情况下，就会加载 WEB-INF/applicationContext.xml，如果有多个配置文件需要加载，则需要为 web.xml 添加 context-param 元素，指定加载多个配置文件。代码清单 16-15 为本例的 web.xml 部分内容。

代码清单 16-15：codes\16\16.3\test-web\webapp\WEB-INF\web.xml

```xml
<!-- 如果不配置context-param, 则默认加载/WEB-INF/applicationContext.xml -->
<context-param>
    <param-name>contextConfigLocation</param-name>
    <param-value>/WEB-INF/applicationContext.xml</param-value>
</context-param>
<!-- 配置Spring的web监听器 -->
<listener>
    <listener-class>org.springframework.web.context.ContextLoaderListener</listener-class>
</listener>
```

在代码清单 16-15 中，为 web.xml 配置了一个 listener，配置了 context-param 元素。在本例中，只有一个 Spring 的配置文件，因此 context-param 实际可以不用配置。在实际情况中如果有多个配置文件，则需要使用逗号隔开，例如：

```
<context-param>
    <param-name>contextConfigLocation</param-name>
    <param-value>/WEB-INF/applicationContext.xml, /WEB-INF/daoContext.xml</param-value>
</context-param>
```

本例涉及 Srping 3、Hibernate 4 和 Struts 2 等框架，因此需要为项目添加各个框架的 jar 包，所使用的 jar 包如图 16-6 所示。

图 16-6　本例所使用的 jar 包列表

向 WEB-INF/lib 目录中添加相应的 jar 包并配置好 web.xml 后（有相应的 applicationContext.xml），启动 Tomcat，启动信息如图 16-7 所示。

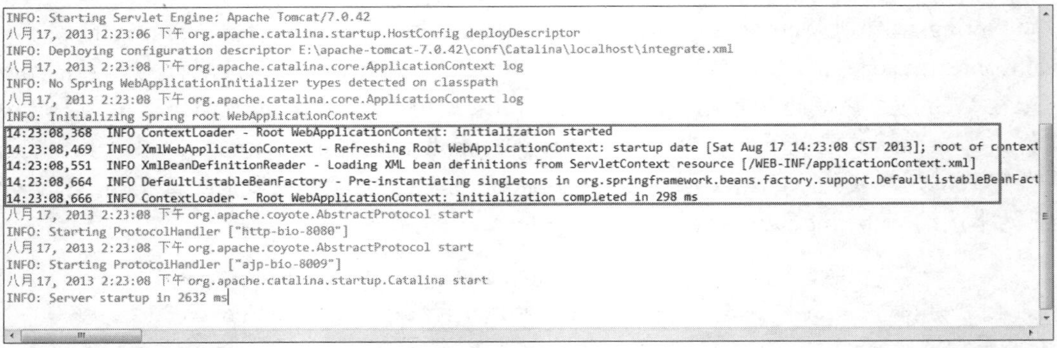

图 16-7　启动信息

如图 16-7 所示，可以看到加载 applicationContext.xml 和启动 Spring 容器已经成功。如果使用的是 Spring 2.x 版本，除了可以使用 listener 方式外，还可以使用 ContextLoaderServlet 启动 Spring 容器，但从 Spring 3 开始，将该类删除了。在 Web 项目中启动了 Spring 后，可以为 applicationContext.xml 添加相应的配置，与 Hibernate 或者其他框架整合。

> **注意**：如果不想自己添加 jar 包，可直接使用本示例的 lib 目录下的 jar 包。

16.3.3 整合 Hibernate

Hibernate 是目前流行的 ORM 框架，其将 SQL 操作封装为对象化操作。使用 Hibernate 需要将 PO（持久化对象）与数据库表进行映射，通过对象来反映数据库结构，也可以直接操作对象来实现对数据库的 CURD 操作。将 Hibernate 整合到 Web 项目前，需要为数据库做映射配置，目前可以使用.hbm.xml 文件作为 PO 与数据表之间的映射配置，也可以使用注解的方式来配置，本示例使用.hbm.xml 文件来进行映射配置。假设当前有一个表 "CRA_PERSON"，对应的持久化对象为 Person 类，那么 hbm.xml 的内容如代码清单 16-16 所示。

代码清单 16-16：codes\16\16.3\test-web\resource\Person.hbm.xml

```xml
<?xml version="1.0"?>
<!DOCTYPE hibernate-mapping SYSTEM "http://www.hibernate.org/dtd/hibernate-mapping-3.0.dtd" >
<hibernate-mapping package="org.crazyit.activiti.entity">
    <!-- 配置类，映射 CRA_PERSON 表 -->
    <class name="Person" table="CRA_PERSON">
        <!-- 配置主键 -->
        <id name="id" column="ID">
            <!-- 主键策略为自增长 -->
            <generator class="identity" />
        </id>
        <!-- 字段映射 -->
        <property name="name" column="PERSON_NAME" />
    </class>
</hibernate-mapping>
```

CRA_PERSON 表中有 ID 和 PERSON_NAME 字段，其中 ID 为主键。在映射文件中，声明主键策略和字段即可，还需要建立持久化对象（Person），该对象中只有 id 和 name 属性，对应 CRA_PERSON 中的两个字段。建立了映射文件后，接下来就需要将数据源、sessionFactory 和 transactionManager 三个 bean 加到 Spring 的配置文件中。为 applicationContext 添加以下三个 bean 配置，如代码清单 16-17 所示。

代码清单 16-17：codes\16\16.3\test-web\webapp\WEB-INF\applicationContext.xml

```xml
<!-- 配置数据源的 bean -->
<bean id="dataSource" class="com.mchange.v2.c3p0.ComboPooledDataSource">    ①
    <property name="driverClass" value="com.mysql.jdbc.Driver" />
    <property name="jdbcUrl" value="jdbc:mysql://localhost:3306/15" />
    <property name="user" value="root" />
    <property name="password" value="123456" />
</bean>
<!-- 配置 Hibernate SessionFactory -->
<bean id="sessionFactory"
    class="org.springframework.orm.hibernate5.LocalSessionFactoryBean">    ②
    <property name="dataSource" ref="dataSource"></property>
    <property name="mappingResources">
        <list>
            <value>Person.hbm.xml</value>
        </list>
    </property>
    <property name="hibernateProperties">
        <props>
```

```xml
            <prop key="hibernate.hbm2ddl.auto">update</prop>
            <prop key="hibernate.dialect">org.hibernate.dialect.MySQL5InnoDBDialect
            </prop>
        </props>
    </property>
</bean>
<!-- 配置事务管理 -->
<bean id="transactionManager"
        class="org.springframework.orm.hibernate5.HibernateTransactionManager">    ③
    <property name="sessionFactory" ref="sessionFactory"></property>
</bean>
```

在代码清单 16-17 的①中，配置了 c3p0 连接池作为数据源，每个数据源实现类均会有自己的属性，可以根据每个数据源的官方文档来配置数据源 bean 的属性。

②中配置了一个 SessionFactory,使用的实现类是 hibernate4 中的 LocalSessionFactoryBean，这是与 Hibernate 整合 Spring 的其中一个不同点。在配置 sessionFactory 时，向这个 bean 注入了数据源的 bean，指定了要加载的映射文件，并且配置了 Hibernate 的属性。除了可以使用 mappingResources 来指定映射文件外，还可以使用 configLocations、mappingLocations、mappingJarLocations、mappingDirectoryLocations 等属性来指定映射文件的位置。本例中为 Hibernate 配置了两个属性：hbm2ddl.auto 和 dialect，hbm2ddl.auto 用来配置启动的操作，本例中配置为 update，表示会更新数据库结构；dialect 用来配置数据库的连接方言。

③中配置了一个事务管理器，实现类为 hibernate4 的 HibernateTransactionManager，并向其中注入了 sessionFactory 的 bean。

配置好各个基础的 bean 后，就可以向 applicationContext.xml 中添加具体业务的 bean，例如本例有一个 CRA_PERSON 表，那么就需要添加 DAO 和 Service 的 bean，DAO 组件用于进行数据库操作，Service 组件用于提供业务服务，在添加 DAO 的 bean 时，需要为各个 DAO 组件注入 sessionFactory。在 DAO 中得到 SessionFactory 的实例后，可以获取 Hibernate 的 Session 对象，从而进行各种数据库操作。新建 PersonDao 和 PersonService 接口，并提供对应的 PersonDaoImpl 和 PersonServiceImpl 实现类，在 applicationContext.xml 中增加两个 bean，如代码清单 16-18 所示。

代码清单 16-18：codes\16\16.3\test-web\webapp\WEB-INF\applicationContext.xml

```xml
<!-- DAO -->
<bean id="personDao" class="org.crazyit.activiti.dao.impl.PersonDaoImpl">
    <property name="sessionFactory" ref="sessionFactory"></property>
</bean>
<!-- Service -->
<bean id="personService" class="org.crazyit.activiti.service.impl.PersonServiceImpl">
    <property name="personDao" ref="personDao"></property>
</bean>
```

在 personDao 的 bean 中，使用设值注入方式，将 sessionFactory 注入 PersonDao 中，因此需要 PersonDao 的实例类有 setter 方法：

```java
public class PersonDaoImpl implements PersonDao {

    private SessionFactory sessionFactory;

    public void setSessionFactory(SessionFactory sessionFactory) {
        this.sessionFactory = sessionFactory;
    }

}
```

本例没有使用 Spring 的自动装配特性，因此需要显式指定注入的 bean，如果使用了 Spring

的自动装配（autowire）特性，那么就可以不使用 ref 来显式指定依赖的 bean。

在代码清单 16-18 中，同时也为 PersonService 的 bean 注入了 PersonDao，同样地，在 PersonServiceImpl 中也需要提供 PersonDao 的 setter 方法（PersonServiceImpl 实现了 PersonService 接口，无任何业务方法，PersonServiceImpl 只有一个 PersonDao 的属性及 setter 方法）。

16.3.4 配置声明式事务

在应用系统中对事务的控制可以分为编程式事务和声明式事务两种方式。编程式事务管理，是将对事务的控制放到代码层次，通过编码的方式来控制事务，这就导致了业务系统的逻辑与特定事务的 API 耦合。Spring 的声明式事务使用 AOP 技术实现，这使得业务逻辑代码与特定事务的 API 充分解耦。

在 Spring 中配置声明式事务的方式有很多种，例如可以为组件（Service 或者 DAO）增加代理的 bean、创建事务拦截器或者使用注解等方式，笔者目前所管理的项目大部分使用 tx 元素来配置事务。本例中，将会使用事务拦截器创建事务代理，为 applicationContext.xml 添加两个事务相关的 bean，如代码清单 16-19 所示。

代码清单 16-19：codes\16\16.3\test-web\webapp\WEB-INF\applicationContext.xml

```xml
<!-- 事务拦截器 -->
<bean id="transactionInterceptor"
    class="org.springframework.transaction.interceptor.TransactionInterceptor">
    <property name="transactionManager" ref="transactionManager" />
    <!-- 定义事务属性 -->
    <property name="transactionAttributes">
        <props>
            <prop key="*">PROPAGATION_REQUIRED</prop>
        </props>
    </property>
</bean>

<!-- 配置一个 BeanNameAutoProxyCreator，实现根据 bean 名称自动创建事务代理 -->
<bean class="org.springframework.aop.framework.autoproxy.BeanNameAutoProxyCreator">
    <property name="beanNames">
        <list>
            <value>*Service</value>
        </list>
    </property>
    <property name="interceptorNames">
        <list>
            <value>transactionInterceptor</value>
        </list>
    </property>
</bean>
```

代码清单 16-19 中的 transactionInterceptor，其实现类为 TransactionInterceptor，需要向该 bean 注入 transactionManager。在代码中配置了 transactionAttributes 来指定事务的属性，并定义了事务的回滚规则：全部的方法均采用 PROPAGATION_REQUIRED 事务传播规则，表示需要在事务环境中执行该方法。在 transactionInterceptor 下，定义了一个 BeanNameAutoProxyCreator，其根据 bean 的名称自动创建事务代理。在 beanNames 属性中设定了名称为 XXXService 的 bean，它将会自动创建事务代理，这个 BeanNameAutoProxyCreator 的 bean，使用的是前面所定义的事务拦截器 bean。本例两个 bean 的配置，就是将全部的业务方法（Service 方法）都放到事务中，一旦业务方法出现异常，事务将回滚，整个业务方法中的全部数据操作都会回滚。关于事务回滚的测试，在整合 Struts 后再进行。

16.3.5 添加 Struts 配置

Struts2 的前身是 WebWork 框架，本例所使用的 Struts2 版本为 2.5.12，官方地址为：http://struts.apache.org/，下载后可得到相应的 jar 包，运行本例所需的 jar 包，见 16.3.2 节中的图 16-6。Struts2 的配置文件为 struts.xml，运行时，默认会加载 WEB-INF/classes 下的 struts.xml，因此在本例中只需要将 struts.xml 放到 resource 目录下即可。此时 Web 项目并不具备 Struts2 的功能，还需要为 web.xml 添加 Struts2 的核心 Filter，web.xml 的配置内容如代码清单 16-20 所示。

代码清单 16-20：codes\16\16.3\test-web\webapp\WEB-INF\web.xml

```xml
<filter>
    <filter-name>struts2</filter-name>
    <filter-class>org.apache.struts2.dispatcher.filter.StrutsPrepareAndExecuteFilter</filter-class>
</filter>
<filter-mapping>
    <filter-name>struts2</filter-name>
    <url-pattern>/*</url-pattern>
</filter-mapping>
```

由于使用了 Spring，因此还涉及 Spring 和 Struts 的整合，在没有使用 Spring 的情况下，配置一个 Struts2 的 action，需要为这个 action 指定 class（具体的 action 类），如果与 Spring 整合了，那么这个 action 的 class 将会是 Spring 容器中的 bean 名称，这意味着这个 action 的 bean 将会由 Spring 容器管理。

16.3.6 实现一个最简单的逻辑

整合了各个框架后，可以编写一个简单的逻辑，验证 Web 项目的正确性，笔者建议在每整合一个框架时，就启动一下 Tomcat 或者编写单元测试来验证正确性，这样可以更容易地找到错误。

根据前面章节的内容，本例中有一个 Person 持久化对象，对应的映射文件为 Person.hbm.xml，对应的数据表为 CRA_PERSON，该表只有两个字段：ID 和 PERSON_NAME。本例将编写一个简单的例子，当使用浏览器访问这个 action 时，会调用 Service 方法，再调用 DAO 方法，将一个新的 Person 保存到数据库中。为 PersonDao 增加接口方法并且添加相应的实现，如代码清单 16-21 所示。

代码清单 16-21：codes\16\16.3\test-web\src\org\crazyit\activiti\dao\impl\PersonDaoImpl.java

```java
public class PersonDaoImpl implements PersonDao {

    private SessionFactory sessionFactory;

    public void setSessionFactory(SessionFactory sessionFactory) {
        this.sessionFactory = sessionFactory;
    }

    public void save(Person person) {
        // 获取 Hibernate 的 Session
        Session session = sessionFactory.getCurrentSession();
        session.save(person);
    }

}
```

代码清单 16-21 中的 save 方法，使用 sessionFactory 的 getCurrentSession 方法得到 Session，然后可以调用 session 的方法，将 Person 实例保存到数据库中。同样地，为 PersonService 添加相应的接口方法，如代码清单 16-22 所示。

代码清单 16-22：codes\16\16.3\test-web\src\org\crazyit\activiti\service\impl\PersonServiceImpl.java

```java
public class PersonServiceImpl implements PersonService {

    private PersonDao personDao;

    public void setPersonDao(PersonDao personDao) {
        this.personDao = personDao;
    }

    public void createPerson(String name) {
        // 创建一个 Person 实例
        Person p = new Person();
        p.setName(name);
        // 调用 PersonDao 的方法保存
        this.personDao.save(p);
    }

}
```

在 PersonService 接口中，添加一个 createPerson 接口方法，代码清单 16-22 为 PersonService 的实现类，在 createPerson 方法中，直接调用 PersonDao 的 save 方法，保存 Person 实例。完成了 Service 与 DAO 的实现后，就需要编写 Action 层的代码，并配置 Struts2 的 Action。本例中的 Action 实现如代码清单 16-23 所示。

代码清单 16-23：codes\16\16.3\test-web\src\org\crazyit\activiti\web\PersonAction.java

```java
public class PersonAction implements Action {

    private PersonService personService;

    public void setPersonService(PersonService personService) {
        this.personService = personService;
    }

    public String execute() throws Exception {
        // 调用 PersonService 的方法
        personService.createPerson("crazyit");
        return null;
    }

}
```

代码清单 16-23 是一个 Struts2 的 Action，其实现了 com.opensymphony.xwork2.Action 接口，在 PersonAction 中需要使用 PersonService 的方法，由于 Spring 可以将 Struts2 的 action 一并管理，因此可以使用依赖注入的方式将 PersonService 注入 PersonAction 中。applicationContext.xml 的 PersonAction bean 配置如下：

```xml
<!-- Action -->
<bean id="personAction" class="org.crazyit.activiti.web.PersonAction">
    <property name="personService" ref="personService"></property>
</bean>
```

配置了 Action 的 bean 后，还要为 struts.xml 添加 action 配置，struts.xml 配置的内容如代

码清单 16-24 所示。

代码清单 16-24：codes\16\16.3\test-web\resource\struts.xml

```xml
<struts>

    <package name="person" extends="struts-default">
        <!-- 配置 PersonAction，class 为 bean 的名称 -->
        <action name="person" class="personAction" ></action>
    </package>

</struts>
```

如果 Struts 没有与 Spring 整合，配置一个 action 时，配置的 class 为 Action 类的全限定类名，而这里整合了 Spring，要将 class 配置为 action bean 的名称。默认情况下，Struts 2 会拦截有 .action 后缀的请求，启动 Tomcat 后，在浏览器中输入以下地址：http://localhost:8080/integrate/person.action，请求该地址后，可以查看数据库的 CRA_PERSON 表中是否增加了相应的数据。需要注意的是，本例的 Web 应用的名称为 integrate，请见 16.3.1 节中的图 16-4 中的 Tomcat 插件配置。

> **注意：**
> 在浏览器中访问本例的地址后，浏览器不会有任何的响应，这是由于本例的 Action 并没有任何返回（包括类和配置）。

▶▶ 16.3.7 测试事务

在 16.3.4 节中，配置了 Spring 的声明式事务，使用了声明式事务后，大部分情况下就不需要使用编码的方式来进行事务的提交、回滚等操作了。本例中全部的 Service bean 的全部方法（见代码清单 16-19）都放到事务中，那么如果在 PersonServiceImpl 的 createPerson 方法的最后抛出异常，就可以根据结果（数据是否写入数据库）来测试事务配置是否正确。在 PersonServiceImpl 的 createPerson 方法的最后添加抛出语句，如代码清单 16-25 所示。

代码清单 16-25：codes\16\16.3\test-web\src\org\crazyit\activiti\service\impl\PersonServiceImpl.java

```java
public void createPerson(String name) {
    // 创建一个 Person 实例
    Person p = new Person();
    p.setName(name);
    // 调用 PersonDao 的方法保存
    this.personDao.save(p);
    throw new RuntimeException("my exception");
}
```

代码清单 16-25 中的粗体字代码，在执行完 PersonDao 的 save 方法后，会抛出 RuntimeException。启动 Tomcat，访问相应的地址，可以看到浏览器中的输出异常，进入数据库查看，可以发现 Person 数据并没有被写入数据库中，此时可以证明，在 16.3.4 节中配置的事务拦截器生效。

▶▶ 16.3.8 添加 Activiti

在 16.2 节，讲述了 Spring 与 Activiti 的整合，16.3 节中的 Web 应用也将 Spring 等各个框架整合进来，因此添加 Activiti 也较为简单，添加流程引擎的配置 bean、流程引擎的 bean 和各个 Activiti 服务组件的 bean 即可。我们向 applicationContext.xml 中添加以下 bean：

```xml
<!-- Activiti 的 bean -->
<!-- 流程引擎的配置 bean -->
<bean id="processEngineConfiguration" class="org.activiti.spring.SpringProcessEngineConfiguration">
    <property name="dataSource" ref="dataSource" />
    <property name="databaseSchemaUpdate" value="true" />
    <property name="transactionManager" ref="transactionManager" />
</bean>
<!-- 流程引擎的 bean -->
<bean id="processEngine" class="org.activiti.spring.ProcessEngineFactoryBean">
    <property name="processEngineConfiguration" ref="processEngineConfiguration" />
</bean>
<!-- 服务组件的 bean -->
<bean id="repositoryService" factory-bean="processEngine" factory-method="getRepositoryService" />
<bean id="runtimeService" factory-bean="processEngine" factory-method="getRuntimeService" />
<bean id="taskService" factory-bean="processEngine" factory-method="getTaskService" />
<bean id="historyService" factory-bean="processEngine" factory-method="getHistoryService" />
<bean id="managementService" factory-bean="processEngine" factory-method="getManagementService" />
```

在以上的配置片断中，为 Spring 添加了 processEngineConfiguration、processEngine 和 5 个 Activiti 的服务 bean，配置这些 bean 的注意事项及讲解，请见 16.2 节。完成配置后启动 Tomcat，可以看到日志输出如图 16-8 所示。

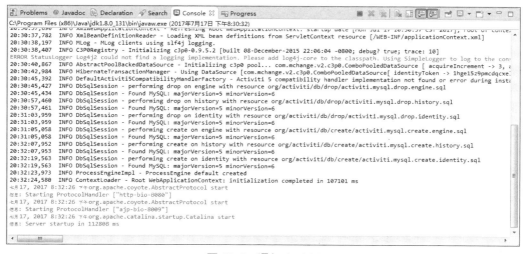

图 16-8　添加 Activiti

在运行时，将 processEngineConfiguration 的 databaseSchemaUpdate 属性设置为 drop-create，因此可以看到 Activiti 的输出信息中，先删除数据表，再执行创建脚本。

16.4　Activiti 与 Spring Boot

16.4.1　Spring Boot 项目简介

开发一个全新的项目，需要先进行开发环境的搭建，例如要确定使用的技术框架，确定框架的版本，还要考虑各个框架之间的版本兼容问题，完成这些烦琐的工作后，还要对新项目进行配置，测试能否正常运行，最后才将搭建好的环境提交给项目组的其他成员使用。经常出现的情形是，表面上已经成功运行，但部分项目组成员仍然无法运行项目，在项目初期浪费大量的时间做这些工作，几乎每个项目都在这些固定的事情上耗费了很大的工作量。

受 Ruby On Rails、Node.js 等技术的影响，JavaEE 领域需要一种更为简便的开发方式，来取代这些烦琐的项目搭建工作。在此背景下，Spring 推出了 Spring Boot 项目，该项目可以让使用者更快速地搭建项目，从而使使用者可以更专注于业务系统的开发。系统配置、基础代码、项目依赖的 jar 包，甚至是开发时所用到的应用服务器等，Spring Boot 已经帮我们准备好，只要在建立项目时，使用构建工具添加相应的 Spring Boot 依赖包，项目即可运行，使用者无须关心版本兼容等问题。

Spring Boot 支持 Maven 和 Gradle 这两款构建工具。Maven 是一款目前较为流行的项目构建工具，通过 pom.xml 文件来定义项目的配置信息。Gradle 使用 Groovy 语言进行构建脚本的编写，与 Maven、Ant 等构建工具有良好的兼容性。鉴于笔者使用 Maven 较多，因此本书使用 Maven 作为项目构建工具。本书成书时，Spring Boot 最新的正式版本为 1.5.4，要求 Maven 版本为 3.2 或以上。

▶▶ 16.4.2　下载与安装 Maven

Apache Maven 是一个著名的项目构建工具，使用 Maven 可以让项目构建变得简单。Maven 将项目的构建信息存放在 pom.xml 文件中，Maven 的继承特性让我们管理大型的、结构复杂的项目更为简单。

Maven 拥有众多特性，对于本章来说，最为重要的是它对依赖包的管理，Maven 将项目所使用的依赖包的信息放到 pom.xml 的 dependencies 节点。例如我们需要使用 spring-core 模块的 jar 包，只需在 pom.xml 中配置该模块的依赖信息，Maven 会自动将 spring-beans 等模块也一并引入到我们项目的环境变量中。正是由于此特性，使得 Maven 与 Spring Boot 相得益彰，从而可以让我们更快速地搭建一个可用的开发环境。

本书所使用的 Maven 版本为 3.5，可以到 Maven 官方网站下载：http://maven.apache.org/。下载并解压后得到 Maven 的主目录，将主目录下的 bin 目录添加到系统的环境变量中，如图 16-9 所示。

图 16-9　修改系统环境变量

修改完成后，打开命令行，输入 mvn –version 命令，看到当前的 Maven 版本即证明安装成功。Maven 下载的 jar 包会存放在本地仓库中，默认路径为：C:\Users\用户名\.m2\repository。

以前版本的 Eclipse，需要额外安装 Maven 插件，但最近几个版本的 Eclipse，已经内置了 Maven 插件，因此我们可以直接在 Eclipse 中使用 Maven。Eclipse 自带的 Maven 版本为 3.2，可以通过配置来指定我们所安装的版本。

> 在 Eclipse 中导入本章的 Maven 项目时，要选择"Existing Maven Project"项，如图 16-10 所示。

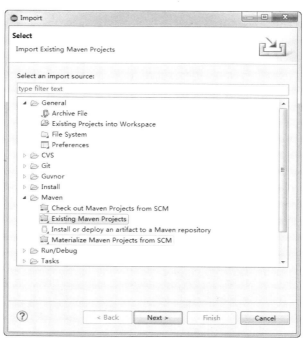

图 16-10 导入 Maven 项目

16.4.3 开发第一个 Web 应用

本示例使用的 Spring Boot 版本为 1.5.4。在 Eclipse 中新建 Maven 项目，如图 16-11 至图 16-13 所示。

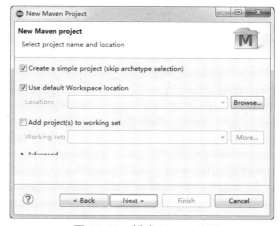

图 16-11 新建 Maven 项目　　　　　　　图 16-12 新建 Maven 项目

在新建时，注意选中"Create a simple project"选项，只新建一个最简单的项目。

图 16-13 新建 Maven 项目

填写必要的项目信息,单击"Finish"按钮即可完成项目的创建。创建完成后,会自动创建项目结构和 pom.xml 文件。新建一个项目后,要想使它具有 Web 容器的功能,需要添加 Spring Boot 的 Web 启动模块,添加依赖后,pom.xml 文件的内容如代码清单 16-26 所示。

代码清单 16-26:codes\16\16.4\boot-web\pom.xml

```xml
<project xmlns="http://maven.apache.org/POM/4.0.0" xmlns:xsi="http://www.w3.org/2001/XMLSchema-instance"
    xsi:schemaLocation="http://maven.apache.org/POM/4.0.0 http://maven.apache.org/xsd/maven-4.0.0.xsd">
    <modelVersion>4.0.0</modelVersion>
    <groupId>org.crazyit.activiti</groupId>
    <artifactId>boot-web</artifactId>
    <version>0.0.1-SNAPSHOT</version>
    <packaging>war</packaging>

    <dependencies>
        <dependency>
            <groupId>org.springframework.boot</groupId>
            <artifactId>spring-boot-starter-web</artifactId>
            <version>1.5.4.RELEASE</version>
        </dependency>
    </dependencies>
</project>
```

代码清单 16-26 中的粗体字配置,为 spring-boot-starter-web 模块的依赖,该模块会自动帮我们添加其他的 Spring 模块,例如 spring-context、spring-beans、spring-mvc 等,还会自动加上嵌入的 Tomcat 模块。接下来只需要编写一个启动类,即可完成 Web 项目的搭建。代码清单 16-27 为启动类。

代码清单 16-27:codes\16\16.4\boot-web\src\main\java\org\crazyit\activiti\WebMain.java

```java
@SpringBootApplication
public class WebMain {

    public static void main(String[] args) {
```

```
        SpringApplication.run(WebMain.class, args);
    }
}
```

在代码清单 16-27 中使用了@ SpringBootApplication 注解，声明这是一个 Spring Boot 应用，在 main 方法中使用 SpringApplication 来运行该应用类，运行后内置的 Spring 容器将会被启动。运行 WebMain 类，看到以下信息，即证明启动成功：

```
2017-07-18 10:16:39.097  INFO 3168 --- [           main]
o.s.j.e.a.AnnotationMBeanExporter         : Registering beans for JMX exposure on startup
2017-07-18 10:16:39.174  INFO 3168 --- [           main]
s.b.c.e.t.TomcatEmbeddedServletContainer : Tomcat started on port(s): 8080 (http)
2017-07-18 10:16:39.179  INFO 3168 --- [           main]
org.crazyit.activiti.WebMain             : Started WebMain in 3.608 seconds (JVM running for 4.128)
```

根据输出信息可知，Tomcat 的默认端口为 8080，打开浏览器访问 http://localhost:8080/，如图 16-14 所示。

图 16-14 访问 Tomcat

由图 16-14 所示的输出信息可知，这是一个错误页面，由于我们没有编写任何的 Web 控制器来处理请求，因此弹出错误页面。下页编写一个最简单的 Web 控制器来处理请求。修改 WebMain 类，将其作为一个控制器，如代码清单 16-28 所示。

代码清单 16-28：codes\16\16.4\boot-web\src\main\java\org\crazyit\activiti\WebMain.java

```
@SpringBootApplication
@Controller
public class WebMain {

    public static void main(String[] args) {
        SpringApplication.run(WebMain.class, args);
    }

    @GetMapping("/welcome")
    @ResponseBody
    public String welcome() {
        return "欢迎访问首页";
    }
}
```

在 WebMain 类前加上了@Controller 注解，声明它是一个控制器，即 MVC 模式中的 C 角色。添加一个 welcome 方法，只返回文字，在方法前使用@GetMapping 注解设置访问路径，使用@ResponseBody 注解声明该方法返回的字符串为 HTTP 响应内容。再次运行 WebMain 类，在浏览器中访问：http://localhost:8080/welcome，可以看到页面信息为 welcome 方法返回的字符串。需要注意的是，Spring Boot 的 Web 模块，默认使用 Spring MVC。

16.4.4 Activiti 与 Spring Boot 的整合

使用 Spring Boot，只需要花很少的时间即可将整个环境搭建好，整个过程较为简单。Activiti 也提供了 Spring Boot 模块，在 Maven 的 pom.xml 文件中添加该模块的依赖，即可快速搭建一个可用的 Activiti 开发环境。新建一个名称为 activiti-boot 的 Maven 项目，添加 Activiti 的 boot 模块，代码清单 16-29 为项目 pom.xml 的内容。

代码清单 16-29：codes\16\16.4\activiti-boot\pom.xml

```xml
<project xmlns="http://maven.apache.org/POM/4.0.0" xmlns:xsi="http://www.w3.org/2001/XMLSchema-instance"
    xsi:schemaLocation="http://maven.apache.org/POM/4.0.0 http://maven.apache.org/xsd/maven-4.0.0.xsd">
    <modelVersion>4.0.0</modelVersion>
    <groupId>org.crazyit.activiti</groupId>
    <artifactId>activiti-boot</artifactId>
    <version>0.0.1-SNAPSHOT</version>

    <dependencies>
        <dependency>
            <groupId>org.activiti</groupId>
            <artifactId>activiti-spring-boot-starter-basic</artifactId>
            <version>6.0.0.RC1</version>
        </dependency>
        <dependency>
            <groupId>org.springframework.boot</groupId>
            <artifactId>spring-boot-starter-web</artifactId>
            <version>1.2.6.RELEASE</version>
        </dependency>
        <dependency>
            <groupId>mysql</groupId>
            <artifactId>mysql-connector-java</artifactId>
            <version>5.1.42</version>
        </dependency>
        <dependency>
            <groupId>org.springframework</groupId>
            <artifactId>spring-core</artifactId>
            <version>4.2.5.RELEASE</version>
        </dependency>
    </dependencies>
</project>
```

对于代码清单 16-29，需注意以下几点：

- activiti-spring-boot-starter-basic 模块的版本为 6.0.0.RC1，为本书成书时最新的版本。
- spring-boot-starter-web 的版本为 1.2.6.RELEASE，我们在前面章节使用的是 1.5.4，由于 Activiti 使用的 Spring Boot 版本为 1.2.6，因此我们这里也使用这个版本。
- 使用的 spring-core 版本为 4.2.5RELEASE，正常情况下，并不需要声明使用 spring-core，但是由于 activiti-spring-boot-starter-basic 模块引用的 spring-core 版本为 4.1.7，如果使用该版本，启动 Spring 容器时将会抛出异常，异常信息为："java.lang.NoSuchMethodError: org.springframework.core.ResolvableType.forInstance(Ljava/lang/Object;)Lorg/springframework/core/ResolvableType;"，故这里要显式声明使用的版本。
- 由于我们的环境需要，Activiti 连接的是 MySQL 数据库，因此要加上 MySQL 的依赖包。

默认情况下，Spring Boot 会到 Classpath 下读取 application.properties 配置文件，该配置文件可以配置如 Tomat 端口、数据源等信息。本例中的 Activiti 要连接 MySQL 数据库，因此需要配置数据源，代码清单 16-30 为本例的 application.properties 的内容。

代码清单 16-30：codes\16\16.4\activiti-boot\src\main\resources\application.properties

```
spring.datasource.url=jdbc:mysql://localhost:3306/act
spring.datasource.username=root
spring.datasource.password=123456
spring.datasource.driver-class-name=com.mysql.jdbc.Driver
```

通过前面的学习，我们知道 Spring 在启动时，会根据配置来实现自动的流程文件部署，Activiti 的 Spring Boot 模块同样支持这个功能。默认情况下，它会读取 ClassPath 下 processes 目录里面的流程文件。新建一个简单的流程，流程文件内容如代码清单 16-31 所示。

代码清单 16-31：codes\16\16.4\activiti-boot\src\main\resources\processes\test1.bpmn

```xml
<process id="testProcess" name="My process" isExecutable="true">
    <startEvent id="startevent1" name="Start"></startEvent>
    <userTask id="usertask1" name="My Task"></userTask>
    <endEvent id="endevent1" name="End"></endEvent>
    <sequenceFlow id="flow1" sourceRef="startevent1"
        targetRef="usertask1"></sequenceFlow>
    <sequenceFlow id="flow2" sourceRef="usertask1" targetRef="endevent1">
</sequenceFlow>
</process>
```

流程中只有一个 UserTask，流程的 id 为 "testProcess"，新建流程文件后，本例的项目结构如图 16-15 所示。

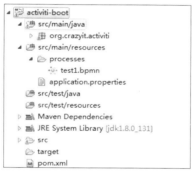

图 16-15 项目结构

接下来，在 Controller 中调用 Activiti 的 API，来查询流程的部署数据。编写 Spring 类和 Controller 类，如代码清单 16-32 所示。

代码清单 16-32：codes\16\16.4\activiti-boot\src\main\java\org\crazyit\activiti\ActMain.java
　　　　　　　codes\16\16.4\activiti-boot\src\main\java\org\crazyit\activiti\controller\MyController.java

```java
@SpringBootApplication
public class ActMain {

    public static void main(String[] args) {
        SpringApplication.run(ActMain.class, args);
    }

}

@Controller
public class MyController {

    @Autowired
    private RepositoryService repositoryService;

    @RequestMapping("/welcome")
```

```
    @ResponseBody
    public String welcome() {
        return "调用流程存储服务,查询部署数量: "
                + repositoryService.createDeploymentQuery().count();
    }
}
```

在 MyController 类中,将 Activiti 的流程存储服务对象 RepositoryService 的实例,通过自动装配的方式注入 MyController 类中,welcome 方法使用 RepositoryService 来查询部署数据。需要注意的是,Spring Boot 的 spring-boot-starter-web 模块,在 1.2.6 版本中不支持@GetMapping 注解。运行 ActMain 类的 main 方法,访问 http://localhost:8080/welcome,可以看到输出结果。

本例仅仅调用了存储服务组件来查询数据,如果需要使用其他服务组件,可以通过同样的方式注入,在此不再赘述。

16.5 Activiti 与 JPA

本节讲述在 Activiti 的流程中如何使用 JPA。JPA 是 Java 官方提出的数据持久化标准,目前 Hibernate、MyBatis、TopLink、OpenJPA 等项目中都包含 JPA 的实现。本节将以 Hibernate 为例进行讲述。

16.5.1 建立与运行 JPA 项目

新建一个普通的 Java 项目,项目结构及所依赖的包如图 16-16 所示。

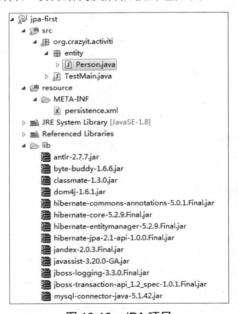

图 16-16　JPA 项目

如图 16-16 所示,resource/META-INF 目录下的 persistence.xml 文件为 JPA 的默认配置文件,用于配置映射的实体类、数据库连接等信息。需要创建名称为 PERSON 的数据表,该数据表的 SQL 脚本如下:

```
CREATE TABLE `PERSON` (
  `ID` int(10) NOT NULL AUTO_INCREMENT,
  `NAME` varchar(255) DEFAULT NULL,
  `AGE` int(11) DEFAULT NULL,
```

```
    PRIMARY KEY (`ID`)
) ENGINE=InnoDB AUTO_INCREMENT=43 DEFAULT CHARSET=utf8;
```

映射 PERSON 表的实体对象 Person 类如代码清单 16-33 所示。

代码清单 16-33：codes\16\16.5\jpa-first\src\org\crazyit\activiti\entity\Person.java

```java
@Entity(name="PERSON")
public class Person {

    // 配置主键，由数据库自动生成
    @Id
    @GeneratedValue(strategy=GenerationType.IDENTITY)
    private Integer id;

    @Column
    private String name;

    @Column
    private Integer age;

    ……省略 setter 和 getter 方法
}
```

在 Person 类中，使用了@Entity、@Id 等 JPA 的注解，用于映射数据表以及字段。修改 persistence.xml 文件，将 Person 类添加到配置文件中，persistence.xml 内容如代码清单 16-34 所示。

代码清单 16-34：codes\16\16.5\jpa-first\resource\META-INF\persistence.xml

```xml
<persistence xmlns="http://java.sun.com/xml/ns/persistence"
    xmlns:xsi="http://www.w3.org/2001/XMLSchema-instance"
    xsi:schemaLocation="http://java.sun.com/xml/ns/persistence http://java.sun.com/xml/ns/persistence/persistence_1_0.xsd"
    version="1.0">
    <persistence-unit name="myJpaUnit">
        <!-- 配置映射的实体类 -->
        <class>org.crazyit.activiti.entity.Person</class>
        <!-- 配置数据库连接信息 -->
        <properties>
            <property name="hibernate.connection.driver_class" value="com.mysql.jdbc.Driver" />
            <property name="hibernate.connection.username" value="root" />
            <property name="hibernate.connection.password" value="123456" />
            <property name="hibernate.connection.url" value="jdbc:mysql://localhost:3306/act" />
        </properties>
    </persistence-unit>
</persistence>
```

配置好映射类、数据源信息后，编写客户端代码，测试数据库连接是否正常。代码清单 16-35 为客户端代码。

代码清单 16-35：codes\16\16.5\jpa-first\src\org\crazyit\activiti\TestMain.java

```java
// 创建实体管理工厂
EntityManagerFactory factory = Persistence.createEntityManagerFactory("myJpaUnit");
// 创建实体管理器
EntityManager em = factory.createEntityManager();
// 开启事务
em.getTransaction().begin();
// 写入新数据
Person p1 = new Person();
p1.setName("Angus");
```

```java
p1.setAge(30);
// 持久化对象
em.persist(p1);
// 提交事务
em.getTransaction().commit();
// 查询数据
Query query = em.createQuery("SELECT p FROM PERSON p");
List<Person> persons = query.getResultList();
// 输出查询数据
for(Person p : persons) {
    System.out.println("名称：" + p.getName() + ", 年龄：" + p.getAge());
}
// 关闭实体管理工厂
factory.close();
```

在代码清单 16-35 中，通过 EntityManager 对象，将一个 Person 写入数据库中，再进行数据库查询并输出数据。运行代码清单 16-34，可以看到数据查询结果。在实际使用中，可直接导入 jpa-first 项目运行，运行前注意修改数据库配置及新建 PERSON 数据表。

▶▶ 16.5.2 在 Activiti 中使用 JPA

在 Activiti 的流程引擎配置中，提供了 jpaEntityManagerFactory 和 jpaPersistenceUnitName 属性，使用这两个属性可以指定 JPA 使用的实体管理工厂以及持久化单元的名称。本例将通过配置 jpaPersistenceUnitName 属性来讲述 Activiti 与 JPA 的整合。代码清单 16-36 为 persistence.xml 文件的内容。

代码清单 16-36：codes\16\16.5\jpa-act-config\resource\META-INF\persistence.xml

```xml
<persistence-unit name="myJpaUnit">
    <!-- 配置映射的实体类 -->
    <class>org.crazyit.activiti.entity.Person</class>
    <!-- 配置数据库连接信息 -->
    <properties>
        <property name="hibernate.connection.driver_class" value="com.mysql.jdbc.Driver" />
        <property name="hibernate.connection.username" value="root" />
        <property name="hibernate.connection.password" value="123456" />
        <property name="hibernate.connection.url" value="jdbc:mysql://localhost:3306/act" />
    </properties>
</persistence-unit>
```

注意代码清单 16-36 中的粗体字配置，其为持久化单元配置了名称。在 Activiti 中配置 bean，添加 jpaPersistenceUnitName 属性即可，代码清单 16-37 为流程引擎配置 bean。

代码清单 16-37：codes\16\16.5\jpa-act-config\resource\activiti.cfg.xml

```xml
<bean id="processEngineConfiguration"
    class="org.activiti.engine.impl.cfg.StandaloneProcessEngineConfiguration">
    <property name="jdbcUrl" value="jdbc:mysql://localhost:3306/act" />
    <property name="jdbcDriver" value="com.mysql.jdbc.Driver" />
    <property name="jdbcUsername" value="root" />
    <property name="jdbcPassword" value="123456" />
    <property name="databaseSchemaUpdate" value="true" />
    <property name="jpaPersistenceUnitName" value="myJpaUnit" />
    <property name="jpaHandleTransaction" value="true" />
    <property name="jpaCloseEntityManager" value="true" />
</bean>
```

代码清单 16-37 的最后三行配置，配置了 jpaPersistenceUnitName、jpaHandleTransaction

和 jpaCloseEntityManager。jpaPersistenceUnitName 的值为前面所定义的持久化单元名称。jpaHandleTransaction 如果是 true，则使用 JPA 的事务管理；如果为 false，则使用 JTA 来管理事务。jpaCloseEntityManager 配置表示是否由流程引擎关闭 EntityManager。

配置完流程引擎后，就不需要自己去创建 EntityManagerFactory 实例了，可以直接通过流程引擎来获取，代码清单 16-38 直接使用流程引擎来获取 EntityManagerFactory 实例。

代码清单 16-38：codes\16\16.5\jpa-act-config\src\org\crazyit\activiti\TestConfig.java

```java
// 创建流程引擎
ProcessEngine engine = ProcessEngines.getDefaultProcessEngine();
ProcessEngineConfiguration config = engine.getProcessEngineConfiguration();
// 获取实体管理工厂
EntityManagerFactory factory = (EntityManagerFactory)config.getJpaEntityManagerFactory();
EntityManager em = factory.createEntityManager();
```

16.5.3 Activiti、Spring 与 JPA 的整合

在流程引擎配置中，还有一个 jpaEntityManagerFactory 属性，可以通过这个属性来指定配置好的实体管理工厂。下面以该属性为基础，讲述 Activiti、Spring 和 JPA 的整合。代码清单 16-39 为整合后的 activiti.cfg.xml 文件的内容。

代码清单 16-39：codes\16\16.5\jpa-act-spring\resource\activiti.cfg.xml

```xml
<?xml version="1.0" encoding="UTF-8"?>
<beans xmlns="http://www.springframework.org/schema/beans"
    xmlns:context="http://www.springframework.org/schema/context"
    xmlns:tx="http://www.springframework.org/schema/tx"
    xmlns:xsi="http://www.w3.org/2001/XMLSchema-instance"
    xsi:schemaLocation="http://www.springframework.org/schema/beans
http://www.springframework.org/schema/beans/spring-beans.xsd
                    http://www.springframework.org/schema/context
http://www.springframework.org/schema/context/spring-context.xsd
                    http://www.springframework.org/schema/tx
http://www.springframework.org/schema/tx/spring-tx.xsd">

    <!-- 配置数据源 -->
    <bean id="dataSource"
        class="org.springframework.jdbc.datasource.SimpleDriverDataSource">
        <property name="driverClass" value="com.mysql.jdbc.Driver" />
        <property name="url" value="jdbc:mysql://localhost:3306/act" />
        <property name="username" value="root" />
        <property name="password" value="123456" />
    </bean>

    <!-- 配置事务管理器 -->
    <bean id="transactionManager" class="org.springframework.orm.jpa.JpaTransactionManager">
        <property name="entityManagerFactory" ref="entityManagerFactory"/>
    </bean>

    <!-- 配置实体管理工厂 -->
    <bean id="entityManagerFactory"
        class="org.springframework.orm.jpa.LocalContainerEntityManagerFactoryBean">
        <property name="dataSource" ref="dataSource" />
    </bean>

    <!-- 配置流程引擎 bean -->
```

```xml
    <bean id="processEngineConfiguration" class="org.activiti.spring.
SpringProcessEngineConfiguration">
        <property name="dataSource" ref="dataSource" />
        <property name="transactionManager" ref="transactionManager" />
        <property name="databaseSchemaUpdate" value="true" />
        <!-- 设置配置的实体管理工厂实体 -->
        <property name="jpaEntityManagerFactory" ref="entityManagerFactory" />
        <property name="jpaHandleTransaction" value="false" />
        <property name="jpaCloseEntityManager" value="false" />
    </bean>

    <!-- 配置流程引擎 bean -->
    <bean id="processEngine" class="org.activiti.spring.ProcessEngineFactoryBean">
        <property name="processEngineConfiguration" ref="processEngineConfiguration" />
    </bean>

    <!-- 配置各个服务组件 bean -->
    <bean id="repositoryService" factory-bean="processEngine"
        factory-method="getRepositoryService" />
    <bean id="runtimeService" factory-bean="processEngine"
        factory-method="getRuntimeService" />
    <bean id="taskService" factory-bean="processEngine"
        factory-method="getTaskService" />
    <bean id="historyService" factory-bean="processEngine"
        factory-method="getHistoryService" />
    <bean id="managementService" factory-bean="processEngine"
        factory-method="getManagementService" />

</beans>
```

注意代码清单16-39中的粗体字配置，transactionManager的bean实现类为Spring提供的事务管理器，entityManagerFactory的bean需要注入数据源，JPA会读取Classpath下的META-INF/persistence.xml文件，文件内容如代码清单16-40所示。

代码清单16-40：codes\16\16.5\jpa-act-spring\resource\META-INF\persistence.xml

```xml
<persistence xmlns="http://java.sun.com/xml/ns/persistence"
    xmlns:xsi="http://www.w3.org/2001/XMLSchema-instance"
    xsi:schemaLocation="http://java.sun.com/xml/ns/persistence
http://java.sun.com/xml/ns/persistence/persistence_1_0.xsd"
    version="1.0">
    <persistence-unit name="myJpaUnit">
        <!-- 指定JPA的实现为Hibernate -->
        <provider>org.hibernate.ejb.HibernatePersistence</provider>
        <!-- 配置映射的实体类 -->
        <class>org.crazyit.activiti.entity.Person</class>
        <!-- 配置数据库连接信息 -->
        <properties>
            <property name="hibernate.connection.driver_class" value="com.mysql.jdbc.Driver" />
            <property name="hibernate.connection.username" value="root" />
            <property name="hibernate.connection.password" value="123456" />
            <property name="hibernate.connection.url" value="jdbc:mysql://localhost:3306/act" />
        </properties>
    </persistence-unit>
</persistence>
```

本例中使用的Person类与16.5.1节中的Person类一致，用来映射数据库中的PERSON表。

编写测试代码,通过 Spring 容器的 getBean 方法获取 EntityManagerFactory 实例,也可以通过流程引擎配置对象来获取,如代码清单 16-41 所示。

代码清单 16-41:codes\16\16.5\jpa-act-spring\src\org\crazyit\activiti\TestJpaSpring.java

```
// 启动 Spring 容器
ApplicationContext ctx = new ClassPathXmlApplicationContext(
    new String[] { "activiti.cfg.xml" });
// 创建流程引擎
ProcessEngine engine = (ProcessEngine)ctx.getBean("processEngine");
// 获取流程引擎配置实例
ProcessEngineConfiguration config = engine.getProcessEngineConfiguration();
// 通过配置对象获取实体管理工厂
EntityManagerFactory factory =
(EntityManagerFactory)config.getJpaEntityManagerFactory();
// 通过 Spring 容器获取 EntityManagerFactory 实例
EntityManagerFactory factory2 =
(EntityManagerFactory)ctx.getBean("entityManagerFactory");
System.out.println(factory);
System.out.println(factory2);
```

在代码清单 16-41 中,获取两个 EntityManagerFactory,根据运行结果可知,两个 EntityManagerFactory 是同一个实例。

▶▶ 16.5.4 基于 JPA 的例子

本节以 16.5.3 节中的整合例子为基础,编写一个流程处理的例子,在该例中,将会在流程中通过 JPA 自动创建 Person 数据。编写一个 PersonService 的服务类,用于进行数据操作,如代码清单 16-42 所示。

代码清单 16-42:codes\16\16.5\jpa-act-spring\src\org\crazyit\activiti\service\PersonService.java

```
public class PersonService {

    @PersistenceContext
    private EntityManager entityManager;

    /**
     * 创建 Person 并保存到数据库
     */
    @Transactional
    public void createPerson(String name, int age) {
        Person p = new Person();
        p.setName(name);
        p.setAge(age);
        // 保存到数据库
        entityManager.persist(p);
    }

    /**
     * 查询 PERSON 表数据
     */
    public BigInteger countPerson() {
        Query query = entityManager.createNativeQuery("select count(*) from PERSON");
        BigInteger count = (BigInteger)query.getSingleResult();
        return count;
    }
}
```

PersonService 类中有一个私有变量 EntityManager 实例，使用@PersistenceContext 注解，声明该实例是持久化上下文。PersonService 中还有 createPerson 方法和 countPerson 方法，用于创建 Person 数据及查询 Person 的数据量。其中 createPerson 方法将会被应用到流程中，而 countPerson 方法则用于查看数据量的变化。设计一个简单的流程，来测试服务方法的调用，代码清单 16-43 为流程文件内容。

代码清单 16-43：codes\16\16.5\jpa-act-spring\resource\bpmn\test.bpmn

```xml
<process id="myProcess" name="My process" isExecutable="true">
    <startEvent id="startevent1" name="Start"></startEvent>
    <endEvent id="endevent1" name="End"></endEvent>
    <serviceTask id="servicetask1" name="Service Task"
        activiti:expression="#{personService.createPerson(name,age)}"></serviceTask>
    <sequenceFlow id="flow1" sourceRef="startevent1"
        targetRef="servicetask1"></sequenceFlow>
    <sequenceFlow id="flow2" sourceRef="servicetask1"
        targetRef="endevent1"></sequenceFlow>
</process>
```

这个流程较为简单，只有开始事件、结束事件及一个 ServiceTask，ServiceTask 中使用了表达式，声明调用 PersonService 的 createPerson 方法。为了在流程中使用 PersonService 以及自动扫描@PersistenceContext，需要为 activiti.cfg.xml 添加以下配置：

```xml
<!-- 扫描组件 -->
<context:component-scan base-package="org.crazyit.activti" />
<!-- 添加 PersonService bean -->
<bean id="personService" class="org.crazyit.activiti.service.PersonService"/>
```

编写测试代码，部署流程文件并启动流程，测试运行效果，如代码清单 16-44 所示。

代码清单 16-44：codes\16\16.5\jpa-act-spring\src\org\crazyit\activiti\Sample.java

```java
public class Sample {

    public static void main(String[] args) {
        // 启动 Spring 容器
        ApplicationContext ctx = new ClassPathXmlApplicationContext(
            new String[] { "activiti.cfg.xml" });
        // 获取 bean 的实例
        RuntimeService runtimeService = (RuntimeService) ctx
            .getBean("runtimeService");
        RepositoryService repositoryService = (RepositoryService)ctx.getBean("repositoryService");
        PersonService personService = (PersonService) ctx
            .getBean("personService");
        // 部署流程定义
        repositoryService.createDeployment().addClasspathResource("bpmn/test.bpmn").deploy();
        // 查询数据
        System.out.println("启动流程前数据量：" + personService.countPerson());
        // 设置启动参数，name 和 age 参数将用来创建 Person
        Map<String, Object> vars = new HashMap<String, Object>();
        vars.put("name", "Angus");
        vars.put("age", 10);
        runtimeService.startProcessInstanceByKey("myProcess", vars);
        System.out.println("启动流程后数据量：" + personService.countPerson());
    }
}
```

在测试代码中，启动流程前，会调用 PersonService 的方法查询数据量，启动流程后，会再次调用该方法查询数据量，如此运行后可看到数据量的变化。

16.6 本章小结

本章主要讲述 Activiti 与 Spring、Hibernate 等框架的整合使用。在整合 Spring 时，要了解 Activiti 中的各个组件（对象）在 Spring 中如何配置及配置时的注意事项。在 16.3 节中，以一个例子讲述了几个框架（Struts、Spring、Hibernate 和 Activiti）的整合过程，本章所使用的框架版本均为本书成书时的最新版本。在 16.4 节，初步讲述了 Spring Boot 项目以及 Activiti 对该项目的支持，16.5 节则讲述了 JPA 与 Activiti 的整合使用。

Spring 等开源框架经过多年的发展，实现了很多功能，受篇幅所限，本章所述仅为冰山一角。读者学习完本章内容后，可根据实际情况使用当前较为流行的框架来搭建开发环境。

第 17 章
Activiti 开放的 Web Service

本章要点

- REST 简述
- 使用 Spring MVC 发布 Web Service
- 使用 HttpClient 和 CXF 编写客户端
- 调用 Activiti 的 Web Service

为了能在不同的环境中使用 Activiti 的服务，除了本身提供的 API 外，Activiti 还提供了一套 Web Service 服务，通过调用这些开放的服务接口，可以直接与流程引擎进行数据交互，甚至可以直接对流程引擎进行管理。一个程序组件提供 Web Service，可以让不同的异构系统使用这些服务，如果也使用 ESB，那么即使在企业内部有多个异构的系统，也可以让它们以最小的代价共享这些服务。本章从 Web Service 入手，逐步介绍 Activiti 的服务接口。

17.1　Web Service 简介

　　程序间的远程访问是分布式应用的基础，其允许客户端访问不同计算机的服务。远程访问技术可以让客户端（网络中的某一台计算机）使用其他计算机的服务、对象或者方法，就像调用本地的服务、对象和方法一样，从而实现分布式计算。对于一些拥有较多系统的企业，远程访问技术显得尤为重要，如果这些系统不是使用同一种程序语言开发的，并且它们之间需要进行通信，那么就需要选择一种通用的协议或者技术来实现通信，Web Service 就是一种很好的选择。

17.1.1　Web Service

　　Web Service 是一种以 XML 作为基础的通信方式，其主要目标是跨平台、跨语言实现服务的调用。Web Service 建立在一些通用的协议基础上，例如 SOAP、HTTP、WSDL、UDDI 等。在大型的企业应用中，Web Service 一般用于远距离通信、应用程序集成和程序重用等几个方面。

　　例如当前企业中有一个用.NET 编写的业务系统，有一个用 Java 编写的业务系统，如果它们之间需要进行通信，这将是一件相当麻烦的事情，两个业务系统运行于不同的平台上，各个服务器之间会有防火墙或者代理服务器，这些因素都是两个系统通信的绊脚石。Web Service 完全基于 XML、XSD 等独立于平台或者程序语言的标准，因此非常适合解决这些异构系统间通信问题。

17.1.2　SOAP 协议

　　SOAP（Simple Object Access Protocol）称为简单对象访问协议，是 Web Service 的根本，它是一种具有扩展性的 XML 消息协议。SOAP 允许程序之间使用 XML 进行消息通信，由于 XML 的规范并没有指定某种特定的操作系统或者语言，因此任何程序都可以作为消息的发送者或者接收者。SOAP 主要用于定义通信的消息结构和消息处理方式，独立于底层的传输协议（使用 HTTP），因此 SOAP 可以通过 HTTP、SMTP 等协议进行传输，本书所涉及的 SOAP 协议，均是通过 HTTP 协议进行传输。

　　在两个 Java 程序之间进行远程调用，可以使用 RMI（Remote Method Invocation），而对于异构的程序，可以使用 RPC（Remote Procedure Call），RPC 采用客户端向服务器端发送请求，服务器端执行方法后返回结果的方式实现远程调用，RMI 与 RPC 是两种远程调用的风格。目前几乎所有的 SOAP 服务均是 RPC 式的 Web 服务，客户端的调用请求基于 SOAP 协议的 XML，服务器端接收并执行请求，然后按照 SOAP 协议返回结果，这个过程（风格）称为 SOAP RPC，这是当前使用最为广泛的 Web Service 风格。

17.1.3　REST 架构

　　REST 是英文 Representational State Transfer 的缩写，一般翻译为"表述性状态转移"，是

Roy Thomas Fielding 博士在他的论文 *Architectural Styles and the Design of Network-based Software Architectures* 中提出的一个术语。REST 本身只是分布式系统设计中的一种架构风格，而并不是某种标准或者规范，是一种轻量级的基于 HTTP 协议的 Web Service 风格，主要的"竞争对手"是 SOAP RPC 风格的 Web Service。从另外一个角度看，REST 更像是一种设计原则，更可以将其理解为一种思想。

> REST 的主要竞争对手不是像 SOAP 这样的一种特定的协议（技术），而是 RPC 式调用的 SOAP 服务，不过当前大部分的 SOAP 服务均是 RPC 式的。

▶▶ 17.1.4　REST 的设计准则

REST 是针对 Web 应用而设计的，目的是为了降低 Web 服务开发的复杂性，提高系统的可伸缩性。REST 提出了以下的设计准则：
- 网络上的所有事物都被抽象为资源（resource）。
- 每个资源对应一个唯一的资源标识符（resource identifier）。
- 通过通用的连接器接口（generic connector interface）对资源进行操作。
- 对资源的各种操作不会改变资源标识符。
- 所有的操作都是无状态的（stateless）。

REST 中所说的资源不仅仅是数据，是数据和表现形式的结合，例如当前某公司有一个员工 Jerry，同时他也是某个家庭的成员，那么请求这个"人"时，就可以提供两个不同的 URL：/company/employee/jerry 和/frmily/jerry，这是两种不同的表现形式，但指向同一个资源，这些被指向的资源的 URL，就是资源的标识符。无论是何种资源，都统一使用 URL 来进行唯一标识。

使用 REST 式的 Web Service 对资源的操作，都是基于 HTTP 协议来实现的，大多数的 Web 程序只使用了 HTTP 的 GET 和 POST 方法。HTTP 协议提供的方法包括 GET、POST、PUT、HEAD 和 DELETE 等，REST 的设计准则规定使用这些 HTTP 方法对资源进行 CRUD 操作。

REST 规则对资源的全部操作都是无状态的，这样就可以提高系统的可伸缩性，由于操作时没有了上下文（Context）的约束，做分布式和集群就更为简单，同时也可以让系统更有效地利用缓冲池，这样的设计准则，也决定了服务器端不需要记录客户端的一系列访问，从而也减少了服务器的压力。

▶▶ 17.1.5　REST 的主要特性

根据 REST 的设计准则，总结出 REST 主要有以下几个特性。
- **安全性**：由于 REST 对资源的操作基于 HTTP 的方法，其中的 GET 和 HEAD 方法具有安全性特点，根据 HTTP 协议对这些方法的约束，这两个方法在操作时不会改变服务器中资源的状态。
- **幂等性**：幂等性是指无论对一个资源进行多少次操作，结果都是一样的，例如需要删除服务器的某个资源，那么可以请求这样的 URL：/article/123456，其中 123456 就是 article 的标识，因此无论对这个 URL 请求多少次,结果都一样。HTTP 的 GET 和 HEAD 方法天然就具有幂等性，PUT 和 DELETE 方法也具有幂等性。POST 方法既不具有安全性，也不具有幂等性。

> **可寻址性**：可寻址性是指每一个资源都应该有一个唯一的 URI 标识，这样它才可以被外界访问。例如当前有一个 SOAP 服务，提供了查找员工和查找家庭成员的方法，地址为 http://webservice/person.wsdl，如果使用 REST 进行设计，可以设计为两个资源 URL：/employee/name 和/family/name，这样就可以通过两个 URL 来区分这两个方法，而不会像 SOAP 一样，只提供一个 URL，无法对这两个方法进行区分。
> **无状态性**：无状态是指服务器端不保存客户端的"应用状态"，应用状态是指客户端在访问资源时，本身所处的状态。例如客户端请求数据列表，那么请求的页码数就是应用状态，应用状态应该保存在客户端。
> **统一接口**：在 SOAP 服务中，主要通过 WSDL 来描述方法信息，而 REST 式的 Web Service 则强调接口的统一，都使用 HTTP 的方法来对资源进行操作，完全不需要 WSDL 这样的描述语言。
> **可连通性**：可连通性是指资源之间不应该是孤立的，而是彼此联系的，例如一篇文章的 URI 是：/article/123，那么对应的文章评论的 URI 应该是：/article/123/comments，评论的资源需要从文章中得到，而并不是通过人为的约定产生，否则，就导致客户端与服务器端的强耦合。

根据 REST 的设计准则和特性可知，REST 更像一套设计思想，而并不是一个特定的规范，在开发 REST 风格的 Web Srvice 时，应遵循这些设计准则。

17.1.6 SOAP RPC 与 REST 的区别

SOAP RPC 是基于 SOAP 协议的一种 Web Service 调用方式，通常面向活动。SOAP RPC 与 REST 的主要区别在以下几个方面。

> 使用 HTTP 协议的区别
> 寻址模型的区别
> 接口的区别

SOAP RPC 使用 WSDL 文档来描述活动操作，然后将这些操作信息封装为一个 SOAP 信封（XML），然后再将这个信封放到 HTTP 中，在 HTTP 上传输 SOAP 信息，HTTP 仅仅只是作为传输协议使用，SOAP 方法的信息与作用域都被存放在 WSDL 中，有些也会被存放在 HTTP 的报头中。而 REST 的 Web Service 是基于 HTTP 协议（使用 HTTP 方法）的，因此方法信息都存放在 HTTP 的方法里，面向资源的架构（ROA）意味着，作用域信息都可以在 URI 里面体现，这与 SOAP 对 HTTP 协议的使用方式有明显的不同。

SOAP 中提倡端点对应不同的服务，使用的是 HTTP 的 POST 方法，并未使用 HTTP 协议的其他特性，而 REST 则提倡使用统一接口，使用 HTTP 的各个方法。REST 将不同作用域的信息暴露为不同的 URI，而 RPC 式服务一般为每个"文档处理器"暴露一个 URI。

在寻址模型中，SOAP 所提供的 URI 只是用来确定 SOAP 的端点，资源与 URI 并没有一一对应，一个端点可以对应多个资源。而 REST 式的 Web 服务要求提供标准化的 URI，资源与 URI 一一对应。

SOAP 不提供通用操作，每个服务定义自己的方法，并且将这些方法信息声明在 SOAP 信封中，而 REST 式的 Web Service 则统一了接口，均使用 HTTP 的方法来对资源进行操作。

17.2 使用 Sping MVC 发布 REST

目前有许多框架支持 REST 风格的 Web Service，例如 CXF、Restlet 等，Activiti 5.0 使用

的是 Restlet，当前版本使用的是 Spring MVC。

17.2.1 在 Web 项目中加入 Spring MVC

使用 Eclipse 新建一个 Web 项目，项目结构如图 17-1 所示。

将新建立的 Web 项目部署到 Tomcat 下，本例使用了 Eclipse 的 Tomcat 插件来部署，项目名称为 test-web，如图 17-2 所示。

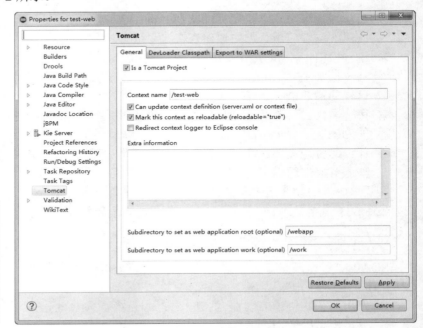

图 17-1　Web 工程结构　　　　　图 17-2　Tomcat 插件的配置

在 Web 应用中加入 Spring，需要配置 Spring 的 Servlet。web.xml 的内容如代码清单 17-1 所示。

代码清单 17-1：codes\17\test-web\webapp\WEB-INF\web.xml

```xml
<!-- 配置 Spring 的 Servlet -->
<servlet>
    <servlet-name>springmvc</servlet-name>
    <servlet-class>org.springframework.web.servlet.DispatcherServlet</servlet-class>
    <init-param>
        <param-name>contextConfigLocation</param-name>
        <param-value>classpath: application.xml</param-value>
    </init-param>
    <load-on-startup>1</load-on-startup>
</servlet>
<servlet-mapping>
    <servlet-name>springmvc</servlet-name>
    <url-pattern>/*</url-pattern>
</servlet-mapping>
```

在代码清单 17-1 中，Spring 的配置文件为 application.xml，该文件内容如代码清单 17-2 所示。

代码清单 17-2：codes\17\test-web\resource\application.xml

```xml
<?xml version="1.0" encoding="UTF-8"?>
<beans xmlns="http://www.springframework.org/schema/beans"
    xmlns:context="http://www.springframework.org/schema/context"
```

```
            xmlns:tx="http://www.springframework.org/schema/tx"
            xmlns:mvc="http://www.springframework.org/schema/mvc"
            xmlns:xsi="http://www.w3.org/2001/XMLSchema-instance"
            xsi:schemaLocation="http://www.springframework.org/schema/beans
http://www.springframework.org/schema/beans/spring-beans.xsd
                    http://www.springframework.org/schema/context
http://www.springframework.org/schema/context/spring-context.xsd
                    http://www.springframework.org/schema/tx
http://www.springframework.org/schema/tx/spring-tx.xsd
                    http://www.springframework.org/schema/mvc
http://www.springframework.org/schema/mvc/spring-mvc.xsd">

    <!-- 扫描组件 -->
    <context:component-scan base-package="org.crazyit.activiti" />
    <!-- 设置 Controller 使用注解方式 -->
    <mvc:annotation-driven />

</beans>
```

配置文件中的 context:component 会自动扫描包下面的@Controller、@RestController 等注解。完成以上配置后，可启动 Tomcat 测试是否正常运行，下面开始编写 Web Service。

▶▶ 17.2.2 发布 REST 的 Web Service

新建一个 PersonResponse 类来定义返回的对象，新建一个 PersonController 类，并使用注解对其进行配置，该类用于处理 Web 请求。如代码清单 17-3 所示。

代码清单 17-3：codes\17\test-web\src\org\crazyit\activiti\PersonResponse.java
codes\17\test-web\src\org\crazyit\activiti\PersonController.java

```java
public class PersonResponse {

    private Integer id;

    private String name;

    private Integer age;

    ...省略 setter 与 getter 方法
}
@RestController
public class PersonController {

    @RequestMapping(value = "/person/{personId}", method = RequestMethod.GET,
produces = MediaType.APPLICATION_JSON_VALUE)
    public PersonResponse findPerson(@PathVariable("personId") Integer personId) {
        PersonResponse pr = new PersonResponse();
        pr.setId(1);
        pr.setName("Angus");
        pr.setAge(30);
        return pr;
    }
}
```

代码清单 17-3 中的 PersonController 类，使用@RestController 注解声明该类是一个 REST 的控制器，注意方法前的@RequestMapping 注解，它配置了 HTTP 请求方法为 GET，返回的数据格式为 JSON。对于 PersonController 类中的 findPerson 方法，需要传入 personId 参数，这里使用了@PathVariable 注解，该方法并无其他实现，就做一件事，直接 new 一个 PersonResponse 返回。代码编写完成后，直接启动 Tomcat，并在浏览器中输入：http://localhost:8080/test-web/person/1，可以看到浏览器输出如图 17-3 所示。

图 17-3 使用浏览器访问 REST

17.2.3 使用 Restlet 编写客户端

目前支持 REST 风格的 Web Service 的框架有很多，本书将以 CXF、Restlet、HttpClinet 为例，讲述如何调用 REST 的 Web Service。Restlet 是一个轻量级的 REST 框架，在 Activiti 5.0 时使用该框架发布 Web Service。本节将编写一个 Restlet 客户端，调用 17.2.2 节中发布的服务，如代码清单 17-4 所示。

代码清单 17-4：codes\17\restlet-client\src\org\crazyit\restlet\Client.java

```
ClientResource client = new ClientResource(
    "http://localhost:8080/test-web/person/1");
// 调用 get 方法，因为服务器发布的是 GET
Representation response = client.get(MediaType.APPLICATION_JSON);
// 创建 JacksonRepresentation 实例，将响应转换为 Map
JacksonRepresentation jr = new JacksonRepresentation(response, HashMap.class);
// 获取转换后的 Map 对象
Map result = (HashMap)jr.getObject();
// 输出结果
System.out.println(result.get("name"));
```

在代码清单 17-4 中，根据发布的 URI 创建一个 ClientResource 的实例，然后调用 get 方法，服务端发布的是 HTTP 的 GET 方法，因此需要使用 get 方法，ClientResource 还提供了 delete、post 等方法，以便可以调用其他 HTTP 方法，当前 Restlet 支持使用 HTTP 的 GET、POST、DELETE 和 PUT 方法。调用 Web Service 后，返回 Representation 实例，最后通过 JacksonRepresentation 对象将其转换为 Map，运行代码清单 17-4 后可看到输出结果。

17.2.4 使用 CXF 编写客户端

CXF 是一个目前较为流行的服务框架，它是 Apache 下的一个开源项目。使用 CXF 可以发布和调用各种协议的服务，包括 SOAP、XML/HTTP 等，当前 CXF 已经对 REST 风格的 Web Service 提供了支持，可以发布 REST 风格的 Web Service，也可以使用 CXF 的 API 来调用 Web Service。由于 CXF 可以与 Spring 进行整合使用并且配置简单，因此得到许多开发者的青睐，而笔者以往所在公司的大部分项目，均使用 CXF 来发布和调用 Web Service。本章所使用的 CXF 版本为 3.1.10。

同样，我们以 17.2.2 节中发布的 Web Service 为基础，编写 CXF 客户端请求该服务，如代码清单 17-5 所示。

代码清单 17-5：codes\17\cxf-client\src\org\crazyit\activiti\CXFClient.java

```
// 创建 WebClient
WebClient client = WebClient
    .create("http://localhost:8080/test-web/person/1");
// 获取响应
Response response = client.get();
// 获取响应内容
InputStream ent = (InputStream) response.getEntity();
```

```
String content = IOUtils.readStringFromStream(ent);
// 输出字符串
System.out.println(content);
```

主要使用WebClient类访问Web Service，获取响应后再读取输入流获取响应的JSON字符串。

17.2.5 使用HttpClient编写客户端

HttpClient是Apache提供的一个HTTP工具包，使用HttpClient可以通过编码的方式，发送HTTP请求来访问网络上的资源。REST风格的Web Service完全基于HTTP协议，因此可以使用类似HttpClient的工具来发送HTTP请求，调用REST的Web Service。本书所使用的HttpClient版本为4.5.3。下面我们以17.2.2节中发布的Web Service为基础，编写HttpClient请求该服务，如代码清单17-6所示。

代码清单17-6：codes\17\httpclient-test\src\org\crazyit\activiti\TestHttpClient.java

```
// 创建默认的HttpClient
CloseableHttpClient httpclient = HttpClients.createDefault();
// 调用GET方法请求服务
HttpGet httpget = new HttpGet("http://localhost:8080/test-web/person/1");
// 获取响应
HttpResponse response = httpclient.execute(httpget);
// 根据 响应解析出字符串
System.out.println(EntityUtils.toString(response.getEntity()));
```

17.2.6 准备测试数据

本章讲述的大部分接口均为数据查询接口，因此需要为流程引擎准备流程数据，在运行本章的接口测试代码之前，请先创建一个名称为act的database，然后使用MySQL命令执行codes\17\act.sql。在命令行下输入"mysql –u 用户名 -p 你的密码 --default-character-set=utf8"进入MySQL命令行后，按顺序执行以下命令：

```
create database `act`;
use database `act`;
source 你的路径/act.sql
```

执行成功后，我们就准备好了测试接口的数据，接下来可以进行接口的测试。

17.2.7 部署Activiti的Web Service

Activiti的Web Service以一个Web项目为载体。下载Activiti 6.0后，可以在activiti-6.0.0\wars目录找到activiti-rest.war，将该war包复制到Tomcat的webapps\activiti-rest目录下并解压，就完成了Activiti的Web Service部署。解压后的文件结构如图17-4所示。

图17-4　文件结构

由于 activit-rest 在默认情况下连接 h2 数据库，而本书的全部示例均使用 MySQL 数据库，因此还要修改 activiti-rest 下的配置文件。activiti-rest/WEB-INF/classes/db.properties 文件内容如代码清单 17-7 所示。

代码清单 17-7：codes\17\activiti-rest\WEB-INF\classes\db.properties

```
# 默认配置
# jdbc.url=jdbc\:h2\:tcp\://localhost/activiti
# db=h2
# jdbc.username=sa
# jdbc.driver=org.h2.Driver
# jdbc.password=

# MySQL 配置
jdbc.url=jdbc:mysql://localhost:3306/act
db=MySQL
jdbc.username=root
jdbc.driver=com.mysql.jdbc.Driver
jdbc.password=123456
```

配置文件 db.properties 主要用来配置 Activiti 的数据源属性，在默认情况下，activiti-rest 中并没有 MySQL 的 JDBC 连接驱动，因此还要将 MySQL 的驱动包放到 activiti-rest/WEB-INF/lib 目录下。完成这些操作后，就可以启动 Tomcat，启动完成后，使用浏览器访问以下路径：http://localhost:8080/activiti-rest/service/management/properties，浏览器（笔者使用 Chrome 浏览器）提示 "Authentication is required"，由于几乎全部的 Activiti Web Service 都需要经过权限验证，以上的测试路径就是其中一个资源地址，看到权限验证的提示后，就证明已成功部署。

针对 MySQL 的 activiti-rest，放在本书的代码目录中，路径为：codes\17\activiti-rest，读者可直接将该目录复制到 tomcat 的 webapps 下，注意需要修改数据库配置。

▶▶ 17.2.8　接口访问权限

访问 activiti-rest 的接口，需要验证用户名与密码，用户名和密码保存在 ACT_ID_USER 表中，用户名为 ID_字段值，密码为 PWD_字段值。在访问接口时，activiti-rest 模块会调用 IdentityService 的 checkPassword 方法进行权限验证。

▶▶ 17.2.9　访问 Activiti 接口

在前面章节中，编写了三个客户端来访问 REST 的服务，本节将使用 CXF 来访问 Activiti 的服务。由于需要对接口进行权限验证，因此要对原来的访问代码做部分修改。代码清单 17-8 为客户端代码。

代码清单 17-8：codes\17\cxf-client\src\org\crazyit\activiti\FirstTest.java

```java
// 创建 WebClient，设置 URL、认证用户名和密码，注意用户名和密码在 ACT_ID_USER 表中配置
WebClient client = WebClient.create(
    "http://localhost:8080/activiti-rest/service/management/properties",
    "crazyit", "123456", null);
// 设置认证格式为基础认证格式
String authorizationHeader = "Basic "
    + org.apache.cxf.common.util.Base64Utility
        .encode("user:password".getBytes());
client.header("Authorization", authorizationHeader);
// 获取响应
Response response = client.get();
// 获取响应内容
```

```
InputStream ent = (InputStream) response.getEntity();
String content = IOUtils.readStringFromStream(ent);
// 输出字符串
System.out.println(content);
```

代码清单17-8中的粗体字代码，添加了认证信息，访问的是流程引擎配置接口，运行该代码后可以看到输出的JSON字符串如下：

```
{"cfg.execution-related-entities-count":"false","next.dbid":"3801","schema.version":"6.0.0.4","schema.history":"create(5.10) upgrade(5.10->6.0.0.4)"}
```

接下来，我们将以流程存储服务为例，调用activiti-rest发布的接口。

17.3 流程存储服务

Activiti发布的Web Service，主要用来调用流程引擎的各个服务组件，操作流程相关数据，这些操作包括增加、查询、删除、修改和文件上传。从本节开始，将讲解Web Service的使用，注意，本章的全部例子均使用CXF的API来编写请求客户端。

17.3.1 上传部署文件

Activiti发布了一个/deployment接口，调用该接口可以将流程相关的文件远程部署到流程引擎中，目前支持的格式有.bpmn、.bpmn20.xml、.bar和.zip。部署activiti-rest后，这个接口的访问地址为http://localhost:8080/activiti-rest/service/deployment，当/deployment接口成功接收请求后，会调用RepositoryService().createDeployment()等一系列方法添加资源文件并进行部署，RepositoryService的使用方法请见讲述流程存储的相关章节。代码清单17-9为客户端代码。

代码清单17-9：codes\17\rs-client\src\org\crazyit\activiti\rest\TestDeployment.java

```java
// 创建WebClient，设置URL、认证用户名和密码
WebClient client = WebClient.create(
    "http://localhost:8080/activiti-rest/service/repository/deployments",
    "crazyit", "123456", null);
// 设置认证格式为基础认证格式
String authorizationHeader = "Basic "
    + org.apache.cxf.common.util.Base64Utility
        .encode("user:password".getBytes());
client.header("Authorization", authorizationHeader);
// 设置内容类型
client.type("multipart/form-data");
// 获取上传文件
String path = TestDeployment.class.getResource("/").toString();
File file = new File(new URI(path + "bpmn/DeploymentUpload.bpmn20.xml"));
// 一定需要name属性
ContentDisposition cd = new ContentDisposition(
    "form-data; name=deployment; filename=DeploymentUpload.bpmn20.xml");
Attachment att = new Attachment(null, new FileInputStream(file), cd);
// 获取响应，使用POST方法
Response response = client.post(new MultipartBody(att));
// 获取响应内容
InputStream ent = (InputStream) response.getEntity();
String content = IOUtils.readStringFromStream(ent);
// 输出响应字符串
System.out.println(content);
```

调用时需要注意，在构建ContentDisposition实例时，必须提供name属性，filename属性中的文件名称后缀必须为.bpmn、.bpmn20.xml、.bar和.zip，否则接口会返回："File must be of type .bpmn20.xml, .bpmn, .bar or .zip"这样的异常信息。成功调用接口后，返回以下 JSON：

```
{
    "id": "3801",
    "name": "DeploymentUpload.bpmn20.xml",
    "deploymentTime": "2017-07-23T07:34:24.496+08:00",
    "category": null,
    "url": "http://localhost:8080/activiti-rest/service/repository/deployments/3801",
    "tenantId": ""
}
```

17.3.2 部署数据查询

使用部署数据查询接口，可以分页查询多个部署数据，接口调用的地址为：repository/deployments，地址后可接多个参数。代码清单 17-10 为接口调用代码。

代码清单 17-10：codes\17\rs-client\src\org\crazyit\activiti\rest\TestDeployments.java

```java
// 创建 WebClient，设置 URL、认证用户名和密码
WebClient client = WebClient
    .create("http://localhost:8080/activiti-rest/service/"
        + "repository/deployments?sort=name&nameLike=%processes",
        "crazyit", "123456", null);
// 设置认证格式为基础认证格式
String authorizationHeader = "Basic "
            + org.apache.cxf.common.util.Base64Utility
                .encode("user:password".getBytes());
client.header("Authorization", authorizationHeader);
// 获取响应
Response response = client.get();
// 获取响应内容
InputStream ent = (InputStream) response.getEntity();
String content = IOUtils.readStringFromStream(ent);
// 输出字符串
System.out.println(content);
```

代码清单 17-10 中的粗体字代码，添加了 sort 参数进行按 name 字段排序。使用 nameLike 参数进行名称的模糊查询，在进行模糊查询时，需要传入通配符。调用接口后返回以下 JSON 字符串：

```
{
    "data": [
        {
            "id": "1320",
            "name": "Demo processes",
            "deploymentTime": "2017-07-22T08:36:48.793+08:00",
            "category": null,
            "url": "http://localhost:8080/activiti-rest/service/repository/deployments/1320",
            "tenantId": ""
        }
    ],
    "total": 1,
    "start": 0,
    "sort": "name",
    "order": "asc",
    "size": 1
}
```

17.3.3 部署资源查询

一个部署过程可以部署多个资源文件，查询这些资源可以使用 repository/deployments/

{ deploymentId }/resources 接口，并传入部署数据的 ID。代码清单 17-11 为测试代码。

代码清单 17-11：codes\17\rs-client\src\org\crazyit\activiti\rest\QueryResources.java

```java
// 创建 WebClient，设置 URL、认证用户名和密码
WebClient client = WebClient
    .create("http://localhost:8080/activiti-rest/service/"
        + "repository/deployments/1001/resources",
        "crazyit", "123456", null);
// 设置认证格式为基础认证格式
String authorizationHeader = "Basic "
    + org.apache.cxf.common.util.Base64Utility
        .encode("user:password".getBytes());
client.header("Authorization", authorizationHeader);
// 获取响应
Response response = client.get();
// 获取响应内容
InputStream ent = (InputStream) response.getEntity();
String content = IOUtils.readStringFromStream(ent);
// 输出字符串
System.out.println(content);
```

调用接口成功后，返回以下 JSON：

```
[
    {
        "id": "bpmn/TaskExternalForm.bpmn",
        "url": "http://localhost:8080/activiti-rest/service/repository/deployments/1001/resources/bpmn/TaskExternalForm.bpmn",
        "contentUrl": "http://localhost:8080/activiti-rest/service/repository/deployments/1001/resourcedata/bpmn/TaskExternalForm.bpmn",
        "mediaType": "text/xml",
        "type": "processDefinition"
    },
    {
        "id": "forms/TaskExternalForm.form",
        "url": "http://localhost:8080/activiti-rest/service/repository/deployments/1001/resources/forms/TaskExternalForm.form",
        "contentUrl": "http://localhost:8080/activiti-rest/service/repository/deployments/1001/resourcedata/forms/TaskExternalForm.form",
        "mediaType": null,
        "type": "resource"
    }
]
```

17.3.4 查询单个部署资源

查询单个部署资源，使用 repository/deployments/{deploymentId}/resources/{resourceId} 接口，调用时要传入部署数据的 id 以及资源 id，注意资源 id 并不是资源表的 ID_字段值，而是由"部署资源查询"接口返回的 id，对应的是数据库中的 NAME_字段。代码清单 17-12 调用了该接口。

代码清单 17-12：codes\17\rs-client\src\org\crazyit\activiti\rest\QueryResource.java

```java
// 创建 WebClient，设置 URL、认证用户名和密码
WebClient client = WebClient
        .create("http://localhost:8080/activiti-rest/service/"
            +
"repository/deployments/1001/resources/bpmn/TaskExternalForm.bpmn",
            "crazyit", "123456", null);
// 设置认证格式为基础认证格式
String authorizationHeader = "Basic "
        + org.apache.cxf.common.util.Base64Utility
```

```
            .encode("user:password".getBytes());
client.header("Authorization", authorizationHeader);
// 获取响应
Response response = client.get();
// 获取响应内容
InputStream ent = (InputStream) response.getEntity();
String content = IOUtils.readStringFromStream(ent);
// 输出字符串
System.out.println(content);
```

调用接口成功后，返回的 JSON 如下：

```
{
    "id": "bpmn/TaskExternalForm.bpmn",
    "url": "http://localhost:8080/activiti-rest/service/repository/deployments/1001/resources/bpmn/TaskExternalForm.bpmn",
    "contentUrl": "http://localhost:8080/activiti-rest/service/repository/deployments/1001/resourcedata/bpmn/TaskExternalForm.bpmn",
    "mediaType": "text/xml",
    "type": "processDefinition"
}
```

▶▶ 17.3.5 删除部署

上传部署文件使用的是 HTTP 的 POST 方法，而前面的几个部署数据查询方法，使用的则是 GET 方法，删除部署，需要使用 DELETE 方法。删除部署的接口的 URL 为 repository/deployments/{deploymentId}，调用该接口后，如果删除成功则不会返回结果，如果删除失败，则会返回异常信息。代码清单 17-13 为测试代码。

代码清单 17-13：codes\17\rs-client\src\org\crazyit\activiti\rest\DeleteDeployment.java

```
// 创建 WebClient，设置 URL、认证用户名和密码
WebClient client = WebClient
    .create("http://localhost:8080/activiti-rest/service/"
        + "repository/deployments/3807",
        "crazyit", "123456", null);
// 设置认证格式为基础认证格式
String authorizationHeader = "Basic "
    + org.apache.cxf.common.util.Base64Utility
        .encode("user:password".getBytes());
client.header("Authorization", authorizationHeader);
// 获取响应
Response response = client.delete();
// 获取响应内容
InputStream ent = (InputStream) response.getEntity();
String content = IOUtils.readStringFromStream(ent);
// 输出字符串（本例并不会有响应内容）
System.out.println(content);
```

在使用删除部署接口时，需要注意以下细节：
- ➢ 成功删除后，不会返回 JSON 数据。
- ➢ 如果被删除的部署数据 id 不存在，接口则会接收到异常信息：Could not find a deployment with id。
- ➢ 如果被删除的部署已经产生了外键关联（例如启动了流程实例），同样会删除失败。

除了流程存储模块发布的接口外，其他模块也提供了大量操作流程引擎的接口，所谓一通

百通，其他接口的调用与此类似，在此不再赘述。

 ## 17.4 本章小结

  本章主要以 Activiti 发布的 Web Service 为基础，先对 REST 风格的 Web Service 做一个大致的介绍，然后讲解 Spring MVC 框架的 Web Service 的发布和调用，Activiti 的 Web Service 使用该框架发布。

  在 17.2 节中，介绍了如何使用 Restlet、CXF、HttpClient 等常用框架来编写 Web Service 客户端，请求 Activiti 发布的服务接口。在 17.3 节，以调用流程存储模块的接口为例，讲述如何调用 activiti-rest 的接口。读者在学习完本章后，可以更灵活地调用 REST 风格的 Web Service，而不仅仅局限于使用 Activiti 的 Web Service。

CHAPTER 18

第 18 章
Activiti 功能进阶

本章要点

- 了解 Activiti 流程引擎的核心
- 认识 Activiti 的表单实现
- 流程图与 XML 之间的转换
- 常见流程需求的解决方案

第 18 章 Activiti 功能进阶

在本书的前面章节中,讲解了 Activiti 的 API、BPMN 规范和 Activiti 与其他技术的整合使用。本章将讲解 Activiti 的一些其他功能,包括 Activiti 表单、Activiti 流程图以及一些常见的流程操作。实际上可以将本章看作对本书前面内容的一个补充和深化,将一部分相对独立并且较为重要的内容放到本章中讲述。

18.1 流程控制逻辑

本节将以一个简单的例子,讲述 Activiti 关于流程处理的逻辑。

18.1.1 概述

在 Activiti 5 及 jBPM4 中,对流程的控制使用的是流程虚拟机这套 API,英文为 Process Virtual Machine,简称 PVM。PVM 将流程中的各种元素抽象出来,形成了一套 Java API。

在新发布的 Activiti 6.0 中,PVM 及相关的 API 已经被移除,取而代之的是一套全新的逻辑,本节将以一个例子来讲述这套全新的逻辑是如何进行流程控制的。

18.1.2 设计流程对象

基于 BPMN 规范,Activiti 创建了对应的模型,由于 BPMN 规范过于庞杂,为了简单起见,在本例中,我们也先创建自己的规范。代码清单 18-1 为一个定义我们自己流程的 XML 文档。

代码清单 18-1:codes\18\18.1\my-bpmn\resource\myBpmn.xml

```xml
<?xml version="1.0" encoding="UTF-8"?>
<process id="testProcess">
    <start id="start" />
    <flows>
       <flow id="flow1" source="start" target="task" />
       <flow id="flow2" source="task" target="end" />
    </flows>
    <nodes>
       <task id="task" />
    </nodes>
    <end id="end" />
</process>
```

代码清单 18-1 是一个自定义的 XML 文档,process 元素下有一个 start 节点、一个 end 节点、一个 nodes 节点及一个 flows 节点。下面我们设计对应的 Java 对象来表示这些节点,代码清单 18-2 为这些 Java 类的代码。

代码清单 18-2:codes\18\18.1\my-bpmn\src\org\crazyit\activiti\xml

```java
public class BaseElement {

    // XML 元素的 ID
    private String id;
    ……省略 setter 和 getter 方法
}

public class FlowElement extends BaseElement {

}

public class FlowNode extends FlowElement {
```

```java
    // 流程出口
    private SequenceFlow outgoFlow;

    // 流程入口
    private SequenceFlow incomeFlow;

    // 流程节点的行为
    private BehaviorInterface behavior;
    ……省略 getter 和 setter 方法
}
public class Start extends FlowNode {

}

public class End extends FlowNode {

}

public class Task extends FlowNode {

}

public class SequenceFlow extends FlowElement {

    private String source;

    private String target;
    ……省略 setter 和 getter 方法
}
```

代码清单18-2中的几个类，分别对应流程XML文件中的几个节点，实际上，Activiti中也有一套类似的模型，用于表示BPMN规范中的XML元素。注意，FlowNode类中维护了一个节点行为对象，该对象在18.1.3节中讲述。除了以上几个类外，还要创建表示流程的类与表示执行流的类，如代码清单18-3所示。

代码清单18-3：codes\18\18.1\my-bpmn\src\org\crazyit\activiti\xml\MyProcess.java
codes\18\18.1\my-bpmn\src\org\crazyit\activiti\MyExecution.java

```java
public class MyProcess extends BaseElement {

    // 开始节点
    private Start start;

    // 结束节点
    private End end;

    // 多个顺序流节点
    private List<SequenceFlow> flows;

    // 多个节点
    private List<FlowNode> nodes;
    ……省略 setter 和 getter 方法
}

public class MyExecution {

    // 执行流的当前节点
    private FlowNode currentNode;

    private MyProcess process;
```

......省略 getter 和 setter 方法
}
```

在 **MyExecution** 类中，维护了一个当前执行流的节点对象，表示当前执行流所到达的节点。我们定义的流程规范只允许有一个开始事件和一个结束事件，允许有多个顺序流节点和多个流程节点。接下来，为这些流程节点创建行为类。

### ▶▶ 18.1.3 创建流程节点行为类

新建一个行为接口，表示流程节点所需要执行的行为，本例中只有两个行为实现：流程开始行为与任务行为，源文件如代码清单 18-4 所示。

代码清单 18-4：codes\18\18.1\my-bpmn\src\org\crazyit\activiti\behavior

```java
public interface BehaviorInterface {
    /**
     * 行为执行方法
     */
    void execute(MyExecution exe);
}

// 开始行为
public class StartBehavior implements BehaviorInterface {
    public void execute(MyExecution exe) {
        System.out.println("执行开始节点");
        // 获取当前节点
        FlowNode currentNode = exe.getCurrentNode();
        // 获取顺序流
        SequenceFlow outgoFlow = currentNode.getOutgoFlow();
        // 设置下一个节点
        FlowNode nextNode = exe.getProcess().getNode(outgoFlow.getTarget());
        exe.setCurrentNode(nextNode);
    }
}

// 任务行为
public class TaskBehavior implements BehaviorInterface {
    public void execute(MyExecution exe) {
        System.out.println("执行任务节点");
        // 获取当前节点
        FlowNode currentNode = exe.getCurrentNode();
        // 获取顺序流
        SequenceFlow outgoFlow = currentNode.getOutgoFlow();
        // 获取下一个节点
        FlowNode targetNode = exe.getProcess().getNode(outgoFlow.getTarget());
        // 设置当前节点
        exe.setCurrentNode(targetNode);
    }
}
```

代码清单中的 StartBehavior 在流程节点执行时，会自动将当前节点设置为下一个节点。注意，获取下一个节点是通过 SequenceFlow 对象完成的。在模型中，顺序流是连接两个流程节点的桥梁，因此 SequenceFlow 知道流程将要往哪里走。
```

18.1.4 编写业务处理类

业务处理类类似 Activiti 的服务组件,本例的服务组件只提供启动流程、完成任务这两个业务方法,用于观察流程走向。代码清单 18-5 为本例的服务组件代码。

代码清单 18-5：codes\18\18.1\my-bpmn\src\org\crazyit\activiti\service\MyRuntimeService.java

```java
public class MyRuntimeService {

    /**
     * 启动流程的方法
     */
    public MyExecution startProcess(MyProcess process) {
        // 创建执行流
        MyExecution exe = new MyExecution();
        exe.setProcess(process);
        Start startNode = process.getStart();
        // 设置流程当前节点
        exe.setCurrentNode(startNode);
        // 让流程往前进行
        startNode.getBehavior().execute(exe);
        return exe;
    }

    /**
     * 完成任务
     */
    public void completeTask(MyExecution exe) {
        // 获取当前的流程节点
        FlowNode current = exe.getCurrentNode();
        // 执行节点的行为
        current.getBehavior().execute(exe);
    }
}
```

启动流程的方法,会直接创建执行流,然后获取开始节点并执行其行为。完成任务的方法获取当前节点,再执行其行为。前面定义的两个节点的行为均是获取下一个节点,作为执行流的当前节点,即让流程向"前"执行。接下来,需要编写 XML 解析类,解析定义的 XML 文档并将其转换为流程对象。

18.1.5 将流程 XML 转换为 Java 对象

本例为了简单起见,使用 XStream 作为工具,将读取的 XML 文件转换为 Java 对象,代码清单 18-6 为 XStream 工具类的代码。

代码清单 18-6：codes\18\18.1\my-bpmn\src\org\crazyit\activiti\xml\XStreamUtil.java

```java
public class XStreamUtil {

    private static XStream xstream = new XStream();

    static {
        // 配置 XStream
        xstream.alias("process", MyProcess.class);
        xstream.alias("flow", SequenceFlow.class);
        xstream.alias("task", Task.class);
        xstream.alias("start", Start.class);
        xstream.alias("end", End.class);
        xstream.useAttributeFor(BaseElement.class, "id");
        xstream.useAttributeFor(SequenceFlow.class, "source");
        xstream.useAttributeFor(SequenceFlow.class, "target");
```

```java
    }
    // 将 XML 文件转换为 Process 实例
    public static MyProcess toObject(File file) {
        try {
            FileInputStream fis = new FileInputStream(file);
            MyProcess p = (MyProcess)xstream.fromXML(fis);
            // 初始化行为与各节点的顺序流
            p.initBehavior();
            p.initSequenceFlow();
            fis.close();
            return p;
        } catch (Exception e) {
            e.printStackTrace();
            return null;
        }
    }
}
```

在工具类的 static 语句块中，定义了哪个节点转换为哪个 Java 类。在 toObject 方法中，将 XML 文档转换得到 MyProcess 实例后，再调用 MyProcess 类的 initBehavior 和 initSequenceFlow 方法，其中 initBehavior 方法用于初始化节点的行为，initSequenceFlow 方法用于设置流程的执行顺序，两个方法的代码如代码清单 18-7 所示。

代码清单 18-7：codes\18\18.1\my-bpmn\src\org\crazyit\activiti\xml\MyProcess.java

```java
/**
 * 为各节点设置出入的顺序流
 */
public void initSequenceFlow() {
    // 开始事件的顺序流（设置出口）
    this.start.setOutgoFlow(getSequenceFlowBySource(this.start.getId()));
    // 结束事件的顺序流（设置入口）
    this.end.setIncomeFlow(getSequenceFlowByTarget(this.end.getId()));
    // 设置其余节点的顺序流
    for(FlowNode node : nodes) {
        for(SequenceFlow flow : flows) {
            if(flow.getSource().equals(node.getId())) {
                node.setOutgoFlow(flow);
            }
            if(flow.getTarget().equals(node.getId())) {
                node.setIncomeFlow(flow);
            }
        }
    }
}

/**
 * 初始化节点的行为
 */
public void initBehavior() {
    // 开始与结束节点
    this.start.setBehavior(new StartBehavior());
    for(FlowNode node : nodes) {
        if(node instanceof Task) {
            node.setBehavior(new TaskBehavior());
        }
    }
}
```

在 initSequenceFlow 方法中，主要设置各个节点的出入顺序流，开始事件只有出口，不存在上一个节点，结束事件只有入口，不存在下一个节点。最后遍历流程中的其他节点，根据

XML 中的顺序流来设定它们在节点中的出入口。

18.1.6 编写客户端代码

下面编写客户端代码，加载定义的流程文件，启动流程并且完成任务，如代码清单 18-8 所示。

代码清单 18-8：codes\18\18.1\my-bpmn\src\org\crazyit\activiti\TestMain.java

```java
String path = TestMain.class.getResource("/").toString();
File xmlFile = new File(new URI(path + "/myBpmn.xml"));
// 解析流程文件
MyProcess process = XStreamUtil.toObject(xmlFile);
// 启动流程
MyRuntimeService runtimeService = new MyRuntimeService();
MyExecution exe = runtimeService.startProcess(process);
// 查询流程当前节点
System.out.println("当前流程节点: " + exe.getCurrentNode().getId());
// 完成任务
runtimeService.completeTask(exe);
System.out.println("当前流程节点: " + exe.getCurrentNode().getId());
```

运行代码清单 18-8，输出结果如下：

```
执行开始节点
当前流程节点: task
执行任务节点
当前流程节点: end
```

根据结果可知，启动流程后，当前流程节点到达 task，调用服务方法完成任务，流程到达 end。

本例使用了一个迷你版的流程引擎来讲述 Activiti 对于流程的控制逻辑，在实际中，这部分的设计更为复杂。在 Activiti 5 时代，流程虚拟机（PVM）用于定义流程走向，而在 Activiti 6 时代，流程控制都交由流程元素本身完成，这样更符合 BPMN 定义的规范。

18.2 Activiti 的表单

工作流和表单密不可分，流程中的参数需要通过表单让用户进行填写，这些参数会对流程的走向和流程的结果产生影响。本节将介绍 Activiti 对表单的支持。

18.2.1 概述

对于一些较为稳定的业务流程，全部的功能可以直接由程序员实现，这些功能包括流程的制定、具体领域业务代码的实现和表现层交互实现等，但是在实际应用中，不变的业务并不存在。为了让程序能更好地适应业务流程的变化，在工作流领域出现了动态流程和动态表单等概念。

在前面的章节中，所有流程均在开发工具中设计，动态工作流则是希望能让其他的业务人员甚至是全部的业务人员都可以通过系统来设计流程，他们不需要懂得技术，只需要通过图形界面就能完成流程设计、流程发布等工作。

流程可以动态定制，意味着与流程相关的参数也应当能动态指定，表单是这些参数的来源，这就要求表单也能动态定制。Activiti 提供了两种设置表单的方式，流程引擎的开发者可以根据不同的情况来选择合适的方式。

18.2.2 表单属性

可以在流程的开始事件或者任务中使用 activiti:formProperty 元素定义一个表单属性,使用 FormService 的方法可以查询及设置这些属性。在流程文件中定义的这些表单属性,与具体的表现层技术无关,界面层如何将参数传递给流程引擎,由具体的表现层技术决定,Activiti 的流程配置文件及 FormService,只提供一个桥梁。代码清单 18-9 为流程定义了一个表单属性。

代码清单 18-9:codes\18\18.2\form\resource\bpmn\FormProperty.bpmn

```xml
<process id="process1" name="process1">
    <startEvent id="startevent1" name="Start">
        <extensionElements>
            <activiti:formProperty id="userName" name="userName"
                variable="userName" type="string" />
        </extensionElements>
    </startEvent>
    <userTask id="usertask1" name="User Task"></userTask>
    <endEvent id="endevent1" name="End"></endEvent>
    <sequenceFlow id="flow1" name="" sourceRef="startevent1"
        targetRef="usertask1"></sequenceFlow>
    <sequenceFlow id="flow2" name="" sourceRef="usertask1"
        targetRef="endevent1"></sequenceFlow>
</process>
```

在代码清单 18-9 的粗体字配置中,为开始事件定义了一个"userName"表单属性,表示在该流程的开始表单中,需要用户填写"userName"字段,类型为字符串。定义了该表单属性,就可以使用 FormService 的 submitStartFormData 方法启动流程,"userName"会被设置到流程参数中,activiti:formProperty 的 variable 属性是流程参数名称。代码清单 18-10 以表单的形式启动流程。

代码清单 18-10:codes\18\18.2\form\src\org\crazyit\activiti\FormProperty.java

```java
// 创建流程引擎
ProcessEngine engine = ProcessEngines.getDefaultProcessEngine();
RepositoryService repositoryService = engine.getRepositoryService();
FormService formService = engine.getFormService();
RuntimeService runtimeService = engine.getRuntimeService();
// 部署文件
Deployment dep = repositoryService.createDeployment()
    .addClasspathResource("bpmn/FormProperty.bpmn").deploy();
// 查找流程定义
ProcessDefinition pd = repositoryService.createProcessDefinitionQuery()
        .deploymentId(dep.getId()).singleResult();
// 使用表单参数启动流程
Map<String, String> vars = new HashMap<String, String>();
vars.put("userName", "crazyit");
ProcessInstance pi = formService.submitStartFormData(pd.getId(), vars);
// 查询参数
System.out.println(runtimeService.getVariable(pi.getId(), "userName"));
```

在本例中,"userName"的值被写死为"crazyit",而在实际情况中,这些表单属性值一般来源于用户填写的表单,使用表单属性这种方式来定义流程的表单,使得流程属性(参数)与具体的表现层技术无关。用户填写的表单和流程引擎之间,通过 submitStartFormData 方法产生关联。

18.2.3 外部表单

相对于定义表单属性的方式，使用外部表单的方式使流程和表单之间的关系更加松散，只需要在开始事件或者任务中使用 activiti:formKey 来配置外部表单的链接，这个链接可以是一个普通的 HTML 页面、一个 XML 文件或者一个 URL，表单的内容和样式完全由外部决定。在部署时，需要将这个外部表单添加到部署中（DeploymentBuilder 的部署方法），Activiti 的部署 API，会将其内容存放到资源表中，可以使用 FormService 提供的方法来读取这些"外部"表单的内容。采用这种方式定义表单，表面上流程与表单的具体参数解耦（流程只需要知道表单的链接），但在流程中获取参数时，流程必须很清楚外部表单的内容，因为流程中所使用的参数，在业务层面就决定了流程和表单之间不可分割的关系。代码清单 18-11 中的流程使用了 formKey 来定义外部表单。

代码清单 18-11：codes\18\18.2\form\resource\bpmn\ExternalForm.bpmn

```xml
<process id="ExternalForm" name="ExternalForm">
    <startEvent id="startevent1" name="Start" activiti:formKey="form/start.jsp">
</startEvent>
    <userTask id="usertask1" name="User Task" activiti:formKey="form/task.form">
</userTask>
    <endEvent id="endevent1" name="End"></endEvent>
    <sequenceFlow id="flow1" name="" sourceRef="startevent1"
        targetRef="usertask1"></sequenceFlow>
    <sequenceFlow id="flow2" name="" sourceRef="usertask1"
        targetRef="endevent1"></sequenceFlow>
</process>
```

在代码清单 18-11 中的开始事件中，添加了 activiti:formKey 属性，声明该流程的开始表单使用的是 start.jsp。本例中的 start.jsp 是一个普通的 JSP 文件，task.form 的内容与 start.jsp 类似，在 task.form 中会将流程参数输出，代码清单 18-12 为运行代码。

代码清单 18-12：codes\18\18.2\form\src\org\crazyit\activiti\ExternalForm.java

```java
// 创建流程引擎
ProcessEngine engine = ProcessEngines.getDefaultProcessEngine();
RepositoryService repositoryService = engine.getRepositoryService();
FormService formService = engine.getFormService();
TaskService taskService = engine.getTaskService();
// 部署全部文件
Deployment dep = repositoryService.createDeployment()
    .addClasspathResource("bpmn/ExternalForm.bpmn")
    .addClasspathResource("form/start.jsp")
    .addClasspathResource("form/task.form").deploy();
// 流程定义
ProcessDefinition pd = repositoryService.createProcessDefinitionQuery()
    .deploymentId(dep.getId()).singleResult();
// 启动流程并设置 days 参数
Map<String, String> vars = new HashMap<String, String>();
vars.put("days", "4");
ProcessInstance pi = formService.submitStartFormData(pd.getId(), vars);
// 输出开始表单内容
Object obj = formService.getRenderedStartForm(pd.getId());
System.out.println(obj);
// 输出被渲染后的任务表单内容
Task task = taskService.createTaskQuery().processInstanceId(pi.getId()).singleResult();
Object form = formService.getRenderedTaskForm(task.getId());
System.out.println(form);
```

需要注意的是，使用的外部表单资源均要被添加到资源表中。代码清单 18-11 使用 FormService

的 submitStartFormData 方法启动流程，使用 getRenderedStartForm 和 getRenderedTaskForm 方法获取开始表单和任务表单的内容。运行代码清单 18-12，输出数据如下：

```
<div>
    <span style="color: green;">开始表单: <input type="text" name="days" /></span>
</div>
<div>
    <span style="color: red;">任务表单: 4</span>
</div>
```

使用外部表单的方式来定制表单，完全将表单的内容交由外部决定，表单与流程之间仅仅通过 formKey 耦合。如果用户的表现层使用的是 HTML 或者 JSP，那么就可以通过多种途径来获取开始表单的内容，例如调用 FormService 来读取，使用 include 等方式。用户填写的表单被提交到服务器后，就调用 submitStartFormData 方法来启动流程。

18.2.4 关于动态工作流和动态表单

实现动态表单和动态工作流对构建企业应用来说意义重大。实现动态工作流和动态表单，需要提供用户级别的流程设计器和表单设计器。Activiti 对表单提供了两种支持方式，在这两种方式下都可以实现动态表单。对于在流程文件中定义表单属性的方式，可以在表单设计完成后，使用表单设计器将表单信息（表单字段）以 formProperty 的形式写入流程文件中。而对于使用外部表单的方式，可以在表单制作完成后，使用表单设计器将表单文件的路径（或者 URL）以 formKey 的形式写到流程文件中。无论采用哪种方式实现动态表单，都需要提供灵活的表单设计器，让不懂技术的人员通过表单设计器来管理与业务相关的字段，完成后再将设计的表单与流程进行关联（使用 Activiti 的两种表单支持方式）。

18.3 流程图 XML

BPMN 对于流程图也有定义，流程图的各个元素使用 XML 来表示，流程引擎的编辑器通过读取和操作流程的 XML 来展现和修改流程图。BPMN 规范定义了表示这些流程图元素的 XML 格式，每个流程引擎厂商根据这些格式（规范），来实现自己的流程设计器，由于使用统一的规范，因此使用不同厂商的流程设计器打开的流程文件它们所展示的流程图内容是一致的，但它们会存在外观上的差别。

BPMN 规范将流程图中的各种元素抽象为两类：节点和衔接，任务、事件和网关等这类流程元素，可以使用节点来表示，它们在表现上都有一个共同点：只有一个位置信息。衔接用于连接两个流程元素，例如顺序流就属于衔接元素，这类元素会有两个以上的位置信息。

18.3.1 节点元素

一个节点表示一个流程元素，因此它只拥有一个位置信息。以下的 XML 片断表示一个流程元素图对应的 XML：

```
<bpmndi:BPMNShape bpmnElement="startevent1"
    id="BPMNShape_startevent1">
    <omgdc:Bounds height="35" width="35" x="360" y="170"></omgdc:Bounds>
</bpmndi:BPMNShape>
```

在这个 XML 片断中，一个 BPMNShape 表示一个流程元素，这是流程元素对应的流程图的描述，以上的 XML 表示 "startevent1" 这个流程元素，高为 "35"，宽为 "35"，X 坐标值为 "360"，Y 坐标值为 "170"，其中 X 和 Y 坐标是相对于 "画布" 中的原点（0,0）而言的，每个设计器的画布原点有可能不一致,以 Activiti 的 Eclipse 插件为例,Activiti 流程设计器的原点在设计器的左上角。

对于 Activiti 的 API,无论节点还是衔接均被抽象为一个 DiagramElement 对象,这个对象有两个子类:DiagramEdge 和 DiagramNode,其中 DiagramNode 表示节点,该对象有 4 个 Double 类型的属性,分别用来表示节点的长宽和 XY 坐标。

▶▶ 18.3.2 衔接元素

一个衔接元素可以有多个连接点,对应的 Activiti 类为 DiagramEdge。Activiti 使用 DiagramEdgeWaypoint 对象来表示连接点,因此一个 DiagramEdge 中会有多个 DiagramEdgeWaypoint 对象,一个 DiagramEdgeWaypoint 实例只需要关心衔接点的 XY 坐标,它并不保存大小属性。以下的 XML 表示一个衔接元素:

```xml
<bpmndi:BPMNEdge bpmnElement="flow1" id="BPMNEdge_flow1">
    <omgdi:waypoint x="215" y="237"></omgdi:waypoint>
    <omgdi:waypoint x="260" y="207"></omgdi:waypoint>
</bpmndi:BPMNEdge>
```

BPMNEdge 表示一个衔接,对应的流程元素是"flow1",这是一个顺序流,第一个衔接点的坐标是(215, 247),第二个衔接点的坐标是(260, 207)。

▶▶ 18.3.3 流程图与流程文件的转换

Activiti 提供了一个 activiti-bpmn-converter 模块,使用该模块的 API,可以实现流程对象与流程图之间的转换。BPMN 对象和流程图之间可以相互转换,开发人员可以使用这些 API 来开发自己的流程设计器。这里并不局限于某种表现层技术,可以根据表现层定义的数据被转换为 BPMN 的模型,然后使用 activiti-bpmn-converter 将其转换为流程图。

模块 activiti-bpmn-model 主要用于存放对应 BPMN 规范的对象,activiti-bpmn-converter 主要提供模型与 XML 之间的转换功能。代码清单 18-13 使用这两个模块的 API 来创建一个流程文件。

代码清单 18-13:codes\18\18.3\diagram\src\org\crazyit\activiti\Exchange.java

```java
public class Exchange {

    public static void main(String[] args) {
        // 创建一个 BPMN 模型实例
        BpmnModel bpmnModel = new BpmnModel();
        // 创建流程
        Process process = new Process();
        process.setId("myProcess");
        bpmnModel.getProcesses().add(process);
        // 创建任务
        UserTask task = new UserTask();
        task.setId("myTask");
        process.addFlowElement(task);
        // 设置任务的图形信息
        GraphicInfo g1 = new GraphicInfo();
        g1.setHeight(100);
        g1.setWidth(200);
        g1.setX(110);
        g1.setY(120);
        bpmnModel.addGraphicInfo("myTask", g1);
        // XML 转换器,将 BPMN 模型转换为 XML 文档
        BpmnXMLConverter converter = new BpmnXMLConverter();
```

```
            System.out.println(new String(converter.convertToXML(bpmnModel)));
    }
}
```

在代码清单 18-13 中，创建一个 Process 实例，用来表示一个流程，该流程下有一个用户任务（UserTask），使用 GraphicInfo 来设置 UserTask 的外观信息，最后使用 BpmnXMLConverter 将一个 BPMN 的模型实例转换为具体的 XML 字符串。运行代码清单 18-13，输出结果如下：

```xml
<?xml version="1.0" encoding="UTF-8"?>
<definitions xmlns="http://www.omg.org/spec/BPMN/20100524/MODEL"
    xmlns:xsi="http://www.w3.org/2001/XMLSchema-instance"
    xmlns:xsd="http://www.w3.org/2001/XMLSchema"
    xmlns:activiti="http://activiti.org/bpmn"
    xmlns:bpmndi="http://www.omg.org/spec/BPMN/20100524/DI"
    xmlns:omgdc="http://www.omg.org/spec/DD/20100524/DC"
    xmlns:omgdi="http://www.omg.org/spec/DD/20100524/DI"
    typeLanguage="http://www.w3.org/2001/XMLSchema"
    expressionLanguage="http://www.w3.org/1999/XPath"
    targetNamespace="http://www.activiti.org/test">
    <process id="myProcess" isExecutable="true">
        <userTask id="myTask"></userTask>
    </process>
    <bpmndi:BPMNDiagram id="BPMNDiagram_myProcess">
        <bpmndi:BPMNPlane bpmnElement="myProcess" id="BPMNPlane_myProcess">
            <bpmndi:BPMNShape bpmnElement="myTask" id="BPMNShape_myTask">
                <omgdc:Bounds height="100.0" width="200.0" x="110.0" y="120.0"></omgdc:Bounds>
            </bpmndi:BPMNShape>
        </bpmndi:BPMNPlane>
    </bpmndi:BPMNDiagram>
</definitions>
```

根据输出结果可知，实际上在这个普通的流程文件中只定义了一个用户任务，并使用 BPMN 的规范来定义这个流程的外观。

如果读者有兴趣开发自己的流程设计器，可以使用 activiti-bpmn-converter 和 activiti-bpmn-model 的 API，通过编码方式动态设计流程元素的外观，最后生成相应的 XML 文档，就可以达到自定义设计器的效果。

18.4 流程操作

在实际开发工作流的过程中，经常遇到一些类似于流程回退、会签等需求，面对这些较为特殊而且普遍存在的需求，可以选择不同的解决方式。本节将针对这些特殊的需求，结合实际情况来讲解处理方法。

18.4.1 流程回退

从业务上讲，流程回退存在两种情况：毫无痕迹的回退和正常的业务回退。当流程通过一个流程节点后，Activiti 会记录流程的历史记录，流程的当前活动已经不再是通过的这个节点，如果想做到"毫无痕迹"的回退，那么就需要非常熟悉 Activiti 的数据库设计，自己编写数据操作过程，让全部的流程数据"回退"到操作前。实现这样的功能风险非常大，牵涉较大的数据范围，而且与 Activiti 的数据库设计紧密地耦合在一起，如果 Activiti 的数据库设计发生变化，原来使用 Activiti 系统的逻辑也必然要改变，笔者不建议使用这种方式来实现流程回退。

另外一种回退方式，就是通过业务流程来进行控制，实际上流程回退也是业务的一种，在设计流程时考虑这种情况的出现。这种回退可以通过顺序流和单向网关来实现，如图 18-1 所示。

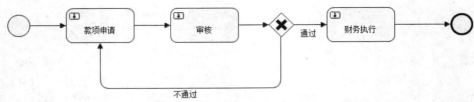

图 18-1 使用单向网关回退

图 18-1 中是一个正常的业务流程,当审核任务被否决(不通过)后,执行流会重新返回到款项申请的任务,这是其中一种解决流程回退的方法。除了这种方法外,还可以使用边界事件来实现流程回退。为有可能导致回退的任务加入边界事件,当边界事件被触发后,流程的走向就会发生变化,这种业务流程如图 18-2 所示。

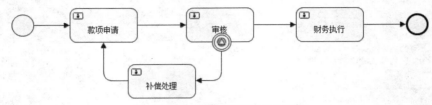

图 18-2 使用边界事件回退流程

在图 18-2 所示的流程中,如果审核任务不通过,就会触发信号边界事件,执行流会进入到补偿处理的任务中,补偿任务主要处理款项申请中实际产生的业务数据(非流程数据),如果没有发生任何的业务数据变化,那么可以不必存在该任务。

不管使用图 18-1 还是图 18-2 给出的流程回退方式,对于 Activiti 来说,这些都是实际发生过的业务流程,因此这一过程都会被记录到流程历史中。相对于"无痕迹"的回退方式,这两种业务情景更为合理,无痕迹回退只是一种技术上的处理手段,其通过修改流程引擎数据来达到流程回退的效果。

18.4.2 会签

会签是指,一个任务需要有多个角色审批或者表决,根据这些审批结果来决定流程的走向。实际上对于这种业务,Activiti 已经提供了支持,可以使用 BPMN 规范的多实例活动来实现。在实际应用中,可能会出现以下几种会签业务。

- **按数量通过**:达到一定数量的通过表决后,会签通过。
- **按比例通过**:达到一定比例的通过表决后,会签通过。
- **一票否决**:只要有一个表决是否定的,会签不通过。
- **一票通过**:只要有一个表决是通过的,会签通过。

以上几种业务,均可以体现在一个流程中,如图 18-3 所示。

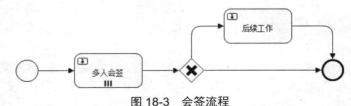

图 18-3 会签流程

代码清单 18-14 为图 18-3 对应的流程文件内容。

代码清单 18-14：codes\18\18.4\spe-process-control\resource\bpmn\Converge_1.bpmn

```xml
<process id="Converge" name="Converge">
    <startEvent id="startevent1" name="Start"></startEvent>
    <userTask id="usertask1" name="多人会签">
        <multiInstanceLoopCharacteristics
            isSequential="false" activiti:collection="${datas}"
            activiti:elementVariable="data">
            <completionCondition>${pass == false}</completionCondition>
        </multiInstanceLoopCharacteristics>
    </userTask>
    <exclusiveGateway id="parallelgateway1" name="Parallel Gateway"></exclusiveGateway>
    <userTask id="usertask2" name="后续工作"></userTask>
    <endEvent id="endevent1" name="End"></endEvent>
    <sequenceFlow id="flow1" name="" sourceRef="startevent1"
        targetRef="usertask1"></sequenceFlow>
    <sequenceFlow id="flow2" name="" sourceRef="usertask1"
        targetRef="parallelgateway1"></sequenceFlow>
    <sequenceFlow id="flow3" name="通过" sourceRef="parallelgateway1"
        targetRef="usertask2">
        <conditionExpression xsi:type="tFormalExpression"><![CDATA[
            ${pass == true}
        ]]></conditionExpression>
    </sequenceFlow>
    <sequenceFlow id="flow4" name="" sourceRef="usertask2"
        targetRef="endevent1"></sequenceFlow>
    <sequenceFlow id="flow5" name="不通过" sourceRef="parallelgateway1"
        targetRef="endevent1">
        <conditionExpression xsi:type="tFormalExpression"><![CDATA[
            ${pass == false}
        ]]></conditionExpression>
    </sequenceFlow>
</process>
```

在代码清单 18-14 中，使用 multiInstanceLoopCharacteristics 将用户任务配置为一个多实例的用户任务，这些实例都是并行的（isSequential="false"），用户任务的结束条件是 pass 参数被设置为 false，这里设置的多实例任务结束条件，表示全部的用户任务在审批时，只要在一个任务中将 pass 设置为 false，则结束这个任务，实际上这就实现了"一票否决"的业务，代码清单 18-15 为运行代码。

代码清单 18-15：codes\18\18.4\spe-process-control\src\org\crazyit\activiti\Converge.java

```java
// 创建流程引擎
ProcessEngine engine = ProcessEngines.getDefaultProcessEngine();
RepositoryService repositoryService = engine.getRepositoryService();
TaskService taskService = engine.getTaskService();
RuntimeService runtimeService = engine.getRuntimeService();
// 部署文件
Deployment dep = repositoryService.createDeployment()
        .addClasspathResource("bpmn/Converge_1.bpmn").deploy();
// 流程定义
ProcessDefinition pd = repositoryService.createProcessDefinitionQuery()
            .deploymentId(dep.getId()).singleResult();
// 初始化多实例任务的数据
List<Integer> datas = new ArrayList<Integer>();                    ①
for (int i = 0; i < 10; i++) {
    datas.add(i);
}
// 初始化流程参数
Map<String, Object> vars = new HashMap<String, Object>();
vars.put("datas", datas);
vars.put("pass", true);
```

```
// 启动流程
ProcessInstance pi = runtimeService.startProcessInstanceByKey(
        "Converge", vars);                                              ②
// 任务查询
List<Task> tasks = taskService.createTaskQuery()
        .processInstanceId(pi.getId()).list();
System.out.println("当前任务总数: " + tasks.size());
// 完成第三个任务，否决会签
Map<String, Object> taskResult = new HashMap<String, Object>();
taskResult.put("pass", false);
taskService.complete(tasks.get(2).getId(), taskResult);                 ③
// 流程实例为 null，流程结束
ProcessInstance currentPi = runtimeService.createProcessInstanceQuery()
        .processDefinitionId(pd.getId()).singleResult();
System.out.println(currentPi);
```

在代码①中，初始化多实例的集合数据，其是一个 size 为 10 的集合。代码②中，使用参数启动流程，需要注意的是，启动流程时设置了"pass"参数为 true，表示默认通过。在代码③中，在完成其中一个任务实例（第三个任务）时，设置流程参数"pass"的值为 false，跳出多实例活动的循环，根据流程图，流程结束。运行代码清单 18-15，输出结果如下：

```
当前任务总数: 10
Null
```

可以使用同样的方式，来实现会签的其他业务。会签的通过或者否决条件，均可以使用多实例配合流程参数来设置。关于流程的多实例活动，可以参考 13.4 节的内容。

18.5 本章小结

本章作为 Activiti 进阶的章节，讲解了关于 Activiti 底层的流程实现，从 Activiti 6.0.0 开始，控制流程的逻辑不再使用流程虚拟机。

本章的第 2 节讲解了 Activiti 对表单的支持，工作流中的动态流程和动态表单是每个工作流引擎都不能忽视的内容，它们的完善与否，直接影响工作流的应用。本章还介绍了 Activiti 对表单的两种支持方式，提供了制作动态工作流和动态表单的思路，读者可以通过流程模型和 BPMN 规范之间的转换，开发自己的工作流设计器和表单设计器。

在本章的最后，结合实际情况，讲解了两个在实际开发中会遇到的较为难处理的业务场景，并提供了相应的解决方案。希望读者在学习完本章后，能更迅速地解决这类问题，甚至可以想出更优秀的解决方案。

第19章
办公自动化系统

本章要点

- 各个主流技术的整合
- 实现办公自动化系统的流程
- 流程审批
- 流程数据查询

一般的大型企业，由于员工较多，均会购买或者自己研发办公自动化系统，降低企业在运营过程中的管理成本。办公自动化系统简称 OA 系统，常见的业务流程有请假流程、报销申请流程、薪资调整流程等，这些流程均可以使用工作流引擎来实现，本章将使用 Activiti 流程引擎来实现一个包括这些业务流程的 OA 系统。

如果要直接运行本章的示例，请按顺序进行以下操作：

➢ 将 codes/oa/OA.sql 导入到数据库中，在命令行中执行以下命令：mysql -uroot -p123456 --default-character-set=utf8 OA < D:\codes\oa\OA.sql，注意，需要先建立名称为 OA 的数据库。

➢ 将 codes/oa/oa 目录复制到 Tomcat 的 webapps 目录下。

➢ 修改 WEB-INF/classes/applicationContext.xml 文件中的数据库配置。

19.1 使用技术

本章的 OA 系统将使用 Activiti 作为工作流引擎，并整合当前企业应用领域较为流行的技术来实现各种功能。本书在前面的章节中介绍了 Struts、Spring、Hibernate 和 Activiti 的整合，除了这些主体技术外，OA 系统还会使用到 JQuery，JQuery 是当前应用较为广泛的 JS 库，它的插件设计使得使用者可以对其进行扩展，并且它还可以兼容多种浏览器。

19.1.1 表现层技术

表现层是应用程序和终端用户进行交互的桥梁。在 JavaEE 领域，常见的表现层技术有 Swing、AWT、SWT、JSP 等。在 Web 领域，表现层技术日新月异，发展迅速，从原来普通的 HTML、JSP、JavaScript 等，到目前较火的 HTML5 和 CSS3 等技术。富客户端应用程序的开发者拥有更多的选择，但对从业人员来说，也产生了更多的挑战，例如浏览器兼容问题、学习成本上升等。

本章的 OA 系统，将使用 JSP 作为表现层，结合 AJAX 技术来实现业务流程，其中将会使用 JQuery 作为 JS 库。

19.1.2 MVC 框架

MVC 是模型(Model)、视图(View)、控制器(Controller)的英文缩写，最典型的就是 JSP、Servlet 和 JavaBean 的组合。目前 JavaEE 领域常用的 MVC 框架有 Struts、JSF、Spring MVC 等，本章将使用 Struts 作为 MVC 框架。

19.1.3 Spring 和 Hibernate

虽然 Activiti 本身使用 MyBatis 作为 ORM 框架，但目前 Hibernate 的使用较为广泛，因此笔者选取了 Hibernate 作为本章示例的 ORM 框架，这并不影响 Activiti 的正常使用。除了 Hibernate 应用广泛这个原因外，笔者以前就职公司的全部项目，均使用 Hibernate 作为持久层框架。

Activiti 的流程引擎配置文件本身就是一个 Spring 配置文件，将 Activiti 整合到 Spring 中一起使用，不仅新项目可以选择使用这种方式，对于一些使用了 Spring 的旧项目来说，也大大降低了整合 Activiti 的复杂度。

19.2 功能简述

OA 系统主要包括用户组、用户这样的基础数据管理功能，另外还有请假、报销和薪资调整这些常见的业务流程，用户可以启动、审核这些流程。用户组和用户的管理使用 Activiti 的身份模块实现，全部的业务流程均使用 Activiti 流程引擎。

19.2.1 系统的角色管理

系统的身份数据包括用户组数据和用户数据，用户的管理只使用用户列表。在 OA 系统中通过初始化数据的方式，定义系统的用户组，不提供页面功能来对用户组数据进行操作。用户的管理包括新建用户、用户列表和分配用户组。

每个流程节点均需要设置相应的权限，这些权限数据可以使用在工作流程节点的权限分配中，例如"经理组"拥有员工请假申请的一级审批权限。在一些拥有流程设计器的应用中，可以简单地通过图形界面来完成任务权限的分配。

19.2.2 薪资计算流程

薪资计算流程在 OA 系统中主要负责计算员工的工资，该流程较为独立，而且由系统代为完成，因此在本例中，将它作为一个调用子流程来定义。薪资计算流程如图 19-1 所示。

图 19-1　薪资计算流程

薪资计算流程只有一个 ServiceTask，主要将员工的薪资数据保存到业务系统中。许多流程都会对员工的薪资产生影响，因此将记录薪资这一操作，变为一个较为独立的流程，其他流程要使用它时，以 CallActivity 的方式来调用。

19.2.3 请假流程

一般员工请假需要先填写请假申请，然后交由直接上司（项目经理）签字确认，再交由总监进行确认，最后由人力资源部进行记录，该流程如图 19-2 所示。

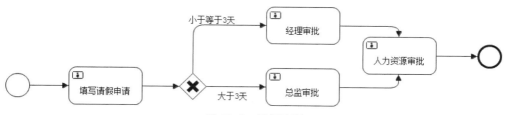

图 19-2　请假流程

在请假流程中，当请假天数大于 3 天时，就直接交由总监审批，而小于等于 3 天，则会先让经理审批。实际上，在业务流程中还应体现审批不通过的情况，可以根据实际的业务要求，增加流程分支来实现，本示例中仅仅为请假天数这个条件建立了流程分支。

19.2.4 薪资调整流程

薪资调整流程一般由员工或者经理发起，为企业的员工进行加薪或者减薪，本流程最终的审批人为老板,该流程如图 19-3 所示。

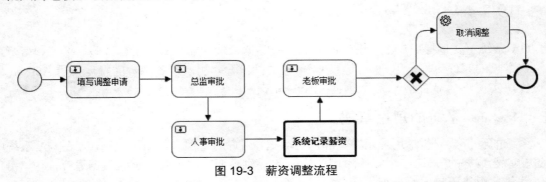

图 19-3 薪资调整流程

与其他流程不一样的是,当系统计算完薪资并且将员工的薪资保存到数据库后(由薪资计算流程完成),到老板审批环节,老板有权对其进行"否决",即老板发现调整后的薪资不符合预期时,需要否决系统记录薪资这一结果。由于计算的薪资已经被保存到数据库中,因此在取消调整的 ServiceTask 中,将会对这部分已经保存的数据进行删除或者还原。当然,这种情况也可以使用补偿机制来实现,而本例则使用了流程分支实现。

▶▶ 19.2.5 报销流程

报销流程是一个相对"独立"的流程,它不会调用薪资计算流程。该流程如图 19-4 所示。

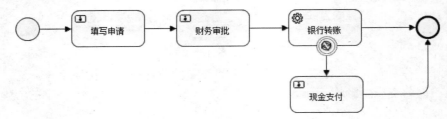

图 19-4 报销流程

在报销流程中,财务审批完成后就由系统进行自动银行转账(如果存在银行相关接口的话),由于银行转账会存在失败的概率,因此在银行转账的 ServiceTask 中,有一个错误边界事件,当出现转账异常时,就会改为由财务进行现金支付。

19.3 框架整合

讲解了 OA 系统的几个主要业务后,就开始搭建项目,首先将要使用的各个技术整合到一起,让它们各司其职。关于这些技术的作用、下载方式等,可以在第 16 章中找到,本章不再赘述这些内容。

▶▶ 19.3.1 创建 Web 项目

先为 Eclipse 安装 Tomcat 插件,插件的安装方法请参见 15.3.1 节。在 Eclipse 中新建一个普通的 Java 项目,项目结构如图 19-5 所示。

OA 项目主要有以下目录。

➢ src:用于存放 Java 源代码。
➢ resoruce:用于存放项目的资源文件,包括配置文件、XML 文件和流程文件等。

➢ webapp：Web 项目的根目录，需要将其设置为 Tomcat 目录，如图 19-6 所示。

图 19-5　OA 项目结构

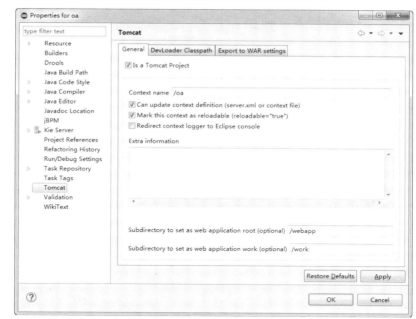

图 19-6　设置 Tomcat 项目

完成了以上的工作后，需要将 webapp/WEB-INF/classes 设置为编译目录，另外，还要找一份 web.xml 放到 WEB-INF 下，读者可以从 Tomcat 自带的项目中找到 web.xml，或者直接从本书的源码中找到。OA 系统所使用的全部 jar 包如图 19-7 所示，这些包均要放到 webapp/WEB-INF/lib 目录下。

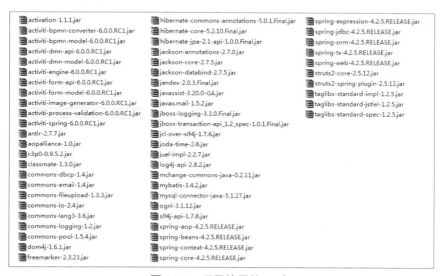

图 19-7　项目使用的 jar 包

19.3.2　整合 Spring

为 web.xml 添加 Spring 的监听器，然后在 webapp/WEB-INF 目录下添加 applicationContext. Xml 文件，这是一个 Spring 默认加载的配置文件。web.xml 的内容如代码清单 19-1 所示。

代码清单 19-1：codes\oa\webapp\WEB-INF\web.xml

```xml
<web-app ...>
    <!-- 配置 Spring 的 web 监听器 -->
    <listener>
        <listener-class>org.springframework.web.context.ContextLoaderListener</listener-class>
    </listener>
</web-app>
```

启动 Tomcat，可以看到图 19-8 所示的内容，表示 Spring 容器已经启动。

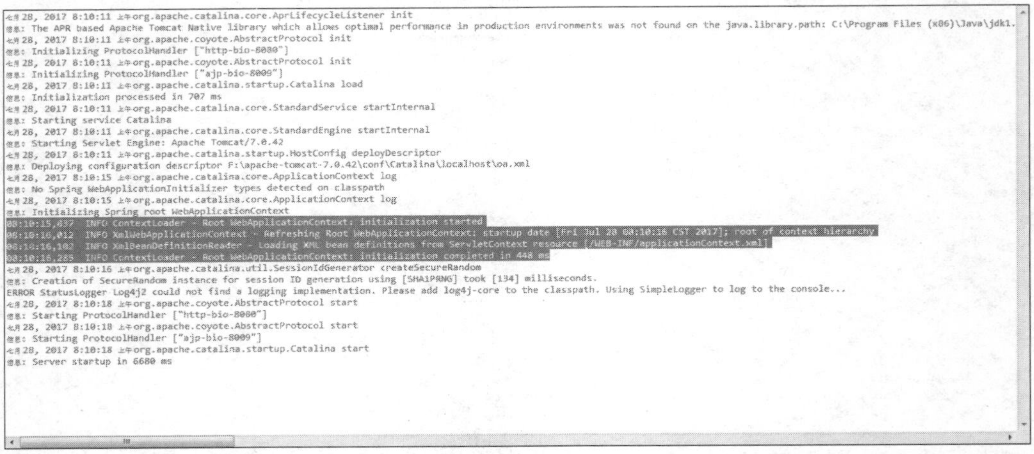

图 19-8 加入 Spring

在下面各节中，需要与 Spring 整合的框架，均应将相应的 bean 添加到 applicationContext.xml 中。

19.3.3 整合 Hibernate

使用 Hibernate 需要配置实体和数据之间的映射关系，在 15.3 节中，使用了.hbml.xml 文件来进行映射，本章将使用注解的方式来进行映射。使用注解与使用配置文件，仅仅修改 Spring 的一个 bean 就可以实现，代码清单 19-2 为 applicationContext.xml 中新添加的 bean。

代码清单 19-2：codes\oa\webapp\WEB-INF\applicationContext.xml

```xml
<!-- 配置数据源的 bean -->
<bean id="dataSource" class="com.mchange.v2.c3p0.ComboPooledDataSource">      ①
    <property name="driverClass" value="com.mysql.jdbc.Driver" />
    <property name="jdbcUrl" value="jdbc:mysql://localhost:3306/oa" />
    <property name="user" value="root" />
    <property name="password" value="123456" />
</bean>
<!-- 配置 Hibernate SessionFactory -->
<bean id="sessionFactory"
    class="org.springframework.orm.hibernate5.LocalSessionFactoryBean">       ②
    <property name="dataSource" ref="dataSource"></property>
    <property name="packagesToScan">
        <list>
            <value>org.crazyit.activiti.oa.entity</value>
        </list>
    </property>
    <property name="hibernateProperties">
        <props>
            <prop key="hibernate.hbm2ddl.auto">create</prop>
```

```xml
                <prop key="hibernate.dialect">org.hibernate.dialect.MySQL5InnoDBDialect</prop>
            </props>
        </property>
    </bean>
    <!-- 配置事务管理 -->
    <bean id="transactionManager"
        class="org.springframework.orm.hibernate5.HibernateTransactionManager">  ③
        <property name="sessionFactory" ref="sessionFactory"></property>
    </bean>
    <!-- 事务拦截器 -->
    <bean id="transactionInterceptor"
        class="org.springframework.transaction.interceptor.TransactionInterceptor">  ④
        <property name="transactionManager" ref="transactionManager" />
        <!-- 定义事务属性 -->
        <property name="transactionAttributes">
            <props>
                <prop key="add*">PROPAGATION_REQUIRED</prop>
                <prop key="create*">PROPAGATION_REQUIRED</prop>
                <prop key="update*">PROPAGATION_REQUIRED</prop>
                <prop key="insert*">PROPAGATION_REQUIRED</prop>
            </props>
        </property>
    </bean>
    <!-- 配置一个 BeanNameAutoProxyCreator, 实现根据 bean 名称自动创建事务代理 -->
    <bean
        class="org.springframework.aop.framework.autoproxy.BeanNameAutoProxyCreator">  ⑤
        <property name="beanNames">
            <list>
                <value>*Service</value>
            </list>
        </property>
        <property name="interceptorNames">
            <list>
                <value>transactionInterceptor</value>
            </list>
        </property>
    </bean>
```

在代码清单 19-2 中，总共添加了 5 个 bean：①为数据源的 bean；②中定义了 sessionFactory，需要注意第②个 bean 中的粗体字代码，使用了"packagesToScan"属性，配置该属性后，在启动 sessionFactory 时，会自动检测参数包中的实体类，而这些实体类则使用 Annotation 来对数据表、字段进行描述；代码清单中的第③个 bean 配置了事务管理器，需要为其注入 sessionFactory；第④和第⑤个 bean 用于配置应用的事务拦截器，拦截器会拦截名称为 XXXService 的 bean，并按照特定的规则来进行事务拦截。编写一个测试的实体，创建一个数据表，该实体的代码如代码清单 19-3 所示。

代码清单 19-3：codes\oa\src\org\crazyit\activiti\oa\entity\Person.java

```java
@Entity
@Table(name = "CRA_PERSON")
public class Person {

    @Id
    @GeneratedValue(strategy = GenerationType.IDENTITY)
    @Column(name = "ID", unique = true)
    private Integer id;

    @Column(name = "name")
    private String name;

    public Integer getId() {
```

```
        return id;
    }
    public void setId(Integer id) {
        this.id = id;
    }
    public String getName() {
        return name;
    }
    public void setName(String name) {
        this.name = name;
    }
}
```

代码清单 19-3 是一个 Person 对象，它是一个普通的 JavaBean，使用若干个注解来对数据表和字段进行描述，表名称为"CRA_PERSON"。由于在代码清单 19-2 中配置了 hibernate.hbm2ddl.auto 为 create（见 sessionFactory 的 bean），因此在 Tomcat 启动时，会自动创建"CRA_PERSON"数据表。

▶▶ 19.3.4 整合 Struts2

本例整合 Struts2，只是为 web.xml 添加 Struts2 的 Web 拦截器，再添加 struts.xml 配置文件。web.xml 的拦截器配置如代码清单 19-4 所示。

代码清单 19-4：codes\oa\webapp\WEB-INF\web.xml

```xml
<web-app...>
    ... 省略 Spring 的监听器配置

    <!-- Struts2 的拦截器 -->
    <filter>
        <filter-name>struts2</filter-name>
        <filter-class>org.apache.struts2.dispatcher.filter.StrutsPrepare-
AndExecuteFilter</filter-class>
    </filter>
    <filter-mapping>
        <filter-name>struts2</filter-name>
        <url-pattern>/*</url-pattern>
    </filter-mapping>
</web-app>
```

在 resource 目录添加 struts.xml 配置文件，并编写一个 Struts 的测试 Action，struts.xml 的内容如代码清单 19-5 所示。

代码清单 19-5：activiti\oa\resource\struts.xml

```xml
<struts>
    <!-- 配置一个测试的 Action -->
    <package name="base" extends="struts-default">
        <!-- 配置 BaseAction -->
        <action name="base" class="org.crazyit.activiti.oa.action.BaseAction"
method="test">
            <result name="success">/pages/test.html</result>
        </action>
    </package>
</struts>
```

配置文件中 BaseAction 的实现如代码清单 19-6 所示。

代码清单19-6：codes\oa\src\org\crazyit\activiti\oa\action\BaseAction.java

```java
public class BaseAction implements Action {
    public String execute() throws Exception {
        return "";
    }

    // 测试方法
    public String test() {
        System.out.println("test method");
        return SUCCESS;
    }
}
```

当Struts接收到请求后，会执行test方法，返回相应的SUCCESS result，此处配置返回的是webapp/pages目录下的test.html。启动Tomcat后，在浏览器中输入以下地址可以看到正常的页面输出：

```
http://localhost:8080/oa/base.action?method=test
```

由于Struts2需要和Spring进行整合，因此在配置Action的class时，需要配置具体bean的名称，代码清单19-5中的配置，仅仅是为了测试Struts的Action是否配置成功。代码清单19-6中的BaseAction，除了作为一个测试类外，还作为其他Action的基类，一些Action共有的行为或者属性，都可以放到BaseAction中。

▶▶ 19.3.5 整合Activiti

整合Activiti的方式与前面章节讲述的一样，在applicationContext.xml中添加Activiti的流程引擎配置bean、流程引擎bean和几个服务bean即可。新添加的bean如代码清单19-7所示。

代码清单19-7：codes\oa\webapp\WEB-INF\applicationContext.xml

```xml
<bean>
    ……省略其他bean配置
    <!-- Activiti的bean -->
    <!-- 流程引擎的配置bean -->
    <bean id="processEngineConfiguration" class="org.activiti.spring.SpringProcessEngineConfiguration">
        <property name="dataSource" ref="dataSource" />
        <property name="databaseSchemaUpdate" value="true" />
        <property name="transactionManager" ref="transactionManager" />
    </bean>
    <!-- 流程引擎的bean -->
    <bean id="processEngine" class="org.activiti.spring.ProcessEngineFactoryBean">
        <property name="processEngineConfiguration" ref="processEngineConfiguration" />
    </bean>
    <!-- 服务组件的bean -->
    <bean id="repositoryService" factory-bean="processEngine"
        factory-method="getRepositoryService" />
    <bean id="runtimeService" factory-bean="processEngine"
        factory-method="getRuntimeService" />
    <bean id="taskService" factory-bean="processEngine"
        factory-method="getTaskService" />
    <bean id="historyService" factory-bean="processEngine"
        factory-method="getHistoryService" />
    <bean id="managementService" factory-bean="processEngine"
        factory-method="getManagementService" />
</beans>
```

代码清单19-7中的processEngineConfiguration是流程引擎配置bean，需要向其注入

dataSource、processEngine 是流程引擎 bean，需要在其中注入引擎配置 bean。Activiti 的几个服务组件 bean，均是通过调用 factory-bean 的方法来获取实例的。

需要注意的是，在本章只需要将 databaseSchemaUpdate 配置为 true。在运行本章例子时，需要导入项目中的 OA.sql。

至此，各个主要框架已经被整合到 Web 应用中，除了这些框架外，本章还会使用到 Drools、JQuery 等框架，但这些框架并不需要被整合到主体的 Web 应用中。

19.4 数据库设计

Activiti 的数据库设计比较灵活，使用 Activiti，系统的相关数据都可以从流程引擎中的数据表查询得到，但是这会导致 Activiti 的数据表十分庞大，随着系统使用时间变长，数据量会大幅增长，这时就难以保证系统的性能。对于这种情况，笔者建议，让 Activiti 提供的数据表仅仅记录流程数据，而由于流程所产生的一些其他数据，应当建立另外的数据表来保存，不能只依赖流程引擎。

本章的几个流程会产生或者修改具体方面的数据，包括员工的薪资数据、报销数据等，因此还需要设计相应的数据表来保存这些数据。

19.4.1 薪资表

用于记录一个员工当月的薪资情况，薪资表的字段如类 Salary 所示。

Salary：codes\oa\src\org\crazyit\activiti\oa\entity\Salary.java

```java
@Entity
@Table(name = "OA_SALARY")
public class Salary {

    @Id
    @GeneratedValue(strategy = GenerationType.IDENTITY)
    @Column(name = "ID", unique = true)
    private Integer id;

    // 每月基本工资
    @Column(name = "BASE_MONEY", scale= 2)
    private BigDecimal baseMoney;

    // 用户ID，保存在流程引擎中
    @Column(name = "USER_ID")
    private String userId;

    ……省略 setter 和 getter 方法
}
```

该数据表用于记录员工的工资信息，当员工的薪资调整流程完成后，可以直接修改这个表的薪资数据。

19.4.2 请假记录表

员工请假一次，就往请假记录表中保存一条请假数据，请假记录表映射的 Java 类为 Vacation，该类有以下字段：

Vacation：codes\oa\src\org\crazyit\activiti\oa\entity\Vacation.java

```java
@Entity
@Table(name = "OA_VACATION")
```

```java
public class Vacation {
    // 带薪假
    public final static int TYPE_PAID = 0;
    // 病假
    public final static int TYPE_SICK = 1;
    // 事假
    public final static int TYPE_MATTER = 2;

    @Id
    @GeneratedValue(strategy = GenerationType.IDENTITY)
    @Column(name = "ID", unique = true)
    private int id;

    // 休假的工作日
    @Column(name = "WORK_DAYS")
    private int days;

    // 开始日期
    @Column(name = "BEGIN_DATE")
    private Date beginDate;

    // 结束日期
    @Column(name = "END_DATE")
    private Date endDate;

    // 休假类型
    @Column(name = "VAC_TYPE")
    private int vacationType;

    //原因
    @Column(name = "REASON")
    private String reason;

    // 对应的流程实例 id
    @Column(name = "PROC_INST_ID")
    private String processInstanceId;

    // 用户 id
    @Column(name = "USER_ID")
    private String userId;

    ……省略 setter 和 getter 方法
}
```

请假记录表中会保存员工的休假天数、休假类型和休假的其他信息,其中休假类型有三种,均定义在 Vacation 类中,分别为带薪假(年假之类的)、病假和事假,这些都可以作为工资计算的条件。

19.4.3 薪资调整记录表

薪资调整记录表用于记录每一次薪资调整的结果,审批流程全部走完后,记录员工的薪资调整情况。该表对应的 Java 类为 SalaryAdjust,该类有以下属性:

SalaryAdjust:codes\oa\src\org\crazyit\activiti\oa\entity\SalaryAdjust.java

```java
@Entity
@Table(name = "OA_SALARY_ADJUST")
public class SalaryAdjust {

    @Id
    @GeneratedValue(strategy = GenerationType.IDENTITY)
    @Column(name = "ID", unique = true)
```

```java
    private Integer id;

    // 用户id
    @Column(name = "USER_ID")
    private String userId;

    //调整金额
    @Column(name = "ADJUST_MONEY", scale= 2)
    private BigDecimal adjustMoney;

    // 日期
    @Column(name = "DATE")
    private Date date;

    // 描述
    @Column(name = "DSCP")
    private String dscp;

    // 流程实例id
    @Column(name = "PROC_INST_ID")
    private String processInstanceId;

    ……省略setter和getter方法
}
```

该表仅仅记录调整的金额和调整日期，主要用于追溯员工的薪资调整记录。为了能与流程引擎结合，还需要为该表添加与流程实例id的关联。

▶▶ 19.4.4 报销记录表

主要用于记录员工的报销记录，映射的Java类为ExpenseAccount，该类有以下属性：

ExpenseAccount：codes\oa\src\org\crazyit\activiti\oa\entity\ExpenseAccount.java

```java
@Entity
@Table(name = "OA_EXPENSE_ACCOUNT")
public class ExpenseAccount {

    @Id
    @GeneratedValue(strategy = GenerationType.IDENTITY)
    @Column(name = "ID", unique = true)
    private Integer id;

    // 申请人
    @Column(name = "USER_ID")
    private String userId;

    // 报销金额
    @Column(name = "MONEY")
    private BigDecimal money;

    // 日期
    @Column(name = "DATE")
    private Date date;

    @Column(name = "PROC_INST_ID")
    private String processInstanceId;

    ……省略setter和getter方法
}
```

ExpenseAccount只记录报销的金额、报销人和日期。

这里增加的 4 个表，主要用于记录流程执行后产生的数据，如果业务要求这些数据能清楚地反映审批时的一些细节，则可以为这几张表做流程实例的 id（ProcessInstance）与流程数据的关联。由于流程已经结束，流程实例的数据将会被保存在历史数据表中，开发人员还可以根据实际情况来调整历史流程的记录级别，以满足业务的需要。

19.5 初始化数据

本章所设计的几个流程，所有的用户任务（UserTask）的权限均关联到用户组，每一个用户任务都有其任务的候选用户组，为了简化准备数据的过程，需要准备用户组和用户数据。除此之外，OA 系统所涉及的几个业务流程，都有对应的 BPMN 文件，这些流程定义都需要在系统初始化时保存到数据库中。读者在运行本章例子前，需要先在 MySQL 数据库中创建一个名称为 OA 的数据库，然后导入 OA.sql 脚本，再运行 Tomcat，即可以看到 OA 系统的效果。

> 在 codes/oa/OA.sql 里面，已经包含了角色数据、流程定义数据，不需要再执行 InitServlet。

19.5.1 初始化角色数据

初始化的数据可以通过编码的方式写入数据库中，也可以通过 SQL 直接往数据库写入，但笔者建议，如果在 Activiti 数据表中插入或者修改数据，尽量使用 Activiti 的 API，以便减少不必要的麻烦。我们这里使用编码的方式来准备初始化数据。代码清单 19-8 是一个 Servlet，其会在 Web 容器启动时将角色数据写入流程引擎中。

代码清单 19-8：codes\oa\src\org\crazyit\activiti\oa\init\InitServlet.java

```java
public class InitServlet extends HttpServlet {
    
    public void init(ServletConfig servletConfig) throws ServletException {
        ServletContext servletContext = servletConfig.getServletContext();
        // 获取 Spring 上下文
        WebApplicationContext webApplicationContext = WebApplicationContextUtils
                .getWebApplicationContext(servletContext);
        // 用户组和用户数据
        IdentityService identityService = (IdentityService) webApplicationContext
                .getBean("identityService");
        initGroupsAndUsers(identityService);
    }
    
    // 创建用户组及用户
    private void createGroup(IdentityService identityService, String groupId,
            String groupName, String groupType, String userId, String userName,
            String passwd) {
        // 用户组
        Group g1 = identityService.newGroup(groupId);
        g1.setName(groupName);
        g1.setType(groupType);
        identityService.saveGroup(g1);
        // 用户
        User u = identityService.newUser(userId);
        u.setLastName(userName);
        u.setPassword(passwd);
```

```
            identityService.saveUser(u);
            identityService.setUserInfo(u.getId(), "age", String.valueOf(30));
            // 绑定关系
            identityService.createMembership(u.getId(), g1.getId());
        }

        // 初始化用户组
        private void initGroupsAndUsers(IdentityService identityService) {
            // 用户组
            createGroup(identityService, "employee", "员工组", "employee", UUID
                    .randomUUID().toString(), "员工甲", "123456");
            createGroup(identityService, "manager", "经理组", "manager", UUID
                    .randomUUID().toString(), "经理甲 ", "123456");
            createGroup(identityService, "director", "总监组", "director", UUID
                    .randomUUID().toString(), "总监甲 ", "123456");
            createGroup(identityService, "hr", "人事组", "hr", UUID.randomUUID()
                    .toString(), "人事甲 ", "123456");
            createGroup(identityService, "boss", "老板组", "boss", UUID.randomUUID()
                    .toString(), "老板甲 ", "123456");
            createGroup(identityService, "finance", "财务组", "finance", UUID
                    .randomUUID().toString(), "财务甲 ", "123456");
        }
    }
```

代码清单 19-8 中的 init 方法，使用 WebApplicationContextUtils 类获取 Spring 的上下文，然后可以使用 getBean 方法来获取 Spring 容器中的各个 bean，在 init 方法中得到了 Activiti 的 IdentityService，其将各个用户组和用户数据写入流程引擎中。

在代码清单 19-8 中，往数据库中写入了"员工组"、"经理组"、"总监组"、"人事组"、"老板组"和"财务组"几个用户组，并且每个用户组下均有一个对应的初始化用户。

▶▶ 19.5.2 薪资计算流程

根据所定义的几个流程，设计相应的流程文件，薪资计算流程对应的流程文件内容如代码清单 19-9 所示。

代码清单 19-9：codes\oa\resource\bpmn\CountSalary.bpmn

```xml
    <process id="CountSalary" name="计算薪资">
        <startEvent id="startevent1" name="Start"></startEvent>
        <serviceTask id="servicetask1" name="系统记录薪资"
            activiti:expression="${processService.recordSalary(execution)}">
</serviceTask>
        <endEvent id="endevent1" name="End"></endEvent>
        <sequenceFlow id="flow3" name="" sourceRef="servicetask1"
            targetRef="endevent1"></sequenceFlow>
        <sequenceFlow id="flow4" name="" sourceRef="startevent1"
            targetRef="servicetask1"></sequenceFlow>
    </process>
```

流程中系统记录薪资的 ServiceTask，使用了 activiti:expression 属性来配置调用的 JavaBean 方法。流程配置的 ServiceTask 会调用"processService"这个 bean 的 recordSalary 方法来保存用户的薪资数据。processService 是一个普通的 JavaBean，对应的接口为 ProcessService，实现类为 ProcessServiceImpl，需要将其添加到 Spring 容器中，对应的 Spring 配置片断如下：

```xml
    <bean id="processService" class="org.crazyit.activiti.oa.service.impl.
ProcessServiceImpl" autowire="byName"></bean>
```

> **注意:** 为了能简化 Spring 的配置过程,本章配置的 bean 大部分使用 Spring 的自动装配功能来实现 bean 的注入,只需要为目标类提供相应 bean 的 setter 方法即可实现注入,并不需要在配置文件中声明注入。

▶▶ 19.5.3 请假流程

请假流程对应的流程文件内容如代码清单 19-10 所示。

代码清单 19-10：codes\oa\resource\bpmn\Vacation.bpmn

```xml
<process id="Vacation" name="请假申请">
  <startEvent id="startevent1" name="Start"></startEvent>
  <userTask id="usertask1" name="填写请假申请"
      activiti:candidateGroups="employee"></userTask>
  <userTask id="usertask2" name="经理审批"
      activiti:candidateGroups="manager"></userTask>
  <userTask id="usertask3" name="总监审批"
      activiti:candidateGroups="director"></userTask>
  <userTask id="usertask4" name="人力资源审批"
      activiti:candidateGroups="hr"></userTask>
  <endEvent id="endevent1" name="End"></endEvent>
  <exclusiveGateway id="exclusivegateway1" name="Exclusive Gateway"></exclusiveGateway>
  <sequenceFlow id="flow1" name="" sourceRef="startevent1"
      targetRef="usertask1"></sequenceFlow>
  <sequenceFlow id="flow7" name="" sourceRef="usertask1"
      targetRef="exclusivegateway1"></sequenceFlow>
  <sequenceFlow id="flow8" name="小于等于 3 天" sourceRef="exclusivegateway1"
      targetRef="usertask2">
    <conditionExpression xsi:type="tFormalExpression"><![CDATA[
        ${arg.days <= 3}
    ]]></conditionExpression>
  </sequenceFlow>
  <sequenceFlow id="flow12" name="大于 3 天" sourceRef="exclusivegateway1"
      targetRef="usertask3">
    <conditionExpression xsi:type="tFormalExpression"><![CDATA[
        ${arg.days > 3}
    ]]></conditionExpression>
  </sequenceFlow>
  <sequenceFlow id="flow13" name="" sourceRef="usertask2"
      targetRef="usertask4"></sequenceFlow>
  <sequenceFlow id="flow14" name="" sourceRef="usertask3"
      targetRef="usertask4"></sequenceFlow>
  <sequenceFlow id="flow15" name="" sourceRef="usertask4"
      targetRef="endevent1"></sequenceFlow>
</process>
```

请假流程需要使用单向网关来控制流程的走向(判断请假天数),流程走向的条件为请假天数是否大于 3 天,在两个条件顺序流中获取名称为 "arg" 的流程参数,判断 days 的属性值。

▶▶ 19.5.4 报销流程

报销流程对应的流程文件内容如代码清单 19-11 所示。

代码清单 19-11：codes\oa\resource\bpmn\ExpenseAccount.bpmn

```xml
<process id="ExpenseAccount" name="报销申请">
  <startEvent id="startevent1" name="Start"></startEvent>
```

```xml
        <userTask id="usertask1" name="财务审批"
            activiti:candidateGroups="finance"></userTask>
        <serviceTask id="servicetask1" name="银行转账"
            activiti:expression="${processService.bankTransfer(execution)}">
</serviceTask>
        <boundaryEvent id="boundaryerror1" cancelActivity="false"
            attachedToRef="servicetask1">
            <errorEventDefinition></errorEventDefinition>
        </boundaryEvent>
        <userTask id="usertask2" name="填写申请"
            activiti:candidateGroups="employee"></userTask>
        <endEvent id="endevent1" name="End"></endEvent>
        <userTask id="usertask3" name="现金支付"
            activiti:candidateGroups="finance"></userTask>
        <sequenceFlow id="flow1" name="" sourceRef="startevent1"
            targetRef="usertask2"></sequenceFlow>
        <sequenceFlow id="flow2" name="" sourceRef="usertask2"
            targetRef="usertask1"></sequenceFlow>
        <sequenceFlow id="flow3" name="" sourceRef="usertask1"
            targetRef="servicetask1"></sequenceFlow>
        <sequenceFlow id="flow6" name="" sourceRef="boundaryerror1"
            targetRef="usertask3"></sequenceFlow>
        <sequenceFlow id="flow7" name="" sourceRef="usertask3"
            targetRef="endevent1"></sequenceFlow>
        <sequenceFlow id="flow8" name="" sourceRef="servicetask1"
            targetRef="endevent1"></sequenceFlow>
</process>
```

在报销流程中，财务审核完成后，需要由一个 ServiceTask 进行转账处理。在实际应用中，转账有可能需要调用相应的银行接口，一旦与第三方系统产生交互，就有可能导致请求发送失败，因此本例使用了一个错误边界事件来处理，如果银行转账失败，流程则会到达"现金支付"的用户任务。

19.5.5 薪资调整流程

薪资调整流程对应的流程文件内容如代码清单 19-12 所示。

代码清单 19-12：codes\oa\resource\bpmn\SalaryAdjust.bpmn

```xml
<process id="SalaryAdjust" name="薪资调整">
    <startEvent id="startevent1" name="Start"></startEvent>
    <userTask id="usertask1" name="填写调整申请"></userTask>
    <userTask id="usertask2" name="总监审批"
        activiti:candidateGroups="director"></userTask>
    <userTask id="usertask3" name="人事审批"
        activiti:candidateGroups="hr"></userTask>
    <userTask id="usertask4" name="老板审批"
        activiti:candidateGroups="boss"></userTask>
    <endEvent id="endevent1" name="End"></endEvent>
    <callActivity id="callactivity1" name="系统记录薪资"
        calledElement="CountSalary"></callActivity>
    <sequenceFlow id="flow1" name="" sourceRef="startevent1"
        targetRef="usertask1"></sequenceFlow>
    <sequenceFlow id="flow2" name="" sourceRef="usertask1"
        targetRef="usertask2"></sequenceFlow>
    <sequenceFlow id="flow3" name="" sourceRef="usertask2"
        targetRef="usertask3"></sequenceFlow>
    <sequenceFlow id="flow7" name="" sourceRef="usertask3"
        targetRef="callactivity1"></sequenceFlow>
    <sequenceFlow id="flow8" name="" sourceRef="callactivity1"
        targetRef="usertask4"></sequenceFlow>
    <exclusiveGateway id="exclusivegateway1" name="Exclusive Gateway"></exclusiveGateway>
```

```xml
<sequenceFlow id="flow9" name="" sourceRef="usertask4"
    targetRef="exclusivegateway1"></sequenceFlow>
<sequenceFlow id="flow10" name="" sourceRef="exclusivegateway1"
    targetRef="endevent1">
    <conditionExpression xsi:type="tFormalExpression"><![CDATA[
        ${pass == true}
    ]]></conditionExpression>
</sequenceFlow>
<serviceTask id="servicetask1" name="取消调整"
    activiti:expression="${processService.cancelAdjust(execution)}"></serviceTask>
<sequenceFlow id="flow11" name="" sourceRef="exclusivegateway1"
    targetRef="servicetask1">
    <conditionExpression xsi:type="tFormalExpression"><![CDATA[
        ${pass == false}
    ]]></conditionExpression>
</sequenceFlow>
<sequenceFlow id="flow12" name="" sourceRef="servicetask1"
    targetRef="endevent1"></sequenceFlow>
</process>
```

对于薪资调整流程需要注意的是,"人事审批"完成后,会调用薪资计算的流程,代码清单 19-11 中使用了 callActivity 来实现。

本章 3 个主要流程均使用了 activiti:candidateGroups 属性来定义用户任务的候选用户组,配置的属性值均为用户组的 id。

设计完几个流程后,就可以在初始化 Servlet 中将流程文件部署到流程引擎,在 InitServlet 中增加部署流程定义的方法:

```java
// 部署流程定义
private void initProcessDefinition(RepositoryService repositoryService) {
    InputStream is1 = InitServlet.class
        .getResourceAsStream("/bpmn/CountSalary.bpmn");
    InputStream is2 = InitServlet.class
        .getResourceAsStream("/bpmn/ExpenseAccount.bpmn");
    InputStream is3 = InitServlet.class
        .getResourceAsStream("/bpmn/SalaryAdjust.bpmn");
    InputStream is4 = InitServlet.class
        .getResourceAsStream("/bpmn/Vacation.bpmn");
    repositoryService.createDeployment()
        .addInputStream("/bpmn/CountSalary.bpmn", is1)
        .addInputStream("/bpmn/ExpenseAccount.bpmn", is2)
        .addInputStream("/bpmn/SalaryAdjust.bpmn", is3)
        .addInputStream("/bpmn/Vacation.bpmn", is4).deploy();
}
```

在部署流程定义时,如果不提供流程图文件,则 Activiti 会根据流程图元素自动生成流程图,因此以上的方法部署了 4 个流程文件,而实际产生的会有 8 个文件记录。

19.6 角色管理

在实际情况中,流程任务可以被分配给用户组或者具体某个用户,使用哪种方式具体由业务决定。如果全部相同等级的员工是一个用户组,全部的经理是一个用户组,员工填写的申请由哪个经理进行审批,这需要由经理组来控制,若整个经理组都可以见到该员工的申请,某个经理就可以声明该任务应当由自己去审批。另外一种情况,按职能分用户组,例如项目组 A,管理人员是甲,那么该项目组下的全部员工申请,默认情况下,均会被指派到管理员甲去审批。本章例子将采用第一种方式,普通员工为一个用户组,全部的经理是一个用户组。

▶▶ 19.6.1 用户组管理

本章的 OA 系统已经将用户组的数据初始化,这就意味着用户组数据将不会提供管理功能,仅仅只提供一个列表来显示这些用户组数据。用户组列表的界面如图 19-9 所示。

图 19-9 用户组列表

用户组请求的 Action 配置,如代码清单 19-13 所示。

代码清单 19-13:codes\oa\resource\struts.xml

```xml
<package name="group" extends="struts-default">
    <global-allowed-methods>regex:.*</global-allowed-methods>
    <action name="group-*" class="groupAction" method="{1}">
        <result name="success">/pages/group/group.jsp</result>
    </action>
</package>
```

本例的 Struts2 配置均使用了 Struts2 的动态方法调用来实现,例如用户组的请求 url 为 group-list.action,那么就配置为<action name="group-*" class="groupAction" method="{1}">,method 属性值将由 "*" 的值决定,这是由 Struts2 提供的 DMI(Dynamic Method Invocation 动态方法)实现的。

动态方法会带来安全性问题,为了提升安全性,Struts 增加了方法访问的配置,可以使用 global-allowed-methods 元素进行配置,本章都使用通配符配置,即可访问全部方法。

查询全部的用户组,使用 IdentityService 的 Query 方法实现,如以下代码所示:

```
identityService.createGroupQuery().list();
```

用户组 Action 对应的 Java 类如代码清单 19-14 所示。

代码清单 19-14:codes\oa\src\org\crazyit\activiti\oa\action\GroupAction.java

```java
public class GroupAction extends BaseAction {

    // 用户组服务对象
    private GroupService groupService;

    private List<Group> groups;

    public void setGroupService(GroupService groupService) {
        this.groupService = groupService;
```

```
    }

    public List<Group> getGroups() {
        return this.groups;
    }

    // 查询全部的用户组
    public String list() {
        this.groups = groupService.list();
        return SUCCESS;
    }
}
```

用户组的 Action 调用 GroupService 的 list 方法，list 方法返回一个 Group 集合，Group 是 Activiti 的 API，list 方法实际上调用 IdentityService 来进行查询，GroupService 的实现类为 GroupServiceImpl，内容如代码清单 19-15 所示。

代码清单 19-15：codes\oa\src\org\crazyit\activiti\oa\service\impl\GroupServiceImpl.java

```
public class GroupServiceImpl implements GroupService {

    private IdentityService identityService;

    public void setIdentityService(IdentityService identityService) {
        this.identityService = identityService;
    }

    public List<Group> list() {
        return identityService.createGroupQuery().list();
    }
}
```

在 GroupServiceImpl 中，为 IdentityService 提供一个 setter 方法，本例中 GroupServiceImpl 交由 Spring 容器进行管理，那么 Spring 容器将会自动为 GroupServiceImpl 注入 IdentityService 的实例（使用了自动装配功能），GroupServiceImpl 和 GroupAction 的 Spring 配置如下：

```
<!-- 用户组 -->
<bean id="groupService" class="org.crazyit.activiti.oa.service.impl.GroupServiceImpl"
    autowire="byName"></bean>
<bean id="groupAction" class="org.crazyit.activiti.oa.action.GroupAction"
    autowire="byName" scope="prototype"></bean>
```

在表现层（JSP）中，使用 JSTL 的标签直接显示结果，JSP 的代码如代码清单 19-16 所示。

代码清单 19-16：codes\oa\webapp\pages\group\group.jsp

```
<c:forEach var="group" items="${groups}">
    <tr>
        <td>${group.name}</td>
        <td>${group.type}</td>
    </tr>
</c:forEach>
```

在 JSP 中，使用了 JSTL 的 c:forEach 标签来实现用户组的循环输出，当然，也可以使用 Struts2 的标签或者直接使用 JSP 脚本来实现这一过程。

19.6.2 用户列表

用户管理包括用户列表、删除用户和添加用户三个功能，用户列表的实现与用户组列表的实现类似，同样调用 IdentityService 的 API 来实现，用户列表的界面如图 19-10 所示。

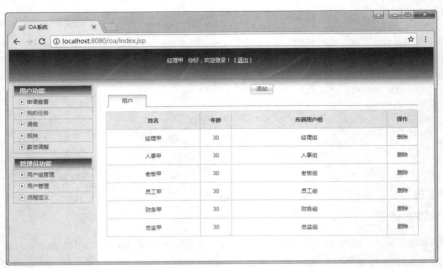

图 19-10 用户列表

在用户列表中,还需要显示用户所在的用户组,那么就不能使用 Activiti 的 User 类,需要自己编写一个界面显示的值对象(VO),用户对应的 VO 如代码清单 19-17 所示。

代码清单 19-17:\oa\src\org\crazyit\activiti\oa\action\bean\UserVO.java

```java
public class UserVO {

    // 用户真实姓名
    private String lastName;

    // 密码
    private String passwd;

    // 用户组 id
    private String groupId;

    // 用户名(由系统生成)
    private String userName;

    private String groupName;

    // 年龄
    private int age;

    private String userId;

    ...省略 setter 和 getter 方法
}
```

UserVO 除了可以在用户列表中使用外,还可以在用户登录中使用。在用户 Action 中会调用用户的服务接口方法,用户服务接口就需要返回 UserVO 的集合,用户服务接口用户列表的方法如代码清单 19-18 所示。

代码清单 19-18:codes\oa\src\org\crazyit\activiti\oa\service\impl\UserServiceImpl.java

```java
// 查询全部用户
public List<UserVO> list() {
    List<User> users = this.identityService.createUserQuery().list();    ①
    List<UserVO> result = new ArrayList<UserVO>();
```

```
    for (User user : users) {
        UserVO userVO = new UserVO();
        userVO.setUserId(user.getId());
        userVO.setLastName(user.getLastName());
        // 查询用户组
        Group group = this.identityService.createGroupQuery()
            .groupMember(user.getId()).singleResult();         ②
        // 查询年龄信息
        String age = identityService.getUserInfo(user.getId(), "age");  ③
        userVO.setGroupName(group.getName());
        userVO.setAge(Integer.parseInt(age));
        result.add(userVO);
    }
    return result;
}
```

代码清单 19-18 中的代码①，查询流程引擎中的全部用户，然后根据用户的 id 来查询用户所在的用户组。需要注意的是，还需要记录用户的年龄，年龄信息可以使用 UserInfo 来记录，使用 Activiti 的 API 可以将这些与用户相关的个性化属性存放到 ACT_ID_INFO 表中。用户的 Action 和页面显示与用户组类似，在此不再赘述。

19.6.3 新建用户

用户的数据包括真实姓名、密码、所属用户组和年龄，对应的表单如图 19-11 所示。

图 19-11 新建用户界面

在进入添加用户的界面时，需要读取全部的用户组并将它们显示到界面的下拉框中。需要注意的是，在新建用户时所输入的用户名称，是用户的真实姓名，表单中并没有让用户填写"用户名"，这就决定了在用户进行登录时，需要输入自己的真实姓名。新建用户对应的业务方法如代码清单 19-19 所示。

代码清单 19-19：codes\oa\src\org\crazyit\activiti\oa\service\impl\UserServiceImpl.java

```
// 新建一个用户
public void save(UserVO userForm) {
    // 生成一个唯一的用户 id
    String uuid = UUID.randomUUID().toString();
    User user = this.identityService.newUser(uuid);
    user.setLastName(userForm.getLastName());
```

```java
      user.setPassword(userForm.getPasswd());
      this.identityService.saveUser(user);
      // 加入年龄信息
      this.identityService.setUserInfo(user.getId(), "age",
            String.valueOf(userForm.getAge()));
      // 设置与用户组的关系
      this.identityService.createMembership(user.getId(),
            userForm.getGroupId());
}
```

在新建用户的方法中，为了避免用户 id 的重复，使用了 UUID 作为用户数据的 id，年龄信息会使用 setUserInfo 方法保存到 ACT_ID_INFO 表中。最后还需要为用户绑定用户组，使用 createMembership 方法即可实现。

▶▶ 19.6.4 用户登录

在 IdentityService 中有一个 checkPassword 方法，用于验证用户 id 和密码是否匹配，但是本例的登录功能并不使用这个方法实现，这是由于在添加用户时，用户 id 是一长串的 UUID，用户不可能记住，因此登录时只需要输入自己的真实姓名和密码即可。代码清单 19-20 为用户登录的业务方法的代码。

代码清单 19-20：codes\oa\src\org\crazyit\activiti\oa\service\impl\UserServiceImpl.java

```java
// 验证用户
public User loginValidate(UserVO userForm) {
   // 根据用户的名称查询用户
   User user = this.identityService.createUserQuery()
         .userLastName(userForm.getLastName()).singleResult();
   if (user == null)
      return null;
   // 验证密码
   if (userForm.getPasswd().equals(user.getPassword())) {
      return user;
   }
   return null;
}
```

验证用户身份时，选择根据用户的真实姓名查询用户，然后验证密码与用户输入的是否匹配。用户的登录验证通过后，还需要将用户和其用户组的信息存放到 session 中。用户登录 Action 的实现代码如代码清单 19-21 所示。

代码清单 19-21：codes\oa\src\org\crazyit\activiti\oa\action\UserAction.java

```java
// 用户登录
public String login() {
   User user = this.userService.loginValidate(userForm);
   if (user != null) {
      // 将用户放到 session 中
      ServletActionContext.getContext().getSession().put("user", user);
      // 将用户组放到 session 中
      Group group = this.userService.getGroup(user.getId());
      ServletActionContext.getContext().getSession().put("group", group);
      return "loginSuccess";
   } else {
      this.loginMsg = "用户名或密码错误";
      return "loginFail";
   }
}
```

代码清单 19-21 中的粗体字代码，将用户及用户组放到 session 中。下面开始将实现各个流程的表单。

19.7 流程启动

每一个流程都需要有相应的表单，让用户填写流程的启动数据，每一个流程都自己的个性化参数，例如请假流程会有请假开始时间、结束时间、请假天数等信息，而报销流程则需要有报销金额等信息，针对这些多变的表单，笔者建议在实际应用中尽量开发或者使用自己的动态表单，否则一个流程一种表单，这会大大降低开发效率。本章的 OA 系统作为一个例子，选择了一种较为笨的方法：一个流程对应一种表单。

19.7.1 启动请假流程

请假流程所需要填写的信息包括请假的天数、开始日期、结束日期、休假类型等，请假表单如图 19-12 所示。

图 19-12 请假表单

用户在表单中所填写的全部信息，都将作为流程参数保存起来，为了减少代码量，笔者将三个流程的表单内容，都抽象为一个父类，该类如代码清单 19-22 所示。

代码清单 19-22：codes\oa\src\org\crazyit\activiti\oa\action\bean\BaseForm.java

```java
public abstract class BaseForm implements Serializable {
    // 申请日期
    private String requestDate = DateUtil.getTodayString();

    // 申请人 id
    private String userId;

    // 申请的标题
    private String title;

    // 申请人名称
    private String userName;

    // 单据类型
```

```java
    private String businessType;
    
    // 表单的域
    private List<FormField> fields = new ArrayList<FormField>();
    
    // 用于存放 FormField 对象
    private Map<String, FormField> fileMap = new HashMap<String, FormField>();
    
    // 请假类型
    public final static String VACATION = "vacation";
    public final static String SALARY = "salary";
    public final static String EXPENSE = "expense";
    
    ...省略 setter 和 getter 方法
    
    // 返回表单属性和值
    public List<FormField> getFormFields() {
        this.fields.add(getFormField("requestDate","申请时间",this.requestDate));
        this.fields.add(getFormField("title", "标题", this.title));
        this.fields.add(getFormField("userName", "申请用户", this.userName));
        this.fields.add(getFormField("businessType", "单据类型", this.businessType));
        createFormFields(this.fields);
        return this.fields;
    }
    
    protected FormField getFormField(String key, String text, String value) {
        if (fileMap.get(key) == null) {
            FormField field = new FormField(text, value);
            fileMap.put(key, field);
        }
        return fileMap.get(key);
    }
    
    // 由子类设置表单属性
    public abstract void createFormFields(List<FormField> fields);
    
}
```

BaseForm 将各个流程都拥有的一些属性抽象出来，包括申请日期、申请人、申请标题等。需要注意的是，BaseForm 是一个抽象类，需要由子类实现 createFormFields 方法。createFormFields 方法主要由子类去定制表单的内容，那么在查看申请的时候，可以直接调用 getFormFields 方法来返回 FormField 的集合，FormField 表示一个表单域，该类的属性如代码清单 19-23 所示。

代码清单 19-23：codes\oa\src\org\crazyit\activiti\oa\action\bean\FormField.java

```java
public class FormField implements Serializable {
    
    // 表单域的文本
    private String filedText;
    
    // 表单域的值
    private String fieldValue;
    
    ...省略 setter 和 getter 方法
}
```

准备了表单的基类后，就可以为其添加不同的子类，请假表单对应的类内容如代码清单 19-24 所示。

代码清单 19-24：codes\oa\src\org\crazyit\activiti\oa\action\bean\VacationForm.java

```java
public class VacationForm extends BaseForm {
    // 休假开始日期
    private String startDate;

    // 休假结束日期
    private String endDate;

    // 天数
    private int days;

    // 类型
    private int vacationType;

    // 原因
    private String reason;

    ...省略 setter 和 getter 方法
    public void createFormFields(List<FormField> fields) {
        fields.add(super.getFormField("startDate", "请假开始日期", startDate));
        fields.add(super.getFormField("endDate", "请假结束日期", endDate));
        fields.add(super.getFormField("days", "休假天数", String.valueOf(days)));
        fields.add(super.getFormField("vacationType", "请假类型", getVacationType(this.vacationType)));
        fields.add(super.getFormField("reason", "原因", reason));
    }

    // 获取请假类型
    private String getVacationType(int vacationType) {
        if (Vacation.TYPE_MATTER == vacationType) {
            return "事假";
        } else if (Vacation.TYPE_PAID == vacationType) {
            return "年假";
        } else if (Vacation.TYPE_SICK == vacationType) {
            return "病假";
        }
        return "";
    }
}
```

用户在填写了请假申请后，可以直接将 VacationForm 传入业务方法中，然后将 VacationForm 设置为流程参数。启动请假流程的业务方法如代码清单 19-25 所示。

代码清单 19-25：codes\oa\src\org\crazyit\activiti\oa\service\impl\ProcessServiceImpl.java

```java
// 启动请假流程
public ProcessInstance startVacation(VacationForm vacation) {
    // 设置标题
    vacation.setTitle(vacation.getUserName() + " 的请假申请");
    vacation.setBusinessType("请假申请");
    // 查找流程定义
    ProcessDefinition pd = repositoryService.createProcessDefinitionQuery()
            .processDefinitionKey("Vacation").singleResult();
    // 初始化任务参数
    Map<String, Object> vars = new HashMap<String, Object>();
    vars.put("arg", vacation);
    // 启动流程
    ProcessInstance pi = this.runtimeService.startProcessInstanceByKey(pd
```

```
        .getKey());                                                    ①
    // 查询第一个任务
    Task firstTask = this.taskService.createTaskQuery()
            .processInstanceId(pi.getId()).singleResult();             ②
    // 设置任务受理人
    taskService.setAssignee(firstTask.getId(), vacation.getUserId());
    // 完成任务
    taskService.complete(firstTask.getId(), vars);
    // 记录请假数据
    saveVacation(vacation, pi.getId());                                ③
    return pi;
}

// 将一条请假申请保存到 OA_VACATION 表中
private void saveVacation(VacationForm vacForm, String piId) {
    Vacation vac = new Vacation();
    vac.setBeginDate(DateUtil.getDate(vacForm.getStartDate()));
    vac.setDays(vacForm.getDays());
    vac.setEndDate(DateUtil.getDate(vacForm.getEndDate()));
    vac.setProcessInstanceId(piId);
    vac.setReason(vacForm.getReason());
    vac.setVacationType(vacForm.getVacationType());
    vac.setUserId(vacForm.getUserId());
    this.applicationDao.saveVacation(vac);
}
```

在代码清单 19-23 中，将 VacationForm 作为流程参数，但是在启动流程时并不会设置该参数，因为调用启动流程的方法时，第一个用户任务已经结束（用户已经完成了请假申请的填写），因此该参数需要在完成第一个任务时传入，如代码清单中的粗体字代码所示。

需要注意的是，调用 Activiti 的 API 启动流程并完成第一个任务后，还需要将请假记录保存到 OA_VACATION 表中，本例使用了 ApplicationDao 来完成这一工作，ApplicationDao 是一个普通的 DAO 对象，它会调用 Hibernate 的 API 来实现数据的写入。

Activiti 流程引擎并不会记录启动流程的用户信息，可以将流程启动人的信息保存到流程参数中，但是这样就导致根据用户来查询流程这一功能的实现非常麻烦，因此 OA_VACATION 表除了用于保存请假申请数据外，还可以将其看作请假流程与用户的关联表。

▶▶ 19.7.2 启动报销流程

报销流程的表单包括金额、发生日期和说明信息，表单如图 19-13 所示。

图 19-13 报销申请表单

报销申请对应的表单对象同样继承于 BaseForm，该对象如代码清单 19-26 所示。

代码清单 19-26：codes\oa\src\org\crazyit\activiti\oa\action\bean\ExpenseAccountForm.java

```java
public class ExpenseAccountForm extends BaseForm {
    // 发生日期
    private String date;

    // 金额
    private String money;

    // 说明
    private String dscp;

    ……省略 setter 和 getter 方法

    public void createFormFields(List<FormField> fields) {
        fields.add(super.getFormField("date", "费用发生时间", date));
        fields.add(super.getFormField("money", "报销费用 ", money));
        fields.add(super.getFormField("dscp", "描述", dscp));
    }
}
```

启动报销申请的业务方法如代码清单 19-27 所示。

代码清单 19-27：codes\oa\src\org\crazyit\activiti\oa\service\impl\ProcessServiceImpl.java

```java
// 启动报销流程
public ProcessInstance startExpenseAccount(
        ExpenseAccountForm expenseAccountForm) {
    expenseAccountForm.setTitle(expenseAccountForm.getUserName() + " 报销申请");
    expenseAccountForm.setBusinessType("报销申请");
    // 查找流程定义
    ProcessDefinition pd = repositoryService.createProcessDefinitionQuery()
            .processDefinitionKey("ExpenseAccount").singleResult();
    // 初始化流程参数
    Map<String, Object> vars = new HashMap<String, Object>();
    vars.put("arg", expenseAccountForm);
    // 启动流程
    ProcessInstance pi = this.runtimeService.startProcessInstanceByKey(pd
            .getKey());
    Task task = this.taskService.createTaskQuery()
            .processInstanceId(pi.getId()).singleResult();
    // 完成任务
    taskService.complete(task.getId(), vars);
    // 保存到业务系统的数据库中
    saveExpenseAccount(expenseAccountForm, pi.getId());
    return pi;
}

// 保存报销申请到 OA_EXPENSE_ACCOUNT 表中
private void saveExpenseAccount(ExpenseAccountForm form, String piId) {
    ExpenseAccount account = new ExpenseAccount();
    account.setDate(new Date());
    account.setMoney(new BigDecimal(form.getMoney()));
    account.setProcessInstanceId(piId);
    account.setUserId(form.getUserId());
    this.applicationDao.saveExpenseAccount(account);
}
```

报销流程的启动与请假流程类似，调用 Activiti 的 API 启动流程后，将报销的数据保存到 OA_EXPENSE_ACCOUNT 表中。

19.7.3 启动薪资调整流程

薪资调整申请的表单如图 19-14 所示。

图 19-14 薪资调整申请表单

启动薪资调整流程的业务方法如代码清单 19-28 所示。

代码清单 19-28：codes\oa\src\org\crazyit\activiti\oa\service\impl\ProcessServiceImpl.java

```java
// 启动薪资调整申请
public ProcessInstance startSalaryAdjust(SalaryForm salary) {
    salary.setBusinessType("薪资调整");
    salary.setTitle(salary.getEmployeeName() + " 的薪资调整申请");
    // 验证用户是否存在
    User user = this.identityService.createUserQuery()
            .userLastName(salary.getEmployeeName()).singleResult();
    if (user == null) {
        throw new RuntimeException("调薪用户不存在");
    }
    // 查找流程定义
    ProcessDefinition pd = repositoryService.createProcessDefinitionQuery()
            .processDefinitionKey("SalaryAdjust").singleResult();
    // 初始化参数
    Map<String, Object> vars = new HashMap<String, Object>();
    vars.put("arg", salary);
    ProcessInstance pi = this.runtimeService.startProcessInstanceByKey(pd
            .getKey());
    Task task = this.taskService.createTaskQuery()
            .processInstanceId(pi.getId()).singleResult();
    // 完成任务
    taskService.complete(task.getId(), vars);
    // 将数据保存到OA_SALARY_ADJUST 表中
    saveSalaryAdjust(salary, pi.getId(), user.getId());
    return pi;
}

// 保存薪资调整数据
private void saveSalaryAdjust(SalaryForm salaryForm, String piId,
        String userId) {
    SalaryAdjust salary = new SalaryAdjust();
    salary.setAdjustMoney(new BigDecimal(salaryForm.getMoney()));
    salary.setDate(new Date());
```

```
        salary.setDscp(salaryForm.getDscp());
        salary.setUserId(userId);
        salary.setProcessInstanceId(piId);
        this.applicationDao.saveSalaryAdjust(salary);
    }
```

与前面两个流程不一样的是，薪资调整申请需要录入调薪员工的名称，因此需要根据员工的姓名来查找用户，代码清单 19-28 中的流程实现与请假、报销流程类似，在此不再赘述。

19.8 申请列表

申请列表主要用于让当前登录的用户查看自己进行过的申请以及流程的进行情况，由于 Activiti 在运行时的表中并没有提供用户与流程的关联（可以从历史数据表中查到），因此在查询这些流程前，可以到业务表中查询用户的申请数据，再到流程引擎中查询流程实例。

19.8.1 申请列表的实现

各个流程的列表所使用的界面如图 19-15 所示。

图 19-15　申请列表

为申请列表设计一个值对象，该对象只包括三个属性，如代码清单 19-29 所示。

代码清单 19-29：codes\oa\src\org\crazyit\activiti\oa\action\bean\ProcessVO.java
```
public class ProcessVO {
    // 流程实例 id
    private String id;

    // 申请标题
    private String title;

    // 申请日期
    private String requestDate;

    ……省略 setter 和 getter 方法
}
```

用户查看自己的申请，需要单击不同的 tab 页，因此在 Action 中添加一个参数来标识，当前用户查看的是哪种申请。用户申请列表的 Action 实现如代码清单 19-30 所示。

代码清单 19-30：codes\oa\src\org\crazyit\activiti\oa\action\ProcessAction.java

```java
// 读取登录用户的全部申请
public String listProcessInstance() {
    // 从 session 中拿回登录的用户
    User user = (User) ServletActionContext.getContext().getSession()
            .get("user");
    // 获取流程类型
    if (BaseForm.VACATION.equals(this.processType)) {
        this.processes = this.processService.listVacation(user.getId());
    } else if (BaseForm.EXPENSE.equals(this.processType)) {
        this.processes = this.processService.listExpenseAccount(user
                .getId());
    } else if (BaseForm.SALARY.equals(this.processType)) {
        this.processes = this.processService.listSalaryAdjust(user.getId());
    }
    return "listProcessInstance";
}
```

判断 Action 中的 URL 参数，然后根据参数来调用不同的业务方法，例如需要获取请假申请，则可以请求以下的 URL：process-listProcessInstance.action?processType=vacation，不管是请假申请还是报销申请，所有的业务方法均返回 ProcessVO 的集合。

▶▶ 19.8.2 请假申请列表

查询请假申请，需要先到业务系统的数据表中查找当前登录用户的申请记录，查询请假申请的业务方法如代码清单 19-31 所示。

代码清单 19-31：codes\oa\src\org\crazyit\activiti\oa\service\impl\ProcessServiceImpl.java

```java
// 查询请假申请
public List<ProcessVO> listVacation(String userId) {
    // 查询 OA_VACATION 表的数据
    List<Vacation> vacs = this.applicationDao.listVacation(userId);
    List<ProcessVO> result = new ArrayList<ProcessVO>();
    for (Vacation vac : vacs) {
        // 查询流程实例
        ProcessInstance pi = this.runtimeService
                .createProcessInstanceQuery()
                .processInstanceId(vac.getProcessInstanceId())
                .singleResult();
        if (pi != null) {
            // 查询流程参数
            BaseForm var = (BaseForm) this.runtimeService.getVariable(
                    pi.getId(), "arg");
            // 封装界面对象
            ProcessVO vo = new ProcessVO();
            vo.setTitle(var.getTitle());
            vo.setRequestDate(var.getRequestDate());
            vo.setId(pi.getId());
            result.add(vo);
        }
    }
    return result;
}
```

代码清单 19-31 中的粗体字代码，使用 ApplicationDao 的方法到 OA_VACATION 表中查询用户的请假申请，然后根据查询出来的数据得到流程实例 id，最后再到流程引擎中查询流程实例和该流程的参数，由于所有流程在完成第一个用户任务（表单填写）时，都将 BaseForm

的实例设置到流程参数中,因此查询时也可以将其直接强制转换为 BaseForm,如果需要更详细的请假信息,可以把查询结果直接强制转换为 VacationFrom 实例。

19.8.3 报销申请列表

报销申请的查询与请假申请类似,业务方法如代码清单 19-32 所示。

代码清单 19-32:codes\oa\src\org\crazyit\activiti\oa\service\impl\ProcessServiceImpl.java

```java
// 查询报销申请
public List<ProcessVO> listExpenseAccount(String userId) {
    List<ExpenseAccount> accounts = this.applicationDao
            .listExpenseAccount(userId);
    List<ProcessVO> result = new ArrayList<ProcessVO>();
    for (ExpenseAccount account : accounts) {
        // 查询流程实例
        ProcessInstance pi = this.runtimeService
                .createProcessInstanceQuery()
                .processInstanceId(account.getProcessInstanceId())
                .singleResult();
        if (pi != null) {
            // 查询流程参数
            BaseForm var = (BaseForm) this.runtimeService.getVariable(
                    pi.getId(), "arg");
            // 封装界面对象
            ProcessVO vo = new ProcessVO();
            vo.setTitle(var.getTitle());
            vo.setRequestDate(var.getRequestDate());
            vo.setId(pi.getId());
            result.add(vo);
        }
    }
    return result;
}
```

19.8.4 薪资调整列表

薪资调整申请的查询与请假申请类似,业务方法如代码清单 19-33 所示。

代码清单 19-33:codes\oa\src\org\crazyit\activiti\oa\service\impl\ProcessServiceImpl.java

```java
// 查询用户的薪资调整申请
public List<ProcessVO> listSalaryAdjust(String userId) {
    List<SalaryAdjust> salarys = this.applicationDao
            .listSalaryAdjust(userId);
    List<ProcessVO> result = new ArrayList<ProcessVO>();
    for (SalaryAdjust salary : salarys) {
        // 查询流程实例
        ProcessInstance pi = this.runtimeService
                .createProcessInstanceQuery()
                .processInstanceId(salary.getProcessInstanceId())
                .singleResult();
        if (pi != null) {
            // 查询流程参数
            BaseForm var = (BaseForm) this.runtimeService.getVariable(
                    pi.getId(), "arg");
            // 封装界面对象
            ProcessVO vo = new ProcessVO();
            vo.setTitle(var.getTitle());
            vo.setRequestDate(var.getRequestDate());
            vo.setId(pi.getId());
            result.add(vo);
```

```
        }
    }
    return result;
}
```

19.8.5 查看流程图

用户在查看自己的申请记录时，需要查看某个流程走到哪一步，此时可以为流程实例生成流程图。在讲解 Activiti 的 WebService 时，有一个接口可以查询流程当前的流程图（见 16.4.8 节），但是可惜的是，Activiti 中并不能直接调用该接口，只能通过 WebService 的方式来使用。为了能在业务方法中直接产生流程图，笔者模拟了这个 Activiti 接口的实现。生成流程图的方法的代码如代码清单 19-34 所示。

代码清单 19-34：codes\oa\src\org\crazyit\activiti\oa\service\impl\ProcessServiceImpl.java

```java
public InputStream getDiagram(String processInstanceId) {
    // 查询流程实例
    ProcessInstance pi = this.runtimeService.createProcessInstanceQuery()
            .processInstanceId(processInstanceId).singleResult();
    // 查询流程实例
    ProcessDefinition pd = repositoryService.createProcessDefinitionQuery()
            .processDefinitionId(pi.getProcessDefinitionId()).singleResult();
    // 获取 BPMN 模型对象
    BpmnModel model = repositoryService.getBpmnModel(pd.getId());
    // 定义使用宋体
    String fontName = "宋体";
    // 获取流程实例当前的节点，需要高亮显示
    List<String> currentActs = runtimeService.getActiveActivityIds(pi.getId());
    // BPMN 模型对象、图片类型、显示的节点
    InputStream is = this.processEngine
            .getProcessEngineConfiguration()
            .getProcessDiagramGenerator()
            .generateDiagram(model, "png", currentActs, new ArrayList<String>(),
            fontName, fontName, fontName,null, 1.0);
    return is;
}
```

在代码清单 19-34 中，注意粗体字代码部分，这里调用了 ProcessDiagramGenerator 的 generateDiagram 方法产生流程图的输入流。创建流程图，需要流程模型、当前流程节点等信息，具体代码如代码清单 19-35 所示。

代码清单 19-35：codes\oa\src\org\crazyit\activiti\oa\action\ProcessAction.java

```java
// 将输入流转换为 byte 数组
private byte[] getImgByte(InputStream is) throws IOException {
    ByteArrayOutputStream bytestream = new ByteArrayOutputStream();
    int b;
    while ((b = is.read()) != -1) {
        bytestream.write(b);
    }
    byte[] bs = bytestream.toByteArray();
    bytestream.close();
    return bs;
}

// 显示流程图
public String showDiagram() {
    OutputStream out = null;
    try {
```

```
            HttpServletResponse response = ServletActionContext.getResponse();
            InputStream is = this.processService.getDiagram(this.processInstanceId);
            response.setContentType("multipart/form-data;charset=utf8");
            out = response.getOutputStream();
            out.write(getImgByte(is));
            out.flush();
        } catch (Exception e) {
            e.printStackTrace();
        } finally {
            try {
                out.close();
            } catch (Exception e) {
            }
        }
        return null;
    }
```

得到流程图的输入流后，就可以将 InputStream 转换为 byte 数组，然后使用 OutputStream 将 byte 数组输出。在 JSP 中，让一个图片直接请求 showDiagram 的 Action 即可显示流程图，效果如图 19-16 所示。

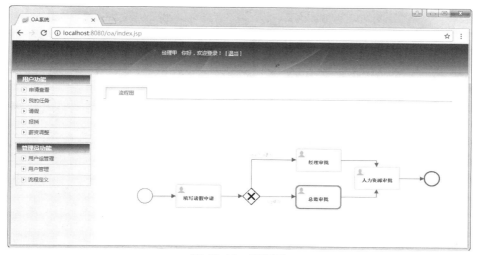

图 19-16　流程图

如图 19-16 所示，生成的流程图会将当前的流程活动以红色高亮显示。

 ## 19.9　流程任务

在本章的 OA 系统中，每一个用户任务均会被配置相应的候选用户组，并没有将任务分配到某一个人，因此 OA 系统中的任务有以下功能。
- 待办任务列表：根据当前登录用户所在的用户组，获取该用户组下全部的待办任务。
- 领取任务：当前登录用户声明自己为该任务的受理人。
- 受理任务列表：查看当前登录用户所受理的任务。
- 审批：对一个任务进行审批。

19.9.1　待办任务列表

在进行流程定义时，对每一个用户任务都设置了任务的候选用户组（使用 activiti:candidateGroups 属性），任务与用户组的关联数据会在 ACT_RU_IDENTITYLINK 表中体现，使用 TaskService

的查询可以将这些关联数据查询出来，如图 19-17 所示是待办任务列表。

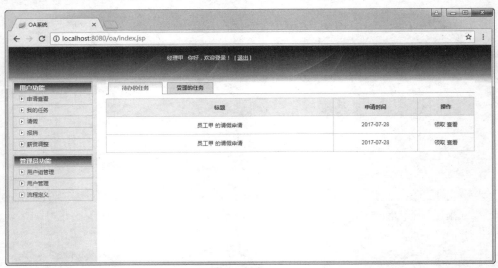

图 19-17　待办任务列表

待办任务列表与受理任务列表显示的内容均为任务信息。新建一个 TaskVO 类用于界面显示，TaskVO 类的代码如代码清单 19-36 所示。

代码清单 19-36：codes\oa\src\org\crazyit\activiti\oa\action\bean\TaskVO.java

```java
public class TaskVO {

    // 待办任务标识
    public final static String CANDIDATE = "candidate";

    // 受理任务标识
    public final static String ASSIGNEE = "assignee";

    // 标题
    private String title;

    // 请求用户名称
    private String requestUser;

    // 请求日期
    private String requestDate;

    //流程实例 id
    private String processInstanceId;

    // 任务 id
    private String taskId;

    ... 省略 setter 和 getter 方法
}
```

在进行待办任务查询时，返回值就是 TaskVO 的集合，查询待办任务列表的业务方法的实现，如代码清单 19-37 所示。

代码清单 19-37：codes\oa\src\org\crazyit\activiti\oa\service\impl\ProcessServiceImpl.java

```java
// 查询用户的待办任务
public List<TaskVO> listTasks(String userId) {
```

```
        // 查询用户所属的用户组
        Group group = this.identityService.createGroupQuery()
            .groupMember(userId).singleResult();
        // 根据用户组查询任务
        List<Task> tasks = this.taskService.createTaskQuery()
            .taskCandidateGroup(group.getId()).list();
        return createTaskVOList(tasks);
    }

    // 将Task集合转换为TaskVO集合
    private List<TaskVO> createTaskVOList(List<Task> tasks) {
        List<TaskVO> result = new ArrayList<TaskVO>();
        for (Task task : tasks) {
            // 查询流程实例
            ProcessInstance pi = this.runtimeService
                .createProcessInstanceQuery()
                .processInstanceId(task.getProcessInstanceId())
                .singleResult();
            // 查询流程参数
            BaseForm arg = (BaseForm) this.runtimeService.getVariable(
                pi.getId(), "arg");
            // 封装值对象
            TaskVO vo = new TaskVO();
            vo.setProcessInstanceId(task.getProcessInstanceId());
            vo.setRequestDate(arg.getRequestDate());
            vo.setRequestUser(arg.getUserName());
            vo.setTitle(arg.getTitle());
            vo.setTaskId(task.getId());
            vo.setProcessInstanceId(pi.getId());
            result.add(vo);
        }
        return result;
    }
```

代码清单 19-37 中的粗体字代码，使用 TaskService 的方法进行任务查询，根据用户组的 id 查询该用户组下的待办任务，查询得到 Task 集合后，再将 Task 集合转换为符合页面显示要求的 TaskVO 集合。不管是受理任务列表还是待办任务列表，都可以被写到一个 Action 中，根据页面请求的标识，来判断使用哪个业务方法，Action 的列表方法如代码清单 19-38 所示。

代码清单 19-38：codes\oa\src\org\crazyit\activiti\oa\action\ProcessAction.java

```
public String listTask() {
    // 从session中拿回登录的用户
    User user = (User) ServletActionContext.getContext().getSession()
        .get("user");
    if (TaskVO.CANDIDATE.equals(this.taskType)) {
        // 查询待办任务
        this.tasks = this.processService.listTasks(user.getId());
    } else if (TaskVO.ASSIGNEE.equals(this.taskType)) {
        // 查询受理的任务
        this.tasks = this.processService.listAssigneeTasks(user.getId());
    }
    return "listTask";
}
```

19.9.2 领取任务与受理任务列表

领取任务实际上是设置任务的受理人，可以使用 TaskService 的 claim 方法完成。调用该方法后，会设置 ACT_RU_TASK 表的 ASSIGNEE_ 字段为用户的 id，如果要查询一个用户全部的受理任务，使用 TaskService 的查询方法即可。代码清单 19-39 为领取任务和任务列表的方法实现。

代码清单 19-39：codes\oa\src\org\crazyit\activiti\oa\service\impl\ProcessServiceImpl.java

```java
// 查询用户所受理的全部任务
public List<TaskVO> listAssigneeTasks(String userId) {
    List<Task> tasks = this.taskService.createTaskQuery()
            .taskAssignee(userId).list();
    // 将 Task 集合转换为 TaskVO 集合
    return createTaskVOList(tasks);
}

// 领取任务
public void claim(String taskId, String userId) {
    this.taskService.claim(taskId, userId);
}
```

一个用户领取了待办任务后，这个任务就会被显示在受理任务列表中，然后可以对其进行办理操作，界面如图 19-18 所示。

图 19-18　受理任务列表

待办任务列表和受理任务列表，均有查看任务操作，实际上是查看当前的流程图，见 19.8.5 节。

▶▶ 19.9.3　查询任务信息

用户单击进入办理任务时，需要将任务的信息显示出来，这些信息包括申请单的信息和每个任务的评论历史。每种申请单都拥有不同的字段，例如请假单就会有开始日期，而报销单就有金额，为了能达到重用的目的，我们在 19.7.1 节中设计了表单的父类 BaseForm，BaseForm 中有一个 getFormFields 方法，用于返回表单的属性列表，每个 BaseForm 的子类均要实现一个 createFormFields 方法，这个方法就是返回不同的流程的表单属性。这种设计实际上使用了"模板方法"的设计模式，外界在使用 BaseForm 时，无须关心它是哪种类类型。查询任务信息的业务方法实现如代码清单 19-40 所示。

代码清单 19-40：codes\oa\src\org\crazyit\activiti\oa\service\impl\ProcessServiceImpl.java

```java
// 查询一个任务所在流程的开始表单信息
public List<FormField> getFormFields(String taskId) {
    // 根据任务查询流程实例
    ProcessInstance pi = getProcessInstance(taskId);
    // 获取流程参数
    BaseForm baseForm = (BaseForm) this.runtimeService.getVariable(
        pi.getId(), "arg");
    // 返回表单集合
    List<FormField> formFields = baseForm.getFormFields();
    return formFields;
}

// 查询一个任务所在流程的全部评论
public List<CommentVO> getComments(String taskId) {
    ProcessInstance pi = getProcessInstance(taskId);
    List<CommentVO> result = new ArrayList<CommentVO>();
    List<Comment> comments = this.taskService.getProcessInstanceComments(pi
        .getId());
    for (Comment c : comments) {
        // 查询用户
        User u = this.identityService.createUserQuery()
            .userId(c.getUserId()).singleResult();
        CommentVO vo = new CommentVO();
        vo.setContent(c.getFullMessage());
        vo.setTime(DateUtil.getDateString(c.getTime()));
        vo.setUserName(u.getLastName());
        result.add(vo);
    }
    return result;
}
```

代码清单 19-40 中的 getFormFields 方法，返回任务所在流程的开始表单信息，getComments 方法查询任务所在流程的全部评论，返回一个 CommentVO 集合。各个流程在完成第一个任务（填写申请）时，就已经将相应的表单对象设置为流程参数（见 19.7 节），因此在 getFormFields 方法中，会到流程中查询表单对象，各个表单对象均是 BaseForm 的子类，因此可以直接使用 BaseForm 实例。请假流程对应的表单信息如图 19-19 所示，报销流程对应的表单信息如图 19-20 所示，薪资调整流程对应的表单如图 19-21 所示。

图 19-19　请假表单域

图 19-20　报销表单域

图 19-21　薪资调整表单域

三种流程的审批界面显示的内容都不一样，但是实际上使用的是同一个页面，显示的表单域完全由各个表单对象所决定。

▶▶ 19.9.4 任务审批

进入办理任务的界面，可以输入当前审批人的意见，再对其进行审批，一般的业务可以有"通过"或者"不通过"两种，具体需要由业务来决定。本章的 OA 系统，只有薪资调整流程中有"不通过"的流程分支。在进行流程审批时，只需要调用 TaskService 的 complete 方法完成任务即可，任务的审批实现如代码清单 19-41 所示。

代码清单 19-41：codes\oa\src\org\crazyit\activiti\oa\service\impl\ProcessServiceImpl.java

```
// 审批通过任务
public void complete(String taskId, String content, String userid) {
```

```
    ProcessInstance pi = getProcessInstance(taskId);
    this.identityService.setAuthenticatedUserId(userid);
    // 添加评论
    this.taskService.addComment(taskId, pi.getId(), content);
    // 完成任务
    this.taskService.complete(taskId);
}
```

代码清单 19-41 中的粗体字代码，调用 IdentityService 的 setAuthenticatedUserId 方法设置当前线程的用户 id，由于 addComment 方法在设置评论用户时会调用 Authentication.getAuthenticatedUserId 方法来获取用户 id，因此添加评论后，再调用 complete 方法完成任务，程序已经不需要关心流程的走向。

19.9.5 运行 OA 的流程

本章的 OA 系统中已经内置了几个用户组和用户，登录员工组下有一个默认用户，名称为"员工甲"，登录密码为 123456，直接在登录界面中输入"员工甲"和密码即可登录。

例如员工甲填写了请假申请后（小于 3 天），就可以使用"经理甲"进行登录，密码同样为 123456，进入"我的任务"菜单（待办任务列表）后，可以看到员工甲的请假申请，然后单击"领取"，任务就会被放到"受理任务列表"，此时就可以单击"办理"进行任务审批。经理审批完后，按照流程，应该到"人事组"进行审批，同样使用"人事甲"用户进行登录，进入待办任务列表领取该任务，再进行审批。

每种流程的审批用户组均不一样，读者可以根据不同的流程，使用不同的用户来进行任务审批操作。

19.10 本章小结

本章作为本书的最后一章，以一个简单的办公自动化系统来体现工作流的魅力。在本章的 OA 系统中，整合了当前 Java EE 领域几个较为流行的技术，结合 Activiti 开发了三个常见的流程。可能不同的公司使用的技术各不相同，但这些都不会成为使用 Activiti 的障碍，只要在业务系统中有工作流的需求，都可以考虑使用 Activiti 来实现。

把 Activiti 整合进企业应用中来进行开发，可以让流程与业务系统的耦合变得松散，这也是流程引擎最基本的作用。如果企业中还拥有灵活的流程设计器及表单设计器，则开发各种领域的业务系统就变得更加简单，这也是笔者一直努力的方向。

博文视点诚邀精锐作者加盟

《C++Primer（中文版）（第5版）》、《淘宝技术这十年》、《代码大全》、《Windows内核情景分析》、《加密与解密》、《编程之美》、《VC++深入详解》、《SEO实战密码》、《PPT演义》……

"**圣经**"**级图书**光耀夺目，被无数读者朋友奉为案头手册传世经典。

潘爱民、毛德操、张亚勤、张宏江、昝辉Zac、李刚、曹江华……

"**明星**"**级作者**济济一堂，他们的名字熠熠生辉，与IT业的蓬勃发展紧密相连。

十年的开拓、探索和励精图治，成就**博**古通今、**文**圆质方、**视**角独特、**点**石成金之计算机图书的风向标杆：博文视点。

"凤翱翔于千仞兮，非梧不栖"，博文视点欢迎更多才华横溢、锐意创新的作者朋友加盟，与大师并列于IT专业出版之巅。

英雄帖

江湖风云起，代有才人出。
IT界群雄并起，逐鹿中原。
博文视点诚邀天下技术英豪加入，
指点江山，激扬文字
传播信息技术，分享IT心得

● 专业的作者服务 ●

博文视点自成立以来一直专注于 IT 专业技术图书的出版，拥有丰富的与技术图书作者合作的经验，并参照 IT 技术图书的特点，打造了一支高效运转、富有服务意识的编辑出版团队。我们始终坚持：

善待作者——我们会把出版流程整理得清晰简明，为作者提供优厚的稿酬服务，解除作者的顾虑，安心写作，展现出最好的作品。

尊重作者——我们尊重每一位作者的技术实力和生活习惯，并会参照作者实际的工作、生活节奏，量身制定写作计划，确保合作顺利进行。

提升作者——我们打造精品图书，更要打造知名作者。博文视点致力于通过图书提升作者的个人品牌和技术影响力，为作者的事业开拓带来更多的机会。

联系我们

博文视点官网：http://www.broadview.com.cn　　CSDN官方博客：http://blog.csdn.net/broadview2006/

投稿电话：010-51260888　88254368　　投稿邮箱：jsj@phei.com.cn

 @博文视点Broadview　　　　 微信公众账号　博文视点Broadview